Manfred E. A. Schmutzer

Ingenium und Individuum

Eine sozialwissenschaftliche Theorie von Wissenschaft und Technik

Springer-Verlag Wien New York

Univ.-Doz. Dipl.-Ing. Dr. phil. Manfred E. A. Schmutzer
Institut für Technik und Gesellschaft
Technische Universität Wien, Österreich

Gedruckt mit Unterstützung des Fonds zur
Förderung der wissenschaftlichen Forschung, Wien

Die Grafik am Bucheinband veranschaulicht die in Kapitel 7 und 8 entwickelte Typologie sozialer Organisationen gemäß der „cultural theory", sowie für derartige, idealtypische Kooperationsformen charakteristische Artefakte, bzw. Technologien [M. S.].
Entwurf: Karin Usch Hofbauer

Gedruckt auf säurefreiem, chlorfrei gebleichtem Papier – TCF

Die deutsche Bibliothek – CIP-Einheitsaufnahme
Schmutzer, E. A. Manfred:
Ingenium und Individuum: eine sozialwissenschaftliche Theorie von Wissenschaft und Technik / Manfred E. A. Schmutzer. – Wien; New York: Springer, 1994
ISBN-13: 978-3-211-82598-3 e-ISBN-13:978-3-7091-9366-2
DOI: 10.100/978-3-7091-9366-2

Vorwort

Diese Arbeit ist, so läßt sich grob sagen, das Ergebnis einer etwa zwanzigjährigen Auseinandersetzung mit den Beziehungen zwischen Wissenschaft, Technik, Gesellschaft, Kultur und Politik. Sie ist u. a. Ergebnis eines Kulturschocks, den ich, nachdem ich nach einem abgeschlossenen Technikstudium ein zweijähriges post-graduate-Studium in Politikwissenschaft am Institut für Höhere Studien in Wien absolvieren konnte, erlebt habe. Das verdanke ich vor allem der moralischen und intellektuellen Unterstützung einer Person, die in Österreich unbedankt blieb, E. F. Winter.

Diesem ersten Schock folgte ein zweiter als ich den Schritt aus einer kontinentaleuropäischen Kultur in eine andere tun konnte, d.h. ein sozialwissenschaftliches Studium in Großbritannien absolvierte. Dies ermöglichte mir ein Fellowship des British Council. Somit schulde ich nicht Dank einer Person, sondern einem Land, dessen Geschichte und Kultur.

Die beiden Grenzüberschreitungen waren für mich und sind für diese Arbeit bedeutungsvoll. Andere, die in verschiedenen Zusammenhängen später erfolgten, unterstützten und verstärkten die begonnene Entwicklung. Die sich in diesem Buch entfaltenden Perspektiven sind unverkennbar von den geschilderten Grenzüberschreitungen geprägt. Ich meine, daß diese Information dem Leser bei der Lektüre von Nutzen sein kann.

Die Fertigstellung der Arbeit selbst hat geraume Zeit in Anspruch genommen und genau betrachtet ist sie auch heute noch nicht abgeschlossen, weil die möglichen Weiterentwicklungen und Ramifikationen reicher ausfallen als angenommen. Bei ihrer Entstehung hat mich die wohlmeinende Kritik und die tatkräftige Bestärkung von Kollegen und Freunden öfter als einmal ermuntert, weiter zu machen, bzw. mir neue Stimuli intellektueller Art gewährt. Jedem einzelnen gerecht zu werden würde den gegebenen Rahmen sprengen. Ich beschränke mich daher darauf, mich für die positive Kritik und stimulierenden Anregungen bei I. Grabner, W. Krohn, G. Schmidt, sowie E. und H. Wegscheider zu bedanken. Die vielen, die mir durch Publikationen, Referate und persönliche Diskussionen Anregungen gaben, könnte ich bei bestem Willen nicht lückenlos namentlich aufzählen.

Nicht weniger wichtige Unterstützungen in der Durchführung und Fertigstellung dieses Projekts habe ich durch F. Glock, A. Kuzmann und R. Laker, meine Mitarbeiter am Institut für Technik und Gesellschaft an der TU-Wien, erhalten. Das Projekt überhaupt in Angriff zu nehmen und durchzustehen haben H. Winter und ein Herr mitbewirkt, dessen Namen ich auf seinen ausdrücklichen Wunsch vergessen habe.

Ich möchte mich auch bei allen Studenten bedanken, die es akzeptiert haben, daß ich sie in meinen Lehrveranstaltungen immer wieder mit dem jeweiligen Stand meiner Arbeit konfrontiert habe; ebenso bei vielen Freunden, die ich aufgrund dieser Arbeit zum Teil sehr vernachlässigt habe und die Verständnis dafür aufgebracht haben. Das meiste Verständnis hat mir allerdings dabei meine Frau entgegengebracht, was nicht unerwähnt bleiben soll.

Als Ergebnis dieser Vernetzungen kann ich nur die Einladung, die Friedrich Nietzsche (1887) am Beginn seiner „La gaya scienza" humorvoll formulierte, wiederholen.

Einladung

Wagts mit meiner Kost, ihr Esser!
Morgen schmeckt sie euch schon besser
und schon übermorgen gut!
Wollt ihr dann noch mehr – so machen
Meine alten sieben Sachen
Mir zu sieben neuen Mut.

F. Nietzsche (1887)

Manfred E. A. Schmutzer Wien, im Juli 1994

Inhaltsverzeichnis

0. Einleitung ... 1
   0.0 An-Sichten ... 1
   0.1 Ortungen ... 9
   0.2 Umwelten ... 18
   0.3 Aufrisse ... 24
   0.4 Reißzeug und Plan ... 25

Teil I: Grundfesten und Aufbauten

1. Was der Fall ist ... 35
   1.1 Der Beginn – Vergesellschaftung von Fremden ... 35
      1.1.1 Konfligierende Bedürfnisse ... 39
      1.1.2 Zur Verortung der Universität ... 43
   1.2 Die Genese der Ordnungsmaschine ... 49
   1.3 Zur Technisierung der Universität durch den Einsatz von Computern ... 57
2. Was das Bild darstellt, ist sein Sinn ... 77
   2.1 Das Kuhn'sche Modell ... 78
   2.2 Wissenschaftlicher Ethnozentrismus ... 85
   2.3 Selbstorganisation der Wissenschaft ... 89

Teil II: Konsens herstellen

3. Götterdämmerung der Theorie? ... 95
   3.1 Antike Wissenschaft ... 97
   3.2 Die Wissenschaft des Mittelalters ... 100
   3.3 Die neuzeitliche Wissenschaft ... 106
      3.3.1 Veränderung der Lebensformen und die Suche nach Wahrheit ... 111
      3.3.2 Die sozialen Ursprünge wissenschaftlicher Revolutionen ... 114
      3.3.3 Die Banalität neuzeitlicher Wissenschaft ... 116
   3.4 Wissenschaft und industrielle Revolutionen ... 122
      3.4.1 Industrielle Revolutionen ... 124
      3.4.2 Wissenschaftsbasierte Industrie ... 127
      3.4.3 Finalisierung der Wissenschaft? ... 134
      3.4.4 Statusspiele und Verwissenschaftlichung ... 138
   3.5 Wissenschaft und Technik ... 140
      3.5.1 Kooperation durch Technik ... 144
      3.5.2 Von Religion über Wissenschaft zu Technik ... 147
   3.6 Resümee ... 152
4. Technisierung der Wissenschaft ... 157
   4.1 Vorstellungen herstellen ... 157
   4.2 Qualität als Quantität ... 168

4.3 Instrumente sind Begriffe 174
4.4 Wahrheit herstellen 180
4.5 Technik verstehen 189
4.6 Resümee 195

5. Instruktionsinstrumente 198
5.1 Das Kreisen der Lehre 200
5.1.1 Blicke in und hinter den Spiegel 200
5.1.2 Die zerronnene Freiheit 206
5.1.3 Die Lehre ist der Beweis 211
5.1.4 Die Lehre als Produkt 221
5.2 Universitäre Lehre als Holografie 223
5.2.1 Wissenschaften des Erkennens 229
5.2.2 Zwischenstück: Anmerkungen zur Scholastik 233
5.2.3 Wissenschaften des Schaffens 235
5.3 Sozialersatz und Disziplinartechnologien 241
5.3.1 Exteriorisierung menschlicher Fähigkeiten 243
5.3.2 Sozialersatz 247
5.3.3 Wissensvermittlungsmaschinen 249
5.4 Resümee 254

Teil III: Kooperation meistern

6. Ingenium und Individuum 259
6.1 Individualisierung: Söldner, Münzen, Philosophen 260
6.1.1 Tausch oder Sold 261
6.1.2 Architekten und Mechaniker 266
6.1.3 Alexandrien 269
6.1.4 Pädagogische Maschinen 270
6.1.5 Rom 272
6.1.6 Genese des Subjekts 274
6.2 Individualisierung: Vaganten, Pilger, Eremiten 276
6.2.1 Bevölkerungsentwicklung 276
6.2.2 Mobilität und Verstädterung 277
6.3 Resozialisationen und Technisierung 280
6.3.1 Vergesellschaftung und Technisierung im Kloster 280
6.3.2 Vergesellschaftung und Technisierung der Städte 283
6.3.3 Handelsnetze: Vergesellschaftung mit Ungenossen 286
6.3.4 Vergemeinschaftung: Brüder im Geiste 288
6.4 Traumzeiten 291
6.4.1 Bevölkerungsentwicklung 291
6.4.2 Technische Innovationshemmung 292
6.4.3 Soziale Innovationshemmung 297
6.5 Die Geburt des sozio-technischen Systems 300
6.5.1 Vergesellschaftung der Individuen 300
6.5.2 Sozialisationsersatz 303
6.5.3 Externalisierung der Freiheit in der Dampfmaschine 306
6.5.4 Soziale Innovationen: Das Gesetz des Hungers 308
6.6 Resümee 310

7. Gemeinschaft und Gesellschaft 312
7.1 Grundformen sozialer Kooperation 312
7.1.1 Aggregat und Organismus 313

7.1.2 Erwartetes Verhalten ... 315
7.1.3 Sachbezogene Verhältnisse ... 318
7.1.4 Technisierung der Lebenswelt ... 320
7.1.5 Fabrikation von Kooperation ... 323
7.2 Kultur und Artefakte ... 325
7.2.1 Sprachtypen ... 326
7.2.2 Ordnung und Kultur ... 328
7.2.3 Körper und Kosmos ... 329
7.3 Märkte, Bürokratien, Clans und Schulen ... 330
7.3.1 Probleme mit Organisationen ... 331
7.3.2 Stabile Transaktionen ... 331
7.3.3 Das etwas andere Muster ... 333
7.3.4 Gleichheit - Ungleichartigkeit - Ungleichheit ... 336
7.3.5 Symbiotische Komplementarität und sozialer Wandel ... 337
7.4 Ein Kategoriesystem für Organisationen ... 339
7.5 Synopsis und Beispiele ... 345
7.6 Resümee ... 351

8. Technik: Sachen und Sprachen ... 354
8.1 Das Kunstprodukt „Sprache" und soziale Innovationen ... 356
8.1.1 Öffentliche und formale Sprachen ... 357
8.1.2 Codierung ... 359
8.1.3 Sprachen machen ... 361
8.2 Soziogenese von und durch Sachen ... 367
8.2.1 Kleider machen Leute ... 367
8.2.2 Sachdominanz ... 371
8.2.3 Angemessen ... 375
8.2.4 Zeitgeber ... 378
8.3 Die mechanische Macht der Maschinen ... 381
8.3.1 Vermögen und Mangel ... 381
8.3.2 Maschinensturm ... 385
8.3.3 Anpassung ... 388
8.3.4 Technisierung ... 393
8.4 Antworten und Anwendungen ... 396
8.4.1 Technikfolgenabschätzung ... 399
8.5 Resümee ... 401

Teil IV: Brücken schlagen

9. Das Ding und der Fremde ... 405
9.1 Soziogenese und Technogenese ... 410
9.1.1 Männliche Wissenschaft? ... 411
9.1.2 Gesellschaft der Widersprüche ... 413
9.2 Zur Legitimation präferierter Lösungsansätze ... 417
9.2.1 Sündenbocktechnologien ... 420
9.3 Die Universität „revisited" ... 422
9.4 Lösung einer Aporie durch „das Ding" und „den Fremden" ... 430

Literaturverzeichnis ... 435

Namenverzeichnis ... 459

Sachverzeichnis ... 466

0. Einleitung

„. . . as Weber himself illustrated, vital insights into the socio-cultural dynamics of modern societies are probably only to be gained through an exploration of relationships between spheres, such as religion and economics, which are normally considered unrelated, and hence by the deliberate transgressing of conventional academic boundaries."

(C. Campbell, 1987, S. 9)

0.0 An-Sichten

Der älteste Monumentalbau Europas, doch vermutlich der Welt, liegt auf Gozo, der zweitgrößten Insel des maltesischen Archipels. Er entstand nach jüngsten Datierungen um etwa 3800 v. Chr., also etwa eintausend Jahre vor der ersten ägyptischen Dynastie und mehr als tausend Jahre vor den ägyptischen Pyramiden. Ggantija liegt inmitten der kleinen Insel. Der Name verdeutlicht, daß die Einwohner von Gozo sich diesen Bau nur als das Werk von Giganten erklären konnten. Der Bau ist ein wahrhaft megalithischer Komplex, im griechischen Sinn des Wortes, von geschätzten 50 Metern Länge. Er besteht aus zwei Tempeleinheiten mit getrennten Eingängen, die von einer Außenmauer umgeben sind. Der Zwischenraum zwischen Außen- und Innenmauern ist ausgefüllt, sodaß beide Tempel ein einziges solides Bauwerk bilden. Die Außenmauer wurde aus längs- und quergestellten Blöcken errichtet, die bis zu 20 m^2 Wandfläche und 1–1,5 m Stärke aufweisen. Das Gewicht eines einzigen solchen Blocks beträgt bis zu 60 t. Diese Blöcke stammen aus einem Steinbruch in etwa 5 Kilometer Entfernung von der Baustelle. Sie mußten also diese Strecke über hügeliges Terrain transportiert werden.

Zu dieser Zeit war Sklaverei unbekannt. Die Insel konnte aufgrund ihrer Kleinheit (67 km^2) höchstens ein paar tausend Einwohner gehabt haben[1]. Das Rad war noch nicht erfunden. Zugtiere und vor allem ein entsprechendes Zuggeschirr waren unbekannt. Es gab keine Metallwerkzeuge, nur Steine, Knochen, Hörner. Aufgrund des mediterranen Klimas gibt es auch keinen Frost, der, wie in Ägypten vermutet wird, zum Sprengen der Felsblöcke hätte genutzt werden können. Die Blöcke sind, wie die

---

[1] „Während der Tempelkultur standen (in Malta, M.S.) damit rund 200 km^2 nutzbaren Bodens zur Verfügung, die ohne weiters für die Ernährung von etwa 6000 Personen ausreichte . . .. Im Durchschnitt könnte die Bevölkerungsdichte am Höhepunkt der Tempelkultur ca. 18 Menschen pro Quadratkilometer betragen haben, in vorangegangenen Zeiten jedoch deutlich weniger." (Freeden, 1993, S. 28)

ganze Anlage, erstaunlich präzise gearbeitet. Das läßt sich nach 6000 Jahren noch feststellen. Sie dürften, ähnlich wie die etwas jüngeren, vergleichbaren Anlagen auf Malta, reich mit geometrischen Mustern verziert gewesen sein; zum rein baulichen gesellt sich der dekorative Aufwand.

Wie sind solche Leistungen möglich? Man vermutet, daß die Blöcke auf etwa 30 cm hohen Steinkugeln, die untergelegt wurden, durchs Gelände gewälzt wurden, bergauf und bergab. Diese These ist nicht überwältigend überzeugend, doch eine bessere fehlt bislang. Die Wissenschaft schweigt und wendet sich leichteren Fragen zu. Unter den geschilderten Bedingungen wurde eine nahezu unvorstellbare Leistung erbracht. Würde Ggantija nicht bestehen, würde es als Möglichkeit bestritten.

Uns gilt Ggantija, nicht weniger als die genauso beeindruckenden, einige Jahrhunderte jüngeren anderen neolithischen Kultbauten Maltas wie das Hypogeum, Hagarqim und Mnajdra, sowie Tarxien als schlagendes Exempel menschlicher Leistungsfähigkeit ohne nennenswerte technische Geräte oder Wissenschaft. Leistungen wie die hier genannten sind Ergebnis eines erstaunlichen praktischen Wissens und Könnens, das weder über wissenschaftliche Theorien entstanden noch über Schulen weitergegeben wurde. Sie sind ferner Ergebnis einer sozialen Organisation, die ihresgleichen sucht. Die Bauten können nur in einer Kultur entstanden sein, die sich weit jenseits der Subsistenzwirtschaft befand (das bezeugt auch die Kleidung der Statuetten), sonst wäre die notwendige Arbeitsfreistellung für solche Riesenunternehmen unmöglich gewesen: Diese Kultur muß ferner in der Lage gewesen sein, eine innere Homogenität zu erzeugen und zu wahren, die für uns gleichfalls unvorstellbar ist, sonst wäre die Durchführung solcher Projekte, die mindestens Jahrzehnte, wenn nicht Generationen in Anspruch nahmen, ohne Pläne oder schriftliche Aufzeichnungen ebenfalls nicht zu gewährleisten gewesen[2].

---

[2] „Da die Siedlungsgemeinschaft im Einzugsgebiet eines Tempelkomplexes bodenständig und autark lebte, war sie teilweise autonom organisiert und . . . für den Bau „ihres" Tempels verantwortlich." (ibid., S. 29)

„Ohne Planung, Entwürfe und Koordinierung der handwerklichen Arbeiten sind die Tempel undenkbar; Baumeister waren am Werk, die mit ihrer Kunst ein Symbol für die gemeinschaftliche Kultur der Inselbewohner schufen. Der Tempelbau erforderte intime Kenntnis in den Kulturtraditionen, in praktischen Kulthandlungen, in der sozialen Struktur der Gemeinschaften, in handwerklichen Techniken des Großsteinbaus und setzte ein entsprechendes Organisationstalent voraus. Wie sich in vielen individuellen Besonderheiten der Tempel ablesen läßt, waren die Kulturtraditionen ortsgebunden. Daher ist anzunehmen, daß die Baumeister jeweils aus der regionalen Priesterkaste einer bestimmten Siedlungsgemeinschaft hervorgingen. Nur so verfügten sie über ein umfassendes praktisches wie ideelles Rüstzeug und waren in der Lage, die planerischen Vorbereitungen und die Bausausführung zu koordinieren. Eine Gemeinschaftsarbeit, die von der Umsetzung gedanklicher und bildhafter Vorstellungen getragen war, bedurfte adäquater Ausdrucksmöglichkeiten in einer differenzierten Sprache. Es ist deshalb nicht unwahrscheinlich, daß auch auf Malta Schriftzeichen zur Verständigung und Überlieferung bekannt waren, die sich jedoch nicht erhalten haben." (Freeden, 1993, S. 73)

Die neolithischen Monumentalbauten sind ein demonstratives Beispiel dafür, daß technische Projekte nicht bloß Mittel zum Zweck der Naturbeherrschung und zur „Erzeugung" von „Lebensmitteln" sind. Da die Nutzung dieser Bauten unklar ist, werden sie als Kultstätten interpretiert. Wenn das so ist, dann waren sie Projekte, die nicht die Natur, sondern das Soziale bearbeiteten. Die Erbringung solcher Leistungen braucht nämlich nicht nur Solidarität und Einvernehmen als Bedingung, sie erzeugt solche auch. Technische Projekte lassen sich auch andersherum verstehen als die nicht seltene Auffassung vom Kampf gegen die Natur nahelegt. Sie sind, ganz ähnlich wie außenpolitische Aggressionen und Säbelgerassel heute, auch Verfahren der inneren Konsolidierung. Technische Projekte sind folglich nicht schlicht Mittel zu einem Zweck. In den meisten Fällen dienen sie zumindest mehreren Zwecken, wenn sie nicht gar zwecklos sind, keinen anderen Existenzgrund vorweisen können, als Aus-Druck zu sein einer inneren Befindlichkeit, sozialer oder individueller Art. Als ein solcher Aus-Druck werden technische Leistungen aber endgültig von ihrer utilitaristischen, naturbekämpfenden Banalität befreit[3]. Das ist auch notwendig, weil Technik in allen ihren Spielarten um Jahrhunderttausende älter ist als die heute so gängige, aufgeklärt utilitaristische Sicht.

Auseinandersetzung mit möglichen Konzeptionen von Technik steht an, darum ist diese Arbeit in Form eines detektivistischen Puzzle-Spiels bemüht. Solches Bemühen ist problembeladen, da sich, wie schon die Bauten von Ggantija u. a. zeigen, schnell Unklarheit einzustellen beginnt. Was meint eigentlich der Begriff „Technik"? Das Ergebnis oder die Verfahren, die dazu führen?

Im alltäglichen Jargon wird beides als Technik bezeichnet. Ein bestimmtes Verfahren, ein Haus oder einen Tempel zu errichten, wird als eine „Technik" verstanden, die sich von anderen mit einem ähnlichen Ergebnis unterscheiden kann. Gleichfalls kann auch dessen Produkt als Technik verstanden werden. Ein Haus wäre demnach eine Technik, die erlaubt, den Regenschirm auch manchmal abzuspannen.

Eine solche Darstellung läßt Technik als Kette von Zwecken, die Mittel für andere Zwecke werden, erscheinen. Selbstredend kann auch Aus-Druck in eine solche Kette eingefügt werden und selbst wieder Mittel für neue Zwecke werden. Es ergibt sich so ein hübscher, nicht endenwollender Regreß, der folglich wenig erklärt und wenig befriedigt. Es scheint daher sinnvoll, die Mittel zu differenzieren, wenn über „Technik" gesprochen werden soll.

Ein weiteres Beispiel legt eine erste Unterscheidung nahe. Auf den Philippinen und anderen südostasiatischen Inseln existiert in den Dörfern der Brauch, vor den Hütten einzelne tonnenschwere Megalithen aufzurichten. Sie dienen etwas aufwendig dazu, daß sich der „Haus-

[3] Aus-Druck ist nämlich auch etwas anderes als Kommunikation. Es handelt sich dabei um Ent-Bindung von etwas Gezeugtem, das sich verselbständigt.

herr", wenn er am Abend vor der Hütte sitzt, dagegenlehnen kann. Ihr Zweck besteht darin, sagt man dort, Rückenstütze zu sein.

Die Steine werden nicht bearbeitet, sondern von ihren zukünftigen Besitzern in einem Flußbett gesucht. Hat sich ein geeigneter gefunden, stellt sich das leidige Transportproblem. Auch hier stand bislang weder ein Caterpillar noch ein Kran, noch ein geländegängiges Fahrzeug zur Verfügung.

Das Transportproblem wird anders gelöst. Der zukünftige Besitzer organisiert ein großes Fest, bei dem alle Teilnehmer des Festes verpflichtet werden, beim Transport des Steins Hand anzulegen. Somit wird er angeschleppt und aufgestellt. Erst dann wird tagelang gefeiert. Das Fest stellt ein Verfahren dar, um den Stein zu transportieren. Es ist folglich eine Technik, die ähnlich wie im Neolithikum kaum Geräte einsetzt. Bezeichnen wir dies daher als „soziale Technik", als Kunst, so viele Menschen zu mobilisieren, daß vordergründig ein Zweck sich erreichen läßt.

Allerdings wird die Zweckfrage auch hier prekär. Der Megalith ist seinerseits Monument des stattgefundenen Festes, er ist wesentliches Mittel zur Veranstaltung des Festes, seine Errichtung zeichnet das Fest aus, läßt es zum einmaligen Ereignis werden. Der unendliche Regreß hat sich augenscheinlich geschlossen, indem er sich als Zirkel zu erkennen gibt. Weniger augenfällig wurde die gleiche Frage zuvor aufgeworfen. Waren die neolithischen Monumentalbauten Mittel oder Zwecke? Guten Gewissens läßt sich sagen, die Frage ergibt keinen Sinn.

Cipolla (1973) zeigt anhand einer historischen Fallstudie, wie in der italienischen Stadt Prato zur Zeit Galileis die Pest gemeistert wurde. Christofano, ein umsichtiger und tatkräftiger Stadtverwalter, führte erstmalig weitreichende Quarantäne- und Hygienevorschriften ein und verstand diese, trotz der Ausnahmesituation, rigoros durchzusetzen. Er erzielte Erfolg mit seiner „sozialen Innovation". Die Pest verschwand, ohne daß der Pestbazillus entdeckt, oder große Forschungsprogramme gestartet wurden. Analoge Vorgehensweisen finden sich in anderen mittelalterlichen Städten (Oestreich, 1960), um mit Problemen zurande zu kommen, die durch das Zusammenleben auf engem Raum und die dadurch gegebene Unmöglichkeit entstanden sind, tradierte Lebensformen weiterzuführen. Zu solchen Lösungen zählen nicht nur Konfliktaustragungsmechanismen, sondern genauso neue Formen der Tierhaltung, der Fürsorge, etc.

All das wird gleichfalls als „soziale Innovation" zu werten sein, deren Umsetzung soziale Techniken erforderte, zu denen Rechtsetzung und -durchsetzung genauso zählt wie die Erzeugung von Kooperationswilligkeit und Konsensgrundlagen, auf deren Basis Verständigung als Grundvoraussetzung für jede Kooperation erst möglich wird. Solche sozialen Techniken der Problembewältigung sind ein politisches Geschäft. Um es zu betreiben, braucht es verschiedene Instrumente, zu denen Legitimation, Rechtschöpfung und -auslegung zählen, die Schaffung und Erhaltung gemeinsamer verbindlicher Weltbilder, Mythen und

Kosmologien als Grundlage, und vor allem auch eine gemeinsame Sprache, ohne die soziale Lösungen nur in rudimentärster Form praktiziert werden könnten. Schaffung, Reglementierung und auch Eliminierung von Sprachfiguren und -spielen sind Politik. Sie sind wichtige Verfahren für die Durchführung sozialer Technik. Nicht zufällig war Rhetorik, die Technik der Rede, ein wesentlicher Bestandteil der Ausbildung für gehobene Ämter in der Antike wie im Mittelalter. Ihr Verschwinden von den Universitäten im 19. Jhdt. signalisiert nicht nur die Stumpfheit dieser einst mächtigen Waffe (Ricoeur, 1975), sondern hängt engstens mit einem neuen Technikbegriff – wie wir gleich sehen werden – und tiefgehenden Veränderungen im Zusammenleben und im Selbstverständnis der Menschen zusammen.

Dieser Wandel ist verknüpft mit einem neuen Anspruch, Probleme anders – über den Einsatz von Forschung als Mittel der Problemdefinition und -erkenntnis – zu definieren und sie dann über die gesteigerte Nutzung von Sachen, Dingen, Artefakten bei der Aus- und Durchführung zu lösen. Frühe Proponenten dieser neuen Möglichkeiten waren Francis Bacon und René Descartes. Bei ihnen beginnt die Präferenz für technische Innovationen und Lösungen deutlich artikuliert, ja zum Programm erhoben zu werden. Obwohl solche Programme sich nicht im Handumdrehen realisieren lassen, da ihre historische Umsetzung stets mit Widerständen, Rückschlägen und Unterbrechungen erfolgt, dominiert diese Einstellung heute die „westliche Welt" und zunehmend auch alle anderen Welten.

Selbstredend wird der stattgefundene Wandel der Überzeugungskraft des Erfolgs zugeschrieben. Doch was als Erfolg zählt oder nicht, hängt von jenen Kriterien ab, die ihn definieren. Sollten sich diese, wie anzunehmen ist, selbst gewandelt haben, so befinden wir uns ein weiteres Mal in einem Zirkel, der nach anderen Erklärungen ruft.

Solcher Erklärungsbedarf wird umso augenfälliger, umso mehr die Probleme und ihre technischen Lösungsversuche soziale Probleme sind, die – so scheint es zumindest – eher zwanghaft zu technischen oder naturwissenschaftlichen gemacht werden, um sie in der Folge als solche behandeln, hoffentlich lösen zu können.

Anschauliche Beispiele für solche Transformationen sind u. a. alle Versuche, Probleme der Schule, der Ausbildung und der universitären Lehre durch forcierten Einsatz moderner Kommunikationstechnologien zu lösen. Ob diese Vorgangsweise ein angemessener Ansatz ist, bleibt zunächst dahingestellt, weil auch noch keine hinreichenden Ergebnisse zur Beurteilung vorliegen. Um manche Wirkungen dieses technischen Lösungsansatzes zu studieren, wurde u. a. für diese Arbeit die Universität als Fallbeispiel anstehender Technisierung herangezogen (dazu siehe: 0.1).

Die Universität ist weiters als Institution in ihrer Geschichte ein gutes Beispiel für eine soziale Lösung zur Befriedigung eines konstatierten gesellschaftlichen Bedarfs. Dieser soll nun sukzessive einer technischen Lösung zugeführt werden. Warum? Zwar soll zunächst unbestritten bleiben, daß die Universität in ihrer jetzigen Form selbst problembeladen erscheint. Doch die beobachtbare Tendenz, ihre Probleme nun durch massierten Geräteeinsatz zu lösen[4], anstatt ergänzende soziale Innovationen zu suchen, kann als charakteristisch für eine zugrundeliegende Disposition gewertet werden. Werden ähnliche technisierte Ansätze auf Spitäler, Pflegeheime und andere soziale Einrichtungen angewendet, zeigt sich allerdings heute bereits, daß diese Ansätze von Vorstellungen von Pflege und Menschsein getragen werden, die hinterfragt werden müssen. Denn sie verlangen Wandlungen im Verständnis des Zusammenlebens, der Mitmenschen etc., die eine grundlegende Veränderung von Lebensweisen bedingen. Ihre soziale Verträglichkeit ist folglich nicht selbstverständlich gegeben.

Pointiert könnte demnach eine These dieser Arbeit zunächst so formuliert werden:

Eine Unfähigkeit oder Unmöglichkeit für soziale Lösungen nötigt unserer Kultur technische Lösungen auf, selbst dort, wo es sich um Probleme sozialer Art handelt. Was sind aber die Gründe für eine Unfähigkeit, die andere Kulturen nicht in diesem Ausmaß kennen?

Wenn z. B. Kinder nach acht Jahren Schule nicht lesen, rechnen oder schreiben können, hat das verschiedene Gründe. Es liegt nicht allein an den Familien und den Fernsehgeräten zu Hause. Es liegt auch an einem nicht hinreichenden Engagement der Majorität der Lehrer, an Klassengrößen und am Prüfungswesen. Diese Erkenntnisse sind kein Geheimnis. Sie legen folgerichtig soziale Lösungen nahe. Trotzdem werden solche nicht angestrebt, sondern die in ihrer Erfolgsträchtigkeit unsicheren technischen Lösungen präferiert.

Analoges läßt sich für die Epidemien unserer Zeit, Krebs, Aids etc., zeigen. Auch hier sind soziale Lösungen offensichtlich undenkbar geworden, zweifellos auch, weil die heutige Welt sehr viel größer als Prato ist. Doch auch das ist kein Geheimnis, es ist nicht die Größe der Welt allein, die soziale Lösungen impraktikabel macht. Hinter allen Krankheiten stehen bestimmte Lebensformen, das wurde im Mittelalter sehr rasch verstanden und folgerichtig dort angesetzt. Unsere Lebensformen werden hingegen absolut gesetzt, aus Umständen, denen in dieser Arbeit gleichfalls nachzugehen sein wird. Weil Veränderungen der Lebensformen nicht möglich scheinen, müssen Krankheiten als aus der Natur kommend verstanden und ihre Bekämpfung zum naturwissenschaftlichen Problem werden. Dabei zeigt eine historische Analyse schnell, daß die großen „Killer", Pest, Cholera, Diphtherie, Tuberkulose, Scharlach etc. ihre empidemische Gewalt einbüßten, lange bevor naturwissenschaftliche Forschung ihre Ursachen dechiffrierte (McKeown, 1965).

Womit erklären sich diese Präferenzen? Unbestritten gilt, daß soziale Lösungen auch ihre Grenzen kennen und kennen sollten. Gleiches gilt

---

[4] Österreich ist für diese Entwicklung allerdings noch nicht repräsentativ. Um abschätzen zu können, was diesbezüglich zu erwarten ist, muß man über die Grenzen in Richtung Westen blicken. Siehe daher Kapitel 1.

aber auch für technische, wobei diese immer zusätzliche, begleitende soziale Maßnahmen für ihre Um- und Durchsetzung benötigen. Diese Maßnahmen können gesetzgeberischer Art sein, wie etwa die Schaffung technischer Normen, sie betreffen aber auch Ausbildungsfragen oder Migrationsprobleme.

Zusätzliche soziale Lösungen sind bei technischen unvermeidbar. Dieser Umstand wird nicht selten übersehen. Ein Grund für dieses Übersehen liegt in einem weit verbreiteten Menschenbild, auf das im Detail eingegangen werden muß, weil es Technikakzeptanz und -verständnis mitprägt. Unser Verständnis vom Menschsein hat sich darauf festgelegt, Menschen als einzelne, als Homines zu begreifen[5] und ihr Zusammenleben als Problem. Als Folge dessen wird u. a. verständlich, warum als wesentliche Differenzierungsmerkmale für Menschen gegenüber Tieren Werkzeug und Sprache gesehen werden. Werkzeuge sind vor allem vonnöten, wenn soziale Technik unmöglich oder unerwünscht ist, wenn also Menschen vereinzelt sind. Unter diesen Umständen kann auch eine Auffassung von Sprache Platz greifen, die Sprache nur als Reflexion einer bereits vorhandenen Ordnung da draußen versteht. Soziale Schöpfungen sind unter solchen Bedingungen ja nur schwer vorzustellen. Anstatt Sprache als soziales Phänomen zu begreifen, wobei Worte und Phänomene konsensual in Beziehung gesetzt werden, wird sie Abbild einer schon vorgefundenen Welt.

Ein derartiges Verständnis von Menschsein ist eine bewußt getroffene Entscheidung und bewirkt eine Grenzziehung. Diese ist dann allerdings nicht zu ändern, indem festgestellt wird (Basalla, 1988), daß in bestimmten Regionen Menschen wie Primaten auch ohne Werkzeuge überlebensfähig wären. Obwohl die Beobachtung richtig sein mag, wurde entschieden, daß Primaten deshalb nicht als Menschen zu verstehen sind, weil sie keine Werkzeuge verwenden; sie sind deshalb nicht Homo. Menschen durch „Wort und Werkzeug" (Cassirer, 1930) oder „Hand und Wort" (Leroi-Gourhan, 1964/65) zu definieren, stellt einen willentlichen Entschluß dar, der nicht durch Beobachtungen, sondern nur durch andere willentliche und konsensuale Entscheidungen verändert werden kann. Illustrativ dafür ist, daß Antike und Christentum andere Differenzierungsmerkmale bemühten. So waren Barbaren keine

---

[5] Dazu ein Zitat aus der Einleitung zu Ehrenreich (1978):
„The illogic of the conventional modern medical approach to contemporary problems of disease nowhere appeared so clear as with respect to cancer. Hundreds of millions of dollars a year are spent on the search for the biological mechanisms of carcinogenesis and tumor growth and for curative techniques. The patient diagnosed with cancer faces, at best, devastating courses of radiation or drug therapy or debilitating radical surgery. And yet, it is widely known that some 80 percent to 90 percent of all cancers are caused by largely avoidable environmental hazards – air pollution, smoking, food additives, pesticides, radiation, etc. Scientific medicine, for all its insights into the molecular mechanisms of carcinogenesis, has simply become unhinged from any fundamentally effective approach to the disease."

Menschen, Sklaven bei Aristoteles Teil der Sachgüter, und für die christlichen Männer war es bis ins späte 6. Jhdt. keineswegs klar, ob Frauen den Menschen zuzurechnen sind. Erst die Synode zu Macon (585) entschied verbindlich, daß Frauen Menschen sind.

Die Kriterien, aufgrund derer Aristoteles oder die christlichen Patriarchen die Zugehörigkeit zur Spezies „Mensch" bestimmten, waren offensichtlich andere als „Sprache und Werkzeug". Ihre Entscheidungsgrundlagen dienen uns heute nicht zur Beurteilung, ob jemand „Mensch" ist oder nicht. Im Gegenteil dienen uns ihre Kriterien dazu, um sie selbst einzuschätzen und zu beurteilen. Als Konsequenz sagt unsere Entscheidung, Menschen aufgrund des Gebrauchs von Werkzeug und Sprache als solche zu erkennen, mehr über uns selbst aus als über die Lebewesen, die so eingeordnet oder ausgesondert wurden. Unser Verständnis von Homo, das Kindern bereits durch das eigene Bett vermittelt wird, läßt realtechnische Lösungsvarianten präferieren, wobei das „Gitterbett" schon eine solche darstellt[6].

Als Ergebnis derartiger Präferenzen muß Wissenschaft Probleme so darstellen und bearbeiten, daß sie realtechnischen Lösungen zugänglich werden. Wissenschaft fällt weiters die Aufgabe zu, allgemein Konsens über Zuordnungen zu Begriffen vor allem dann zu erzeugen, wenn Zweifel über solche artikuliert werden. Diese wichtige Aufgabe der Wissenschaft läßt die Universität einmal mehr ins Zentrum unserer Aufmerksamkeit rücken. Sie löst Aufgaben, die als „soziale Technik" gewertet werden müssen, wobei es für den Zustand der Gesellschaft indikativ ist, ob Theologie, Philosophie, Jus, Physik oder Ökonomie die führende Rolle innerhalb der Universität beanspruchen.

Die genannten Beispiele machen etwas deutlich, das bei der „einzelkämpferischen" Vorstellung von Menschsein leicht verlorengeht. Sie beziehen sich auf weit gestreute Bedürfnisse. War die Pest eine Konfrontation mit einem Phänomen, das zwar gesellschaftlich bedingt und über soziale Innovationen beherrschbar wurde, aber keinem gesellschaftlichen Bedürfnis entsprang, so stellen sich neolithische Monumentalbauten oder philippinische Megalithen ausschließlich als Produkte sozialer Umstände dar. Der bei ihrer Nicht-Befriedigung empfundene Mangel stammt aus einer kulturellen Quelle. Diese Quelle ist mächtig, denn es läßt sich zeigen, daß selbst „natürlichste Bedürfnisse" sozialer Art sind. Weder Hunger noch Sexualität treten unspezifisch auf. Es gibt keinen undiskriminatorischen Hunger, sondern nur Hunger nach etwas, und dieses Etwas ist kulturspezifisch. Analog verhält es sich mit anderen Bedürfnissen. Sie entstehen in einer Kultur und wollen dieser Kultur gemäß befriedigt werden. Damit stellt sich erneut die Frage: Was zeichnet unsere eigene Kultur aus, daß sie so offensichtlich eine Präferenz für gerätetechnische Lösungen entwickelt?

---

6 Das „eigene Bett" ist ein Spezifikum der westlichen Kultur, das noch im 19. Jhdt. keineswegs allgemein verbreitet war. Das Gitterbett tranformiert dieses „Eigentum" in ein Disziplinargerät.

Die Feststellung, daß gerätemäßige Lösungen dann auftreten, wenn soziale und politische nicht möglich scheinen, wird nun verallgemeinert. Das ist notwendig, weil solche kulturspezifischen Präferenzen ja auch Wirkung zeigen, wenn de facto beide Lösungsmöglichkeiten praktikabel wären. Trotz des Umstandes, daß gerätetechnische Lösungen stets soziale Begleitmaßnahmen erfordern, sind auch gemischte Lösungen noch immer Ausdruck vorhandener kultureller Prädispositionen, die bewirken, daß das eine oder andere Extrem bevorzugt wird. Trotz solcher Mischformen bleiben wir demnach bei einem zunächst dichotomen Ansatz, der zwischen gerätetechnischen und sozialen Problemlösungen unterscheidet.

Für analytische Zwecke sind solche idealtypischen Extreme hilfreich, geben sie doch Orientierungsmittel an die Hand, die Möglichkeitsräume abzustecken erlauben. Eine derartige Konstruktion idealtypischer Extreme entspricht dabei durchaus den Gepflogenheiten naturwissenschaftlicher Verfahren. Auch dort werden Grenzen – seien es maximale Geschwindigkeiten, tiefste Temperaturen oder größtmögliche Nutzung von Energiegefällen – definiert, selbst wenn sie in der Realität meist unerreichbar sind. Derartige Konstruktionen sind für wissenschaftliches Handeln schlechthin konstitutiv (Bourdieu, Chamboredon, Passeron, 1968).

Das bisher Gesagte dürfte deutlich machen, daß aus der entwickelten Sicht Gerätetechnik nicht als schlichte Weiterführung der Evolution verstanden wird. Technik wird als soziales Phänomen verstanden, das etwas über den Zustand einer Gesellschaft auszusagen imstande ist, weil Technik unter anderen sozialen Bedingungen andere Ausprägungen erfährt, ja manche Technik sogar ausstirbt. Nicht Fortschritte in der Meisterung der Natur stehen zur Diskussion, sondern möglicherweise Rückschritte im sozialen Bereich, die diese Meisterung der Natur als einzige noch vorhandene Option erstrebenswert machen. Um gedanklich neue Möglichkeitsräume zu gewinnen, wird eine Sichtweise entwickelt, die Gerätetechnik nur als eine unter anderen möglichen Lösungsvarianten zu betrachten erlaubt.

0.1 Ortungen

Um Gesagtes in ein Gefüge zu bringen, unterschiebt der Ingenieur einen Raster, der zensuriert. Der gleichen „Exklusivität" bedienen sich Mathemathiker oder Physiker, wenn sie auf Definitionen rekurrieren.

„Technik, f.", steht in Grimms Wörterbuch (1935) zu lesen, wurde „aufgenommen aus franz. technique, vom griech. lat. technica (nämlich ars), die Kunst und Gewerbstätigkeit und der Inbegriff der Erfahrungen, Regeln, Grundsätze und Handgriffe, nach denen bei der Ausübung einer Kunst oder eines Gewerbes verfahren wird."

Diese Darstellung betont vor allem geregelte Verfahren, ohne zwischen der Art der Mittel und den Einsatzbereichen zu unterscheiden.

Technik als „geregelte Verfahren" zu betrachten, erlaubt sie in allem und jedem Handeln zu entdecken, weshalb M. Weber (1922, S. 32/33) z. B. auch von der Technik der politischen und hierokratischen Beherrschung, von Erziehungstechnik, Denk- und Forschungstechnik, erotischer Technik oder einer Technik des Gebets u. a. spricht. Weber meint dann, daß die Verwendungszwecke für jede „technische Rationalität" irrelevant seien, Technik sei aussschließlich am Problem der zu verwendenden Mittel orientiert. Allerdings fügt er an, daß die heutige Entwicklung der Technik sich an ökonomischen Gewinnchancen ausrichtet. Erst diese zusätzliche, somit nicht technische Fokussierung schafft, was Weber als „rationale Technik" bezeichnet. Diese Bestimmung dürfte auch der Grund sein, warum es heute u. a. schwer fällt, die komplexen Spielautomaten der Antike als Technik zu akzeptieren.

Mit dieser Feststellung drängt sich erneut ein historischer Blick auf Technik auf. Ein Blick, der technischen Wandel nicht bloß aus der akkumulierten Erfahrung im Umgang mit Techniken bestimmt sieht, sondern der den Wandel in den verfolgten Absichten als bestimmend für die Ausprägung von Technik sieht.

Diese Sicht wird in einem lesenswerten Aufsatz von Heyde (1963) entwickelt. Aufgrund etymologischer Studien zeigt Heyde zunächst, daß im Gegensatz zu Grimms Aussage der Begriff nicht aus dem Französischen in die deutsche Sprache Eingang fand, sondern direkt aus dem Lateinischen übernommmen wurde. Das mag zunächst akribistisch scheinen, doch ergibt sich daraus eine umfassendere Begriffsbestimmung, eine, die sich nicht nur auf Verfahren in Gewerbe und Kunst beschränkt. Sie kommt damit Webers weiterem Technikbegriff entgegen, indem sie Technik als „sich auf etwas verstehen" bestimmt. Als Folge davon zählen auch Begriffe wie Rethor-ik, Poet-ik oder Arithmet-ik zu den Techniken[7].

Nun stellt allerdings Heyde des weiteren einen Bedeutungswandel des Begriffs ab dem 18. Jhdt. fest. Der Begriff wird zunehmend sachbezogener verwendet, woraus sich eine intensivierte „Objektivierung der Technik" in der fraglichen Periode ablesen läßt. Die von Weber konstatierte „Ökonomisierung" wird von einer Auslagerung, Exteriorisierung von „Sich auf etwas verstehen" (das heißt von Können) in Sachen begleitet. Damit tritt ein, was das häßliche Wort „Versachlichung" beschreibt. Über Personen zu verfügen, die sich auf etwas verstehen, wird schrittweise unbedeutender. Macht – als „etwas vermögen" – verändert ihre Basis. Lassen sich Menschen immer öfter durch Geräte ersetzen, verlieren auch soziale Innovationen an Bedeutung. Die Technik der Rede, die solche Innovationen in die Welt zu setzen half, indem sie Gefolgschaft schuf, verliert ihre Rolle. Sie wird von den Universitäten verbannt, just etwa zu jener Zeit, in der technische Hochschulen das Licht der Welt erblicken (Ricoeur, 1975).

---

[7] „tik" bedeutet bereits „techne". Folglich ist etwa Ballistik die „Technik des Werfens", Grammatik jene mit Zeichen umzugehen.

Dieser Wandel, der in der Bedeutungsgeschichte des Wortes „Technik" seine Reflexion findet, kann verschieden interpretiert werden. Er läßt sich als Ergebnis eines „Schneeballeffekts" verstehen, wo anfänglich kleine und vereinzelte Phänomene Auslöser weiterer werden, sodaß nach einer Latenzperiode ein kumulierter Effekt entsteht, der als technischer Fortschritt eine rasante Beschleunigung erfährt. Aufgrund dieses Zuwachses können immer mehr Artefakte erzeugt werden, zu deren Produktion man zuvor nicht in der Lage war. Eine solche Darstellung wird gerne in Diskussionen über wissenschaftlich-technischen Fortschritt entworfen. Sie befriedigt u. a. deshalb nicht, weil eine derartige autonome Mechanik technischen Fortschritts weder die erstaunliche Erfolglosigkeit mancher technischer Innovationen, wie z. B. jene des der Antike bekannten Differentialgetriebes, noch das Entstehen einer „rationalen Technik" im Sinne Webers erklärt, und schon gar nicht, warum technisch simpelste Erfindungen wie der Phonograph erst im 19. Jhdt. gemacht wurden, obwohl sie gerätemäßig genauso in der Antike möglich gewesen wären (Kittler, 1985).

Ökonomisierung und Rationalisierung sind Phänomene, deren Ursprung in gesellschaftlichen Entwicklungen liegt und die ihren Ausdruck u. a. in der Herstellung von Artefakten, Sachtechnik, finden. Die konstatierte zunehmende Einengung des Technikbegriffs auf Sachlösungen reflektiert demnach eine spezifische Präferenz, ohne dabei die historische Entwicklung im vollen Umfang widerzuspiegeln.

Tatsächlich war die dorthinführende Entwicklung umfassender, als daß sie nur der internen Logik technischer Rationalität verpflichtet gewesen wäre. Denn, wie J. Ellul (1954) bereits zeigte, gehen mit der Auslagerung von Können in Sachen andere Entwicklungen im gesellschaftlichen Bereich nicht nur zufällig Hand in Hand. Dazu rechnet Ellul die Rationalisierung von Arbeit, Planung und Verwaltung und jener Bereiche, die er als Humantechnologien bezeichnet, wozu Pädagogik, Medizin u. ä. sowie Intellektualtechniken zählen.

Für Ellul ist, ähnlich wie für H. Marcuse (1964), ausschlaggebendes Charakteristikum dieses Wandels eine eindimensionale Rationalität, die in der Suche nach dem „einen, besten Weg" ihren Ausdruck findet. „Traditionale Technik" kennt im Unterschied dazu keinen derartigen „Monismus", der nur einen einzigen Satz von Spielregeln zulassen will. Sie ist hingegen in ein spezifisches soziales Milieu eingebettet und von diesem abhängig. „Traditionale Technik" war alltägliche Praxis und fand geringes Allgemeininteresse, im Gegensatz zu jener Epoche, wo der konstatierte Wandel stattfand. Giedion (1948) meint deshalb, daß es für die fragliche Periode signifikant sei, daß jedermann jederzeit als Erfinder agierte.

Ellul unterscheidet somit aus gutem Grund zwischen zwei Arten von Technik: traditionaler und moderner. Dabei betont er, daß traditionale Technik keineswegs auf den Einsatz von Sachen bei Problemlösungen beschränkt ist, sondern viel umfassender in die gesamte soziale Struktur eingebettet wurde. Zwar ist moderne Technik auch Bestandteil einer Gesellschaft, doch ihre Interaktion hat eine andere Qualität. Sie ist nicht mehr Vermittler zwischen Menschen und deren Umwelt, sondern verselbständigt sich. Allerdings hat sich auch die Gesellschaft grundlegend gewandelt und unterscheidet sich wesentlich von traditionalen Gesellschaften. Charakteristische Merkmale dieser sozialen Differenz herauszuarbeiten ist zentrales Anliegen dieser Arbeit, weil wir meinen, daß diese Differenz auch die unterschiedliche Rolle von Technik in der Gesellschaft bestimmt. Allerdings wird dabei nicht unterstellt, daß dieser Wandel bereits abgeschlossen sei, noch daß er überall mit derselben Schnelligkeit und Heftigkeit vor sich geht.

Die konstatierte Präferenz für Sachlösungen auf Kosten anderer Techniken erklärt sich folglich nicht aus der intrinsischen Überlegenheit der Sache. Das muß bereits aufgrund der historischen Beispiele des ersten Abschnitts deutlich geworden sein. Ihre augenfällige Bevorzugung ist vielmehr Ergebnis des Wandels des sozialen Milieus und dessen, was zu seiner Umwelt zählt. Der Einsatz von Gerätetechnik bestimmt sich folglich aus sozialen Voraussetzungen; ändern sich diese, so wird ihr Einsatz möglicherweise kontraproduktiv. Sachtechnik muß, wie andere Techniken auch, im jeweiligen sozialen Konnex betrachtet werden, der sowohl ihre Herstellung wie ihren Gebrauch umfaßt.

Damit nähern wir uns einem von F. v. Gottl-Ottlilienfeld (1923) eingeführten Begriff von „Realtechnik", der menschliche Handlungen und organisatorische Vorkehrungen, die zur Erzeugung und Handhabung von Artefakten notwendig sind, integriert. Von dieser Realtechnik hebt er Individual-, Sozial- und Intellektualtechniken ab, die diesen Sachbezug nicht aufweisen. An diesem Punkt wurde allerdings Gottl-Ottlilienfeld von der Entwicklung bereits überholt. In Anbetracht eines zunehmenden Technisierungsprozesses, wo immer mehr Funktionen, insbesondere aber geistige und koordinierende Tätigkeiten, von menschlichen Akteuren auf Sachsysteme übergehen (Ropohl, 1988), erscheint diese Differenzierung weder hilfreich noch zeitgemäß.

Trotzdem bleibt das Faktum erhalten, daß andere Techniken prinzipiell möglich sind und in einem ihnen angemessenen sozialen Milieu sogar vorzuziehen sind. Es geht daher darum, die Beziehung zwischen Technik und sozialem Milieu herauszuarbeiten.Die bunte Palette Weberscher Techniken wird aus diesem Grund zunächst dichotomisiert, wobei einer wie oben verstandenen „Realtechnik" – sie wird im folgenden meistens nur als „Technik" bezeichnet – eine „Sozialtechnik" gegenübergestellt wird. Ähnlich wie bei Elluls Konzept von „traditionaler Technik" werden dabei „Sachlösungen" nicht von vornherein ausgeschlossen, aber sie werden nicht, wie bei ingenieurmäßigen Lösungen, von vornherein angestrebt und vorgezogen. Im Vordergrund stehen eher soziopolitische Lösungen mit minimalem Sachaufwand.

Realtechnik hingegen sucht zuerst eine Sachlösung, um die herum erst eine notwendige soziale Infrastruktur entsteht. Im Unterschied zu Ellul – und das ist auch der Grund, warum nicht wie bei ihm von „traditionaler Technik" gesprochen wird – wird in dieser Arbeit die Auffassung vertreten, daß beide Techniken nach wie vor nebeneinander bestehen, obwohl die Tendenz zu einer umfassenden Technisierung (Realtechnisierung) nicht bestritten wird.

Die Tendenz zur Technisierung zeigt sich insbesondere an dem für diese Arbeit konstitutiven Beispiel: der Universität. Diese entstand zunächst als soziale Innovation, wie wir sehen werden, zur Lösung anstehender Probleme. Sie wurde dann im Lauf der Geschichte den neuen Problemlagen wiederholt angepaßt. Heute wird sie einem vielfältigen Prozeß der Technisierung unterworfen, der alle wesentlichen Bereiche universitären Lebens – Verwaltung, Forschung und Lehre – erfaßt. Er illustriert die erwähnte Tendenz und ist auch für die spezifischen Veränderungen unserer Gesellschaft indikativ.

Damit erreichen wir den Punkt, wo über diesen Wandel gesprochen werden muß. Es ist wiederum Ellul, der neben einigen anderen Faktoren vor allem auf die Bedeutung der Desintegration sozialer Gruppen und die daraus erfolgende Atomisierung der Gesellschaft hinweist. Diese Situation entstand in der von ihm untersuchten Epoche als Ergebnis hohen Bevölkerungswachstums und damit verknüpfter Mobilität, wie auch als Resultat einer systematischen Kampagne von seiten der Aufklärer, die im Namen der Rechte des Individuums Familien, Zünfte und andere kollektive Gruppen zu untergraben trachteten.

Die resultierende Entwurzelung einer großen Zahl von Menschen aus ihrer sozialen Umwelt machte in der Folge nicht nur Industrialisierung möglich, das wußte schon Marx, sondern schuf insgesamt jene soziale Plastizität, in der Technik und Rationalität, Experiment und Kalkül gediehen.Traditionale Technik überschreitet nach Ellul Grenzen sozialer Gruppen nur schwer. Deren Auflösung schafft demnach die Voraussetzung für die leichtere Verbreitung von Techniken.

Solche historische Beobachtungen finden sich bei Ellul, ohne die Frage zu klären, ob die genannten Phänomene selbst voneinander unabhängig sind bzw. warum sie sich möglicherweise gegenseitig bedingen. Auch fragt er nicht, ob diese Umstände historisch einmalig sind.

Obwohl nicht wenige der Auffassung sind, daß Wissenschaft, Technik und Industrialisierung historisch einmalige Phänomene der europäischen Neuzeit darstellen, melden sich inzwischen Stimmen aus der Technik- und Wissenschaftsforschung, die berechtigt Zweifel an dieser eurozentrischen Auffassung aufkommen lassen (v. Stromer, 1980; Otten 1986; Kriedte et. al., 1978; Mittelstraß, 1970 etc.). Es scheint demnach, daß die gängige Auffassung eine Entwicklungslogik von Technik und Wissenschaft unterstellt, die die soziale Bedingtheit dieser Entwicklungen entweder übersieht oder eine der technischen analoge soziale Evolution hypostasiert.

Da umgekehrt jedoch Individualismus und soziale Entwurzelung soziale Phänomene sind, die zwar aufgrund unterschiedlicher Ereignisse trotzdem öfter eintreten können, wozu Kriege, Hungersnöte, Bevölkerungsexplosion zählen, wozu aber auch Religionen und Ideologien beitragen, sollte man annehmen, daß Technisierung und Verwissenschaftlichung oder Rationalisierung ebenfalls öfter als nur einmal sozial bestimmend wurden. Umgekehrt sollte man dann aber auch annehmen dürfen, daß unter konträren sozialen Vorgaben, also dann, wenn soziale Integrationsmechanismen erfolgreich sind, Technisierung und Verwissenschaftlichung wieder ihre soziale Relevanz einbüßen.

Obwohl in dieser Formulierung Technisierung und Verwissenschaftlichung in einem Atemzug genannt wurden, wird deren zwangsläufige Dependenz keineswegs angenommen. Historisch ist bekannt, daß Technik und Wissenschaft sich lange Zeit voneinander unabhängig entwickelt haben, obwohl andererseits ihre Blüte- und Stagnationszeiten doch häufig in etwa dieselben Epochen fallen. Dieser Tatbestand läßt somit die Frage berechtigt erscheinen, ob nicht beide als Ergebnisse derselben sozialen Bedingungen zu betrachten sind, so wie zwei Früchte am selben Baum (der Erkenntnis) reifen können, ohne deshalb von einander abhängig zu sein. Ellul, der gleichfalls Zweifel an der Interdependenz zwischen Technik und Wissenschaft artikuliert, scheint seinerseits auch die fünf von ihm genannten Bestimmungsgrößen technischer Entwicklung als voneinander unabhängig zu betrachten. So registriert er z. B. eine „technische Intention" als eine Determinante der Technisierung, ohne zu untersuchen, ob sich diese nicht möglicherweise zwangsläufig aus der konstatierten sozialen Desintegration ergibt. Seinem Ansatz fehlt, mit anderen Worten, eine Systematik, die zu entwickeln auch Anliegen der vorliegenden Arbeit ist.

Primäre These dieser Arbeit ist, daß Technik grundlegender Bestandteil jeder Gesellschaft ist. Die vorliegende Arbeit betrachtet Technik in allen ihren Ausprägungen als wesentlichen Teil sozialer Interaktionsmuster und meint, daß sozialer Wandel, wie auch dessen Stagnation, Ergebnis der Wandlungsfähigkeit oder der Konsolidation solcher Interaktionen sind. Sozialer Wandel kann seinerseits sowohl durch äußere Ereignisse verursacht werden als auch Teil einer gesellschaftstragenden Ideologie sein, die die Freiheit des Individuums zum Kernstück hat (Ellul, 1954). Diese oder gegenteilige Einstellungen bestimmen die Sozialisationsstrategien, mit deren Hilfe die Mitglieder auf präferierte Handlungsmuster ausgerichtet werden. Aus diesem Grund sind auch Sozialisationsweisen für ein sozialwissenschaftliches Technikverständnis bedeutend. Es wird ihnen daher ab Kapitel 5 die nötige Beachtung gewidmet.

Kooperationen unter der Voraussetzung von Konsens können selbst unterschiedlicher Art sein. Bedauerlicherweise ist es auch hier der Fall, daß sich die zeitgenössische Soziologie in ihrer Betrachtungsweise vornehmlich auf einen bestimmten Typus von Kooperationsweisen beschränkt, nämlich jenen, der die Beziehungen zwischen einem „EGO" und einem „ALTER" thematisiert. Diese hat G. H. Mead (1932/34) exemplarisch analysiert. Diese subjektivistisch-individualistische Sicht wird von vielen Anthropologen (z. B. Dumont, 1967; 1966, Sahlins 1976) und Soziologen (z. B. Galtung, 1979; 1981) als eurozentrisch, von anderen als ahistorisch und ideologieabhängig kritisiert (Elias, 1939; 1969a, b; 1970, Schröter, 1984). Elias prangert dabei die Verallgemeinerung eines Egozentrismus an, welcher ein Menschenbild propagiert, das er als „Homo Clausus" apostrophiert. Dieser vereinzelte Mensch erscheint so, als würde er außerhalb seiner Gesellschaft stehen und müßte folglich mit anderen auf der Basis völliger Voraussetzungslosigkeit interagieren. Als derartig vereinzeltes Individuum ist Homo Clausus zwangsläufig auf technische Hilfsmittel angewiesen. Homo Clausus hat demnach wenig andere Wahl, als Homo Faber zu werden.

Interaktionen zwischen solchen Vereinzelten haben einen anderen Charakter, als wenn sich Menschen im Gegensatz dazu nicht voraussetzungslos auf der Basis gemeinsamer Erfahrungen und Sozialisationserlebnisse begegnen. Daraus entwickelt sich ein Verständnis, das Elias als „Wir-Gefühl" (Elias, ibid.) beschreibt. Ein solches bewirkt u. a., daß individueller Nutzen hintangestellt wird, es ist somit selbstverwirklichendem Utilitarismus diametral entgegengesetzt.

Auch wenn dieser Ansatz idealtypisch zu verstehen ist, findet sich eine Menge historischen und anthropologischen Materials, das die Sinnhaftigkeit solcher Differenzierung abstützt. Im übrigen haben nicht wenige namhafte Soziologen und Anthropologen auf vergleichbare Unterschiede hingewiesen. Unter ihre Vertreter reihen sich Tönnies (1887), Weber (1922), Durkheim (1893), Habermas (1981), Mary Douglas (1970; 1982) u. a. ein.

Es mag überraschen, ist aber bei genauerem Hinsehen geradezu selbstevident, daß Technik, ihr Einsatz, die Auswahl und der Umgang mit dieser, von der Art dieser Kooperationsstrukturen bestimmt wird. Ob Realtechnik oder soziale Technik präferiert wird bzw. werden muß, hängt von jenen Kooperationsmöglichkeiten ab, die zur Verfügung stehen und sich bewährt haben. Daß „Gemeinschaften" eine höhere Verwirklichungschance komplexer Kooperationen haben als individualistische „Gesellschaften", scheint nach dem bisher Gesagten eine Binsenwahrheit. Daß als Folge Realtechnik in Gesellschaften anders in Sozialstrukturen integriert wird und ihr eine andere gesellschaftliche Bedeutung zufällt als in Gemeinschaften, ergibt sich in Übereinstimmung mit Ellul gleichfalls nahezu zwangsläufig[8].

In Fällen, wo gesellschaftlicher Plastizität hohe Bedeutung zugemessen wird, muß notgedrungen damit gerechnet werden, daß Interaktionen erst gar nicht zustande kommen, nicht stabil sind oder zu ihrer

---

[8] M. Sahlins (1976) schreibt:
„In bourgeois society, material production is the dominant locus of symbolic production; in primitive society it is the set of social (kinship) relations." (S. 212)
Daß „material production" mit Gerätetechnik weitgehend gleichzusetzen ist und „social relations" mit sozialen Techniken, wird kaum bestritten werden. In diesem Konnex nehmen dann Politik, Ritual und Ökonomie die Aufgabe wahr, diese sozialen Beziehungen zu stützen anstatt zu ersetzen. (ibid.)

Stabilisierung abstützende Einrichtungen benötigen, um den zur Funktionstüchtigkeit notwendigen Konsens entstehen zu lassen.

Im Gegensatz zu Solidargemeinschaften, wo Konsenserzeugung kontinuierlich möglich ist, sind Individualgesellschaften genötigt, Konsensmechanismen anzubieten, die quasi instantan, jederzeit und überall eingesetzt werden können und denen „Desinteresse", d. h. Neutralität, oder „Objektivität" zugeschrieben werden kann. Nichts scheint naheliegender, als Objektivität Objekten, d. h. Sachen – das sind aber Artefakte – zuzubilligen. Individualisierte Interaktionsmuster bedürfen für ihre Tauglichkeit einer „sachlichen" Wissenschaft zur kognitiven Konsenserzeugung. Solche Verfahren bietet die neuzeitliche Wissenschaft als nicht weiter hinterfragbare Wahrheiten durch Experiment und Interpretationsexperten an. Das ist der Punkt, wo sich neuzeitliche Wissenschaft und Technik vereinigen, Technisierung und Verwissenschaftlichung ineinander überführen. Diese, offensichtlich soziale Leistung (im Gegensatz zur naturkämpferischen) von Geräten wird durch die Fähigkeit ergänzt, Interaktionsmuster, über deren Art und Form dann gleichfalls unterschiedliche Vorstellungen herrschen können, zumindest „streckenweise" festzuschreiben und so über „Regel-Technik" (Operations Research) Dissens zu eliminieren.

Die Möglichkeiten der Regeltechnik werden durch den Einsatz von Computern perfektioniert.

> „. . . software is better defined as ‚logical doctrine for the harmonious cooperation of people and machines'. Such doctrine takes the form of programs for hardware, and users' guides / operating instructions for people." (Arden, 1980, S. 806),

stellt folgerichtig die umfangreiche MIT-Studie über die Möglichkeiten weiterer Automation fest. Damit entsteht eine „Beziehungsmaschine", „die Dinge und Menschen in Beziehung bringt" (Janshen, 1986, S. 36). Damit wird aber unmißverständlich klar, daß Technik in ihrer heutigen Form soziale Interaktionen und Innovationen ersetzt. Realtechnik präsentiert sich als die Politik sozial Behinderter. Als solcher „Sozialersatz" kann sie auch als „Organersatz" verstanden werden. Ersetzt werden dabei allerdings nicht Hauer oder Krallen, sondern die Organe menschlicher Partner.

Als Folge solcher Versachlichungen erhält das Sozialgefüge eine ihm eigene Qualität, was manche nicht unberechtigt veranlaßt, von einem „sozio-technischen System" zu sprechen (Ropohl, 1979).

Die Tendenz, soziale Bezüge gerätetechnisch zu „versachlichen", d. h. konsensfähig zu machen, kreiert in individualistischen Gesellschaften Realtechnik. Diese wird dann für weitere technische Entwicklungen bestimmend, wie die heutige Entwicklung im Bereich der Kommunikations- und Regenerationstechnologien schlagend demonstriert. Diese „Versachlichung" bezeichnen wir auch als „Technisierung". Es handelt sich dabei um eine intendierte, qualitative Veränderung sozialer Bezüge. Betroffen werden Interaktions- und damit Kommunikationsmuster, Sozialisation und Konsenserzeugung. Ihre Akzeptanz ist Ergebnis eines sozialen Bedarfs, der sich aus der Unzulänglichkeit sozialer Interaktionsmuster ergibt. In Anlehnung an Rammert (1988) soll „Technisierung" als „Einbau materieller Artefakte in Handlungsabläufe und deren Ausbau zu soziotechnischen Handlungskomplexen" verstanden werden.

Aktuell sind einer derartigen Technisierung die Universitäten unterworfen. Ihr doppelter Auftrag, in Lehre und Forschung tätig zu sein, ist ein Auftrag zur Sozialisation einer Elite und zur Wahrung und Produktion von Unwiderlegbarkeit, die – als Wahrheit oder wissenschaftliche Erkenntnis – Konsens und damit Kooperation ermöglichen soll. Als Institution mit solchem gesellschaftlichen Aufgabenbereich war sie zwar, wie zu sehen sein wird, zunächst historisches Ergebnis eines Vergesellschaftungsprozesses in einer höchst mobilen Epoche des Mittelalters. Ihre damalige Zielvorgabe war allerdings auf neuerliche Vergemeinschaftung ausgerichtet. Folgerichtig führte dieser Ansatz in eine neue, konservative Stagnation der Wissenschaften, die damals keineswegs negativ bewertet wurde. Als Ergebnis der Aufklärung wurde die Universität nach und nach in eine vergesellschaftende Institution verwandelt, insbesondere durch Neugründungen wie die Ecole Polytechnique in Paris und deren Nachahmungen, bzw. durch Einführung der Naturwissenschaften an den Universitäten. Reformbemühungen ähnlicher Art waren nicht überall gleichermaßen erfolgreich. Die heute betriebene Technisierung von Forschung und Lehre rückt dagegen nicht nur deren Industrialisierung in den Bereich des Möglichen, sondern mag Bestrebungen, Universitäten erfolgreich in den Prozeß soziotechnischer Vergesellschaftung einzubinden, besser realisieren helfen.

Diese Entwicklung wie auch die genannten Aufgaben der Universität scheinen Anlaß genug, sich mit ihrer Geschichte als Fallbeispiel für Technisierung auseinanderzusetzen. Lehre und Forschung, weil sie als Institutionen für Konsenserzeugung und somit als Bedingung für Kooperationschancen zu verstehen sind, lagen deshalb von Anfang an im Zentrum unseres Interesses.

Diese Wahl mag trotz allem befremdend erscheinen, wird doch meistens „die Fabrik" zum Tempel stilisiert, in dem Technik und technischer Fortschritt gefeiert werden. Die Fabrik ist die klassische Form vergesellschafteter Produktion, gibt es doch ohne Proletariat keine industrielle Revolution. Die Fabrik würde aber erst dann aus unserer Sicht zu einem faszinierenden Studienobjekt, wenn in ihr z. B. neuerlich zünftische Produktionsformen eingeführt würden. Das scheint aber keineswegs der Fall zu sein. An der Fabrik läßt sich der durch Technisierung verursachte Wandel deshalb nicht studieren, weil sie von Anfang an ein „soziotechnisches System" war, an dem bestenfalls seine Perfektionierung zu studieren wäre. Diese Perfektionierung, die als vollkommener Sozialersatz innerhalb einer auf Individualisierung ausgelegten Gesellschaft folgerichtig in ihrer Automatisierung liegt, wird allerdings von der Industriesoziologie bereits hinlänglich untersucht.

Zugegebenermaßen waren auch idiosynkratische Präferenzen für die Wahl der Universität als Fallstudie ausschlaggebend. Dieser Umstand sollte nicht verschwiegen werden. Seinen Ursprung hat er in den gängigen Diskussionen um die Rolle der Universität. Diese schwanken vornehmlich zwischen den Polen „Bildung und Ausbildung" hin und her.

In Absetzung dazu wird ein anderes Verständnis der Rolle der Universitäten entwickelt. Vorrangig scheinen in dieser Sicht ihre Vertreter und Absolventen aufgerufen, Chaos zu interpretieren, d. h. Problemen durch Definition Form zu geben. Das bedeutet keineswegs schon, sie zu lösen. Doch eine entsprechende Definition eines Problems läßt Lösungsmöglichkeiten vorbereiten. Durch die Art der Definition werden Probleme zu sozialen oder zu technischen Problemen gemacht und in weiterer Folge sozialen oder technischen Lösungsansätzen zugeführt.

Nicht zufällig schreibt R. Ackoff in einer Kritik gängiger Operations Research-Ansätze:

> „. . . managers are not confronted with problems that are independent of each other, but with dynamic situations that consist of complex systems of changing problems that interact with each other. I call such situations messes. Problems are abstractions extracted from messes by analysis;"
> (Zit. nach Schön, 1982, S. 16).

Was aber für Manager gilt, gilt gleichermaßen für Ärzte, Ingenieure, Psychiater, Lehrer, hohe Beamte, Juristen und Wissenschafter. Und es ist die Universität, die diese Personen ausbildet und sie in und über Forschung auf den Umgang mit „messes" vorbereitet. Erst die kontinuierliche Auseinandersetzung mit solchem Chaos gestattet es, Problemdefinitionsstrategien in der Lehre anzubieten. Versteht man die Aufgabe der Universität in dieser Weise, dann scheint ihre anstehende Technisierung Ergebnis einer ungeeigneten Problemdefinition. Ihre Technisierung stellt dann aufgrund der damit einhergehenden Festschreibungen den kürzesten Weg in ein nicht mehr bewältigbares Chaos dar, anstatt, wie erhofft, in eine bessere Zukunft.

0.2 Umwelten

Da sich im Artefakt Natur und Kultur vereinigt und dieses somit zum Ver-Mittler zwischen Menschen und ihrer Umwelt wird, sind Geräte als Artefakte zumindest genauso Ausdruck und Ergebnis ihrer sozialen Umstände wie der natürlichen. Dieser Einsicht, daß Technik die Be-DINGung sozialer Umstände ist, haben sich Ingenieure bis jetzt gerne verschlossen, wie auch der umgekehrten Einsicht, daß sie auch immer deren Aus-Druck ist und folglich mehr als nur Anwendung von Naturgesetzen. Als Ergebnis dieser Weigerung mangelt der gängigen Ausbildung von Ingenieuren ein wesentlicher Teil an Kenntnissen, nämlich jenen der sozialen Determinanten ihrer Tätigkeit und ihrer Produkte.

Bedauerlicherweise hilft ihnen auch die Sozialwissenschaft nicht aus diesem Dilemma, weil diese die soziale Bedeutung der Sachen ignoriert und sich gleichfalls einer naturbeherrschenden Auffassung von Technik (Realtechnik) verschrieben hat. Die Tatsache, daß Naturbearbeitung vor allem soziale denn andere Bedürfnisse befriedigt, bleibt meist, trotz grundlegender Arbeiten von Mauss (1923), Douglas/Isherwood (1978), Sombart (1913) etc., unberücksichtigt.

Solche Einsichten wurden von der zeitgenössischen Sozialwissenschaft sträflich vernachlässigt (Linde, 1972). Die Ursache dieser Myopie zu eruieren könnte Teil eines eigenen wissenschaftssoziologischen Forschungsprojekts sein. Eine mögliche These wäre dann, daß die saubere Arbeitsteilung zwischen Sozial- und Ingenieurwissenschaften dafür verantwortlich ist, weil Überlappungen als Ergebnis eines Kompetenzmangels unbearbeitet bleiben. Eine andere, nicht minder plausible These wäre aber auch, daß Technik als konstitutives Merkmal des Menschen, das ihn vom Tier differenziert, in den Zuständigkeitsbereich einer im deutschen Wissenschaftsladen dominant naturwissenschaftlichen Anthropologie fällt – wo sie ja auch prominent als Teil der Evolution abgehandelt wurde (Gehlen, 1953). Ein derartiger Ansatz ist aber zwangsläufig beschränkt, ist er doch genötigt zu übersehen, daß zumindest gewisse Primaten Technik nicht nur gebrauchen, sondern auch auf diese zum Überleben angewiesen sind, wenn es sich dabei auch nur um einfachste Techniken handelt. Ein beeindruckendes Beispiel für diese Angewiesenheit stellt z. B. das Orang-Utan-Rehabilitationszentrum in Bohorok auf Sumatra dar. Dort lehren Menschen den in die Wildnis zurückgeführten Tieren erst die notwendigen Überlebensstrategien, wie Nesterbau und Sonnenschutz durch Bestreichen mit Lehm. Ohne solche Techniken wären die Tiere im Dschungel nicht überlebensfähig.

Eine naheliegende Konsequenz solcher naturgeschichtlicher Betrachtungsweise liegt außerdem in einem stark eingeschränkten Technikverständnis. Dieses betrachtet Technik nahezu ausschließlich als Mittel im Kampf mit der Natur ums Überleben und übersieht gerne, daß Überleben auch wesentlich von der Kooperationsfähigkeit zwischen einzelnen Menschen abhängt. Auf diese soziale Komponente, die unauflösbar mit dem Gebrauch und der Entwicklung von Sprache verknüpft ist, macht bereits der französische Paläontologe Leroi-Gourhan (1964) mit Nachdruck aufmerksam. Seine Erkenntnis, daß das Überleben des einzelnen wie der Gattung maßgeblich von ihrer Kooperationsfähigkeit abhängt – deren Voraussetzung die Fähigkeit ist, mittels Sprache Konsens zu erzeugen –, bestimmt auch die Entwicklungslinien vorliegender Arbeit und läßt uns Sprache und Sprachschöpfungen, wie sie z. B. die Wissenschaft leistet, im Vergleich zur Realtechnik wiederholt neben Gerät und technische Innovationsfreudigkeit stellen.

Die oben angeführte disziplinäre Arbeitsteilung hat ihrerseits Ursachen, die nicht unerwähnt bleiben dürfen. Linde (1972), auf den ich mich im folgenden beziehen werde, vertritt die Auffassung, daß die erstaunliche „Sachabstinenz unserer gegenwärtigen Soziologie" (Linde, 1972, S. 12) Ergebnis der Bemühungen sei, Soziologie als Einzelwissenschaft zu etablieren. In diesem Bestreben wurden, seiner Meinung nach, vielversprechende ältere Ansätze, wie sie von Marx oder Durkheim angeboten wurden, nicht nur nicht weiterentwickelt, sondern schlicht übergangen.

Durkheim wie Marx wußten, daß über Sachen Zwänge sozialer Verhältnisse auf das Verhalten der Betroffenen wirken, d. h. dem Individuum Handlungsmuster exterior vorgegeben werden. Insbesondere M. Weber (1922) reduziert in der Konstruktion seiner „verstehenden Soziologie" das Erkenntnisobjekt der Soziologie auf „soziales Handeln". Darunter versteht er Handeln, mit dem der Akteur subjektiv einen Sinn verbindet und das sich am Verhalten anderer Individuen orientiert.

Ausgeschlossen werden durch diese Auffassung eine Reihe von Handlungsmustern. Für unseren Ansatz von besonderer Bedeutung ist, daß alles Handeln, welches sich lediglich am erwarteten Verhalten ‚sachlicher Objekte' orientiert (ibid. S. 40), keine Berücksichtigung findet und weiters, daß Verhaltensregeln, die, von der Vorstellung einer Ordnung getragen, Regelmäßigkeiten im Verhalten erzeugen, nicht Berücksichtigung finden. Diese Ausschließungen sind in der Tat erstaunlich, treten sie doch im Ansatz bereits hinter Auffassungen zurück, wie sie von Durkheim oder Marx formuliert wurden.

Die Fokussierung Webers, die Linde hinterfrägt, indem er unter sozialem Handeln nicht nur solches subsumiert, das sich auf das Handeln anderer bezieht, sondern auch solches dazurechnet, das über Regeln, Normen und Ordnung hervorgerufen wird, diese Fokussierung muß auch als protestantische Absetzung von Gesellschaftbildern verstanden werden, die traditionaleren Heilslehren entstammen. Webers Fokusierungen wären demnach auch ideologiebestimmt.

Daß solche Mutmaßungen nicht völlig von der Hand zu weisen sind, untermauert u. a. die Tatsache, daß sich insbesondere in der angloächsischen Welt eine Gesellschaftsauffassung durchgesetzt hat, die dem Weberschen Bild von der Gesellschaft entspricht. Mead (1932/1934), Parsons (1937), Merton (1949) sind nur herausragende Repräsentanten dieser Sicht. Vertreter traditionalistischer Auffassungen bevorzugen ein anderes Gesellschaftsbild. In diesem wird Gesellschaft nicht auf ein komplexes Interaktionsgefüge zwischen Individuen reduziert, sondern ist ganzheitlich mehr. Regeln, Normen und Ordnungen bestimmen die Handlungsspielräume der Mitglieder einer Gesellschaft nachdrücklich. Zu den Vertretern dieser Auffassung sind Marx und ein guter Teil der Frankfurter Schule zu zählen, Durkheim, Mannheim, Simmel und Elias. Diese unterschiedlichen Sichtweisen, die soweit führen können, daß herausragende, zur gleichen Zeit lebende Vertreter des Fachs, wie Durkheim und M. Weber (Tiryakian, 1981), nachweislich nicht voneinander Kenntnis nahmen, dürfen nicht dazu verleiten, Partei zu ergreifen, indem dem einen oder anderen Recht zugesprochen bzw. im Umkehrfall Verblendung vorgeworfen wird. Tatsächlich dürften dahinter divergente soziale Erfahrungen und Sozialisationsweisen stehen. Da in beiden Lagern herausragende Wissenschafter vertreten sind, sollten weder die einen noch die anderen übergangen werden. Es würde sich ansonsten die peinliche Frage stellen, wessen Gesellschaftsauffassungen überhaupt Gültigkeit beanspruchen dürfen.

Weiters darf auch nicht der Fehler begangen werden zu meinen, daß es sich hier um ein typisches Problem der Sozialwissenschaften handle.

Es ist aufschlußreich zu sehen, daß auch die Physik von analogen Divergenzen nicht verschont ist, auch wenn sich über geraume Zeit quasi eine „Weberianische Physik" in Übereinstimmung mit einer „Newtonschen Gesellschaft" findet.

Solche Zusammenhänge werden blitzartig in Adressen wie jener Rutherfords vom 26. August 1909 in Winnipeg erkennbar, wo er u. a. folgende Feststellung machte, die Holton (1978) entnommen ist:

> „Rutherford's main attention was devoted to reviewing the developments favorable to the atomistic point of view, which he acknowledged to appeal particularly ‚to the Anglo-Saxon temperament'." (Holton, 1978, S. 49)

Dieses „temperament" ist allerdings kein Temperament, sondern reflektiert vertraute Erfahrungen gesellschaftlicher Art, die analoge in anderen Bereichen positiv aufnehmen lassen.

Ähnlich wie sich in der Soziologie unterschiedliche Gesellschaftsmodelle finden, lassen sich auch in der Physik ganzheitliche Ansätze neben den atomistischen finden:

D. Bohm ist einer der prominentesten Vertreter einer ganzheitlichen Physik (Bohm, 1980). In dieser wird, auf der Basis von Relativität und Quantentheorie, die atomistische Vorstellung einer Welt, die als aus kleinsten Bausteinen zusammengesetzt scheint, aufgegeben, um Ordnungsprinzipien einer in ständigem Fluß befindlichen Ganzheit zu entdecken.

Solche Alternativen sind dabei keineswegs erst von David Bohm entdeckt worden. An ihrem Anfang stehen Namen wie M. Born, F. Exner, H. Weyl, A. Sommerfeld, ein jugendbewegter W. Heisenberg und zeitweise auch E. Schrödinger.

Diese beiden unterschiedlichen Ansätze, egal ob in den Naturwissenschaften oder Gesellschaftswissenschaften, unterscheiden sich zwangsläufig nicht nur in der genannten Hinsicht. Ihre Auffassungen von Erkenntnis, Sprache und Persönlichkeit werden gleichfalls aufgrund dieser unterschiedlichen Ausgangspositionen geprägt. Der Auffassung etwa, Sprache sei nur Abbild, wie der junge Wittgenstein (1921) meinte, steht z. B. eine gegenüber, die Sprache als gesellschaftliches Produkt versteht, wie es der reife Wittgenstein (1952) vertrat. Der Möglichkeit der Erkenntnis der Natur und der prinzipiellen Machbarkeit der Welt steht ein Verständnis gegenüber, das relativistisch, zumindest aber relational ist. Erkenntnis ist demnach von der jeweiligen Position abhängig und die Machbarkeit der Welt beschränkt. Derartig grundlegende Auffassungsunterschiede machen sich auch in bezug auf das jeweilige Verständnis von Wissenschaft und Technik und deren Gebrauch bemerkbar, das dürfte kaum mehr überraschen.

Alle diese unterschiedlichen Auffassungen von Sprache etc. sind wiederum nicht nur das Produkt phantastischer mentaler Konstruktionen. Dafür sind ihre prominenten Vertreter zu gewichtig. Sie müssen gleichfalls als Ergebnis dominanter Erfahrungen verstanden werden. Dabei braucht auch nicht in Abrede gestellt zu werden, daß Erfahrungen selektiv sind. Vieles wird oft nicht wahrgenommen, anderes zusätzlich herausgestrichen. Trotzdem reicht es nicht, so unterschiedliche Auffassungen wie erwähnt nur über einen „blinden Fleck" erklären zu wollen. Es sind zwar unbestritten unterschiedliche „Sprachspiele" damit verknüpft, die blinde Flecken erzeugen, aber – um in der Metapher zu bleiben – auch gelbe Flecken[9].

Daraus kann man ersehen, daß die Genese alternativer Weltbilder mit Sprachschöpfungen einhergeht. Überwältigendes Beispiel dafür wären die Wissenschaften selbst. Es ist demnach kein Wunder, daß jene, die alternative wissenschaftliche Ansätze vertreten, stets auch neue Sprachen fordern oder schöpfen. Beispiele dafür wären in der Physik wiederum Bohm bzw. dessen „Rheomode", in der Soziologie Elias (1971), in der Philosophie u. a. Heidegger (1927), in der Technik Reuleaux (1875/1900) oder Winograd (1986).

Derartig absichtsvolle Veränderungen über sprachliche Konstruktionen sind allerdings keineswegs die einzige Form des Wandels von Sprache. Ändern sich Gesellschaften, so ändern sich deren Sprachgepflogenheiten. Ändert sich z. B. der Technikbegriff, wie zuvor dargestellt wurde, so ist das ein Indikator dafür, daß sich die ihn nutzende Gesellschaft selbst verändert hat. Dabei ist dieser Wandel nicht nur einer in der Auffassung, sondern einer in der Sache, die ja gemacht wird. Dieser Sprachwandel signalisiert demnach Veränderungen der gesellschaftlichen Realität und der Rolle, die Technik dabei spielt.

Es gilt allerdings, daß jene, „die im Zug sich finden, ihre eigene Bewegung nicht wahrnehmen". Es sind die anderen, die entlang der Strecke stehen, die ihre Bewegung registrieren. Wenn sich demnach in einer verschränkten Bewegung Technik und Gesellschaft wandeln, dann ist für diese Veränderung u. a. auch indikativ, daß gerade die Akteure jene nicht wahrnehmen. Das mag ein weiterer Grund dafür sein, daß Weber und seine Anhänger über Technik vorwiegend schweigen.

Diese Ausschließung der Technik aus dem Sozialen unterstützt die Vorstellung der Unabhängigkeit von wissenschaftlichem und technischem Fortschritt. Gleichzeitig ist diese Vorstellung von Fortschritt auch Ausdruck der Vorstellungen von Gesellschaft. In diesem dominiert, im Geiste der Aufklärung, das unabhängige, freie und auf sich selbst gestellte Individuum. Dessen Freiheit wird unter anderem auch über eine hinreichende Verfügung über Sachen, das ist einmal Eigentum und Kapital, das andere Mal Geräte, also Technik, gewährleistet.

---

9 „Gelber Fleck" ist im Auge jene Stelle, wo maximale Lichtempfindlichkeit, d. h. größte Dichte der Sehnerven, herrscht.

Technische wie wissenschaftliche Entwicklung wird in Übereinstimmung mit diesem Ansatz als Leistung einzelner Genies verstanden, die entsprechend heroisiert werden. Das gesamte gesellschaftliche Gefüge erscheint als Ergebnis rationaler Kalküle für oder gegen Interaktionen und wechselnder Koalitionen, wobei gilt, daß der Starke trotzdem am mächtigsten allein ist.

Macht ihrerseits ruht dann in der Verfügung über Sachen. Held dieser ganzen Dramaturgie wird demnach Homo Faber, besonders dann, wenn er als Ingenieur auftritt. So betrachtet kann es nicht überraschen, daß in der fraglichen Zeit hohe Schulen entstehen, die erstmals zur Produktion dieser Art von Helden dienen. Das in diesen polytechnischen Instituten angelegte Verständnis von Technik und Gesellschaft wirkt bis zum heutigen Tage nach.

Die siebziger Jahre unseres Jahrhunderts brachten allerdings einen Paradigmenwechsel, zunächst als Folge der nicht mehr übersehbaren Umweltprobleme. In kurzer Folge wurde jedoch evident, daß Wissenschaft und Technik Einflüssen von Interessensgruppen unterworfen sind, die die postulierte Autonomie des Fortschritts in Frage stellten. Industrie und Militär rückten zunächst ins Zentrum der Aufmerksamkeit. Die ursprügliche Fokussierung der Aufmerksamkeit wurde damit von unerwünschten Technik- und Wissenschaftsfolgen auf die Bedingungen der Genese von Artefakten verschoben. Es ergab sich bei diesen Analysen bald die Einsicht, daß eine weit größere Plastizität und Entscheidungsfreiheit bei der Entwicklung von Technologien vorliegt, als die tradierte Auffassung vom Zusammenwirken von wissenschaftlicher Forschung und technischer Entwicklung nahelegte[10].

Das nötigt zu einem neuen Technikverständnis, wo soziale und kulturelle Determinanten technischer Entwicklung gleichbedeutend neben naturgesetzlichen Bedingungen stehen. Diese Erkenntnisse erfordern allerdings ein Umdenken in der Ausbildung der Techniker.

Folgerichtig muß dieser Paradigmenwechsel auch zu Umbrüchen in den Sozialwissenschaften führen. Sie können nun nicht länger „Technik als nicht-soziales Phänomen" ausgliedern und werden aufgrund dessen genötigt, das liebgewonnene interaktionistische, individualistische Gesellschaftsmodell zumindest durch Einbeziehen von Technik zu ergänzen, wenn nicht gar auszuwechseln.

Solche Perspektiven enthalten die Aufforderung, zu den Anfängen zurückzukehren. Dort stehen allerdings „Anti-Individualisten", wie Comte, der als „Subjekt' der Erkenntnis nicht einen einzelnen Menschen, sondern die menschliche Gesellschaft ansetzte" (Elias, 1971, S. 37).

Unübersehbar ragt aber E. Durkheim (1912) heraus, der als „das soziale Problem schlechthin" die Etablierung von Konsens betrachtet, welcher Gegensätze abbauen und damit Kooperationen ermöglichen hilft. Solcher Konsens wird nach ihm im Sozialisationsprozeß erzeugt; Grund

---

10 Dazu: W. E. Bijker, T. Hughes, T. P. Pinch (1987), insbesondere die Einleitung.

genug für Durkheim, sich nachdrücklich der Pädagogik und der Vermittlung von Moral zu widmen.

0.3 Aufrisse

Eingedenk jedoch des weiter oben Gesagten, daß auch den Darstellungen der anderen Seite, der „Individualisten", gleiche Bedeutung beizumessen ist, muß die Frage gestellt werden, wie bei ihnen Konsens erzeugt wird. Die, nach Durkheim, organische Integration über Arbeitsteilung kann dann nicht reichen, wenn nicht länger auf gemeinsame Sozialisationserfahrungen zurückgegriffen werden kann.

Unter solchen Gegebenheiten ist mit Fug anzunehmen, daß arbeitsteilige Kooperation erst gar nicht zustande kommt, sondern bestenfalls nur Zirkulation von Waren im Tausch, die bereits Marx (1859) als Quelle gesellschaftlicher Synthese ortete. Und selbst im Tausch muß noch ein „Mindestmaß an Einheitlichkeit" (Sohn-Rethel, 1970) gewährleistet sein, wobei dieses Mindestmaß nur durch größtmögliche Abstraktion von konkreten Bezügen und über äußerste Banalität erreicht wird. Die Umsetzung einer derartigen Abstraktion, d. h. die Realisierung des Abstrakten, geschieht im stets problembeladenen Wertbereich über die „Realabstraktion Geld", das nur mehr Quantität verkörpert.

Im kognitiven Bereich hingegen werden zur Erzeugung von Konsens zunächst außenstehende und folglich „unparteiische" Schiedsrichter bemüht, die allerdings nach und nach durch Geräte ersetzt werden, deren Funktion somit ausschließlich sozialer Art ist. Zu solchen zählen die bereits im frühen Neolithikum auf mesopotamischen Märkten auffindbare Waage (Bernal, 1954) oder die Klepsydra, die im antiken Athen bei Gerichtsverfahren, wie auch im römischen Senat zur Messung und Beschränkung der Redezeiten Verwendung fand. Die konsequente Weiterführung solcher „Konsensgeräte" führte schließlich, wie zu sehen sein wird, dazu, wie es Descartes proklamierte, Banalität zum Fundament der Wissenschaften zu machen. Alle diese Verfahren reichen aber nur aus, um Konsens im Handel oder in Händeln zu gewährleisten.

Für arbeitsteilige Kooperation ist diese Form des Sozialisationsersatzes nicht hinreichend. Wenn nämlich die detaillierte Abstimmung von Kooperationen unerläßlich wird, werden ausgefeiltere und detaillierte Sozialisationsmaßnahmen notwendig. Resozialisation in spezifische Kooperationsstrukturen erfordert unter solchen Bedingungen eine eigene soziale Technik, die als „Disziplinierung" bezeichnet wird. Ein derartiges Verfahren ist allerdings zeitaufwendig, wenn auch in geringerem Maß als die Sozialisation in Primärgruppen.

Ökonomisierung der Zeit und die Ideologie des selbstbestimmten Individuums lassen auch diesen Vorgang gerätetechnisch überformen. Zu den frühesten derartigen Techniken zählen wiederum Uhren, die, als Weltmodelle konzipiert, eine zumindest grobe Koordination sozialer Aktivitäten ermöglichten. Ab dem 18. Jhdt. entsteht jedoch ein eigener Zweig der Technik, die Regeltechnik, die nicht nur Dampfmaschinen zu regeln erlaubt, sondern über deren „Zwangslauf" (Reuleaux, 1875) die Disziplin des Dampfes in die Arbeitsorganisation (Veblen, 1904) bringt. In diese Genealogie fügt sich der Computer als letztes Glied der Entwicklung.

Heute deutet sich bereits an, daß diese Maschine ihre Rolle als Ordner (l'ordinateur) bzw. als „logical doctrine for the harmonious cooperation of people and machines" (Arden, 1980, S. 806) nochmals transgrediert. Ausbildungsprogramme, die „on the spot" einem menschlichen Agenten z. B. die Reparatur einer Maschine beibringen, sind nicht länger als Sozialisationsagenten, sondern als Sozialisationsersatz zu betrachten.

Damit ist ein Punkt erreicht, wo sich der Durkheim'sche Gegensatz von Individualisierung und sozialer Solidarität aufzulösen scheint. Es entsteht eine technisch erzeugte Autonomie des Individuums, die die Abhängigkeit von anderen durch jene vom Gerät ersetzt, wodurch die Macht des Einzelnen mit der seiner Geräte ident wird.

Im Zentrum unseres Ansatzes liegt die Verwirklichungschance für soziale Kooperation. Diese Chance wird von Konsens oder Dissens bestimmt, der aus dem Aufeinanderprallen gleicher oder unterschiedlicher Sozialisationserfahrungen (kultureller Hintergründe) resultiert. Wissenschaft und Technik werden dabei Instrumente zur Konsensermöglichung.

Sie tragen so zur Vergrößerung der Chancen für Kooperation bei. In konsequenter Durchführung verringern sie allerdings diese Chancen in einem „Kippvorgang". Sie kreieren dann einen Grad an Individualisierung und Vereinzelung, wie er bis jetzt unbekannt war, und lassen so soziale Kooperation bis hinein in den Intimbereich ersetzbar werden.

Anders betrachtet wird der gesellschaftliche Bedarf nach Wissenschaft und Technik dort groß, wo Kooperationschancen aufgrund desintegrativer Tendenzen gering sind. Umgekehrt wird aber Wissenschaft und Technik umso weniger geschätzt, umso höher die Chancen für erfolgversprechende Kooperation scheinen.

0.4 Reißzeug und Plan

Da diese Arbeit um eine sozialwissenschaftliche Deutung von Technik und Wissenschaft bemüht ist, repräsentiert sie selbst ein transgredierendes Zwitterwesen[11]. Wie allen „Go-betweens" drängt sich auch

---

[11] Diese Grenzüberschreitungen werden insbesondere im Zusammenhang von „science, technology and society" als notwendig betrachtet.

B. Latour (1987) schreibt: „. . . I wish to help overcome two of the limitations of science, technology and society studies that appear to me to thwart their impact, that is their limitation *by discipline* and *by object*." (S. 16)

A. Giddens (1987) fordert in seinen Thesen über die Zukunft der Soziologie in Analogie

uns unwillkürlich ein Vergleichen auf[12]. Aufgrund solcher Vergleiche können Wissenschaft und Technik nicht mehr als einmaliges historisches Ereignis gesehen werden. Allerdings lassen sich verschiedene Formen erkennen. So wie unterschiedliche Sozialisationstechniken unterschiedliche Sprachformen entwickeln, so kreieren sie auch unterschiedliche Realtechniken und Wissenschaften. Vergleiche nötigen zu Typisierungen, weil signifikante Differenzen ohne ebensolche Äquivalenzen sinnlos sind. Somit wird es ein zentrales Anliegen dieser Arbeit sein, eine Typologie zu entwickeln und in der Folge zu zeigen, daß es sich dabei um ein umfassendes Klassifikationsinstrument und nicht nur um eine beliebige Auflistung handelt. Erst über eine Klassifikation gewinnt die vergleichende Methode Aussagekraft.

Der vergleichenden Methode wird häufig „Beliebigkeit" zum Vorwurf gemacht. Solcher hat Berechtigung, solange keine Beschränkungen im Hintergrund stehen. Alles mit allem zu vergleichen ist wenig sinnvoll. Eine Typologie produziert die notwendige Beschränkung als Resultat ihrer eigenen Systematik. Trotzdem kann der Vorwurf von Beliebigkeit bezüglich der Auswahl der Fälle weiterhin erhoben werden.

Wie die einführenden Beispiele zeigen, wurden sie aus Geschichte und Anthropologie gewählt. Diese möglicherweise als „beliebig" bewertete, diachronische und synchronische Vorgehensweise (Lévi-Strauss, 1962) ergibt sich aus dem Forschungsobjekt „Gesellschaft". Da Gesellschaften nur mit anderen Gesellschaften verglichen werden sollten, müssen die Vergleichsobjekte ebenfalls Gesellschaften sein, das heißt, wir müssen entweder Raum- oder Zeitgrenzen überschreiten. Unser Vorgehen ist dem Objekt immanent. Trotzdem unterscheidet sich dieses von nivellierenden Ansätzen, wie sie etwa in der Soziobiologie und Ethologie gefunden werden.

Trotz methodischer Offenheit wird in der vorliegenden Arbeit der Vergleichsbereich in allen wesentlichen Fragen auf die drei klassischen Epochen der europäischen Geschichte beschränkt. Diese Beschränkung soll nicht signalisieren, daß Wissenschaft und Technik als europäische Einmaligkeiten verstanden werden. Dieser Sicht widersprechen die umfangreichen Arbeiten J. Needhams, M. Webers oder, wie wir sehen werden, Lévi-Strauss' u. a. (siehe Kapitel 3). Unsere Einschränkung ergibt sich aus einer unzureichenden Kenntnis der Sozialgeschichte Chinas, Indiens und anderer potentieller Anwärter.

Die Arbeit ist in vier Teile gegliedert. Der erste Teil legt das Fallbeispiel Technisierung der Universität, deren Entwicklung, sowie deren gängige Interpretation dar. Der zweite entwickelt dazu eine Alternative, die Forschung und Lehre und deren zunehmende gerätetechnische Um-

---

dazu, daß die Soziologie die engen disziplinären Grenzen innerhalb der Sozialwissenschaften zu überkommen hätte.

[12] Die Bedeutung der vergleichenden Methode bei der Genese wissenschaftlicher Erkenntnisse wird u. a. von Elias (Elias, 1970) betont.

setzung in einen neuen Zusammenhang stellt, der von gesellschaftlichen Entwicklungen bestimmt ist.

Teil 3 verallgemeinert diesen Ansatz in umfassender Weise. Der vierte Teil stellt den Anschluß unseres Ansatzes an gängige Diskussionsthemen her, entwickelt eine abschließende Betrachtung der universitären Gegebenheiten und offeriert abschließend einen Lösungsvorschlag für einen offenkundigen Widerspruch.

Folgender Aufbau der Arbeit wurde somit entwickelt:

Teil I: Grundfesten und Aufbauten

Kapitel 1: Als Fallbeispiel für Technisierungsprozesse wurde die Universität und deren sogenannte „Computerisierung" gewählt. Der gewählten Methode gemäß wird zuerst die historische Entwicklung der Universität, ihrer sozialen Aufgaben und Probleme dargestellt, dann jene der technischen Geräte und des sozialen Umfeldes, in dem sie entwickelt und gefördert wurden. Schließlich werden das Aufeinandertreffen der beiden und die sich daraus ergebenden Veränderungen behandelt.

Die Technisierung der Universität ist in den USA am weitesten gediehen, folglich bezieht sich diese Darstellung überwiegend auf dortige Universitäten. Die geschilderten Veränderungen blieben auch dort nicht unbeachtet. Einschlägige Publikationen zu diesem Thema, wie der Bericht des „National Science Board" an den Präsidenten und den Kongreß (Science Indicators, 1985), oder Aufsätze in einschlägigen Journalen wie Scientific American (Wolfram, 1984) stellen diese Veränderungen als Paradigmenwandel dar.

Kapitel 2: Die auf T. S. Kuhn zurückgehende Vorstellung von wissenschaftlichen Entwicklungen als paradigmatische Revolutionen wird als erste Erklärungsthese aufgegriffen und auf ihre Tauglichkeit geprüft. Es zeigt sich, daß das Kuhn'sche Modell als Erklärungsansatz nicht in jeder Hinsicht befriedigt. Kuhn ignoriert die konstatierbaren, keineswegs geringen Einflüsse auf Forschung und Lehre von „außen", indem er sich ausschließlich einer internen Dynamik verschreibt, die aus Widersprüchen zwischen verschiedenen Theorien bzw. Theorien und Experimenten resultiert. Weiters sind die durch die Einführung von Computern verursachten Veränderungen keineswegs auf Widersprüche innerhalb bestimmter Disziplinen beschränkt, sondern erfassen alle Gebiete gleichermaßen. Der Wandel rührt nicht aus Widersprüchen, sondern kommt vom Einsatz von Geräten. Die erste Erklärungsthese für die konstatierten Veränderungen und deren Folgen scheint demnach nicht zufriedenstellend.

Teil II: Konsens herstellen

Kapitel 3: Die genannten Unzulänglichkeiten lassen die Frage nach den Zusammenhängen zwischen Wissenschaft und ihrem gesellschaftlichen Umfeld ins Zentrum der Aufmerksamkeit rücken. Dieses Verhältnis wird aufgrund des vergleichenden Ansatzes diachronisch behandelt. Daraus ergibt sich eine Auseinandersetzung mit jenen Wissenschaftsforschern, die bei der Entwicklung ihrer „Finalisierungsthese" Wissenschaft als einmaliges neuzeitliches Ereignis verstehen. In Übereinstimmung mit Mittelstraß, Bernal u. a. wird die „Möglichkeit von Wissenschaft" nicht als einmaliges Phänomen begriffen, sondern es werden statt dessen unterschiedliche Formen in der Antike, dem Mittelalter und der Neuzeit beschrieben. Dabei werden die Lebensformen dieser Epochen und die Erfahrungen ihrer Wissenschaftler und Gelehrten miteinbezogen. Solchen aus dem sozialen Umfeld kommenden Einflüssen auf die Wissenschaft werden in den Teilen 4–6 dieses Kapitels Einflüsse, die aus der Produktionssphäre kommen, gegenübergestellt. Ergebnis dieser Vergleiche ist, daß die erste industrielle Revolution nicht nur wenig mit der Entwicklung der Wissenschaft zu tun hat, sondern vor allem nicht als erste industrielle Revolution zu betrachten ist. Weiters zeigt sich, daß sich für die so häufig gehörte These der Abhängigkeit moderner Produktion von wissenschaftlichen Forschungen kein überzeugender Nachweis ergibt. Wir ziehen es daher vor, von zwei Arten von Wissenschaft zu sprechen, der angewandten und der theoretischen. Beide können eine hohe Unabhängigkeit voneinander entwickeln. Unter der Bedingung, daß sich Theorie über Artefakte als Repräsentanten von Naturgesetzen legitimiert, können beide allerdings kooperationsfähig werden. Insgesamt stützt dieses Kapitel die Auffassung der Interdependenz zwischen Wissenschaften und ihrem sozialen Umfeld. Wissenschaft und Technik sind Ergebnis sozialer Umstände, wobei diese „Umstände" auch eine andere Form zeigen als meistens angenommen wird. Ein Resultat dieses Kapitels ist, daß Kuhns Ansatz selbst erklärungsbedürftig wird, worauf in Kapitel 7 Bezug genommen werden wird.

Kapitel 4: In diesem wird der zweite Einwand gegen Kuhns These weiterverfolgt. Die konstatierten Veränderungen an den Universitäten werden von Geräten verursacht; sie sind nicht Folgen interner Widersprüche. Somit muß der heiklen Frage nach der Rolle von Geräten in Experimenten und im kognitiven Bereich nachgegangen werden. Geräte in der Wissenschaft sind Be-Ding-ung zur Erzeugung von sozialem Konsens. Analoges gilt für die Eliminierung alternativer Interpretationen durch die Erfindung von exakten Maschinensprachen (Toulmin, 1988). Formalisierung und Mechanisierung der Argumentation mit Hilfe von Apparaten bei Experimenten wie in der Logik erfüllen dieselbe soziale Aufgabe. Sie ermöglichen Konsens in unklaren Situationen, indem sie einen gemeinsamen, verallgemeinerbaren Bezugspunkt schaffen. Dadurch entstehen wesentliche Voraussetzungen für Kooperation. Geräte[13] müssen somit auch als Kommunikationsform verstanden werden, weil sie akzeptabler Aus-Druck, Exteriorisierung, mentaler Inhalte sind. Sie erfüllen somit eine ähnliche Aufgabe wie Sprache, indem sie Bedingung für erfolgversprechende Interaktion werden.

---

[13] Der Begriff „Gerät" wird durchgehend synonym mit „Artefakt" verwendet.

Kapitel 5: In diesem Kapitel wird ein dorniger Weg beschritten. Zwecke und Ziele universitärer Lehre, die, nachdem Forschung bereits seit langem technisiert wurde, nun der gleichen Entwicklung unterworfen wird, werden „unter die Lupe" genommen. Um dieses Terrain zu erfassen, muß die große Höhe des Vogelflugs und der Ideale verlassen werden. Es bleibt dem Leser nicht erspart, sich vom Rand her, quasi zu Fuß, hineinzuarbeiten. Somit steht zunächst eine Auseinandersetzung mit Sozialisation, Erziehung und der Produktion von Persönlichkeitsmerkmalen an. Aus dem so gewonnenen Blickwinkel ergibt sich eine Analyse der Strukturierungsweisen der zu vermittelnden Kenntnisse aus wissenssoziologischer Sicht. Diese stehen in Zusammenhang mit den Organisationsstrukturen der die Kenntnisse vermittelnden Institutionen. Es zeigen sich Homomorphien zwischen der Organisation von Schulen, der Organisation der in der Theorie vermittelten Kenntnisse und den in der Erziehung angestrebten Persönlichkeitstypen und Lehrmethoden. Auf den Punkt gebracht lassen sich diese jeweils wie Ausschnitte aus einer Holographie verstehen, die die Gesellschaft ist. So ausgerüstet kann im zweiten Teil dieses Kapitels die universitäre Situation besprochen werden, wobei sich drei Arten von Wissenschaft und Wissenschaftsvermittlung ergeben. Umfassende Aufgabe universitärer Bildung ist die Vorbereitung auf den interpretativen Umgang mit Chaos. Umgang damit kann gesellschaftlich nur für Eliten gewünscht werden, weil sonst die Interpretationsräume zu heterogen würden, was den Intentionen universitärer Ausbildung konträr wäre.

Im dritten Teil werden die Technisierung der Lehre und unterschiedliche Möglichkeiten in der Gestaltung der eingesetzten Technologien dargestellt. Summarisch unternimmt es dieses Kapitel zu zeigen, daß Lehre der Schaffung bestimmter Persönlichkeitstypen dient, wobei Theorien als prägendes Instrument dienen. Persönlichkeiten werden damit zur Kooperation innerhalb angestrebter Organisationstypen befähigt. Voraussetzung für alle Typen stellt die gut gelungene „Individualisierung", d. h. Entfremdung aus traditionellen Lebensweisen, dar.

Technisierung standardisiert die Produktion dieser Persönlichkeitstypen und ihrer Interaktionsformen.

Teil III: Kooperation meistern

Kapitel 6: Nachdem die Existenz von „Individuen" nicht eine naturgegebene, schicksalhafte Selbstverständlichkeit ist, sondern Ergebnis besonderer sozialer Umstände, wird den Bedingungen der Genese des Subjektes, i. e. Individuums, nachgegangen. Hohe Mobilität auch als Ergebnis von Bevölkerungswachstum, Hungersnöten, Kriegen etc., erzeugt „Ent-fremdung" und ermöglicht das Erleben des eigenen, auf sich selbst gestellten „Ich". Solche Bedingungen lassen sich in allen drei historischen Fällen (Antike, Mittelalter und beginnende Neuzeit), wo Wissenschaften und Technik gepflegt wurden, nachweisen. Dieses Zusammentreffen interpretieren wir als die Etablierung neuer Konsens-

und Kooperationsmuster zwischen Fremden. Da solche Kooperationen, weil oft von kurzer Dauer, meist prekär sind (wie z. B. das Wechseln ganzer Söldnerheere zwischen den Gegnern demonstriert), werden als Resultat von Entfremdung realtechnische Lösungsansätze bevorzugt. Daraus entstehen sozio-technische Systeme. Industrielle Produktion ist auf Individualisierung angelegt. Folglich werden Institutionen zur Erzeugung eines „gasförmigen" Zustandes in der Gesellschaft benötigt. Man könnte diese als „Industrien zur Verunmöglichung von Vergemeinschaftung", als soziale Fabriken, bezeichnen. Trotz solcher neuzeitlicher sozialer Erfindungen bleiben andere Optionen als Möglichkeit erhalten.

Kapitel 7: In diesem Kapitel werden Möglichkeiten der Sozialisation und der Organisation von „Transaktionsmustern" (Ouchi) aus unterschiedlichen theoretischen Positionen (von Toennies bis Thompson) besprochen und eine Typologie dafür entwickelt. Es wird mit Hilfe eines kleinen formalen Modells gezeigt, daß es sich tatsächlich um ein Kategoriensystem handelt, d. h. daß alle möglichen Fälle damit abdeckbar sind. Die Auseinandersetzung mit verschiedenen einschlägigen Theoretikern führt dazu, der gesellschaftlichen Gestaltung von Sprachen als wesentliches Instrument sozialer Technik ein gebührendes Augenmerk zu schenken. Habermas' Auffassung von Sprache als charakteristisch lebensweltlichem Instrumentarium wird nicht gefolgt. Arbeiten prominenter Linguisten erlauben für unsere Zwecke geeignetere Ansätze. Bevor diese im achten Kapitel eingehend behandelt werden, wird jedoch noch anhand von Beispielen aus der Wissenschaftstheorie in diesem Kapitel die Erklärungskraft unserer Klassifikation demonstriert.

Kapitel 8: Sprachen und Sachen sind Instrumente, die nicht nur genutzt, sondern auch erzeugt werden. Selbst wo aufgrund hoher Individualisierung realtechnische Lösungen (Sachen) präferiert werden, lassen sich soziale Kooperationen nicht einfach eliminieren. Um die dazu nötigen Voraussetzungen zu schaffen, brauchen alle Kooperationstypen spezifische Sprachformen, die erzeugt werden. Ausgehend von Bernstein werden vier Typen charakteristischer Sprachformen als ergänzende Idealtypen entwickelt. Die damit verbundenen Codierungsweisen finden sich analog auch in realtechnischen Lösungen. Sprache ist Technik und beide sind Voraussetzungen für soziale Kooperation. Sie ergeben sich als Folge der praktizierten charakteristischen Sozialisationsmuster für die jeweiligen Typen. Damit wird, wie u. a. Rammert und Hörning vorschlagen, Realtechnik auch von ihrer kommunikativen Seite faßbar. Diese verlockende Perspektive bliebe, auf sich selbst gestellt, einseitig. Realtechnik als Sozialersatz wird ja nicht nur für „Plauderstündchen" gemacht. Zunehmende Arbeitslosigkeit etwa läßt begründet Weiterreichendes vermuten. Das „Ding" ersetzt „geheuerte Menschen", es ist auch Instrument der Machtausweitung. In bestimmten Fällen, wie eingangs geschildert wurde, sind Sachen unter Umständen auch Kondensationskerne für nachfolgende Vergemeinschaftung.

Das Kapitel schließt, indem es den vorliegenden Ansatz auf Fragestellungen bekannter Autoren und auf Defizite im Technology Assessment anwendet.

Teil IV: Brücken schlagen

Kapitel 9: Zunächst werden Prozesse der Soziogenese und der Technogenese resümiert, um im zweiten Teil auf die anstehende Technisierung der Universität zurückzukommen. Die grundlegenden Formen menschlicher Kooperation sind nicht aufeinander reduzierbar. Ihre notwendige, doch widersprüchliche Koexistenz erfordert einen zusätzlichen Ansatz. Thompson hat über die „Cultural Theory" hinausgehend einen fünften Typ kreiert, den Eremit, dessen soziale Bedeutung ihm aber zu entgehen scheint. Der notwendige, im allgemeinen leicht übersehbare Fünfte ist kein Eremit, sondern Grenzgänger oder „Messenger". Das Ding und der Fremde treffen sich in dieser Rolle. Sie bilden ein vermittelndes Zentrum, das als solches im Nullpunkt ruht und folglich häufig zum Nichts erklärt und zum Verschwinden gebracht wird. Damit läßt sich auch die eingangs thematisierte Myopie der Sozialwissenschaften erklären. Trotzdem stellen sie die Lösung einer Aporie dar

Teil I
Grundfesten und Aufbauten

„. . . die Gesamtheit der Tatsachen bestimmt, was der Fall ist und auch nicht der Fall ist." (1.1.2).
„. . . Wir machen uns Bilder von Tatsachen. (2.1).
Was das Bild darstellt, ist sein Sinn." (2.221).
„Um zu erkennen, ob das Bild wahr oder falsch ist, müssen wir es mit der Wirklichkeit vergleichen." (2.223).

L. Wittgenstein (1921/22)

1. Was der Fall ist

1.1 Der Beginn – Vergesellschaftung von Fremden

Die offizielle Geschichte der europäischen Universität beginnt etwa um 1200, als sich nämlich in Bologna und Paris Professoren und Studenten zu einer sogenannten „universitas magistrorum et scholarium" zusammenschlossen. Allerdings war es an beiden Orten schon seit längerer Zeit möglich, sich „weiterzubilden" und, wenn man es so bezeichnen möchte, zu „studieren". Das läßt sich eindeutig aus einem Dokument ableiten, in dem Kaiser Friedrich Barbarossa 1158 Scholaren und Professoren unter den Schutz des Reiches stellte. Die oben genannte Formierung zu einer „universitas" war somit nur ein Schritt in Richtung Institutionalisierung, oder um es in anderen Worten zu sagen, eine Abgrenzung (in der Terminologie der Systemtheorie würde man von einer Ausdifferenzierung sprechen) gegenüber anderen gesellschaftlichen Gruppierungen wie den Städten, den Zünften und selbstverständlich auch der Kirche und dem Reich. Der Beginn der europäischen Universitäten war also ein Schritt der Institutionalisierung und, ich möchte betonen, weniger ein Schritt der „Intellektualisierung". Denn die Möglichkeit, an bestimmten Orten, im Kreise Gleichgesinnter und meistens unter der geistigen Leitung eines oder einiger berühmter Männer zu studieren, gab es schon sehr viel länger. Wir wissen, daß die arabische Welt solche Orte in Salamanka, Timbuktu, Kairo, Bagdad etc. besaß. Es ist daher anzunehmen, daß die europäischen Universitäten, insbesondere jene, die im Territorium des heutigen Italien liegen, Nachahmungen dieser arabischen Tradition waren. Die Gepflogenheiten der Araber gehen allerdings ihrerseits auf antike Vorbilder zurück, wie wir sie z. B. aus der griechischen Stoa oder der Akademie Platons kennen, die erst von einem um die christliche Lehre fürchtenden Justinian geschlossen wurde.

Die europäische Universität muß also als Schritt der Abgrenzung gegenüber einer sozialen Umwelt verstanden werden, man könnte sagen, als ein Schritt zur „Selbstorganisation". Dieser Schritt war notwendig, weil diese frühen Zirkel von Intellektuellen (wobei ich betonen möchte, daß damals Wissenschaft zweifellos andere Inhalte abdeckte als heute) eine Ansammlung von Fremden in den meistens eher geschlossenen Gemeinschaften der damaligen mittelalterlichen Städte waren. Sie rekrutierten sich international und waren weder ortsüblichen Gepflogenheiten oder Traditionen verbunden noch besaßen sie untereinander eine andere

Basis für ihr soziales Handeln und Verstehen als einerseits die Kunstsprache Latein und andererseits das, was die gemeinsam betriebene Wissenschaft erst an Verbindlichem für sie schuf. Es ist verständlich, daß eine solche eher traditionslose Ansammlung von Fremden in einer kleinen Stadt Probleme schafft, und Städte sich öfters veranlaßt sahen, zu politischen, manchmal sogar zu Gewaltmitteln zu greifen, um resultierende Konflikte nicht eskalieren zu lassen. Die sprichwörtliche Freiheit der Studenten war schon damals suspekt; der „Exodus" der Professoren und Studenten aus Bologna, der zu weiteren Neugründungen von Universitäten in anderen italienischen Städten führte, zeigt deutlich die Spannungen, die zwischen eingesessener Bevölkerung und Angehörigen der Universität bestanden und beweist gleichzeitig, daß diese „universitas" bereits in der Lage war, eine hohe Identifikation ihrer Angehörigen mit dieser neuen Institution zu erzeugen. Das ist umso erstaunlicher, als dieses Sammelsurium von Anhängern der neu etablierten Institution nicht nur international[1] bunt gemischt (LeGoff, 1957/1985), sondern auch ständisch äußerst heterogen war. An damaligen Universitäten trafen sich Adelige, Bürger und Bauern, Kleriker und Laien, zwangsläufig auf der Basis der Gleichheit, da unter solch heterogenen Bedingungen schwerlich ein Anspruch auf bevorzugte Behandlung durchzusetzen gewesen wäre. Im Kapitel 7 werden derartige Prozesse als Prozesse der Vergemeinschaftung oder Vergesellschaftung gegenseitig Fremder theoretisch behandelt.

Dabei entwickelten sich neue Lebensformen auf Grund alltäglicher Notwendigkeiten in gemeinsamen „Herbergen", den Bursen und Kollegien, welche am ehesten als Formen quasi klösterlichen Zusammenlebens beschrieben werden können. Das erscheint insofern erwähnenswert, als Klöster etwa 800 Jahre früher mit einer analogen soziogenetischen Problematik konfrontiert waren. Auch bei ihnen galt es das Problem zu meistern, eine äußerst heterogene Gruppe sich gegenseitig fremder, aber von einer gemeinsamen Idee beseelter Menschen in ein funktionierendes soziales Ganzes, also eine Institution zu integrieren.

Waren die bereits damals heimatlosen „Intellektuellen" (K. Mannheim, 1929/30) den mittelalterlichen Städten, die noch einen hohen Grad an „gemeinschaftlicher Organisation" (Tönnies, 1887) aufwiesen, überwiegend ein Ärgernis und ein Problem, so fragt man sich berechtigt, was Kaiser (Friedrich Barbarossa) und später auch Papst (Honorius III.) bewogen haben mag, diese Ansammlung entwurzelter Fremder unter ihren

---

[1] Diese Situation als „international" zu bezeichnen stellt einen Anachronismus dar, weil es damals weder „Nationen" und schon gar nicht „Internationalität" gab. Das Wort charakterisiert somit die Situation aus unserem Blickwinkel und nicht aus dem des Mittelalters. Daran wird deutlich, wie sehr Sprache unser Denken und unsere Vorstellungen modelliert, aber auch, wie sehr Kommunikation von gesellschaftlichen Gepflogenheiten und etablierten Bildern abhängt, ohne die Verständigung schwierig wird.

besonderen Schutz zu stellen und ihre „libertas scholarium" zu verteidigen. Man darf annehmen, daß weder Kaiser noch Papst aus überwiegend philantropen Überlegungen gehandelt haben, sondern daß hinter diesen Positionen Machtkalküle standen. Die eigenständigen italienischen Städte waren beiden zentralistischen und internationalistischen Machthabern nicht unbedingt ein Born der Wonne. Es ist andererseits nicht unbegründet zu vermuten, daß einer Ansammlung entfremdeter Intellektueller, selbst wenn sie sich institutionalisiert hatten, keine bedeutende gesellschaftspolitische Machtbasis zur Verfügung stand. Worin mag also das Interesse der beiden Obrigkeiten an diesen relativ macht- und mittellosen Parvenues bestanden haben?

G. Simmel (1908 a) ist neben dem Anthropologen van Gennep (1908) einer der wenigen, die sich mit der sozialen Situation des „Fremdseins" auseinandergesetzt haben. Er stellt fest, daß Fremden in ihren Gastgebergemeinschaften oft eine spezielle Rolle zufällt. Diese Rolle ist in der „Objektivität der Fremden" begründet. Da Fremde nicht in spezifischen Gruppen wurzeln und so nicht fast automatisch parteiische Positionen beziehen, nehmen sie in sozialen Konfliktsituationen, die sich in kleinen Gemeinschaften oft über Generationen hinziehen, eine distanzierte, „objektive" Attitüde ein. Diese Attitüde ist nicht nur Resultat der Nicht-Teilhabe an solchen Konflikten, sondern Ergebnis einer bestimmten Situation, die sich aus Nähe und Distanz, Indifferenz und Involviertheit ergibt. Simmel stellt fest, daß es vor allem in italienischen Städten gerade Fremde waren, die zu Richtern und Schiedsrichtern berufen wurden, weil sie unabhängig von diversen Familieninteressen und -verflechtungen urteilen konnten.

Objektivität ist nach Simmel also eine Art Freiheit, die nur Fremde in praktischer und theoretischer Weise besitzen. Fremde beurteilen Situationen mit weniger Vorurteil und bewerten sie auf der Basis allgemeinerer Standards und größerer Sachlichkeit. In seinen Handlungen ist ein Fremder weder durch Tradition noch Pietät noch Überlieferung eingeschränkt und sozial weniger verpflichtet.

Das führt dazu, daß sich aufgrund dieses Verhältnisses von Nähe und Distanz, welches dem Fremden die Qualität der Objektivität verleiht, auch das Verhältnis zu ihm in einer anderen, einer abstrakteren und weniger affektiven Weise gestaltet. Trotzdem verschwindet deshalb nicht das gegenteilige Phänomen, Xenophobie. Und die zuvor genannten Probleme der Universitäten in Italien liefern Zeugnis solcher Einstellungen.

Es wird so verständlicher, daß „internationalistische" Machthaber ein nicht geringes Interesse an internationalistischen Persönlichkeiten haben konnten, da sie, dank ihrer Ausbildung und sozialen Distanz, eher dazu geeignet erschienen, als unabhängige Rechtsexperten kirchliches und kaiserliches, d. h. nicht stämmisch tradiertes Recht zu praktizieren. Aufgrund dieser Nachfrage wurden Jurisprudenz, aber auch Medizin zu etwas, was als ‚scientiae lucrativae' bezeichnet wurde. Objektivität machte sich bezahlt.

Obwohl Kirche wie Kaiser die Entwicklung der Universitäten unterstützten, war deren Erfindung, die – wie ich das im weiteren bezeichnen möchte – „soziale Innovation" Universität, ursprünglich nicht Resultat einer staatlichen oder kirchlich-politischen Aktion. Sie wurde ab einem bestimmten Zeitpunkt in ihrer Existenz zur Kenntnis genommen und als politisch interessant eingeschätzt. Die sozialen Entwicklungen, die bereits davor zu jenen Kongregationen von Fremden führten, welche sich später als „Universität" bezeichneten, kamen aus anderen Quellen. Dokumentiert sind sie wenig. Man wird nicht umhin können, die Entwicklung jener Schulen, die später Universitäten wurden, aus dem größeren Konnex europäischer Sozialgeschichte zu interpretieren. Es würde zu weit führen, hier in alle Details zu gehen, aber man darf davon ausgehen, daß Migrationsbewegungen wie jene, die auch zur europäischen Kreuzzugbewegung geführt und diese getragen haben, auch für die Ansammlung „lernwilliger" Fremder in Städten verantwortlich zu machen sind. (Bauer/Matis, 1988; St. Runciman, 1950/1954; J. LeGoff, 1957/1985).

Für diese Interpretation spricht der Umstand, daß Universitäten gerade in jenen Städten entstanden, in denen Handel, Geldwirtschaft und Verkehr die ökonomische Grundlage ihrer Existenz bildeten. Handel und Verkehr bewirken stets gewaltige „Entfremdungs-Leistungen", wie sie ihrerseits aus solchen resultieren (Atiya, 1973).

Entwurzelung scheint für die Institution „Universität" wesentlich zu sein, und zwar noch heute. Das zuvor genannte Schutzprivileg von Kaiser Friedrich Barbarossa wurde demnach auch mit einer entsprechenden Begründung versehen. Ich zitiere nach H. Schelsky (1963),

> „. . . weil sie ‚aus Liebe zur Wissenschaft (amore scientiae facti exules)' heimatlos geworden seien, auf Reichtümer verzichteten, sich allen Gefahren aussetzten und von den anderen ungerecht angegriffen würden. Die Exilierung dessen, der wissenschaftliche Wahrheit sucht, aus den Zusammenhängen der heimatlichen, familiären und gesellschaftlichen Bindungen, steht demnach schon am Ursprung der Universität; ihre „Freiheit" ist immer schon mit sozialem Außenseitertum bezahlt worden, mag sich dies dann in sich noch so sehr zu einer eigenständigen Korporation und Institution verfestigt haben." (S. 16)

Würde man nun die Frage stellen, was die einzelnen dazu bewogen hat, diesen Status der Heimatlosigkeit auf sich zu nehmen und „exiliert zu sein", so würde Schelsky idealistischerweise antworten, daß es die allgemeine Liebe zur Wahrheit wäre. Die Tatsache, daß etwa 70% der Studenten die sogenannten „freien Künste" (Latein, Logik, Rhetorik, Arithmetik, Geometrie, Astronomie und Musik) studierten, von den restlichen 30% zwei Drittel Jurisprudenz und der Rest Theologie und Medizin studierten, läßt pragmatische Überlegungen profanerer Art als Motiv wahrscheinlicher erscheinen. Doch diese Vermutungen sind so wenig belegbar wie jene von H. Schelsky, wobei vor allem der Begriff „Wahrheit" keineswegs zu allen Zeiten ident bleibt. Offensichtlich hat sich in der frühen Universität ein eigenes Verständnis von Wahrheit entwickelt, das in engem Zusammenhang mit der zuvor zitierten „Objektivität der Fremden" von G. Simmel zu sehen ist. Rechtswissenschaften als Ausdruck einer neuen Rechtsauffassung auf der Basis von Verträgen, Latein als damalige „lingua franca", Logik als Gegengewicht zu einer sophistischen Rhetorik (Aristoteles' sophistische Widerlegung) und Arithmetik als wesentliche Basis einer damals sich gerade entwickelnden Buchhaltung (Zilsel, 1976) lassen „Wahrheit" eher als pragmatisches Verhältnis zu einer sich objektivierenden sozialen Welt begreifen, die nicht unwesentlich in Widerspruch zur Wahrheit göttlicher Offenbarung oder zur Wahrheit einer auf familiären Clan-Strukturen ruhenden Gesellschaftsordnung stand, wo zwischen Treue und Wahrheit nicht unterschieden wurde[2].

Trotz dieser relativierenden Sicht darf nicht übersehen werden, daß Erzeugung und Verwaltung von Wahrheit noch heute eine fundamentale Existenzgrundlage der Universitäten bilden, obwohl sich der Begriff der Wahrheit selbst wiederholt verändert hat. Doch gerade weil Wahrheit trotz dieses Wandels wesentliches Anliegen über die Jahrhunderte hinweg geblieben ist, wird über ihre soziale Bedeutung zu reden sein, was u. a. auch die Verfahren der Wahrheitsfindung und -erfindung in ein anderes Licht rücken wird.

1.1.1 Konfligierende Bedürfnisse

Als Folge des Auszugs von Professoren und Studenten aus der Universität Bologna entstanden in Italien ungefähr ein Dutzend weiterer Universitäten und es folgten im 13. Jahrhundert Neugründungen in Frankreich, Spanien und England. Erst Mitte des 14. Jahrhunderts wurde die erste Universität im deutschen Sprachraum, und zwar durch Karl IV. in Prag, gegründet. Wenig später folgte bekanntlich die Gründung der Wiener Universität. Diese Gründungen sind bereits Ausdruck eines offensichtlich imperialen Interesses an dieser relativ neuen Institution. Insbesondere deutsche Universitätsgründungen, die in verschiedenen aufeinanderfolgenden Wellen vor sich gingen, sind Ergebnis ähnlicher politischer Interessenskonstellationen. So gab es in der Auseinandersetzung zwischen Protestanten und Katholiken während Reformation und Gegenreformation eine Reihe von universitären Neugründungen. Die zuvor zitierte „Liebe zur Wahrheit" machte, wenn sie überhaupt ausschlaggebend war, Machtkalkülen Platz, zu denen auch die Verfügung über Wahrheit zählt, die sich somit überwiegend an den Interessen ihrer Stifter und Landesfürsten orientiert. So wurde auch die Ausbildung von Theologen und Juristen Bedingung für die Etablierung moderner Staaten, die u. a. auch ihre Verwaltung auf der Basis von Rechtsnormen und

---

2 Die ursprüngliche Bedeutung von „wahr" ist synonym mit „treu". Dieser Konnex ist noch in Phrasen wie „wahre Freundschaft" erhalten. Das englische Wort „true" verkörpert diesen Zusammenhang mit „treu" noch deutlich.

Bürokratien durchführten (Elias, 1969 a, b). Besonders während der Aufklärung wird dann wissenschaftliche Ausbildung für jene staatliche Verwaltungsform, die Kameralistik (Polizey-Wissenschaften) genannt wird, eine conditio sine qua non.

Aus derartigem verwaltungstechnischen Bedarf entstehen in der Folge neue Disziplinen. Dabei darf nicht übersehen werden, daß es sich hier stets um Ausbildungsbedürfnisse und keineswegs, wie wir es vermuten würden, um Forschungsbedarf handelt. Es werden Bürokraten benötigt, die die Gesetze beherrschen, Theologen, die die Konkordate und den Katechismus kennen, Ärzte, die die Medizinalordnung praktizieren.

Ein für uns interessantes Beispiel für diese Entwicklung neuer Disziplinen kann im Zusammenhang mit der Erfindung jener neuen Wissenschaft gefunden werden, der unser spezielles Interesse gilt, der „Technologie".

Johannes Beckmann (1809), der sich als Erfinder des Begriffes „Technologie" bezeichnet, fordert in einer Schrift „Anleitung zur Technologie – oder zur Kenntniß der Handwerke, Fabriken und Manufakturen, vornehmlich derer, welche mit der Landwirtschaft, Polizey und Cameralwissenschaft in nächster Verbindung stehn" die Einführung der Technologie an den Universitäten mit folgendem Argument:

> „Technologie ist die Wissenschaft, welche die Verarbeitung der Naturalien oder die Kenntnis der Handwerke lehrt. Anstat daß in den Werkstellen nur gewiesen wird, wie man zur Verfertigung der Waaren die Vorschriften und Gewohnheiten des Meisters befolgen soll, gibt die Technologie in systematischer Ordnung gründliche Anleitung wie man zu diesem Endzwecke aus wahren Grundsätzen und zuverlässigen Erfahrungen die Mittel finden und die bey der Verarbeitung vorkommenden Erscheinungen erklären und nutzen soll." (S. XX)
>
> „Denen, welche es nicht vorstellen können, oder es nicht eingestehen wollen, daß Landwirthschaft, Technologie und Handlungs-Wissenschaft auf Universitäten mit Nutzen gelehrt werden können, daß ich das Gegentheil aus einer vieljährigen Erfahrung wisse, . . . freylich wird der Kaufmann nur auf dem Contor, der Handwerker nur in den Werkstätten gebildet, aber es ist doch lächerlich, wenn man erwarten will, daß der künftige Cameralist und jedweder anderer, einige Jahre bey allen den Gewerben in der Lehre stehen wird, deren Theorie er kennen muß." (S. XXI)

An diesem Beispiel läßt sich deutlich erkennen, wie sehr die Universität bis zum Beginn des 19. Jahrhunderts (obwohl einer Reihe von Reformen, insbesondere im Zuge von Neugründungen unterworfen) ein integraler Bestandteil herrschaftlicher Machtausübung war, und Neuerungen vor allem aus Interessen der Machtausübung überlegt und eingeführt wurden. Das soll nun nicht heißen, daß in diesen Zeiten Universitäten nicht auch mit dem Anspruch der Wahrheitsfindung ihre Existenz legitimiert hätten, doch Wahrheit muß, wie sich zeigt, auch in ihrer ursprünglichen Bedeutung, nämlich als Treue verstanden werden, und zuweilen als Treue zu einem überwiegend benevolenten Mäzen und Förderer.

Die Sachlage beginnt sich, zumindest in Deutschland, mit der idealistischen Universitätsreform von W. von Humboldt zu ändern. Auf Grund dieser Reform werden die Naturwissenschaften, die bisher außerhalb der Universitäten ihre Existenz vor allem an Akademien, wieder meistens unter der Gönnerschaft mächtiger Herren, fristeten, in die Universität integriert. Mit der Gründung der Berliner Universität 1809 und den zur selben Zeit stattfindenden Gründungen polytechnischer Fachhochschulen beginnt eine neue Epoche, die die interne Struktur der deutschen Universität nachdrücklich ändert.

Die idealistische, neuhumanistische Konzeption W. von Humboldts zielte in ihrer Grundtendenz darauf, durch wissenschaftliche Bildung eine Versittlichung des Menschen zu erreichen. Dabei wurde dieser Mensch als Einzelperson, also als isoliertes Individuum verstanden. Das ist u. a. Grund dafür, warum die Humboldt'sche Reform u. a. auf einer stark idealisierten Vorstellung antiken Griechentums ruht. Allerdings liegt eine Schwierigkeit des Humboldt'schen Ansatzes darin, daß nun Wissenschaft nicht mehr mit dem gleichzusetzen ist, was frühere Universitäten überwiegend beschäftigt hat. Universitäten werden nun zusätzlich durch das neue Selbstverständnis der Naturwissenschaften geprägt. Diese sind im Humboldt'schen Ansatz der Philosophie untergeordnet, deren Aufgabe Bildung und Versittlichung der Studierenden sein soll. Diese Zuordnung erzeugte Spannungen, die bis zum heutigen Tag nicht eliminiert sind. Daraus ergibt sich, daß diese neue Konzeption von Wissenschaft in Abhebung zum früheren Verständnis dargestellt werden muß.

So wie sich Universitäten im 12. und 13. Jahrhundert in den Handelszentren der italienischen und französischen Städte entwickelten, so ist auch ein Beginn der Naturwissenschaften in diesen Zentren zu finden. E. Zilsel (1976) schildert jedenfalls, wie sich in den Handwerkszentren Italiens des ausgehenden Mittelalters eine neue Schicht von sogenannten „Künstler-Ingenieuren“ entwickelte. Diese, konfrontiert mit schwierigen Problemen manueller Fertigung, wie sie etwa beim Bau großer Kathedralen auftraten, begannen systematische Untersuchungen anzustellen, um vorwegnehmend analytisch Problemlösungen finden zu können, die sich nicht erst in Form von Katastrophen post hoc als falsch oder – bei deren Ausbleiben – als richtig erwiesen. Diese Künstler-Ingenieure kooperierten gelegentlich auch mit Humanisten der Universitäten (Krohn, 1977).

Die in italienischen Städten begonnene Entwicklung fand schnell und bald in anderen Teilen Europas, insbesondere Frankreich und Großbritannien, Verbreitung. Mit dieser Entwicklung machte sich eine von Anfang an andere mentale Orientierung breit.

Ein damit gegebener wesentlicher Unterschied zwischen den sich neu etablierenden Naturwissenschaften und den traditionellen Wissenschaften bestand in einem neu formulierten Verständis von Wissen, das von F. Bacon als kumulativ – auf Erfolgen der Vorgänger aufbauend – und additiv – neue Erkenntnisse hinzufügend – bestimmt wurde. Materielle Produktion und dadurch mögliche Wissensakkumulation wurden – im Unterschied zur Exegese und Textinterpretation, wo dies nicht möglich ist – neue, bestimmende Kriterien wissenschaftlicher Entwicklung.

Aufgrund dieses spezifischen Praxisbezugs erfreuten sich die Naturwissenschaften zunächst hoher Anerkennung von seiten der herrschenden Mächte, die u. a. darin ihren Ausdruck fand, daß diese – wie am Beispiel der sogenannten „Royal Society" in England zu erkennen ist – durch Gründung und Unterstützung wissenschaftlicher Gesellschaften und Akademien ihre Entwicklung förderten, obwohl andererseits Naturwissenschaft an den Universitäten zunächst nicht akzeptiert wurde. Diese unterschiedlichen Erfolge sind Ausdruck der unterschiedlichen Machtsphären von Kirche und Staat. Die wohlwollende Anerkennung der Naturwissenschaften durch den Staat wurde allerdings um den Preis „politischen Wohlverhaltens" (van den Daele, 1977) erkauft. Damals wurde die Vorstellung einer „wertfreien Wissenschaft", die heute noch das Denken vieler beherrscht, in die Welt gesetzt. Als Folge dieser Entwicklung machte sich in den Naturwissenschaften zunehmend ein Desinteresse an gesellschaftlichen Belangen breit. Der Bezug zur Praxis ging so den Naturwissenschaften wieder verloren. Dies bewirkte auch eine Ablösung der Naturwissenschaften von technischen und praxisorientierten Kontexten, sogar im sonst so pragmatischen England. Naturwissenschaft wurde zu einem vornehmen Hobby (Rose/Rose, 1970). Die technischen Erfindungen Englands bis hin zur Dampfmaschine Newcomens und Watts entstammen demnach nicht etablierten naturwissenschaftlichen Kreisen.

Soziales Desengagement charakterisiert allerdings nicht nur England, sondern auch den Kontinent. Nach einer ersten, praxisorientierten Phase entfernte sich Naturwissenschaft schnell von ihrem angeblich ursprünglichen Interesse an materieller Produktion; auch die neuzeitlichen Wissenschafter wurden wieder zu reinen „Kopfarbeitern" und so den Gelehrten der mittelalterlichen Universität ähnlich. Der anfänglich mit der Etablierung der Naturwissenschaften verbundene „Nützlichkeitsgedanke" wissenschaftlichen Handelns wurde von der Produktion theoretisierender Leitgedanken verdrängt. Trotzdem blieb aber die ursprüngliche, experimentell orientierte Arbeitsweise und die Überzeugung bestehen, daß Erkenntnis kumulativ sei.

Dieser Verlust der Praxis verlief in zwei Phasen. In einer ersten Entwicklungsstufe wurde Ingenieurtätigkeit aus der Arbeit mittelalterlichen Handwerks ausgegliedert. Planung und Entwurf der Produkte wurden der Herstellung entfremdet und zu einer von der Produktion abgehobenen Tätigkeit. Resultat dieser Entwicklung war u. a. eine Verarmung des Arbeitsprozesses, wie eine Entwertung der Handarbeit.

In der zweiten Phase entfernt sich Naturwissenschaft noch weiter von unmittelbaren Produktionsprozessen und beginnt rein theoretisch die *Voraussetzungen möglicher Produktion* in Form naturwissenschaftlicher Analysen zu studieren. Es wurde versucht, ‚die Grenzen des Unmöglichen' durch die Formulierung von Naturgesetzen zu bestimmen, ohne sich noch um die ,Vielfalt des Möglichen' zu kümmern. Prominentes Beispiel für solche Unmöglichkeitstheorien wären Sätze über die Unmöglichkeit eines Perpetuum mobile.

Diese wissenschaftliche Entwicklung entsprach in zweifacher Hinsicht gesellschaftlichem Bedarf: Einerseits wurden auch die Naturwissenschaften, analog den alten Wissenschaften, Reflexionswissenschaften, also Wissenschaften theoretischer Erkenntnis auf naturwissenschaftlicher Basis. Über die Entstehung der Welt philosophierten nun Physiker. Andererseits wurden aus politischen Gründen Voraussetzungen für eine an Zwecken orientierte, materielle Produktion studiert, ohne allerdings selbst zur Produktion beizutragen. Diese neuen Aufgaben der Naturwissenschaft fanden ihre Charakterisierung in Begriffen wie „reine" oder „Grundlagenwissenschaft".

Mit dieser neuen Funktion entsteht nun auch eine Kluft zwischen zwei Formen von Reflexionswissenschaft, die im Laufe des 19. Jahrhunderts auch in die Universität hineingetragen wurde und die C. P. Snow (1959) als „Zwei-Kulturen-Debatte" charakterisiert hat. Naturwissenschaft übernahm, vor allem über die „Physik", die Rolle einer Leit- und Musterwissenschaft und machte der ursprünglichen „Königin der Wissenschaft", der Philosophie (und „selbstverständlich ,Theologie'"), die Herrschaft streitig. Dieser Zwist wurde bis heute nicht bereinigt (Klüver, 1983).

Durch Integration der Naturwissenschaft in die traditionelle Universität ergab sich ein weiterer, prinzipieller Widerspruch: Traditionelle Wissenschaft versteht sich klassischerweise nicht als Produktionswissenschaft, sondern immer als Reflexions- (und Legitimations)wissenschaft. Naturwissenschaften nehmen aber sowohl Aufgaben der Reflexionswissenschaften wahr, wie sie auch gewisse Aufgaben einer Produktionswissenschaft wahrnehmen sollten. Dadurch entstehen nun innerhalb der Naturwissenschaft selbst Spannungen, die z. B. am distanzierten Verhältnis zwischen Theoretikern und experimentellen Physikern bemerkbar werden. Dieser neue Konflikt, zwischen utilitaristischer Produktionswissenschaft und kontemplativer, theoretischer Wissenschaft, wirkt über die Grenzen der Naturwissenschaften weit hinaus. Er prägt die gesamte universitäre Landschaft nachhaltig.

1.1.2 Zur Verortung der Universität

Die zuvor skizzierte Universitätsentwicklung wird von Ben-David (1972) mit Hilfe eines Drei-Phasen-Schemas beschrieben.

In der ersten Phase fungieren Universitäten hauptsächlich als Ausbildungsinstitutionen für eine politisch-administrative Elite. Die Inhalte dieser Ausbildung beziehen sich auf ideologisches Legitimationswissen.

Die zweite Phase verwandelt die Universität durch Integration der Naturwissenschaften (in Deutschland im Zuge der Universitätsreform von W. v. Humboldt) in eine Forschungsinstitution. Diese Phase schuf (auch in den Vereinigten Staaten) eine neue Situation, deren Ergebnis war, daß Universitäten überwiegend nach ihren Forschungskapazitäten beurteilt wurden. Eine Frage, die sich dabei ergibt, ist die Frage nach den Quellen, aus denen sich dieser neue Bedarf speist.

In einer dritten Phase, in der wir uns befinden, wird diese Forschungsorientierung der Universitäten wieder rückläufig. Das kommt einerseits daher, daß Forschung nun auch außeruniversitär betrieben wird, und andererseits daher, daß die Integration von Forschung und Lehre (auch auf Grund großer Studentenzahlen) nicht mehr zu gewährleisten ist. Diese Entwicklung bewirkt auch, daß von außen neue Ansprüche an die Ausbildung gestellt werden.

Humboldt forderte die Einheit von Forschung und Lehre für (deutsche) Universitäten. Diese Forderung wird auch heute noch als „conditio sine qua non" verstanden. Sein ursprüngliches Anliegen war, durch diese Integration, und zwar über die der Wissenschaft eigene, idealistische Verpflichtung zur Wahrheit, zur sittlichen Festigung der Studierenden beizutragen. Doch schon Max Scheler (1921) ortet in dieser Konstruktion unvereinbare Widersprüche. Er meint, als Ausbildungsinstitution zu fungieren und gleichzeitig Forschung zu betreiben, sei unvereinbar. Berechtigterweise unterstellt er den Lehrenden an Universitäten mangelnden „Wirklichkeitskontakt", weshalb sie nicht in der Lage seien, zu vermitteln, was „Berufsbildung" erheischt. Nach Schelers Auffassung verlassen bestenfalls „kleine Gelehrte ohne Weltkontakt und leere Intellektualisten" die Universität.

Einen weiteren Widerspruch ortet Scheler in der mutmaßlichen Unvereinbarkeit von Fachausbildung und – wie er es nennt – geistiger Allgemeinbildung. Durch den Zwang der Umstände sei in der Berufsausbildung auf Spezialisierung der Fächer hinzuzielen, andererseits dürfe der Anspruch nicht aufgegeben werden, eine umfassende philosophisch-humanistische Weltsicht zu offerieren. Die dadurch geforderte Integration von Nähe und Distanz sei aber, seiner Ansicht nach, prinzipiell nicht zu leisten.

Drittens meint Scheler, daß in der Vorstellung, Forschung und „Personenbildung" zu vereinen, ein weiterer eklatanter Widerspruch vorliege. Moderne Forschung bedeute Spezialisierung, wogegen Bildung eher allseitig sein sollte. Forschung soll nach Möglichkeit werturteilsfrei sein, wogegen Bildung ohne Werte und Entscheidungen nicht auskommen könne. „Personenbildung" bedürfe demnach einer eigenen, von Berufs- und Fachausbildung getrennten, sowie von der eigentlichen Forschungstätigkeit unabhängigen Pflege (1921, S. 496–502).

Max Weber sieht einen ähnlichen Konflikt zwischen Ausbildung und Forschung, obwohl er die Auffassung vertritt, daß sich die Einheit von Forschung und Lehre an der Universität für die Forschung als erfolgreiches Organisationsprinzip erwiesen hätte (M. Weber, 1919).

In der klassischen Arbeit von H. Schelsky (1963) unternimmt dieser eine Funktionsanalyse der Universitäten und kommt gleichfalls zu einer Reihe von Inkompatibilitäten. Er konstatiert eine beachtliche Diskrepanz zwischen einem lebensweltlich ganzheitlichen, normativen Leitbild der Universität und den modernen, funktionalen Gesellschaftsstrukturen außerhalb der Universitäten. Die derzeitige Form der Universitätsstruktur sei demnach glatter Anachronismus. Schelsky unterscheidet fünf prinzipielle Funktionen, die die Universität zu erfüllen hätte:

Erstens hätte sie der Forschung zur Vermehrung des Wissens zu dienen. Abzusehen ist aber, daß sich aus diesem Bereich verschiedene Subaktivitäten ausdifferenzieren, wie etwa Routinearbeit der Forschung, Betreuung und Umgang mit Geräten, Dokumentation und auch Kommunikation. Nach wie vor wird aber so getan, als müßten alle diese Funktionen zumindest an einem Institut, am besten aber durch jeden Forscher selbst integriert werden können.

Zweitens existiere offensichtlich eine Tendenz, daß sich Lehre zunehmend von Forschung emanzipiert. Der Lehre kämen aber folgende von der Forschung unabhängige Aufgaben zu: Bewahrung der Bildungsgüter, berufliche Ausbildung, gesellschaftliche Auslese durch Prüfungen und Zeugnisse, Persönlichkeitsbildung (wie schon bei Max Scheler) sowie Ausbildung von wissenschaftlichem Nachwuchs. Nur allein die Erfüllung all dieser Aufgaben sei in der Lehre nahezu unmöglich und – wie bereits weiter oben gesehen wurde – in sich widersprüchlich.

Drittens nennt Schelsky kooperative Funktionen, wie Selbstverwaltung und Geselligkeitsfunktionen, auf deren Diskussion ich mich im augenblicklichen Zusammenhang nicht weiter einlassen werde.

Viertens erwähnt er Funktionen der gesellschaftlichen Praxis. Darunter versteht Schelsky die umgreifende Verwissenschaftlichung der Praxis. Daraus ergeben sich neue Aufgaben, wie extensive Gutachtertätigkeit, Auftragsforschung, Expertenwesen, Forderung nach öffentlichen Vorträgen und Volksbildung, sowie Ansprüche von seiten der Kulturindustrie.

Fünftens nennt Schelsky indirekte Funktionen, etwa die Wahrnehmung allgemeiner Bildungsaufgaben (etwa in den Medien), d. h. ähnliche Aufgaben, wie sie der Kunst zugeschrieben werden. Auch auf diese Position möchte ich im gegebenen Kontext nicht weiter eingehen.

Faßt man die Situation zusammen, so ergibt sich eine Komplexität, die von Widersprüchen bestimmt wird, welche zum Teil aus der Entwicklung der Universitäten herrühren, zum Teil aber aus einer nicht bewältigten Anpassung der Universität an ihre soziale Umwelt stammen. Konflikte mit dieser Umwelt rühren aus der umfassenden „Verwissenschaftlichung der Gesellschaft", wobei jener im Produktionsbereich eine besondere Rolle bekommt. Wir werden darauf noch ausführlicher eingehen, wollen aber hier bereits feststellen, daß Anforderungen, die aus zunehmender Verwissenschaftlichung herrühren, sowohl in der Forschung, wie auch in der Ausbildung bemerkbar werden. Bei der Ausbildung wird die Universität gedrängt, angemessene Berufsvorbereitung zu leisten. Diese Forderung muß in Anbetracht der immensen Spezialisierung der Berufe als unrealistisch und nicht einforderbar betrachtet werden.

Trotzdem bleibt aufgrund der zunehmenden Akademisierung beruflicher Karrierelaufbahnen der Ansturm an die Universitäten stark. Er schafft allein aufgrund der Quantität der Nachfrage eine Reihe scheinbar unlösbarer Probleme. Jenseits materieller und der mit ihr verbundenen geistigen Produktion durch Planung, Konstruktion und Steuerung, verschwinden aber die alten Ansprüche (insbesondere von seiten des Staates), Legitimations- und Reflexionswissen zu vermitteln, keineswegs. Das ist nicht nur für die gängigen Reflexionswissenschaften im Kulturbereich gültig, sondern es werden zunehmend auch die dem Produktionsprozeß nahestehenden Ingenieur- und Naturwissenschaften erfaßt. Probleme, die durch die massive Industrialisierung weiter Produktionsbereiche im ökologischen wie im sozialen Bereich entstanden sind, fordern nun auch jene Wissenschaften zur Reflexion über ihre eigenen Tätigkeiten heraus (Klüver, 1983).

Die „systemische Integration" der Universität in das Gesamtgesellschaftssystem erscheint aus dieser Perspektive problematisch. J. Habermas (1981) meint, daß sich nur Bereiche der materiellen Reproduktion ‚systemisch', d. h. über Steuerungsmedien etc., aus der ursprünglichen Lebenswelt ausdifferenzieren lassen. Sinn- und reflexionsorientierte Bereiche kommunikativen Handelns, die aus der sogenannten „Lebenswelt" stammen, lassen sich seiner Meinung nach nicht mit der „systemischen Welt" in Übereinstimmung bringen. Also überall dort, wo gesellschaftliches Handeln nicht „verobjektiviert" oder „technisiert" ist, so Klüver (op. cit., S. 207), ist die Reproduktion dieser Bereiche in der Lehre nicht systemkonform möglich.

Die innere Situation der Universität wiederholt die genannten Muster in Analogie dazu. Die Diskrepanz zwischen Natur- und Kulturwissenschaften, die konstatierbare, massive Abschottung der einen gegen die anderen, die in einer spezifischen „Gaufürsten-Mentalität" sichtbar wird, sind Resultate dieser widersprüchlichen Situation.

Im Sinne der Systemtheorie meinen daher Luhmann und Schorr (1979), daß die einzige Lösung für die Universität darin liege, ein ihr eigenes Selbstverständnis zu entwickeln. Dieses Verständnis müßte vom sogenannten „Medien-Code Wahrheit" getragen sein. Medien sind dabei Vermittlungsinstanzen, die sogar zirkulations- und meßfähig sein sollten (Habermas, 1981). Das mag auf der Basis der Naturwissenschaften noch vorstellbar sein. Gerade aber in den Kulturwissenschaften scheint das undurchführbar zu sein. Es zeigt sich also, daß der Verweis auf das Medium „Wahrheit" innere Konflikte der Universität kaum zu lösen verspricht. Wahrheitsansprüche werden in verschiedenen Teildisziplinen unterschiedlich artikuliert und verstanden und folglich anders bearbeitet. Die Empfehlung, auf die „Eigenfunktion Wahrheit" zu rekurrieren, dürfte so kaum das gewünschte Heilmittel liefern. Die extern/intern georteten Widersprüche und Konflikte harren demnach weiter ihrer Lösung. Diese Lösung sollte unterschiedliche Ansprüche an Forschung, wie auch Widersprüche zwischen Forschung, Bildung und Ausbildung und die differenten Ansprüche an Ausbildung zu überbrücken imstande sein.

Unsere bisherige Argumentation hat sich überwiegend auf die kontinentaleuropäische Entwicklung und insbesondere auf die Universität im deutschsprachigen Raum konzentriert. Betrachtet man zum Vergleich amerikanische Universitäten, so sind dort die Widersprüche nicht in derselben Weise vorhanden. Im Prinzip existieren sie allerdings in den USA gleichfalls, wenn sie auch mit unseren nicht ident sind.

Aufgrund der frühen Entscheidung, das Ausbildungssystem in den Vereinigten Staaten in mehrere Stufen zu unterteilen, fällt der Konflikt zwischen Ausbildung für die Praxis und Persönlichkeitsbildung oder jener zwischen Ausbildung für eine universitäre Laufbahn, bzw. für das Produktionssystem weniger markant aus. Amerikanische Universitäten sind m. E. eher bereit, unterschiedliche Ansprüche von außen an die Lehre „marktgerecht" zu befriedigen. Trotz ihrer dadurch gewonnenen größeren Flexibilität bleibt der Konflikt zwischen Reflexions- und Produktionswissenschaft bestehen. Er reicht auch in Amerika tief in die Naturwissenschaften hinein. Auch in Hinblick auf das Urteil, daß die Ausbildung an den Universitäten nicht den Anforderungen der Praxis entspräche, unterscheiden sich die Vereinigten Staaten wenig von Europa (Noble, 1977).

Weil auch in den USA Universitäten nicht allen Wünschen nachzukommen bereit oder imstande sind, hat die amerikanische Industrie mit bekanntem Selbstvertrauen eigene Ausbildungsinstitutionen geschaffen, ein Umstand, der in Kapitel 5 noch besprochen wird. Die auch hier diskrepanten Forderungen wurden von Parsons und Platt (1973) theoretisch bearbeitet, indem sie, in Übereinstimmung mit Parsons' Gesellschaftstheorie, zwischen „knowledge for its own sake" (Bildung) und „knowledge for problemsolving" (Ausbildung) unterscheiden. Beide Autoren meinen, daß an amerikanischen Universitäten diese in vielfältiger Hinsicht widersprüchlichen Funktionen nebeneinander gut koexistieren. Trotzdem bleibe zu fragen, ob beide Formen an der Universität koexistieren sollen bzw. eine Trennung nicht vorzuziehen sei. Eine derartige Lösung könnte allerdings die Universität in ihrer heutigen Existenz in Frage stellen. Es ist anzunehmen, daß „der Bildungshunger" wesentlich geringere Motivationen zum Studium als das Karrierestreben erzeugt, seine ausschließliche Befriedigung folglich die Universität nicht ernähren dürfte.

Trotz dieser Probleme besteht nach wie vor ein gesellschaftlich bedingter Bedarf nach der Institution Universität. Woher rührt er, bzw. was bietet die Universität an?

Ich wage die These, daß der von Luhmann angeführte Bezug der Universität zur Wahrheit die Basis für diesen Bedarf bildet und somit Garant für die weitere Existenz der Universität ist. Gesellschaften, so heterogen wie unsere, sind mit unzähligen alltäglichen, wie auch ungewöhnlichen Konflikten konfrontiert, die nicht alle einfach ignoriert werden können. Eine Ursache solcher Konflikte kann in kognitivem Dissens liegen. Daraus entsteht jener Bedarf nach einer „Wahrheitsinstitution", einer Institution, die (wie ehedem die Kirche) kraft ihres Amtes aufgerufen ist zwischen wahr und falsch zu entscheiden. Eine solche Institution muß konsistente Urteile fällen, denn die Existenz mehrerer Wahrheiten würde den Dissens nicht verringern. Sie könnte dann Konflikte nur durch Autorität lösen. Produktion von Wahrheit betrifft dabei nicht den Inhalt einer Aussage, sondern verlangt nur die Unmöglichkeit sie weiter zu hinterfragen. Das kann über sehr unterschiedliche Verfahren erfolgen, denn Methoden der Wahrheitsfindung sind kulturspezifisch.

Es gehört folglich zum eminenten Interesse jedes Gesellschaftssystems, eine schiedsrichterliche Institution zu haben. Diese sind im kognitiven Bereich die Universität und die durch sie legitimierten Absolventen. Es erscheint allerdings zur Zeit so, als ob auch hier die Universität immer weniger in der Lage wäre, diese ihre Aufgabe funktionsgerecht zu erfüllen. Denn sobald verschiedene Expertisen zur selben Problemlage abgegeben werden, wird die Situation jener vergleichbar, wo aufgrund mehrerer Gesetze und Gerichtshöfe widersprüchliche Urteile zustande kommen. Ohne eine letzte Entscheidungsinstanz wäre auch Rechtssprechung (rechtliche Wahrheitsfindung) unmöglich. Kognitive „Schiedsrichter" auszubilden ist eine wesentliche Aufgabe universitärer Lehre, und zwar sowohl im naturwissenschaftlichen, wie im humanwissenschaftlichen Bereich. Allerdings sind auch Probleme gesellschaftliche Produkte (Schön, 1982). Was ein Problem ist und wie es gelöst werden soll, ist bereits Teil der Wahrheitsproduktion. Über diese Fragen gibt es essentielle Auffassungsunterschiede, wie bereits in der Einleitung zu sehen war.

Die „Krise der Universität" scheint somit Resultat solcher interner Konflikte zu sein. Die Bedeutung von außen herangetragener Forderungen ist als das Ergebnis dieser internen Konflikte zu verstehen, weil erst ein interner Zwist Forderungen von außen Gewicht verleiht. Wenn es die wichtigste Aufgabe der Universität ist, über Forschung und mittels Lehre Aufgaben einer kognitiven, schiedsrichterlichen Wahrheitsinstanz zu übernehmen, kann jedoch Ausbildung für unmittelbare Produktion nicht zu den wesentlichen Aufgaben der Universität zählen. Allerdings finden sich auch im Produktionsbereich hinreichend Konflikte, die entschieden werden müssen. Deshalb muß sich die Universität auch damit auseinandersetzen und für Entscheidungspositionen in der Wirtschaft ausbilden. Das ist aber etwas anderes als für die Produktion von Gütern auszubilden. Die Situation ist der von J. Beckmann (1809) zuvor beschriebenen in jeder Hinsicht analog. Universitätsabsolventen in Betrieben müssen Probleme definieren können, ihre detaillierte Lösung kann dann anderen überantwortet werden.

Kehrt man an dieser Stelle zum historischen Anfang der Universität zurück, so wird deutlich, daß Fremdheit und Entfremdung nicht zufällig an ihrem Beginn stehen. Sie sind Bedingung für die Existenz der Universität. Fremdheit läßt, weil Vertrautheit und Vertrauen mangelt, Bedarf nach allseitig akzeptablen Konsensformen entstehen, die dann als „Wahrheit" bezeichnet werden. Wenn Fremdheit nicht gegeben ist, genügt die Wahrheit der Treue. Somit haben Universitäten eine Sozialisationsaufgabe zu leisten, die darin besteht, gegenseitig „Fremde" zu neuen Formen von Konsens zu führen. Es ist Auftrag der Universität, Konsensmittel zu entwickeln, die den Ansprüchen des „Mediums Wahrheit" gerecht werden. Dazu müssen sie den Bildungsauftrag als Entfremdungsauftrag verstehen. Aufgrund dieser Erfahrung erst werden gegenseitig Fremde befähigt zu interagieren. Konsens unter Fremden zu ermöglichen, ist Voraussetzung für spätere Kooperation. Er macht diese erst möglich.

Didaktische Hilfsmittel bei dieser Sozialisationsaufgabe sind Abstraktionsverfahren. Sie zwingen nicht nur dazu, von individuellen, primären Sozialisationserfahrungen Abstand zu gewinnen, sondern nötigen im kognitiven Bereich dazu, gleichfalls Leistungen der Distanzierung, des „Abrückens", zu erbringen, die Voraussetzung für Konsens werden. Solche Distanzierungsleistungen werden zum Prinzip erhoben, sodaß Kooperation über punktuelle Ereignisse hinaus wiederholt und systematisiert werden kann. Um zustimmen zu können, muß jeder für sich „Beweise" nachvollziehen können. In solcher systematischer Entfremdung liegt demnach der Ursprung jeder Wissenschaft.

Seit der sozialen Erfindung „Universität" im 12./13. Jahrhundert hat sich an ihrer wesentlichen Aufgabenstellung nichts geändert. Seit ihrem Beginn besteht Bedarf an einer Institution, die trotz Zerrüttung gemeinschaftlicher Lebensformen zerstörte Konsensmuster neuerlich herstellen kann. Am Anfang war eine derartige Entfremdung das Resultat ungewollter historischer Umstände. Heute wurde sie Teil des universitären Bildungsauftrages, weil sie die Voraussetzung für unsere heute etablierten Konsensmuster bildet und diese deshalb akzeptabel und applikabel macht. Darüber wird ausführlich in den Kapiteln 5 und 6 gesprochen werden.

Aus unserem augenblicklichen Aufriß wird deutlich, daß die Institution Universität eine soziale Technik ist (und war), die Bedingungen für Konsens zu erzeugen hat, somit Kooperation und Problemlösungen möglich macht. Diese soziale Technik ist im Begriff, durch Gerätetechnik, d. h. Computer und andere Informationstechnologien, ergänzt, verändert, möglicherweise ersetzt zu werden. Was hat das zu bedeuten?

Um diese Frage zu beantworten, haben wir einen weiten Weg zurückzulegen. Erst in Kapitel 9 wird die Antwort darauf entwickelt. Gemäß unserem methodischen Ansatz wird zunächst diese Ersatztechnik aus der Sicht ihrer Genese dargestellt.

1.2 Die Genese der Ordnungsmaschine

Die offizielle Geschichte des Computers beginnt in den 30er Jahren dieses Jahrhunderts. Je nach chauvinistischer Zentrierung werden Deutschland, USA und Großbritannien als die Länder genannt, die die Priorität der Erfindung für sich beanspruchen dürfen. Da Konrad Zuse bereits am 11. April 1936 nachweislich ein Patent für einen „Floating

Point" – Binärcomputer einreichte, der durch ein Programmband gesteuert werden konnte, sowie Operatoren und Ergebnisadressen verwendete, ist es nicht leicht, Zuse die Priorität streitig zu machen (B. Randell, 1970). Andererseits existierten in den Vereinigten Staaten bereits 1930 am MIT mechanische Analogrechner, die von V. Bush zur Lösung von Differentialgleichungen verwendet wurden, um Netzwerkprobleme elektrischer Stromübertragung wie auch ballistische Probleme zu bearbeiten. Analogrechner für spezifische Probleme gab es, allerdings in merkwürdigsten Ausprägungen, bereits früher. Zur Lösung komplexer nationalökonomischer Probleme wurden z. B. komplizierte hydraulische Verbundsysteme entwickelt, die Gleichgewichtsmodelle simulierten. Es ist somit keineswegs einfach, präzise den Anfang zu bestimmen. Aus diesem Grund ist es ratsam, sich zunächst auf die üblichen Darstellungen zu beschränken.

K. Zuse arbeitete an seiner Maschine seit 1934. Er entwickelte in der Folge weitere Modelle, die er Z1, Z2, Z3 und Z4 nannte. 1941 baute er mit dem Z3 höchstwahrscheinlich der Welt ersten programmgesteuerten Computer mit einem Speicher in der Größenordnung von 64 Wörtern. Da die damalige deutsche Regierung keine angemessene Unterstützung für die weitere Entwicklung gab, wurde die Arbeit während des Krieges nahezu eingestellt, sodaß der Z4 erst lange nach dem Krieg fertiggestellt wurde.

Die Entwicklung in den USA verlief dagegen weitblickender. 1937 begann sich H. Aiken, aus ähnlichen Gründen wie Zuse drei Jahre zuvor an der TH Berlin, für Rechenmaschinen zu interessieren. Aufwendige Rechenarbeiten, die er im Rahmen seiner Ph. D.-Arbeit in Harvard durchzuführen hatte, waren analytisch nicht zu bewältigen. Anders als Zuse gelang es Aiken, die Unterstützung von IBM zu finden und in Zusammenarbeit mit Ingenieuren von IBM den „Automatic Sequence Controlled Calculator" oder, wie er auch genannt wurde, den „Harvard Mark I" zu entwickeln. Diese Maschine wurde im IBM-Laboratorium gebaut, im Jänner 1943 nach Harvard überstellt und begann dort im Mai 1944 kontinuierlich zu arbeiten. Mark I arbeitete noch überwiegend mechanisch; er war aber offensichtlich so robust, daß er bis Ende der 50er Jahre im Einsatz war. Die wesentlichen Aufgaben, die Mark I bearbeitete und die zur weiteren Entwicklung von Mark II und ähnlichen Maschinen führten, standen in Zusammenhang mit militärischer Nutzung.

Gleichfalls 1937 entwickelte G. Stibitz in den Bell Telephone Laboratories Rechenmaschinen, die auf Relaisbasis operierten. Dieser sogenannte „Complex Number Computer" wurde 1940 das erste Mal öffentlich vorgestellt und bereits damals über einen Fernschreiber, der in Hanover, New Hampshire, aufgestellt war, in Betrieb genommen. Anlaß zu dieser ferngesteuerten Vorführung war eine Konferenz der amerikanischen Gesellschaft für Mathematik. Diese wurde auch von J. Mauchly und N. Wiener besucht und dürfte wesentlicher Stimulus für letzteren gewesen sein, „seine" Kybernetik zu entwickeln. Stibitz und seine Mitarbeiter entwickelten bis 1942 zwei weitere Modelle ihres Relaisrechners für ballistische Berechnungen.

Während Norbert Wiener aufgrund der oben genannten Vorführung an die Entwicklung der Kybernetik ging, begann Mauchly zusammen mit J. P. Eckaert von der Moore School an der University of Pennsylvania an Hochgeschwindigkeits-Röhren-Rechenmaschinen zu arbeiten. 1943 wurde zwischen dieser Universität und der amerikanischen Regierung ein Forschungsvertrag geschlossen, der zur Entwicklung eines elektronischen Computers führen sollte. Der Computer sollte zur Berechnung ballistischer Tafeln und für Kalkulationen beim Bombereinsatz verwendet werden. Ergebnis dieses Forschungsvertrages war der berühmte ENIAC (Electronical Numerical Integrator and Computer), eine Maschine mit 19.000 Röhren und einer Leistung von 200 kW. Der ENIAC war somit die erste große, programmgesteuerte Maschine. Er wurde gleichfalls zur Berechnung ballistischer Probleme sowie in der Nuklearforschung eingesetzt.

Bereits 1944 stieß John von Neumann zu der ENIAC-Gruppe, aufgrund seiner Mitarbeit an der Entwicklung der Atombombe in Los Alamos, wo gleichfalls ein großer Bedarf an Rechnern bestand. Daher wurde bereits vor Fertigstellung des ENIAC im Juli 1944 ein neues Projekt beschlossen: die Entwicklung des sogenannten EDVAC. Seine Entwicklung wurde vor allem von v. Neumann, nachdem er an das Institute for Advanced Studies in Princeton zurückgekehrt war, forciert. Die dort von v. Neumann geleisteten Arbeiten führten zur Entwicklung der IAS-Maschine, die allerdings erst 1952 fertiggestellt wurde. Trotz des späten Erscheinens wird diese Maschine aufgrund der bahnbrechenden, theoretischen Arbeiten von v. Neumann grundlegend für die Weiterentwicklung der Computer insbesondere im Hinblick auf die „Assembler"-Entwicklung.

Nach Fertigstellung des ENIAC löste sich die Gruppe an der „Moore School" auf. Mauchly und Eckaert wendeten sich der kommerziellen Verwertung ihrer Entwicklungen zu. Sie gründeten eine eigene Firma, die später von der Rand Corporation übernommen wurde und für UNIVAC verantwortlich zeichnet. Die erste UNIVAC wurde 1951 dem „Bureau of Census" zur Auswertung von Volkszählungsergebnissen übergeben. IBM nahm sich zur selben Zeit der „von Neumann Maschinen" an und entwickelte mit der IBM 701 den Prototyp für eine Serie von Maschinen, die vor allem für wissenschaftliche Großprojekte konzipiert waren und überwiegend dort Einsatz fanden.

Die weitere technische Entwicklung wird von dieser Zeit an ziemlich komplex. Für unsere augenblicklichen Zwecke erscheint es aber nicht notwendig, die diversen Computergenerationen in ihrer Genealogie zu verfolgen. Massive Zunahmen an Verarbeitungsgeschwindigkeit, Speicherkapazitäten etc. sind ihnen gemeinsam. Statt einer Genealogie erscheint es zielführender der Frage nachzugehen, welche Motive die Entwicklung dieser Maschinen forcierten.

Es hat den Anschein, als wären vor allem Fragestellungen wissenschaftlicher Provenienz, etwa bei K. Zuse oder H. Aiken, die Triebkräfte, die zum Bedarf an und zur Entwicklung von Rechnern führten. H. H. Goldstine und A. Goldstine vertreten die Auffassung, daß Anforderungen an eine hinreichende Genauigkeit bei wissenschaftlichen Berechnungen Anlaß waren, den UNIVAC als Digitalmaschine zu entwickeln (Randell, op. cit. S. 359). Andererseits wird aus einer historischen Darstellung gleichfalls offensichtlich, daß bis zur Entwicklung des ENIAC militärisch-wissenschaftliche Probleme im Vordergrund standen. Sie bewirkten die rapide Expansion des Rechnerbaues. Und obwohl die weitere Entwicklung nach dem Bau des ENIAC auf Industrie und Universitäten überging, blieben das Militär und die aus solchen Quellen kommenden Mittel integraler Bestandteil der Entwicklung. Das wurde schon durch das Interesse an der Berechnung ballistischer Tafeln offensichtlich, aber noch deutlicher wird es am Beispiel des sogenannten „Whirlwind-Computers", der am MIT als erster elektronischer Computer mit einem Magnetkern-Speicher entwickelt wurde. Whirlwind war ein Projekt der Kriegsmarine, die sich einen Simulator zur Fliegerausbildung wünschte. Whirlwind war mehr als nur eine Rechenmaschine für wissenschaftliche Probleme; Hauptaugenmerk bei ihrer Entwicklung lag auf der Rechengeschwindigkeit. Die Marine wünschte eine Maschine, die so schnell war, daß sie ein ausgedehntes Ensemble automatischer Geräte steuern konnte und fähig war, in „real time" zu agieren (d. h. die Rechengeschwindigkeit war so hoch, daß Verzögerungen, die durch Berechnungen entstanden, vernachläßigbar wurden und der Computer die direkte Steuerung der Geräte übernehmen konnte). Real-time wurde von da an zentraler Bestandteil aller „command-and-control" Computer, wie sie auch in der industriellen Automation massiv Anwendung fanden (Noble, 1986). An diesem Entwicklungsstrang wird deutlich, daß Computer ein wesentliches Instrument der Steuerung wurden, und sich zwangsläufig einer formalisierten Theorie der Regelung und Steuerung bedienten.

Ballistische Tabellen, zu deren Berechnung diese Maschine ursprünglich entwickelt wurde, waren im wesentlichen nichts anderes als nur ein sehr spezieller Fall solcher Regelungsbedürfnisse. Spätestens zu diesem Zeitpunkt wird der zugrundeliegende Bedarf, der zur Entwicklung dieser Maschine führte, erkennbar. Es entstand Bedarf an einem „Ordinateur", und dieser Bedarf trieb die Entwicklung voran. Dieser Sachverhalt wurde von den Franzosen mit dem Begriff „ordinateur", d. h. ritueller Ordner, klarer zum Ausdruck gebracht, als mit dem englischen Wort „computer" (Zusammenrechner). Computer sind eine Ordnungs- oder Organisationstechnologie. Der Umstand, daß diese Technologie schnell Eingang in die industrielle Produktion fand, ist somit keineswegs überraschend. Denn sogar frühe Analogrechner wurden, wie bereits erwähnt, schon in den 30er Jahren für Steuerungs- und Koordinationsaufgaben eingesetzt, um komplexe industrielle Verfahren, etwa in Ölraffinerien und chemischen Industrien, zu steuern (Noble, 1984). Eine Frage, die dennoch zu beantworten sein wird, ist die nach den Ursachen einer „Mechanisierung" (Giedion, 1948) oder Technisierung von Ordnung (dazu Kapitel 6).

Bereits damals wurden diese Instrumente zur Simulation industrieller Prozesse verwendet, um Ingenieuren zu erlauben, Analysen von Produktionsabläufen zu machen, noch bevor diese in Wirklichkeit umgesetzt wurden. Der Computer wurde somit zum Instrument, das quasi-experimentelle Situationen in Prozeßmodellen zu schaffen erlaubte, was die übliche Mathematik nicht ohne weiteres gestattet. Es wird daher nicht wundernehmen, daß N. Wiener, als er seine Kybernetik entwikkelte, die Auffassung vertrat, eine generelle Wissenschaft der Steuerung und Regelung wäre möglich geworden, die die damalige, disziplinäre Welt der Wissenschaft auflösen und unter einem einzigen Dach vereinen würde. Aus diesem Denken entwickelte sich in Großbritannien und später den USA ein neues wissenschaftliches Gebiet, „Operations Research" (OR). Erklärtes Ziel dieser Wissenschaft war, Vorhersagen über Effektivität, Kostenvergleiche zur Analyse des Zusammenwirkens von Menschen und Maschinen, in sogenannten „Mensch-Maschine-Systemen", anzustellen. Wieder war es das amerikanische Militär, dabei vor allem die Marine, die großes Interesse an diesen Möglichkeiten zeigte und über die „RAND Corporation" die Entwicklung des OR massiv förderte. Bekannte Universitäten, wie MIT und Johns Hopkins, nahmen sich dieser Fragestellungen an, boten Ausbildungskurse an und entwickelten diese Technik so, daß sie auch im Zivilbereich, beim Polizeieinsatz, in Ölraffinerien und in der Bibliothekverwaltung einsetzbar wurde. In einem weiteren Schritt entstand aus Operations Research die „Systemtheorie", die sich aus Methoden ingenieurwissenschaftlicher Regeltechnik und militärischem OR symbiotisch zur Integralwissenschaft entwickelte (dazu F. E. Emery, 1969). Erscheint es also aus der historischen Position von K. Zuse und H. Aiken noch so, als würde es bei dieser Technologie überwiegend um mathematische Berechnungsprobleme gehen, deren sozio-politische Relevanz unbedeutend ist, so wird durch ihren Einsatz in „Real-Time"-Maschinen und über die Entwicklung der Regel- und Systemtheorien deutlich, daß die wesentliche Aufgabe der Rechner die Erzeugung von Ordnung ist. Diesen Umstand hat bereits J. Weizenbaum (1976) beschrieben, wenn er feststellt, daß Computer eine aufgrund der zunehmenden Komplexität bürokratischer Verwaltung dringend notwendige Reform dieses Apparates unnotwendig gemacht und verhindert haben.

Eine andere bedeutende Entwicklung des Einsatzes von Computern wurde überwiegend in Großbritannien verfolgt. A. Turing, der seine grundlegende Arbeit über die sogenannte „Turing-Maschine" bereits 1937 publizierte, wies nach, daß universale Automaten möglich sind, die jede Berechnung, die ein spezieller Einzweck-Automat durchführen könnte, ebenfalls durchführen können. Er lieferte somit die Theorie zur Entwicklung allgemeiner Rechenmaschinen (general purpose machines).

Während des Zweiten Weltkrieges arbeitete Turing aber im Dienste Seiner Majestät überwiegend an Problemen der Kryptographie. Entschlüsselung und Verschlüsselung von Nachrichten sind stets bedeutende kriegstechnische Aufgaben. Man behauptet, daß Turings Arbeiten und die seiner Mitarbeiter wesentlich zum Erfolg in Dünkirchen beigetragen haben sollen. Seine arbeitsaufwendigen Entschlüsselungsarbeiten machten gleichfalls die Entwicklung eines Gerätes notwendig, das immense Datenmengen, die in diesem Zusammenhang zu verarbeiten waren, maschinell zu bearbeiten erlaubte. Resultat dieser Arbeiten war der sogenannte „COLOSSOS", ein Gerät, das die Nachkriegsentwicklung von Rechnern in Großbritannien und die damit verbundene Grundlagenforschung wesentlich erleichterte. In Anbetracht der Tatsache, daß die Arbeiten Turings auch heute noch der Geheimhaltung unterliegen, ist über Details wenig bekannt. Fest steht, daß er sich in Bletchley Park eingehend mit Sprachanalysen befaßt haben muß.

Diese Arbeiten, wie auch jene von C. E. Shannon und Weaver, weisen in eine grundlegend neue Richtung: Computer werden nun nicht mehr nur zur Verarbeitung von Daten als Zahlen, sondern von Daten als Repräsentationen sprachlicher Kommunikation verwendet. Haben sich Shannon und Weaver bei der Informationstheorie nur mit der Erhaltung von Ordnung bei der Übertragung sprachlicher Zeichen befaßt, so mußte sich Turing bei der Verschlüsselung von Nachrichten mit grundlegenderen, linguistischen Problemen auseinandersetzen. Seine Arbeiten wurden vermutlich für die Entwicklung von Übersetzungsprogrammen maßgebend.

Damit wird neues Terrain betreten, zwangsläufig eines, das sich nur auf Grundlage sprachphilosophischer Überlegungen behandeln läßt. Das unterscheidet sie von jenen Anliegen, die noch K. Zuse oder H. Aiken bewegten.

H. Zemanek (1981) verweist mit Nachdruck darauf, daß die Grundlage für alle sprachverarbeitenden Ansätze in der philosophischen Position von L. Wittgensteins „Tractatus Logico-Philosophicus" (1921/22) zu finden ist. Dort vertritt Wittgenstein die Theorie, daß Realität in Sprache abgebildet würde und sprachliche Relationen und jene der Wirklichkeit nicht nur in Übereinstimmung sind, sondern notwendig gemeinsamen, logischen Gesetzen Genüge leisten müssen.

Die aufgrund von Digitalisierung gewonnenen „Informationsatome" (Bits) werden auf der Basis syntaktischer Regeln aggregiert, wobei diese selbst Teile einer logischen Ordnung sind. Dadurch treffen sich Shannons Auffassung von Information als Folge von ja/nein-Entscheidungen in zeitlicher Verteilung und N. Wieners Auffassung über Regeltheorie und Nachrichtenübermittlung in den auf der Basis von Programmen und der Boole'schen Algebra arbeitenden Digitalmaschinen. Obwohl L. Wittgenstein seine Auffassung von Sprache später grundlegend revidierte und Sprache als komplexes Ergebnis zwischenmenschlicher Interaktion verstand, hat sich in den Computerwissenschaften seine ursprünglichere Auffassung durchgesetzt und zur Entwicklung von „Artificial Intelligence" ab etwa 1957 geführt. Dieser Ansatz hat in den ungefähr 30 Jahren seines Bestehens zu einigen erstaunlichen Erfolgen geführt, sieht sich aber in letzter Zeit zunehmender Kritik ausgesetzt (Dreyfus, 1972, Winograd/Flores, 1986).

Wie man durch Verweis auf Wittgensteins Traktat sehen kann, ruht die sprachorientierte Entwicklung des Computereinsatzes nicht erst in jenen Möglichkeiten, die durch Computertechnologie eröffnet wurden. Vielmehr stellt sie nur die technische Umsetzung eines älteren philosophischen Programms dar, das Winograd/Flores (op.cit.) als „Rationalistische Tradition" bezeichnen. Dieser ist eine hermeneutisch/lebensweltliche Konzeption entgegengesetzt, wie sie von M. Heidegger, E. Husserl oder H. G. Gadamer vertreten wird. In deren Auffassungen wird Sprache, ähnlich wie bei G. H. Mead, als soziales Produkt verstanden und wird zum ausschlaggebenden Sozialisationsfaktor (Schaff 1964, 1976, Bernstein 1971). Sprache wird in jener „rationalistischen Welt" zum Spiegel einer absolut gesetzten Realität. Wörtern kommt keine andere Bedeutung zu als jene von „Namen". Folglich können sie nach einem Schema aus einer Sprache in eine andere übertragen werden. So läßt sich die Entwicklung der Vorstellung der Möglichkeit von Übersetzungsmaschinen verstehen.

Im hermeneutischen Ansatz ist dagegen Sprache Ergebnis komplexer Übereinkünfte und Anlaß zu stetigen, neuen Interpretationen. Sie ist daher weder Formalisierung noch Maschinisierung zugänglich. Unter Formalisierung ist, nach S. Krämer (1988), folgendes zu verstehen: Drei wesentliche Voraussetzungen sind zu erfüllen. Schriftlichkeit, d. h. eindeutig unterscheidbare, graphische Zeichen werden in einer bestimmten Ordnung fixiert; Schematisierbarkeit, d. h., daß eine Handlung zu einem Verfahren wird, das unbegrenzt oft reproduzierbar ist und dem kein „Eigen-Sinn" zukommt; Interpretationsfreiheit, das bedeutet, daß bei Operationen innerhalb einer (formalen) Sprache kein Bezug auf das zu nehmen ist, was ihre Zeichen bedeuten.

Die Idee einer möglichen Formalisierung der Sprache ist bereits auf Leibniz zurückzuführen und somit als eine grundsätzliche Vorstellung neuzeitlicher Wissenschaft zu verstehen. S. Krämer versteht demnach Computer

> „. . . als Maschinen, mit deren Hilfe wir mittels der Formation und Transformation von Zeichenreihen symbolische Welten aufbauen." (ibid., S. 4)

Solche Welten sind geschichtslos und, zumindest aus der Sicht der Hermeneutiker, Ergebnis eines Wunschdenkens, dem wenig Realitätswert zukommt. Das dürfte allerdings nur dann der Fall sein, wenn dieses Wunschdenken nicht zur Basis von Konstruktionen, insbesondere ingenieurartiger Tätigkeiten wird. Damit werden wir uns in Kapitel 4 noch eingehend beschäftigen.

Wir können somit zusammenfassen: Computer sind Maschinen, die nicht nur Zeichen verarbeiten, sondern darüberhinaus Ergebnis einer philosophischen Tradition sind. Sie funktionieren nicht nur auf der Basis einer spezifischen internen Ordnung (Boole'sche Algebra), sondern repräsentieren diese auch nach außen. Es liegt ihnen ein Menschenbild zugrunde, das insoferne „asozial" ist, als es den sozialen Konnex, in den Sprache als Kommunikation eingebettet ist, zur Bedeutungslosigkeit reduziert.

Die Idee symbolverarbeitender Maschinen läßt sich damit auch als Ergebnis einer Situation verstehen, in der sich Menschen als individualisierte Fremde begegnen, deren jeweilige persönliche Geschichte unbekannt ist und wo Kooperation folglich nur auf der Basis von Medien, d. h. reproduzierbarer und zirkulationsfähiger, meßbarer Wertmengen möglich ist (Habermas, 1981) oder neuer Sozialisation bedarf.

Resümieren wir, so sieht man schnell, daß die Entwicklung der Computer nicht Ergebnis eines Kampfes mit der Natur um Lebensmittel ist. Wenn schon Kampf, dann ist sie eher Ergebnis eines Kampfes zwischen Menschen, was u. a. die Bedeutung, die die militärische Forschung für die Entwicklung der Rechner hatte, demonstriert. Am Beispiel der Computer wird schnell deutlich, was für Geräte allgemeiner gilt:

Sie sind zumindest im selben Maß „Allianztechnik" im Kampf der Menschen untereinander, wie gegen eine „bestialische Natur". Dieser Aspekt erscheint reichlich trivial, wird aber oft idealistisch übergangen, weil die Vorstellung vom Menschen als Einzelwesen (Homo) Vorstellungen von Interaktionen von Menschen in Gruppen nicht leicht entstehen läßt.

Computer wurden früh als Steuerungs- und Kontrollmedium eingesetzt (Real-time, Kybernetik, OR, Systemtheorie). Ihre Fähigkeit, als „ordinateur" zu figurieren, hat das Interesse an ihrer Rechenfähigkeit an Bedeutung weit übertroffen.

Als „general purpose machine" (Turing) wird der Computer zu einem allgemeinem Medium, dessen Aufgabe die Verarbeitung von Information (Bits), präziser gesagt Sprache, ist. Allerdings muß betont werden, daß es sich um eine spezifische, ordentliche Sprache handelt, sodaß nicht jeder Inhalt mit diesem Medium kompatibel ist. Computer können nur eine Vorstellung von Sprache, demnach eine Sprachideologie, realisieren. Diese Ausschließungskapazität läßt sie aber zu einem „Wahrheitsmedium" werden, gerade weil Wahrheit Ausschließungskriterien verlangt, die Computer zur Verfügung stellen.

Als Steuerungs- und Wahrheitsmedium finden Computer Eingang an der Universität. Sie verändern Forschung und Lehre, d. h. die gesamte Struktur der Universität in räumlicher, zeitlicher und organisatorischer Hinsicht, und fixieren letztlich diesen neuen Zustand, wie jede andere Technik (Rammert, 1989).

Auf den Punkt gebracht erscheinen sie als Antwort auf einen neu entstandenen gesellschaftlichen Bedarf, der sich, wie folgt, charakterisieren läßt:

(1) Bedarf an neuen Ordnungsinstrumenten für Kontrolle und Kooperation diverser, oft komplexer Prozesse.
(2) Bedarf an einer Fixierung solcher Ordnung in Form einer „Verfahrens-Schrift"; dies wird im allgemeinen als Algorithmisierung bezeichnet.
(3) Bedarf an Reproduzierbarkeit mittels Schematisierung, was die kontinuierliche Präsenz dieses Bedarfs zum Bewußtsein bringt.

(4) Bedarf an Interpretationsfreiheit, was gleichwohl als Bedarf an unparteilichen Konsensmechanismen und als Bemühen zu verstehen ist, Dispute zu eliminieren.
(5) Bedarf an geschichtslosen, symbolischen Welten, welche gleichfalls als unbelastete Konsensmittel Dissens erst gar nicht entstehen lassen, also Disput und Interpretation vermeiden helfen. Insgesamt muß dieser Bedarf als Bemühen um eine Entpolitisierung sozialer Ordnung bezeichnet werden.

1.3 Zur Technisierung der Universität durch den Einsatz von Computern

Wie gesehen, waren anfänglich eine Handvoll von Universitätsangehörigen, Zuse, Aiken, Mauchly, Eckert und von Neumann für die Stimulierung und die Entwicklung von Rechenmaschinen ausschlaggebend. Einzige Ausnahme bildet Stiebitz von den Bell Laboratories, die als kommerzielles Forschungsinstitut zu betrachten sind. Die tatsächliche Entwicklungsarbeit wurde allerdings in industriellen und staatlich-militärischen Forschungszentren geleistet, wie es besonders im Fall Turings deutlich wird. Das zeigt, wie sehr Technikentwicklung mit „Potenz", Geld oder Macht, verknüpft ist.

Daher kommt, daß diese Maschine, von wenigen Ausnahmen (wie Harvard oder MIT) abgesehen, erst Mitte der 50er Jahre Eingang an Universitäten findet. Die Idee für die Maschine stammt also aus einer nicht anwendungsorientierten Forschung einzelner Wissenschaften, die Umsetzung geschieht unter Bezug auf spezielle militärische und industrielle Probleme. Maßgebliche theoretische Weiterentwicklungen kommen allerdings wieder von Universitäten, wie das die berühmten „Princeton Papers" von John von Neumann exemplarisch belegen.

In der Industrie wurde das neue Gerät bald als „Organisationsinstrument" im logistischen Bereich, z. B. für die Organisation der Lagerhaltung, eingesetzt und erfüllte dort seine wesentliche Aufgabe als „Ordinateur", als Ordner. Diese Entwicklung beschreiben im Detail D. Noble (1988) oder Bechmann et al. (1979) sowohl für die Automatisierung und Mechanisierung der materiellen, als auch der geistigen Produktion. An Universitäten hatte der Computer dagegen andere Aufgaben zu erfüllen, nämlich genau jene, weswegen er anfänglich gewünscht und entwickelt wurde. Der nun folgende Abriß wurde ausführlich in zwei anderen Arbeiten dargestellt (Schmutzer 1986/1987).

Computer fanden zunächst Eingang als „Zahlenschlucker", also im Bereich der Datenverarbeitung und der Statistik. War man Anfang der 50er Jahre mit ihrer Hilfe imstande, etwa 10 lineare Gleichungen zu bewältigen, so steigerte sich die Kapazität bis Mitte der 50er Jahre bereits auf 200 Gleichungen und Ungleichungen. Bekanntlich gibt es heute

Programme, die 12.000 Gleichungen und mehr bewältigen und eine ähnliche Anzahl von Variablen.

Diese Kapazitätsentwicklung legte es nahe, Daten von vornherein für multiplen Gebrauch elektronisch zu speichern, um sie nicht mehr in jedem einzelnen Fall, auf der Basis umfangreicher Datenpakete, eingeben zu müssen. Daraus entwickelten sich Datenbanken, die Daten computergerecht gespeichert zur Verfügung stellten. Es kann nicht verwundern, daß der Zugang zu diesen Datenbanken mediengerecht organisiert wurde, d. h. über Telefonleitungen. Da sich allerdings die Kapazität von Telefonleitungen als zu langsam erwies, wurde, um den immensen Anfall binärer Datenmassen den Verarbeitungskapazitäten der Maschinen an den Enden anzupassen, 1969 in den Vereinigten Staaten bereits ein eigenes Netzwerk, das sogenannte „ARPANET" mit einer Kapazität von 56 Kilobaud, wieder einmal vom Pentagon für militärische Forschung, eingeführt, konnte allerdings auch von Forschungsinstituten und bestimmten Universitäten benützt werden. Die Leistung wurde also etwa versechsfacht. Diese Kapazitätssteigerung in der Übertragung ermöglichte es, beachtlich größere Datenmengen zu übertragen, Rechnerverbände[3] herzustellen und diente schließlich als Kommunikationsmedium zwischen einzelnen Forschungsinstitutionen[4]. Aus dieser Art des Einsatzes entwickelte sich, ursprünglich durchaus unbeabsichtigt, eine neue Form der Nutzung von Computern und Computernetzwerken, nämlich die sogenannte „Computerpost" (Electronic Mail). Als Folge dessen wurden die Kapazitäten wieder zu klein. Heute existieren bereits Hochleistungsnetze, die mit 300 Megabaud arbeiten, interaktiv benützt werden können, und für die Übertragung digitalisierter Texte, Bilder, Videos und Filme geeignet sind.

---

[3] Eine umfassende Evalution von Möglichkeiten, die Computernetzwerke Wissenschaftern bieten, findet sich in A. Newell, R. F. Sproull (1982).

[4] O. B. Kirchner (undatiert) stellt verschiedene Computernetzwerke und ihre Protokolle dar. Er stellt vier Funktionen eines Forschungsnetzwerkes dar, und zwar:
1. zum Zweck der Kommunikation mit anderen Forschungseinrichtungen,
2. Zugang zu Software außer Haus,
3. Zugang zu Hardware außer Haus,
4. Zugang zu Information, ganz allgemein, außer Haus.

Punkt 1: Bedeutet den Austausch von Botschaften und Files. Sie können sowohl in Dialogform wie auch asynchron übermittelt und gespeichert werden. Diese Vorgehensweise heißt auch „elektronische Post".

Computerkonferenzen: Sie sind eine Kombination von Punkt 1 und 4 und bieten ein System, in dem eine zentrale Datenbasis als Austauschagent zwischen unterschiedlichen Benutzern und Inhalten fungiert.

Punkt 2 und 3: Umfassen die gemeinsame Nutzung von Hard- und Software. Beispiele wären zu finden auf dem Gebiet der Graphik, bei komplexen Anwendungen von Programmen, etc.

Punkt 4: Schließt den Zugang zu externen Datenbanken, die sowohl zentralisiert wie auch verteilt sein können, in das Forschungsnetzwerk ein. Beispiele wären die mehr als 500 Datenbasen des EURONET/DIANE, die auf mehr als 100 verschiedene „Hosts" über ganz Europa verteilt sind.

Die Entwicklung, gekoppelt mit der Möglichkeit, Computer als Organisationsinstrumente einzusetzen[5], blieb im Bibliotheksbereich nicht ohne Folgen. Die Verwaltung der Datenbanken machte elektronische Kataloge notwendig, die aufgrund der rasanten Zunahme von Publi-

[5] Die Einführung von Computern in klinischen Laboratorien erzeugt Probleme, die weder mit den Methoden der Informationswissenschaften noch mit jenen der Medien allein und in gegenseitiger Isolation zu lösen sind. Die Verschmelzung von diesen beiden Disziplinen hat ein neues Feld der Forschung entstehen lassen, medizinische Informationswissenschaften. Ähnlich wie in anderen Gebieten auch, wurden viele neue diagnostische und therapeutische Instrumente mit Computern verbunden, um sie zu steuern und damit einsatzfähig zu machen, wie auch um die gewonnenen Daten angemessen und effizient auswerten zu können. Zu diesen Instrumenten gehören Tomographen, automatische Laboratoriumsinstrumente oder alle jene Geräte, die in Intensivstationen Verwendung finden.
Krankheits- oder Gesundheitspflege ist heute datenintensiv geworden. Daten bestehen dabei sowohl aus Zahlen wie auch aus Texten. Sie werden aber erst dann zu sinnvoller Information, wenn sie nicht nur verläßlich sind, sondern auch systematisch gesammelt wurden, effektiv verarbeitet und in einem geeigneten Zusammenhang eingesetzt werden bzw. richtigen Personen zum richtigen Zeitpunkt vermittelt werden.
Medizinische Regeln sind im allgemeinen als Paradigmen formuliert, d. h. es sind Richtlinien, die von informellen Konventionen abhängen und auch Ausnahmen regeln. Und Ausnahmen zu den Regeln sind häufig. Die prozedurale Rationalität von Computersystemen steht aber hier oft einer angemessenen medizinischen Informationsverarbeitung im Weg. Ein medizinisches Informationssystem hat daher den offensichtlichen Widerspruch zwischen den rigiden Strukturen der Computerlogik und den häufig mehrdeutigen Strukturen der Medizin zu lösen. Um die Informationsverarbeitung in der Medizin zu automatisieren, muß die Komplexität des Alltags automatisiert werden. Um solche Systeme zu entwickeln, braucht man daher nicht nur ein entsprechendes Verständnis der Computerhardware-Kapazität und deren Software, sondern von gleichrangiger Bedeutung sind eine wohlmeinende Akzeptanz für die spezifischen Eigenschaften medizinischer Daten (insbesondere was Fehler und Ausnahmen betrifft), sowie ein grundlegendes Verständnis der vielfachen Zwecke, für die solche Daten verwendet werden können. So müssen solche Computersysteme z. B. in der Lage sein, mit Indexambiguitäten zu Rande zu kommen. Ein Beispiel wäre die phonetische Gleichheit von Namen, die aber verschieden geschrieben werden. Solche Schwierigkeiten gibt es nicht nur bei Namen von Patienten, sondern auch bei jenen von Erkrankungen.
Computerautomation kann die medizinische Versorgung in mindestens vier miteinander verbundenen Weisen beeinflussen:
1. dadurch, daß der Zeitfaktor der Information positiv beeinflußt wird,
2. dadurch, daß das Format der Berichte an den Arzt verbessert wird, der seine Informationen dadurch schneller und eindeutiger bekommen kann,
3. indem eine Datei des Versorgungssystems existiert,
4. durch die Einführung von Managementkontrollsystemen in Hinblick auf kostengünstige Verwendung.
Ein letztlich nicht zu übersehender Aspekt ist auch die Bedeutung von Simulationen, u. zw. sowohl die physiologischer Prozesse wie auch die Simulation von Labortests für Ausbildungs- und Forschungszwecke.
Man kann sagen, daß hier eine neue Disziplin im Entstehen ist, deren logische Herausforderung bedeutend wichtiger ist als die der Technologie selbst.

kationen auch traditionelle Bibliotheken veranlaßten, Kataloge generell datenverarbeitungsmäßig umzuorganisieren und ihre Verwaltungsprozedur zu ändern. So wurden elektronische Bibliotheksverbünde möglich, Bibliotheken ließen sich raumunabhängig koordinieren und folglich ließ sich auch ihre Anschaffungspolitik ökonomisieren. Daraus ergibt sich eine hochgradige Spezialisierung der Bibliotheken, insbesondere im Bereich wissenschaftlicher Journale. Die elektronische Vermittlung von Texten legt nahe, Publikationen erst gar nicht mehr im Druck erscheinen zu lassen, sondern sie gleich in Datenbanken zu speichern und von dort bei Bedarf abzurufen. Das mag eine „Götterdämmerung" wissenschaftlicher Journale bedeuten. Beispielgebend für diese Entwicklung könnte das „ADONIS"-Projekt sein. Im Rahmen dieses Projektes haben sich bekannte Verlage, wie Blackwell, Pergamon, Springer, Elsevier u. a. zusammengeschlossen, um ein Sortiment von bis zu 200 Journalen mindestens einmal pro Jahr auf einer CD-ROM-Platte[6] zu veröffentlichen. Folglich stellen Großbibliotheken, wie die British Library, ihre Organisationsstrukturen konsequent auf diese neuen Medien um. Damit übernehmen Bibliotheken eine neue Rolle im Wissenschaftsbereich. Sie werden von Verwahrungsplätzen gedruckter Materialien zu Schaltzentren komplexer Informationsflüsse (Beyersdorff et al., 1985, Hildreth, 1987).

Die Verbreitung von Computernetzwerken über die Vereinigten Staaten hinaus nach Europa läßt nun neue wissenschaftliche Interaktionen entstehen. So wird etwa in *Science* (Bd. 231, 1986) verlautet, daß Wissenschaftler ohne Zugang zu Computern und dazugehörigen Netzwerken nicht mehr in der Lage sind, dem jeweiligen Stand der Entwicklung entsprechend zu arbeiten[7]. Das mag allerdings auch daher rühren,

---

[6] Über den Einsatz von CD-ROM-Platten im Bibliotheksbereich: siehe Böllmann (1988), Brody (1988).

[7] In der Grundlagenforschung ist die Computerausstattung heute das, was am meisten zählt. Wissenschaftler schätzen graphische Darstellungen und benützen sie auch in neuer Weise. So wurde z. B. bei den Oberflächen von Halbleitern lange Zeit angenommen, daß alternierende Atome ersetzt würden, und zwar weg von der Oberfläche. Dieser Prozeß wurde dafür verantwortlich gemacht, daß niedrige Energien in solchen Anordnungen vorzufinden waren. Es wurden umfangreiche Berechnungen angestellt. Die einzelnen detaillierten Modelle wurden mehrere Wochen hindurch stundenlang durchgerechnet. Die Resultate dieser Berechnungen widersprachen vollständig den erwarteten Vorstellungen. „Buckling" vermehrte tatsächlich die Energie der Konfiguration. Diese Resultate wurden allgemein akzeptiert und führten viele Forscher dazu, ihre Arbeit aufzugeben, die auf der Annahme des „Buckling-Mechanismus" ruhte. Nachfolgende groß angelegte Berechnungen ließen einen neuen Kandidaten als Mechanismus wahrscheinlich erscheinen, das sogenannte PI-Bonding. Dadurch könnte der Umstand zu erklären sein, daß Oberflächen ihre Energie vermindern. Zwei spezifische Beobachtungen sind in diesem Beispiel festzuhalten:
1. Rechnungen, wie sie hier beschrieben werden, sind kein peripherer Aspekt der Festkörperphysik, sondern liegen im Zentrum der Interessen.
2. Die Ergebnisse dieser Berechnungen werden allgemein akzeptiert.

daß über Textverarbeitung und Computernetzwerke der Austausch von Publikationen zwischen Wissenschaftlern eine neue Dimension gewonnen hat.

Da inzwischen große Netzwerke durch kleine, sogenannte „Local Area Networks" (LANs) ergänzt wurden, ist es heute nicht unüblich, Publikationen auf diesem Weg nicht nur innerhalb und außerhalb der eigenen Universität auszutauschen, sondern sie darüber hinaus auch kooperativ zu produzieren. Wesentlich für solche Kooperationen ist, daß jeder einzelne Forscher über Netzwerke unmittelbar Zugang zu Hochleistungsmaschinen und Datenbanken hat, wodurch die eigenen Forschungsmöglichkeiten vergrößert werden und sich mit denen der Kollegen in Übereinstimmung finden.

Struktur und Organisation des gespeicherten Wissens gewinnt damit neue Qualitäten. Über „wissensbasierte Systeme" (knowledge based systems), wie z. B. Expertensysteme, ist ein problemspezifischerer Zugang zu Informationen möglich geworden. War man früher, mit spezifischen Problemen konfrontiert, darauf angewiesen, in Nachschlagewerken und Handbüchern einen analogen, allgemeineren Fall zu entdecken und sich eine fallspezifische Anwendung selbst zu erarbeiten, besteht heute durch den Einsatz von Expertensystemen die Möglichkeit, problemspezifische Lösungen unmittelbar und quasi „maßgeschneidert" anzufordern und zu erhalten. Beispielhaft mag das Expertensystem MACSYMA genannt werden, das es erlaubt, Lösungen spezifischer Differentialgleichungen oder Integrale direkt anzufordern. Ähnliche Verfahren werden in den Ingenieurwissenschaften, etwa der Architektur oder bei der Entwicklung integrierter Schaltkreise verwendet, wie auch für manche medizinische Diagnosen. Vor allem ist bei integrierten Schaltkreisen die Entwicklung soweit fortgeschritten, daß nicht nur Fragen des Designs behandelt werden, sondern darüber hinaus Schaltkreise im Entwurfstadium mit Hilfe von Expertensystemen auf ihre Brauchbarkeit getestet werden können, also lange bevor sie materiell realisiert werden.

Damit nähern wir uns einem zentralen Bereich wissenschaftlicher Tätigkeit. Experimente obiger Art können zwar als technisch-ingenieurmäßige Forschung verstanden werden, die Verfahrensweisen unterscheiden sich aber keineswegs von jenen der Grundlagenforschung. Zwar werden die meisten Großexperimente seit geraumer Zeit nicht mehr an Universitäten, sondern an eigenen Forschungsinstitutionen, wie

---

Es war die Berechnung numerischer Beispiele, die die Validität neuer Ideen etablierte und ausschlaggebend für ihre allgemeine Akzeptanz war. Diese erfolgte darüber hinaus noch sehr rasch. Diese Berechnungen hatten auch einen bedeutenden Einfluß auf die experimentelle Arbeit, weil sie mittels eines Modells durchgeführt wurden, das eine hohe Glaubwürdigkeit besaß, weil es durch die erfolgreichen Anwendungen innerhalb des selben theoretischen Rahmens für ähnliche Probleme geschaffen wurde. Der Computer ermöglichte somit, daß numerische Experimente die selbe logische Rolle spielen wie echte Laborexperimente.

dem CERN, durchgeführt, aber da diese Forschungseinrichtungen personell eng mit Universitäten verknüpft sind, sind diese außeruniversitären Entwicklungen nicht ohne Einfluß auf die universitären. Abgesehen davon wird eine große Zahl ähnlich aufwendiger Experimente an Universitäten, besonders an großen amerikanischen und europäischen Universitäten getätigt.

Beschränken wir uns zunächst auf die Darstellung des Einsatzes von Computern im Rahmen wissenschaftlicher Experimente. Heutige Experimente sind meist so konzipiert, daß ein Datenfluß von einer Größe generiert wird, der nur mehr über den Einsatz elektronischer Datenverarbeitung erfaßbar und verarbeitbar ist[8]. Schon allein deshalb könnten heutige Experimente ohne Einsatz dieser Geräte nicht mehr durchgeführt werden, bzw. müßten sie grundlegend anders konzipiert werden.

Komplexe Versuchsanordnungen generieren Daten schon lange nicht mehr nur sequentiell. Das heißt, eine Vielzahl von Meßstellen und Meßgeräten müssen kontrolliert und koordiniert werden[9]. Hier gewinnt der

---

8 Eine besondere Art der Datenauswertung ist die Auswertung von Photographien der Bahnen von in einer Blasenkammer beobachteten Partikeln. Die Notwendigkeit, diese Analysen zu computerisieren, ist nicht nur aus ökonomischen, sondern aus verwaltungstechnischen Gründen entstanden. Eine totale Analyse aller Interaktionen, die in einem einzigen Bild aus einer Blasenkammer festgehalten sind, ist zu aufwendig, um außer in exzeptionellen Fällen durchgeführt zu werden.
Ähnliches kann auch im Zusammenhang mit der Astronomie gesagt werden. Auch hier sind traditionellerweise ungeheuere Datenmengen zu erwarten. Schon mit einer sogenannten „Schmidt-Kamera", die nur einen kleinen Ausschnitt des Himmels abdeckt, bekommt man Informationen, die, würden diese Bilder von einem Menschen ausgewertet, einen guten Teil seines Lebens in Anspruch nehmen.
Alle verfügbaren Daten im Bereich der Astronomie würden höchstwahrscheinlich sämtliche Astronomen ihr Leben lang beschäftigt halten, und zwar höchstwahrscheinlich überwiegend mit uninteressanten, trivialen Resultaten. Es ist daher naheliegend, daß man die Bilder, die mit Hilfe photographischer Methoden vom Firmament gemacht werden, elektronisch auswertet. Die Probleme liegen dabei natürlich vor allem in den Software-Paketen, die identifizieren müssen, ob ein Bild ein Stern ist, oder eine Milchstraße, oder sonst irgend etwas. Mit Software, wie sie etwa durch KOSMOS geschrieben wurde, kann man heute eine Aufnahme innerhalb eines Tages auswerten. Die ständige Entwicklung im instrumentellen Bereich hat eine derartige Flut von Daten ermöglicht, daß es heute unmöglich ist, sie auch alle zu speichern. Aus diesem Grund ist der Einsatz von entsprechenden elektronischen Auswertungsgeräten und -methoden unabdingbar geworden. Man kann allerdings gegenläufig auch sagen, daß ein guter Teil der Arbeiten und Fähigkeiten der Astronomen dadurch unausweichlich mit Computerprogrammierung verbunden ist. Und obwohl eine gewisse erzieherische Qualität diesen Aktivitäten gleichfalls nicht abzusprechen ist, ist doch zu befürchten, daß zu viel Arbeitskapazität in diese repetitiven Arbeiten geht.

9 Ein gutes Beispiel für die Bedeutung von Computern im wissenschaftlichen Bereich und vor allem bei den Experimenten ist das in der Kernforschungsanlage Jülich verwendete System TEXTOR. Es wird zum Studium der Wechselbeziehungen zwischen einem Plasma und der Wand in der Kernfusionsforschung verwendet. In der Fusionsforschung werden Gase mit Temperaturen zwischen 10 und 20 Millionen Grad

schon weiter oben erwähnte Aspekt Bedeutung, daß Computer aufgrund ihrer hohen Rechengeschwindigkeiten ein perfektes Instrument für „Real Time"-Koordination darstellen. Computer sind auch im modernen Experimentierwesen mit der Aufgabe eines „Ordners" oder Organisators betraut. Viele Experimente, etwa in der Biochemie, wären ohne solche organisatorischen Hilfestellungen nicht durchführbar.

Jede Organisation ist allerdings Ergebnis einer vorausblickenden Planung und minutiöser Projektierung. Bei diesen Arbeiten sind Computer integrale Bestandteile, wobei häufig das Experiment zunächst mittels Computer simuliert wird. In Anbetracht der gigantischen finanziellen Aufwendungen, die für die Durchführung mancher Experimente der Grundlagenforschung notwendig sind, ist eine generalstabsmäßige Planung unabdingbar geworden. Große internationale Forschungszentren, wie der CERN in Genf, fordern daher, daß mit Hilfe sogenannter „Monte Carlo"-Methoden vor der Durchführung computermäßig der Nachweis erbracht wird, daß die geplanten Experimente durchführbar und erfolgversprechend sind. Läßt sich dieser Nachweis nicht erbringen, wird die Durchführung abgelehnt (Computer in the New Lab, 1981).

Von hier ist es nur ein naheliegender Schritt, Experimente durch Computersimulationen zu ersetzen. Das ist besonders verständlich, wenn es sich um Forschung handelt, wo Experimente aus praktischen Gründen unmöglich sind. Solche Situationen findet man etwa in der Tektonik, der Astronomie, aber auch den Sozial- und Wirtschaftswissenschaften. Das Ausmaß der Unmöglichkeit von Experimenten ist jedoch graduell. In der Ökologie gibt es Probleme, die zwar im Prinzip experimentell durchführbar wären, deren Durchführungsdauer aber so lange wäre, daß sie praktisch als nicht durchführbare Experimente betrachtet werden müssen. Analog findet man in der Fusionsforschung Probleme, die ihrerseits so aufwendig wären, daß man es ebenfalls vor-

---

benötigt. Diese werden durch ein Magnetfeld stabilisiert, wodurch das Plasma von den Gefäßwänden, die dieses einschließen, abgehalten wird. Um die notwendigen Experimentierbedingungen durchzuhalten, müssen die jeweils aufrecht zu erhaltenden Plasmaentladungen reproduzierbar sein, u.zw. bei Strömen bis zu 500 KA. Dieser Zustand muß über mehrere Sekunden gewährleistet sein. Reproduzierbarkeit bezieht sich aber nicht allein auf Temperaturen, Teilchendichten, Verunreinigungen im Magnetfeld, räumliche und zeitliche Variable. Darüberhinaus müssen die zur Erzeugung des Magnetfeldes notwendigen Feldspulen zeitlich entsprechend gesteuert werden. Gaseinlaß und der sich aufbauende Gasdruck muß zeitlich ebenfalls reproduzierbar sein, wie auch die räumliche Position der Plasmasäule. Da es sich hier um ein äußerst komplexes Experiment handelt und eine ungeheure Vielzahl von Einstellwerten Voraussetzung für Durchführung und Wiederholbarkeit des Experiments ist, ist dieses Experiment nur mehr mit Computerunterstützung durchzuführen. Das gilt umso mehr, als die Wiederholbarkeit des Experiments innerhalb einiger Minuten gewährleistet sein muß. Aber nicht nur der Aufbau des Experiments wird von einem Softwarepaket gesteuert, sondern selbstverständlich auch die in Megabytes anfallenden Daten. Deren Analyse wird gleichfalls vom Computerprogramm besorgt.

zieht, von einer experimentellen Behandlung abzugehen und statt dessen Simulationen zu verwenden. In der Chemie, insbesondere der Erforschung von Großmolekülen, deutet sich seit langem eine Tendenz an, von komplizierten chemischen Synthesen Abstand zu nehmen und eine Chemie ohne Chemikalien zu etablieren (Vahl, 1970).

Man sieht, Grundlegendes ist in Bewegung geraten, und die Rolle von Experimenten in der wissenschaftlichen Forschung ist heute prinzipiell neu zu überdenken. Damit deutet sich eine Veränderung in der wissenschaftlichen Grundauffassung an, die bereits 1963 von J. von Neumann und H. Goldstine folgendermaßen formuliert wurde:

> „... to a great extent experimentation in fluid dynamics is carried out under conditions, where the underlying physical principles are not in doubt, when the quantities to be observed are completely determined by known equations. The purpose of the experiment is not to verify a theory, but to replace a computation from an unquestioned theory by direct measurements. Thus, wind tunnels are e. g. used at present, at least in large parts, as computing devices of the so-called analogy type to integrate the partial differential equations of fluid dynamics." (Goldstine, v. Neumann, 1963, S. 4)

Mit dieser Aussage kündigte sich bereits 1963 eine Auffassungsänderung an. Aus dieser Perspektive wird ein Experiment quasi als „Analogrechner" betrachtet, wobei der Ersatz dieses Analogrechners durch einen Digitalrechner keiner weiteren Debatte für notwendig befunden wird. In Anbetracht der Tatsache, daß naturwissenschaftliche Experimente heute äußerst kostenintensiv sind, erscheint unter der Bedingung der Gleichwertigkeit von praktischem Experiment und rechnerischer Simulation eine Entwicklungstendenz plausibel, wo das Experiment immer häufiger durch Simulation und Kalkulation ersetzt wird.

Stellt man in Rechnung, daß der Einsatz von Computern auch neue Phänomene generieren hilft, wie das in der Mathematik an der fraktalen Geometrie[10] ersichtlich wird, und daß auch die Auswertung der Meßer-

---

[10] Es war immer schwierig, Gestalten zu charakterisieren und zu generieren. Nach Mandelbrot haben viele bekannte natürliche Formen, so wie z. B. eine Küstenlinie oder ein Fluß, keine eindimensionale Erstreckung. Sie sind aber auch nicht zweidimensional. Mathematiker haben seit langem festgestellt, daß es zwischen ein- und zweidimensionalen Objekten solche einer „fraktionalen Dimension" geben muß. Daß jedoch viele natürliche Objekte am besten als Objekte mit einer fraktionalen Dimension betrachtet werden sollen, ist eine neue Idee. Küstenlinien z. B. kann man mit unterschiedlicher Genauigkeit messen. Je größer jedoch die Präzision wird desto mehr tendiert die Länge dazu, grenzenlos zu wachsen. Gerade in solchen Zusammenhängen erweist es sich als nützlich, solche natürlichen Formen als Objekte fraktionaler Dimension zu betrachten. Auch diese Entwicklung ist ausschließlich durch den Einsatz massiver Rechenkapazitäten möglich gewesen. Was aber in diesem Zusammenhang von besonderem Interesse ist, ist der Umstand, daß mit Hilfe der fraktalen Geometrie komplexe, natürliche Objekte, wie Inseln, Berge oder Küsten in einer realistischen Weise graphisch erzeugt werden können. Dabei müssen aber nur einige wenige Parameter variiert werden.

gebnisse und damit das, was sich aus diesen Datensätzen erkennen läßt, ähnlich von Computerprogrammen abhängig wurde, wie die Erforschung der Materie von der Existenz von Hochauflösungsmikroskopen oder -teleskopen abhängig ist, wird in Zukunft die Produktion wissenschaftlicher Erkenntnisse nicht mehr durch experimentelle Anordnungen, sondern überwiegend durch algorithmische Anordnungen bestimmt sein.

Solche Verschiebungen in den Perspektiven kündigen sich seit Jahren an. Forderungen nach einer massiven Zuwachsrate beim Einsatz von Computern an Universitäten und in der Forschung begründet der Nobelpreisträger K. Wilson (1983) mit dem Argument, daß sich die Wissenschaften von der Beschäftigung mit analytischen, aber lösbaren Modellsystemen wegbewegen und sich statt dessen mit Problemen befassen, die der Komplexität des wirklichen Lebens gerecht werden[11]. Um sich mit dieser Komplexität auseinandersetzen zu können, sind Computersimulationen Voraussetzung. Ihre Aufgabe ist, quantitative Beispiele für die Bestätigung qualitativer, theoretischer Modelle zu liefern. Ein Verfahren übrigens, das durch die Verleihung des Nobelpreises an Wilson höchste Anerkennung gewann.

Das neue Interesse an lebensnaher Komplexität ist ausschließlich auf Benutzung komplexer Rechner und Rechnerverbünde zurückzuführen. Krohn und Küppers (1989) orten in dieser Entwicklung einen Paradigmenwechsel im Sinn von T. S. Kuhn, in Richtung auf ein neues Leitmotiv der „Selbstorganisation" oder „Autopoesis". Sollten Krohn und Küppers mit dieser Prognose recht haben, ist damit ein grundlegender Wandel wissenschaftlicher Auffassung prognostiziert. Das neue Interesse an Komplexität entstammt aber einem Interesse an organisatorischer Be-

[11] K. G. Wilson betont, daß es heute nicht mehr möglich ist, 20 Jahre lang an einem Forschungsprojekt „herumzudoktern". Heute hat man höchstwahrscheinlich nur drei bis fünf Jahre Zeit. Die Zeitskalen schrumpfen mit beachtlicher Schnelligkeit. In der heutigen Welt gilt das traditionelle industrielle Paradigma, das alles was innerhalb der Industrie geschieht geheim ist, nicht mehr. Wer heute Fortschritt machen und industriellen Vorteil gewinnen will, muß lernen, sobald als möglich an neue Entwicklungen heranzukommen. Dadurch wird die Rolle der Wissenschaft und der Wissenschafter in der Gesellshaft wesentlich verändert. Wissenschaftliche Tätigkeit muß mit kommerziellen Operationen integriert werden, wobei das Führungsgebiet in den Computerwissenschaften liegt, weil hier die F & E-Zeiten am kürzesten sind.
In der Grundlagenforschung sind ebenfalls wesentliche neue Entwicklungen festzustellen, z. B. sind in der Teilchenphysik Experimentalisten damit konfrontiert, hunderte von Partikeln zu analysieren. Das geschieht meistens mit der Monte-Carlo-Simulation, die den größten Teil der Rechenkapazität verschlingt. Theoretiker sind aber aufgrund solcher Experimente genötigt, in sehr kurzer Zeit die Ereignisse zu analysieren, die die Experimentalisten messen. Hunderte von Partikeln eignen sich jedoch nicht mehr für eine simple analytische Theorie wie jene des Wasserstoffatoms oder die, daß sich die Erde rund um die Sonne bewegt. Man ist zumindest zum Teil genötigt, sich auf Computersimulationen zu verlassen.
Aus dieser Situation ergibt sich ein zweites Problem, nämlich ein Problem der Ausbildung.

herrschung dieser Komplexität, was nicht zwangsläufig auch die kognitive Beherrschung dieser Komplexität bedeutet[12]. Die in komplexen Programmen und mannigfaltigen Computerverbünden bewältigte Komplexität kann nämlich trotz allem undurchschaubar bleiben. Sie wird allerdings weniger kritisierbar, obwohl schwerlich total beherrschbar. In der wissenschaftlichen Praxis gilt es heute keineswegs mehr als selbstverständlich, daß Ergebnisse computerunterstützter Forschung von ihrer Genese an im Detail verstanden oder nachvollzogen werden können. In vielen Fällen haben Forscher keine Vorstellung mehr davon, welche Programme auf welchen Computern in welchen Rechenzentren vorliegende Ergebnisse tatsächlich produziert haben. Meistens wird nur in Fällen eklatanter Unwahrscheinlichkeit von Ergebnissen der mühselige Prozeß in Bewegung gesetzt, Abläufe zu überprüfen. Somit wird aber stillschweigend ein grundlegendes wissenschaftliches Prinzip, das der generellen Nachvollziehbarkeit, in Frage gestellt, womit man sich in Richtung eines früheren, scholastischen Wissenschaftsverständnisses bewegt.

Die Auseinandersetzung mit unübersehbar großen Datenmengen und der dadurch rapide zunehmenden Komplexität zeitigt jedoch auch andere Konsequenzen. Die von Computern ausgewerteten und durch Meßinstrumente produzierten Datenmengen schaffen auch nach ihrer Verarbeitung riesige neue Datenmengen, die häufig in meterlangen Ausdrucken präsentiert werden. Ihre kognitive Verarbeitung erfordert einen immensen Konzentrations- und Zeitaufwand, welcher es wiederum nahelegt, Methoden zu entwickeln, um damit leichter zu Rande zu kommen.

Bewährtes Mittel im Umgang mit solchen Datenmengen ist die Applikation von Graphik[13]. Die Übersetzung von Daten in Graphen und die

---

12 S. Henriksson meint im Zusammenhang mit Computer Science Education (S. 12), daß eines der größten Probleme das Testen von Programmen sei. Dieses Testen kann nämlich nur die Existenz von Fehlern nachweisen, kann aber niemals Garantie für die Abwesenheit von Fehlern sein. Das fundamentalste praktische Problem des Programmierens ist Programme zu schreiben, die korrekt sind. Dabei handelt es sich um ein Problem, das sich weit von jeglicher Lösung befindet.
Auf Seite 17 verweist er darauf, daß Wissenschaftssoziologie immer wieder zeigt, daß große Forschungsinstitutionen sowie industrielle Labors eine starke Tendenz zur Stagnation haben. Davon unterscheiden sich Universitäten wesentlich, weil sie aufgrund der Tatsache, daß sie einen kontinuierlichen Fluß von neuen Leuten (Studenten) haben, die durch dieses System durchgehen, sich in der Lage zeigen, mehr originelle Ideen und frischere Initiativen zu kreieren (siehe dazu auch Hamberg (1963)).

13 T. E. Graedel und R. McGill vertreten den Standpunkt, daß die graphische Präsentation der Resultate komplexer Computermodelle im allgemeinen mindestens so wichtig ist wie die Berechnungen selbst, weil auf diese Art und Weise der Modellarchitekt wie seine Zuhörerschaft das Maximum an Information erhalten. Insbesondere ist die Verwendung von farbigen Graphiken ein wichtiger Aspekt einer erfolgreichen Präsentation. Sie meinen daher, daß es nützlich ist, Resultate routinemäßig zu „plotten" und dieses automatisch möglich zu machen.

damit notwendige Genese von Diagrammen wurde ebenfalls bald dem Computer übertragen.

Das stellt noch keine wesentliche Neuerung dar. Zu verändern begann sich die Situation etwa um 1960[14], als man sich mit statischen Diagrammen nicht mehr zufrieden gab, sondern die ersten computergenerierten Filme schuf[15], die imstande waren, eine zeitliche Dimension in die Präsentation einzubringen[16].

Obwohl bereits Anfang der 60er Jahre die ersten computergenerierten Filme entstanden sind, blieb ihre Produktion aufgrund der gewaltigen Speicherkapazitäten, die benötigt wurden, relativ beschränkt. Erst durch neue Computergenerationen konnte sich der computergenerierte Film als Forschungswerkzeug sui generis[17], insbesondere in Disziplinen wie

---

14 Computerfilme sind eine Weiterentwicklung der sogenannten interaktiven Computergraphik. Dabei werden Resultate von Computerberechnungen in eine graphische Form gebracht und auf einem Monitor präsentiert. Durch verschiedene Möglichkeiten, wie z. B. einen Lichtstift, können dabei Resultate und Rechenvorgänge im Computer beeinflußt werden. Eine wichtige Anwendung dieser Verfahrens ist dann gegeben, wenn numerische Kalkulationen riesige Zahlenmengen in Form von Tabellen produzieren, die wenig Aussagekraft haben. Werden diese Resultate graphisch dargestellt, dann ist das für den Benutzer oft eine ungeheuer große Hilfe und stimuliert darüber hinaus auch seine Kreativität.
Eine andere Perspektive ist die Computeranimation. Hier werden gegebene Graphiken, z. B. komplexer dreidimensionaler Sachverhalte, rotiert und solange gedreht bis der Betrachter einen dreidimensionalen Gesamteindruck der vorgeführten Situation gewonnen hat. Anwendung findet das etwa bei komplexen Strukturen großer Moleküle.

15 Eine kurze historische Anmerkung:
Die Erzeugung von computergenerierten Filmen im wissenschaftlichen Konnex hat bereits 1956 begonnen, wo verschiedene Forscher in größeren Laboratorien, wie etwa den BELL-Laboratorien oder den Boeing-Werken, im MIT, etc. unabhängig von einander begannen, Computer auf diese Art einzusetzen.
Kostenmäßig sind allerdings die sogenannten COM's (Computer Output Microfilm) noch relativ teuer. Aus diesem Grund ist es oft unökonomisch, sich dieses Mediums zu bedienen. Das heißt mit anderen Worten, um sich dieser neuen Forschungsmethode vergewissern zu können, ist es nützlich, sich auf dieses Medium von vornherein zu spezialisieren, wie das in großen Laboratorien, etwa Livermore, auch der Fall ist.

16 Filme ermöglichen nun darüber hinaus, mit Farbkodierungen zu arbeiten und solcher Art zusätzliche Informationen zu liefern. R. Miller von der University of Chicago besteht darauf, daß bei solchen Präsentationen oft Strukturen entstehen und gesehen werden, die ohne dieses Medium nicht erkannt worden wären. Sehr oft werden auf diese Art und Weise essentielle Konfigurationen überhaupt erst erkannt, die bei bloßem Betrachten von Zahlenkolonnen niemals entdeckt worden wären. So werden z. B. auf diese Art mögliche Interaktionen zwischen Methanmolekülen und Wasserstoffisotopen untersucht.

17 Sehr zum Unterschied von der Sammlung und Auswertung von Daten haben Filme, die auf der Basis solcher Daten geschaffen werden, eine andere Qualität als die Daten selbst. Wissenschaftler machen im allgemeinen Messungen und nicht Entdeckungen. Mit Filmen kann man aber nichts messen, dafür sind sie besonders geeignet, unerwartete Konstellationen oder Konfigurationen zum Vorschein zu bringen. So wurden z. B. in den BELL-Laboratorien Computerfilme absichtlich dafür eingesetzt, um unerwartete

Chemie, Astronomie oder Biologie, durchsetzen. Den genannten Formen von Komplexität wissenschaftlicher Arbeit wird somit eine weitere hinzugefügt, allerdings um den Lohn, daß der Einsatz solcher Computerprogramme Phänomene erkennbar macht, die bei einer rein statistischen Präsentation nicht festzustellen wären[18]. Sie erlauben es etwa, die zeitlichen Verläufe kristallographischer oder biochemischer Prozesse zu erfassen. Somit werden Forschungserkenntnisse einmal mehr Produkte eines äußerst komplexen Softwareapparates (Computer Films, 1978; Scott, 1979).

Die wissenschaftliche Praxis macht somit einen tiefgreifenden Wandel durch, der auch außerhalb des engeren Forschungsbereiches nicht ohne Konsequenzen bleibt. Denn abgesehen von der Auswertung von Forschungsergebnissen finden Computerfilme und Computeranimation (die Dynamisierung statischer Computergraphik durch Rotation etc.) weitere Anwendung in der Produktion sogenannter „Demos". Eine vorwegnehmende, filmische Demonstration von Forschungsvorhaben findet als neue Form eines „Science Fiction" immer öfter bei Projektanträgen um Forschungsfinanzierung Verwendung. Mit der Hilfe von Demos soll Entscheidungsträgern, die keine Fachexperten[19] sind, eine möglichst eindringliche Darstellung eines Projektes vermittelt werden, in der Hoffnung, damit ihre Unterstützungswilligkeit zu stärken. Es wird also die Überzeugungskraft[20] filmischer Präsentation eingebracht, um Ereignisse darzustellen, die in experimenteller Weise noch nicht nachgewiesen wurden[21]. Diese Überzeugungskraft läßt nun nicht nur das an ame-

---

Eigenschaften von Modellen, die das Wachstum von Kristallen simulieren, zu entdekken. Einmal jedoch so weit gegangen, ist es naheliegend, das selbe Modell auch für die Computersimulation von Experimenten zu verwenden. Solche Modellexperimente haben vor allem deshalb großen Wert, weil sie sich als Brücke zwischen Theoretikern und Experimentatoren anbieten.

18 Zusammenfassend kann man sagen, daß vor allem folgende drei Gebiete hauptsächlich mit dieser Technik abgedeckt werden:
1. die Bewegung von Partikeln im dreidimensionalen Raum unter dem Einfluß irgendwelcher Kräfte und Gesetze,
2. die Animation komplexer Figuren und Formen, Verfahren beinhaltend wie Rotation,
3. die Veränderungen ebener Kurven über die Zeit und die dreidimensionaler Oberflächen.

19 Selbstverständlich finden Filme auch Anwendung in der Ausbildung, weil sie äußert instruktiv sind. Graphische Darstellungen dieser Art können darüberhinaus auch dazu angewendet werden, um unfruchtbare Forschungsvorhaben bald zu erkennen und den Einsatz von Mitteln und Arbeit auf andere Themen zu konzentrieren.

20 Ein Aspekt sollte nicht unerwähnt bleiben. Viele dieser Computerfilme sind über ihren wissenschaftlichen Wert hinaus ähnlich wie die Produkte der fraktalen Geometrien auch ästhetisch ungeheuer ansprechend. Es scheint sich hier eine Entwicklung anzubahnen, wo die mit der Renaissance beginnende Kluft zwischen Wissenschaft und Kunst sich möglicherweise wieder zu schließen beginnt.

21 Allerdings sieht Scott (1979) auch eine gewisse Gefahr in der Verbreitung von Computerfilmen als Forschungshilfsmittel. Er ortet diese in ihrer Überzeugungskraft. Es sei, so meint er, leicht zu vergessen, daß jene Phänomene, die man im Film sieht, ja noch

rikanischen Universitäten heute gängige „Demo or Die" – Vorführen oder sterben – das alte „Publish or Perish" ersetzen, sondern auch die Frage nach möglicher didaktischer Verwendung stellen. Somit entstehen zwischen Forschung und Lehre neue Brückenschläge. Denn auch in der Lehre beginnt der Computer, und mit ihm andere Informationstechnologien, unübersehbar Einzug zu halten[22].

Die Verwendung von Computern für Lehre und Ausbildung ist inzwischen schon ein Vierteljahrhundert alt. Massive Verstärkung erfuhr diese Entwicklung durch preisgünstige PCs und die Kombination von Computern mit anderen Informationstechnologien.

Anfänglich, und das ist naheliegend, wurden Computer benützt, um in Form von Spielen komplexere Systeme physikalischer oder nationalökonomischer Art zu simulieren und als Spiele für Demonstrationszwecke[23] einzusetzen. Inzwischen hat aber der Gedanke der Simulation derartige Dimensionen gewonnen, daß Simulationen in ihren Folgewirkungen nicht nur wissenschaftstheoretisch sondern auch didaktisch reflektiert werden müssen.

Die Ausbildung in naturwissenschaftlichen Labors in Form von praktischen Übungen ist bekanntlich immer etwas problematisch gewesen. Labors sind teuer, die Durchführung der Übungen erfordert einen hohen verwaltungsmäßigen Einsatz, und unsachgemäßer Umgang kann sowohl für Studenten wie auch für die Umwelt nicht unwesentliche, negative Folgen zeitigen. Aus diesen Gründen gehen Universitäten in den USA konsequent dazu über, von Studenten Laborexperimente in Form von Computersimulationen durchführen zu lassen. Diese Simulationen können ein hohes Maß an Komplexität gewährleisten, sodaß etwa stochastisch anfallende Meßergebnisse und sonstige didakti-

---

immer nur Modelle sind. Wenn ein Publikum einen Hollywood-Film sieht, neigt es dazu, die kritische Distanz zu verlieren; ähnliches geschieht bei wissenschaftlichen computergenerierten Filmen.

22 Scott (1979) verweist u. a. darauf, daß viele Forscher es ablehnen, ihre Computerfilme als pädagogische Hilfsmittel zu verstehen. Trotzdem glaubt er, daß diese Betonung einer Differenz weder notwendig noch besonders stichhaltig sei. Pädagogik ist in allen wissenschaftlichen Filmen in verschiedenem Maß vorhanden. Es bleibt letzten Endes eine Frage der Betonung, wie sehr dieser pädagogische Aspekt tatsächlich herausgearbeitet wird. Man soll auch nicht unterschätzen, daß Filme nicht nur für pädagogische, sondern auch für Zwecke verwendet werden, die man am besten mit dem Begriff „Public Relations" beschreibt.

23 Diese Systeme sind interaktiv. Ein Student kann damit selbst arbeiten. Das Programm kann auch gewisse Details mit einer Art Zoom-Effekt herausholen, z. B. um zu sehen, wie Elektronen durch einzelne Kanäle wandern und dadurch Löcher produzieren, die von anderen Elektronen hinter ihnen ausgefüllt werden. Manchmal wird man auch dabei erleben, wie ein freies Elektron einen Sprung macht. Studenten können bei diesem Modell die verschiedenen Variablen nach Belieben variieren, etwa herausfinden was bei einer Temperatur von 1000 Grad Celsius passiert, oder was passiert, wenn Unreinheiten im Silizium auftreten oder die Länge der Leiter länger oder kürzer wird. Sie können auch sogenannte unmögliche Materialverbindungen oder Zusammenschlüsse explorieren, um dabei herauszufinden, warum sie nicht funktionieren können.

sche Hindernisse in der Konzeption solcher Experimente berücksichtigt werden können. Auf diese Weise wird die in der Forschung angelegte Tendenz zur Simulation von Experimenten auch in der Lehre übernommen[24].

Aber andere Einsatzmöglichkeiten bieten sich auch an. Zum Beispiel werden Lehrbücher durch Computer ersetzt[25] und in ihrer pädagogischen Bedeutung verändert[26]. Über „work stations and local area networks" werden Text, Graphik, Animation und Nachschlagewerke in einem Multimedienverbund vereinigt. Studenten steht somit ein komplexes Instrument zur Verfügung, das, ähnlich wie traditionelles Lehrmaterial, auch mit persönlichen Annotationen versehen werden kann. Es unterscheidet sich jedoch von traditionellen Lehrmitteln durch höhere Komplexität und mehr Freiräume. Bedenkt man aber, welche Bedeutung Büchern für die Übermittlung wissenschaftlicher Paradigmen (Kuhn, 1962, siehe nächstes Kapitel) und kognitiver Stile (McLuhan, 1964, 1962) zugemessen wird, kann man erwarten, daß die Konsequenzen solcher Veränderungen fundamental sein werden.

Ähnlich elektronischen Büchern wird eine sogenannte „elektronische Tafel" erprobt, wenn auch zur Zeit nur experimentell. Im „Gould Laboratory" an der Brown University (Providence, Rhode Island) steht jedem Studierenden im Hörsaal ein PC zur Verfügung. Diese sind untereinander vernetzt. Am Pult des Vortragenden befindet sich gleichfalls ein Gerät. Ähnlich wie früher in sogenannten „Sprachlabors", ist mit einem derartigen Arrangement die Möglichkeit gegeben, Vortrag mit Übungen und Seminaren simultan zu verknüpfen. Dabei bietet sich dem Vor-

---

[24] Wilson meint, es werden zwei Teile einer neuen Ausbildung benötigt. Erstens ist es notwendig, einen Teil analog zur experimentellen Ausbildung aufzubauen. Ein Student muß mit jemandem zusammenarbeiten, der Erfahrungen hat, wie man Experimente aufbaut, wie man Daten analysiert und systematische Fehler vermeidet. Analoge Probleme gelten für die Computersimulation. Computersimulation ist nämlich auch für Theoretiker eng mit der Vorstellung eines Experiments verbunden. Experimente haben, wie Simulationen, Zahlen als Ergebnisse. Sie bringen keine Funktionen oder neue Ideen hervor. Man muß also genau wissen, wie man Computersimulationen entwirft. Bedingung für die Ausbildung wird das Management großer Software-Pakete. FORTRAN für derartige Zwecke zu verwenden, stellt eine große Belastung dar. Man müßte also verlangen, daß jeder Student, der einen Ph. D. machen will, zumindestens einen dreimonatigen Ausbildungskurs in Computerwissenschaften hinter sich bringt. Computerausbildung muß aber mehr integriert werden, und zwar bereits im College.

[25] Was zu wünschen ist (und das gilt insbesondere für FORTRAN nicht), ist, daß man Software und Programme entwickelt, die gelesen werden können. Programme sollen wie ein Lehrbuch aussehen (K. Wilson, 1983 b).

[26] Ein Aspekt, der nicht unerwähnt bleiben darf, ist der, daß diese Techniken ein Mittel darstellen könnten, um einen möglichen Mangel an Mathematiklehrern auszugleichen. So wurde etwa an der Universität von Hawai ein Computerprogramm entwickelt, das man auf PCs verwenden kann und das bereits kommerziell vertrieben wird. Gleichzeitig ist man dabei, MACSYMA für die Ausbildung von Studenten einzusetzen. Mit anderen Worten: Es können nicht nur Mathematiklehrer ersetzt werden, sondern man ist auf dem besten Weg, dies auch in einem hohen Maß zu tun.

tragenden die Möglichkeit, individuell und stichprobenartig mit jedem Studenten Kontakt aufzunehmen, seine Arbeitsweise zu verfolgen, ihn zu beraten oder zu korrigieren. Darüber hinaus haben Studenten die Möglichkeit, den gesamten Ablauf der Lehrveranstaltung auf ihren Disketten nach Hause zu nehmen und diese nochmals im Privatstudium zu rekapitulieren.

Eine weitere Möglichkeit, Computer in der Lehre einzusetzen, ergibt sich etwa beim Musikstudium, wo Studenten eigene Kompositionen einem Computerorchester vorlegen und dieses auch selbst dirigieren können. Man kann behaupten, daß eine derartige Form der Musikausbildung, von einzelnen Ausnahmefällen vielleicht abgesehen, bis heute nicht existiert hat.

Diese Möglichkeiten werden im Rahmen eigener Forschungs- und Entwicklungsprojekte an einschlägigen Universitäten untersucht und auf weitere Anwendungsfälle getestet. Am MIT befaßt sich damit das sogenannte ATHENA-Projekt, an der University of Texas QUEST, oder an der Brown University das OPA. Auf alle diese Projekte einzugehen, würde im gegebenen Rahmen zu weit führen, es läßt sich aber festhalten, daß heute fast jede Disziplin bemüht ist, Möglichkeiten computerunterstützten Unterrichtes zu erarbeiten. Das gilt für Tanz, Musik oder Geschichte genauso wie für Natur- und Sozialwissenschaften; ja sogar im Sport, wo man meinen möchte, es käme vor allem auf körperliche Betätigung an, werden Programme angeboten, die z. B. auf der Basis von Bio-Feedback für die körperliche Ertüchtigung der Studenten sorgen.

Insbesondere die Verschmelzung von Kommunikationstechnologien mit Computern läßt völlig neue Möglichkeiten realisieren. Sogenannte interaktive Breitbandnetzwerke erlauben es, Ausbildungsprogramme anzubieten, „ohne jemals den Computer verlassen zu müssen" oder jemals einen Campus betreten zu müssen (Osgood, 1986). Eine 1983 gegründete Gesellschaft „TeleLearning" offeriert Ausbildungskurse zum Preis von US$ 150, als Eintrittsgebühr und von US$ 180, pro Semester als Inskriptionsgebühr für ein undergraduate program. In diesen Tarifen sind Lehrbücher und Disketten inbegriffen, wie auch eine Computerzeitung. Ein Vergleich dieser Preise mit üblichen Studiengebühren zeigt, daß der pekuniäre Anreiz, solcherart einen akademischen Grad zu erwerben, groß ist, denn selbst in staatlich geförderten Universitäten sind die Inskriptionsgebühren um ein Vielfaches höher. Wie weit sich diese Form der Ausbildung durchsetzen wird, ist noch nicht zu beurteilen. Die Tatsache, daß Universitäten vom Range Stanfords über ein eigenes „instructional television network" verfügen, über das Firmen durch Fernsehübertragung bzw. CD Kurse für ihre Mitarbeiter angeboten bekommen, welche sich einer hohen Nachfrage erfreuen, spricht eine deutliche Sprache.

Diese durch Glasfaserkabel übertragenen Kurse werden allerdings bereits von einer anderen technischen Entwicklung übertroffen. Die „National Technical University" mit Sitz in Boulder, Colorado, offeriert Studienabschlüsse in Fächern wie Elektrotechnik, Informatik, Betriebswirtschaft und Management. Ihre Kurse werden durch Satelliten über das gesamte Gebiet der USA gesendet und sind teilweise sogar interaktiv angelegt. Methoden des Teleconferencing und elektronischer Post erlauben diese Rückkopplung. Die Kurse in ihrem Programm sind Konglomerate von ca. 20 bekannten amerikanischen Universitäten und sollen dadurch selektiv höchste Qualität in jedem Fach garantieren.

Teleuniversitäten, die technisch aus der Verschmelzung neuester Fernmeldetechnologien mit Computern möglich wurden, werden inzwischen auch in Europa im sogenannten PACE-Programm, der ersten europäischen Satellitenuniversität, eingeführt. Die Initiative, die auf fünf große Computerfirmen, IBM, Hewlett-Packard, Telecom, Philips und Thompson zurückgeht, konzentriert sich auf die Weiterbildung von Ingenieuren in Industrie und Forschung. Die technisch gegebenen Möglichkeiten werden sich aber kaum auf diesen engen Bereich beschränken lassen, sondern den Gesetzen von Angebot und Nachfrage folgen[27]. Verschiedene Programme der europäischen Gemeinschaft

---

[27] Hiltz und Turoff (1978) meinen in Kapitel VI, daß es einen Trend zu lebenslangem Lernen gibt. Zusätzlich zur ursprünglichen formalen Erziehung werden auch Hausfrauen, Angestellte und Pensionisten zu einem kontinuierlichen Erziehungsprogramm zurückkehren. Das kann sein, um ihre Chancen für ihre eigene Karriere zu verbessern oder um diese zu wechseln, oder einfach nur, um ihr Leben zu bereichern. Unter Bezugnahme auf Melvin Webber (1973) vermuten sie, daß Lernen die hervorragendste Betätigung der Masse der Amerikaner werden wird. Dieser Umstand ist die Folge der Revolution in den Kommunikationstechnologien, insbesondere von Glasfaser-Zweiweg-Kabel mit TV, Video-Kassetten, Faksimilie-Übermittlung und elektronischem Zugang zu Bibliotheken. Sie verweisen auf die hohen Gestehungskosten, etwa des PLATO-Systems, und darauf, daß die Bedeutung menschlicher Interaktion für das Lernen gewaltig unterschätzt wurde.

Allerdings haben Computer-Erziehungssysteme einen Vorteil. Der ist, daß Schüler ihre eigene Lerngeschwindigkeit steuern und überprüfen können. Dazu kommt eine individualisierte Rückkopplung des Lernprozesses und ein nahezu unbegrenzter Zugang zu einer Art Bibliothek.

Wenn man die Möglichkeit zu Computerkonferenzen dazu nimmt, so hätte man eine einmalige Ansammlung pädagogischer Ressourcen, die die Stärke computerunterstützter Ausbildung ausmachen. Man könnte unter diesen Umständen Computerkonferenzen organisieren, in denen in geographisch unabhängiger Weise seminaristische Diskussionen stattfinden. Man könnte diese Möglichkeiten natürlich auch fremdsprachlich nützen und Diskussionsgruppen verschiedensprachiger Studenten zusammenstellen.

Studium und Kommunikation auf privater Basis kann zwischen Lehrer und Schüler jederzeit stattfinden.

Der Zugang zu abstrakten Dienstleistungen und computergespeicherten Datenbasen und anderen pädagogischen Materialien, wie Journalen, ist jederzeit gesichert.

Gleichfalls ist vorstellbar, daß „on-line" Simulationen und Spiele, die mit dem jeweiligen Lerninhalt in Verbindung stehen, angefordert werden können.

Diese computerabhängigen Ressourcen könnte man darüberhinaus mit periodischen Vorlesungen verbinden, die entweder in Wirklichkeit oder über Video stattfinden könnten. Die Kombination all dessen erzeugt ein mächtiges erzieherisches Werkzeug, bei dem aktive Teilnahme und die Festlegung der eigenen Geschwindigkeit für

(COMETT oder SATURN) arbeiten forciert an der vermehrten Verwendung dieser Möglichkeiten in anderen Bereichen. Sogenannte „centers of excellence" (besonders ausgewählte Universitäten) werden ermutigt, vielfältige Ausbildungsprogramme zur Verfügung zu stellen. Daraus folgt, daß auf andere Universitäten, d. h. die Mehrheit euro-

---

das Lernen besonders hervorragen. Voraussetzung dafür wäre allerdings, „computer literacy" (Umgang mit dem Computer) bereits in frühem Alter zu vermitteln und zu einem Ziel der Ausbildung für die Generationen zu machen, die im 21. Jahrhundert leben und arbeiten.

Auf einem höheren Niveau kann dieses System weiter ausgedehnt werden und jenseits der Lehrer-Studenten-Beziehung Anwendungen finden.

Es ist z. B. denkbar, daß Gruppen von Studenten sich zusammentun und reale Probleme in bezug auf eine Stadt oder eine Region diskutieren und so ihr theoretisches Wissen anwenden lernen.

Es ist weiter vorstellbar, daß Studentenberatung, wie auch Karriereberatung und die Beratung bei persönlichen Problemen, die ebenfalls zum Ausbildungssystem gehören, neue Formen annehmen. Man kann sich vorstellen, daß persönliche Probleme behandelt werden, vor deren öffentlichen Diskussion sich die Studenten unter Kommunikationsbedingungen von Angesicht zu Angesicht hüten würden, weil sie Nachteile oder Diskriminierung erwarten müßten. Dazu können sexuelle Probleme gehören oder auch Probleme mit Drogen. Hiltz und Turoff meinen, daß sich problemlos eine neue Form der Anonymität schaffen ließe, wie es unter anderen Bedingungen nicht möglich wäre.

Was für Studentengruppen gilt, gilt gleichermaßen auch für Konferenzen unter Lehrern oder Tutoren, für Planungskomitees, die Verwaltung und alle Belange, die in irgendeiner Weise mit Erziehung und Ausbildung zusammenhängen.

Auf diese Art und Weise würde sich ein „College" ohne Häuser ergeben, was u. a. auch die Kosten der Erziehung wesentlich vermindern müßte. Offensichtlich ist es, daß diese Technologie nicht nur für reguläre Formen der Erziehung Anwendung finden kann, sondern auch für jedes lebenslange Lernprogramm einsatzfähig ist. Man kann interaktive Computersysteme für die Ausbildung von Spezialisten verwenden, wie für jede andere Form professioneller Weiterbildung. Ein wichtiges Anwendungsgebiet könnte die interaktive Anwendung für die Ausbildung von Psychiatern sein. Diese bräuchten ihre Kenntnisse nicht im Umgang mit echten Patienten erwerben, was Hietz und Turoff als gefährlich und keineswegs als optimale Ausbildungsmethode verstehen. Psychiater könnten vielmehr durch Modelle, die etwa Paranoia simulieren, ihre Kenntnisse erwerben. Jedenfalls könnte man davon ausgehen, daß es auf dem Gebiet der Psychotherapie nicht mehr notwendig sein wird, daß Studenten lernen, indem sie an leidenden Menschen ihre Kenntnisse erproben.

Folgende Vorstellungen entwickeln Hiltz und Turoff für Anwendung von Computerkonferenzen im Bereich von Wissenschaft und Forschung. Vor allem bieten sich bekannte Anwendungen der Datenverarbeitung an, die auch für graphische Präsentationen Verwendung finden können.

Zweitens: Ausführung von Simulationen, wobei sie betonen, daß auch nicht-mathematische Simulationen möglich und unter vielen Umständen vorzuziehen sind, etwa wenn es um die Simulation von Entscheidungsprozessen geht.

Ein drittes Anwendungsgebiet für Telekonferenzen sehen sie in der Beurteilung der Resultate von Modellen. Damit hoffen sie, Probleme der Interpretation und der Validierung von Simulationen in den Griff zu bekommen. Weitere Anwendungsmöglichkeiten sehen sie in der Einführung von Journalen bzw. eines Memex-Systems, wo Ideen

päischer Universitäten, eine noch nie dagewesene Konkurrenzsituation zukommt, die sie nur schwer bewältigen können.

Beim Einsatz von Computern in der universitären Lehre lassen sich vier prinzipielle Verwendungstypen unterscheiden.

Computer können als weiteres „Werkzeug" im Unterricht verwendet werden, ähnlich der Tafel, Schaubildern etc. Das ist der vermutlich unproblematischeste Teil ihres Einsatzes.

Zweitens kennt man Lernprogramme, wo ein Computer die Rolle eines „Tutors" übernimmt. Dabei wird versucht, voraussichtliche Probleme der Studenten modellhaft im Computer abzuspeichern und Lernprobleme vorausblickend in das Ausbildungsprogramm zu integrieren. Der Computer navigiert den Studenten „verständnisvoll" und unerschöpflich geduldig durch das Lernprogramm, hilft ihm, Schwächen zu entdecken, empfiehlt notwendige Wiederholungen und übernimmt summarisch die Rolle, die ein verständnisvoller Tutor oder Nachhilfelehrer üblicherweise wahrnehmen würde.

Drittens zielt ein von S. Papert (1980) entwickeltes Programm zunächst auf eine Altersgruppe, die in normalen Schulen und nicht an Universitäten zu finden ist. Hier wird der Computer zum „Tutee", also zum Lernenden, dem der menschliche Schüler als Lehrer gegenübersteht und dem er, in Form eines von ihm zu entwickelnden Pro-

---

und Forschungsansätze gespeichert werden könnten, um Plagiate zu vermeiden. Ein zentrales Notizbuch wie eine zentrale Anschlagtafel (Blackboard, Bulletins) würden den wissenschaftlichen Austausch von Nachrichten gewaltig erleichtern.

Dasselbe gilt für Abstracts und Suchdienste. Da sie davon ausgehen, daß Journale in Bälde überhaupt verschwinden werden und Verlage individuelle Artikel auf Anforderung elektronisch zusenden, glauben sie, daß das, was in Zukunft noch in Druck zu erwarten sei, Themenschwerpunktpublikationen wären. Tatsächlich publizierte Artikel werden umfangreicher als heute sein und vor allem für den Gebrauch durch Studenten angelegt sein. Im tatsächlichen Forschungsbereich werden ihrer Meinung nach Forschungsergebnisse und Informationen über Computersysteme ausgetauscht und angefordert.

Sie resümieren folgend:

Wissenschaftliche und technische Information werden in Zukunft nicht mehr als freie Güter verstanden werden können. Sie begründen das damit, daß auch in der jetzigen Form der Publikation direkte und indirekte Kosten gewaltig gestiegen sind. Berichte, Journale und ähnliche Publikationen haben zahlenmäßig so gewaltig zugenommen, daß informelle Kommunikationen mit den damit verbundenen Kosten für Reise, Aufenthalt etc. an Bedeutung gewinnen. Es kann sich heute kein Wissenschaftler leisten, nicht in aktivem Kontakt mit jeweiligen Interessensgruppen zu sein. Würde er das tun, wäre er aus dem System draußen. Da es unmöglich ist, alles gelesen zu haben, sind Empfehlungen der Gruppenmitglieder für die Auswahl des Materials ausschlaggebend.

Da es aber die notwendige Technologie gibt, die effektiv einsetzbar ist, ist zu erwarten, daß wissenschaftliche Gruppenbildungen revolutioniert werden. Dadurch wird die wissenschaftliche Produktion wie die Verbreitung des Wissens verändert, und auch die kognitiven und sozialen Bedingungen, unter denen wissenschaftliche Gemeinschaften existieren, werden wesentlich beeinflußt.

grammes, neue Konzepte beibringen soll. Auf der Basis der einfachen Programmiersprache LOGO muß der menschliche Schüler ein Programm entwickeln, das der Computer über einen kleinen Roboter ausführt. Dadurch lernt der Schüler erkennen, wo konzeptionelle Schwächen seiner Anweisungen liegen, und wird diese solange korrigieren, bis die „Schildkröte", das ist der kleine Roboter, ausführt, was der Student beabsichtigt. Diese Möglichkeit des Computereinsatzes erscheint bei mathematischen Problemen vielversprechend. Es fragen sich allerdings verschiedene Kritiker, wieweit in Analogie dazu der Einsatz eines neuen LOGO auf anderen Gebieten, etwa Sprachen, zielführend und vertretbar ist.

Viertens werden von Computern, wie nicht anders zu erwarten, Verwaltungs- und Organisationsaufgaben, wie die Verwaltung von Prüfungsergebnissen, die Auswertung und Kontrolle von Tests und ähnliches, übernommen.

Summarisch läßt sich festhalten, daß sich Forschungs- und Ausbildungspraktiken über den Einsatz von Rechnern und Rechnerverbünden annähern und einander ähnlich werden. Labors werden in der Ausbildung wie in der Praxis der Forschung durch Computer ersetzt. Die Präsentation von Forschungsergebnissen beginnt sich jener von Lehrtexten anzupassen. Diese Möglichkeiten finden auf der Basis universitärer Weiterbildung wachsende Nachfrage. Die Unterschiede zwischen Theorie und Experiment beginnen zu schwinden, da Theorie, zumindest tendenziell, in Form von Programmsprachen entwickelt wird (Abelson et al., 1986) und Experimente als Computersimulationen sich von der Theorie wenig unterscheiden. Da die Entwicklung neuer wissenschaftlicher Theorien durch Induktion und Deduktion gleichfalls zunehmend über Computerprogramme erfolgen soll (Bradshaw et al., 1983), wird hier ein Grad an Homogenität geschaffen, der alte Widersprüche verschwinden läßt[28].

Wir können also feststellen, daß durch Einsatz dieser Technologie die horizontale Struktur der Universitätslandschaft grundlegend verändert wird. Das betrifft sowohl Formen der Arbeitsteilung[29] durch Spezia-

---

[28] Diese Angleichung von Forschung und Lehre durch den Einsatz von Computern prognostizierte K. Häfner bereits 1971.

[29] Außerdem gibt es eine weitere wichtige Dimension der Rechnersysteme in ihrer Verwendung durch Wissenschafter. Dieses Phänomen wird Sharing genannt. Große Firmen erwarten sich von Computernetzwerken, daß die traditionelle Tendenz, daß jeder Wissenschaftler für sich alleine publiziert, sich grundlegend ändern wird. Gemeinsam herausgegebene Publikationen sind bis jetzt im allgemeinen das Resultat langzeitlicher Zusammenarbeit an ein und demselben Platz. Diese unmittelbaren Kontakte scheinen für wissenschaftliche Kollaboration essentiell zu sein. In den Ingenieurwissenschaften stellt sich allerdings heraus, daß mittels Computereinsatz gemeinsame Arbeiten und Publikationen zu einem essentiellen Element der Ingenieurarbeit werden. Das zeigt sich insbesondere beim Design von „Chips". Ähnliches gilt auch bei der Entwicklung von Software. Es können verschiedene Versionen eines Programms, das in Entwicklung steht, zentral gespeichert werden. Computerwissenschafter haben Zutritt, um indivi-

lisierung in den Disziplinen, als auch die räumliche Struktur. Es stellt sich die Aufgabe, diese Entwicklung einzuschätzen und zu interpretieren, bzw. zu fragen, wie ihr begegnet werden soll. Dabei kann bereits festgestellt werden, daß die Reaktionen auf die geschilderten Entwicklungen keineswegs uniform sind. Ähnlich wie bei der Einführung anderer Großtechnologien, finden sich auch hier gegensätzliche Einschätzungen und Evaluationen. Ohne aber auf diese Positionen einzugehen, kann zweifelsfrei eines festgestellt werden:

Computer und die damit verknüpften und prominent werdenden anderen Kommunikationstechnologien finden rapide Eingang in die von Widersprüchen geprägte Institution Universität. Es fragt sich, wie eine von permanenten Krisen geplagte gesellschaftliche Institution darauf reagieren kann. Wir werden uns daher im folgenden mit einer weitverbreiteten Einschätzung der Entwicklung beschäftigen, der wir uns allerdings nicht vorbehaltlos anschließen werden.

---

duelle Versionen auf den letzten Stand zu bringen und Veränderungen durchzuführen. Die Entwicklung von Software ist heute oft von dieser Form gemeinsamen Arbeitens abhängig. In den Laboratorien von IBM ist eine gewaltige Differenz zwischen reinen und angewandten Wissenschaften zu beobachten. Sie haben sehr unterschiedliche Formen von Zusammenarbeit. Dieser Umstand könnte durchaus als Resultat kultureller Faktoren verstanden werden.

2. Was das Bild darstellt, ist sein Sinn

Die im vorigen Kapitel geschilderten Entwicklungen sind keineswegs subkutan und unbemerkt vor sich gegangen. In dem Bericht an den Präsidenten und den Kongreß der Vereinigten Staaten von 1985, der vom sogenannten „National Science Board", einer Teilkommission der „National Science Foundation", erstellt wird, wurde euphorisch über die neuen Entwicklungen und Möglichkeiten berichtet. Diese werden als neue „wissenschaftliche Revolution", d. h. im Sinn von T. S. Kuhn (1962), als grundlegender, paradigmatischer Wandel beschrieben (Science Indicators, 1985).

Eine solche paradigmatische Revolution war etwa der Übergang vom ptolemäischen auf das heliozentrische System. Ein Vergleich mit einem derartig gewaltigen kognitiven Umsturz aus dem Mund anerkannter Wissenschaftler muß aufhorchen lassen. Da aber ähnliche Einschätzungen nicht nur im Rahmen des Berichtes an den amerikanischen Präsidenten und den Kongreß der USA vorkommen, sondern darüberhinaus z. B. anerkannte Vertreter der „harten Linie" in der AI-Forschung, wie etwa H. A. Simon (1984), meinen, daß Computer die „vierte Kränkung des Menschen" in ihrem Selbstverständnis seien, sollte der Anspruch dieser Behauptungen überprüft werden[1]. Die Essenz dieses Wandels hat S. T. Wolfram (1984) in wenigen Sätzen auf den Punkt gebracht, wenn er schreibt, daß von nun an wissenschaftliche Gesetze als Algorithmen verstanden werden, die im Rahmen von Computerexperimenten studiert und untersucht werden.

> „Physical systems are viewed as *computational systems* (mH), processing information much the way computers do" (Wolfram, 1984, S. 203).

Die Revolution scheint also das Konzept des „Naturgesetzes", präsentiert als mathematischer Ausdruck, in Frage zu stellen und damit eine „Königin der Wissenschaft", die Mathematik, mit ihrem Anspruch einzige Repräsentantin kosmischer Ordnung und somit Garant für eine ge-

---

[1] Die erste Kränkung des Menschen war die heliozentrische Revolution, d. h. die Auslagerung aus dem Zentrum des Kosmos, die zweite die darwinistische, d. h. der Verlust der Einmaligkeit, vor allem gegenüber den höheren Primaten, die als Ahnherren des Menschen auftraten, die dritte war jene der psychoanalytischen Revolution durch und nach S. Freud, wobei die durchgehende Rationalität in Frage gestellt wurde, und die vierte wird nun in der Infragestellung der Einmaligkeit der menschlichen Intelligenz und ihrer Ersetzbarkeit durch Maschinen vermutet.

treue Abbildung objektiver Tatsachen zu sein, zu entthronen. Dieser Umstand schlägt sich u. a. in einer Krise des Selbstverständnisses der Mathematiker nieder (Cipra, 1989).
Die neue Revolution verspricht, daß das Chaos, das bis jetzt von den Mathematikern ignoriert und am liebsten Experimentalisten als Problem überlassen wurde, zur Kenntnis genommen und formalistisch, wenn schon nicht beherrschbar, so doch beschreibbar gemacht werden soll.

Es zeigt sich weiters, daß die geschilderte Entwicklung auch als Revolution in deren ursprünglicher Bedeutung, nämlich als politische Machtverschiebung im Wissenschaftsbereich, verstanden werden muß. Fraglich ist, ob dieser Wandel durch das Kuhn'sche Modell angemessen beschrieben wird.

2.1 Das Kuhn'sche Modell

Kuhn unterscheidet in der bereits zitierten Arbeit zwischen „normalen" und „revolutionären" Phasen wissenschaftlicher Tätigkeit. Normale Phasen wissenschaftlicher Tätigkeit werden von „Paradigmen" geleitet, das sind Denk- und Handlungsmodelle, die durch Ausbildung und Praxis, vor allem durch Lehrbücher, einen besonderen Status erlangen und später beispielgebend für Auseinandersetzungen mit unbekannten Problemen werden. In Kuhns eigenen Worten:

> „Close historical investigation of a given speciality, at a given time, discloses a set of recurrent and quasi-standard illustrations of various theories in their conceptional, observational and instrumental applications. These are the community's paradigms revealed in its text books, lectures and laboratory exercises. By studying them and by practising them, the members of the corresponding community learn their trade."
> (Kuhn, 1962a, S. 43).
> „Scientists work from models acquired through education and through subsequent exposure to the literature often without quite knowing or needing to know what characteristics have given these models the status of paradigms." (op.cit., S. 46).

Es handelt sich dabei um „schweigendes Wissen" (tacit knowledge) im Sinn von M. Polanyi (1966). Dieses schweigende Wissen ist sprachlich schwer in Regeln zu fassen, was u. a. nichts anderes bedeutet als daß die normale wissenschaftliche Tätigkeit eher traditionsgeleitet ist und in einem vor- oder außersprachlichen Selbstverständnis des Handelns ruht, dem der alltäglichen wissenschaftlichen Praxis[2]. Das zeigen auch die empirischen Laborstudien von Knorr-Cetina (1981), Latour/Woolgar (1979) und anderen. Wissenschaftler lernen nach Kuhn Begriffe, Gesetze und Theorien niemals rein abstrakt, sondern immer im Konnex eines hi-

---

[2] Vorwegnehmend sei gesagt, daß diese Betonung der Praxis, des Lernens durch Praxis, sowie der Tradition Kuhn als repräsentativen Vertreter gemeinschaftsorientierten Denkens (Clan) ausweisen. Dazu: Kapitel 5 und vor allem 7.

storischen und pädagogischen Zusammenhanges. Somit ist wissenschaftliche Tätigkeit in hohem Maß vom Lernen im praktischen Konnex abhängig, ein Umstand, auf den mit Nachdruck verwiesen wird und der in Kapitel 5 behandelt wird.

Wichtig ist auch, daß Kuhn darauf hinweist, daß wissenschaftliche, von Paradigmen geleitete Praxis keine expliziten Regeln kennt, bzw. erst in der Phase einer sich ankündigenden pragmatischen Revolution die Notwendigkeit empfunden wird, solche Regelsysteme zu erstellen, um die alltägliche Praxis reflektierend hinterfragen zu können.

Wenn eine wissenschaftliche Revolution stattfindet, meint Kuhn, werden Wissenschaftler aufgefordert den Versuch zu machen, die Praxis in Regelsysteme zu fassen, was u. a. bedeutet, daß die Ausbildung verändert und Lehrbücher umgeschrieben werden müssen. Es geht mit Kuhns Worten darum, eine „neue Gestalt" im Sinn der Gestaltpsychologie zu erkennen.

Hat dieser Gestaltsprung stattgefunden, beginnen die Wissenschafter, von neuen Paradigmen geleitet, neue Phänomene zu sehen, manchmal sogar dort, wo sie altbekannte Instrumente verwenden, oder in Zusammenhängen arbeiten, die ihnen seit langem vertraut sind. Sie beginnen auch neue Instrumente zu entwickeln, systematisch neue Gebiete zu erschließen und, aufgrund der Neuorganisation des Wissens, neue Fragen zu stellen, d. h. in neue Richtungen zu arbeiten. Wissenschaftliche Theorien werden nicht widerlegt, sondern sterben aus[3].

Wie in Kapitel 1 gezeigt wurde, ändert sich die alltägliche Praxis der Wissenschafter durch Computereinsatz tatsächlich grundlegend. Das sei ausführlich anhand eines konkreten Beispiels expliziert, um zu zeigen, wie ein solches fundamental neues, computerbasiertes Paradigma aussehen könnte.

In der Arbeit einer Gruppe am MIT (H. Abelson et al., 1985) wird ein derartiges Konzept vorgestellt. Die Gruppe geht davon aus, daß Computermodelle physikalischer Systeme nicht nur die Fähigkeit haben sollen, Bereiche, die bisher mit mathematischen Modellen bearbeitet wurden, zu ergänzen, sondern weit darüber hinausreichend neue Räume eröffnen können, die rein mathematischen Modellen verschlossen geblieben sind. Sie entwickeln folglich nicht nur neue Formen der Präsentation physikalischer oder ingenieurmäßiger Ansätze, sondern ergänzen diese durch Argumentationsmechanismen. Dabei finden symbolische wie gleichzeitig auch numerische Präsentationen Verwendung. Sie arbeiten mit anderen Worten daran, formale Werkzeuge zu entwickeln, die komplexe, physikalische Systeme autonom entwerfen, verwalten und verstehen können. Solche Werkzeuge können mit einem Benutzer auch auf qualitativem Niveau interagieren, indem sie die Möglichkeit schaffen, Mo-

---

3 Dafür gibt es viele Gründe, wie z. B. unterschiedliche Auffassungen von dem, was wissenschaftliche Fragestellungen oder akzeptable Verfahren sind. Fallstudien dazu finden sich bei C. S. Fisher (1967 und 1966/67). M.Planck soll gesagt haben: „Die Wahrheit triumphiert nie, ihre Gegner sterben nur aus." (Quadbeck-Seeger, 1988)

delle und Simulationen zu konstruieren, die einen äußerst umfangreichen Rechenaufwand erfordern. Diese neuen Werkzeuge verfügen weiters über das nötige logische Verständnis der Modelle, sie überwachen die Durchführung der Simulationen und formulieren sogar qualitative Erklärungen der Ergebnisse. Dieses Instrument wird als „dynamische Werkbank" bezeichnet. Es ähnelt den von Winograd in seinem SHRDLU entwickelten Ansatz, wobei dessen „Blockwelt" auf wissenschaftliche Spezialgebiete übertragen wird.

Eine solche dynamische Werkbank läuft darauf hinaus, wissenschaftlich-theoretische Konstrukte in Form von Algorithmen auszudrücken, die dann manipuliert werden können. Die Regeln des Algorithmus sind computeradäquat, sie ergänzen die Axiomatik und andere analytische Techniken, die die Basis für die jeweilige wissenschaftliche Arbeit bilden. Eine derart in einen Algorithmus eingebettete Theorie wird das Herzstück des Computerwerkzeugs, das dann selbsttätig numerische Experimente konstruiert.

Es geht also nicht mehr nur darum, Modelle zu entwickeln und sie dann als Simulationen einer Theorie zu verstehen, sondern bereits darum, die Theorie selbst in algorithmischer Sprache zu formulieren. Sobald aber ein theoretischer Ansatz algorithmisch präsentiert wird, ist auch seine Interpretation und die dazugehörige Argumentation maschinell durchführbar und die Maschine somit in der Lage, auf der Basis syntaktischer Regeln „qualitativ" zu argumentieren.

Offensichtlich geht es demnach darum, die tradierte Form der Theoriebildung und die verwendeten Verfahren so umzuformulieren, daß sie maschinenadäquat werden. Das geschieht, indem eine Argumentationssprache, die algorithmisch ist, entwickelt wird und als neues Arbeitsmedium für den wissenschaftlichen und ingenieurwissenschaftlichen Bereich angeboten wird.

Die daran arbeitende Gruppe betrachtet Berechnungen als Bindeglieder zwischen Theorie und Experiment, u. zw. sowohl im wissenschaftlichen Bereich als auch in der Ingenieurtätigkeit. Denn auf beiden Gebieten werden Berechnungen vorwiegend dazu verwendet, um Folgen eines theoretischen Konzeptes auszuarbeiten und damit Vorhersagen für bestimmte Situationen zu machen. Berechnungen können somit als „Gedankenexperimente" verstanden werden. Als solche werden sie für den gesamten Forschungsprozeß ausschlaggebend.

Darüber hinaus sind solche Gedankenexperimente instruktiv und anschaulicher als tatsächliche Experimente oder ingenieurmäßige Entwürfe, auch deshalb, weil sie leicht wiederholbar sind. Algorithmen und Programmiersprachen dienen demnach dazu, Vorstellungen über Verhaltensweisen komplexer Systeme herzustellen. Sie ergänzen so die axiomatischen und analytischen Techniken, die grundlegend für die wissenschaftliche Arbeit sind.

Die Gruppe um Abelson illustriert eine solche Situation anhand eines fiktiven Dialogs, den sie im Rahmen ihrer Arbeit zu verwirklichen sucht: Es handelt sich dabei um die Arbeit eines Astrophysikers mit oder an seiner „dynamischen Werkbank", die die Form folgenden Dialogs nimmt.

„*Scientist:* Let's consider the polar-ring galaxy AO 136-0801.

Computer: I have photometric profiles and rotation curves for this galaxy from Schweizer, Whitmore and Rubin (Astron. J., Vol. 88, No. 7, July 1983). Here they are. (We assume a graphic display of the data.)

Scientist: Let's model the mass distribution of the galaxy as a combination of a Miyamoto disk with a truncated isothermal halo. First let's fit the measured photometric profile of the spindle to the Miyamoto disk.

Computer: There is no good least-squares fit. This is the best I can do. (Again, display should appear.)

Scientist: The problem is that the polar ring passes over the northwestern part of the spindle, decreasing the brightness there. See how the profile dips around –3 arcsec? You should eliminate these anomalous data points from your data for this fit.

Computer: OK. I can least-squares fit the measured photometric profile with a Miyamoto disk with a scale-length of .68 kpc. and a scale height of .92 kpc. Look at how good the fit is until we get out past 10 arcseconds.

Scientist: Next, let's fit the measured rotation curve to the mass distribution.

Computer: How should I use the rotation curve data for the polar ring? The circular velocities at equal radii (the outer edge of the disk and at the inner edge of the ring) appear to be similar . . . do you think that the data sets can be merged?

Scientist: Yes, let's try it that way.

Computer: This will take a while. I have 3 parameters to vary, the mass of the spindle's disk, the central density of the isothermal, and the isothermal's core radius. Do you want to wait? I'll call you when I have a good answer.
. . .. Some time later.

Computer: I have a good match. The mass of the disk is 1.75E10 Msun. The isothermal halo has a mass of 9.26E10 Msun within 16.9 kpc. The core radius of the isothermal is 8.17 kpc.

Scientist: I don't understand that large a core radius . . .. How do you compute your isothermal?

Computer: My potential is proportional to log $(R^2 + B^2)$ for a core radius of B.

Scientist: That doesn't sound right, my potential has an arctan in it.

Computer: So your density function is just the $rho_0/(1 + R^2/B^2)$, right?

Scientist: Yes.

Computer: That explains it. Both of our isothermals have the same asymptotic behavior, but I measure my core radius differently than you do. In your units, the core will be smaller, about 3 kpc.

Scientist: Sounds good. What mass-to-light ratio do we have for the spindle?

Computer: About 5."

(H. Abelson, 1986, S. 5–6).

Herausragend bei diesem Dialog ist, daß sich die Interaktionen auf einem begrifflichen Abstraktionsniveau bewegen. Das Programm versteht eine Menge davon, wie Modelle von Galaxien beschaffen sind. Obwohl sich ein derartiges Programm erst in Entwicklung befindet, wird deutlich, was von einer algorithmischen Formulierung von Theorien erwartet wird. Es werden nicht nur bestimmte Objekte rechnerisch simuliert, sondern es stehen auch die Regeln, die solche Modelle generieren, zur Disposition, sodaß die Modelle selbst disponibel und variierbar werden.

Es wird damit einem Forscher die Möglichkeit an die Hand gegeben, Rechenexperimente durchzuführen, um zugrundeliegende qualitative Phänomene zu studieren. Solche Werkzeuge müssen mehr können, als nur einen Satz von Daten für numerische Berechnungen zur Verfügung zu stellen. Sie müssen auch „verstehen", in welcher Weise diese Rechenmodelle funktionieren und wie sie zu anderen Beschreibungen der Phänomene in Beziehung stehen. Das ist über komplexe, symbolische Manipulationen möglich, wobei diese mit numerischen Methoden verbunden sind.

Die Gruppe um Abelson bezeichnet ihre eigene Arbeit als Resultat eines Paradigmenwechsels. Dieser verändert die Sprachgewohnheiten der Wissenschaftler, aber auch ihre tägliche Praxis und ihr Denken, ganz zu schweigen von ihren Methoden. Die alte Kluft zwischen Experiment und Theorie wird zum Beispiel mittels eines derartigen Ansatzes eliminiert.

Die Verfügung über solche Mittel fordert zur Beschäftigung mit komplexen Systemen heraus. Nun ist es zwar richtig, daß die Analyse komplexer Probleme, in der Physik etwa, das Zusammenwirken einer Vielzahl von Partikeln oder Körpern, bis heute nach Möglichkeit vermieden wurde. Grund dafür war, daß keine Instrumente zur Verfügung standen, um rechnerisch damit umzugehen. Das Vielkörper-Problem Poincarés blieb zum Beispiel auf der Strecke.

Andererseits bedeutet das nicht, daß komplexe Probleme nicht behandelt wurden. Die Methode, die bisher verwendet wurde, war, sich auf ein anderes Abstraktionsniveau zu begeben.

Darauf macht etwa K. G. Wilson aufmerksam, der meint, daß sogar „die meisten physikalischen Theorien nur deswegen praktikabel sind, weil man sich auf Vorgänge beschränkt, die gleiche Größenordnungen haben." (Wilson, 1979, S. 67)

Allerdings sind mit solchen Verfahren meist nur Normalzustände zu behandeln. Phänomene, wo qualitatives Umschlagen erfolgt, wie etwa beim Übergang von einem Phasenzustand in einen anderen (flüssig in gasförmig), müssen demnach ausgegliedert werden. Beschäftigt man sich mit solchen Phänomenen, so werden aufwendige Verfahren entwikkelt, die die nötigen und umfassenden Integrationen zu leisten imstande sind, wie das etwa Wilsons Renormierungsgruppen-Methode bewerkstelligt. Für deren Durchführung werden aber Berechnungen nötig, die sogar an die Grenzen der Möglichkeiten heutiger Computer reichen. Probleme der Chemie wurden bisher mit Modellen und Methoden der Chemie behandelt und nicht mit jenen der Teilchenphysik. Probleme der Biologie wurden gleichfalls mit Instrumenten behandelt, die exakt diesem Abstraktionsniveau angemessen waren, und wiederum nicht mit dem Instrumentarium der Chemie oder der Physik. Analoges gilt auch für die Verhältnisse zwischen Psychologie und Sozialwissenschaften,

Ökonomie und Psychologie, etc. Was sich nun aber ankündigt, ist als Aufhebung der mit den alten Verfahren notwendig entstandenen Brüche zwischen einzelnen Disziplinen und Methoden zu werten. Sie sollen durchgängig kompatibel und auf diese Art und Weise integrierbar werden. Das Ende des Methodenpluralismus scheint sich anzukündigen, was auch eine umfassende Veränderung des Weltbildes bedeutet. Neue Praxis und wissenschaftliche Mittel legen neue Fragen nahe. Sie ändern unsere Blickrichtung.

Woraus entsteht nun dieser Bedarf nach durchgängiger Kohärenz? Man darf vermuten, daß er zunächst nicht-wissenschaftlichen Motiven entstammt, ist doch Kohärenz eine wichtige Voraussetzung für jedwede Steuerung. Und es ist kein Zufall, daß jene Gruppe am MIT sich insbesondere für Regelungstheorie interessiert. Sie schreiben:

> „Such a paradigm shift is already taking place in control theory. 20 years ago, the dominant method for making control-systems was synthesizing them using feedback, and the dominant theory was concerned with the stability of linear feed-back systems. In contrast, most modern control-systems are microprocessor based, and the theory is now much more qualitative." (Abelson et al., 1985, S. 4)

Zweifellos ist diese Regelungstheorie zunächst eine Theorie für ingenieurmäßige Tätigkeiten. Doch jede Ingenieurtätigkeit ist in einen Produktionsprozeß eingebettet, der heute der einer industriellen Fertigung ist. Und in diesem Prozeß industrieller Fertigung sind menschliche Tätigkeiten inbegriffen. Somit entstehen komplexe Systeme, die qualitative Unterschiede kennen, wie sie nicht am Firmament oder in den subatomaren Gefilden zu finden sind. Die enorm komplexen Organisationssysteme riesiger Firmen kennen weitere Qualitätssprünge, weshalb zunehmend Interesse daran besteht, „Firmenkulturen" zu studieren, d. h. qualitative Fragen zu behandeln. Es manifestieren sich also Interessensanalogien, die auch die Naturwissenschaften betreffen und für die technische Lösungen gefunden werden sollen.

Eine kohärente, bruchlose Analyse komplexer Systeme ist nicht nur ein wissenschaftliches Anliegen bei der Suche nach einer wie immer gearteten Wahrheit. Sie ist vorrangig ein Anliegen in der Produktion von Gütern und darüberhinaus in den meisten gesellschaftlich relevanten Bereichen. Hier deuten sich zunächst nur Zusammenhänge an, die aber über den Kuhn'schen Ansatz hinausreichen. Damit werden sich die folgenden Kapitel zu beschäftigen haben.

Die Kuhn'sche Prognose hingegen, daß sich aufgrund paradigmatischer Veränderungen neue wissenschaftliche Fragestellungen ergeben, und daß mit großer Wahrscheinlichkeit neue Disziplinen entstehen, ist im heutigen Zusammenhang bereits zu beobachten. Auf besonders auffällige Veränderungen in der Mathematik, wo etwa etablierte Beweisverfahren in Frage gestellt oder ersetzt werden (Johnson/Loomes, 1991), wurde bereits hingewiesen. Eklatantestes Beispiel wäre der Beweis des „Vier-Farben-Theorems" mittels Computereinsatz 1976 von K. Appel und P. Haken (Appel/Haken, 1977). Ähnlich gelagert sind die bekannten

Arbeiten von B. B. Mandelbrot (1982) zur „fraktalen Geometrie". Ein weiteres Gebiet, dem gleichfalls grundlegende Bedeutung zukommt, liegt in der Entwicklung der „Intervall-Arithmetik" (Cipra, 1989). Alle diese Ansätze wären ohne Computereinsatz unmöglich, einige stellen dabei den Beginn neuer Zweige der Mathematik dar.

Aber nicht nur in der Mathematik sind derartige neue Entwicklungen zu beobachten. Der schon mehrfach genannte Physiker K. G. Wilson, Nobelpreis 1983, erhielt diesen für Arbeiten in der Festkörperphysik, die nur unter massivem Einsatz von Rechnern möglich waren. Es wird nicht verwundern, daß Wilson konsequent auch den rapiden Ausbau der Computerkapazitäten an Universitäten und anderen Forschungsinstitutionen fordert (Wilson, 1983b) und gleichfalls physikalische Theorien in Form von Computerprogrammen formuliert sehen will (ds., 1983a). Die Entwicklung von „Artificial Intelligence" als Wissenschaft und der sogenannten „kognitiven Wissenschaften" wäre ohne Computer gleichfalls nicht möglich gewesen.

Ein anderes Beispiel für die sich aufgrund von Computereinsatz entwickelnden neuen Ansätze und Disziplinen liefern die sogenannten „selbstorganisierenden" oder „autopoetischen" Systeme. Damit werden Denkmodelle angeboten, die alte disziplinäre Abgrenzungen weiter hinterfragen und sie unterwandern. Das Prinzip der „Selbstorganisation" findet inzwischen Anwendung in der Biologie (Maturana, Varela, 1982), in der Meteorologie, in der physikalischen und biologischen Chemie (I. Prigogine, 1979; M. Eigen/Winkler, 1975), in der Laserphysik (H. Haken, 1981) und neuerdings auch in den Sozialwissenschaften (W. Krohn, G. Küppers, 1989; H. Nowotny, 1989). Wesentliche Charakteristika solcher Ansätze sind die prinzipielle Offenheit der Systeme gegenüber minimalen Veränderungen in ihrer Umwelt. Die daraus resultierenden Reaktionen können ein weites Spektrum abdecken. Sie sind mit allgemeinen Formeln nicht mehr zu beschreiben, sondern müssen für jeden einzelnen Fall unter Einsatz von Rechnern und auf der Basis von zahllosen Rückkoppelungsschleifen ermittelt werden.

Ähnliche transdisziplinäre Kooperationen, deren Grundlage Rechner sind, gibt es inzwischen in großer Zahl. Es würde heute bereits zu weit führen, alle diese Interaktionen einzeln aufzuzählen, da sich der Bogen von den Künsten und Medien über Philosophie und Sozialwissenschaften bis zu den sogenannten „harten", naturwissenschaftlichen Disziplinen spannt (M. Schmutzer, 1986).

Fassen wir demnach das Gesagte zusammen, so kann zunächst die geschilderte Entwicklung mittels des „Kuhn'schen Modells" sinnvoll beschrieben werden. Das Entstehen neuer wissenschaftlicher Disziplinen und Paradigmen, wie dem der „Selbstorganisation", die massive Veränderung der wissenschaftlichen Praxis, sowie der praktischen und auch theoriegeleiteten Ausbildung zukünftiger Wissenschafter und die im Gang befindliche Kodifizierung wissenschaftlichen Handelns durch Expertensysteme lassen die eingangs gemachte Darstellung der Entwicklung als Kuhn'sche Revolution akzeptabel und hilfreich erscheinen. Auf dieser Basis können verschiedene, unabhängig erscheinende Phänomene als Teil eines kohärenten Entwicklungszusammenhangs verstanden werden. Technik erscheint darin als Quelle des Fortschritts in der Erkenntnis und bei der Organisation von Wissen und sozialem Handeln. Gerade daraus ergeben sich aber einige Fragen, die sich bereits bei der Darstellung des Ansatzes der Gruppe am MIT angekündigt haben und zusätzliche Erklärungen fordern.

2.2 Wissenschaftlicher Ethnozentrismus

In seiner Arbeit über die „kopernikanische Revolution" stellt sich Kuhn (1957) selbst die Frage, woher Paradigmen kommen. Dabei bezieht er sich auf grundlegende Einstellungen innerhalb einer Gesellschaft, mit anderen Worten auf Kosmologien, die das menschliche Denken einer Zeit prägen. Sie sind quasi mythologisch fundiert und werden sprachlich tradiert. Im Kontext der kopernikanischen Revolution verweist er auf die Bedeutung des damals in Mode kommenden Neoplatonismus und den Einfluß der sogenannten „Neupythagoräer". Genaugenommen handelt es sich dabei um charakteristisch akademische Diskurse, die „wissenschaftsinterne" Positionen definieren sollen. Es ist Kuhns deklarierte Auffassung, daß paradigmatische Veränderungen aus dem Auftreten von wissenschaftsinternen Widersprüchen zu erklären sind, die als Folge sich häufender Anomalien entstehen. Diesen Ansatz versucht er anhand anderer Beispiele, etwa der Entdekkung des Sauerstoffs in der Chemie oder der Entdeckung der Röntgenstrahlen in der Physik, zu festigen (Kuhn, 1962b). Am ausführlichsten legt er seine These anhand seiner historischen Untersuchungen zur Entstehung der Quantentheorie dar (Kuhn, 1978). Wie nicht anders zu erwarten, konzentrieren sich alle diese wissenschaftlichen Widersprüche immer auf spezifische Disziplinen.

Der durch die „Computerrevolution" stattfindende Wandel erstreckt sich aber offensichtlich über alle Wissensbereiche. Er betrifft die Künste wie die Mathematik, die Literatur, Biologie und Physik, und auch die Sozialwissenschaften bleiben nicht unberührt. Würde man diese Entwicklung nur aufgrund wissenschaftsinterner Widersprüche erklären müssen, so käme man schnell in einen argen Argumentationsnotstand. Es würde ja genaugenommen nichts anderes heißen, als daß in allen wissenschaftlichen Disziplinen zur selben Zeit ähnliche, massive Widersprüche bestehen, wie sie Kuhn als Resultat der Entdeckungen von Anomalien postuliert. Noch problematischer scheint, daß alle diese zwangsläufig verschiedenen Widersprüche mit Hilfe ein und desselben Instruments zu lösen wären.

Es wurde bereits in Kapitel 1 auf Widersprüche innerhalb der Universitätsstruktur verwiesen. Dabei handelt es sich um Diskrepanzen zwischen Forschung und Lehre, zwischen verschiedenen Zielvorgaben innerhalb der Lehre, zwischen verschiedenen Disziplinen, wie etwa jenen zwischen Natur- und Humanwissenschaften. Diese Widersprüche betreffen tatsächlich alle Disziplinen gleichzeitig und gleichermaßen. Sie sind allerdings nicht mit jenen ident, von denen Kuhn spricht. Im Gegensatz zu Kuhns wissenschaftlichen Anomalien sind die hier georteten Widersprüche institutioneller Art. Sie sind vor allem Ergebnis von Ansprüchen und Forderungen an das Wissenschaftssystem seitens des nichtwissenschaftlichen, d. h. gesellschaftlichen Umfelds.

Die Kuhn'sche Darstellung mag für theoretische Entwicklungen, wie die Entdeckung neuer Planeten, oder jene des Sauerstoffs, ein angemessenes Modell sein. Sie scheint aber, entgegen euphorischen Proklamationen, für die vorliegende Situation kein überzeugendes Erklärungsmodell abzugeben.

Wir stellen fest, daß die Berufung auf Kuhns wissenschaftliche Revolutionen trotz einer Reihe von Übereinstimmungen unzulänglich ist, somit keine hinreichende Beschreibung der Situation sein kann. Diese mangelhafte Darstellung scheint von einem ‚wissenschafts-ethnozentrischen Konzept' bei T. S. Kuhn herzurühren[4]. Dieses läßt ihn unausgesprochen die prinzipielle Eigenständigkeit und Unabhängigkeit wissenschaftlicher Entwicklungen postulieren. Das ist eine Voreingenommenheit, die sich in Kuhns beiden großen Fallstudien, nämlich der der kopernikanischen Revolution und der Entstehung der Quantentheorie, deutlich bemerkbar macht (Kuhn, 1957; 1978). In der ersten Arbeit geht Kuhn mit keinem Wort auf die alle damaligen Astronomen, inklusive Kopernikus, beschäftigende Kalenderreform ein. Das ist umso erstaunlicher, als Kuhn in einem Aufsatz (Kuhn, 1961) sehr wohl die Bedeutung, die die Agitation für eine Kalenderreform für die Astronomen hatte, erwähnt[5]. Daß Kuhn diesen Zusammenhang in seinem Buch über die kopernikanische Revolution ignoriert, darf nicht verleiten, eine ähnlich wissenschafts-ethnozentrische Position einzunehmen. Es bleibt daher festzuhalten, daß auch die wissenschaftliche Revolution eines Kopernikus nicht allein von wissenschaftsinternen Widersprüchen des geozentrischen Systems getragen wurde, sondern gleichfalls von wissenschaftsexternen Interessen, zu denen auch ökonomische zu zählen sind. Das kann u. a. anhand früherer Arbeiten von N. Kopernikus (1517,

---

4 Kuhn erhebt im Nachwort der 2. Auflage seines Buchs über die Theorie des schwarzen Körpers (Kuhn, 1978) anderen Wissenschaftern gegenüber den Vorwurf, selbst „ethnozentrisch" zu sein, wenn sie sich unfähig zeigen, den „Gestaltsprung" nachzuvollziehen, der während einer wissenschaftlichen Revolution stattfindet. Sie sind, wenn er vollzogen wurde, nicht mehr in der Lage, die Vorstellungen vor dem Paradigmenwechsel nachzuvollziehen. Er empfiehlt, Wissenschaft so zu betrachten wie ein Anthropologe fremde Kulturen betrachten sollte. Der Eintritt in eine andere Kultur ist immer befreiend und bedrohlich zugleich. Ist das der Grund, warum Kuhn sich weigert, die Brücken, die zwischen den wissenschaftlichen und nichtwissenschaftlichen Welten bestehen, zur Kenntnis zu nehmen?

5 Kuhn (1961) schreibt, allerdings nur in einer Fußnote:
„Note particularly the role of agitation for calendar reform in intensifying the crisis." (ibid., S. 51, Fußnote 39).

1519, 1526) über Ursachen der damals eskalierenden Inflation demonstriert werden.

Interessant ist dabei u. a. eine Homologie. Es sollte nämlich zunächst die Forderung von Kopernikus nach einem zentralen, absoluten und sonnengleichen Herrscher nicht übersehen werden, der den Goldstandard kontrolliert. Umgekehrt findet sich aber auch die analoge Darstellung, am Beginn von „De revolutionibus", wo Kopernikus der Sonne, deren Element in der Astrologie das Gold ist, einen königsgleichen Status zuschreibt. Zu beachten ist bei dieser Darstellung: die Verknüpfung astrologischer und soziopolitischer Modelle, die Zuschreibung des Goldes zur Sonne bzw. zur zentralen Autorität eines Königs und die Übereinstimmung dieser mit dem heliozentrischen System. Warum Kuhn in Beantwortung der Frage nach dem Ursprung der Paradigmen sich lieber auf Neoplatoniker und Pythagoräer beruft, bleibt zu klären. Kuhn scheint jedenfalls nicht die Beobachtungen eines A. Sohn-Rethel (1970, 1973) zu teilen, der feststellt:

> . . ., daß die Begriffsformen des exakten naturwissenschaftlichen Denkens überhaupt nicht dort entspringen, wo sie ihre vorzügliche Anwendung haben, nicht also in den Produktionsprozessen der großen Industrie, sondern daß sie im Gegenteil der Zirkulationssphäre entstammen, wo die Menschen in ein Verhältnis zueinander, aber nicht zur Natur treten." (Sohn-Rethel, 1970, S. 105)

Diese These, um deren Nachweis sich Sohn-Rethel bemühte, auch wenn ihm ein überzeugender Beweis nicht gelang, läßt trotz allem die prinzipielle Problemsituation in anderem Licht erscheinen. Es ist jedenfalls das Verhältnis der Menschen zueinander, das uns, wenn auch in anderer Form als Sohn-Rethel, in unserem Bemühen um ein Verständnis der Rolle von Technik und Wissenschaft beschäftigen wird. Das vor allem deshalb, weil es von idealistischen wie materialistischen, von konservativen wie liberalen, und auch von den auf gesellschaftliche Veränderung bedachten Ansätzen so häufig übergangen wird.

Ähnliches gilt für Kuhns zweite Studie, die der Theorie des schwarzen Körpers und der Entstehung der Quantentheorie gewidmet ist. Auch hier ortet er den Ursprung der wissenschaftlichen Revolution in „. . . the difficulties in reconciling Planck's derivation with the tenets of classical physics." (Kuhn, 1978, S. 363)

Wiederum ignoriert er den historischen Kontext in auffälliger Weise. Sein im Vorwort ausdrücklich bedankter Mitarbeiter an dieser Studie, P. L. Forman, hat sieben Jahre vor dem Erscheinen von Kuhns Buch eine vielbeachtete Studie über den Einfluß der „Weimarer Kultur" auf Einstellungen deutscher Physiker zur Kausalität veröffentlicht (Forman, 1971). Kuhn nimmt darauf nicht den geringsten Bezug und ignoriert den „sozio-intellektuellen" Zusammenhang (Forman, ibid.) zur Gänze, für ihn zählt einzig der wissenschaftliche Disput.

Im Gegensatz zu Durkheim (1912), der Begriffe als gesellschaftliche Konstrukte versteht, die nur dann Akzeptanz erlangen, wenn sie nicht nur mit den Regeln der Wissenschaft konstruiert sind, sondern darüberhinaus mit sämtlichen kollektiven Vorstellungen übereinstimmen, wird bei Kuhn ein Paradigmenwechsel – entgegen seinen eigenen Aussagen (Kuhn, 1957) – nie in den gesellschaftlichen Zusammenhang eingebettet. Durkheim (1912) meint, daß die Vorstellung von Kausalität nur der Gesellschaft entnommen sein kann. Forman sieht die Auflösung der Kausalität als physikalisches Erklärungsprinzip gleichfalls als Resultat gesellschaftlicher Veränderungen, nämlich in den Auflösungstendenzen der Weimarer Republik. Kuhn ignoriert all dies, so wie er Forman, Durkheim oder Mannheim übergeht. Wissenschaft findet ausschließlich hinter den Zinnen des elfenbeinernen Turms statt.

Trotzdem ist Kuhns Ansatz von großer Bedeutung. Er geißelt die wissenschaftstheoretischen Ansätze des kritischen Rationalismus, wie er von K. Popper (1934, 1963), I. Lakatos (1970) u. a. vertreten wird, als ideologisch bestimmt und moralisierend (Kuhn, 1970, S. 15). Sie entsprächen keineswegs der Realität der Forschung. Umgekehrt wird er von Lakatos als Relativist kritisiert (Lakatos, Musgrave, Hsg. 1970). W. Krohn und G. Küppers (1989, S. 21) resümieren diesen Konflikt, indem sie meinen, dem normativen und individualistischen Rationalismus stelle Kuhn nichts anderes als einen „kollektiven Dogmatismus" gegenüber. Solche kontroversiellen Einschätzungen nötigen den Leser dazu, wenn die Bedeutung der computerinitiierten Veränderungen richtig beurteilt werden soll, sich auch mit Kuhn kritisch auseinanderzusetzen.

Dieses Auseinandersetzen bezieht sich allerdings nur auf Details. Denn

> „Die Geschichte *hat* sich bereits entschieden, und zwar zugunsten von Kuhn und gegen Popper. Denn *bisher scheint kein Physiker bereit gewesen zu sein das Falsifikationsrisiko einzugehen, welches mit der genauen Angabe notwendiger und hinreichender Bedingungen für die Zugehörigkeit zur Menge I* verknüpft ist". (Stegmüller, 1974, S 193)[6]

Der Konflikt zwischen den genannten wissenschaftstheoretischen Ansätzen kann, nach Krohn und Küppers, auf der Basis von zwei dichotomen Kategorien beschrieben werden, nämlich den Kategorien „extern-intern" und „sozial-kognitiv". Letztere könnte, denke ich, in „historisch-rational" übersetzt werden[7]. Für unser augenblickliches Interesse ist jedoch die unproblematischere erstgenannte Dichotomie wesentlich.

---

[6] Unter der „Menge I" versteht Stegmüller eine Menge von physikalischen Systemen, welche eine durch die Theorie festgelegte Aussageform erfüllen und so zur Klasse der intendierten Anwendungsmengen der Theorie gehören (Stegmüller, 1974, S. 182 ff).

[7] Diese meine Übersetzung entspricht sicher nicht Krohn/Küppers' Intentionen, denn sonst hätten sie selbst das Begriffspaar gewählt. Doch „sozial-kognitiv" als dichotome Kategorie wirkt sehr konstruiert und scheint wenig überzeugend. „Sozial-individualistisch" wäre hilfreicher, doch gleichfalls nicht sofort verständlich. Genauso dürfte „evaluativ-kognitiv" nicht ihren Intentionen entsprechen, obwohl das konsistenter wäre. Es scheint tatsächlich alles zusammen zu sein. Am hilfreichsten dürfte auch hier der in Kapitel 7 entwickelte Ansatz sein.

2.3 Selbstorganisation der Wissenschaft

Die inzwischen aufgelöste Projektgruppe „Wissenschaftsforschung" des Max-Planck-Instituts am Starnberger See entwickelte als Grundlage ihres Ansatzes ein Drei-Phasen-Schema der Wissenschaftsgeschichte (Krohn, 1977), wo zwischen „vor-paradigmatischer", „paradigmatischer" und „finalisierter" Wissenschaft unterschieden wird. Die vor-paradigmatische Phase steht noch in unmittelbarem Bezug zur Produktion, wobei diese vorwiegend handwerklich organisiert gewesen sein soll. In dieser ersten Phase werden Instrumente und Begriffe entwickelt, mit Hilfe derer sich in der zweiten Phase wissenschaftliche Theorien und gesetzesmäßige Aussagen formulieren lassen. Paradigmatische Wissenschaft ist, im Gegensatz zur ersten Phase, mit sich selbst befaßt. Sie schließt sich gegenüber ihrem gesellschaftlichen und ökonomischen Umfeld weitgehend ab. Erst in einer dritten Phase, wenn inzwischen erarbeitete Theorien eine entsprechende Reife erhalten haben, beginnt sich Wissenschaft wieder zu öffnen und zweckorientierten Tätigkeiten zuzuwenden. Diese letzte Phase ist angeblich in den Naturwissenschaften erst unlängst erreicht worden.

Kuhns Ansatz scheint sich demnach auf jene mittlere Phase zu konzentrieren, weswegen er wissenschaftsexterne Einflußfaktoren als scheinbar nicht maßgeblich ausschließen kann.

Doch W. van den Daele, W. Krohn und P. Weingart (1979) zeigen, daß trotz gewisser Öffnungen in der finalisierten Phase der Wissenschaft die Barrieren zwischen Disziplinen und ihrer sozio-ökonomischen Umwelt nicht schlechthin aufgehoben werden. Das hat karrieremäßige wie auch organisationsmäßige Gründe. Externe Probleme tendieren daher schnell dazu, Kristallisationspunkte für die Bildung neuer „scientific communities" zu werden (ibid., S. 57). Es scheint weiters die Tendenz zu bestehen, daß die zur Zeit noch dominante, auf wissenschaftlichen Disziplinen beruhende Organisation der Wissenschaften längerfristig durch „externe Problemformulierungen" ersetzt wird, also fachübergreifend, bzw. interdisziplinär wird. Sogenannte „externe Ziele", die durch Politik und Wirtschaft bestimmt werden, tragen offensichtlich zu neuen Entwicklungen in den Wissenschaften bei. Deren Ergebnisse unterscheiden sich wesentlich von traditioneller, wie auch traditionell angewandter Forschung. Ermöglicht scheint dies u. a. durch die grenzüberschreitenden Kapazitäten von Computern zu werden.

Krohn-Küppers (op. cit.) stellen nun diese Entwicklungen in einem komplexen Modell der „Selbstorganisation der Wissenschaft" dar: Sie verstehen dabei moderne Wissenschaft als soziales System „zur Erzeugung von Wissen", das nicht von Überzeugungen (Theorien, Dogmen) bestimmt wird, sondern durch Handlungen. Wesentlich ist, daß nach der Theorie der Selbstorganisation ein solches System seine Grenzen eigenständig, in Kooperation und in Verhandlungen mit der Umwelt definiert und für den internen Bereich gleichfalls Mechanismen entwickelt, um stabile Kooperationsformen (man kann das im Sinn von Kuhn als „normale Wissenschaft" verstehen) zu etablieren[8].

Ein Ergebnis aus diesem Ansatz ist, daß die Diskussion um „außen gesteuerte versus autonome Wissenschaft" aufgrund der Tatsache, daß die Trennung zwischen System und Umwelt vom Wissenschaftssystem selbst bestimmt wird, als fruchtlos beendet wird. Wissenschaftshandeln wird zu einer Tätigkeit, die Umwelt so umformt, daß Forschung im Kernbereich autonom bleiben kann, wogegen in den Randzonen die benachbarten Systeme dazu konkurrierende Ansprüche stellen können, die verarbeitet werden müssen. Die so geschaffene teilweise Autonomie der Forschung gilt für akademische wie für industrielle und staatliche Forschung gleichermaßen. Wesentlich scheint, daß „wissenschaftliche Rationalität" nun nicht mehr länger nur als Voraussetzung für das „System Wissenschaft" zu verstehen ist, sondern als ein umfassenderes soziales Konstrukt.

Dieser über Kuhn hinausgehende Ansatz erlaubt es, „paradigmatische Revolutionen" auch als Resultate wissenschaftsexterner Anforderungen und Entwicklungen zu verstehen. Das erscheint umso erfreulicher, als von verschiedensten Seiten darauf hingewiesen wurde, daß es genau solche externe Einflüsse sind, die den massiven Einsatz von Computern an Universitäten notwendig erscheinen lassen. Dies sei exemplarisch anhand eines Zitats gezeigt:

> „This kind of change means that the role of science and scientists in society is going to become quite different from what it has been in the past. Scientific operations should be much more integrated in business-operations as business seeks to be informed and take advantage of basic research. The lead area, where this is going to take place, is computing, because it is here that the R & D times are the shortest." (Wilson, 1983a" S. 179)

Was für die Physik gilt, gilt folglich in noch höherem Maß für die Informatik. In seinem Artikel über Entwicklungsfaktoren der Informatik schreibt K. Mainzer (1979) einleitend:

> „Die Computer-Science oder spätere Informatik ist ein Beispiel für eine Wissenschaftsentwicklung, deren Wachstum mit der wachsenden Nachfrage hochindustrialisierter Staaten nach Automation in den letzten Jahrzehnten zusammenhängt." (S. 118).
>
> „Die enge Verflechtung der Computer-Science mit dem übrigen wirtschaftlichen und industriellen Wachstum wurde bereits in den Anfängen deutlich." (ds., S. 144).

Zu ähnlichen Schlüssen kommt, wie erinnerlich, auch D. Noble (1984).

Das von Krohn-Küppers offerierte Modell der Selbstorganisation der Wissenschaft erlaubt, eine gravierende Lücke im Kuhn'schen Ansatz zu schließen. Sein eher idealistisches und zu enges Verständnis der Unabhängigkeit der Wissenschaft von ökonomischen, politischen und son-

---

[8] Solche Öffnungs- und Schließungsprozesse, wie auch die Entwicklung stabiler, interner Kooperationsformen lassen sich mit dem in Kapitel 7 entwickelten Ansatz vorzüglich beschreiben.

stigen gesellschaftlichen Entwicklungen wird revidiert. Doch auch mit dem Ansatz von Krohn-Küppers ist es nur schwer möglich, die konstatierte „wissenschaftliche Revolution", die quer durch alle Disziplinen geht und vor allem von einem Gerät (oder allgemeiner einer Technologie) getragen wird, in dieser umfassenden Form zu erklären. Die beiden Autoren entwickeln ein Schema, das sowohl ein grenzüberschreitendes „Innen-Außen"-Verhältnis zwischen Wissenschaft und Umwelt erlaubt, als auch ein sich gegenseitig stützendes, internes System kennt, bestehend aus zwei Zirkeln, einem theoriegeleiteten und einem handlungsgeleiteten oder experimentellen. Diese beeinflussen sich wechselseitig, aber Rolle und Durchschlagskraft des Computers in der gegenwärtigen markanten Phase wissenschaftlicher Entwicklung sind damit nicht erklärt.

Kuhn ignoriert das soziale Umfeld zur Gänze. Er verweist auch nur gelegentlich auf die Bedeutung von Instrumenten. Er stellt z. B. kursorisch fest, daß in der Folge paradigmatischer Revolutionen mit alten Instrumenten neue Gebiete erschlossen werden, umgekehrt auch neue Instrumente entwickelt werden. Diese nehmen aber in seinem Ansatz nur eine periphere Rolle ein. Krohn/Küppers ignorieren ihrerseits den Geräteaspekt gänzlich und berauben uns damit der Möglichkeit, ihren Ansatz als Erklärung für die erstaunlichen Veränderungen, die durch den Einsatz der Computer im Wissenschaftssystem zu registrieren sind, zu verwenden. Einer „Computer-Revolution" sollte die Chance nicht genommen werden, daß sie grundlegende Veränderungen im theoretischen wie auch experimentellen Bereich bewirkt. Nicht zu vergessen ist in diesem Zusammenhang, daß in der Lehre über dieselbe Technologie gleichfalls ein beachtlicher Wandel initiiert wurde. Die Signifikanz technischer Geräte für die weiter oben angesprochene „sozial-kognitive" Dimension wird von Krohn/Küppers, wie in den meisten wissenschaftstheoretischen Ansätzen, vernachlässigt. Einzige große Ausnahme bildet in diesem Zusammenhang die „Erlanger Schule", Erbin von H. Dinglers Konstruktivismus[9]. Krohn/Küppers übergehen diesen Ansatz, indem sie ihn einer kurzen Kritik, die sich nur auf den normativen Teil bezieht, unterziehen.

Andere distanzieren sich vom Dinglerschen Konstruktivismus, allerdings deshalb, weil sie, ähnlich wie bei M. Heidegger, die politischen Einstellungen ihrer Autoren ablehnen. Ich meine in Übereinstimmung mit Mittelstraß (1974), daß damit das Kind mit dem Bad ausgeschüttet wird. Tatsache scheint zu sein, daß auch aufgrund solcher Antipathien der Einfluß technischer Geräte auf Kognitionen, Epistemologie und Sprache unklar und verschleiert bleibt. Diese Einstellung ist demnach dem dringend notwendig gewordenen besseren Verständnis der Technik nicht förderlich.

---

[9] Janich (1978), ein Vertreter dieser Schule, würde im Gegensatz dazu alle Physik als „Technologie" verstehen, weil alle physikalischen Aussagen nur mit Hilfe von Apparaturen in Labors künstlich erzeugt werden.

Wir werden daher im folgenden Kapitel die Wechselbeziehungen zwischen Wissenschaft und sozialem Umfeld, im darauffolgenden die Frage nach der Rolle von Technologie im Prozeß der Erzeugung und Weitergabe von Wissen im Detail zu betrachten haben.

Teil II

Konsens herstellen

„Man hat oft festgestellt, daß soziale Verwirrungen die Wirkung haben, geistige Verwirrungen zu vervielfältigen. Das ist ein weiterer Beweis, daß die logische Disziplin ein Sonderzug der sozialen Disziplin ist. Die erste lockert sich, wenn die zweite schwächer wird." (S. 39)
„In dem Maß, in dem das Individuum an der Gesellschaft teilnimmt, im Denken wie im Handeln, transzendiert es sich selbst.
Dieser soziale Charakter erlaubt zu verstehen, woher die Notwendigkeit der Kategorien kommt." (S. 37)
„Daher kann die Gesellschaft die Kategorien nicht der Willkür der Individuen überlassen, ohne sich selbst aufzugeben. Um leben zu können, braucht sie nicht nur einen genügenden moralischen Konformismus; es muß auch ein Minimum an logischem Konformismus vorhanden sein, den sie nicht entbehren kann." (S. 38)

E. Durkheim (1912)

3. Götterdämmerung der Theorie?

T. S. Kuhn (1962) vertritt die Auffassung, daß wissenschaftliche Entwicklung im Normalfall wie auch im Fall revolutionärer Umstürze aus der internen Entwicklung von Fragestellungen resultiert. Aus der Sicht von Kuhn ist Wissenschaft ein selbständiges Unternehmen. Dieser Auffassung widerspricht das folgende Modell teilweise.

Schon im Kapitel 1 wurde auf die deutschen Wissenschaftsforscher der „Starnberg-Bielefeld"-Gruppe hingewiesen (G. Böhme, W. Krohn, W. van den Daele), die ein Drei-Phasen-Modell der Entwicklung der Wissenschaft aufgestellt haben. Dabei wird Wissenschaft als einmaliges historisches Ereignis verstanden. Die kognitive und institutionelle „Ausdifferenzierung von Wissenschaft" wird in der Renaissance (unter Berufung auf Arbeiten von E. Zilsel (1976)) etwa von 1660 bis 1750 angesetzt. Die zweite Phase, die die theoretische Konsolidierung und Formierung eines wissenschaftlichen Paradigmas bringt, wurde in das darauffolgende Jahrhundert verlegt. Eine dritte Phase, in der sich Wissenschaft den aus der Praxis kommenden ökonomischen und sonstigen Anforderungen neuerlich stellt, wo sich demnach ein engeres Wechselverhältnis mit der Gesellschaft vor allem über eine wissenschaftsbasierte Industrie einstellt, beginnt in der zweiten Hälfte des 19. Jahrhunderts.

Dieser Auffassung zu folgen fällt nicht leicht[1]. Schon im Zusammenhang mit der Gründung und Institutionalisierung der Universitäten wurde gesehen, daß politische Interessen des Kaisers bzw. Papstes die Institutionalisierung der „Universitas" gefördert und unterstützt haben. Analoges gilt für die Gründung der Akademien und wissenschaftlichen Gesellschaften in England, Frankreich oder Preußen im 16. und 17. Jahrhundert, sowie für die damals entdeckte politische Neutralität der Wissenschaft. Die Anfänge der Universitäten hatten demnach entweder nichts mit Wissenschaft zu tun, oder das Drei-Phasen-Modell ist obsolet, oder das, was Wissenschaft im öffentlichen Verständnis ist, ändert seine Inhalte. Dieser letzten Auffassung fühlt sich der vorliegende, vergleichende Ansatz am meisten verpflichtet.

Denn im 12. Jahrhundert hat sich zweifelsfrei Wissenschaft etabliert und institutionalisiert, allerdings eine, die mit jener des 16. und

[1] Inzwischen nehmen Vertreter dieses Ansatzes selbst von ihrer „Finalisierungsthese" etwas Abstand und suchen nach neuen Ansätzen. (Krohn, 1986)

17. Jahrhunderts nicht kommensurabel ist[2]. Damit stellt sich die Frage, ob der Begriff „Wissenschaft" für einen der beiden Fälle unangemessen ist, oder ob verschiedene Arten von Wissenschaft existieren, zwischen denen keine oder doch gewisse Gemeinsamkeiten entdeckt werden können. Unsere Frage ist demnach zunächst nicht, wie Forschung und ihre Ergebnisse politisch oder anders beeinflußt werden. Unser Interesse richtet sich im Augenblick auf die Bedingungen gesellschaftlicher Art, die eine Wissenschaft notwendig und andererseits Beweise unwiderlegbar werden lassen. Die Akzeptanz von Beweisen ist ja, wie wir von P. Duhem (1906) wissen, kulturspezifisch.

Die in Kapitel 1 geschilderte Entwicklung der Universität als historischer Hintergrund einerseits, die Beobachtungen von P. Duhem andererseits legen es nahe, die Entstehung von Wissenschaft nicht als ein historisch einmaliges Phänomen evolutionärer Ausdifferenzierung zu betrachten, sondern als kulturspezifische Antwort auf zeitbedingte, im Prinzip wiederholbare, gesellschaftliche Gegebenheiten. Anders ausgedrückt, Wissenschaft stellt sich als eine soziale Innovation dar, die, so wie andere Erfindungen auch, in Abhängigkeit von sozialen Voraussetzungen in variabler Form durchaus öfter gemacht werden kann.

Dieser Ansatz dreht die Frage nach den externen Einflüssen auf Wissenschaft in ihr Gegenteil um. Sowohl Genese als auch Form und Ausprägung von Wissenschaft sind Ergebnis sozialer Gegebenheiten. Die Aufgabe, die Wissenschaften dabei zu lösen haben, ist die Bereitstellung von Konsensmitteln. Der Darstellung dieser Situation widmet sich der erste Teil (3.1 bis 3.3) dieses Kapitels.

Der restliche Teil des Kapitels stellt die Frage nach den Beziehungen zwischen Wissenschaften und Gesellschaft nochmals in anderer Form. Der im obigen Ansatz als Phase drei bezeichnete Bezug zwischen Wissenschaft und ihrem gesellschaftlichen Umfeld, der dadurch zustande kommt, daß sich Wissenschaft erfolgreich der Lösung von Problemen annimmt, die aus der produktiven und reproduktiven Praxis kommen – also eine Verwissenschaftlichung der Gesellschaft bedeuten –, wird nun gleichfalls hinterfragt. Wie gesehen wurde, existierte dieser Bezug zumindest bereits im Mittelalter, allerdings in anderer Form. Auf eine einprägsame Formel gebracht, handelt es sich heute um die Beziehung zwischen „Wissenschaft und Technik". Auf den Punkt gebracht zeigt sich, daß beide eher von einander unabhängige Unternehmungen darstellen, deren Zielvorgaben unterschiedliche Intentionalitäten gesellschaftlicher Kooperation sind. Wissenschaft kann sich mit der Erzeugung von Konsens begnügen, der ein quasi „gutnachbarschaftliches" Nebeneinander

---

2 Die soziale Bestimmtheit von dem, was Wissenschaft und Technik jeweils sind, wird in folgendem Zitat deutlich zum Ausdruck gebracht:
„. . . we should recognize that the concepts of science and technology themselves are subject to historical change; that different epochs and cultures had different names for them, interpreted their relationships differently, and as a result, took different practical actions." (Mayr, 1976, S. 670).

auch in Streitfällen ermöglicht. Technik geht darüber hinaus. Sie ermöglicht und erfordert wesentlich mehr, nämlich bis ins Detail gehende Kooperationsfähigkeit bzw., wie wir weiter hinten zeigen werden (Kapitel 8), deren erfolgreichen Ersatz.

3.1 Antike Wissenschaft

Einen Zugang zur Entwicklung der Wissenschaften, der sich von dem oben genannten abhebt, entwickelte J. Mittelstraß (1970, 1974). Dieser geht davon aus, daß zunächst die „Möglichkeit von Wissenschaft" entdeckt werden muß, erst dann kann Wissenschaft zur Institution geraten. Mittelstraß folgt nicht landläufig mechanistischen Vorstellungen von evolutionärer Ausdifferenzierung, sondern läßt die Entstehung von genuin Neuem im sozialen Bereich in Form von Entdeckung oder Erfindung oder vielleicht von symbiotischem Kooperieren zu. Mittelstraß schreibt die „geniale Tat" der sozialen Erfindung der Wissenschaft den Griechen zu. Das absolut Neue sei der Umstand, daß sie als erste „Theorien" gebildet haben, also „Satzsysteme", die bewiesen werden mußten und die erst aufgrund eines Beweises als gesicherte Aussagen betrachtet wurden. Der erste, der belegbar derartige Sätze (Theoremata) aufgestellt hat, war Thales von Milet, etwa um 600 v. Chr. Seine Sätze sind theoretische Sätze über Streckenverhältnisse im Kreis oder Sätze über Winkel. Sie sind Aussagen über ideale Gegenstände. Faszinierend ist, daß Thales solche theoretische Sätze zu beweisen suchte. Seine Beweise sind Verfahren des Aufeinanderlegens und Auseinanderklappens, demnach – so Mittelstraß – empirische Verfahren. Beachtenswert scheint, daß solche empirische Beweisverfahren bei den Griechen nicht gerne akzeptiert wurden, zumindest nicht so wie in der heutigen Zeit. Deshalb war es auch noch für Euklid von Bedeutung, in seiner Geometrie empirische Beweisverfahren zu vermeiden. Diese Beobachtung ist wichtig, weil dadurch deutlich wird, daß die Akzeptanz wissenschaftlicher Methoden nicht von der Wissenschaft allein, sondern von einer allgemeinen Praxis innerhalb eines gesellschaftlichen Zusammenlebens bestimmt wird. Dieses stellt Wertmuster, die nicht weiter hinterfragt werden, zur Verfügung. Gesellschaft bestimmt, was akzeptabel ist – ein Umstand, der auch in der „neuzeitlichen Wissenschaft" nicht folgenlos bleibt (Fisher, 1966 und 1967).

Für unsere augenblicklichen Interessen sind spezifische Beweisverfahren jedoch von sekundärem Interesse. Mehr Augenmerk soll dem Umstand geschenkt werden, daß zu einer gewissen Zeit, dem 6. vorchristlichen Jahrhundert, nicht nur die Entdeckung der Möglichkeit von Wissenschaft gemacht wurde, sondern offensichtlich Bedarf bestand, Theoreme zu formulieren und zu beweisen. Dieser Bedarf kann als Resultat einer neuen gesellschaftlichen Situation, wo voraussetzungsloser Konsens nicht mehr existiert, interpretiert werden. Aussagen etwa der Art, daß die Schwelle eines Hauses von Ahnen bewacht und möglicherweise sogar bewohnt wird, bedürfen keines Beweises, solange kein Zweifel an ihrer Richtigkeit besteht. Das läßt sich in Analogie setzen zu

Kuhns Pragmatik wissenschaftlichen Handelns in der Phase normaler Wissenschaft. Erst wenn eine Praxis in Frage gestellt wird, weil gemeinsames Verständnis fehlt, also zu Zeiten revolutionärer Umbrüche, entsteht die Notwendigkeit, Sätze beweisen zu müssen.

Springen wir in der griechischen Geschichte mit Mittelstraß von Thales, dem Begründer beweisender Wissenschaft, 200 bis 300 Jahre weiter, konfrontieren wir uns mit den „Großmeistern" griechischer Wissenschaft. Platon definiert als Kriterium für Wissenschaftlichkeit die Existenz eines methodischen Begründungszusammenhanges, wobei diese Begründung unabhängig von Erfahrung und empirischen Elementen sein muß. Plato bemüht sich um die Etablierung einer Ethik sowie darum, akzeptable Aussagen über eine allgemein verbindliche und richtige Lebensführung zu machen. Aufgabe der Vernunft nach Platon ist es, praktisch zu sein. Probleme, die dadurch entstehen, daß wie zu Platons Zeiten offensichtlich kein Konsens darüber besteht, was richtige Lebensführung bedeutet, scheinen für Wissenschaftlichkeit bedeutsam. Der Bedarf nach Anleitungen und Begründungen signalisiert seinerseits jedoch eine Desorientierung der Menschen jener Zeit und läßt sich als Mangel an unhinterfragbaren Konsensverfahren verstehen.

Aristoteles, der – präziser als Platon – an der Etablierung einer „beweisenden Wissenschaft" (Apodeiktike episteme) interessiert war, entwickelte aus diesem Bedarf seine Logik und Rhetorik. Aristoteles' Anliegen ist dabei nicht das Beweisen von Aussagen, sondern es geht ihm darum, einen Dialogpartner unter der Bedingung, daß er Axiome als wahr oder elementar angenommen hat, zu zwingen, einen daraus abgeleiteten Satz zu akzeptieren (Mittelstraß, 1974).

Kapp (1942) bezeichnet demnach folgerichtig Logik als

> „eine Wissenschaft von dem, was geschieht, wenn wir nicht für uns selbst denken, sondern wenn wir reden und versuchen, einander zu überzeugen." (ibid., S. 26)

Ich stehe nicht an, diesen Sachverhalt als den sozialen Ursprung der „Entdeckung der Möglichkeit von Wissenschaft" zu betrachten.

Ricoeur (1975) sagt Analoges über die Rhetorik, die er „als Waffe zur Beeinflussung des Volkes" vor Gericht, in öffentlichen Versammlungen und in allen Kämpfen bezeichnet, in denen Entscheidungen durch das Wort fallen. Er bezeichnet sie als Technik, die unabhängig von Dingen Macht über Menschen verleiht und deren Ziel die Überzeugung ist.

Allerdings mag dieser Wunsch, einen derartigen „aristotelischen" Zwang zu etablieren, erstaunlich scheinen. Er wird schnell verständlich, wenn die gesellschaftliche Gesamtsituation in Rechnung gestellt wird.

Das 5. und 4. Jahrhundert kann als „große Zeit Athens" bezeichnet werden. Sie war geprägt von politischen Turbulenzen und einer beachtlichen ökonomischen Expansion. Nicht nur die Perser, auch politische Allianzen erzeugten ungeahnte Mobilität. Diese brachte eine Vielzahl von Menschen mit unterschiedlichsten kulturellen Hintergründen nach Athen. Die Philosophie dieser Zeit wurde von den „Sophisten", rhetorisch äußerst begabten Personen, bestimmt, die auch eine gesellschaftlich wichtige Rolle spielten (Tenbruck, 1976).

Es war eine Zeit des Handels und der Händel. Gerichtsbarkeit in Athen kannte keine Berufsanwälte, Kläger und Beklagte mußten sich selbst verteidigen. Erfolg und Mißerfolg hingen von jenem „rednerischen Geschick" ab, das an Vorurteile der Menge appellieren konnte (B. Russell, 1950). Es ist daher nicht verwunderlich, daß eine „Bildungsbewegung" junge Athener befähigen sollte, die bitter notwendigen rhetorischen Fähigkeiten (und andere) zu erwerben, um sich im komplex gewordenen praktischen Leben durchzusetzen[3]. Platon entwickelt deshalb Lehrstücke, „Mathemata" genannt. Aber auch berühmte Sophisten wie Protagoras waren gesuchte und gut bezahlte Lehrer. Wie notwendig unter solchen Bedingungen die Entwicklung einer „Logik" des Diskurses wird, läßt sich an einem B. Russell entnommenen Beispiel sophistischer Argumentation illustrieren:

Es handelt sich um ein Gespräch zwischen einem Bürger namens Ktesippos und dem Sophisten Dionysodorus, das in der folgenden Weise verläuft:

„Sage mir nämlich, hast Du einen Hund?
Ja, und einen gar bösen, antwortete Ktesippos.
Hat dieser Hund auch Junge?
Jawohl, und zwar solche, die auch nicht gutartig sind.
Ist also dieser Hund ihr Vater?
Ich sah ihn selbst, antwortete Ktesippos, die Hündin bespringen.
Wie nun, ist der Hund nicht Dein?
Ja freilich.
Ist er folglich nicht als Vater Dein, und wird nicht mit ihm der
Hund Dein Vater und Du der jungen Hunde Bruder?"

(B. Russell, 1950, S. 97).

Diese noch scherzhaft scheinende Situation gewinnt unmittelbare alltägliche Relevanz, wenn der genannte Protagoras einen Schüler mit dem Versprechen aufnimmt, kein Lehrgeld zu verlangen, solange er nicht seinen ersten Prozeß gewonnen hätte. Diesen Prozeß strengte allerdings Protagoras gegen den Schüler an, indem er ihn auf sein Lehrgeld verklagte.

---

[3] Dazu meint G. Böhme (1985):
What are the reasons why Plato was so much concerned with these differences (zwischen Beweis und Überredung, Wissenschaft und Glaube, der Welt des Intellekts und sinnlicher Erfahrung, M. S.)? The answer can be found in the social history of the 5th and the 4th centuries of Athens. When seen within this context it becomes clear, that Plato's demarcations were strategies of exclusion. Plato and the other Socratics were involved in a struggle about the structure of the newly developing higher education at Athens. Since about the times of Pericles a certain need was felt, a need for education that transcended the so far existing basic training in gymnastics, music, grammar and calculation. The complicated political affairs of the Athenean empire (The Delean League) and the developed democracy made it necessary to be trained in certain competences to fulfill your political life. In this situation the Socratics, the Sophists and Rhetors were competing for their position within this new policy related education (S. 11).

Ähnliche alltägliche politische Situationen schaffen den gesellschaftlichen Bedarf an einer „beweisenden Wissenschaft", die offensichtlich nicht empirisch, sondern argumentativ zu verfahren hat. Diesen ursprünglichen Charakter der Logik betont u. a. M. Weber (1919), wenn er Logik als Mittel bezeichnet, jemand in den „Schraubstock setzen" zu können und zu nötigen, die Wahrheit zuzugeben[4].

Man kann also in folgender Weise zusammenfassen: Die beiden großen griechischen Philosophen, Platon und Aristoteles, waren aus gutem Grund an einer Verknüpfung des Wissens mit den Bedingungen richtigen Lebens und richtigen Handelns interessiert. Denn das zentrale Problem der Griechen war zu wissen,

> „Wie man im Leben, vor allem: als Staatsbürger, richtig handle. Denn auf diese Frage kam den durch und durch politisch denkenden Hellenen alles an. *Deshalb betrieb man Wissenschaft.*"
>
> (m. H., Weber, 1919, S. 596)

Folglich war die Verbindung theoretischer und praktisch angewandter Philosophie wichtig. Dieses Bemühen verlor allerdings später an Bedeutung.

Festzuhalten bleibt, daß Griechenland eine autochthone Form der Wissenschaft entwickelte, die Form und Inhalt aus einem sozial entstandenen Bedarf nach Beweisen schöpft. Solcher Bedarf an Beweisen resultiert aus jener soziopolitischen Situation, wo Konsens nicht mehr auf der Basis tradierter oder praxisorientierter Vorverständnisse erreicht werden kann, sondern über spezifische „Zwangsmittel zur Wahrheit" erzeugt werden mußt. Die Gegenstände (d. h. die Probleme), die eines solchen Beweises bedürfen, sind Resultat dieser spezifischen historischen Situation.

Die griechische Wissenschaft entwickelte sich offensichtlich in einem gesellschaftlichen Konnex, der erst den Bedarf nach ihr erzeugte. Es handelt sich also weder um ein evolutionäres, zwangsläufiges Vorwärtsschreiten – der Bedarf verschwand ja auch wieder – noch um eine systemische Mechanik. Wissenschaft entstand, weil die sozialen Umstände danach beschaffen waren, und aus demselben Grund verschwand sie wieder. Dieser soziale Bezug muß angenommen werden, weil „Wissenschafttreiben" nicht der Befriedigung „sogenannter natürlicher Bedürfnisse" dient (Mittelstraß, 1970, S. 15), sondern als historisch entstandener Handlungskomplex gesehen werden muß.

3.2 Die Wissenschaft des Mittelalters

Versteht man jenes Millenium zwischen der Völkerwanderung und den neuzeitlichen Entdeckungen als Mittelalter, so kommt man schwerlich darum herum, feststellen zu müssen, daß auch das Mittelalter eine

---

[4] Auf diese Auseinandersetzung mit „Widersachern" in Gesprächen und die notwendige „geistige Gymnastik, die durch Lehre und Lernen vermittelt wurde und der die „Entstehung der Logik" zu verdanken ist, verweist auch E. Kapp (1942).

Epoche der Wissenschaft kannte. Voraussetzung ist allerdings, daß Wissenschaft als beweisschaffendes Verfahren zur Erzeugung von Konsens verstanden wird, das nicht weiter hinterfragbare Wahrheit erzeugt. Von Interesse ist dabei, wie dieser Punkt der Unhinterfragbarkeit erreicht wird.

Diese Problemsicht mag bereits auf Widerspruch stoßen. Nicht nur gibt es keinen Konsens über die Länge des Mittelalters. Manche, wie Pirenne, möchten die Antike um einige Jahrhunderte verlängert, andere wieder das Ende um die Renaissance verkürzt sehen, die die Mittlerin zwischen Mittelalter und Neuzeit spielen soll.

Doch abgesehen von solchen definitorischen Schwierigkeiten wird das Mittelalter nach wie vor gerne als jener dunkle Fleck in der Geschichte verstanden, in dem das Leben kurz war wie der menschliche Verstand. Insgesamt erscheint es oft als eine Epoche, um die man sich nicht zu bemühen braucht, weil dort – vermutlich aufgrund der Dunkelheit – wenig zu finden sei.

Erfreulicherweise beginnt sich diese Einstellung aufgrund arbeitsintensiver Recherchen, z. B. der Annales-Schule in Frankreich, und vermutlich auch aufgrund eines sich wandelnden Lebensgefühls in unserer eigenen Zeit (Eco, 1989) doch zu verändern.

Diese sich ankündigenden Wandlungen geben Anlaß, den Versuch zu wagen, dem eigenen Ethnozentrismus zu begegnen und anderen Kulturen und den diesen eigenen „Typen von Wissen" Anerkennung und Existenzberechtigung zuzubilligen (Böhme, 1985). Denn, so wenig wie wir bereit sind zu akzeptieren, daß unsere Wissenschaften als barbarisch bezeichnet werden, weil sie nicht in der Lage und nicht daran interessiert sind, dem einzelnen verbindliche Lebensformen und Lebenssinn zu offerieren, so wenig kann ein analoger Vorwurf erhoben werden, wenn eine andere, uns heute fremd scheinende Kultur kein Interesse an naturwissenschaftlich-technischen Problemlösungsmustern entwickelte. Zu fragen ist in solchen Fällen nur nach den Bedingungen, die spezifische Interessen entstehen lassen (Toulmin, 1967).

Fragen und Antworten sind nur aus ihrer eigenen Zeit zu begreifen. Wer Wissenschaft nur als das definieren wollte, was in seiner eigenen Epoche als solche verstanden wird, unterschiede sich wenig von jemand, der einer kulturspezifischen Diätregel verpflichtet lebt und andere als abträglich oder widerwärtig verurteilte.

Das Mittelalter kannte eine grundsätzlich andere Einstellung zum Leben, es entwickelte folgedessen auch andere Problemsichten und andere Ansätze, Probleme zu lösen.

Wie in der Einleitung dargelegt, bieten sich, idealtypisch auf den Punkt gebracht, zwei Optionen an, wenn es um die Lösung von Problemen geht. Diese Optionen wurden als technische bzw. soziale Innovationen bezeichnet, wobei die zweite hauptsächlich ihr Augenmerk auf Sprachfiguren und -strukturen legt, weil diese als politische Instrumente, also zu sozialen Innovationen, dienen.

Mehr noch als die Antike stellt sich das Mittelalter als Zeit dar, die sozialen Lösungen verpflichtet war; dieser paradigmatischen Grundeinstellung entsprechend wurde auch die Wissenschaft des Mittelalters entwickelt. Erst als in der Folge von Entwicklungen, die im Kapitel 6 dargestellt werden, solche Problemlösungsmuster nicht mehr funktionstüchtig waren, ist als Ergebnis einer Suche nach neuen Lösungsmechanismen „neuzeitliche Wissenschaft" dem Schaum der Zeiten entstiegen, u. a. deshalb, weil manche Fragen nicht mehr gestellt wurden.

Trotz der sich heute ankündigenden Einstellungsänderungen ist das Mittelalter, mehr als die Antike, den meisten Zeitgenossen fremd. Es dürfte sich daher nützlich erweisen, zunächst aus dem Mund eines Mediaevisten eine komprimierte Beschreibung der Essenz dieser Epoche zu hören:

> „. . . Im Mittelalter ist die Umwelt der Menschen der Mensch, und dessen Lebensformen lassen sich nicht auf Reize und Reaktionen reduzieren. Ihre Grundfigur ist das Gespräch; daß Dialoge in unseren Zeugnissen so breiten Raum einnehmen, ist kein Zufall. Im Miteinander-Reden wurden Regeln sozialen Verhaltens eingeübt und nachgeprüft, auf eine Weise, die weder vor dem Mittelalter noch nachher so unmittelbar Geschichte gemacht hat." (Borst, 1973, S. 670)

Die „Societas Humana" bildete sich im Zusammenleben mit dem Nächsten; es war eine Zeit, in der Geschichte „als Zusammenleben von Menschen bewältigt" werden sollte (ibid., S. 673). Dabei spielte das Christentum eine bedeutende Rolle, weil es ein Vorbild setzt, das das Leben Christi als höchste Lebensform verstand. Sein Leben war dieses höchste Vorbild, doch es mußte für jede Gegenwart und jede soziale Umwelt neu interpretiert werden, um der Vielfalt eintausendjähriger Lebensformen Leitschnur sein zu können. Im Mittelalter stellt sich immer wieder die Aufgabe, Anpassung des Lebens an absolut gesetzte Vorgaben zu erreichen, wobei die wirksamsten Institutionen nicht der Entlastung von Bedürfnissen dienen, sondern „der Verstärkung von Emotionen gegen Außenseiter" (ibid., S. 675), eine Feststellung, die für unsere Überlegungen in Kapitel 7 von Relevanz sein wird. Um der wiederkehrenden Not Herr zu werden, wurde das Hauptaugenmerk der Menschen auf Übereinkünfte zwischen Lebenden gerichtet; Konventionen wurden benötigt. Die Bedeutung, die dieser sozialen Einheit zugemessen wurde, wird in charakteristischen Redeweisen deutlich. Borst bietet Beispiele; Schüler von Klosterschulen sprechen prinzipiell nicht in der „Ich-Form", sondern immer in der ersten Person des Plural. Der Grund dafür ist, daß sich Menschen nur als Teil einer größeren Allgemeinheit verstehen und sich einer gewissen Disziplin unterwerfen. Sie folgen der Maxime, die lautet, „sei was du bist". In diesem Zusammenhang ist Erziehung zum richtigen Reden und Schreiben und zur Selbstkontrolle von eminenter Bedeutung.

Diese Welt, die bis etwa ins 11. Jahrhundert aus drei klassischen Ständen, den Bauern, dem Adel und den Geistlichen bestand, geriet allerdings danach in Bewegung. Traditionelle Konformität und heterarchische Abhängigkeit wurden durch das Hinzutreten von Bürgern, Fürsten und Gebildeten in Frage gestellt. In den jungen Städten entwickelten sich neue Lebensformen, die die Regeln des Zusammenlebens nicht mehr auf der Basis von Tradition interpretieren, sondern als Ergebnis zeitloser Abstraktionen, die von Gelehrten produziert wurden, begreifen ließen. In einer derartigen Übergangsphase entsteht Individualismus: Der einzelne wird zum Thema, weil die ihn bergenden Lebensformen zerbrechen (Borst, 1973, S. 252). Mit diesen Entwicklungen entsteht aber auch Bedarf an der Etablierung neuer Konsensmechanismen (noch im Rahmen etablierter Religion), die als Wissenschaft bezeichnet werden.

Folglich darf nicht übersehen werden, daß diese Wissenschaft in den noch unhinterfragten Lebensprinzipien der Zeit begründet liegt. Noch in der Frühscholastik eines Anselm von Laon war es zwar gestattet, Bibeltexte zu hinterfragen, doch allein aufgrund der Autorität des Lehrers waren daraus Regeln des Lebens abzuleiten, die unhinterfragt akzeptiert wurden. Schon im ausgehenden 11. Jahrhundert beginnt aber unter dem Genius Abaelards diese Form nicht mehr zu genügen. Er führt erneut in die Interpretation den Gebrauch der Logik ein und versucht, ein angemessenes Verständnis der Bibel nicht mehr patristisch, sondern aufgrund systematischer Diskussionen zu erreichen.

Bestimmend für die Etablierung einer neuen, von Abaelard gegründeten Wissenschaft war eine Situation, die jener Athens im Perikleischen Zeitalter nicht unähnlich war. Le Goff zitiert Abaelard aus seiner Schrift „Sic et Non". Darin wird die Notwendigkeit für seine neue wissenschaftliche Methode damit begründet, daß Abaelard feststellt, daß der allgemeine Konsens verloren ging. Wo einer weiß sage, sage ein anderer schwarz. Aus dieser Situation entstand Bedarf nach einer Wissenschaft der Sprache und nach der Entwicklung eines Verfahrens, das verbindlich, aber diskursiv Bedeutungen festzulegen imstande ist. Denn:

> „Die Scholastik lebt von Texten. Sie ist eine autoritätshörige Methode, sie stützt sich auf den doppelten Beitrag der vorhergehenden Zivilisationen: Das Christentum und das über den arabischen Umweg bereicherte Gedankengut des Altertums. Sie ist das Kind . . . einer Wiedergeburt." (Le Goff, 1957/1, 1985, S. 96).

Nach Le Goff ist demnach die Scholastik eine Methode, die Vernunft und Glaube zu verbinden imstande ist und damit aus der Theologie eine Wissenschaft macht.

Nach den Worten desselben Autors wird Scholastik zur Meisterin und Anregerin wissenschaftlich strengen, aber originellen Denkens, bei strikter Einhaltung der Gesetze der Vernunft.

> „Das abendländische Denken sollte auf ewig von ihr geprägt bleiben . . ."
> „Descartes verdankt ihr vieles . . ., obwohl er sie verachtet." (ibid., S. 100)

Diese Verachtung beschränkt sich allerdings nicht nur auf Geister wie Descartes oder Petrarca, sondern macht sich auch heute dadurch bemerkbar, daß die Wissenschaft des Mittelalters von den modernen Wissenschaftstheoretikern im allgemeinen ignoriert wird.

Dies könnte mit ethnozentrischer Überheblichkeit erklärt werden. Doch diese Feststellung genügt nicht. Es scheint notwendig, diesen Ethnozentrismus selbst auf seine Ursprünge zu hinterfragen. Die festzustellende Bereitwilligkeit, sich mit ausgewählten historischen Epochen wie dem Perikleischen Zeitalter oder der Renaissance Italiens zu identifizieren, aber ein Millennium dazwischen abzulehnen oder zumindest zu ignorieren, läßt nach der Natur der Gründe für diese hohen Identifikationsmöglichkeiten mit den genannten Epochen fragen. Umgekehrt muß aber auch gefragt werden, welche Sachverhalte eine ähnliche Identifikation gegenüber dem europäischen Mittelalter so schwer werden lassen? Eine ausführliche Antwort findet sich in den Kapiteln 6 und 7. An dieser Stelle sei als eine Ursache ein anderes Verständnis vom Zusammenleben von Menschen und der Art, wie diese mit Problemen umgehen, genannt. Dies wird anhand von folgenden Beispielen deutlich: Gotische Kathedralen etwa sind Ergebnis jahrzehnte-, ja manchmal sogar jahrhundertelanger Arbeit. Sie wurden mit geringen technischen Mitteln errichtet, aber im Gegensatz dazu durch immense soziale Mobilisation. Es ist bekannt, daß Adelige, Kleriker und „Gemeine" viele Jahre ihres Lebens damit verbrachten, Steine aus umliegenden Steinbrüchen anzuschleifen, um die Errichtung solcher Kathedralen zu ermöglichen (Bloch, 1940). Diese Fähigkeit, soziale Bewegungen ins Leben zu rufen, läßt sich auch an anderen Beispielen illustrieren. Eine der gewaltigsten Leistungen in dieser Hinsicht war die Kreuzzugsbewegung, die überwiegend das Resultat der politisch-rhetorischen Leistungen eines Bernhard von Clairvaux und einiger anderer, wie z. B. Peter dem Einsiedler (Runciman, 1950/1954) war. Kontrastiert man die ohne moderne Medien in Bewegung gesetzten Massen des 11. und 12. Jahrhunderts mit der heute nahezu nicht mehr existenten Bereitschaft vieler Staatsbürger, ihr Leben für ihr Land zu riskieren[5], so zeigt sich, daß das soziale Innovationspotential des Mittelalters in seiner Durchschlagskraft dem technischen Innovationspotential unserer Zeit durchaus vergleichbar ist. Demnach unterscheiden sich beide Wissenschaften zwangsläufig und prinzipiell.

Die Scholastik, „die jahrhundertelang angeschwärzt worden ist" (Le Goff, 1957/1985, S. 95), war bereits bei Abaelard darauf ausgerichtet, die Möglichkeit zu schaffen, zuzustimmen, einzuwilligen und auf diese Art Konsens herzustellen. Sie ist eine Wissenschaft sozialer Innovation. Sie rührt aus der Erfahrung, daß „den Worten zurecht Macht" zuzusprechen ist (Le Goff, ibid.) und bemüht sich aufgrund dieser Erfahrungen, ihren Inhalt zu bestimmen. Es geht den Intellektuellen dieser Zeit darum, die Beziehungen zwischen Wort, Begriff und Sein zu bestimmen. Das ist ein wissenschaftliches Anliegen, das nicht mehr „Wortklauberei" ist als andere wissenschaftliche Verfahren. Allerdings degeneriert es in der Spätzeit, d. h. gegen Ende des 13. Jahrhunderts, in diese Richtung. Verfallserscheinungen sind aber ein Zustand, vor dem keine Wissenschaft gefeit ist. Dabei bleibt zu klären, ob dieser Verfall der Wissenschaft nicht als Resultat ihres eigenen Erfolges bei der Etablierung traditionaler Gemeinschaften zu werten ist.

---

[5] Gewitzt durch Erfahrung ahne ich, daß es gut ist, ausdrücklich zu betonen, daß ich diesen Zeitgenossen zustimme.

Basis der Scholastik waren die Grammatik und wiederum die Gesetze der Beweisführung. Ein zweites Stockwerk bildet die Dialektik, die eine Sammlung von Verfahren darstellt, um aus einem Gegenstand ein Problem zu konstruieren, d. h., es darzulegen, als Problemdefinition gegen mögliche Angreifer zu verteidigen, dieses dann zu lösen und dadurch Zuhörer und Leser zu überzeugen. Als Methode nutzt die Scholastik verschiedene Stufen, die sogenannte Lectio, wo es um die grammatikalische Analyse von Texten geht, woraus eine sinngebende, logische Erklärung (Sensus) entsteht und in der Exegese dann ein den Inhalt enthüllendes Denken folgt. Anders als die heute gängige Meinung, daß Sprache nichts als Wiedergabe von Fakten sei, haben die mittelalterlichen Denker begriffen, daß jeder Text Funktionen auf mindestens vier Ebenen gleichzeitig wahrzunehmen hat. Kurz gefaßt handelt es sich zunächst um Geschichten, denen man zweitens allegorische Bedeutung zuweisen kann, dann moralisch-ideologische, und schließlich anagogische Funktionen. Diese vier Funktionen sind nicht notwendigerweise widerspruchsfrei. Systematische Erkenntnis dieser dialektischen Sachverhalte ist aber Voraussetzung, um damit umzugehen und Konsens trotz Widerspruchs zu erzeugen. Die Scholastik ist demnach eine Wissenschaft, die sich systematisch und konsequent der Schaffung von Übereinstimmung, Konsens und einer „regula vivendi“ verschrieben hat, die also ihrer Intention nach friedenstiftend sein will. Anliegen dieser Art hat die neuzeitliche Wissenschaft nicht mehr zu vertreten.

Im 14. Jahrhundert wird dieser gesellschaftspolitische Anspruch von Wissenschaftlern, wie Joh. Duns Scotus, N. v. Oresme oder W. v. Ockham, aufgegeben[6]. Als Folge dessen macht sich ab Mitte dieses Jahrhunderts ein starker Antiaristotelismus breit, den Le Goff als „Rückkehr zur heiligen Unwissenheit“ bezeichnet. Diese Einschätzung der Entwicklung steht offensichtlich einer, wie sie J. D. Bernal (1954/1978) artikuliert, diametral gegenüber, denn er meint,

> „. . . daß die mittelalterliche Wissenschaft in ihrer Gesamtheit eher als das Ende, denn als der Beginn einer intellektuellen Bewegung behandelt werden muß.“ (Bernal, 1978, S. 282)

In diesen unterschiedlichen Einschätzungen zweier prominenter zeitgenössischer Wissenschaftler dokumentiert sich die eingangs genannte paradigmatische Differenz zugrundeliegender Auffassungen.

J. Hochgerner (1983) charakterisiert beide wissenschaftliche Methoden treffend, wenn er die mittelalterliche als „dialogische Methode“ beschreibt, die darauf hinzielt, Andersdenkende zu überzeugen. Dabei gilt subjektive Zustimmung als Voraussetzung des Wahrheitskriteriums. Dem entgegengesetzt steht die heute geübte „monologische Methode“, wo das „Kriterium des Diskurses“ ersetzt wird durch die

---

[6] Es ist bezeichnend, daß P. Duhem (1909/1956) diesen Übergang, der von einem Interessenwandel und einer Umorientierung von qualitativer zu quantitativer Forschung begleitet ist, als Beginn moderner Wissenschaft versteht.

„in Vereinzelung erzielbaren Bestätigungen oder Widerlegungen von Hypothesen, die ihres persönlichen Bezuges völlig entkleidet sind, dafür aber klar erkennbar in einer bestimmten Reihe wissenschaftlicher Traditionen stehen sollen. Persönliche Auseinandersetzungen zwischen Andersdenkenden brauchen nicht stattzufinden, und sind jedenfalls solange unerheblich, als keine ‚objektiven', *intersubjektiv* gültigen Befunde vorliegen. Nur noch objektive Beweise, vom individuellen Dafürhalten des Wissenschafters unabhängige und möglichst widerspruchsfreie Ableitungen dürfen das Prädikat der Wissenschaftlichkeit für sich in Anspruch nehmen." (Hochgerner, 1983, S. 32/33)

In diesem Wandel *vom Dialog zum Monolog* wird ein verändertes Gesellschaftsverständnis signalisiert und damit eine veränderte Auffassung von der Rolle und Bedeutung der Natur bzw. des Einsatzes von Natur als „Allianztechnik"[7]. Es zeigt sich darin auch mit nichts-zu-wünschen-übriglassender Deutlichkeit, wie sehr Wissenschaft von gesellschaftlichen Bedingungen außerhalb ihres Tempels bis in ihre Grundstrukturen determiniert wird. Die Entscheidung, nur eine, meistens die gegenwärtige, Auffassung von Wissenschaft als Wissenschaft zu akzeptieren, muß somit als Resultat einer paradigmatischen und politisch-ideologischen Vorentscheidung, bestimmte soziale Organisationsmuster nicht anzuerkennen, verstanden werden. Es wird auch deutlich, daß dieses Vorverständnis nicht nur die jeweilige Art der Wissenschaft, sondern auch Einsatz und Entwicklung von Technik bestimmt, womit beide, gerätehafte und soziale Technik, gemeint sind.

3.3 Die neuzeitliche Wissenschaft

Die Auffassung, daß das Mittelalter eine hochentwickelte Wissenschaft besaß, ist keineswegs neu. Dieser Umstand wird in der jüngeren Diskussion (und da besonders in Deutschland) jedoch als Folge paradigmatischer Vorentscheidungen noch immer ignoriert. Nur aufgrund solcher paradigmatischer Vorentscheidungen ist zu verstehen, daß die eurozentrische Vorstellung der Ein- und Erstmaligkeit neuzeitlicher Wissenschaft auch noch nach der Publikation von Lévi-Strauss' (1962) „Das wilde Denken" undisputiert aufrechterhalten wurde.

Mit gutem Grund fragt Lévi-Strauss darin, wie das „Neolithische Paradoxon" anders zu erklären sei als damit, daß bereits seit zehntausend Jahren eine wissenschaftliche Tradition der Beobachtung, des Experiments, der Klassifikation und Systematisierung existiere. Allerdings un-

[7] Diesen Wandel in der Auffassung von der Aufgabe der Wissenschaft und somit in Problemdefinition und -lösung beschreibt Ritsert (1975) anhand einer Charakterisierung F. Bacons folgend:

„Nicht Probleme politischer Herrschaft, sondern solche der Herrschaft von Menschen über die Natur rücken für ihn ins Zentrum wirklicher Wissenschaft. Der politisch verstandene *Logos* tritt hinter Techno-logie zurück; technische Rationalität steht über politischer Klugheit und reiner Theorie gleichermaßen." (Ritsert, 1975, S. 69)

terscheidet er zwischen zwei Typen von Wissenschaft, der „Wissenschaft des Konkreten", die auch heute noch für die Befriedigung menschlicher Bedürfnisse sorgt, und einer, die für die Erzeugung von „Verständlichkeit" zuständig ist und der sich die heutige Form von Wissenschaft verdankt (ibid., S. 269). Deren Leistung, die in der Erzeugung von Ordnung im Chaos besteht, ist eine gesellschaftsorientierte Leistung. Ähnliche Leistungen werden in vielen Kulturen zusätzlich von anderen Institutionen, etwa Mythos oder Drama, erbracht und/oder vermittelt.

Die Fragen, die demnach zu stellen sind, sind solche nach den sozialen Bedingungen, die eine „Wissenschaft des Erkennens" entstehen lassen, sowie nach den Ursprüngen ihrer jeweiligen Verfahrensweisen und Akzeptanzgrundlagen, und letztlich nach dem Beziehungsgefüge, in dem sich beide Arten von Wissenschaft zu einander befinden. Die „Wissenschaften des Konkreten" oder „des Schaffens" sind nämlich nicht einmal heute auf jene andere Form von Wissenschaft angewiesen; das macht gerade der Einsatz des Computers in der Forschung deutlich, der die Beherrschung des Konkreten nicht durch „Verständlichkeit" (d. h. Erkennen), sondern durch undurchschaubare „Prozeduren" („procedural rationality", Simon, 1979) erlaubt. Das historisch vermutete Zusammenwirken beider in der Neuzeit sollte daher eher als Ergebnis bestimmter historischer „Zufälle" gesellschaftlicher Art begriffen werden denn als intrinsisches „Telos" einer historischen Wissenschaftsdynamik.

Die Meinung, daß es zum Spezifikum moderner Wissenschaft gehöre, dem Konkreten statt der Darstellung zu dienen, läßt manche ihren Anfang, trotz einer Ahnenreihe recht wenig praxisbezogener Heroen, die von Kopernikus über Newton bis zu Maxwell und weiter reicht, in der Renaissance entdecken.

Über diese Bedeutung der Renaissance gibt es allerdings unterschiedlichste Auffassungen. Insbesondere R. Nisbet (1973), aber auch Le Goff (op. cit.) haben Kritik an der überbetonten Wichtigkeit dieser Epoche vorgebracht. Nisbeth spricht vom „Mythos Renaissance", dessen Erfindung er dem Historiker J. Burckhardt und dessen Buch „Die Kultur der Renaissance in Italien" (1860) zuschreibt. Burckhardts Ansatz besteht darin, anhand der Biographie von L. B. Alberti die Eigenständigkeit dieser historischen Epoche zu demonstrieren. Man kann mit Nisbet begründet die Position vertreten, daß Burckhardt dadurch einen Heroen-„Kult" etabliert, der im Geist des 19. Jhdts. männliche „Einzelkämpfer" als erfolgreiche Individuen in den Vordergrund stellt und dieser Darstellung wegen Anerkennung und Beliebtheit bei ähnlich orientierten Intellektuellen findet. Brucker (1969) betont in ähnlicher Weise, daß der Burkhardtsche Ansatz stark überzeichnet ist und unterstreicht im Gegensatz dazu das Bemühen der Florentiner, die in Verlust geratenen sozialen Bande wieder herzustellen[8].

Nisbet bestreitet seinerseits, daß die zwei wesentlichen Kriterien, die die Moderne ihren Vorgängern gegenüber auszeichnen – nämlich die

---

[8] Dieser Einschätzung schließt sich u. a. Mannheim (1929/36, S. 29) vollinhaltlich an.

Konzentration politischer Macht in einer Hand und eine Präokkupation mit einem atomähnlichen Individuum, als Folge dessen Subjektivismus das leitende Paradigma wird – in der Renaissance zu finden seien. Trotz einer augustinischen Gesamtorientierung, die eine kartesische Einstellung à la„Cogito ergo sum" leichter machen sollte, findet sich bei den Humanisten der Renaissance nichts Vergleichbares. Erst Descartes formuliert dieses neue Verständnis der Existenz mit Deutlichkeit.

Ähnliches gilt für die Vorstellung vom wissenschaftlichen Fortschritt als Produkt einer historischen Wissensakkumulation. Nisbet bestreitet – und nach allem, was im vorigen Abschnitt besprochen wurde, anscheinend mit guten Gründen – daß sich Humanisten oder Künstleringenieure wesentlich von den Gelehrten des Mittelalters abheben. Ähnliches gilt für politische Ansichten, welche seiner Meinung nach gleichfalls erst im 17. Jahrhundert, von Hobbes und Bodin (Ende des 16. Jahrhunderts), formuliert wurden. Nicht einmal Machiavelli kenne schon die Konzeption eines „Staates".

In Summe biete, auch im politischen Bereich, die Renaissance nichts an, was nicht schon an mittelalterlichen Universitäten durch deren Auseinandersetzung mit dem römischen Recht, insbesondere dem Zivilrecht, gedacht und praktiziert worden wäre. Diese konträre Einschätzung einer heroisierten Epoche fordert zwangsläufig zu einer Gegenreaktion heraus.

Auf Nisbeths Kritik formuliert W. Krohn (1977) – selbst Vertreter Burckhardt'scher Geschichtsauffassung – als Antwort eine faszinierende Rechtfertigung. Die Renaissance sei, so meint Krohn, trotz nachweislich geringer wissenschaftlicher Leistungen, dennoch für die Entwicklung der neuzeitlichen Wissenschaft wesentlich. Als Begründung führt er die Entwicklungspsychologie von J. Piaget (1972/73) ins Treffen, der meint, daß in Zeiten kognitiver Umstrukturierung inkonsistente Auffassungen und Methoden nebeneinander existieren müßten[9].

Die Renaissance fülle somit jene Position aus, in der grundlegende Transformationen wissenschaftlichen Bewußtseins stattfinden. Am Ende nimmt eine neue Wissenschaft, im mechanistischen Weltbild als vorherrschende Denkform ruhend, Gestalt an. Der Übergang von der Impetusphysik des 14. Jahrhunderts zur Trägheitsphysik des Galilei, vom Nominalismus zur dogmenfreien Naturphilosophie etc. sei nur durch das Nadelöhr der Renaissance möglich geworden.

Aufgrund der Erfahrungen und der Tätigkeiten dieser Epoche sei ein Verständnis „neuer Wissenschaft" erreicht worden, welches zur kognitiven Grundlage des gesamten neuzeitlichen Wissenschaftsverständnisses wurde. Krohn nennt drei Gruppen als Träger dieser Entwicklung: die Ingenieure der Renaissance, die etablierten Gelehrten, von denen einige wenige bereit waren, sich mit Problemen der Handwerker, wenn es sich um mathematische Probleme handelte, auseinanderzusetzen, und letztlich die Humanisten. Dabei etablierte sich jene neue

---

9 Diese Sicht der Renaissance als Hybrid zwischen Mittelalter und Neuzeit lehnt einer der profundesten Kenner der Renaissance, Ch. Trinkaus (1970), mit Nachdruck ab.

„Denkungsart", im Sinn von I. Kant (1781/87), die ein neues Beziehungsgefüge zwischen Subjekt und Objekt entstehen läßt. Dieses Beziehungsgefüge sei durch drei charakteristische neue Merkmale gekennzeichnet, nämlich die Idee wissenschaftlichen Fortschritts – was bedeutet, daß sich Wissenschaftler als Glied in einer Kette wissenschaftlicher Akkumulation verstehen –, eine charakteristische Methode – nämlich Suche nach wissenschaftlicher Erkenntnis über experimentelle Verfahren –, und letztlich durch die Überzeugung, daß Natur nach Gesetzen geregelt ist, die durch Experimente zu entdecken seien.

Abgesehen davon, daß es schwer fällt, der unterstellten Bedeutung der Renaissance und der damit verbundenen Vorstellung von der Einmaligkeit eines sozialen Phänomens zu folgen, werden hier doch bestimmte soziale Erscheinungen genannt, die zur Entwicklung von beweisenden Wissenschaften beitragen. Eine überwiegend städtische Population, wie Handwerker, Ingenieure und Gelehrte, nennt Krohn als Träger dieser Entwicklung.

Dies findet sich in Einklang mit den Entwicklungen, die in der Antike und im Mittelalter Platz griffen und mit der Entstehung beweisender Wissenschaften zusammenfallen. Ein Bezug zu technischen, ja großtechnischen Projekten läßt sich, wie vor allem in Kapitel 6 ausführlich dargestellt wird, nicht nur in allen drei historischen Epochen nachweisen, sondern ergibt sich auch nahezu zwangsläufig aus den genannten Professionen. Ein gewisses Interesse von Gelehrten an solchen Projekten findet sich gleichfalls in den anderen Epochen, so wie das Auftreten individualistischer Haltungen. Daß unter solchen Umständen Fortschrittsideen auftreten, ist gleichfalls keine historische Einmaligkeit[10]. Ganz generell läßt sich sagen, daß Zeit, und dabei ganz besonders der Blick in die Zukunft, ein soziales Phänomen ist (Sorokin/Merton 1937), welches aus sozialen Interaktionsbezügen entsteht (Nowotny, 1975) und folglich auch unterschiedliche Strukturen annimmt. Foucault (1975) verweist etwa darauf, daß sich in hierarchischen Disziplinarstrukturen lineare Zeitkonzeptionen entwickeln, und weiters kann gezeigt werden, daß vertikale Mobilität und die Akkumulation symbolischer Güter zukunftsorientierte Einstellungen erwecken (Bell/Mau, 1971).

Ob allerdings Experimenten in der fraglichen Zeit bereits Beweiskraft zugesprochen werden kann, u. zw. im Sinn von Beweisen einer Theorie, scheint doch etwas zweifelhaft, da noch im 17. Jhdt. ihre Beweiskraft keineswegs unbestritten war (siehe dazu Kapitel 4). Trotzdem waren im technischen Bereich Experimente nicht unbekannt, vor allem in Bauhütten, die Aufträge bislang unbekannter Größenordnungen ausführten, wie das etwa beim Bau der Florentiner Domkuppel geschah. Selbst Gaudi verwendete für den ungewöhnlichen Monumentalbau seiner „Sagrada

10 Eine Vorstellung, die übrigens bereits bei Bernhard von Chartres im 11. Jahrhundert und bei Augustinus in Civitate Dei zu finden ist: „wir sind auf den Schultern von Riesen hockende Zwerge. Wir sehen so mehr und weiter als sie, . . ." Zit. nach LeGoff (1957/1958, S. 21).

Familia" noch oder wieder solche Verfahren, u. a. auch deshalb, weil sich die Statik nicht so ohne weiteres berechnen ließ. Dieser Umstand läßt auch die gepriesene Zusammenarbeit beim Bau der Florentiner-Kuppel zwischen Brunelleschi (1376–1446), dem zwar äußerst erfolgreichen, doch wenig gebildeten Künstler-Ingenieur, und Toscanelli (1397–1482), dem gelehrten Mathematiker, in einem eigenartigen Licht erscheinen. Da Dokumente Brunelleschis nicht vorliegen (Krohn, 1977), ist die Bedeutung dieser Zusammenarbeit schwer zu evaluieren. Doch wenn man in Rechnung stellt, daß beim Tod Brunelleschis weder das Konzept einer Tangente und somit auch nicht der Steigung existierte (es wurde erst von Fermat um 1650 entwickelt), noch kartesische Koordinaten bekannt waren, daß weder Logarithmen noch trigonometrische Tafeln existierten, ja nicht einmal eine durchgängige Notation für Operationen wie plus und minus – von einer Infinitesimalrechnung ganz zu schweigen – entwickelt waren, dann mag man sich mit gutem Grund fragen, worin denn die Leistungen Toscanellis bestanden haben können. Man wird dabei mit der Annahme nicht weit fehl gehen, daß es sich nicht um statische Berechnungen, sondern um ästhetische Überlegungen gehandelt haben wird, wie sie durch die Harmonienlehre des gerade damals wieder in Mode kommenden Neopythagorismus und Neoplatonismus vertreten wurden. Daß solche Vorstellungen die astronomische Forschung beeinflußten und weiterentwickeln halfen, ist unbestritten. Daß sie aber in der Lage gewesen sein sollten, die Errichtung der Florentiner Domkuppel technisch auch nur zu erleichtern, mag mit Recht bezweifelt werden. Wie sich aber somit die Entstehung neuzeitlicher Wissenschaft aus dieser Kooperation ableiten lassen soll, bleibt eine offene Frage.

Die Vorstellung selbst scheint sich aus gewissen Prädispositionen abzuleiten, wie sie zwar von F. Bacon im 17. Jhdt. formuliert wurden und als Phase drei der Wissenschaftsentwicklung im zuvor vorgestellten Modell als realisiert betrachtet werden, die aber den Gegebenheiten nicht wirklich zu entsprechen scheinen. Die Vorstellung einer Abhängigkeit der Technik von wissenschaftlicher Forschung, die dem Ansatz offensichtlich zugrunde liegt, wird im abschließenden Abschnitt dieses Kapitels zur Diskussion gestellt. Schon jetzt läßt sich aber sagen, daß diese Sicht kaum den Tatsachen gerecht zu werden imstande ist.

Bezweifelt man nicht unberechtigt die Leistungsfähigkeit der damaligen Mathematik, zu Problemlösungen technischer Art beizutragen, und gesteht damit der Technik Autonomie zu, so bleibt zu fragen, was denn sonst mittelalterliche Handwerker und Ingenieure bewogen haben könnte, eine Kooperation mit Gelehrten zu suchen?

Eine mögliche Erklärung findet sich in dem Umstand, daß Erfahrungswissen, welches die Basis aller Ingenieurkunst bildet, bei technischen Innovationen hinfällig wird. Berechnungen damaliger Art konnten, noch viel weniger als heute, Erfahrung nicht ersetzen. Der Beweis der Richtigkeit technischer Verfahren ist einzig der erfolgreiche Abschluß eines Projekts, also nur im nachhinein zu erhalten. Der Punkt, wo Beweise ausschlaggebend werden, liegt darin, die Fähigkeit nachzuweisen, einen möglichen Auftrag durchzuführen. Hierbei muß Überzeugungsarbeit geleistet werden, was außer über eine positive persönliche Reputation über unwiderlegbare theoretische Konstrukte (Modelle etc.) geschieht[11]. Voraussetzung ist dabei allerdings, daß diejenigen, die überzeugt werden sollen, solche Konstrukte überhaupt als Beweise akzeptieren. Es muß bereits eine entsprechende Prädisposition vorliegen, die Auftraggeber müssen z. B. selbst bereits mathematisch gebildet sein, wenn mathematische Beweise Überzeugungsarbeit leisten sollen. Das bedeutet nun allerdings, daß die ausschlaggebenden sozialen Entwicklungen anderswo stattfanden als in der sonst schwer zu verstehenden Allianz zwischen Handwerkern, Ingenieuren und Gelehrten.

Diese Allianz ist, um sinnvoll zu werden, um eine soziale Dimension zu erweitern, die mit dem sozialen Aufstieg der Aristokratie und der Gelehrten zu tun hat. Wir haben uns demnach mit der sozialen Mobilität dieser Zeit auseinanderzusetzen, was im nächstem Teil dieses Abschnitts geschieht. Dazu gehört auch eine Darstellung der Veränderung der Lebensformen und der dadurch entstehenden sozialen Verunsicherungen, deren Überbrückung ebenfalls Überzeugungsmittel erfordert. Diese Überzeugungsarbeit wird – keineswegs ausschließlich, aber doch wesentlich – gleichfalls durch theoretische Modelle und unwiderlegbare Beweise geleistet. Theoretische Wissenschaft wird als ein solches Instrument sozialer Konsenserzeugung betrachtet. Sie ist ein Mittel für soziale Innovation. Ihr Objekt ist nicht „Wissen" oder „Wahrheit", sondern „Theorie"[12].

Ist dem so, so bleibt die Frage zu stellen, woraus theoretische Ansätze ihre Überzeugungskraft schöpfen. Damit setzt sich der letzte Teil des Abschnitts auseinander, bevor die zugrundeliegende Dichotomie Wissenschaft und/oder Technik thematisiert wird.

3.3.1 Veränderung der Lebensformen und die Suche nach Wahrheit

Auch das 12. Jahrhundert, also jene Zeit, in der die ersten Universitäten entstanden, wird gelegentlich als Renaissance bezeichnet. Tatsächlich aber begann die zugrundeliegende intellektuelle Bewegung bereits einige Jahrzehnte vor dem ersten Kreuzzug, also im 11. Jahrhundert. Diese Bewegung muß u. a. in Zusammenhang mit der ganz Europa erfassenden Diskussion über die Legitimität von Kriegen im Rahmen der sogenannten „Friedensbewegung" gesehen werden (Heer, 1968). Die Kreuzzüge – und davor die Versuche um eine Reconquista Spaniens –

---

[11] In Kapitel 6 werden wir sehen, daß auch Thales von Milet als Militäringenieur im Sold des lydischen Königs mit ähnlichen Überzeugungsproblem konfrontiert gewesen sein muß.

[12] „The object of scientific activity, in the strict sense, is not ‚knowledge' or ‚truth' but ‚theory'." (Staudenmaier, 1985, S. 88)

waren so gesehen Resultat einer umgreifenden sozialen Unruhe. Sie waren ein Versuch, die nicht zu bändigenden internen Auseinandersetzungen in andere Gebiete abzulenken. Dabei fanden sich Bewegungen, die es vorzogen, das intellektuelle Abenteuer statt der kriegerischen Auseinandersetzung zu suchen, wie es etwa die „Golliarden" in Frankreich praktizierten. Beide versuchten aber, bestehende Probleme einer Lösung zuzuführen, allerdings mit unterschiedlichen Mitteln.

Die genannten geographischen Expansionen bleiben aber auch für den intellektuellen Werdegang bedeutsam, weil sie einen „Kulturschock" bewirkten, der wesentliche Beiträge zur Weiterentwicklung jener geistigen Bewegung lieferte.

Im 12. Jahrhundert veränderte sich die Nachfrage nach Ausbildung gewaltig. Dieser Wandel kann als Zeichen dafür genommen werden, daß sich auch die Lebensbedingungen grundlegend gewandelt haben und folglich neue intellektuelle Anforderungen stellten. Die Nachfrage nach Bildung zeigt sich nämlich nicht allein in der Gründung der ersten Universitäten, sondern gleichfalls in einer stark gesteigerten Nachfrage nach „Privatlehrern", den späteren Humanisten. Bildung war im 11. Jahrhundert ähnlich stark gefragt wie im Athen des 5. und 4. Jahrhunderts v. Chr. Diese Parallelität müßte zu denken geben, denn anscheinend fällt einmal mehr die Pflege der Wissenschaften mit einer breiten Nachfrage nach Wissen zusammen. Genese und Transfer neuen Wissens sind Folgewirkungen einer in Schwung geratenen sozialen Dynamik. Die intellektuellen Bedingungen des Jahrhunderts verlangten selbst von kompromißlosen Klerikern, Argumente zunächst in eine allgemein akzeptable Form zu bringen und Nachweise, zumindest durch kompetente Berufung auf ältere Denker, als Beweise für Behauptungen zu erbringen. Die erlebte Vielfalt der Sichtweisen verlangt nach Auswahlkriterien und Verfahren, um bestimmte Aussagen nicht weiter hinterfragbar erscheinen lassen. Sie mußten neuerdings bewiesen werden. Die gesamte Situation ähnelt demnach auffallend jener, die etwa zur Erfindung des Syllogismus durch Aristoteles führte (Kapp, 1942).

Die Bedeutung solcher gesellschaftlicher Entwicklungen sollte demnach nicht unterschätzt werden. Der Kulturschock der Kreuzzüge und grundlegende Veränderungen im wirtschaftlichen Bereich bewirkten Veränderungen der Lebensformen und erzeugten u. a. auch ein Selbstvertrauen und Selbstverständnis, das M. Bloch (1940) als eine Art von neuentstandenem Individualismus bezeichnet. Wir werden auf Hintergründe dieser Entwicklungen noch zu sprechen kommen, aber die bedeutende ökonomische und kommerzielle Expansion muß schon hier Erwähnung finden, weil sie qualitative Umwälzungen in Produktion und Handel hervorbrachte, mit deren Lösung sich auch eine klerikale Wissenschaft beschäftigen mußte.

Das Wiederaufblühen des Geldverkehrs anstelle simplen Tauschhandels ist bedeutungsvoll. Diese Wiederentdeckung führte zu nicht übersehbaren Widersprüchen in der christlichen Lehre, die ja u. a. Zinsgeschäfte zwischen Christenbrüdern untersagte.

Die ökonomische Entfaltung und deren rechtliche Fundierung beschäftigte in der Folge die Gelehrten mehr als ein Jahrhundert. Es waren die gelehrten Arbeiten eines Scholastikers, Thomas von Aquins, in denen eine sozial akzeptable Lösung des Zinsproblems dadurch gefunden wurde, daß der Widerspruch zwischen christlichem Anspruch und ökonomischen Bedürfnissen als Risiko definiert und so nahezu eliminiert (Knoll, 1933) wurde. Die Definition von Zins als Risikoabgeltung war eine wissenschaftliche und konsensstiftende Leistung, sowie eine soziale Innovation.

Damit läßt sich auch für diese Epoche feststellen, daß Probleme aus der alltäglichen Praxis und deren Interpretation erst einen neuen Bedarf nach einer verbindlichen „Wahrheit" erzeugen. Diese Wahrheit wurde durch eine der damaligen Zeit gemäße Wissenschaft produziert, die ihre spezifischen Beweisverfahren, genauso wie die spätere neuzeitliche Wissenschaft, voll entwickelt hat, allerdings stets durch Berufung auf unwandelbare Autoritäten. Der Aquinate vereinigte „heidnische Philosophie" und heilige Texte in genialer Weise, legte damit allerdings auch die Saat eines neuen Konflikts, der im Nebeneinander zweier Beweisverfahren ruhte. Die Wahrheit der Logik und die Wahrheit der Texte sind nicht aufeinander reduzierbar. „Zwei Wahrheiten" erzeugen aber nicht Konsens, sondern Konflikt. Obwohl viele Wahrheiten vorstellbar sind, muß deshalb jede Einmaligkeit fordern.

Diese Feststellung mag den Anschein erwecken, als würde hier ein Wahrheitsverständnis vertreten, das meist als „Konsenstheorie der Wahrheit" bezeichnet wird, d. h. „wahr ist, worüber Konsens besteht". Diese Position wird jedoch hier in dieser Allgemeinheit nicht vertreten, nicht mehr als die dazu konträre „Korrespondenztheorie der Wahrheit". Letztere vertritt die Auffassung, daß „wahr das ist, was sich in Übereinstimmung mit den Tatsachen findet". Konsens- wie Korrespondenztheorien fallen „ihre Tatsachen" nicht wie überreife Äpfel in den Schoß. Beide erzeugen sie. Unsere Position fragt folglich nur nach den sozialen Bedingungen, unter denen Konsens- bzw. Korrespondenztheorien der Wahrheit bevorzugt werden, bzw. nach den Motiven, die zur Erzeugung bestimmter Tatsachen führen.

Die „dialogisch-dialektische Wissenschaft" der Scholastik war einer Konsensauffassung verpflichtet. Solcher Konsens wurde unter Berufung auf traditierte Autoritäten erzeugt. Der Erzeugungsprozeß selbst war der scholastischen Methode des Dialogs und der Dialektik verpflichtet. Dialog war demnach immer möglich.

Im Gegensatz dazu wurde neuzeitliche Wissenschaft bereits als „monologisch" charakterisiert. Sie ist der Korrespondenzauffassung der Wahrheit verpflichtet und u. a. darauf angelegt, die Zweifel eines Forschers an seinen eigenen, ohne soziale Abstützung gemachten Wahrnehmungen (und erst recht an jenen, die andere behaupten) zu zerstreuen, indem diese in von ihm selbst nachvollziehbare Praktiken verwandelt werden. Solche sind zwangsläufig banal, darauf kommen wir im Teil 3.3.3 zurück.

Der historische Umschwung in der Wahrheitserzeugung wird aus dieser Sicht als Folge gesellschaftlicher Entwicklungen verstanden, wo Tradition zerfällt und Dialog unmöglich wird. An dieser Stelle bleibt dann nur der Monolog mit sich und den Dingen (dazu: Kapitel 9). Geschichte wiederholt sich nie im Detail, das schließt aber die Wiederkehr sozialer Zustände nicht aus.

3.3.2 *Die sozialen Ursprünge wissenschaftlicher Revolutionen*

Weiter vorne wurde gezeigt, daß durch Abaelards erfahrene, statt ersessene Kenntnisse Theologie anstelle von Schriftgelehrtheit zur Wissenschaft, ja zur „Königin der Wissenschaften" wurde. Dieser Rang wurde ihr bald durch die hinzugenommene Philosophie streitig gemacht, ein Umstand, der die Kleriker des 13. Jahrhunderts zu massiven Reaktionen veranlaßte. Diese gipfelten im 14. Jahrhundert in einem Antiaristotelismus, der zur generellen Ablehnung der Scholastik, und „zur Rückkehr zur heiligen Unwissenheit" (Le Goff, op. cit.) führte.

Diese Entwicklung negierte aber trotzdem Wissenschaft nicht schlechthin. Es wurde vielmehr eine neue „Königin" der Wissenschaften proklamiert, die „Jurisprudenz", die im späten Mittelalter als vornehmste und wichtigste Wissenschaft galt (Borst, op. cit., S. 556). Anlaß für diese neue Entwicklung war nicht alleine die Diffamierung der Philosophie; sie war vielmehr das Ergebnis umfassender gesellschaftlicher Veränderungen. Denn,

> „Für das immer schwieriger werdende Zusammenleben der Menschen in Gemeinden und Verbänden bietet juristische Schulung die besten Chancen übersichtlicher Ordnung" schreibt Borst; und „wie Andreae (ein damals weltberühmter Jurist) für Bologna wichtige politisch-juristische Missionen übernimmt (Konsens erzeugt), so tun es seine Schüler nach dem Examen in ihren Diözesen und Kommunen." (Borst, op.cit., S. 560)[13]

Wissenschaft schafft wieder einmal, wie damals in Athen, Ordnung und Wirklichkeiten.

Wissenschaft stellt somit, analog zur Antike, nun allerdings im Kleide der Rechtswissenschaft, das Zusammenleben der Menschen auf eine neue, funktionsfähige Basis. Das römische Zivilrecht bietet nun jene konsensfähige Grundlage, welche, wegen des zugrundeliegenden stoischen Naturrechtsbegriffs, eine quasi-physiokratische Auffassung von Gesellschaft gestattet. Gesellschaft wurde nun – lange vor Adam Smith – als das Ergebnis des Zusammenwirkens von Privatinteressen einzelner verstanden; Eigennutz begründet das Gesamtwohl. Damit wurde der mittelalterliche Gemeinschaftsbegriff nachhaltig untergraben.

Die paradigmatische Revolution von einer dialogischen zur monologischen Wissenschaft, die sich in der „Entthronung einer Königin" durch eine andere manifestiert, ist Ergebnis grundlegender sozialer Veränderungen. Diese werden durch die neue „Königin" verstärkt und gefördert.

---

[13] Siehe auch Kapitel 5.2.

Der Weg von der Theologie zur Naturphilosophie führt bezeichnenderweise über die Jurisprudenz, in einer Zeit, die ‚Renaissance' genannt wird. Das besagt folgendes:

Die mittelalterliche „communitas" verlor zunehmend die Fähigkeit, mittels sozialer Innovationen Problemlösungen zu generieren. Überzeugen im philosophischen Dialog wurde schwierig und deshalb zunächst durch juridisches Reglement ersetzt. Die alten Interdependenzen und vielfältigen Abhängigkeiten heterarchischer Natur (insbesondere zwischen den drei Ständen der Kleriker, Krieger und Bauern) zerfielen, u. a. als Resultat der erblühenden Geldwirtschaft. Diese erlaubte u. a., Anhängerschaft und Gefolge durch gekaufte Personen – Söldner, Verwalter, Berater (Bailey (1969) nennt sie „Hirelings") – zu ersetzen und motivierte gleichzeitig zu einem Verhalten, dessen Repräsentanten neben den Condottieri die Humanisten sind. Ich-bezogenes Gewinndenken ersetzt das Wir-Gefühl des Mittelalters. Und diese Situation reflektiert sich dann auch in ihrer Wissenschaft.

> „Solange der Klerus die Wissenschaft nebenamtlich und ehrenamtlich mitverwaltet hatte – ad majorem Dei gloriam – wurde auch das Wissen als ein unpersönlicher ‚Gemeinschafts'-Besitz behandelt." (v. Martin, 1932, S. 41)
> „Die Scholastik wollte einen gegebenen stabilen Wahrheitsbesitz wissenschaftlich verwalten" (ibid., S. 54), die moderne Wissenschaft strebte dagegen nach dem grundsätzlich Unbegrenzten als notwendige Folge des Heraustretens aus einer geschlossenen Gemeinschaft (ibid.).

Der Humanist macht seine Kenntnisse zur Ware. Das läßt auch den Gegensatz und die prinzipielle, meist nicht begründete Ablehnung der Scholastik durch die Humanisten in einem verständlicheren neuen Licht erscheinen.

In dieser Zeit ändert auch die Gemeinschaft der Lernenden und Lehrenden ihren „internationalen" Zuschnitt, u.zw. zugunsten lokaler Eliten, die sich, wie die Humanisten, an regionalen Fürstenhöfen orientieren, wobei diese neuen Orientierungen die Möglichkeit sozialen Aufstiegs schaffen. Denn, so schreibt v. Martin (1932):

> „. . . Geld und Intellekt (sind) die beiden großen Motoren und Faktoren des Aufstiegs der durch Geburt benachteiligten Schicht. . ." (ibid., S. 52).

N. Elias (1969) ortet in der fraglichen Epoche einen „besonders starken Schub der individuellen Selbstkontrolle, und vor allem auch der von Fremdkontrollen unabhängigen, als selbständiger *Automatismus* (m. H.) eingebauten Selbstkontrolle" (Bd. 1, S. LXI), zu der auch „rationales Denken" zählt.

Diese Entwicklung findet ihre nachhaltige soziale Unterstützung an den Höfen, die von den Diensten der „Hirelings", wie diese von ihnen, leben. Die gesamte Entwicklung stellt aber einen über die Höfe hinausgehenden, umfassenden Entwicklungstrend dar, wie in Kapitel 6 dargelegt wird. Die Rationalität dieser entwurzelten „Hirelings", die nach Weber symptomatisch ist und die weite Rezeption neoplatonischen Denkens verstehen läßt, sowie die Tatsache, daß sie als Beamte auch für die

Vergabe von Großaufträgen zuständig waren, läßt die Bedeutung mathematischer Beweise als Überzeugungsmittel erst richtig verstehen.

Summarisch läßt sich sagen: Soziale Mobilität schafft eine Situation, die nach neuen Konsensmechanismen verlangt. Diese werden von neuen Wissenschaften entwickelt, die aufgrund eines gesellschaftlichen Bedarfs zur jeweiligen „Leitwissenschaft" gekürt werden.

Eine Lebensform zerfällt. Dabei verlieren zunächst einzelne, das aber in zunehmender Zahl, ihre u. a. Selbstverständnis gewährende, soziale Rückendeckung. Orientierungslosigkeit schafft Sinnverlust und Zweifel, sogar an der eigenen Existenz. Deshalb muß sie nun auch neu begründet werden. Eine tief sitzende Sehnsucht nach einer verlorenen Harmonie der Welt – Harmonices Mundi (Johannes Kepler) –, nach Ordnung im Chaos entsteht. Daraus wird das Verlangen nach einer neuen Wissenschaft geboren, die beauftragt wird, die Ordnung des Sozialen aus der Natur herzuleiten. Naturphilosophie, Naturgesetz und Naturrecht werden zum Fundament der Vereinsamten.

„Cogito ergo sum" wird jener Strohhalm, an den sich nicht nur Descartes klammert, sondern der Ausdruck einer Situation ist, die nach neuen Sicherheiten suchen läßt. Das Banalste kann gerade noch hinlänglich genug Gewißheit bieten, um Voraussetzung für unhinterfragbaren Konsens zu bilden.

3.3.3 Die Banalität neuzeitlicher Wissenschaft

Was ist dieses Banalste? G. Loeck (1986) hat in einer bemerkenswerten Arbeit die Prinzipien kartesischer Naturwissenschaft herausgearbeitet. Sie zeigt darin, wie der Ansatz des Cartesius zum leitenden Paradigma wissenschaftlicher Tätigkeit bis zum Tag der Formulierung der Relativitätstheorie wurde. Im folgenden beziehe ich mich auf diese Arbeit, der in der hier notwendigen Kürze nicht jene Wertigkeit zukommen kann, die ihr gebührte.

Erste wesentliche Erfindung Descartes' war es, Materie als „res extensa" zu betrachten und zu behaupten, daß mit Längen- und Bewegungsgrößen als Basisentitäten alle physikalisch interessierenden Vorgänge zu beschreiben sind; dazu rechnen auch Phänomene wie Wärme oder biologisches Leben. Dieser Monopolanspruch war neuartig, weil die bisherige, aristotelische Physik zwischen verschiedenen Arten von Dingen unterschied, u. a. zwischen natürlichen und künstlichen. Das aristotelische Erklärungsmodell war aufgrund seiner teleologischen Orientierung nicht in der Lage, Phänomene zu erklären, deren ursprünglich-schöpferische Intention unbekannt ist, d. h. die keiner menschlichen Nachfrage entspringen. Ferner durften aufgrund des „Heterogenitätsprinzips" unterschiedliche Dimensionen, wie Länge, Kraft oder Masse, nicht miteinander verknüpft werden. Dieses Postulat unterlief Descartes.

Seine Wahl von Länge und Bewegung (Zeit) als physikalische Grundvariable erklärt sich aus ihrer schieren Banalität. Jeder Mensch kennt sie.

Sie sind immer gegeben, wo etwas zu Erklärendes stattfindet. Sie sind intersensual wahrnehmbar und besitzen deshalb Überzeugungskraft. Überzeugen können und wollen war offenbar Cartesius' größtes Anliegen. Auch hierin gleichen sich die Anfänge der Wissenschaften. Aus diesem Grund sucht er Verfahren, die analog der Mathematik Beweiskraft haben, d. h. beweisanaloge Verfahren, welche aus einer Menge von Grundaussagen zwingend Theoreme abzuleiten erlauben. Dieses Verlangen läßt ihn „Naturgesetzlichkeit" erfinden. Und deshalb gibt er diesen Gesetzen jene Form, die sie als „beweisanaloges Instrument" tauglich werden lassen. Anders als etwa eine aristotelische Erklärung kennt sein Ansatz keine Ausnahmen. Auch eine nicht-funktionierende Uhr oder ein kranker Körper folgen den Naturgesetzen, verhalten sich also regelkonform. Im Unterschied zur gängigen damaligen Logik erfüllen seine Naturgesetze gleichzeitig eine doppelte Aufgabe: Sie sind Axiome wie auch Ableitungsverfahren (Verfahren, die aus Anfangsbedingungen spätere Zustände ableiten lassen) und entsprechen damit einem modernen Kalkül, d. h. einem formal-deduktiven Beweis.

Somit bleibt zu klären, woher Descartes die Naturgesetze als nomologische Systeme nimmt. Es wird genügen festzustellen, daß Naturgesetze nicht aus der Anschauung alleine zu fassen sind, wäre das so, bräuchte es keine kostspieligen Labors. Sie sind „kein Produkt der Erfahrung" (S. 115), sondern eine „metaphysische Konstruktion" (ibid.).

Zwar werden auch Naturgesetze durch Wahrnehmung internalisiert, aber diese Erfahrung ist Produkt experimenteller Anordnungen. Erfahrung wird mittels „Technefakten" gewonnen. Descartes selbst macht darauf aufmerksam (siehe Loeck, S. 114, ff.), daß seine Gesetze aus der „Technefaktenkunde" gewonnen werden. Demnach können sich Naturgesetze aufgrund der Erfindung neuer Technefakten ändern, wie das etwa im Zusammenhang mit dem Hohlraumstrahler Plancks und den elektrischen Radioröhren tatsächlich geschehen ist. Naturwissenschaft wird zur „Magd der Technik"[14].

Dieser Sachverhalt erklärt u. a., warum Descartes der aristotelischen Unterscheidung zwischen Natur und Technik nicht folgen kann. Einzig ihre prinzipielle Gleichartigkeit erlaubt die Anwendung seiner Naturgesetze auf Dinge, die keine Technefakten sind, d. h. Planeten, Organismen etc. Umgekehrt bedeutet es aus unserer Sicht, daß Naturgesetze niemals entdeckt, sondern immer nur erfunden werden[15]. Sie werden in der Absicht erfunden, beweisanaloge, epistemisch beste Erklärungen zu liefern. Das bedeutet aber wiederum, daß die Naturwissenschaft nach Descartes vor allem darum bemüht ist zu überzeugen, d. h. Verfahren anzugeben, die erklärungsbedürftige Weltereignisse unhinterfragbar zu deuten erlauben.

---

[14] „. . . pure science, is but a servant to technology, a charwoman serving technological progress . . ." (Skolimowski, 1966, S. 374).

[15] Diese Position wird auch von J. Agassi (1966), C. S. Smith (1961) und anderen vertreten. Siehe dazu auch Kapitel 4.

Mit anderen Worten: Naturgesetze erfüllen wiederum die Aufgabe, kognitiven Konsens zu erzeugen, wobei nicht unerwähnt bleiben darf, daß sie auch Konsens darüber erzeugen, welche Arten von Technefakten nicht zu erzeugen sind, also etwa Maschinen, die sich schneller als Licht bewegen. Diese Interdependenz von Artefakt und Natur trägt dazu bei, Naturgesetzen eine historische Stabilität zu verleihen. Sie ist ferner der Grund, warum Wissenschaft und Technik heute so schwer zu trennen sind, bzw. Theorie immer öfter als Algorithmus, d. h. als immaterielle Maschine begriffen wird.

Diese Darstellung Loecks widerspricht einmal mehr weitverbreiteten Auffassungen mindestens in zweifacher Weise: Einmal wird Technik, d. h. Gerätetechnik, gern als Derivat wissenschaftlicher Tätigkeit, also als Folge der Naturgesetze gesehen, wie das vor allem Bunge (1966) vorschlägt. Dieses Beziehungsgefüge wird, um mit einer bekannten Sprachfigur zu reden, von Loeck vom Kopf auf die Füße gestellt. Zum anderen werden Naturgesetze genauso gerne als naturimmanent, d. h. als entdeckbar präsentiert. Das erhebt sie, soziologisch gesehen, zu einer unabweislichen, d. h. widerspruchabweisenden Entität. Diese Sicht erlaubt uns aber, sie als eine soziale Innovation zu verstehen, die dazu dient, kognitive Widersprüche zu eliminieren.

Der erste Punkt erscheint nicht sehr problematisch. Sind Naturgesetze Derivate von Technefakten, so können sie trotzdem quasi „Prototypen" anderer Technefakte sein. Das Verhältnis von Ursache und Wirkung wird zu einer Rückkopplungsschleife. Technik generiert Naturgesetze, welche ihrerseits Technikfakte generieren helfen. Es wäre demnach zu fragen, ob eine solche Darstellung gerechtfertigt ist? Mit der Beantwortung dieser Frage wird sich Kapitel 4 auseinandersetzen.

Dem zweiten Punkt begegnet Loeck, und ich schließe mich ihrer Sicht an, in folgender Weise: „Explananda" (zu erklärende Sachverhalte) können (z. B. in der Antike) auch ohne Naturgesetze erklärt werden, wobei keine Ursache-Wirkungsmodelle, sondern wie in der Antike teleologische Erklärungen gewählt werden. Naturgesetze sind Entitäten (Erscheinungen), die historisch sind und nicht ewig. Das soll nicht heißen, daß sie erst zu bestimmten Zeitpunkten sprachlich formuliert wurden, aber trotzdem außersprachlich, also unabhängig von Menschen, zeitlos und selbst- (oder Gott-)erschaffen existierten. Eine solche Sicht wäre als idealistisch bzw. platonisch zu bezeichnen. Tatsächlich handelt es sich bei ihnen um mehr als nur um sprachliche Formulierungen; dieses „mehr" verlangt eine ontische (seinsmäßige) Qualität, die, um überzeugen zu können, selbst erst erzeugt werden muß.

Solche Erzeugungen dienen erst aufgrund einer außerwissenschaftlichen zusätzlichen Berufungsinstanz als Erklärungsmodell. So wenig wie für Euklid ein Experiment überzeugend sein konnte, so wenig war für Hilbert dessen Parallelenaxiom überzeugend oder für die Scholastiker ein Argument, das sich nicht auf akzeptierte Autoritäten stützen konnte. Es gibt also Prädispositionen, die bestimmte Erklärungsmodelle von möglichen anderen aussondern, ebenso wie es mögliche, doch nicht akzeptierte, ausgesonderte Kategoriensysteme gibt. Solche wurzeln, das glauben wir inzwischen hinlänglich gezeigt zu haben, nicht in der Wissenschaft, sondern resultieren aus einer Kultur und den diese praktizierenden Gesellschaften, samt den dort wirksamen Machtbalancen. Diese spezifischen sozialen Umstände, die zur Genese der neuzeitlichen, kartesischen Naturwissenschaft geführt haben, werden u. a. in Kapitel 6 weiter elaboriert.

Die frühere Frage aber, wann Konsenstheorien gegenüber Korrespondenztheorien der Wahrheit präferiert werden, läßt sich nun so beantworten: Auflösungstendenzen im sozialen Zusammenhalt lassen das Bedürfnis nach Orientierungsmitteln entstehen, die deshalb außerhalb des Sozialen zu finden sein müssen, um so Ersatz für den verlorenen sozialen Rückhalt zu bieten. Dieser Ersatz muß zweierlei leisten: er muß die eigene Verunsicherung und Ungewißheit verringern und gleichzeitig muß er Voraussetzungen zur Etablierung neuer Konsensmuster offerieren. Er ist deshalb umso erfolgreicher, umso banaler sein Grundkonzept ist.

Mit dieser allgemeinen Darstellung läßt sich aber noch nicht erklären, warum die jeweils spezifische Form gewählt wird, warum also neuzeitliche Wissenschaft Kalkül und Experiment bevorzugt, ihre Vorgänger nicht. Loeck vertritt die Auffassung, daß niemand der aristotelischen Naturtheorie, trotz einiger Beobachtungsirrtümer, etwa nachsagen könne, sie hätte keine empirische Basis besessen, noch daß sie im Rahmen ihres genuinen Begriffssystems nicht methodisch sauber gearbeitet hätte. Der Übergang von der vorneuzeitlichen Naturwissenschaft zur neuzeitlichen sei, meint Loeck,

> „*in der Hauptsache ein Wechsel von Erklärungssystemen, ein Auswechseln der formalen und intensional ontologischen Vorschriften,* die eine Erklärung erfüllen muß, will sie eine wissenschaftliche Erklärung ihres zu erklärenden Sachverhaltes sein." (op. cit. S. 5/6)

Descartes erfindet ein eigenes Erklärungssystem, das, grosso modo, allgemeine Anerkennung findet. Woraus schöpft dieses Erklärungsmodell seine Überzeugungskraft? Wissenschaftliche Tätigkeit besteht nach Loeck in der „Erzeugung von Referenzentitäten" (S. 12), Entitäten, die erfunden werden und nur in Abhängigkeit von einer wissenschaftlichen Theorie existieren. Sie bilden den Hintergrund, gegen den Erklärungen erst den Status von Erklärungen erlangen. Diesen Status können sie nur aufgrund einer verbreiteten, allgemeinen Praxis erlangen. Wenn im 17. Jahrhundert, dem Jahrhundert Descartes', ein Bruch mit der scholastisch-aristotelischen Wissenschaft erfolgte, so nicht deshalb, weil „die alten Theorien empirisch inadäquat geworden wären" (S. 35), sondern weil es um eine Neudefinition der Rechtfertigungsstandards geht. Die Übernahme der kartesischen Wissenschaftsauffassung, des Physikalismus, als das Rationale unseres Jahrhunderts ist rational nicht zu erklären und nicht zu begründen. Das neue Paradigma ist inkommensurabel mit dem alten, die rapide Übernahme ist im Sinne Kuhns als Gestaltsprung zu verstehen. Sie erfolgte, weil die Zeitgenossen die Dinge wie Descartes sahen, d. h. auf ähnliche Erfahrungen zurückgreifen konnten.

Anders als es in der Tradition von E. Zilsel (1976) dargestellt wird, ist dieser Umschwung weniger Ergebnis der Übernahme von aus handwerklicher Produktion stammenden Sichtweisen, sondern eher ein Entfernen von diesen. Diese Einsicht formuliert auch bereits G. Böhme (1985), wenn er von der „notorischen Erklärung" (S. 26) spricht, die moderne Wissenschaft als Ergebnis der Ehe zwischen scholastischem Gelehrtentum und Handwerk sieht. Wären es die Handwerker, so hätte der aristotelische Ansatz mit seiner teleologischen Generalkonzeption gereicht. Die bekannte vierfache Klassifizierung von Ursachen, causa materialis, causa formalis, causa efficiens und causa finalis, sind ja ganz offensichtlich handwerklichen Produktionsvoraussetzungen abgeguckt. Ähnliches läßt sich aus der Grundeinstellung ablesen, daß erklärbar nur das ist, was in seiner herstellerischen Intention nachvollziehbar ist. Gleiches gilt für die bekannte Unterscheidung zwischen natürlichen und technischen Dingen. Wäre also das Handwerk der sozial relevante Bezug gewesen, hätte eine gelegentliche Adaptierung aristotelischer Sichtweisen genügt. Weil es aber gerade nicht die Handwerker waren, sondern eine neue Klasse von sozialen Aufsteigern, hat ein Gestaltsprung stattgefunden. Böhme (op.cit.) verweist auf diesen sozialen Hintergrund; er ortet ihn an den Höfen. Die Biographien eines Leonardo da Vinci, Tycho von Brahe, Johannes Kepler, des 1705 geadelten Isaac Newton, Francis Bacons und auch René Descartes' machen dieses deutlich, wobei sich die Liste beliebig verlängern ließe. Vertikale Mobilität, meint Mannheim (1929), ist ausschlaggebend, um die „ewige Validität" der eigenen Denkform zu erschüttern.

An den Höfen dieser Epoche findet sich eine andere Faszination als die an der Produktion von Stoffen, Leder oder Werkzeugen. Die Höfe waren fasziniert von Spielzeug und Automaten, die als Denkzeug und als Regelwerke Bewunderung fanden. Und man darf nicht übersehen, daß Automaten durch moderne Kalküle beschreibbar sind, wie Descartes sie erfand. Aus ihren Anfangszuständen ist ihr gesamtes zukünftiges Verhalten ableitbar. Die Faszination am Spielzeug läßt sich, allerdings anders als es W. Krohn versucht, auch aus den Skizzenbüchern eines Leonardo da Vinci ablesen, der die wenigsten seiner Skizzen verwirklichte (anders als Handwerker) und darüberhinaus zahlreiche Entwürfe zeichnete, die offensichtlich weder funktionstüchtig noch ausführbar waren, also Spielereien darstellen. Wir werden im folgenden (Kapitel 6) noch sehen, daß die Technik im fraglichen Zeitraum keine großen Entwicklungen durchmachte, mit Ausnahme des Instrumentenbaus, dessen Produkte, wie jeder Besuch im Museum der Wissenschaften in Florenz zeigt, auch eher Spielereien als anderes waren.

Böhme (op. cit.) spricht also mit Recht von einer „entfremdeten Naturwissenschaft", in der die Natur bereits vorgefertigt, d. h. außerhalb der Primärproduktion und innerhalb des Hauses, besser der Paläste, studiert und seziert wurde. Diese Sicht läßt nun nicht nur Elias' (op. cit.) Erklärung für die Entwicklung und die Begeisterung für die „höfische Ratio" voll zum Tragen kommen, sondern erklärt auch das sonst so schwer zu verstehende Phänomen, warum die institutionalisierte, neuzeitliche Wissenschaft so rasch ihre Praxisorientierung aufgab. Die Majorität der Höflinge hatte keine derartigen Interessen, ihre Interessen waren politischer Natur, im Dienste ihrer Herren, was auch erklären hilft, warum Descartes' und anderer Vorstellung von einer gesetzmäßig ablaufenden Natur schnell und gerne offene Ohren fand.

Um es pointiert zu formulieren: Die Entwicklung von Wissenschaft, ihre Rechtfertigungsstandards und Erklärungsmodelle, d. h. die paradigmatischen Revolutionen, werden zumindest im selben Maß aus inneren wie aus wissenschaftsexternen Quellen gespeist. Gerade weil Kuhns Ansatz den Gegebenheiten entspricht, darf sein wissenschaftlicher Ethnozentrismus nicht mitübernommen werden.

Aus dieser historischen Sicht läßt sich auch die Attitüde erklären, die heute dazu verleitet, Wissenschaft im Sinne Kuhns überwiegend als endogenen Prozeß zu verstehen. Eine Naturwissenschaft aus dem universitären Lehrbetrieb ausschließende Institutionalisierung der Wissenschaften in Akademien, deren späte Inkorporation in die Universität – wie erinnerlich, in Deutschland erst im Zuge der Humboldt'schen Universitätsreform – und ihre dort wiederum auf *sittliche Erziehung* zugeschnittene Aufgabendefinition sind Ursache für die heute noch aktuelle Debatte, ob Wissenschaft in ihrer Entwicklung von internen oder externen Faktoren bestimmt wird, bzw. pointierter, ob sie über nicht-wissenschaftliche Maßnahmen steuerbar ist. Doch die Beantwortung dieser Frage beschäftigt uns nicht vorrangig. Wichtig erscheint hingegen die Frage nach dem Ursprung der Überzeugungskraft der Beweisverfahren. Denn die Hintanstellung der persönlichen Erfahrung ist mitnichten selbstverständlich, so wenig wie die postulierte Überzeugungskraft der Praxis. Das läßt sich am Beispiel der antiken Wissenschaft, besonders aber der euklidischen Axiome deutlich sehen. Die wesentliche Frage ist stets: Wen will man überzeugen? Christen sind durch heilige Schriften, Logiker durch Logik, Handwerker durch Praxis, Höflinge wie die Humanisten (Le Goff, 1957/1985) durch Etikette und Formalismen zu überzeugen.

Wir beharren darauf, daß jede Wissenschaft als soziale Institution die Aufgabe zu erfüllen hat, kognitiven Konsens zu erzeugen und Chaos zu bewältigen. Dabei ist der Bedarf an bewußter Erzeugung von kognitivem Konsens selbst Resultat historischer Konstellationen. Erst wenn, aufgrund sozialer Spannungen und Verschiebungen, dieser Konsens als Ergebnis andauernder Sozialisationsprozesse nicht mehr vorausgesetzt werden kann, braucht es eine spezifische Institution, die damit betraut wird. Erst in Situationen hoher Fluktuation und Fluidität wird Bedarf nach einer sozialen Institution entstehen, der die Aufgabe zufällt, im kognitiven Bereich letzte Entscheidungsinstanz zu sein. Doch auch hier hat sie auf ihre Klientel Bezug zu nehmen. Daraus leiten sich die jeweiligen Beweisverfahren her.

Diese Aufgabe hat die antike Wissenschaft im perikleischen und postperikleischen Zeitalter wahrgenommen. Neuerlicher Bedarf an dieser Institution entstand während des Umbruchs im 11., 12. und 13. Jahrhundert und zuletzt in der Phase bürgerlicher Unabhängigkeitsbewegungen in England und Frankreich, die mit der Etablierung eines neuen, zentralistischen und absolutistisch geregelten Staates endeten (Elias, 1969, Bd. 2). Letztlich bringt deren Zusammenbruch im beginnenden 20. Jahrhundert eine neue paradigmatische Revolution, die durch Hohlraumstrahler und statistische Mechanik eingeläutet wurde.

Die Frage, wie weit Wissenschaft und wissenschaftliche Probleme extern bestimmt werden, läßt sich im historischen Konnex beantworten, so wie auch die hermetische Auffassung wissenschaftlicher Entwicklung dadurch verständlich wird. Allerdings erklärt sich damit allein die expandierende Bedeutung moderner Wissenschaft noch nicht. Die Tatsache, daß Wissenschaft von externen Faktoren geprägt wird, muß ja nicht zwangsläufig bedeuten, daß Wissenschaft in die umgekehrte Richtung wirkt. Wurde bis jetzt der Einfluß der gesellschaftlichen Umwelt auf das Innenleben der Wissenschaft thematisiert, so muß in der Folge der Einfluß wissenschaftlichen Denkens auf das Innenleben der Gesellschaft beleuchtet werden. Dazu bietet sich eine weitere historische Exkursion an.

3.4 Wissenschaft und industrielle Revolutionen

Die Sicht, daß Wissenschaft als Institutionalisierung eines kognitiven Konsenserzeugungsmechanismus verstanden werden müßte, wird mit Sicherheit jene mit Fragen auf den Plan rufen, die Wissenschaft in der Tradition von F. Bacon oder Marx und Lenin als Instrument der Verbesserung der materiellen Lebensbedingungen verstehen. Diese heute weit verbreitete Auffassung, aus der Wissenschaft ihre Legitimation und Wissenschaftspolitiker die Rechtfertigung für finanzielle Unterstützungen ziehen, übersieht zunächst die noch immer wichtige Aufgabe der Mythenbildung, die heute gerade den Naturwissenschaften zugewachsen ist. Denn trotz der beträchtlichen Aufwendungen, die in die Grundlagenforschung gehen, handelt es sich bei den Grundproblemen wissenschaftlicher Forschung (Casti, 1989) um Fragen der Entstehung des Universums, des Lebens, der Sprache, der Existenz außerirdischer Intelligenzen (Gottes?) etc. Mit solchen Fragen muß sich auch jede Religion auseinandersetzen. Ihre Beantwortung ist Fundament und Voraussetzung für ein gemeinsames, konsensschaffendes Vorverständnis. Von dieser Aufgabe ist die heutige Königin der Wissenschaft, die Physik oder Biologie, so wenig befreit wie die Potentaten früherer Wissenschaften. Mit anderen Worten: Auch heutige Wissenschaft erfüllt religionsähnliche Aufgaben.

Doch – wird man hören – sei diese Aufgabe zweitrangig im Vergleich zu der großen anderen, der Verfügbarmachung der Natur durch Technik, und gerade dieser Praxisbezug sei neu. Doch neu ist er nur, wenn man nicht die prinzipielle Äquivalenz von sozialen und gerätetechnischen

Problemlösungen sieht. Voraussetzung jeder Kooperation ist Konsens. Selbst gerätetechnische Lösungen sind darauf angewiesen. Allerdings ermöglichen diese auch neue Kooperationsmuster und tragen so zu sozialen Innovationen bei. Dessen ungeachtet ermöglichen Mythen soziale Ordnung und demnach Kooperation. Ihr Beitrag zur sozialen Wohlfahrt ist dem der Technik äquivalent. Dieser Umstand kann das Erstaunen eines J. D. Bernal (1954), F. Braudel (1967) oder J. Needham (1969) erklären, das diese (und andere) ergreift, wenn sie das Mißverhältnis zwischen naturwissenschaftlichem Wissen und dessen Anwendung im China des 12. und 15. Jahrhunderts betrachten[16]. Dort wurden im Gegensatz zu Europa soziale Problemlösungen bevorzugt, obwohl die erkenntnismäßigen Voraussetzungen für technische Lösungen vorlagen. Neu in der neuzeitlichen Wissenschaft ist nicht der Praxisbezug, den hatte auch die Wissenschaft des Mittelalters, neu ist die Präferenz für gerätetechnische Lösungsmuster und deren Ideologisierung. Neu ist demnach eine spezifische Auffassung davon, was Problem ist und wie es zu lösen ist, d. h. die Art der „Problematisierung"[17]. Der Akzent, der auf die Verfügbarmachung der Natur durch Technik gelegt wird, ist demnach zu den Legitimationsstrategien der Wissenschafter zu zählen und unmittelbares Ergebnis dieser Art von Problematisierung.

Die Legitimation jeder Wissenschaft besteht in der Berufung auf ein Heil, welches zu vermitteln sie sich anheischig macht. Dieses bestand in einem ethischen Leben in der Antike, einem heiligen im Mittelalter, einem satten, ungebundenen und langen in der Neuzeit. Hier findet sich der Weg zurück zur mythenbildenden Funktion von Wissenschaft. Was sonst als Demonstration und Vermittlung des guten Lebens (und dessen abschreckenden Gegenteils) bewirken Mythen? Sie sind handlungsweisend. Gutes Leben ist aber zwangsläufig in die Sozialstruktur, wie die Mythen selbst, eingebettet.

Produzenten von Mythen, anonym oder personifiziert, ist im Interesse der Akzeptanz ihrer Produkte, die gesellschaftsstabilisierend wirken, hohe Autorität zu leihen, denn die Wertschätzung der Produzenten überträgt sich auch auf ihre Produkte (Bandler/Schmutzer, 1980).

Daraus mag sich – zumindest zum Teil – erklären, warum Entwicklung und Verbesserung der Problemlösungsverfahren, die heute nach Möglichkeit als gerätetechnische Lösungen offeriert werden, so abhängig vom naturwissenschaftlichen Fortschritt präsentiert werden. Wird Technik zum Produkt von Wissenschaft, so gewinnt Wissenschaft Ansehen aufgrund dieser Problemlösungskapazität. Dieses Ansehen überträgt sich auf wissenschaftliche Institutionen, wie z. B. Universitäten, und Wissenschafter, die nun ihrerseits ihre konsensbildenden Aufgaben lösen können. Warum Technik als Gerät heute das meistpräferierte Pro-

---

16 Siehe dazu Kapitel 8.

17 M. Foucault (1984) versteht „Problematisierung" als zentrales historisches Phänomen, das analytisch erforscht werden muß, um Modalitäten der Existenzweisen zu verstehen.

blemlösungsverfahren darstellt, erklärt sich daraus nicht. Diese Frage wird weiter hinten behandelt werden (Kapitel 6 und 8).

Mit diesem Ansatz stellt sich dann die Frage nach den Beziehungen von Wissenschaft und Technik erneut, zusätzlich aber auch jene nach den Beziehungen zwischen Geräten, technischen Verfahren und ihrer Umwelt, in der sich zwangsläufig auch Menschen befinden. Die hierarchische Ordnung zwischen Wissenschaft und Technik, die zu oft unhinterfragt als selbstverständlich verstanden wird, ist somit Gegenstand der folgenden Abhandlungen[18].

3.4.1 Industrielle Revolutionen

Historisch ließe sich zunächst die postulierte technische Schöpferkraft der modernen Wissenschaft auf einen ersten raschen Blick schnell rechtfertigen. Zuerst kamen Wissenschafter wie Galilei oder Newton, dann die erste industrielle Revolution. Auf unsere eigene Zeit bezogen, finden sich zuerst Zuse, Stibitz, Turing, v. Neumann, dann erste Anwendungen im militärischen und industriellen Bereich, und dann die zweite (Steinmüller, 1981) oder wievielte industrielle Revolution[19].

Der Sachverhalt erscheint zunächst klar: Am Anfang steht die Grundlagenforschung, dann entwickeln sich angewandte Wissenschaft, Ingenieurwissenschaften und industrielle Anwendung. Diese Reihenfolge stellt sich allerdings, bei genauerer Betrachtung, als empirisch nicht so standfähig dar.

Die Probleme beginnen bereits bei der Behauptung, daß die erste industrielle Revolution zweifellos im 18. Jahrhundert in England stattgefunden hätte. Hack (1987), der sich kritisch mit der Zählung industrieller Revolutionen auseinandersetzt, bestreitet gerade dies als historisches Faktum nicht.

Schon L. Mumford (1934) macht mit Beharrlichkeit und Nachdruck auf den hohen Stand technischer Entwicklung im Mittelalter aufmerksam, L. White (1962) folgt ihm darin und spricht von einer „agricultural revolution", die bereits im 7. Jahrhundert stattfand, ohne deshalb die Rolle der Kraftmaschinen im späteren Mittelalter zu vernachlässigen. J. Gimpel (1976) spricht dann, meines Erachtens erstmalig, von einer „Industriellen Revolution des Mittelalters".

P. Kriedte, H. Medick, J. Schlumbohm (1978) trugen mit ihrer „Protoindustrialisierungsthese" bei, die einfache Sicht zu zerstören. W. v. Stromer (1980) und in letzter Zeit T. Otten (1986) vertreten gleichfalls die Auffassung, daß bereits im Mittelalter eine Entwicklung bestanden hätte, die berechtigterweise das Attribut „erste industrielle

---

[18] Nicht umsonst bezeichnet N. Elias (1971) den Soziologen als „Mythenjäger".

[19] L. Hack (1987) verweist z. B. in berechtigt sarkastischer Weise auf eine Reihe wenig begründeter, unterschiedlicher Zählweisen, wobei er bis zu fünf verschiedene industrielle Revolutionen in der Literatur ausfindig macht.

Revolution" verdiente. Aus der Sicht dieser Historiker ist die Feststellung von E. Hobsbawm (1968), daß die industrielle Revolution in England von der fabriksmäßigen Erzeugung von Baumwolltextilien ausging, nur die Beschreibung eines „kleinen Nachbebens" jener Entwicklungen, die im 11./12. und 13. Jahrhundert in Italien und Flandern stattgefunden haben. Aus ihrer Sicht beginnt etwa mit dem 14. Jahrhundert, also der Renaissance, eine dunkle Zeit der Stagnation, die erst im 17./18. Jahrhundert ihr Ende findet. Ist diese Darstellung richtig, wird einmal mehr die „larmoyante Attitude" der Humanisten, als Einsässige einer traurigen Epoche, verständlich. Doch mehr als deren Klagen interessiert uns im Augenblick diese letztgültige „erste industrielle Revolution". Ihre Blüte wird in der Zeit von 1180 bis 1270 angesetzt. Diese Epoche, wie auch das Jahrhundert davor, war eine Zeit großer sozialer Mobilität, was sowohl geographische Migrationen als auch die rein quantitative Bevölkerungsentwicklung betrifft. Darauf geht Kapitel 6 ausführlich ein. Getragen wurde diese konstatierte rapide Entwicklung durch technische Neuerungen in der Landwirtschaft, Scharenpflug, Egge, Kummet, durch den beginnenden Getreidehandel, die Ausweitung der Anbauflächen, durch massive Rodungen und Kolonisationsbewegungen, die u. a. von Mönchsorden wie den Zisterziensern getragen wurden, sowie durch Etablierung eines umfassenden Viehhandels und neuer Viehzuchtsysteme in den sogenannten „Viehhöfen" Süddeutschlands. Aber auch in den Städten und Klöstern läßt sich eine massive technische Aufrüstung feststellen, die zum Teil durch extensive Nutzung von Wasserkraft zustande kam. Mit deren Hilfe wurden Korn-, Bier-, Walk- und Lohemühlen, sowie Sägewerke betrieben. Ein wesentlicher Anteil an der Entwicklung fällt der industriellen Herstellung „hochwertiger Luxus- und Halbluxuswaren" im Textilbereich zu (Otten, 1986). Die Einführung des aus dem Orient kommenden Spinnrades und Trittwebstuhles war dabei ausschlaggebend für die neuen Produktionsformen. Wassergetriebene Walkmühlen etc. erlaubten in der Folge – genauso wie das Spinnrad – eine mehrfache Produktionssteigerung (J. LeGoff, 1965).

Diese Entwicklungen, sowie die neu beginnende Geldwirtschaft, stärkten weiters die Nachfrage nach Eisen und Metallen und verhalfen dem Bergbau und der metallverarbeitenden Industrie zu neuen technischen Entwicklungen und zu einem „Boom", der bis ins Spätmittelalter, also über die große Pest hinaus, nicht zum Stillstand kam (auch dazu siehe Kapitel 6). Ein Beispiel für die geschilderten Entwicklungen wäre die Massenherstellung von Draht, der reißenden Absatz fand (v. Stromer, 1980). Die letztgenannten Entwicklungen fallen mit einer neuerlichen Entvölkerung Europas als Folge der großen Pestepidemien zusammen. Der dadurch entstandene Arbeitskräftemangel verleitete offensichtlich dazu, eine weitere Reihe technischer Neuerungen einzuführen. Kapitel 6 stellt alle diese Entwicklungen ausführlich dar.

Festzustellen ist für den Augenblick, daß bei dieser frühen industriellen Revolution ein ähnliches Muster zu entdecken ist wie bei der späteren des 18. Jahrhunderts: eine gewisse Ungleichzeitigkeit technischindustrieller und geistig-intellektueller Entwicklung, wie sie im Übergang vom Hochmittelalter ins Spätmittelalter zu beobachten ist. Das könnte als Beleg für das Nachhumpeln und die Abhängigkeit technischer Entwicklungen von wissenschaftlichen gewertet werden. Auch das frühere Ende der intellektuellen Dynamik könnte so interpretiert werden. Hat bereits zu Beginn des 11. Jahrhunderts ein reiches internationales, intellektuelles Leben pulsiert, das, wie wir wissen, Männer wie Bernhard von Chartres, Anselm von Canterbury, Abaelard bis Robert Grosseteste hervorgebracht hatte, so findet dieses auch als Folge der zunehmenden Inquisition und gesellschaftlicher Konsolidierung um 1300 ein abruptes Ende. Nicht so die Technik. Ihre Entwicklung setzt offensichtlich später ein und bricht später ab.

Da sich aber die mittelalterliche Wissenschaft wenig um technische Anwendungen naturwissenschaftlicher Erkenntnis gekümmert hat, ist diese Zeitverzögerung mit wissenschaftlicher Diffusion nicht zu erklären. Selbst Roger Bacon, der an die Möglichkeit neuer Maschinen, Schiffe und Wagen, Flugmaschinen und Unterwasserfahrzeuge glaubte, hat zur technischen Entwicklung wenig beigetragen, obwohl er als Erfinder einer experimentellen Wissenschaft (scientia experimentalis) bezeichnet wird. Die Unabhängigkeit der Technik von der Wissenschaft erklärt sich zu jener Zeit zunächst aus Werthaltungen der herrschenden Schichten, die die sozialen Techniken beherrschten und manueller Arbeit und Produktion folglich ein nicht geringes Desinteresse entgegenbrachten. Die Beschäftigung damit lag nicht in den Händen der Universitäten, sondern blieb den „Technischen Universitäten des Mittelalters", den Zisterzienserklöstern in den Ödlanden vorbehalten. Allerdings lag sie auch dort bei den Laienbrüdern, die einen wesentlich niedrigeren sozialen Status als die geistlichen Brüder hatten (Duby, 1979).

Aus dieser historischen Epoche läßt sich zunächst resümierend schließen, daß wichtige technische und industrielle Entwicklungen[20] ohne entsprechende wissenschaftliche Hilfestellung möglich sind. Das Mittelalter besaß zwar beides, eine blühende Wissenschaft und Technik, Technik und Wissenschaft waren aber grundsätzlich getrennt (Crombie, 1961); technische Entwicklung war offensichtlich ohne Wissenschaft möglich.

Nicht unähnlich verhält es sich mit der nachfolgenden,zweiten industriellen Revolution. Noch für die englische industrielle Revolution des 18. Jahrhunderts muß man ja feststellen, daß deren Paradetechnologie, die Dampfmaschine, ohne wissenschaftliche Hilfestellung von Newcomen, Watt und anderen bis zum industriellen Einsatz entwickelt wurde. Erst wesentlich später, nämlich am Beginn des 19. Jahrhunderts, hat Carnot die theoretischen Grundlagen thermodynamischer Prozesse entwickelt.

Dieses Beispiel demonstriert einmal mehr, daß selbst die neuzeitliche Naturwissenschaft lange hinter der zeitgenössischen Technik nach-

[20] Duby (1979) bezeichnet die Zisterzienserklöster sogar als „Fabriken".

humpelte, bzw. andere Anliegen verfolgte. Für Newton oder Kepler war Wissenschaft mit keinen praktischen Anliegen verbunden, sondern sie erfüllte eine theologische Aufgabe. Nicht zufällig verwandelte sich die experimentelle Naturphilosophie des 17. Jhdts. im 18. Jhdt. in eine physikalische Theologie (Böhme, 1985).

Tenbruck (1989) schreibt:

> „Die großen Männer, welche der Wissenschaft zum Durchbruch verhalfen, die Galilei, Descartes, Kepler, Newton suchten nicht nach Erkenntnis; sie suchten nach der Ordnung der Welt, für die ihnen Erkenntnis zum einzigen Mittel wurde." (S. 132)

Wissenschaft ist ähnlich wie Mythos und Religion ein Ordnungsgenerator. Wie wir noch sehen werden, kommt der Bedarf nach einer derartigen neuen Ordnung aus einer geänderten Organisationsform gesellschaftlichen Zusammenlebens, die wir als „Vergesellschaftung" bezeichnen.

Technik lieferte schon damals die Phänomene, die dann post hoc aus Gründen der Aufrechterhaltung der Ordnung nach wissenschaftlichen Erklärungen verlangten; ein Umstand, der mit Nachdruck an Descartes' Artefakte erinnern läßt, wo die Welt gleich nach dem Muster des Artefakts erklärt wird.

Grundlegende Veränderungen, die die Umkehrung dieses Abhängigkeitsverhältnisses von Wissenschaft und Technik bewirkten, kommen angeblich im 19. Jahrhundert durch eine nun wissenschaftsabhängige Produktion zustande. Dieser Prozeß wurde als „Finalisierung der Wissenschaft" bezeichnet.

Da wir hinter Wissenschaft und Technik gesellschaftlich unterschiedliche Intentionen vermuten, ist die damit ausgesprochene Abhängigkeit der Technik von der Wissenschaft und deren Einordnung in dieselbe Intentionalität zu überprüfen.

3.4.2 Wissenschaftsbasierte Industrie

Im 19. Jahrhundert tritt die Wissenschaft nach dem Modell der Finalisierung in eine neue Entwicklungsphase, wo sie angeblich die jahrhundertealten, nicht eingelösten Versprechen (van den Daele, 1977), zur Verbesserung der materiellen Produktion und des Lebensstandards beizutragen, dadurch einzulösen beginnt, daß Voraussetzungen für neue Technologien geschaffen werden. Diese neuen Technologien, mit denen wir uns gleich näher beschäftigen werden, sind, so meint man dabei, ohne die Leistungen der Wissenschaften undenkbar.

Die Entwicklung von den „Kinderschuhen" zur erwachsenen, neuzeitlichen Wissenschaft wurde bereits beschrieben. Sie erfolgt, heißt es, zunächst als Konkretisierung von Theorien in Form spezieller Teildisziplinen. Erst über die Etablierung solcher Spezialdisziplinen wie Gezeitentheorie, Wärmelehre etc. wird der theoretische Ansatz soweit verengt, daß sich Möglichkeiten für spezielle Technologien andeuten, die dann auch Näherungsverfahren zur Unterstützung der „Mutterdisziplin" sinnvoll werden lassen. Solche theoretischen Sonderentwicklungen werden wissenschaftlich allerdings schnell unfruchtbar. Sie gehen dann irgendwann in Techniken ein, die theoretisch nicht weiter begründet werden brauchen, weil sie auf empirischem Wissen beruhen.

Diese Feststellung (Böhme, van den Daele, Krohn (1973)) ist insoferne bedeutungsvoll, als daraus doch schon hervorgeht, daß die Umsetzung einer wissenschaftlichen Theorie in technische Verfahren von Kenntnissen abhängt, die mit der Theorie wenig zu tun haben, dieser manchmal sogar wesensfremd sind. Berechtigt vermutet man daher, daß eine Theorie ohne solche Kenntnisse zwar intellektuell ansprechend sein kann, doch daß sie in Hinblick auf ihre praktische Anwendung unfruchtbar bleibt. Das Modell einer glatten hierarchischen Überleitung von Grundlagenforschung und ihren Erkenntnissen in technischen Fortschritt erleidet hier bereits einen ersten Knick.

Doch das Modell ist auch mit anderen Problemen beladen. Die säuberliche Trennung von Phase zwei und drei läßt sich nicht durchhalten. Das zeigt sich deutlich in der Biochemie, der Weltraumforschung oder der Informatik. Zu vermuten ist, daß sich diese Fälle sogar mehren, was anhand der in Kapitel 1 geschilderten Entwicklungen der Forschung mit dem Einsatz von Computern rasch zu verifizieren ist. Ein wissenschaftlicher Erklärungsanspruch von Phänomenen scheint ja zunehmend aufgegeben zu werden, zugunsten der Brauchbarkeit der Ergebnisse für nichtwissenschaftliche Zwecke. Darauf kommen wir noch gegen Ende dieses Kapitels zurück. Unter solchen Perspektiven wird die geschilderte einseitige Abhängigkeit der Technik von Wissenschaft fragwürdig.

J. D. Bernal (1954), von dessen monumentaler Arbeit die genannten Autoren einige Anregungen entlehnen (anscheinend auch die Vorstellung einer wissenschaftsabhängigen Industrie im 19. Jahrhundert), definiert Wissenschaft nicht. Darauf verweist er in der Einleitung seines Werkes selbst. Er ist als Naturwissenschafter und Marxist vom Erfolg der technisch-naturwissenschaftlichen Revolution nahezu zwangsläufig überzeugt. Als Folge dessen schrieb er, absichtlich oder nicht, ein „Heldenepos" der Wissenschaft. Da er zwischen Technik und Wissenschaft nicht konsequent unterscheidet, kann seine historische Darstellung, ähnlich wie bei Lévi-Strauss, bereits in der Altsteinzeit, also bei der Wissenschaft des Konkreten, beginnen. Trotz des Umstandes, daß sich auch aus seiner Sicht im antiken Attika ein radikaler Bruch zwischen Wissenschaft und Technik auftat, ist ihm jede technische Entwicklung, ob Steinaxt, Kompaß oder Dampfmaschine, Zeuge wissenschaftlich-technischen Fortschritts.

Bernal unterscheidet aber sehr wohl zwischen Wissenschaftern und Ingenieuren. Er bewertet die Erfolge letzterer jedoch aufgrund der Tatsache, daß sich ihre Arbeit an Erfahrungswissen orientiert, als bestenfalls reformistisch, jene der Wissenschafter dagegen als revolutionär (Bd. 1, S. 42).

Diese seine Wertung unterstützt nicht nur besagte soziale Hierarchie, sondern wirft zusätzliche Fragen auf. Eine wäre, warum unter diesen Umständen erst im 19. Jahrhundert „wissenschaftsbasierte Industrien", z. B. Chemie und Elektrotechnik, als neues, finalisiertes Stadium der Wissenschaft auftreten, obzwar doch bekanntermaßen nichtwissenschaftsbasierte Technologien wie die Dampfmaschine ziemlich revolutionär waren. Worin besteht das Revolutionäre der Wissenschaft, das Technik im Vergleich dazu reformistisch erscheinen läßt? Offensichtlich fehlt bei Bernal eine Erklärung des erstmals in der Antike auftretenden Bruchs. Mittelstraß (1970) ortet an dieser Stelle einen Bedarf an „Aufklärung", die die Mannigfaltigkeit der Standpunkte überwinden hilft. Das ist aber ein politisches Anliegen, das mit materieller Produktion nichts zu tun hat, wie bereits zu sehen war. Bernal unterläßt es, uns das Auseinanderklaffen zu verdeutlichen, was auch die neuerliche Zusammenführung hinterfragbar macht.

Die Zusammenführung beider Tätigkeiten findet im Heldenepos finalisierter Wissenschaft in anderer Form statt. Das Drama beginnt, nach Bernal, mit der chemischen (Farben) und elektrotechnischen Industrie. Das „Jahr null" der chemischen Erfolgssaga läßt sich mit J. Priestleys Entdeckung des Sauerstoffs (1774) angeben. Seine Erzählung fährt mit A. L. Lavoisier fort, der Chemie quantifizierbar machte und chemische Stoffe als Synthesen oder Kombinationen von Elementen verstehen ließ. Bernal vergißt nicht, darauf hinzuweisen, daß auf der Basis der damals etablierten, heute unakzeptablen Phlogistontheorie erfolgreiche chemische Produktionen trotzdem möglich waren, dazu zählen die Herstellung von Schwefelsäure, Soda oder Chlor. Falsche Theorien erlauben demnach offensichtlich gleichfalls die Herstellung technischer Produkte. Chemische Technik folgte also eigenen Heuristiken; dabei blieb es auch, wie gleich zu sehen sein wird.

Der durchschlagende Erfolg finalisierter Wissenschaft beginnt in Bernals Darstellung mit der Erzeugung synthetischer Farben, d. h. der Produktion von Anilin aus Teer. Nach Bernal entdeckte Perkin (1856) zufällig Anilin bei seiner Suche nach Ersatzmitteln für Chinin. Seine Entdeckung fand allerdings in England wenig Resonanz. Erst wissenschaftsorientiertere Direktoren deutscher Industrien erkannten den Wert dieser Entdeckung und machten damit enorme Profite. Mit „dem Chemiker", der nun erstmals in die Geschichte eintrat, entstand nach Bernal ein neuer Typ von Wissenschafter, nämlich einer, der in enger Zusammenarbeit mit der Industrie stand und so eine Allianz schuf, die auch auf wissenschaftliche Kontroversen kalmierend wirkte. Die Grundlagen, die von Männern wie Lavoisier, Kekulé (Benzolring) und van t'Hoff gelegt wurden, wurden folglich von einer wachsenden Zahl von Chemikern angewandt. Sie bildeten die Voraussetzung zur Etablierung einer synthetisch-chemischen Industrie. Theoretische Wissenschaft wurde zur Voraussetzung industrieller Produktion. Die Versprechungen der früheren Naturwissenschaft konnten somit endlich eingelöst werden.

Dieselbe Geschichte liest sich bei H. van den Belt und A. Rip (1987) etwas anders. Perkins Entdeckung (1856), Anilin Violett, war wenig erfolgreich, zeigte aber die Möglichkeit Farben aus Teer zu gewinnen. Der Erfolg kam erst 1859, als ein Franzose, J. Verguin, in den Lyoner Seidenfärbereien „Fuchsin", d. h. rotes Anilin, entdeckte. Dieses wurde durch seine Firma patentiert. In Anbetracht des Umstandes aber, daß Anilin keine einfache chemische Substanz, sondern ein Gemisch ist, ist die zunächst so klar scheinende wissenschaftliche Entwicklungslinie nicht mehr nachzuzeichnen. Es war damals bekannt, daß es lohnend sei, mit Anilin „herumzuspielen", was sich auch dadurch erweist, daß zur selben Zeit mehrere chemische Rotfarben in den Handel kamen. Des weiteren wurde Anilin von anderen chemischen Farben nicht unterschieden, die, wie Französisch Lila (French purple), eine Arsenverbindung, nicht als synthetische Farben im heutigen Sinn zu verstehen sind. Die alte Praxis des chemischen Bastelns wurde, so van den Belt und Rip, schlicht fortgesetzt. Die dabei verwendete Heuristik war eine Typentheorie, wie sie vor Kekulés Strukturtheorie chemischer Substanzen üblich war. Es handelt sich demnach bei diesem Beispiel wissenschaftsbasierter Produktion noch immer um eine Wissenschaft des Konkreten im Sinn von Lévi-Strauss und nicht nur um Finalisierung von Wissenschaft.

Hofmann, der 1863 obige Typentheorie formulierte, eröffnete damit (also mit einer nichtwissenschaftlichen Theorie) die Möglichkeiten, neue Farben aus Anilin zu entwickeln. Daraus leiten van den Belt und Rip u. a. ab,

> „in general . . . the role of science is not to provide the technical exemplar, but to rationalize it and to articulate the cultural matrix of expectations in which it is embedded." (S. 144)

Erst 1880 wurde eine chemische Strukturformel nach Kekulé entwickelt, zu einem Zeitpunkt also, wo es schon eine Vielzahl synthetischer Farben gab. Kekulés Ansatz setzte allerdings eine neue Heuristik in die Welt, die lautete: „Muttersubstanz" suchen. Dabei stellte jedes Derivat dieser Muttersubstanz eine Innovation dar. Diese neue Heuristik veranlaßte nun nach Strukturformeln zu suchen, und bewirkte so auch eine neue Disziplin, die organische Chemie.

Eine zur selben Zeit stattfindende Entwicklung zeigt aber nun, daß die gerade geschilderte Parallelentwicklung von Wissenschaft und Technik (industrieller Forschung) gleichfalls nicht verallgemeinert werden kann.

Die Entwicklung der Azo-Farben war eine rein industrielle Angelegenheit. Das Wissen, daß sich auf Anilinbasis Farben herstellen lassen, brachte um 1860 Gelb- und Braunfarben auf den Markt, die damals als Anilinderivate verstanden wurden, tatsächlich aber Azo-Farben sind. Die Geschichte dieser Farben ist komplex, weil sie wieder einmal, voneinander unabhängig, gleichzeitig in Deutschland und Frankreich entwickelt wurden, und in diesen Ländern zugleich von verschiedenen Personen. Obwohl in Deutschland von BASF und in

Frankreich von Poirrier vermarktet, blieb der Herstellungsprozeß geheim. Erst eine Publikation von Hofmann in der Absicht, chemische Substanzen in Deutschland patentfähig werden zu lassen, deckte die Gemeinsamkeiten und die Herstellungsprozesse auf und erlaubte durch Griess' Methode eine aufgrund der zahllosen chemischen Kombinationsmöglichkeiten nahezu unerschöpfliche Ressource auszuschlachten. Ohne in alle Details zu gehen – sie sind bei van den Belt und Rip (op. cit.) nachzulesen – sei doch darauf hingewiesen, daß dieses endlose Kombinationsspiel – es wurden hundert Millionen neuer Substanzen geschätzt – Anlaß zur Errichtung von „Massenlabors" und für wissenschaftliche Massenarbeit gab, die ohne auch nur eine Spur wissenschaftlicher Genialität erfolgte[21]. Solche „Etablissementerfindungen" scheinen somit eher die Industrialisierung und Technisierung der Wissenschaft, als umgekehrt die Verwissenschaftlichung der Technik und Industrie zu belegen. Wie sehr aber die gesamte Entwicklung weniger von Wissenschaft als von ganz anderen gesellschaftlichen Komponenten abhängig ist, zeigt der Umstand, daß die Industrialisierung dieser Forschungsbranche ohne eine grundlegende Veränderung des deutschen Patentrechts nicht möglich gewesen wäre.

Schließlich sei noch auf einen anderen interessanten Umstand in Zusammenhang mit der „nichtstattgefundenen Verwissenschaftlichung der technischen Chemie" hingewiesen. Im Zuge des „Herumprobierens" mit Anilin mußte das Beziehungsgefüge zwischen den Konsumenten, d. h. den Färbereien, und den Produzenten der Farben umgedreht werden. Waren es bislang die Färber, die durch ihre Nachfrage die Qualität der Produkte bestimmten, so fiel im Zuge der geschilderten Entwicklungen den Herstellern, wie BASF, die Rolle zu, ihren Konsumenten über Anleitungen (Manuals) Anweisungen für Gebrauch und Einsatz zur Verfügung zu stellen. Somit konnten aber die Industrien über die Qualität ihrer Produkte entscheiden. Das war vor allem durch Errichtung von Versuchsabteilungen und Anwendungsforschungslabors, in denen keine Wissenschafter, sondern professionelle Färber arbeiteten, möglich. Ob nun diese „soziale Innovation" als Verwissenschaftlichung der Industrie bezeichnet werden darf, soll der

---

21 L. Hack (1984) hat eine Übersicht über diese industriellen Entwicklungen erarbeitet, von denen ich exemplarisch die ersten sechs anführen möchte. 1882 hat Krupp ein Laboratorium für chemisch-physikalische Versuche eingerichtet, aus dem später das sogenannte „Forschungsinstitut" hervorgeht. Im selben Jahr wird in Jena ein glastechnisches Labor bei Abbe/Schott eingerichtet. Fünf Jahre darauf wird von BASF ein Laboratorium in Ludwigshafen errichtet. 1889 errichtet Bayer-Leverkusen ein wissenschaftliches Labor für Farben und Hoechst 1893 das Zentrallabor der Hoechst-Werke. Im selben Jahr entsteht das erste Forschungslabor für Farbstoffe außerhalb Deutschlands, in Frankreich – Saint Denys -, und in den Vereinigten Staaten beginnt Eastman Kodak in Rochester/New York mit der Errichtung eines Forschungslabors.
Im Rahmen industrieller Labors entstehen nun neue Disziplinen, wie etwa im Bereich chemischer Produktion die Verfahrenstechnik, oder,einige Jahrzehnte später, Informatik. Daraus entstehen zwangsläufig neue Organisationsformen des Wissens.

gnädigen Beurteilung des Lesers überlassen bleiben. Uns erscheint sie eher als Systematisierung und Beschleunigung altbekannter sozialer Verfahren.

Wenden wir uns nun der zweiten der großen wissenschaftsbasierten Industrien zu, so liest sich deren Erfolgsgeschichte bei Bernal folgend:

Zufällige Entdeckung des Zusammenhangs von Elektrizität und Magnetismus durch Oersted 1820 in Kopenhagen. Drei Jahre später folgt die Entdeckung des Elektromagneten durch Sturgeon. Arbeiten zur Elektrodynamik in Abhebung zur früheren Elektrostatik durch Ohm, Gauss und Ampére ließen das Phänomen des elektrischen Stroms und magnetischer Felder verstehen, sie führten u. a. zur Erfindung der Vektoralgebra. 1831 Entdeckung der elektrischen Induktion durch die systematischen Forschungen des Autodidakten Faraday. Damit war zwar die Basis zur Entwicklung des Elektromotors gegeben, doch brauchte es weitere 50 Jahre, bis es so weit kam. Maxwells Gleichungen gaben 1873 der elektromagnetischen Theorie ihre formale Struktur. Sie waren Anlaß zur Formulierung einer Äthertheorie.

So weit die eine Seite der Entwicklung, die theoretische. Die andere, die anwendungsorientierte, leitet Bernal mit einer vielsagenden Feststellung ein:

> „In order to present a coherent story of the development of electromagnetic theory it has been *told (von Bernal, M. S.) as one logical sequence running right through the nineteenth century.* (m. H.) But the growth of electricity throughout the period had another and practical side that interacted continuously with the advance of the theory". (Bd. 2, S. 612)

Diese Aussage vermittelt zweierlei:

(1) Das Bemühen um eine zusammenhängende, logische Abfolge der Erfolgsgeschichte in der Darstellung von Bernal, eine auch in anderen wissenschaftlichen Darstellungen und Berichten nicht unübliche Vorgehensweise. Damit wird Bernals Geschichte als Konstruktion erkenntlich. (Dazu: Knorr-Cetina,1983)

(2) Die verdrängte heterarchische Interdependenz zwischen der theoretischen und praktischen Entwicklung in seiner Darstellung.

Bernal war ein kritischer Denker. Er erkennt seine eigenen Konstruktionen als solche und zögert nicht, sie einzugestehen. Trotzdem kommt Bernal zu dem Ergebnis, daß Elektrizität und Magnetismus das erste historische Beispiel einer Transformation von rein wissenschaftlichen Experimenten und Theorien in eine umfassende Industrie waren.

> „Electricity is indeed the first science to create an industry of its own without any dependence on tradition". (ibid., S. 612)

Wie schaut demnach die Bernal'sche Version der industriellen Praxis aus? Siemens und Wilde entdeckten 1867 das elektrodynamische Prinzip, erfanden den Dynamo, der den Strom einer Maschine zur Erzeugung eines elektromagnetischen Feldes in einer anderen nutzte, um damit Strom zu erzeugen. Damit stand eine neue Energiequelle großen Ausmaßes zur Verfügung. Die Verwendung dieser Ressourcen war aber keineswegs offensichtlich. Sie wurden zuerst für Beleuchtungszwecke genutzt. Dabei spielt Edisons unternehmerisches Genie eine hervorragende Rolle, die erste praktische Nutzung kam 1881. Die Bedeutung, die Elektrizität für Transport, Licht und Energieversorgung erlangte, kommt jedoch, nach Bernal, überwiegend aus der Entwicklung der Experimente Oersteds und Faradays und deren mathematischen Theoretisierung durch Maxwell (ibid., S. 616). Unklar bleibt, ob Siemens, Edison oder Morse nun Wissenschafter waren oder anderes?

Soweit die „story" des renommierten Naturwissenschafters. Aus der Perspektive eines Technikhistorikers stellt sich derselbe Sachverhalt folgend dar:

„Die wissenschaftlichen Zusammenhänge zwischen Physik, Elektrotechnik und Maschinenbau waren unter den Zeitgenossen durchaus nicht unumstritten. Bei der Telegraphie hatten sich die technischen Anwendungen aus physikalischen Prinziplösungen und Experimentiereinrichtungen entwickelt. Zwar waren manche Physiker, wie z. B. Gauß und Weber in Göttingen, an der technischen Anwendung gar nicht interessiert, und waren manche Praktiker,wie z. B. Samuel Morse, Autodidakten ohne große physikalische Kenntnisse; aber die physikalischen Experimentiereinrichtungen und die technischen Anwendungen waren doch so nahe *miteinander verwandt* (m. H.), daß man die in Serie gefertigten Apparate als eine unmittelbare Umsetzung von Wissenschaft ansehen konnte. Dabei traten allerdings bei der praktischen Anwendung *Probleme auf, für deren Lösung die theoretische Physik kaum Hilfestellung bieten konnte* (m. H.). Man denke etwa an die Signalverwischung bei der Kabeltelegraphie, die mit den Ladungserscheinungen in den Kabeln zusammenhängt. Hier gelangte man zu *technischen Lösungen* (m. H.), mit deren Hilfe man die Signale entziffern konnte, ohne daß die Physik schon in der Lage war, die zugrundeliegenden elektrischen Vorgänge zu erklären. Die Beziehung zwischen Physik und Technik bestand hier also darin, daß *bei der technischen Anwendung Phänomene auftraten, die die Physik zu Untersuchungen und zur Theoriebildung anregte* (m. H.).
Bei den elektrischen Maschinen war dagegen das Verhältnis zwischen Wissenschaft und Technik von Anfang an anders. Zwar bildeten auch hier die Entdeckung der elektromagnetischen Induktion durch Michael Faraday und die daraufhin entwickelten Laborapparate zur Stromerzeugung Voraussetzungen für die Entwicklung elektrischer Maschinen, aber abgesehen von der notwendigen Kenntnis des Prinzips war die wissenschaftliche Unterstützung für einen Vorstoß in eine neue Größenordnung des Elektromaschinenbaus sehr dürftig. Für den Bau von Großmaschinen gab es weder geeignete Theorien noch geeignete Meßinstrumente, die eine systematische Weiterentwicklung ermöglicht hätten. Gerade der Bau der für Beleuchtungszwecke und für Galvanisierungsanstalten angefertigten Großmaschinen von Holmes, Woolrich und der Gesellschaft Alliance erfolgte *ausschließlich auf empirischem Weg, durch Erfahrung, Probieren und Verbessern* (m. H.).
Die Entdeckung des dynamoelektrischen Prinzips durch Werner Siemens, die eine *durch Probieren zustandegekommene Zufallsentdeckung* (m. H.) war, brachte hier keine Änderungen. Die größten Probleme beim Bau der ersten Dynamomaschinen hatte man mit der durch Wirbelströme hervorgerufenen Erwärmung, die man weder theoretisch noch praktisch im Griff hatte. Die ersten Fortschritte gelangen auch hier *ausschließlich durch Probieren* (m. H.). Eine Änderung bahnte sich erst mit der allgemeinen Rezeption der Maxwell'schen elektromagnetischen Feldtheorie und den von ihm aufgestellten Gleichungen an. Unmittelbare Wichtigkeit gewannen die Untersuchungen über das Verhalten von Eisen und Stahl im magnetischen Feld." (König, 1987, S. 87/88)

3.4.3 Finalisierung der Wissenschaft?

Diese Darstellung von König bringt ein wesentlich anderes Verhältnis zum Ausdruck, das sicher nicht mit jenem linearen Modell (zuerst Grundlagenforschung, dann angewandte Forschung, dann Technik) beschrieben werden kann, sondern bestenfalls ein Modell nahelegt, das eine wechselseitige Beziehung zwischen wissenschaftlicher Forschung und Technik erlaubt. Doch selbst diese Beziehung ist keineswegs so eindeutig, wie es sich vielleicht auf den ersten Blick darstellen würde. Faraday hatte zwar im Prinzip den Schlüssel zur Entwicklung von Elektromotoren, aufgrund anderer Interessen aber war ihm diese Möglichkeit nicht attraktiv genug, wenn er sie überhaupt gesehen hat. In diesem Fall mag man von einem Nichtverhältnis zwischen Wissenschaft und Technik sprechen. Anders verhält es sich bei dem zuvor genannten Maxwell. Dieser – so schildert A. King (1956) – reagierte gegenüber der praktischen Anwendung seiner elektromechanischen Gleichungen durch Bell bei der Entwicklung des Telefons äußerst ablehnend. Angeblich weigerte sich Maxwell, diese kommerzielle Ausbeutung wissenschaftlicher Erkenntnisse zu akzeptieren und begegnete von da an Bell mit „beißender Verachtung". Dieses Beispiel macht mehr als deutlich, welche Distanz zwischen wissenschaftlicher Forschung einerseits und industrieller Technik andererseits herrschte. Die Distanz war allerdings nicht nur Resultat einer einseitigen Voreingenommenheit. Auch die Industriellen zeigten im allgemeinen wenig Interesse an einer Zusammenarbeit mit den theoretischen Wissenschaften.

Ein Interesse aneinander entstand erst um die Jahrhundertwende, als vor allem in Deutschland an den technischen Universitäten große Forschungslabors eingerichtet wurden, die zum Unterschied von jenen Labors zu Unterrichtszwecken auch imstande waren, angewandte Forschung, etwa im Elektrolokomotivenbau und auf ähnlichen Gebieten, auf Staatskosten durchzuführen. Staatliche und kommerzielle Interessen ergänzten sich in diesem Fall. Ihre konzertierte Aktion schuf neuerlich eine Wissenschaft des Konkreten, die in nur lockerem Zusammenhang mit der anderen stand. Hier liegt demnach lange vor dem Manhattan-Projekt der Beginn der Industrialisierung der Forschung[22].

Im übrigen sollte auch nicht übersehen werden, daß Maxwells großartige Leistung für die Entwicklung der Elektromotoren keineswegs be-

---

[22] Unter „Manhattan-Projekt" versteht man jene großtechnische Forschungsinitiative, die zum Bau der ersten Atombombe in Los Alamos führte. Dieses Projekt, wie auch die Entwicklung elektronischer Rechner und von Radar, wurde von einer halbstaatlichen Organisation koordiniert, dem Office of Scientific Research and Development (OSRD), das eine wohlfunktionierende Zusammenarbeit zwischen Militär, Industrie und Universitäten zustandebrachte. Dabei gingen bis dato unbekannte Größen finanzieller Mittel in die Forschung (z. B. 700 Mill $ im Jahr 1944 allein von der Regierung), die bereits früh an eine Fortsetzung dieser Kooperation denken ließen. Diese wurde auch nach Kriegsende, besonders unter den Bedingungen des kalten Krieges, realisiert. Forschung wurde zu einer eigenen Industrie. (Siehe dazu: Noble, 1984)

sonders hilfreich war. Das Schlüsselproblem bestand nämlich in der genauen Berechnung des magnetischen Kreises. Diese Berechnung wurde aber erst durch G. Kapp, einen Schüler Cromptons, 1886 möglich, der eine auf den Arbeiten von John Hopkinson beruhende einfache Berechnungsweise entwickelte[23], welche im nachhinein auch Maxwells Überlegungen für den Maschinenbau anwendbar zu machen erlaubte (König/Petzold, 1987).

Für die Einlösung der weltverbessernden Versprechungen der Wissenschaft bestand hiermit auch in der Elektrotechnik kein Interesse von seiten der Wissenschafter, wie auch keine technische Potenz. Ihre gesellschaftliche Potenz ist demnach anderswo zu suchen. Sie liegt in ihren ordnungserzeugenden Darstellungen, wie zuvor Tenbruck schon zum Ausdruck gebracht hat.

Die Geschichte der Technikwissenschaft im 19. Jahrhundert ist durch ein Auseinanderklaffen von konkreten, in Faustregeln fixierten praktischen Erfahrungen und ersten Bemühungen charakterisiert, eine naturwissenschaftlich-mathematische Modellbildung technischer Objekte einzubringen. Diese ist problembeladen, da sie meist nicht in der Lage ist, die praktischen Anforderungen angemessen abzubilden (König, 1987). Den Ursachen für diese Versuche geht der folgende Abschnitt nach.

Nun beschreiben aber Böhme et al. genau diese historische Situation als Phase drei ihres Modells. Ingenieurwissenschaften scheinen dagegen nicht so einfach mit der Finalisierung wissenschaftlicher Theorien in Einklang zu bringen zu sein. Denn Forschungsgegenstand der Ingenieurwissenschaften sind technische Objekte, wie sie in der Praxis gefordert werden, und nicht modellhaft entwickelte Abstraktionen, wie sie in der statistischen Mechanik oder der Festkörperphysik zu finden sind[24]. König meint daher, daß erst eine Verschmelzung von Erfahrungswissen, naturwissenschaftlich-mathematischen und empirisch-experimentellen Methoden gelingen mußte, um technischen Objekten angemessene Untersuchungen mittels eines wissenschaftlichen Instrumentariums für die Technikwissenschaften nutzbringend zu machen. Daran sind zwar die Naturwissenschaften beteiligt, doch, wie eine Vielzahl von Beispielen belegt, wäre es vorschnell zu meinen, daß ohne diese Beiträge die anstehenden technischen Entwicklungen nicht zu realisieren gewesen wären.

---

23 „Dabei gilt für den technischen Wissenschafter: so exakt wie notwendig und so grob wie möglich! Auch deshalb muß er speziell *für die technische Rechnung zugeschnittene Theorien* (m. H.) entwickeln, um Vereinfachung oder überhaupt Anwendungsmöglichkeiten zu erreichen." (Müller, 1967, S. 1447)

24 Das wird von C. S. Smith in seinem Vergleich von Metallurgie und Chemie in folgender Weise auf den Punkt gebracht:
„The metallurgist exemplifies the technological focus on a practical and functioning artefact as the final desideratum. The chemist exemplifies the scientific focus on a theoretical artifact as the desired goal." (Staudenmaier, 1985, S. 89)

Ein nahezu klassisches Beispiel, wo eine technische Basisinnovation mit dem Bemühen begann, eine theoretische Möglichkeit zu realisieren, findet sich bei der Erfindung des Dieselmotors. Diesels ursprüngliche Idee, so wie sie in der Patentschrift aufscheint, gründete in der Vorstellung einer isothermischen Verbrennung durch Brennstoffeinspritzung. Es war vor allem Lord Kelvins Unterstützung dieser Idee, die Diesel die weitere Realisierung ermöglichte. Zwei Firmen, MAN und Krupp, zeigten Interesse an der Entwicklung dieser Idee, u. a. deshalb, weil der Wirkungsgrad von Dampfmaschinen damals unbefriedigend niedrig war.

Bei der Umsetzung ergaben sich unzählige Schwierigkeiten. Dazu zählt u. a. die Durchmischung des eingespritzten Kraftstoffs mit der Luft vor der Entzündung. Das Problem wurde durch Einleitung komprimierter Luft gelöst, was aber umgekehrt Pumpen erforderte und die Maschine groß, schwerfällig und teuer machte, im Gegensatz zu den Markterfordernissen. Nach mehrjähriger Arbeit gelang es schließlich 1897, einen Prototyp der Öffentlichkeit vorzustellen, der nun aber nicht mehr auf der Basis isothermischer Verbrennung, sondern isobarisch arbeitete. Die Theorie erwies sich als nicht umsetzbar.

Die in der Folge unter Lizenz vergebenen Prototypen erfüllten trotzdem die in sie gesetzten Erwartungen nicht; sie erwiesen sich in vielfältiger Weise als extrem wartungsanfällig, u. a. deshalb, weil diverse Schmierungsprobleme nicht gelöst waren, also Probleme, zu denen Carnot und die Theorie der Kreisprozesse wenig zu sagen hatten. Der Mißerfolg war derartig, daß Diesel 1899 bankrott ging.

Hätte nicht eine Gruppe von Ingenieuren bei MAN unabhängig von Diesel einen neuen Prototyp entwickelt, wäre dies vermutlich das Ende der wissenschaftsinspirierten Erfindung gewesen. Erst als 1908 Diesels Patente auslaufen, bringt MAN eine einsatzfähige Maschine auf den Markt. Die Frage, ob es sich dabei überhaupt noch um die Erfindung Diesels handelte, blieb nicht ungestellt. Daß die Antworten Diesels und jene der Ingenieure bei MAN konträr ausfielen, wird niemand überraschen (Latour, 1987).

Zweierlei ist die Moral dieser Geschichte. Technik ist nie das Produkt eines einzelnen, das macht auch A. Knies (1991) detaillierte Studie über die Genese des Dieselmotors mehr als deutlich. Er schreibt z. B.:

> Rudolf Diesel unterschied sich hinsichtlich seiner technischen Leistungen kaum von seinen zeitgenössischen Kollegen . . . Die Differenzen . . . lagen vielmehr in den – wenn man so will – ‚technologiepolitischen' Leistungen: der Fähigkeit, Netzwerke zu knüpfen, Unterstützungsgruppen zusammenzuzimmern und Eigeninteressen industieller und technikwissenschaftlicher Akteure auszunutzen und damit Gespür für die sozialen und ökonomischen ‚Bindekräfte' eines ‚herrschenden Standes der Technik' zu demonstrieren. Leistungen also, die vielmehr im sozialen als im technisch-konstruktiven Bereich anzusiedeln sind, . . ." (S. 146)

Weiters wird deutlich, daß die Wirklichkeit stets komplexer ist als ihre abstrahierten Darstellungen. Das soll zunächst die Bedeutung solcher Darstellungen nicht in Frage stellen. Sie liegt aber im sozialen Bereich, der nicht weniger als der dargestellte Art, Form und Inhalt der Darstellung mitbestimmt. Theorien können inspirieren. Die Umsetzung dieser Inspirationen untersteht anderen Randbedingungen.

Wie wenig sich die Situation auch in der jüngsten Zeit verändert hat, belegt eine weitere technikhistorische Untersuchung. Diese betrifft die Entwicklung des Transistors. Die Darstellung erfolgt zwar, ähnlich wie bei Bernal, in der Tradition des wissenschaftlichen Heldenepos,

> „No invention or innovation has ever owed more to pure abstract science" (Braun/MacDonald, 1978, S. 10),

doch sowohl die Fakten, die beide Autoren vorlegen, wie auch andere Aussagen ihres Buches stehen in einem gewissen Widerspruch dazu.

So meinen sie etwa:

> „The view that science invents and technology develops is quite untenable on close inspection, though it comes closest to the truth in the particular innovation we are concerned with – semiconductor electronics." (ibid., S. 2)

Doch die folgenden Textstellen zeigen, daß auch hier die Theorie nach der technischen, und zwar zunächst unverstandenen Realisierung kam.

> „In theory the field effect transistor should have worked: in practice it was a dismal failure and Brattain and Bardeen were set the task of discovering why. . . . It was during the exploration of the semiconductor surface with two closely spaced electrode wires that Bardeen and Braitton discovered that a small positive change on one electrode would inject holes into the semiconductor surface which greatly increases its capacity to carry current. This result gave Bardeen the idea that an amplifier could be achieved by closely spacing two wire electrodes on a germanium crystal. Brattain tested the idea and soon created the first point contact transistor. It was demonstrated for the first time on 23 December 1947." (ibid., S. 46)
> „It is also interesting that, at least in specific detail, the transistor was the result of failure to create a field effect semiconductor amplifier and abandonment of the original project. Though Shockley, the group leader, had been certain of the correctness of his theories for a field effect transistor, the problem of surface states had arisen, had totally changed the direction of research, and, amazingly, had resulted in a sort of amplifier he had never envisaged." (S. 48)

Was dann folgt, erinnert an in Zusammenhang mit der Entdeckung von Anilin bereits Gehörtes.

> „Anyway, everybody started putting probes on pieces of semiconductor and studying processes like ‚forming' which was a bit of black magic to make the transistor work better." (S. 50)

Anders als man es etwa bei Entdeckungen und Experimenten im Rahmen normaler Wissenschaft im Sinne Kuhns erwarten sollte, wo man ziemlich genau weiß, was man sucht und vor allem findet, liegt hier eine völlig andere Situation vor.

Es handelt sich um eine Zufallsentdeckung ohne eine brauchbare Theorie.

> „The somewhat unexpected discovery of the transistor at Bell, just before Christmas 1947, posed something of a problem for the Laboratories. . . . So unforeseen had the transistor been that neither Brattain nor Bardeen had thought of a name for the device." (ibid., S. 51)

Also nahezu ein Jahrhundert nach der Entdeckung von Anilin, welche den Beginn wissenschaftsbasierter Produktion eingeleitet haben soll, wurden so epochemachende Entdeckungen wie der Transistor durch Herumprobieren und ohne theoretisches Verständnis gemacht.

Die These von der wissenschaftsbasierten Industrie steht somit auf vergleichsweise schwachen Füßen. Erstaunlicherweise kommt ein in den sechziger Jahren durchgeführtes Projekt des Verteidigungsministeriums in Washington zu analogen Ergebnissen. Dieses Projekt „Hindsight", das 1966 veröffentlicht wurde, hat einigen Staub aufgewirbelt.

Da die Forschungsausgaben in der Weiterführung der im Manhattan-Projekt begonnenen Allianz zwischen Wissenschaft, Militär und Industrie zu eskalieren begannen, untersuchte das Pentagon den Beitrag der Grundlagenforschung zur Entwicklung von zwanzig bedeutenden Waffensystemen. Trotz achtjähriger Projektdauer ließ sich nicht mehr als etwa ein Prozent der Beiträge zur Entwicklung dieser Systeme auf genuin wissenschaftliche Forschungsergebnisse zurückführen. Dagegen wurden 91% der Beiträge als technischer Provenienz zugehörig klassifiziert, der Rest lief unter angewandter Wissenschaft. Der darauffolgende Aufschrei von wissenschaftlicher Seite initiierte eine weitere Studie, die dann in fünf Fällen die Abhängigkeit technischer Innovationen von früherer wissenschaftlicher Forschung aufzeigte. Stellt man die mit diesem Projekt verbundene Interessenskonstellation mit in Rechnung, so erscheint das Ergebnis nicht überwältigend.

Das bedeutet demnach zwar nicht, daß industrielle Produktion keine Stimuli von wissenschaftlichen Ergebnissen erhalten hätte, aber die Befruchtung ist zumindest gegenseitig. Es liegt so die Vermutung nahe, daß sich das Verhältnis von Wissenschaft und Technik über die Jahrhunderte nicht grundlegend verändert hat. Diese Vermutung sollte Anlaß sein, die Beziehung zwischen Technik und Wissenschaft noch eingehender zu betrachten.

3.4.4 Statusspiele und Verwissenschaftlichung

Tatsache ist – das hat schon Bernals Äußerung zuvor demonstriert –, daß Ingenieure und Techniker meistens in ihrem gesellschaftlichen Ansehen im Vergleich zu Wissenschaftern und anderen Standesgruppen als zweitklassig eingestuft werden und wurden (Hortleder, 1970; Layton, 1971). Das gilt aber nicht nur für die Berufsgruppe, sondern galt auch über lange Zeit für deren Ausbildungsanstalten, die polytechnischen Schulen bzw. technischen Hochschulen und späteren technischen Universitäten. Nicht von ungefähr waren daher am Ende des 19. und Anfang des 20. Jahrhunderts Techniker redlich bemüht, das Sozialprestige der Technikwissenschaften zu erhöhen, und zwar u. a. dadurch, daß man daranging, die Fächer der Technikwissenschaften durch Anlehnung an Mathematik und theoretische Naturwissenschaft den etablierten Universitätsfächern vergleichbar zu machen. Ein renommierter Vertreter dieser Bemühungen war Franz Reuleaux (1875/1904), der z. B. mit seinem Lehrbuch der Kinematik eine wissenschaftliche Bewegungslehre der Maschinen entwickelte und somit eine Systematisierung der Maschinenbewegungen schaffte. In der Kinematik sah Reuleaux eine Chance, um eine allgemeine, konsistente Techniktheorie zu entwickeln. Obwohl Reuleaux' Arbeiten auch heute noch Referenzqualität haben, hat sich seine Erwartung nicht wirklich erfüllt, denn bis heute existiert keine allgemeine Techniktheorie. Seine Erwartung, eine deduktive „Maschinenwissenschaft" zu entwickeln, die das Erfinden lehrbar machen sollte, ging nicht in Erfüllung.

Ähnliche Anliegen wie Reuleaux haben allerdings auch andere an technischen Fachschulen vertreten, sodaß man berechtigt von einem verbreiteten Bemühen sprechen kann, Technikwissenschaft in Ansehen und Verfahren den Naturwissenschaften anzugleichen (dazu König, 1988a). Nicht von ungefähr ergab sich jedoch bald auch innerhalb der Profession ein nicht geringer Widerstand gegen die Nahelegung, Technik als angewandte Naturwissenschaft und Mathematik zu verstehen.

Prominenter Vertreter dieser „Antimathematikerbewegung" war A. Riedler von der TH Berlin und A. Stodola von der ETH Zürich. Beide vertraten die Auffassung, daß Technik historisch wesentlich älter sei als Naturwissenschaft und Mathematik. Diesen Umstand kann Bernal durch seine großzügige Auslegung des Begriffs „Wissenschaft" übersehen. Riedler und Stodola vertraten die Auffassung, daß die analytische Mathematik aufgrund der notwendigen Modellbildungen von geringem Nutzen sei. Beide meinten darüberhinaus, daß reine Theorie unfruchtbar sei. Das läßt sich u. a. daran ersehen, daß im Dampfmaschinenbau durch die mechanische Wärmetheorie nicht viel gewonnen wurde – die meisten Fortschritte sind durch Versuche und Beobachtungen der Konstrukteure zustande gekommen –, und auch der Dieselmotor, der wohl aufgrund theoretischer Überlegungen konzipiert wurde, seine praktische Realisierung allein aufgrund der carnotschen Theorie mit Sicherheit nicht gefunden hätte.

Naturerkenntnis und Beweisführung genügen zur Entwicklung erfolgreicher Technik nicht. Anschauung, Beobachtung und Versuche mit einem anderen methodischen Instrumentarium sind notwendig. Diese Sicht, die auch die Antimathematiker vertraten, ließ Technikwissenschaften bereits damals als einen eigenständigen Bereich, der den etablierten Naturwissenschaften gegenüber als gleichwertig zu betrachten ist, verstehen.

Trotz einer gewissen Überlappung, die vor allem bei der Verwendung von Hilfsmitteln wie der Mathematik auftritt, liegt beiden ein völlig unterschiedlicher Anspruch zugrunde, der sich bis in die Differenzierung der Methoden selbst, etwa der Einteilung in reine Mathematik und angewandte Mathematik oder Numerik, durchzieht. Für technische Wissenschaften ist Mathematik ein Instrument, um Quantifizierungen in konsistenter Form durchzuführen, wie das etwa bei der zuvor erwähnten Berechnung des Elektromotors auf der Basis von – nennen wir sie ruhig – Algorithmen, wie sie von Hopkinson entwickelt wurden, der Fall ist, anstatt auf der Basis der Maxwell'schen Gleichungen. Mit gewissem Stolz schreibt daher auch Dunsheath (1962),

> „it has been claimed with much justification that, with far less mathematical equipment than his successors, Edison paved the way in dynamo design followed by Hopkinson and by Kapp, with whom he later collaborated" (S. 120).

In den anderen Wissenschaften wird dagegen Wert darauf gelegt, Beweisführungen auf der Basis eines konsistenten Kalküls durchzuführen, wobei umgekehrt Quantifizierung von nachgeordnetem Interesse ist. Sowohl die zugrundeliegenden Motive bei den diversen Bemühungen um Formalisierung der Ingenieurwissenschaften, als auch die Tatsache, daß es zu unterschiedlichen Ausprägungen von Wissenschaft in Abhängigkeit von sozial formulierten Anforderungen kommt, muß als weiterer Indikator dafür gewertet werden, daß Wissenschaft, ihre Anliegen, Beweisfahren und Anspruchsformen sozial bestimmt sind. Das wissenschaftliche Interesse liegt in der Darstellung und Etablierung von gesellschaftlichen Konsens und Ordnung, und nicht in der Realisierung technischer Entwürfe. Die Beziehung zwischen Technik und Wissenschaft muß demnach einer Klärung zugeführt werden.

3.5 Wissenschaft und Technik

H. Skolimowski (1966) hat gleichfalls früh darauf verwiesen, daß Technologie als eine eigenständige Form menschlichen Wissens verstanden werden sollte. Er fordert folglich, daß die Epistemologie technischen Wissens im Verhältnis zu anderen Formen menschlichen Wissens zu untersuchen wäre. Dabei müßte auch auf jene komplexen Interdependenzen zwischen Wissenschaft und Technik eingegangen werden, die angeklungen sind. Aus der Sicht Skolimowskis wäre es falsch, unter Technik nichts anderes als „angewandte Wissenschaft" zu verstehen. Es wäre genauso falsch, wie zu behaupten, daß Technik keine Wissenschaft sei. Der Unterschied zwischen Wissenschaft und Technik wird nach ihm am leichtesten begriffen, wenn die verschiedenen Auffassungen von wissenschaftlichem und technologischem Fortschritt verglichen werden. Dabei kämen die andersartigen Anliegen am besten zum Ausdruck. Wissenschaften bemühten sich um Verständnis der Realität bzw. um Darstellung von Wirklichkeiten. Technik ist hingegen darum bemüht, Artefakte in Abhängigkeit von Spezifikationen zu produzieren. Festzuhalten bliebe, daß Technik Teil dieser Realität ist, die es zu verstehen gilt.

> „Science concerns itself with what is, technology with what is to be." (Skolimowski, 1966, S. 375).

Skolimowskis Position kann als repräsentative Vorwegnahme für eine sich über mehr als zwanzig Jahre hinziehende Diskussion unter Technikhistorikern genommen werden. Diese hat Staudenmaier (1985) als ein Resultat seiner Untersuchung der Veröffentlichungen in dem renommierten Journal „Technology and Culture" folgend zusammengefaßt:

> „... historians of technology have, by and large, rejected the hypothesis that the cognitive dimension of technology is applied science. It seems clear from their interpretation of technical skill that they also reject the hypothesis that technological cognition is nothing but applied engineering theory. The inadequacy of both formulas derives from the same source. The tension between abstract and concrete knowledge, between design and its ambiance, is the fundamental basis ..." (Staudenmaier, 1985, S. 120).

Diese Position hat inzwischen weite Verbreitung gefunden. B. Barnes (1982) meint zum Beispiel, daß Wissenschaft und Technik gleichwertig sind. Auch er spricht von verschiedenen Kulturen, die in einer symbiotischen Beziehung zueinander stehen. In ähnlicher Weise sieht E. Layton (1977) die Trennung zwischen Wissenschaft und Technik als sozial bedingt wie auch als Resultat unterschiedlicher Aufgaben, die sie im sozialen Milieu zu erfüllen haben. Analoge Positionen vertreten W. E. Bijker, T. P. Hughes und T. Pinch (1987) sowie Vincenti (1990). Die Sicht einer wissenschaftsbasierten Technik und Industrie und der damit einhergehenden zunehmenden Abhängigkeit dieser von den Grundlagenwissenschaften kann demnach nicht übernommen werden.

König vertritt daher gleichfalls die Auffassung, daß technische Wissenschaften direkt aus der industriellen Produktion entstehen. Er meint, daß zwar einige Prinzipien, wie die Tatsache magnetischer Induktion, aus der Naturwissenschaft kommen, doch daß die industrielle Entwicklung des Elektromotors unabhängig von weiteren wissenschaftlichen Beiträgen geschah. Neue technische Produkte werden zwar anschließend wissenschaftlich betrachtet, aber nicht in ihrer Gesamtheit erklärt. Erst im Zusammenwirken verschiedener technischer Disziplinen, z. B. Maschinenbau und Elektrotechnik, entstehen neue Theorien, die in der Folge Rückwirkungen auf die industrielle Produktion haben können.

Trotzdem kann man mit gutem Grund von einer „Verwissenschaftlichung der Gesellschaft" sprechen, allerdings auf der Basis eines anderen Vorverständnisses. In beiden Fällen liegen verschiedene Anliegen vor, d. h. es liegen unterschiedliche soziale Intentionen vor.

Was zeichnet diese beiden Anliegen aus? Was sind ihre Funktionen in ihrer Gesellschaft? Zur Beantwortung dieser Frage können wir nochmals auf Skolimowskis Beobachtung zurückgreifen. Wissenschaften bemühen sich um das Verständnis oder die Darstellung der Realität. Technik ist hingegen bemüht, Artefakte in Abhängigkeit von Spezifikationen zu produzieren. Die charakteristischen Unterschiede liegen somit einmal im Bestreben nach Darstellung von Gegebenheiten bzw. umgekehrt im Bestreben, Gegebenheiten absichtsvoll zu verändern und einzusetzen. Bei den einen geht es um die Etablierung eines „Sprachspiels", das Handlungsvoraussetzung sein kann, bei den anderen um Handlungsmodifikation unter Einsatz von Artefakten[25]. Die einen produzieren Voraussetzungen für Konsens, die anderen bestimmte Formen von Kooperation. Die Beziehung besteht darin, daß zwar Kooperation Konsens erfordert, aber die Umkehrung nicht notwendigerweise gleichfalls gilt. Wissenschaft fördert ein soziales Nebeneinander, Technik verändert das Miteinander.

Die technischen Wissenschaften unterscheiden sich von anderen nicht unwesentlich.

> „Im *Vordergrund* steht in den technischen Wissenschaften nicht die Explanationsfunktion, sondern die *Prediktionsfunktion* der Theorie (m. H.). Mit den Konstruktionen, Projekten usw. geht der Techniker schöpferisch über das von ihm Vorgefundene hinaus. Die Abbildung eines schon bestehenden Objektbereichs in einem Satzsystem, das diesen Objektbereich beschreibt bzw. erklärt, ist für ihn nur die Voraussetzung dafür, Gebilde, Verfahren bzw. Fertigkeiten zu *antizipieren* (m. H.). (Müller, 1967, S. 1446)

Die Eigenständigkeit der technischen Wissenschaften gegenüber den theoretischen wird an einem weiteren Fallbeispiel deutlich, das das andersartige Anliegen zeigt und wo sich ferner ein bevorstehender Ersatz der Intentionen theoretischer Wissenschaften durch technische anzudeuten beginnt.

Gorokhov (1983) präsentiert am Beispiel der Entwicklung des Radar diesen Fall. Radar als spezifische wissenschaftliche Ingenieursdisziplin hat sich aus der Radiotechnik entwickelt. Sie zählt somit nicht zu den angewandten Naturwissenschaften, wenn auch – wie Gorokhov an anderer Stelle (Gorokhov, 1990) betont – die Ingenieurwissenschaften von den Naturwissenschaften ein „Ideal von Wissenschaftlichkeit" übernommen haben, das sich u. a. in der Organisation des Wissens in Form „idealer Objekte" und in der durch Mathematisierung möglichen ein-

---

[25] I. Hacking (1983) charakterisiert den Unterschied in ähnlicher Weise. Unter Bezug auf J. Dewey, spricht er von einer „spectator theory of knowledge", die seit dem 17. Jhdt. damit befaßt ist Natur abzubilden. Ein Problem sieht er darin, daß diese Obsession auf Kosten eines besseren Verständnisses der Erkenntnis schenkenden Rolle von Intervention, Handel und Experiment geht.
„Reality as intervention does not even begin to mesh with reality as representation until modern science. Natural science since the 17th century has been the adventure of the interlocking of representing and interventing." (ibid. S. 146).
Allerdings bleibt anzumerken:
Hacking steht fest verankert in der individualistischen Tradition anglosächsischer Kultur. Seine Interventionen sind stets als Akte isolierter Individuen gedacht, die demnach selbst Hand anlegen. Die Bedeutung der Darstellung und Erzeugung eines konsensualen Bildes als Voraussetzung politischen und sozialen Handelns entgeht ihm dadurch.

heitlichen Codierung und damit Codifizierung ausdrückt. Ingenieurwissenschaften unterscheiden sich jedoch von den Naturwissenschaften schon in der Konstruktion dieser „idealen Objekte". Ausgangspunkt ingenieurwissenschaftlicher Theorien sind Problemformulierungen, die technischen Lösungen zugeführt werden sollen. In den Vordergrund stellt er damit, ähnlich wie Mittelstraß (1991), ein Handlungsinteresse und kein Darstellungsinteresse.

Aus der Problemformulierung wird ein idealisiertes Konstruktionsschema entwickelt, das in das Bild eines naturwissenschaftlichen Prozesses übersetzt wird. Daraus läßt sich ein Funktionsschema und eine mathematische Modellierung entwickeln. Aus dem Funktionschema leitet sich dann ein Forschungsproblem ingenieurwissenschaftlicher Art ab[26].

Das beim Radar anfänglich formulierte Problem war die räumliche Lokalisierung von Objekten mittels elektromagnetischer Wellen. Das Ingenieurproblem bestand darin, Geräte und Instrumente zur Lösung dieses Problems zu entwickeln. Der Problemaufbau erfolgt somit umgekehrt wie bei den Naturwissenschaften, quasi von unten nach oben.

Anfang der Dreißigerjahre standen zwei prinzipielle Ansätze zur Problemlösung zur Verfügung: die „Pulsmethode", wie sie zur Erforschung der Heavyside-Schicht verwendet wurde und die Interferenzmethode, die den Doppler-Effekt nutzte. Da sich Radar aus der Radiotechnik entwickelte, griff man zuerst zum „alten Paradigma" und setzte auf die Interferenzmethode, in der Meinung, daß hier weder neue Instrumente noch Theorien zu entwickeln seien. Bald allerdings ergaben sich technische Probleme bei der Ortung, sodaß man dazu überging, extrem kurze Wellenlängen zu nutzen (Ultrakurzwellen), die neue Oszillatoren, Empfänger und Antennen nötig machten. In der Folge ergaben sich weitere Probleme durch externe Interferenzen und internes „Rauschen". Man verlegte sich daher auf die Erprobung der Pulsmethode, die einige zusätzliche Vorteile brachte, wie die Möglichkeit, nur eine Antenne für Senden und Empfang verwenden zu können, etc.

UKW und Pulstechnik erforderten nun allerdings die Erforschung des Verhaltens von Wellen im Dezi- und Zentimeterbereich. Somit entstanden neue Studienobjekte. Die einheitliche Antenne verlangte nach Zusatzgeräten, wie Multivibratoren etc. Die Interferenzen nötigten dazu,

---

[26] Diese Darstellung ließe sich auch ohne allzu große Schwierigkeit auf vorliegende Arbeit übertragen. Die „Problemformulierung" erfolgt in der Einleitung und in Kapitel 1. Als „ideales Konstruktionsschema" wird zunächst Kuhns Ansatz wissenschaftlicher Revolutionen vorgeschlagen. Es stellt sich heraus, daß dieses ähnlich wie bei der Interferenzmethode bei der Entwicklung des Radars, problembeladen ist. Das zeigt sich in Kapitel 3 und 4. Bereits hier, aber weiter in Kapitel 5 und 6 wird ein alternatives Funktionsschema entwickelt, das im Kapitel 7 mathematisiert wird. Daraus entwickeln sich nun neue Forschungsprobleme, wie sie in Kapitel 8 dargestellt werden. Ihre praxisbezogene Lösung kann allerdings in der vorliegenden Arbeit nicht mehr vollzogen werden. Dazu würde nämlich bereits eine Gruppe von Mitarbeitern vonnöten sein.

Phänomene wie Refraktion, Dispersion, Absorption und Streuung, und zwar bei verschiedenen Reflexionsmaterialien, zu studieren. Die Visualisierung der Ortungen machte die Entwicklung der Kathodenstrahlröhre nötig und brachte hier neuerdings Probleme und Erkenntnisse.

Serien- und Massenproduktion aller notwendigen Bestandteile machte es nötig, ein „ideales Radarsystem" zu entwickeln, das als Standard dienen konnte und so das „ideale Objekt" der neuen Wissenschaft wurde.

Allerdings blieb es nicht dabei. Es entstand als Folge in den 50er Jahren ein völlig neues Weltbild, zu dem die Radioastronomie, Radiometeorologie, Radiospektroskopie und viele andere neue Disziplinen beitrugen. Zusätzlich entwickelte sich aus der Notwendigkeit, die Qualität von Radarsystemen zu beurteilen, eine Theorie der Informationsübertragung auf der Basis von Statistik und Wahrscheinlichkeitsrechnung, da ja Lärm bzw. „weißes Rauschen" zwangsläufig als statistisches Phänomen zu begreifen war.

Daraus ergaben sich zwei korrelierende ontologische Entwürfe, funktional-deterministische auf der Basis des Elektromagnetismus, sowie statistisch-probabilistische Modelle[27].

Trotz all dieser Entwicklungen waren manche Probleme bei der Ortung nur auf der Basis des Zusammenwirkens mehrerer Radarstationen zu lösen. Die Entwicklung multifunktionaler Systeme, wo mehrere Radars über eine Informationsauswertungsstelle miteinander verknüpft werden, ergab einen neuerlichen Paradigmenwandel, sowohl in der Theorie, als auch in den Apparaturen. Dieser ist uns bereits vertraut. Er ist mit Begriffen wie Informationstheorie, Kybernetik, Computersimulation, Kontrolltheorie und Systemtheorie verknüpft.

3.5.1 Kooperation durch Technik

Aus allen diesen entsteht eine neue Form der Ingenieurtätigkeit, die Systemtechnik[28]. Diese ist zwangsläufig multidisziplinär und funktional. Sie schließt nicht nur Humanfaktoren und damit nicht-naturwissenschaftliche Fragen ein, sondern auch die Wechselbeziehungen mit der (besser: den) Umwelt(en). Daraus ergibt sich neuerlich ein „ideales Objekt", nämlich ein „idealer Plan", der vom Prozeß der Realisierung getrennt ist und einen neuen Typ menschlicher Tätigkeit erzeugt. Als Folge wird die wissenschaftsspezifische Trennung von Subjekt und Objekt unmöglich[29], denn die eigene Tätigkeit muß nun gleichfalls mitanalysiert

---

[27] Eine analoge Entwicklung mit weitreichenden Konsequenzen erkenntnistheoretischer Art fand ja auch beim Übergang von der Newtonschen Physik zur Relativitätstheorie statt. Die gesellschaftlichen, korrespondierenden Entwicklungen gingen diesem Paradigmenwechsel voraus. (Siehe Kapitel 4).

[28] In Kapitel 6 wird sich zeigen, daß dieser Schritt historisch wesentlich früher, nämlich im 17./18. Jhdt. bereits ansteht.

[29] Siehe dazu: Kapitel 9.

werden. Demnach findet ein ähnlicher Bruch statt, wie im Übergang von klassischer Physik zur Quantenphysik. Nicht nur wird ein ständiger Dialog im Rahmen einer „permanenten Projektierung" notwendig und normal, sondern es wird darin die Quintessenz von Ingenieurtätigkeit erkenntlich: Verfahrensvorschriften praktischer Tätigkeiten zu entwikkeln, diese zu erforschen und zu ersetzen (Gorokhov, 1990). Technik bestimmt und vermittelt Kooperation bzw. erlaubt, solche zu ersetzen. Solche Verfahrensvorschriften gibt Wissenschaft bestenfalls für ihren eigenen Bereich vor und selbst das nicht, wie die Laborstudien von Knorr-Cetina (1981, 1983), Latour und Woolgar (1979) u. a. zeigen.

> „Um . . . die zu erarbeitenden Entwürfe möglichst umfassend anpassen zu können, müssen neben den technischen ökonomische, physiologische, psychologische, ästhetische, wirtschaftspolitische u. a. Forderungen, Bedingungen oder Wünsche erfüllt werden, bzw. muß ihnen entsprochen werden." (Müller, 1967, S. 1447)

Das Verhältnis von Erkenntnis und Forschung verändert sich. Die gegenseitige Abhängigkeit von Theorie und Forschung, wie noch von Mittelstraß (1991) postuliert, scheint zu verschwinden[30]; Erkenntnis geht in „Projektierung", die im Rahmen der Ingenieurstätigkeit zu Beginn des 20. Jhdt. erfunden wurde, auf. Es werden keine Theoremata mehr bewiesen oder falsifiziert, sondern Tätigkeiten organisiert, reorganisiert und erforscht. Es werden Kooperationsweisen entworfen, wodurch der Ingenieurtätigkeit eine zentrale Stellung in unserer Kultur zuteil wird. In diesem Sinn ‚tragen die technischen Wissenschaften *integrierenden Charakter*'. (Müller, 1967, S 1447) Für die Durchführung dieser organisatorischen Aufgabe[31] stehen zwei funktionale Beschreibungsmodi zur Verfügung, nämlich strukturelle und algorithmische, die in universellen Computersimulationen homogenisiert und funktionabel werden[32].

Die gesamte Entwicklung kann durch das folgende Zitat auf den Punkt gebracht werden:
„The problem is to *normalize* (meine Hervorhebung) and unify the procedures of building a configurator" (Gorokhov, (undatiert) S. 194). Bei

---

[30] Die Unterscheidung von Theorieform und Forschungsform (Mittelstraß, 1991) korrespondiert mit zwei Arten von Rationalität: „Begründungsrationaltität" und „Objektrationalität". Die erste produziert Wissen darüber „wie etwas der Fall ist" (knowhow), die zweite „Wissen, was der Fall ist" (know-what).

[31] Diesen Aspekt der „Theilnahme an Organisationen" als Bedingung des „Technikberufs", wo „dem Einzelnen die grösste Verantwortung für das richtige Ineinandergreifen der Gesamtthätigkeit auferlegt werden muss" bezeichnet schon Reuleaux (1884) als konstitutiv für die „Wissenschaften des Schaffens" im Unterschied zur Universitätserziehung, die auf das Einzelleben hinzielt. Tatsächlich läßt sich aber diese Entwicklung noch weiter zurückverfolgen. (Siehe Kapitel 6).

[32] Staudenmaier (1985) kommt zu einem vergleichbaren Schluß, wenn er schreibt: ". . . the precision and replicability of mathematical formulas have been desireable for *codifications* (m. H.) of technological rules of practice even when they were not part of formal engineering theory." (S. 119). „Codification" darf man dabei im weitesten Sinn des Wortes als Normierung, Ordnung, Recht interpretieren.

dieser Tätigkeit gibt es nun auch keine „Interpretationsprobleme“ mehr, da es sich um „Vorschriftenwissen“, ähnlich der Jurisprudenz, handelt[33]. Einzig der praktische Erfolg zählt als aussschlaggebend. Er konstituiert Wirklichkeit und leistet somit das, was in der Theorie ein Beweis erbringt.

Was an dieser Darstellung fasziniert, ist dreierlei:

Erstens signalisiert sie das Ende des Interesses an theoretischer Grundlagenforschung. Nicht die Verwissenschaftlichung der Industrie, sondern Industrialisierung und Technisierung der Wissenschaft steht im Zentrum der Aufmerksamkeit, wie im folgenden zu sehen sein wird. Nicht Konsens soll ermöglicht werden, sondern Kooperation.

Zweitens deutet sich in Phrasen wie „Vorschriftenwissen“, „permanente Projektierung“, „Dialog“, bzw. „Aufhebung von Subjekt und Objekt“ ein radikaler Wandel an, der einen tiefgehenden gesellschaftlichen Wandel ahnen läßt[34].

Letztlich ergibt sich eine frappierende Übereinstimmung mit den Auffassungen zweier zeitgenössischer Philosophen: Heidegger und Foucault.

Beide vertreten die Auffassung, daß Wissenschaft ein Verfahren der Etablierung von Ordnung darstellt und Technik deren Mobilmachung und Nivellierung ist. Foucault bezeichnet diesen Prozeß wie Gorokhov als „Normalisierung“. Normalisierung ist dabei mehr als nur eine Form von Sozialisation in etablierte Normen. Sie ist das historische Produkt einer Technik der Macht. Ihr Hintergrund liegt in der Vorstellung begründet, die sich bis auf Galilei und Descartes zurückverfolgen läßt, daß es ein und nur ein System gibt, in das sich alle physikalische Wirklichkeit einpassen läßt. Dabei muß nicht nochmals betont werden, daß seit Descartes auch Lebewesen (also auch der Mensch) dieser physikalischen Wirklichkeit zugerechnet werden.

Wissenschaft und zeitgenössische Normen produzieren demnach zunächst „ideale Objekte“, zwangsläufig somit auch Ab-Normes. In einem zweiten Schritt werden allerdings diese zum Anlaß genommen, sie unter das Regime einer neuen Normalität zu bringen. Auch der fehlerhafte Apparat unterliegt dem Naturgesetz. Nun ist der Prozeß der Produktion

---

33 Dies steht in einer beachtenswerten Analogie zu Winograd/Flores (1986), die an einem vergleichbaren Projekt, dem „coordinator“, arbeiten. Dabei handelt es sich um „tools to operate in a linguistic domain.“
Dieser Coordinator ist
„designed for constructing and controlling conversation networks in large-scale distributed electronic communication systems.“ (ibid., S. 159).
Grund für diese Entwicklung ist dabei die Lösung eines organisatorischen Problems.
„. . . an essential part of all work in organizations is the dimension of ‚coordination‘ . . .“ (ibid., S. 143).
„The issues of commitment and coordinated action . . . are vital to all kinds of work situations and to ‚homelife‘ as well.“ (ibid. S. 143).

34 In der Terminologie von Kapitel 7, wird er als Tendenz zu ‚Vergemeinschaftung‘ zu charakterisieren sein.

von Normalität bei Foucault, wie in Kapitel 5 detailliert dargestellt wird, nicht mehr nur ein Prozeß der Unterdrückung. Er zielt stattdessen auf die Ermöglichung von Kooperation und Mehrung sozialer Wohlfahrt[35].

3.5.2 Von Religion über Wissenschaft zu Technik

Festzuhalten bleibt zunächst:

Beide – theoretische wie technische – Wissenschaftstypen verfolgen unterschiedliche Anliegen. Deshalb gelten für sie unterschiedliche Ansprüche betreffend Akzeptanz ihrer Erklärungsmodelle und Beweise: Zielen die einen darauf ab, mittels unwiderlegbarer Verfahren und verbindlicher Darstellungen die Existenz bestimmter Gegebenheiten allgemein zu demonstrieren, somit eine Basis zur Konsenserzeugung zu liefern, so ist im zweiten Fall solche Überzeugungsarbeit nicht mehr nötig, weil das funktionsfähige Artefakt für sich selbst spricht, ja sogar handlungsanweisend wirkt[36].

Dieser prinzipielle Unterschied im Anliegen wurde etwa anhand der Reaktion von Maxwell auf Bells pragmatische Anwendung seiner Theorie deutlich. Doch auch Faradays erfolgloser Versuch, eine konsistente Theorie der damals bekannten Kräfte statt einen Dynamo zu entwickeln, deutet vergleichbare Prädispositionen an. Weder Gauß noch Newton noch Descartes waren an anderem als an Darstellungen interessiert. Auf der anderen Seite finden sich hingegen Männer wie Edison, Siemens, Maudslay, Macadam oder Stephenson, die kein gesteigertes Interesse an der Entwicklung von Theorien fanden. Schon bei ihnen überwiegen Interessen der Systementwicklung. Nicht erst die Ingenieure des 20. Jhdts. waren es, wie Gorokhov meint, die Verfahrensvorschriften in Technik implementierten. Die Tendenz läßt sich bis ins 17. Jhdt. zurückverfolgen, und sogar noch weiter. Unter welchen Bedingungen es als notwendig erachtet wird, Sozialisation durch Technik zu ersetzen, wird Kapitel 6 darlegen.

Daraus bestimmt sich die Differenz im Anliegen wie auch in dem, was als Erfolgsnachweis[37] akzeptiert wird. Die in Kapitel 1 ausführlich dargestellten Widersprüche der Universität sind Widerspiegelungen dieser Situation. Wir erinnern uns, daß dort von den gegensätzlichen Anliegen, die zwischen Ausbildung und Bildung, Grundlagenforschung und praxisorientierter Forschung, Lehre und Forschung bestehen, ge-

---

[35] Eine zusammenfassende Darstellung dieser Situation findet sich bei Dreyfus (1989): On the Ordering of Things – Heidegger and Foucault.

[36] „Die Frage, *was* etwas ist, *warum* es ist und warum es *so* ist, interessiert den technischen Wissenschafter letzten Endes nur deshalb, weil man nur über diese Erkenntnisse dahin gelangen kann, zu wissen, *wie man vorgehen muß*, um dieses Etwas technisch zu *beherrschen*." (Müller, 1967, S. 1447/48)

[37] Mittelstraß (1991) nennt diesen Erfolgsnachweis „Rationalitätskriterium". Diese Kriterien meint er, sind Normen und daher nicht allgemein verbindlich, sondern Entwicklung unterworfen.

sprochen wurde. Und wir erinnern uns ferner, gesehen zu haben, daß selbst in den technischen Wissenschaften (wie in den nichttechnischen Wissenschaften) solche Konflikte bestanden, bei denen es darum ging, entweder theoretische Gebäude zu errichten, die in der Lehre nützlich, aber für die Praxis wenig hilfreich sind, oder umgekehrt Ausbildung und Forschung so zu organisieren, daß sie praxisbezogen, aber dafür möglicherweise theoriefern sind.

Diese Unterscheidungen werden uns im weiteren noch beschäftigen. Sprachliche Darstellungen zielen darauf, konsensualistisch zu sein, sie nehmen auf ein Auditorium Bezug, das es zu überzeugen gilt[38]. Darin erkennen wir das zentrale Anliegen theoretischer und dialogischer Wissenschaften[39]. Solcher Konsens kann mit unterschiedlichen Verfahren erzeugt werden.

Eine Wissenschaft, die sich auf die Produktion von Realtechniken verlegt, braucht solche konsensualen Bezugspunkte nicht. Sie kann sich zunächst mit Monologen begnügen, weil der durch ihre Artefakte möglich gewordene Handlungsbezug selbstevident ist oder zumindest sein soll, und nur deren Nutzer (und zwar durch Anwendung) zu überzeugen braucht. (Eine ausführliche Darlegung dieser Unterschiede findet sich in Kapitel 5, wo, in Anlehnung an Diderot und andere, Wissenschaften des Erkennens, des Schaffens und der Scholastik unterschieden werden.) Doch solange die automatische Fabrik nicht funktioniert, kann sie auf Kooperation nicht gänzlich verzichten. Daher muß diese mit hergestellt werden.

Kehren wir nun nochmals zur Frage zurück, wie weit von „Verwissenschaftlichung der Gesellschaft" bzw. „Vergesellschaftung der Wissenschaft" gesprochen werden kann. Aufgrund der gemachten Unterscheidung muß die Frage spezifiziert werden. Würde nur die technische Variante der Wissenschaft gemeint, so läßt sich auf der kaum be-

---

[38] In einer gewissen Weise wird dieser Überzeugungsfähigkeit einer Wissenschaft in Kuhns Paradigmen-Ansatz Rechnung getragen Die zukünftigen Wissenschafter lernen anhand ausgewählter Beispiele, die sie nicht weiter hinterfragen. Deren Überzeugungskraft wirkt auch auf Nichtwissenschafter weiter. Wissenschaft offeriert so Welterklärungen, eine Tätigkeit, die üblicherweise Mythos, Drama und Religionen übernehmen. In den Wissenschaften des Konkreten treten sie als Ordnungsprodukte auf. Ihre dramaturgische Rolle ist vom Theater auf die Theorie übergegangen. Nicht zufällig verweist D. Bohm (1980) darauf, daß „Theorie" und „Theater" dieselbe etymologische Wurzel haben, „eine Vorstellung machen". Theorie ist demnach eine Weise die Welt darzustellen, bzw. zu betrachten.

[39] Das bringt Brunner (1968) in seinem Zusammenhang für die antike Wissenschaft zum Ausdruck, wenn er schreibt:
„Daher zielt dieses Denken stets auf die Idealform und mißt an ihr die tatsächlichen Erscheinungen, ist ‚Theorie', das ‚Schauen des eigentlichen Seins'. Sein und Sollen können hier nicht wie im modernen Denken getrennt werden, sondern liegen in engster Bindung beieinander." (ibid., S. 114/115).
Wir vertreten allerdings die Position im Unterschied zu Brunner, daß diese Trennung auch in der modernen Wissenschaft nicht vollzogen wird. (Dazu: Kapitel 4).

streitbaren Tatsache zunehmender Technisierung aller Lebensbereiche „Verwissenschaftlichung der Gesellschaft" konstatieren. Besser spricht man dann allerdings, wie wir es bevorzugen, von „Technisierung der Gesellschaft".

Bleibt nach den abstrahierenden Wissenschaften zu fragen. Nun läßt sich zeigen, daß diese ihre Rolle sozialer Konsenserzeugung durch Darstellung noch nicht eingebüßt haben[40]. Ohne in die Details zu gehen, weil sie aus alltäglicher Erfahrung reproduziert werden können, sei z. B. auf die zunehmende Bedeutung von Experten und Gutachtern verwiesen. Über Experten produziert Wissenschaft Unwiderlegbarkeit, und zwar auch im Alltag, und erzeugt so Konsens. Expertenwesen ist dabei keineswegs nur auf technische Gutachten beschränkt, sondern findet sich bei der Rechtsfindung und ebenso dort, wo politische, ökonomische, medizinische oder pädagogische Entscheidungen anstehen. Hier wird die „mythologische Rolle" der Wissenschaft, die Bernal als ursprünglichste Aufgabe den Priestern zuordnete, auch heute noch wahrgenommen. Es wird kognitive „Ordnung" geschaffen, weshalb aufmerksame Kenner und Beobachter der Wissenschaft diese auch heute noch als eine Art von Religion verstehen.

E. Mendelsohn (1974) beschreibt deshalb Wissenschafter als eine neu auftauchende Priesterschaft in Allianz mit dem Staat. Wird Wissenschaft als Religionsersatz verstanden, dann läßt sich allerdings auch von einer „Verwissenschaftlichung der Gesellschaft" sprechen. Doch diese „Verwissenschaftlichung" ist ihrerseits das Resultat des historischen Umschlagens von „Prozessen der Vergemeinschaftung" in „Vergesellschaftung". Diese Entwicklung hat mit der Aufklärung begonnen. Das Rad der Geschichte bleibt allerdings dabei nicht stehen.

J.-J. Salomon (1985), langjähriger Leiter der „Science Policy Division" der OECD, schreibt folgendes:

> „The image of the learned scholar, the savant involved in research for its own sake or for its own pleasure, is an image of our culture, not a reality in our societies, concerned as they are with the exploitation of research results
> . . ..
> The search for truth is not really the objective of modern science. Science as an instrument of power, is not in search of truth, but in search of practical results. *The scientist is simply one professionalized technician among many,* (m. H.) devoted to extended knowledge whose meaning lies less in itself than in its usefulness. And since science and its relationship with industry and government has become an extremely expensive collective activity, it is no wonder that it is measured in the same way as any other commodity which has to pay off in terms of applications, profits, and returns." (S. 95)

Diese Aussage bestätigt, was bereits angedeutet wurde. Nicht nur macht sie die nicht zu leugnende Abhängigkeit der Forschung von der

[40] Allerdings ging nach Giedion (1948) das Ansehen der Wissenschaft, d. h. ihr Prestige, im 19. Jhdt. auf die Industrie über. Die Beobachtung gilt sicher für die anglosächsischen Länder, wo in der sozialen Rangskala der „businessman" ganz oben steht. In Österreich und Deutschland finden sich dort Ärzte, Anwälte, Wissenschafter und Politiker.

Wirtschaft deutlich, sondern zeigt vor allem eine prinzipielle Veränderung wissenschaftlicher Arbeit und Anliegen. Salomons Aussage steht gleichfalls in Gegensatz zu dem, was das Modell der Finalisierung beschreibt.

Salomon kann sich dabei nicht allein auf Erfahrungen im Rahmen der OECD berufen. Prominente Quellen, wie etwa die angesehene Zeitschrift SCIENCE, sprachen bereits 1982 (Giamatti, 1982) von der Etablierung eines „akademisch-industriellen Komplexes". Bei diesen Darstellungen handelt es sich nicht allein um neue Kooperationsformen zwischen universitärer und industrieller Forschung. Sondern es wird zunehmend schwieriger, zwischen Grundlagen- und angewandter Forschung zu unterscheiden. Diese Schwierigkeiten erwachsen u. a. daraus, daß Industrien Forschungszentren an Universitäten errichten[41] und dabei von etablierten Wissenschaftseinrichtungen wie der National Science Foundation (NSF) unterstützt werden[42]. Diese Entwicklung kann als Symptom einer umfassenderen und tiefergreifenden Veränderung verstanden werden. Eine Götterdämmerung der Theorie scheint sich anzukündigen.

Derartige Entwicklungen ändern die Gesamtstruktur der Universitäten. Sie erhalten zusätzliches Gewicht dadurch, daß auch Bibliotheken (Wedgewirth, 1982) und andere Einrichtungen durch diese neuen Kooperationsformen verändert werden. Aufgrund ökonomischer Imperative werden neue Beurteilungskriterien an wissenschaftliche Tätigkeit – etwa Effektivitätskriterien – herangetragen, die bislang irrelevant waren.

Wissenschaftliche Testprogramme werden mit neuen Anliegen durchgeführt. Es geht dabei nicht mehr nur darum, wissenschaftliche Erklärungsmuster zu schaffen, sondern meist darum nachzuweisen, daß eine Technologie verläßlich ist und dauerhaft funktioniert. Zwangsläufig ergibt sich daraus, daß Wissenschaft und Wissenschafter (siehe Zitat

[41] Dazu: L. Hack/I. Hack (1985).

[42] Von NSF wurden zu diesem Zweck Musterverträge für Übereinkommen zwischen Universitäten und Industrie entwickelt, die kritische Punkte, etwa Vergabe von Patenten und Lizenzen, regeln sollen (dazu L. G. Tornatzky et al., 1983). Diese Entwicklung ist umfassend und betrifft die Gesamtstruktur der Universität. So stellt McDermott bereits 1977 fest, daß sich die Universitätsstruktur verändert, indem Macht innerhalb der Universitäten zentralisiert wird und sich so neue professionelle „Mandarine" zu etablieren scheinen. Aber die neue Situation drückt sich nicht nur in Machtverhältnissen an Universitäten aus. Auch in universitätsnahen Bereichen, etwa Bibliotheken, sind grundlegende Veränderungen festzustellen. R. Wedgewirth (1982) erklärt die durch die Industrialisierung der Forschung notwendig gewordene veränderte Rolle der Bibliotheken mit dem Zugriff zu Literatur, der systemkonform gleichfalls der Kommerzialisierung unterworfen werden muß. Wedgewirth, Direktor des amerikanischen Bibliothekenverbandes, diagnostiziert eine Politik der amerikanischen Regierung, die über Einschränkung von Finanzmitteln Bibliotheken von der Unterstützung durch private Unternehmen abhängig zu machen sucht. Ziel sei, so meint er, keine Informationen – weder direkt noch indirekt – bereitzustellen, ohne den Benutzern die vollen Gestehungskosten über den Preis zu verrechnen. Mit anderen Worten, die Vorstellung der Verbreitung reiner Wahrheit und die Verpflichtung zu freier Information zum Zweck der Erkenntnis wird Illusion.

oben) zu ändern seien, weil wissenschaftliche Institutionen mehr in die Wirtschaft zu integrieren seien. Die Wirtschaft wäre im Austausch gleichfalls bemüht, Grundlagenforschung zum eigenen Vorteil zu betreiben (Wilson, 1983a). Allerdings hat sich Grundlagenforschung inzwischen selbst grundlegend gewandelt (L. Hack/I. Hack, 1985).

Wilson fordert jedenfalls aufgrund solcher ökonomischer Imperative vermehrten Einsatz von Computern in der Forschung. Es zeigt sich, daß die zuvor und in Kapitel 1 geschilderte Computerisierung eng mit Veränderungen der sozialen Aufgaben der Wissenschaften verbunden ist. Dieser Sachverhalt reflektiert sich dann gleichfalls in Ausbildungsanforderungen, wie sie in Kapitel 5 behandelt werden. Hack (1984) zeigt dazu, wie sich folgerichtig die Nachfrage nach Hochschulabsolventen in deutschen Betrieben verändert hat.

Beide Formen von Wissenschaft, die technische wie die theoretische, sind in größere Kulturzusammenhänge eingebettet, die Institutionen unterschiedliche Verhaltensmuster nahelegen. Die etatistische Form der Wissenschaftssteuerung wie in Deutschland unterscheidet sich von der marktorientierten großer kapitalistischer Länder wie der USA. Trotzdem gilt für alle: Forschung jeder Provenienz wird zunehmend vom Einsatz von Kapital und von Geräten abhängig. Selbst wenn Mittel nur aus staatlichen Quellen fließen würden, wie das über Jahrzehnte hinweg in den sozialistischen Ländern der Fall war, wäre auch dort diese Abhängigkeit der Forschung gegeben.

Uns beschäftigt vor allem die Abhängigkeit von Geräten, die uns von einer „Technisierung der Wissenschaft" lieber sprechen läßt als von einer zunehmenden „Verwissenschaftlichung der Technik"[43]. Gerade diese Technisierung der Wissenschaft signalisiert einen Wandel in der Gesellschaft, der von Konsenserzeugung zur Handlungsanweisung über Geräte und so zu Kooperationszusammenhängen führt (siehe Kapitel 6 und 8). Mindestens seit der Aufklärung wurde Religion als übergreifender sozialer Konsenshintergrund durch Verwissenschaftlichung ersetzt, diese scheint nun ihrerseits zunehmend durch eine umgreifende Technisierung verdrängt bzw. verändert zu werden[44]. Konsens liegt be-

---

[43] Dies vertritt zum Beispiel auch H.-M. Sass (1978) in seinem Vorwort zu Kapp (1877): „Dabei ist das Verhältnis von Wissenschaft und Technik eher umgekehrt: *Wissenschaft ist spezialisierte Technik*, spezialisierte Werkzeugerfindung und Gebrauch spezialisierter Werkzeuge." (S. V)

[44] Es wird manchem Leser nicht entgehen, daß ideengeschichtlich ein ähnliches Modell bereits vom Urahn der Soziologie, der auch den Namen „Soziologie" als Bezeichnung für eine neue Wissenschaft von der Gesellschaft geprägt hat, vorgestellt wurde. A. Comte hat in seinem zwischen 1830 und 1842 erschienen sechsbändigen Werk „Cours de Philosophie Positive" einen entwicklungssoziologischen Ansatz vertreten, der ein evolutionäres Modell der Erkenntnisentwicklung über die Menschheitsgeschichte vorschlägt. Er unterscheidet drei Phasen der Theoriebildung, denen eigene Anliegen, Methoden und Gesellschaftsorganisationen entsprechen, die er als theologisch-fiktive, metaphysische und wissenschaftlich-positive charakterisiert. Die erste Epoche ist von priesterlich-militärischen Herrschaftsformen dominiert, Erklärungen für Ereignisse

reits in den Geräten vor, Kooperation wird auch ohne Interaktion möglich. Dieser durch Geräte zustandegebrachte Konsens ist Thema unseres nächsten Kapitels. Doch bereits an dieser Stelle sei gesagt, daß auch diese Entwicklung Ergebnis eines gesellschaftlichen Wandels ist. Wir wollen ihn als „Ent-gesellschaftung" bezeichnen, in Analogie zum zuvor Gesagten. Die dahinter stehende Entwicklung wird in Kapitel 6 dargelegt.

3.6 Resümee

Begreift man Wissenschaft als jenes Bündel von Handlungen, das aus Beobachtung, Experimenten, d. h. Versuchen, Klassifikation und Systematisierung besteht und in der Tradierung solcherart generierten Wissens, dann handelt es sich um ein gesellschaftliches Unterfangen, dessen Beginn in der Prähistorie liegt.

Diese Sicht legt die moderne Anthropologie nahe. Es lassen sich allerdings unterschiedliche Typen von Wissenschaft herauskristallisieren, wobei allen eines gemeinsam ist, daß sie nämlich in zwei mehr oder weniger unabhängige Teile zerfallen. Prähistorische wie zeitgenössische Ethnowissenschaften sowie auch die eigene, im antiken Griechenland erfundene, heutige Wissenschaft haben ihren theoretischen und ihren pragmatischen Zweig. Die Zusammenhänge zwischen den beiden Teilen sind wenig studiert. Daher erscheint es oft auf den ersten Blick so, als wären sie unabhängig. Diese Vorstellung entspricht nicht den Tatsachen, auch wenn es nicht einfach ist, die Wechselbeziehungen darzustellen. Doch auch die heute gepflegte Darstellung, daß die angewandte und praxisorientierte Seite der Wissenschaften Ergebnis der theoretischen Grundlagenforschung sei, wie das M. Bunge (1972) mit Nachdruck vertritt, entspricht nicht den Gegebenheiten.

Es ist deshalb sinnvoll, zumindest einen dieser Zweige näher zu bestimmen. „The whole aim of theoretical science is to carry to the highest possible and conscious degree, the perceptual reduction of chaos."

---

haben affektive Bedeutung und ruhen in anthropomorphen Vorstellungen. Verursacher sind menschenähnliche Götter. In der zweiten Phase, mit der Comte vor allem die Philosophen des 18. Jhdts. zu charakterisieren scheint, nehmen personifizierte Abstraktionen, wie Natur, den Platz der Götter ein. In der dritten, industrieorientierten Epoche werden diese Ansätze aufgegeben und nur mehr beobachtbare Ereignisse mittels Theorien zueinander in Beziehung gesetzt. Unser Ansatz unterscheidet sich von dem Comtes in mehrfacher Hinsicht. Wir stimmen zwar darin überein, daß Erkenntnisform und Gesellschaftsform in gegenseitiger Abhängigkeit zueinander steht, doch bedeutet das noch kein evolutionäres Modell der Menschheitsgeschichte. Wir akzeptieren Brüche, Katastrophen, Wiederholungen etc. Damit verbunden ist unsere Vorstellung vom wiederholten Auftreten beweisender Wissenschaften, allerdings in jeweils unterschiedlichen Ausprägungen. Letztlich werden Wissenschaft und Technik als verschiedene Formen von Erkenntnis betrachtet, die nun auch spezifische und unterschiedliche gesellschaftliche Aufgaben zu erfüllen haben. Erkenntnisgewinn wird niemals nur seiner selbst willen gesucht, sondern ist eine Antwort auf einen spezifischen gesellschaftlichen Bedarf.

schreibt Simpson und fährt fort: „All theoretical science is ordering and, if systematics is equated with ordering, then systematics is synonymous with theoretical science." (Zit. nach Lévi-Strauss, (1962), S. 10)

Diese Ordnungen sind genuine kulturelle Leistungen. Folglich teilt jede Kultur ihre Wirklichkeit in unterschiedlichen Weisen ein[45]. Aus solchen unterschiedlichen Ordnungen ergeben sich unterschiedliche „Operatoren", die das Spezielle mit dem Allgemeinen verknüpfen und die Lévi-Strauss als „totemische Operatoren" bezeichnet. Solche Operatoren helfen nicht nur Ordnung ins Chaos zu bringen, sondern dienen auch als Heuristiken im praxisbezogenen Teil der Wissenschaften. Daraus entstehen kulturspezifische Techniken, wie sie u. a. von Ellul (1954) beschrieben werden. Darin besteht der ausschlaggebende Zusammenhang zwischen Theorie und Praxis[46], beide sind abhängig von ihrer jeweiligen Kultur.

Ein zusätzlicher Aspekt der Leistungen theoretischer Wissenschaft liegt in deren doppelter gesellschaftlicher Verankerung. Die gewonnenen Ordnungen sind nämlich einerseits ein wichtiger Pfeiler zur Begründung von sozialem Konsens, andererseits sind sie auch dessen Ergebnis. Denn das Ordnen der Wirklichkeit geschieht nach dem Muster der Vorstellungen von sozialer Ordnung[47], wie Marx, Durkheim, Lévi-Strauss u. a. immer wieder betonen.

---

45 Das bringt Sahlins (1976) in Hinblick auf Ökologie auf den Punkt, wenn er schreibt: „It is insufficiently stressed in ecological studies, that before there can be natural selection there is a culture selection: of the relevant natural facts. Selection is not a simple natural process; it originates in a cultural structure which by its own properties and similarities defines the environmental context specific to itself. . ." S. 208.

46 K. Mannheim (1929/36) sieht das folgend:
„To-day we almost take it for granted that science begins when it destroys our original approach and replaces it by one which is foreign to living experience. This is the most important reason why practice cannot profit by this kind of theory. This creates a tension between theory and practice which is increasingly aggravated by modern intellectualism. Summing up the main difference between this contemplative, intellectualistic point of view and the living standpoint which is accepted in the realm of practice, we might say that the scientist always approaches his subject matter with an ordering and schematizing tendency, whereas the practical man . . . seeks orientation with reference to action. It is one thing to aim at a schematically ordered bird's eye view; it is quite another thing to seek a concrete orientation for action. The desire for concrete orientation leads us to view things only in the context of the life-situations in which they occur. A schematically ordered summary tears apart the organic interconnection in order to arrive at an ordered system which, although artificially constructed, is nevertheless occasionally useful." (S. 173/174).

47 M. Sahlins (1976) schreibt:
„. . . the action of nature unfolds in the terms of culture; that is, in a form no longer its own but embodied as meaning. Nor is there a mere translation. The cultural fact assumes a new mode of existence as a symbolized fact, its cultural deployment and consequence now governed by the relation between its meaningful dimension and other such meaning, rather than the relation between its natural dimension and other such facts." (S. 209)
„. . . nature rigidly separated from men does not exist for man . . ." (ibid.)

Bricht hingegen soziales Chaos aus, dann bricht auch Chaos in den Köpfen aus. Beweisende Wissenschaft, so wie sie nach Mittelstraß (1970) oder Bernal (1954) das erste Mal im antiken Griechenland auftrat, wäre demnach der Versuch, solche Ordnung wieder zu gewinnen, Mythos durch Logos zu ersetzen.

Die Erfindung der Möglichkeit von Wissenschaft hängt tatsächlich mit einem radikalen Bruch zusammen, wie die oben genannten Autoren wiederholt betonen. Denn von nun an geht es nicht mehr darum, eine soziale Ordnung zu erhalten, sondern darum, eine neue zu begründen[48], die sich als „kleinster gemeinsamer Nenner" verschiedener Ordnungen verstehen läßt. Das wird durch Beweise erreicht. Solche kleinste gemeinsame Nenner – oder mengentheoretisch gesprochen Durchschnittsmengen – hängen zwangsläufig von den eingebrachten Grundmengen ab. Das erklärt u. a. auch, warum es unterschiedliche wissenschaftliche Rationalitäten und vor allem Beweisverfahren[49] gibt. Es erklärt weiters, warum es Epochen gibt, wo „beweisende Wissenschaft" nicht nachgefragt ist[50].

Aus dem Umstand, daß die Etablierung von Konsens Voraussetzung für Kooperation und Innovationen darstellt, erklärt sich dann auch die zeitliche Priorität wissenschaftlicher Entwicklung vor technischer in allen drei angeführten historischen Epochen.

Umgekehrt wird auch deutlich, warum manche Wissenschaften, wie etwa jene des europäischen Mittelalters, so wenig wahrgenommen werden. Auch die Wissenschaft von der Wissenschaft oder der Geschichte der Wissenschaft ist eine, die Ordnung schafft und auf der Suche nach einem kleinsten gemeinsamen Nenner ist. Jener Durchschnitt ist aber in

---

48 Dazu Tenbruck (1989):
„Die große wissenschaftliche Revolution im 17. Jhdt. markiert einen fundamentalen Wechsel des Legitimationsprinzips. Mit ihr ging das Monopol, gültige Ordnungen zu beglaubigen, an die Wissenschaft über. Nur weil die Wissenschaft dieses Recht übernahm und übte, konnte unsere moderne Welt entstehen. Sie ist auf den Legitimitätsversprechen der Wissenschaft erbaut worden. Die moderne Wissenschaft hat ihren Siegeszug mit der Verheißung begonnen, die wahre Ordnung der Dinge in Natur, Religion, Politik, Gesellschaft, Moral, Kultur bloßzulegen. Sie wollte nicht nur, wie wir heute meinen, Erkenntnis gewinnen, sondern die falschen Autoritäten entlarven und durch echte ersetzen, die der Mensch mit letzter Gewißheit aus dem rationalen Zwang freier Vernunft anerkennen konnte. So mußte vor ihrer Entschiedenheit alles, was bisher Gültigkeit hatte, als illegitim weichen, und sie selbst wurde in ihrem Fortschritt zur einzigen Autorität in der modernen Welt. Im Namen ihrer Versprechungen wurden die überkommenen Daseinseinrichtungen aufgelöst und neue Ordnungen ins Werk gesetz. Im Namen und mit Hilfe der Wissenschaft entstanden so die Daseinsapparate der modernen Gesellschaft, deren ständige Ausgestaltung als Durchbruch der letztlich legitimen Ordnung betrieben worden ist. Als Quelle der Anweisungen auf legitime Ordnungen ist Wissenschaft entstanden. In dieser Eigenschaft hat sie unsere heutige Welt geschaffen." (S. 132).

49 Was als Beweis oder als Widerlegung gilt, ist – selbst in der Mathematik ohne Computer – historischem Wandel unterworfen und somit kulturell determiniert. Dazu: I. Lakatos (1963/64), A. Gellatly (1988).

50 Dazu Toulmin (1967).

diesem Fall scheint's leer. Beide Kulturen sind unverträglich. Wenn das so ist, bleibt nur die Möglichkeit, einer von beiden das Attribut der Wissenschaftlichkeit zu verweigern. Mit gutem Grund ist anzunehmen, daß es nicht die eigene sein wird.

Solche Unvereinbarkeit ist von sozialwissenschaftlichem Interesse. Mit ihren Ursprüngen werden wir uns demnach noch ausführlich beschäftigen. Im Augenblick sei nur folgendes festgestellt:

In den meisten Darstellungen wissenschaftlicher Entwicklung wird auch häufig eine der beiden Seiten wissenschaftlicher Tätigkeiten, die theoretische oder die praxisbezogene, alternierend nicht wahrgenommen.

So bestand nach Mittelstraß (1970) die große Leistung der Antike darin, Sätze, i. e. sprachliche Konstrukte, aufgestellt zu haben, die nach Möglichkeit mit sprachlichen Mitteln, z. B. Syllogismen, zu beweisen waren. Umgekehrt bestanden die großen Leistungen der Prähistorie nach Bernal und Lévi-Strauss in Erfindungen in der Metallurgie, im Instrumentenbau, wie Waage oder Wagen, in der Domestizierung von Tieren u. ä.. Analoge Leistungen der Antike, wie sie besonders während des Hellenismus geballt auftreten, werden häufig nur kursorisch erwähnt, wogegen umgekehrt die Erkenntnisleistungen vor der Antike meist ähnlich wenig Beachtung finden. Ohne auch nur rudimentär auf geometrische, astronomische und ähnliche Leistungen des Neolithikums (Hoyle, 1977) und danach eingehen zu wollen, dürfen doch sprachliche und theoretische Leistungen, die in nichteuropäischen Kulturen erbracht wurden, nicht einfach ignoriert werden. Darauf aufmerksam gemacht zu haben ist überwiegend Lévi-Strauss' (1962) Verdienst. Diese Leistungen sind weiters meistens kollektive Leistungen, Leistungen, wo das Subjekt der Erkenntnis die jeweilige Gesellschaft ist und nicht verzerrt als jene einzelner Menschen ausgegeben wird. Ein Umstand, der dazu beiträgt, daß das gegenwärtige Interesse daran gering ist, denn unsere Zeit präferiert den einsamen Helden[51].

Nach dem bisher Gesagten besteht der gesellschaftliche Beitrag theoretischer Wissenschaften darin, Ordnungssysteme bereitzustellen, deren Anwendung im alltäglichen Bereich durch Experten zu ermöglichen sowie „außer-ordentliche" Phänomene einzuordnen. Diese Aufgaben zu erfüllen ist für gesellschaftliche Kooperation konstitutiv. Ohne Wissenschaft keine Gesellschaft[52].

Verschwindet die Genese und Verwaltung von Wahrheit durch theoretische, beweisende Wissenschaft, indem diese zu angewandter Forschung wird, so kann das bedeuten:

(1) Die Rückkehr des Mythos oder der Religion.
(2) Verlust der Wahrheit, der den Verlust der Kooperationsfähigkeit mit sich bringt. Gesellschaften können zerfallen.

---

51 Darauf macht u. a. Kuhn (1978) mit Nachdruck aufmerksam.

52 Diese Feststellung ist mit der in Kapitel 7 entwickelten Terminologie in Bezug zu setzen.

(3) Neue Kooperations- und Ordnungsstrukturen werden entwickelt, die nicht mehr sprachlich-theoretisch formuliert werden, sondern technisch. Erkenntnis wird zur „Projektierung", Darstellung zur Anweisung.

Diese letztgenannte Möglichkeit scheint heute die größte Herausforderung zu sein. Sie fordert u. a. dazu auf, sich mit der Technisierung der Wissenschaft im Detail auseinanderzusetzen.

4. Technisierung der Wissenschaft

4.1 Vorstellungen herstellen

Im vorigen Kapitel wurde Wert darauf gelegt zu zeigen, daß Wissenschaft immer in gesellschaftliche Zusammenhänge eingebettet ist, aus denen sie Legitimität und Probleme, wie auch die notwendige Akzeptanz für Beweisverfahren schöpft, und wodurch sie in die Lage versetzt wird, nicht leicht zu bezweifelnde Wahrheiten zu produzieren.

Wir haben auch gesehen, wie in jüngster Zeit die Abhängigkeit der Wissenschaft von ihrem gesellschaftlichen Umfeld zusätzlich durch eine Abhängigkeit der Gesellschaft von der Wissenschaft ergänzt wurde. Technische Wissenschaften wurden ein maßgebender Faktor industrieller Produktion, Innovation und Organisation. Theoretische Wissenschaft ist zwar noch immer für die Erzeugung von kognitivem Konsens zuständig, wird aber gleichfalls zunehmend technisiert. Der Angelpunkt, der beide verbindet, ist das Experiment, das zum Erfolgskriterium wissenschaftlicher Tätigkeit wurde. Experimentelle Erfolge sind der Born, aus dem sich wissenschaftliche Tätigkeit finanzieren läßt, weil durch sie die gesellschaftliche Akzeptanz theoretischer Ansätze erzeugt wird und diese den Beginn technischer Innovationen bedeuten können.

Diese Aussage klingt trivial. Die Überzeugungskraft von Experimenten ist jedoch nicht selbstevident, sie mußte gleichfalls erst erzeugt werden.

Dieser Sachverhalt wird bereits am Beginn der „Experimentellen Philosophie" im 17. Jhdt. manifest. Er findet seinen Ausdruck in der sogenannten „Boyle-Hobbes-Kontroverse", wie sie von Shapin und Schaffer (1985) referiert wurde.

Da wir auf diese historische Studie noch verschiedentlich zurückkommen, scheint eine kurze Einführung angebracht. Th. Hobbes (1588–1679) ist für seine metaphysischen, vor allem aber seine politischen und psychologischen Schriften bekannt. Daß er einer der bedeutendsten „mechanischen Philosophen" seiner Zeit war, und ein Vergleich mit Descartes keineswegs übertrieben wäre, ist heute wenigen geläufig. R. Boyle (1627–1691) wird zurecht als Begründer der „experimentellen Philosophie" betrachtet. Seine politischen Leistungen bei der Etablierung dieser Philosophie werden im allgemeinen wenig beachtet. Daß Hobbes' mechanische Philosophie in engem Zusammenhang mit seinen politischen Ansichten stand, wird vielleicht nicht überraschen. Daß hingegen

Boyles Experimente gleichfalls von politischen und sozialen Vorstellungen getragen wurden, die allerdings von anderer Art als jene von Hobbes waren, mag überraschen.

Aus dieser Verschiedenheit der Auffassungen entwickelte sich auch ein Konflikt. Hobbes, der sowohl die klerikalen, aristotelischen Physiker der Universität, wie auch Boyles Experimente mit der Vakuumpumpe kritisch hinterfragte, setzte gezielt bei deren schwächstem Punkt an: Experimente beweisen nichts. Dieser Umstand war auch Boyle nicht unbekannt, weshalb er seine Experimente in Gegenwart sorgfältig ausgewählter Zeugen mit hoher gesellschaftlicher Reputation ausführte (Shapin, 1988). Erst diese Augenzeugen und ihr öffentliches Attest verliehen den Experimenten ein gewisses Gewicht. Naheliegenderweise akzeptierte allerdings Hobbes diese Vorgangsweise nicht, u.zw. sowohl aus politischen, wie auch aus psychologischen Gründen – heute würde man eher gruppendynamischen sagen.

Die bloße Beobachtung von Fakten, wie etwa das Fallen einer Quecksilbersäule (Torricellis Experiment) im Vakuum, erklärt so wenig, wie der Konsens von einigen Zeugen als Kriterium für wirkliche Ereignisse genommen werden kann. Hobbes forderte solche Beweise, wie sie die Geometrie oder Mathematik zu leisten imstande ist.

Bekanntermaßen hat sich Boyles Auffassung durchgesetzt und Hobbes' Einwände wurden zunehmend übergangen oder ignoriert. Das Experiment wurde als Beweisform akzeptiert, trotzdem bleibt dessen Problembeladenheit bestehen, u.zw. umso mehr umso komplexer und größer solche Experimente werden.

In Anbetracht der zentralen neuzeitlichen Bedeutung von Experimenten und ihrer intrinsischen Problembeladenheit ist es umso erstaunlicher, daß eine systematische, wissenschaftstheoretische Auseinandersetzung mit diesem Kernstück nur in wenigen Ansätzen vorkommt. Eine oft übergangene Ausnahme (J. Mittelstraß, 1974) stellen in diesem Zusammenhang H. Dingler und die in seiner Nachfolge etablierte „Erlanger Schule" dar und in jüngster Zeit die Arbeiten Hackings oder Pietschmanns (1980).

Experimente sind von jenen Apparaten, Geräten und Instrumenten abhängig, die bei der Durchführung dieser Experimente zur Anwendung kommen und somit über Erfolg, Validität u. a. entscheiden. Diese Tatsache ist so zentral, daß P. Janich (1978), ein Vertreter der Erlanger Schule, folgende Feststellung macht:

> „The experience of modern natural science is apparative experience, an experience necessarily structured by instrumentation." (S. 9)

Auf diese „apparative Erfahrung" wird in wissenschaftstheoretischen Überlegungen möglicherweise deshalb wenig eingegangen, weil häufig angenommen wird, daß Apparate, Instrumente und Geräte nichts als Materialisationen von Naturgesetzen seien, ihre Rolle folglich keine andere als die eines getreuen Verstärkers wäre. Tatsächlich werden aber über Geräte Phänomene erzeugt, die bei einfacher, phänomenologischer Beobachtung, wie sie etwa noch von Aristoteles gefordert wurde, nicht vorkommen (G. Böhme et al., 1973). Instrumente dienen dazu, Phänomene artifiziell zu produzieren (P. Janich, op. cit.).

Diese Künstlichkeit muß in ihrer vollen Bedeutung gesehen werden. Denn einerseits geht es um die Erschließung neuer Phänomenbereiche, wie das exemplarisch bei der Radio-Astronomie, den Röntgenstrahlen oder der Lasertechnik etc. zu sehen ist. Andererseits geht es auch darum, Begriffe zu schaffen, demnach Sprache. Dadurch wandelt sich unser Denken und unser Verständnis der Welt. Es gilt der Satz,

> „Language creates the world about which it speaks" (Winograd/Flores, 1986, S. 174).

Auch das läßt sich anhand der „Boyle-Hobbes-Kontroverse" anschaulich darstellen:

Die Wiederholung des Torricelli-Experiments in der Vakuumpumpe ließ die Quecksilbersäule fallen, allerdings nicht bis zum Niveau des Quecksilberbades. Boyle schloß daraus folgerichtig, daß seine Pumpe nicht ganz dicht war. Dieses Bekenntnis ist für den Augenblick irrelevant, wird aber für ein späteres Experiment bedeutungsvoll.

Im Augenblick interessiert der intellektuelle Konnex, in dem das Experiment stattfand. Der im Torricelli-Versuch entstandene leere Raum oberhalb der Quecksilbersäule gab Anlaß zu heftigen Auseinandersetzungen zwischen Naturphilosophen. Sowohl die Frage nach der Natur dieses Raumes – ist es ein Vakuum oder nicht – wie auch die nach den Ursachen für das Zustandekommen der Säule, bewegte die Gemüter. Die Scholastiker vertraten die Ansicht, daß der Raum nicht leer sei, weil für sie die Existenz eines Vakuums philosophisch unakzeptabel war. Sie bestanden darauf, daß Luft in diesem Raum sei und sich die Höhe der Säule aus der notwendigen Begrenztheit der Ausdehnungsfähigkeit dieser Luft ergab. Descartes führte die Säule auf das Gewicht der Atmosphäre zurück, behauptete aber, der Raum sei gefüllt mit einer unbekannten Substanz. Sein Gegner Roberval verlautete, der Raum sei leer und ein Zeichen für die Begrenztheit des horror vacui (wonach die Natur Vakuum verabscheut). Torricelli und Pascal verfochten die heutige Auffassung.

Die zwei wesentlichen Positionen wurden also von den Vertretern eines Vakuums und deren Widerstreitern, die leere Räume verabscheuten, eingenommen. Hobbes selbst vertrat die Auffassung, daß aufgrund zirkulärer mechanischer Bewegungen die Luft zu einem gewissen Teil durch das Quecksilber wieder zurückgedrückt wird und den Torricelli-Raum füllt.

Boyles Experiment war demnach eine weitere Herausforderung im ohnehin schon hitzigen Disput. Die Durchführung dieses Versuchs zeigt, wie sehr Boyle davon überzeugt war, daß Experimente etwas entscheiden und überzeugen können. Doch es ging nicht darum, die eine oder die andere Partei zu stützen, sondern darum, einen neuen „Diskurs" zu etablieren. Vakuum definierte Boyle als Raum frei von Luft. Er etablierte somit eine neue Sprachkonvention. Sein gesamter Ansatz war von der Absicht genährt, eine Approximation an die unmögliche Situation zu liefern, ein Experiment außerhalb der Atmosphäre durchzuführen. Die Frage der Naturphilosophen sollte in diesem neuen Konnex unzulässig und als sinnlos hingestellt werden.

Seine neue Sprachkonvention schuf eine Form sprachlicher Disziplinierung; metaphysische Fragen wurden in seinem Kreis von Zeugen illegitim. Wer sich an diese Disziplin nicht hielt, wurde – wie Hobbes – zu den Experimenten nicht zugelassen. Diese Sprachdisziplin begnügte sich allerdings nicht allein mit der Neufestlegung des Begriffs Vakuum. Sie erstreckte sich auf die gesamte Art, wie über Experimente zu berichten war. Der Gebrauch von Sprache wurde reglementiert, vor allem auch deshalb, weil ihr unterschiedlicher Gebrauch Anlaß für die unterschiedlichsten Kontroversen und Konflikte war. Das Experiment schuf eine Referenzgröße als Voraussetzung für Konsens. Solche Bestimmungen waren nötig, denn auch diese Zeit war von sozialen Turbulenzen, Rechtsstreitigkeiten und kontroversen Rechts- und Gesellschaftsauffassungen gekennzeichnet – nicht unähnlich den Gegebenheiten im antiken Athen. Aus diesem Grund wurde in anderen Fällen gleichfalls eine neue Sprachdisziplin notwendig und die Beweiskraft visueller und sensualistischer Verfahren, die vom Sprachgebrauch unberührt schienen, absichtsvoll in den Vordergrund gerückt.

Diese Bedeutung von Geräten für die Entwicklung von verbindlichen Begriffen läßt sich auch an einem anderen Beispiel, der Entwicklung des Thermometers (G. Böhme, W. van den Daele, 1977), veranschaulichen.

Dabei ging es u. a. um die Frage, welche Fixpunkte allgemein genug wären, um universelle Vergleichbarkeit zu ermöglichen – ein Aspekt jeder Messung, den Dingler auch als Voraussetzung für die Entwicklung der Geometrie hervorhebt. Vergleichbarkeit verlangt aber die Produktion „idealer Objekte", z. B. idealer Ebenen. Das wurde schon im vorigen Kapitel gesehen.

Bei der Entwicklung des Thermometers kam vor allem der Erfindung weiterer neuer Variabler – Druck, Wärmemenge und Temperatur – eine ausschlaggebende Bedeutung zu. Galilei hat z. B. zum Zweck der Temperaturbestimmung ein Instrument verwendet[1], mit dem es unmöglich war, Veränderungen, die aufgrund von Luftdruckänderungen entstanden waren, von Temperaturschwankungen zu unterscheiden. Es fehlte das Vakuum im Quecksilberbehälter. Die wesentliche kognitive Differenzierung, die Temperaturmessungen heutiger Art aber erst durchzuführen erlaubt, besteht in der Unterscheidung zwischen Temperatur und Wärmemenge. Diese wurde erst Ende des 18. Jahrhunderts durch Black eingeführt. Erst seit Black wird Temperatur zum eigenständigen Begriff. Trotzdem hat Black Wärme noch immer als chemischen Stoff verstanden,

[1] Boyle forderte im übrigen gleichfalls die Entwicklung von Thermometern, um Sinneseindrücke zu ersetzen. Wie zu erwarten, war das Thermometer für ihn vor allem ein Instrument, dem bei verschiedenartigen Sinneseindrücken der Vorzug zu geben war – also Konsensinstrument.

den Lavoisier als „Kalorikum" bezeichnete. Temperatur existierte somit in der Vorstellungswelt früherer Wissenschafter nicht. Es gab ‚warm' und ‚kalt' als Qualität eines Stoffes, des Kalorikums, das Körpern zugeführt, wenn sie erwärmt und abgeführt, wenn sie abgekühlt wurden. Es bedurfte nach Black eines weiteren halben Jahrhunderts, bis Wärme nicht mehr als Stoff, sondern als in einem Körper enthaltene Arbeit, also als „EN-ERG-IE" verstanden wurde.

Lavoisier begriff „Kalorikum" nicht nur als Stoff, der einer Substanz bei der Erwärmung zugeführt wurde, sondern entwickelte zusätzlich auch ein Maß, die Kalorie, um die davon jeweils benötigte Menge messen zu können. Kalorikum war seiner Vorstellung nach ein unzerstörbarer Stoff. Es war demnach der „Erhaltungssatz" von Materie anzuwenden. Mayer insistierte hingegen gleichfalls auf einem Erhaltungssatz, nämlich der Erhaltung der Summe von kinetischer und potientieller Energie. Da empirische Beobachtungen diesen Erhaltungssatz (aufgrund der Reibungsverluste) nicht bestätigten, aber eine Erwärmung der Körper durch Reibung beobachtbar ist, postulierte Mayer, daß die Energiedifferenz äquivalent der Zunahme an Wärme sein müsse.

Um nun Kalorien in Energiemeßgrößen umrechnen zu können entwickelte Mayer eine experimentelle Anordnung, wobei ein fallendes Gewicht einen Rotor im Wasser bewegte. Durchgeführt wurde dieses Experiment allerdings erst von Joule. Die durch die Verwirbelung erzeugte Erwärmung wurde gemessen und der Fallenergie gleichgesetzt. Damit wurde das „mechanische Wärmeäquivalent" erfunden.

Der Begriff „erfunden" wird vollabsichtlich gewählt. Denn anhand dieses Beispiels wird folgendes deutlich:

> „Mit der Rede von ‚der Entdeckung des mechanischen Wärmeäquivalents' wird manchmal der Eindruck erweckt, als habe man durch empirische Versuche entdeckt, daß Wärme und mechanische Arbeit Erscheinungsformen derselben Größen seien. Aber natürlich kann man niemals empirisch entdecken, daß die Größen mechanischer Arbeit und Wärme dimensionsgleich sind. Das beruht auf einer definitorischen Neufestsetzung der Größe „Wärme" und ihrer Einheit und diese ‚Umdefinitionen' verdanken sich letztlich Überlegungen, die aus einem methodologischen Programm entspringen, wie das in der Argumentation von Mayer auch tatsächlich der Fall ist." (H. Tetens, 1987, S. 81)

An diesem Beispiel wird noch stärker als bei Boyle deutlich, daß Geräte in Experimenten eingesetzt, entwickelt und verfeinert werden, um kognitive Referenzgrößen für neue Sprachspiele[2] zu schaffen. Das zeigt sich deutlich bei der Entwicklung der Thermodynamik.

---

2 Der Begriff wurde von Wittgenstein (1958) geprägt.
„Wir können uns auch denken, daß der ganze Vorgang des Gebrauchs der Worte . . .
. . . eines jener Spiele ist, mittels welcher Kinder ihre Muttersprache erlernen. Ich will diese Spiele *„Sprachspiele"* nennen . . .
. . . Ich werde auch das Ganze: der Sprache und der Tätigkeiten, mit denen sie erworben ist, das *„Sprachspiel"* nennen." (Nr. 7).

Gleichzeitig darf nicht übersehen werden, daß Forscher wie Gay-Lussac, Laplace, Poisson oder Carnot Anhänger der kalorischen Wärmetheorie waren und ihre auf dieser Basis entwickelten Gesetze über das Verhalten von Gasen bei adiabatischer Expansion noch heute Gültigkeit haben. Poisson war z. B. in der Lage zu zeigen, daß der Wärmeinhalt eines Gases von Druck und Volumen (Dichte) abhängt, somit bei konstantem Druck der Wärmeinhalt proportional dem Volumen ist. Begreiflicherweise stützte das die Interpretation von Wärme als Stoff. Berechtigt fragt Kuhn (Kuhn, 1958) wie es möglich war, daß eine derartig robuste und aussagekräftige Theorie wie die kalorische Wärmetheorie nie mit experimentellen Ergebnissen konfrontiert wurde, die sie in Frage stellte. Seine Antwort lautet einerseits, daß sie in der Lage war, eine Reihe von Ergebnissen der heutigen, kinetischen Wärmetheorie gleichfalls zu produzieren. Darüber hinaus allerdings auch solche, die heute nicht mehr reproduziert werden können, wie z. B. Poissons Ergebnis, daß die spezifische Wärme eines Gases mit fallendem Druck zunimmt. Aber, da damals wie auch heute immer auch kontroversielle Meßergebnisse vorlagen, wurden solche, die nicht in Übereinstimmung mit der Theorie waren, mangels einer Erklärung meistens ignoriert. Die Auswahl und Evaluation empirischer Testergebnisse war, genauso wie jene der Theorie eine Frage persönlicher Vorliebe. Theorie und experimentelle Techniken entwickeln sich gemeinsam; keine kann als absolut sicher betrachtet werden.

Kuhn schließt folglich seinen Exkurs mit der vielsagenden Erkenntnis:

> „. . . where theory and experiment are both insecure, ‚nature imitates art'."
> (Kuhn, 1958, S. 140)

Kehren wir zu Mayer zurück, so wird die andere Seite des gleichen Verfahrens deutlich. Der Energieerhaltungssatz der Mechanik, nämlich, daß kinetische und potentielle Energie konstant bleiben, ließ sich empirisch nicht halten. Um ihn zu retten, entwickelte Mayer ein neues Sprachspiel, demzufolge Wärme und Energie gleich waren, d. h. wodurch Wärmephänomene als Arbeit, als Produkt von Kraft mal Weg, definiert wurden. Um dann die Sinnhaftigkeit dieser Definition und ihre Quantifizierbarkeit zu demonstrieren, entwarf Mayer das Modell einer Experimentalanordnung. Seine Äquivalenzthese war demnach gleichzeitig Basis einer technischen Entwurfsidee, die Joule realisierte. Ein Phänomen wurde erzeugt, um eine mangelhafte Theorie zu retten, oder, um das gleiche mit anderen Worten zu sagen, um eine etablierte Ordnung zu erhalten.

Die Absicht war nicht genau dieselbe wie bei Boyle, nämlich einen Diskurs zu ändern und eine neue Sprachdisziplin einzuführen, sondern eher umgekehrt, einen etablierten Diskurs durch die Genese eines Artefakts, eines „missing link", zu erhalten. Die Tatsache, daß Mayers definitorische Festsetzung später von Clausius, Boltzmann, Einstein und Perrin durch Einbeziehung der schon 1826 entdeckten Brown'schen Bewegung im mikroskopischen Bereich bestätigt wurde, hat in diesem Zusammenhang keine Bedeutung, denn Mayer nahm auf die Molekularbewegung keinen Bezug.

Sprache generiert die Welt von der sie spricht. Die Entwicklung einer Theorie ist demnach die Entfaltung eines solchen Sprachspiels. Das zeigt sich deutlich in solchen Fällen, wo experimentelle Daten und Fakten schon lange vorliegen, doch erst als Folge einer neuen Theorie plötzlich neu interpretiert werden. Ein aktuelles Beispiel dafür bietet die „Erfindung" schwacher, neutraler Ströme.

Pickering (1984) hat die Versuchs- und Diskussionsabläufe, deren Ergebnis schließlich die Feststellung der Existenz schwacher, neutraler Ströme war, ausführlich dargestellt. In unserem gegenwärtigen Zusammenhang ist zunächst interessant, daß sechs Jahre, nachdem die erste Veröffentlichung (Juli, 1973) der Existenz schwacher, neutraler Ströme vorlag, darauf hingewiesen wurde, daß es bereits in den sechziger Jahren entsprechende Beobachtungen gab (Sculli, 1979). Diese Daten und Fakten wurden aber im Lichte der alten V-A-Theorie, nach der schwache, neutrale Ströme unmöglich waren, anders, nämlich als neutroneninduziert, interpretiert. Sie dienten sogar dazu, den Neutronenhintergrund der Experimente zu messen und damit den Beitrag der Einflüsse der Umgebung auf die früheren Experimente abzuschätzen. Diese Schätzungen waren demnach systematisch verzerrt.

1967 und 1968 entwickelten Weinberg und Salam zunächst unabhängig voneinander eine neue Theorie, deren Anliegen es war, die schwachen und elektromagnetischen Wechselwirkungen zu vereinheitlichen, indem beide als Manifestation einer einzigen Kraft dargestellt wurden. Diese Theorie verlangte nun aber die Existenz schwacher, neutraler Ströme.

Das Weinberg-Salam-Modell wurde auf der Basis der älteren Gauge-Theorie formuliert, die in den sechziger Jahren allerdings mehr oder weniger abgeschrieben war. Anfangs der siebziger Jahre publizierte jedoch ein holländischer Student einen Beweis, daß die mathematisch nicht traktable Gauge-Theorie renormalisierbar ist. G.'t Hofft zeigte in anderen Worten, daß es ein Verfahren gibt, mit dessen Hilfe die Lösungen der Gauge-Theorie beliebig approximierbar sind. Daraus ergab sich ein neues Interesse an der Gauge-Theorie und demnach auch am Weinberg-Salam-Modell. Dieses verlangte aber, wie wir wissen, die Produktion schwacher, neutraler Ströme.

Es traf sich, daß CERN aufgrund eines Mangels an experimentellen „Vorzeigeergebnissen" bei beachtlichen Betriebskosten unter großen Druck geriet, seine Leistungsfähigkeit unter Beweis zu stellen. Somit wurde der Nachweis der Existenz neutraler Ströme auch für die Experimentalisten von Bedeutung. Der Nachweis erfolgte vor allem aufgrund eines Monte-Carlo-Computermodells, das das Umfeld der Experimentieranlage neu beschrieb und so erlaubte, daß Phänomene, die früher als Ergebnis des Neutronenhintergrunds interpretiert wurden, zu einem gewissen Teil als Resultat der Existenz schwacher, neutraler Ströme interpretiert werden konnten.

Wir erinnern uns, daß Boyle die Wiederholung des Torricelli-Experiments in seiner Vakuumpumpe, bei dem die Quecksilbersäule zu einem gewissen Teil fiel, als erfolgreich beurteilte, wobei er die Resthöhe der Säule auf die Undichtigkeit seiner Pumpe zurückführte. Ein zweites Experiment, bei dem zwei glatt polierte Marmorscheiben nur aufgrund des reduzierten Luftdrucks auseinanderfallen sollten, mißlang. Die Platten blieben auch in der Pumpe, u. zw. trotz eines zusätzlichen, an der unteren Platte angebrachten Gewichtes, beisammen. Auch dieses Mißlingen erklärte Boyle auf der Basis der Undichtigkeit der Pumpe. Hobbes und andere Kritiker fragten demnach berechtigt, welche Erklärungskraft die Vakuumpumpe besäße? Die Ergebnisse lieferten ja keine eindeutigen Beweise als Resultate.

Experimente haben als solche keine Beweiskraft. Allerdings erfüllen sie eine wichtige soziale Aufgabe. Sie sind Realisationen idealer Objekte. Ihre Bedeutung liegt darin Vorstellungen von Sprachspielen zu liefern. Sie bilden die von Kuhn genannten paradigmatischen Beispiele, mit deren Hilfe theoretische Konstrukte in der Welt der Erscheinungen verankert werden. Sie werden demnach Voraussetzungen für die Produktion von sozialem Konsens, der sprachlich fixiert wird.

Daraus ergibt sich ein Ansatz, der mit weitverbreiteten Meinungen, wie sie z. B. durch K. Popper und andere kritische Rationalisten vertreten werden, nicht in Übereinstimmung steht:

Experimente können Theorien nicht falsifizieren und bekanntlich schon gar nicht verifizieren. Sie können allerdings überzeugen und so zum „Ursprung eines neuen Koordinatensystems der Orientierung" werden. Anstatt zu falsifizieren, ist es im Gegenteil meistens so, daß unter Bedingungen des Auseinanderklaffens von Theorie und Experiment Experimentalanordnungen verändert, Geräte hinterfragt, bzw. neu entwickelt werden, wie das bei der Entwicklung des Thermometers zu sehen war. Das geschieht solange, bis ein Zustand erreicht ist, der das theoretische Grundkonzept durch so produzierte, gewünschte Ergebnisse bestätigt. Solche Adjustierungen hat es dabei nicht nur in den heroischen Tagen der Entwicklung der neuzeitlichen Physik im 17. Jhdt. gegeben. Sie sind auch heute tägliche wissenschaftliche Praxis, wie sich das am Beispiel der neutralen, schwachen Ströme nochmals belegen läßt:

Das CERN-Experiment wurde in den USA, im Fermi-Lab, mit anderer technischer Ausrüstung, doch zeitlich parallel, gleichfalls durchgeführt. Als Detektoren wurden dabei nicht Blasenkammern, sondern elektronische Vorrichtungen benutzt. In Übereinstimmung mit der V-A-Theorie waren diese dabei so ausgelegt, daß sie die Präsenz von (geladenen) Myonen registrierten, nicht aber die Präsenz von elektrisch ungeladenen Teilchen. Diesen wurde ja ursprünglich jede Existenz abgesprochen. Folglich brauchten die Detektoren auch neutrale, schwache Ströme nicht wahrzunehmen. Um die neuen Aufgabenstellungen zu bewältigen, mußten demnach die Detektoren verändert werden. Das geschah, indem nun auch Hadronen (eine Familie schwerer Teilchen, zu denen Protonen und Neutronen zählen) zusammen mit Myonen registriert wurden, die zueinander in einem bestimmten statistischen Verhältnis stehen. Allerdings können Myonen unbemerkt entkommen, wodurch das Verhältnis von Hadronen zu Myonen verfälscht würde und sich mehr Anwärter für neutrale, schwache Ströme ergeben würden, als es nach der Theorie der Fall sein sollte. Es war also zunächst eine vertretbare Monte-Carlo-Schätzung der Myonenproduktion zu erstellen. Es wurde somit ein neues „ideales Objekt" erzeugt. Erst aufgrund dieser Schätzung konnten die Meßdaten interpretiert werden. Ergebnis war die Feststellung neutraler, schwacher Ströme. Das Ergebnis wurde inoffiziell der CERN-Gruppe mitgeteilt.

Neuerliche Experimente wiesen aber in der Folge einen wesentlich geringeren Anteil an Ereignissen aus als für die Existenz neutraler Ströme nötig gewesen wäre.

Der Apparat wurde wieder modifiziert, um weniger Myonen entkommen zu lassen und dadurch weniger auf die von vielen bezweifelte Monte-Carlo-Simulation angewiesen zu sein. Nach einer längeren Meßreihe kamen die Experimentatoren zu dem Ergebnis, daß das Auftreten neutraler Ströme sehr selten, wenn nicht gar gleich Null sei. Auch dieses Ergebnis wurde CERN mitgeteilt, wo es entsprechende Aufregung erzeugte. Kurz darauf entdeckte man jedoch eine weitere Schwäche des elektronischen Detektors, aufgrund derer Hadronen als Myonen identifiziert werden konnten. Dieser Umstand ließ die Absenz neutraler Ströme erklären. Nun war zu zeigen, daß diese Hadronen nicht bedeutsam waren. Damit ergab sich aber wieder das gleiche Problem wie bei CERN: neuerliche Schätzung des Neutronenhintergrunds.

In Anbetracht geringer theoretischer Kenntnisse und weniger brauchbarer Meßdaten, war man nun auf „plausible Annahmen" und theoretische Extrapolationen angewiesen. Doch auch nach diesen neuerlichen Korrekturen waren die positiven Ergebnisse gering. Es wurden neuerlich Schätzungen gemacht, die gleichfalls keine konsistenten Ergebnisse brachten. Bis 1974 verdoppelte sich allmählich die Zahl der geschätzten Hadronen, wodurch schließlich genug Ereignisse ohne Myonen zustande kamen, um die Existenz neutraler, schwacher Ströme zu bestätigen. Man darf sagen, die Hilfstheorien wurden graduell angepaßt. 1979 erhielten Weinberg und Salam den Nobelpreis.

Wie immer die Geschichte interpretiert werden mag, festzustellen bleibt, daß Theorie und Experiment einen Komplex bilden. Die Anhänger der V-A-Theorie sahen sich ursprünglich nicht veranlaßt, die alten Experimente nur aufgrund einer neuen Theorie in Frage zu stellen. Umgekehrt wurden die neuen Experimente und die dabei eingesetzten Geräte (zu denen ich auch die Monte-Carlo-Schätzungen rechne) solange variiert, bis sie die geforderten Ergebnisse brachten. Diesen Umstand beschreibt nun T. S. Kuhn in folgender Weise:

> „. . .in scientific practice . . . . . the scientist often seems rather to be struggling with facts, trying to *force them into conformity* (m. H.) with a theory he does not doubt." (1961, S. 41)

Somit ist auch Hugo Dingler zuzustimmen, wenn er sagt:

> „Exakte Wissenschaft ist nicht ein lebensfremdes Rechnen (es ist immer nur Hilfsmittel) – sie ist in erster Linie eine Realisierung reiner Ideen durch manuelles Machen." (1933, Vorwort II)

Daraus entwickelt sich jedoch ein unmittelbarer Bezug zur industriellen Fertigung, u.zw. nicht nur über Problemdefinitionen, sondern über die Herstellung von Geräten und Instrumenten. Geräte wissenschaftlicher Forschung sind heute überwiegend Ergebnisse industrieller Produktion und nicht wie zu Boyles Zeit schwer reproduzierbare Einzelanfertigungen. Deshalb waren z. B. auch Boyles Experimente kaum anderswo reproduzierbar. Dieser Umstand wird u. a. wegen der schon besprochenen Darstellung der Produktion „als nichts als angewandter Naturwissenschaft" gerne nicht beachtet. Dingler versteht dagegen „das Experiment" (Dingler, 1928) als „technisches Handeln", wobei dieses technische Handeln von Ideen und Vorstellungen geleitet wird. In den Instrumenten werden Ideen materiell verwirklicht. Sie finden ihre Darstellung.

Dieser Sachverhalt wird, nach Dingler, vor allem deutlich, wenn zwischen „gestörten" und „ungestörten" Geräten zu unterscheiden ist. Denn offensichtlich müssen auch „gestörte Geräte", wie ja auch Descartes schon sagte (Kap. III), nach den gleichen Prinzipien der Naturgesetze funktionieren. Die Entscheidung zwischen gestört oder ungestört ist daher eine Entscheidung, die auf der Basis von willkürlich gesetzten „Zwecken" getroffen wird, demnach teleologisch motiviert ist. Teleologische Motive bestimmen die Produktion der Apparate. Nur auf Grund von Zwecken kann zwischen „gestörten" und „ungestörten" Apparaten unterschieden werden. Es ist also nicht so, wie gerne angenommen wird, daß das Thermometer des Galilei naturwissenschaftlichen Kriterien noch nicht entsprochen hätte, sondern das „Thermometer des Galilei" ist ein an anderen Zwecken orientiertes Gerät als jene Thermometer es sind, die wir heute für unsere naturwissenschaftliche Forschung verwenden[3].

Die Kontrolle der Materialien der Meßapparate

> „erfolgt an der theoretischen Funktion".
> „Weichen sie einmal von dieser Definition ab, so „geht" der Apparat nicht mehr, zeigt Reibungen, Störungen, Lockerungen usw. Indem diese Erscheinungen aufgrund der Beziehungen der theoretischen Definition, die im Apparat und dessen Funktion eingebaut sind, bemerkt und behoben werden, siegt jedes Mal die theoretische Funktion über die „empirische", d. h. letztere ist gar keine wirkliche Definition, und die theoretische gibt immer den letzten Ausschlag." (Dingler, 1933, S. 62).

Eine ähnliche Position vertritt Kuhn (1961), wenn er feststellt, daß es in der Physik genauso sogenannte „self-fulfilling prophecies" (S. 43) gibt wie in den Sozialwissenschaften. Instrumente und Messungen werden nach theoretischen Desideraten entwickelt, die dann diese Theorie be-

---

[3] „Many of the early experiments involving thermometers read like investigations of that new instrument rather than like investigations with it." (Kuhn, 1961, S. 58)

stätigen. Es besteht also zwischen Experiment und Theorie, bzw. Denken, Sprache und Handeln eine Zirkularität. Es werden Vorstellungen verwirklicht, bzw. inszeniert.

Nach Dingler ist das Ziel der Physik, die Außenwelt nach Wunsch verändern zu können. Physik und Technik erscheinen somit wie zwei Seiten einer Medaille.

Diese Sicht entwickelt Tetens weiter, wenn er meint, experimentelle Erfahrung sei nicht die Beobachtung des in der Natur schon Vorhandenen, sondern eine über Handlungen gemachte Erfahrung der Veränderbarkeit[4]. Natur wird in der experimentellen Erfahrung höchstens als jene Grenze sichtbar, die technischer Manipulation nicht zugänglich ist (d'Espanat, 1985). Daher gelingen manche Experimente nie.

Damit etabliert sich eine Auffassung von Naturgesetzen, die nur Möglichkeits- oder Unmöglichkeitsräume abstecken, und wo „Natur" bestenfalls zur Grenze der Technik wird. Regelmäßigkeit ist in der Natur nicht gegeben, sie wird über Apparate erzeugt. Realität wird eine nur „jeweilige Realität" (Dingler), sie ist folglich singulär. Diese Singularität manifestiert sich im übrigen in neuer Form in den Chaos-Theorien verschiedenster Provenienz als jüngstes Produkt des Computereinsatzes und wird nun, wie zu erwarten ist, sogar in der Newton'schen Ordnung des Universums entdeckt[5].

Solche Auffassungen mögen revolutionär erscheinen, sie sind es keineswegs. Denn schon in seiner Vorrede zur zweiten Auflage seiner „Kritik der reinen Vernunft" stellt Kant (1787) fest, daß die Gesetzmäßigkeit der Natur zuerst gedacht und dann realisiert wird.

Er schreibt:

> „. . . so ging allen Naturforschern ein Licht auf. Sie begriffen, daß die Vernunft nur das einsieht, was sie selbst nach ihrem Entwurfe hervorbringt, daß sie mit Prinzipien ihrer Urteile nach beständigen Gesetzen vorangehen und die Natur nötigen müsse, auf ihre Fragen zu antworten, nicht aber sich

---

[4] Damit findet sich für ein anderes wissenschaftstheoretisches Problem eine mögliche Lösung. Die Vergleichbarkeit wissenschaftlicher Theorien wird von nicht wenigen als „contradictio in se" betrachtet. Diese Auffassung ist Ergebnis der Vorstellung, daß Forschung Phänomene entdeckt, anstatt erzeugt. Werden sie erzeugt, dann kann man auch erwarten, daß unterschiedliche Interessen und Praktiken unterschiedliche Weltbilder erzeugen.
Im übrigen muß die Weigerung, inkonsistente Erklärungsmodelle akzeptieren zu können, selbst als kulturabhängiges Verhalten verstanden werden. Duhem (1906) hat u. a. gezeigt, daß Briten im Unterschied zu Franzosen und Deutschen kein Problem damit haben, zwischen sehr verschiedenen Erklärungsansätzen nach Bedarf zu wählen, ja zu wechseln.

[5] Die große Ausnahme, meint Hacking (1983), bildet der interstellare Raum. Deshalb wird seine Ordnung auch schon so lange und so gerne studiert. Doch auch dieser Zustand beginnt sich zu ändern. Auch hier entsteht eine konsistente (Un-)Ordnung. Wie sehr es sich dabei um „self-fulfilling prophecies" (Kuhn, 1961) handelt, die ihre Begründung in Geräten (hier im Computer) haben, läßt sich an der verschwindenden Ordnung im Weltall ersehen. „Does Chaos Permeate the Solar System?" frägt SCIENCE, vol. 244, S. 144 (Kerr, R. 1989).

von ihr allein gleichsam am Leitband gängeln lassen müsse; denn sonst hängen zufällige, nach keinem vorher entworfenen Plane gemachte Beobachtungen gar nicht in einem notwendigen Gesetz zusammen, welches doch die Vernunft sucht und bedarf. Die Vernunft muß mit ihren Prinzipien, nach denen allein *übereinkommende Erscheinungen für Gesetze gelten können, in einer Hand und mit dem Experiment, das sie nach jenen ausdachte, in der anderen,* (m. H.) an die Natur gehen, zwar um von ihr belehrt zu werden, aber nicht in der Qualität eines Schülers, der sich alles vorsagen läßt, was der Lehrer will, sondern eines bestallten Richters, der die Zeugen nötigt, auf die Fragen zu antworten, die er ihnen vorlegt."

(Vorrede zur 2. Auflage, B XIII, XIV)

Diese Nötigung der Natur ist mit einer im Bereich sozialer Anerkennung gekoppelt. Die von der Natur erzwungenen „Geständnisse" sind nur dann sozial relevant, wenn andere in der Lage sind, sie zu bestätigen. Das kann durch Zeugen erreicht werden, wie bei Boyle, oder durch Wiederholbarkeit, die gleiche Aussagen („übereinkommende Erscheinungen") erzwingt. Um solchen Konsens zu erreichen, müssen Kriterien existieren, aufgrund derer eine Entscheidung getroffen und Vergleiche gemacht werden können, welche von zwei oder mehreren möglichen Theorien akzeptabler erscheinen.

Vergleichbarkeit und Wiederholbarkeit verlangt aber mehr als nur die von der Theorie geforderte Eigenschaftslosigkeit von Raum und Zeit. Die Gleichheit der Situation muß realisiert, d. h. hergestellt werden. Das ist nur möglich auf der Basis von Präzisionsgeräten. Diese sind aber technische Geräte, die vor allem aufgrund ihrer industriellen Serienfertigung standardisiert und normiert werden. Ohne eine derartige Standardisierung wäre die Forderung nach Wiederholbarkeit und Vergleichbarkeit nur in seltenen Fällen zu erfüllen. Eine Gesellschaft, deren Produktion durchgehend handwerklich verläuft, wird experimentelle Beweise höchstens in qualitativer Hinsicht einfordern können. Auf diese Bedeutung industrieller Fertigung für die Produktion verbindlicher Erkenntnis hat gleichfalls H. Dingler erstmalig aufmerksam gemacht. Gerade aber diese Abhängigkeit von Wissenschaft läßt Technik in einem neuen Licht erscheinen und Erkenntnis – oder Wahrheit – als jeweils gesellschaftsspezifisch begreifen.

Erst auf der Basis technischer Standardisierungen wird ein Vergleich zwischen zwei oder mehreren Theorien experimentell möglich.

Damit erschließt sich ein anderer Bereich von Geräteeinsatz. Wurde bisher die Genese neuer Begrifflichkeiten durch „qualitative Experimente" (ein Begriff, der Kuhn (1961) entlehnt ist) thematisiert, so sollen nun Quantitäten erzeugt, synthetisiert und kombiniert werden.

4.2 Qualität als Quantität

Qualitative Experimente, die neue Phänomene erzeugen, wie etwa einen luftleeren Raum, schwache, neutrale Ströme oder elektrische Entladungen, sind heute in Relation zu der riesigen Menge von täglich durchgeführten Experimenten in der Minderzahl. Die meisten Experimente sind solche, die Meßdaten produzieren und damit beitragen, ein Theoriegebäude weiter zu entwickeln. So selbstverständlich uns das erscheinen mag, daß Meßdaten Theorien stützen oder invalidieren, so wenig selbstverständlich ist dieser Umstand und – so wenig entspricht diese Vorstellung den Tatsachen.

Quantifizierung, bzw. die Produktion von Daten, muß als sozio-kulturelles Phänomen betrachtet werden, denn auch Zahlen und Meßdaten allein beweisen nichts. Allerdings kommt Meßdaten im Bereich der „technischen oder praktischen Wissenschaften" andere Bedeutung zu, aber sie beweisen dort nicht, sondern erlauben Vergleiche.

Meßdaten ohne eine Theorie sind nach Kuhn wertlos:

> „Numbers gathered without some knowledge of the regularity to be expected almost never speak for themselves. Almost certainly they remain just numbers." (1961, S. 45).

und

> „Often scientists cannot get numbers that compare well with theory until they know what numbers they should be making nature yield.
> Part of this problem is simply the difficulty in finding techniques and instruments that permit the comparison of theory with quantitative measurements." (ibid. S. 41).

Ein anschauliches historisches Beispiel dafür liefert eine Reihe von Experimenten von Maxwell:

Zwischen Ampére und Faraday existierten grundlegende Auffassungsunterschiede betreffend die Natur elektrischen Stroms. Ampére vertrat die Auffassung, daß es sich um eine molekulare Substanz handle, die durch den Leiter fließt. Maxwell sympathisierte mit dieser Auffassung und ersann Experimente, mit deren Hilfe gezeigt werden sollte, daß elektrischer Strom Trägheitsmomente hervorrief. Drei verschiedene Experimente brachten alle keine Ergebnisse, woraus Maxwell schloß, daß Strom keine Bewegung materieller Teilchen sein könne. Hätte Maxwell auch nur die geringste Vorstellung von den Größenordnungen der Drehung, die er erwartete, gehabt, hätte er vermutlich auf seine Experimente überhaupt verzichtet, schreibt Galison. De Haas und de Haas-Lorentz zeigten Jahre später, daß die Konzeption Maxwells richtig war, was fehlte, war eine realistische Größenvorstellung der Resultate. (Galison, 1987)

Hat nun Maxwell eine – wie wir heute wissen – richtige These aufgrund seiner Meßergebnisse verworfen, so gilt auch umgekehrt, daß Theorien von umwälzender Tragweite ohne überzeugende experimentelle Meßdaten weiter Akzeptanz fanden. Dazu zählen zwei der drei Gesetze der Newton'schen Mechanik, wie auch die allgemeine Relativitätstheorie.

Zu Lebzeiten Newtons wurde nur das dritte, nämlich das Prinzip von der Äquivalenz von actio und reactio experimentell bestätigt. Die Definition der Kraft als Produkt von Masse und Beschleunigung fand erst Ende des 18. Jhdt. durch Atwood ihre experimentelle Bestätigung. Das

Trägheitsgesetz, aufgrund dessen sich ein Körper ohne Krafteinwirkung mit gleichmäßiger Geschwindigkeit entlang einer Geraden weiterbewegt, ist auf Erden sowieso experimentell nicht überprüfbar.

Newtons Mechanik fand trotzdem weitgestreute Akzeptanz, sicher auch aufgrund indirekter Beweise. So leitete Newton etwa aus seinen Gleichungen die Keplerschen Gesetze her. Allerdings zeigte sich bald, daß die Beobachtungsdaten mit den Keplerschen Gesetzen nicht übereinstimmten. Demnach waren auch diese kein überzeugender Beweis für die Richtigkeit der Theorie. Die Abweichungen sind, wie wir heute meinen, Ergebnis der Interaktionen der Planeten untereinander, die zwar mit Newtons Ansatz beschreibbar, aber aufgrund der Komplexität des Gleichungssystems nicht lösbar sind. Newtons Ausweg bestand darin, für einen kraß vereinfachten Fall, nämlich die Störungen, die die Sonne auf die Bahn des Mondes um die Erde ausübt, Schätzungen anzustellen, die sich als relativ brauchbar erwiesen. Damit wird aber auch schon ein zugrundeliegendes Dilemma beim Versuch, Theorien durch Messungen zu bestätigen, deutlich. Wann sind Messungen brauchbar, bzw. wie sehr dürfen sie von den Vorhersagen abweichen? Dafür gibt es keine Norm. Folglich muß jede Theorie anhand von Beispielen ihren Anhängern erst beibringen, was eine akzeptable Messung darstellt und was nicht. Dieses Verfahren läßt allerdings an der Beweiskraft von Messungen zweifeln, zumal es ja auch vorstellbar ist, daß Meßwerte, die weit außerhalb der so etablierten Toleranzgrenze liegen, Indikatoren für eine andere mathematische Form der Therorie sein könnten, z. B. Unstetigkeiten repräsentieren, wie sie R. Thom (1978) mit seiner Katastrophentheorie beschreibt[6].

Diese Erwägungen lassen die Frage berechtigt erscheinen, wie es überhaupt zu dem Phänomen „Quantifizierung" von Theorien kommt? Weder die Antike, noch das Mittelalter, das von Aristoteles' Physik ausgeht, zeigt übermäßiges Interesse an Messungen – wie es scheint mit gutem Grund. Auffallende Ausnahmen bilden Probleme, die sich aus alltäglichen Tätigkeiten ergaben, wie Navigation, Kalendar, Geodäsie, Handel oder Metallurgie.

Obwohl das Interesse an Messungen vor der Neuzeit verschwindend war, läßt sich ab dem 12. Jhdt. eine zunehmende Tendenz ausmachen, zunächst theoretische Konzepte zu quantifizieren.

Im Schwange eines sich etablierenden neuerlichen Platonismus entwickelt z. B. Thierry von Chartres die Vorstellung, daß die Ordnung der Dinge durch Zahl und Maß festgelegt sei (Crombie, 1961). Andererseits ruhte die Naturwissenschaft des Mittelalters fest in der Tradition der Physik des Aristoteles, welche eine qualitative Physik war. Phänomene wie Geschwindigkeit, Hitze oder Farbe waren Eigenschaften (Qualitä-

---

[6] In der Katastrophentheorie R. Thoms ist es bei „häufigen und kleinen Katastrophen" durchaus legitim, sie durch Mittelwerte auszugleichen. Thom bezeichnet dieses Verfahren als „Reduktion eines morphogenetischen Feldes". Dieses Verfahren ist bei singulären Ereignissen nicht statthaft (Thom, 1972).

ten), die Körpern zukamen, so wie der Zustand der Gnade oder Sünde den Menschen. Diese Qualitäten waren, wie in der griechischen Tradition üblich, gerne binär codiert. Es existierten also Paare von gegensätzlichen Qualitäten, wie oben-unten, feucht-trocken, kalt-heiß, gut und böse. Diese Art der Codierung ist im übrigen keine griechische Spezialität, sondern in vielen Kulturen weit verbreitet (Lévi-Strauss, 1962; Leach, 1976). Es ließe sich sagen, daß diese Art der Codierung die elementarste Form der Etablierung von Ordnung darstellt. Ihre Funktionsfähigkeit wird durch eine unhinterfragte Tradition und durch Schlichtungsmechanismen, die für den Zweifelsfall als Interpretationsautoritäten anerkannt sind, gewährleistet.

Dieses Verfahren bewährt sich, solange sich Tradition bewährt und Autorität nicht hinterfragt oder durch andere Autorität relativiert wird. Sind diese Voraussetzungen nicht erfüllt, bewähren sich binäre Codierungen nicht länger, es entsteht Dissens und Konflikt.

Dichotomien bewähren sich allerdings auch dann nicht, wenn als Folge sozialer Entwicklungen neue gesellschaftliche und politische Gruppierungen entstehen, die von solchen Dichotomien negativ betroffen sind. Das 12. und 13. Jhdt. ist gekennzeichnet durch die Entwicklung der Städte und des Handels, des Kapitals und des Zinsnehmens.

Bis zum vierten Laterankonzil (1215) kannte die Kirche zwei Arten von Menschen, Gerechte und Sünder. In Übereinstimmung damit hatte sie auch zwei Orte für die Seelen der Verstorbenen, Himmel und Hölle. Sündern war die Hölle gewiß, doch Sünder war nur wer ohne öffentliche Buße und Absolution aus dem Leben schied und eine Todsünde begangen hatte. Wucher war eine Todsünde. Dabei war anfänglich jede Form von Zinsnehmen Wucher, weil Geld unfruchtbar und aus sich selbst als nicht vermehrungsfähig galt.

Das Laterankonzil (1215) erfand die Ohrenbeichte (Le Goff, 1986) und erlegte den Christen die Pflicht auf, zumindest jährlich zu Ostern zur Beichte zu gehen. Dieses Instrument erlaubte nicht nur eine individuellere Behandlung der Sünder und der Bußen. Es wurde auch ein neuer Ort für die Seelen gefunden, die im Zustand der Sünde, aber nicht mehr nur der Todsünde, in die Ewigkeit eingingen: das Fegefeuer (Le Goff, 1986).

Die dichotome Codierung wurde aufgegeben. Im Zwischenbereich der Extreme entstanden neue Sünden, läßliche, sowie neue Orte, die kompromiß- und somit auch konsensfähig waren. Es wird nun nicht mehr erstaunen, wenn dieses Verfahren in der Folge verfeinert und verallgemeinert wurde. Der Zustand der Gnade, in dem man sich früher befand oder nicht befand, konnte nun graduell abgestuft werden.

Petrus Lombardus, der diese Auffassung bereits lange vor dem Konzil vertrat, beeinflußte allerdings nicht nur theologische Fragen, denn Gelehrte waren auch mit der aristotelischen Physik beschäftigt.

Dort bildeten sich zwei Schulen: Die eine vertrat den konservativen, aristotelischen Standpunkt, daß Qualitäten nicht in Quantitäten überführbar wären, was u. a. bedeutete, daß jeder Wärme- oder Geschwindigkeitszustand eine eigene Qualität war, die nur durch den Verlust dieser und durch Erlangung einer anderen veränderbar war[7], ganz in Analogie zum ursprünglichen Zustand der Gnade.

Die andere vertrat die Auffassung, daß sich Hitze oder Geschwindigkeit bzw. Qualität schlechthin graduell verändern könnten. Solche Ansätze wurden vor allem dort entwickelt, wo es um die Eliminierung von Widersprüchen ging. Ein prominenter Repräsentant dieses Ansatzes ist Buridan (1330–1358), der mit der Formulierung seiner Impetus-Theorie[8] einen Widerspruch in der aristotelischen Physik eliminierte. Nach dieser wird ein Gegenstand durch die Luft, die ihn umgibt, bewegt. Unerklärt bleibt dann, warum fallende Gegenstände beschleunigt, wogegen geworfene nicht beschleunigt werden. Buridan entwickelte ein Modell, wobei von einem Akteur eine Kraft auf den Gegenstand übertragen wird, die proportional dem Produkt von Geschwindigkeit und Gewicht des Gegenstandes sei. Dieses quantifizierte Produkt nannte er Impetus. Darüberhinaus erklärte er die beschleunigte Bewegung beim freien Fall schwerer Körper durch eine konstant wirkende Schwerkraft.

Trotzdem blieb bei ihm, wie auch dem späteren Nicolaus Oresmus die Vorstellung von Geschwindigkeit als Qualität erhalten. Diese konnte sich aber nun graduell verändern:

> „Theoretical quantification was thus taking physics out of the irreducible Aristotelean categories." (Crombie, 1961, S. 24)

Diese nicht reduzierbaren Kategorien wurden allerdings bereits vor Aristoteles in einem, dem geschilderten analogen Verfahren relativiert. Platon schildert in seinem Dialog „Protagoras" wie Sokrates das schon von M. Weber benannte, griechische Problem des richtigen Handelns im Leben zu lösen erhofft. Seine Antwort besteht darin, daß er das Wissen um das richtige Handeln aus der Pflege der Wissenschaft gewinnen will. Das bestätigt Webers Einschätzung griechischer Wissenschaft. Für unser augenblickliches Anliegen ist aber Sokrates Argumentationsweise von erheblichem Interesse.

Denn Sokrates hat sich zunächst mit der Frage auseinanderzusetzen, woher es kommt, daß Menschen zwischen gut und böse nicht richtig unterscheiden können? Den Mangel ortet Sokrates zunächst darin, daß Menschen Gegensätze nicht richtig zu setzen vermögen, weil sie sich

---

7 Die Reformatoren der Physik klagten in dieser Hinsicht die Scholastiker an, „daß sie jedesmal, wenn ihr Blick auf eine neue Erscheinung fällt, eine neue Qualität entdecken, daß sie jeder Wirkung, die sie weder studiert noch analysiert haben, eine besondere Eigenschaft zuschreiben, daß sie sich einbilden in Fällen eine Erklärung gegeben zu haben, wo sie nur einen Namen gesetzt und so die Wissenschaft in einen anspruchsvollen und leeren Jargon verwandelt haben" (Duhem, 1906, S. 158).

8 „Seine Impetustheorie" soll andeuten, daß die Impetustheorie bereits am Beginn des Mittelalters von Philoponos (um 500 n. Chr.) formuliert wurde und bis ins 18. Jhdt. für die Schätzung von Flugbahnen von Geschossen ihren Dienst tat. Ihr Kern bestand in der Vorstellung, daß einem bewegten Körper eine Schwungkraft vermittelt wird, die allmählich erschlafft und so das Ende der Bewegung bewirkt.

einer Vielzahl von Begriffen bedienen. Sein erster Schritt besteht demnach darin festzustellen, daß ein Begriff nur einen Gegensatz haben kann. Mit diesem Zugeständnis seines Gegners Protagoras begnügt er sich aber noch nicht. Denn als nächstes spannt er zwischen diesen Extremen ein Kontinuum auf und fragt:

> „Aber woher kommt's, daß das Gute nicht wert ist, das Böse zu besiegen, und daß das Böse dagegen das Gute besiegen kann? Kommt es nicht daher, weil das eine größer, das andere kleiner, das eine in stärkerer, das andere in geringerer Anzahl vorhanden ist?" (Platon, S. 69)

Und wenig später meint er dann:

> „Ein Mensch nun, der die Waagschale zu brauchen weiß und die angenehmen Dinge in die eine, die unangenehmen in die andere legt, sie mögen nun gegenwärtig oder zukünftig sein, der kann wohl sagen, auf welcher Seite mehr ist. . .
> Würden wir unsere Zuflucht zur Meßkunst nehmen, oder wir es auf das Gutdünken unserer Augen ankommen lassen? Diese haben uns aber oft betrogen, und gemacht, daß wir oft einerlei Sachen haben noch einmal tun und unsere Meinung ändern müssen, wenn wir etwas verrichtet oder eine Wahl großer und kleiner Dinge angestellt haben. Die Meßkunst aber hat dieses Blendwerk zunicht und, indem sie uns die Wahrheit entdeckt, uns ruhig und unser Leben glücklich gemacht." (Platon, S. 70)

Aus all dem folgt dann schließlich folgende Feststellung:

> „Die Meßkunst muß demnach notwendig eine Kunst und Wissenschaft sein."(Platon, S. 71)

Wir aber werden aus diesen Beispielen den Schluß ziehen, daß Quantifizierung theoretischer Konzepte eine Methode darstellt, um Widersprüche durch Verfeinerung der Codierung zu eliminieren und so Konsens herstellen zu können.

Nahezu automatisch ergibt sich aber als ein weiteres Resultat der Quantifizierung, daß durch diese Transformation Rangordnungen geschaffen werden. Quantifizierung produziert zwangsläufig Ordnung, und zwar zunächst noch ohne die Notwendigkeit irgendwelcher Messungen.

Diesen kommt erst in einem nächsten Schritt die Aufgabe zu, der so gewonnenen Ordnung Phänomene zuzuschreiben. Um das allerdings zu bewerkstelligen, bedarf es nicht nur entsprechender Geräte, die diese Ordnung umzusetzen imstande sind, sondern auch der Weiterentwicklung des formalen Apparats, der „scientia media" (der Mathematik) oder einer symbolischen Maschine. Dieser neue Bedarf ergibt sich zuerst zwangsläufig aus indirekten Messungen, des weiteren aber auch aus der Notwendigkeit, Meßergebnisse vorhersagen zu können. Diesen Fragen wenden wir uns im nächsten Abschnitt zu. Wesentliches Ergebnis dieses Abschnitts bleibt, daß Quantifizierung historisch gesehen sich zuerst aus theoretischen Anliegen ergab, Messungen hingegen praktisch-technischen entspringen. Beide müssen nicht aufeinander Bezug nehmen.

4.3 Instrumente sind Begriffe

Quantifizierungen sind Strategien der Konsenserzeugung, sie müssen noch nicht zu Messungen führen. Andererseits werden Aussagen durch Quantifizierung abstrakter. Sie brauchen folglich Verfahren, um tatsächlich anschaulich bzw. handgreiflich zu werden, also ihre „Sinnhaftigkeit" zu demonstrieren. Im Prinzip könnte das durch das Vorzeigen geeigneter Fälle erreicht werden. Meistens müssen die Fälle aber erst konstruiert werden, denn auch Theorien sind Konstrukte und keine Naturphänomene. Theorien sind darüberhinaus neue, mögliche Ordnung(en), und als solche werden sie nur dann breitere Akzeptanz finden, wenn ihre paradigmatischen Vorzeigefälle auf eine bestimmte, gesellschaftlich verankerte Prädisposition zurückgreifen können. Darauf wird noch einzugehen sein.

Obige Konstrukte zu Vorzeigezwecken werden als Experiment bezeichnet. Bereits am Beginn des Kapitels wurde am Beispiel der Boyle'schen Vakuumpumpe gezeigt, daß diese Experimente soziale Ereignisse waren, die vor Zeugen abgewickelt wurden. Das war unter anderem deshalb nötig, weil die Boyle'schen Experimente nur schwer wiederholbar waren. Diese Eigenschaft teilen sie mit heutigen Großexperimenten, die aus ähnlichen Gründen auch kaum wiederholt werden können. Boyles Pumpe war eine Großtechnologie der damaligen Zeit, folglich teuer und ein Unikat (Shapin, 1988). Sie ist demnach mit den experimentellen Bedingungen heutiger Experimente bei CERN etc. durchaus vergleichbar.

Die Angewiesenheit auf Zeugen entsprach allerdings nicht dem Geist der Zeit, der sich als Programm dem Rekurs auf eigene, individuelle Erfahrung und der Pflege des Subjekts verschrieben hatte. Demnach war es von Bedeutung, daß Experimente nicht nur bezeugt, sondern erzeugt werden konnten, u.zw. von jedem, jederzeit und überall. Es ist legitim zu vermuten, daß die Vorstellungen Galileis oder Newtons vom qualitätslosen, absoluten Raum und einer ebensolchen Zeit auch damit in Verbindung stehen, denn nur so kann Wiederholbarkeit vorstellbar werden. Subjektivität forderte Wiederholbarkeit und diese verlangt Handlungsanweisungen, deren Befolgung einen Raum und eine Situation „ex periculo" (wovon sich „Experiment" herleitet) erfordert, wodurch eine idente Situation geschaffen wird, sodaß das selbe Phänomen wiederhergestellt werden kann.

Allerdings gelten das vierte und fünfte Gesetz der Thermodynamik, die lauten: Keine experimentelle Apparatur funktioniert beim ersten Mal. Kein Experiment produziert das erwartete Ergebnis (Kuhn, 1961).

Würde man sich unter solchen Randbedingungen auf eine dichotome Beurteilung des Erfolgs – „gelungen – nicht gelungen" – festlegen, so würde von der Beweiskraft der Experimente nicht viel bleiben. Genau wie in den Fällen widersprüchlicher, theoretischer Propositionen das Abgehen von binären Skalen opportun ist, gilt Analoges für das Experiment. Messung ist die Erzeugung quantitativer Ergebnisse. Sie erlauben es, Experimente als teilweise Erfolge zu betrachten und an ihrer Perfektionierung zu arbeiten, indem die Handlungsanweisungen solange verändert werden, bis das gewünschte Phänomen erreicht ist.

Anders als es üblicherweise vertreten wird, daß nämlich die Funktion von Messung in der Bestätigung von Theorie, bzw. darin liegt als Quelle induktiver Erkenntnis zu dienen (beide Positionen sind nach Kuhn (1961) Derivate eines Mythos), zeigt Messung sich nun als Methode, Verhandlungsspielräume zu eröffnen.

Solche Verhandlungsspielräume werden dann bedeutungsvoll, wenn zwei Theorien miteinander in Konflikt stehen. In solchen Situationen erhalten Messungen soziale Signifikanz. Erst bei der Konfrontation zwischen zwei widerstreitenden Theorien kommt die intrinsische Qualität von Skalen, nämlich Rangordnungen zu ermöglichen, wirklich zum Einsatz. Gleichzeitig kommt in diesem Konfliktfall die andere bedeutende Qualität von Daten zum Tragen: ihre vordergründige Neutralität. Aufgrund dieser wird erst die über Messungen etablierte Rangordnung, die zwischen Sieger und Verlierer unterscheidet, auch sozial akzeptabel[9].

Allerdings wird dieser „Wettkampf" nicht so einfach entschieden wie etwa ein Fußballmatch.

Denn gerade wegen der Verhandelbarkeit experimenteller Ergebnisse kann von einem „experimentum crucis" nur selten die Rede sein. Daten, die nicht den Erwartungen entsprechen, können jederzeit als Ergebnis von „Störfaktoren" interpretiert und als irrelevant eliminiert werden. Das belegen die zuvor gebrachten Beispiele schlagend. In der Folge setzen weitere Recherchen zur Aufdeckung solcher Störfaktoren ein (v. Greiff, 1977).

Um sich ein zusätzliches Bild von den Vorgängen zu machen, sind einige historische Beispiele von Nutzen:

1914 begannen Einstein und de Haas mit einer Reihe von Experimenten makroskopischer Art, die zeigen sollten, daß Ampéres Hypothese, daß permanenter Magnetismus Resultat der gegenseitigen Orientierung kleiner Stromkreise im Magneten sei, in Wirklichkeit das der um den Atomkern kreisenden Elektronen sei. Klarerweise wußte Ampére von Elektronen noch nichts. Für unser augenblickliches Interesse ist es egal, wie das Experiment aufgebaut und durchgeführt wurde. Tatsache ist, daß beide Wissenschafter mit verschiedenen Apparaten die Experimente mehrmals durchführten und ihre Annahmen bestätigt fanden. Doch innerhalb weniger Jahre stand dieses Ergebnis in direktem Konflikt mit den Ergebnissen anderer Wissenschafter. Fünfzehn Jahre

[9] Diese Darstellung wird vermutlich jene auf den Plan rufen, die meinen, damit sei einem umfassenden Relativismus Tür und Tor geöffnet. Kuhn meint dazu,
„nature undoubtedly responds to the theoretical predispositions with which she is approached by the measuring scientist. But this is not to say either that nature will respond to any theory at all or that she will ever respond very much." (Kuhn, 1961, S. 46)

nach den Experimenten untermauerte die Quantenphysik die experimentellen Ergebnisse der Einstein-de Haas-Gegner. Im selben Jahr, 1914, führte allerdings S. J. Barnett in USA ein komplementäres Experiment durch, das die Ergebnisse der späteren Quantenmenchanik vorwegnahm. Doch kurze Zeit nach Einsteins und de Haas' Experimenten bestätigte Barnett deren Ergebnisse. Man halte in Evidenz, daß Einstein damals noch nicht der Nobelpreisträger und Göttervater der modernen Physik war, wie man ihn heute zu sehen beliebt. An diesem Beispiel zeigt sich, wie theoretische und experimentelle Voreingenommenheit die Interpretation der Daten und den Umgang mit „Störgrößen", und zwar durchaus unintendiert, beeinflußt (Galison, 1989). Ein anderes drastisches Beispiel findet sich bei R. A. Millikan und seiner „Geburtsschreitheorie der Atome". Millikan und Mitarbeiter machten eine Serie grundlegender Entdeckungen kosmischer Strahlung, doch als Ergebnis seiner, letztendlich theologisch motivierten Theorie, weigerte sich Millikan, bestimmte Phänomene, etwa die Existenz eines breitenabhängigen Effekts, der kosmische Strahlung (Protonen) aufgrund des Magnetfelds der Erde in Richtung Pole umleitet, zur Kenntnis zu nehmen. Umgekehrt kreierten sie Effekte in ihren Daten, zum Beispiel gebündelte Energiespektren kosmischer Strahlung, die heute jedenfalls nicht gefunden werden. Millikans angedeutete Prädispositionen, wie auch seine Vorliebe für bestimmte Geräte und Abneigung gegen andere – er lehnte z. B. den Geigerzähler ab, weil er angeblich den Beobachter irreführt – waren für die negativen wie positiven Resultate ausschlaggebend.

Ein noch beeindruckenderes Beispiel für die Tendenz dazu, auszuschließen was nicht den Erwartungen entspricht, bzw. zu zeigen, welche Folgen ein Verhalten hat, das diesen Ansprüchen nicht genügt, hat G. Holton (1978) recherchiert.

Wieder handelt es sich um den Nobellaureaten Millikan, doch diesmal um eine Auseinandersetzung mit dessen Wiener Kontrahenten Ehrenhaft. Beide versuchten die Elementarladung von Elektronen zu bestimmen. Beide waren anfänglich Verteter der damals noch nicht allgemein anerkannten Atomtheorie. Ehrenhaft, Vorstand des 3. Physikalischen Instituts an der Wiener Universität, verfügte über wesentlich genauere Geräte als Millikan. Die Daten, die sich damit produzieren ließen, waren um eine Größenordnung genauer als jene Millikans. Ehrenhaft konnte demnach wesentlich kleinere Objekte beobachten. Ausschlaggebender Unterschied zwischen beiden war jedoch, daß Ehrenhaft alle gewonnenen Meßdaten gleich behandelte und so zu der Überzeugung gelangte, daß es Ladungen kleiner als die postulierte Elementarladung gibt. Seine Datentreue führte ihn dazu, die Existenz von „Sub-Elektronen" anzunehmen.

Millikan eliminierte hingegen radikal jene Daten, die seinen Erwartungen nicht entsprachen.

> „Millikan was evidently saying he knew a good run when he saw one, and he was not going to overlook that knowledge, even if it was not obvious how to quantify and share it on the record.

> Equally significant was Millikan's frank admission that another seven observations had been discarded altogether, and so had not entered at all into the computation of the final average value of e." (Holton, 1978, S. 53)

Doch Millikan war erfolgreich, Ehrenhaft nicht. Wie dieser Erfolg zustande kam, wirft einiges Licht auf wissenschaftliche Erkenntnisprozesse. Er hängt u. a. mit der Unterstützung Rutherfords zusammen, der eine Ladung von $9{,}3.10^{-10}$ esu für Protonen errechnet hat und die Hypothese vertrat, daß Elektronen die Hälfte, also $4{,}65.10^{-10}$ esu Ladung aufweisen sollten. Millikans Werte lagen zunächst darunter, wogegen Ehrenhafts Werte der Forderung näherkamen. Doch während eines Kongresses in Winnipeg im August 1909 präsentiert Millikan in Anwesenheit Rutherfords eine neue Methode, die es erlaubt, einzelne Tröpfchen statt Nebelwolken zu studieren. Diese Methode kann als Verfahren gewertet werden, erstmals Elektronen isoliert zu studieren.

Sie kam demnach einem Verlangen Rutherfords entgegen, der in seiner Eröffnungsansprache genau diesen Mangel atomistischer Theorien bedauert hatte. Eine alsbaldige Veröffentlichung Millikans knapp nach dem Winnipeg-Treffen postuliert als endgültigen Wert $4{,}69.10^{-10}$, ein Wert, der auch von M. Planck vertreten wurde.

Millikan kam somit den Erwartungen namhafter Physiker in zweifacher Weise entgegen, ein Umstand, dem Ehrenhafts Datenverteilung nicht gerecht wurde.

Es wäre also offensichtlich falsch zu meinen, daß Erwartungen nur einen geringen Einfluß, einen „bias", auf die Experimentatoren ausüben. Sie tendieren dazu, zu finden was sie suchen, weil sie in einem prinzipiellen Dilemma gefangen sind. Barnett verwarf seine Ergebnisse von 1914, weil er zu der Überzeugung kam, das Magnetfeld der Erde nicht hinlänglich neutralisiert zu haben. Einstein, de Haas und Millikan unterdrückten hingegen Daten, von denen sie meinten, daß sie Ergebnisse ungenauer Beobachtungen wären. Solche Urteile sind nicht Ergebnis sorglosen Experimentierens.

Das Dilemma ist, daß Experimentatoren ohne Theorie weder eine Richtschnur für qualitativ interessante Fragen und Effekte, noch eine Vorstellung der Größenordnungen haben, in denen sie ihre Effekte finden können, d. h. welche möglicherweise auch auszuschließen sind.

Mit Theorie werden sie jedoch irgendwann genötigt festzustellen, daß keine weiteren systematischen Fehler im Experimentalaufbau zu finden sind. Wann aber können sie das wissen? Zweifelsohne dann, wenn die Ergebnisse mit den Vorhersagen übereinstimmen. Instrumentelle und theoretische Voreingenommenheiten sind somit in das Experiment integriert und bestimmen dessen Ausgang. Die Vorstellung, daß Experimente der Wirklichkeit zum Durchbruch verhelfen, dürfte in mancher Hinsicht also auf tönernen Füßen stehen, angebrachter erscheint die Aussage, daß sie diese erzeugen.

Das führt zu der Feststellung, daß naturwissenschaftliche Theorien empirisch nicht falsifizierbar sind. Demnach wird es aber auch zweifelhaft, ob Messungen helfen können zwischen widersprüchlichen Theorien zu entscheiden. Eher erscheint es nun so, als würden sie nur bereits gefaßte Entscheidungen rationalisieren helfen.

Wenn Messungen und Experimente Theorien nicht invalidieren können[10], fragt sich, woher dann ihre Attraktivität und Überzeugungskraft kommt?

Es bieten sich zwei Antworten an. Historisch kamen Experimente und Messungen als Beweismittel etwa im 16. und vor allem im 17. Jhdt. auf. Allerdings ist es hier nützlich, in Anlehnung an Kuhn ein wenig zu differenzieren. Denn tatsächlich wurden nur in den bereits im Mittelalter gepflegten und begrifflich weiterentwickelten Disziplinen der Astronomie, Mechanik und Optik Erfolge verzeichnet. Newtons Optik lebte von Snells Brechungsgesetz, Descartes' und Newtons Mechanik von der Impetustheorie, die Astronomie von Ptolemäus, den Alfonsinischen Tabellen etc.

Selbst in diesen Gebieten bleibt aber die Signifikanz von Messung und Experiment zweifelhaft. Zwar behauptet Galilei, seine Erkenntnisse aufgrund von Messungen gewonnen zu haben. Publiziert sind sie nicht. Auch Newton hat seine Mechanik nicht durchgehend experimentell überprüft, wie bereits gesehen wurde. Trotzdem war offensichtlich schon der Anspruch, daß diese Theorien experimentell überprüfbar wären und daß gewisse Erkenntnisse aufgrund von Messungen, also induktiv, gewonnen worden wären, imstande, Glaubwürdigkeit zu erzeugen. Das lag im Geist der Zeit. Diesen machten sich auch die neuen, die „Baconischen" (Kuhn, 1961) Wissenschaften zunutze, obwohl weder die Wärmelehre, noch die Elektrizität, noch die Chemie in Hinblick auf Messungen und Experimente bis zum Beginn des 19. Jhdt. viel zu bieten hatten. Doch allein die Vorstellung, daß ihre Phänomene mit Hilfe von Experimenten überprüfbar gemacht werden könnten, half bereits.

Die Akzeptanz dieses Angebots ergibt sich aus der positiven Erfahrung mit einer sozialen Technik der Konsenserzeugung: der Uhr.

---

[10] Daß sich eine Theorie durch Erfahrung weder verifizieren noch falsifizieren läßt, ist Ergebnis einer längeren wissenschaftstheoretischen Diskussion. Die Diskussion verlief in zwei Schritten.
Einmal wurde gezeigt, daß Theorien – entgegen den gängigen Aussagen – nicht nach Maßgabe akzeptierter Beobachtungssätze, die weiter überprüft werden, aufgestellt werden. Da es immer unendlich viele Meßergebnisse geben kann, existieren auch immer unendlich viele Kandidaten mathematischer Funktionen, die den Zusammenhang zwischen abhängigen und unabhängigen Variablen approximieren lassen. Folglich kann die Wahl der mathematischen Funktionen nicht von den Meßdaten abhängig gemacht werden.
Zweitens kann der sogenannte „harte Kern" einer Theorie durch Variation der Hilfshypothesen immer unwiderlegbar gemacht werden. Das bedeutet, daß an jedem Kern einer Theorie bei abweichenden empirischen Ergebnissen festgehalten werden kann, solange man bereit ist, andere Aussagen geeignet abzuändern. Das zeigte etwa das Beispiel schwacher, neutraler Ströme anschaulich.

Obwohl weiter hinten noch eingehender auf Zeit und Zeitmessung eingegangen wird, sei doch im vorliegenden Zusammenhang in Kürze folgendes gesagt:

Zeit und Zeitregelung ist ein eminent soziales Unterfangen (Elias, 1984). Kooperation und Koordination sind zeitabhängig. Die Einführung der Uhr, zunächst in den Klöstern, etablierte dort Ordnung und in Bälde auch in deren Umgebung. Im 13. und 14. Jhdt. wurde sie zum neutralen Regelinstrument in den Städten, auch in Hinblick auf Arbeitszeiten und andere ökonomische Aktivitäten. Die Unruhen der folgenden Jahrhunderte ließen die Forderung nach einem vergleichbaren, uninteressierten Regelwerk auch in anderen Belangen entstehen. Prediger wie Revolutionäre träumten von einer Welt und einem Kosmos, den sie sich als Uhr vorstellen konnten (Hill, 1972). Ihr Schöpfer mußte demnach gleichfalls Uhrmacher sein. Gegen den Hintergrund dieses Mechanismus ließ sich Konsens herstellen und Kooperation erzielen. Wer imstande war, in Analogie dazu seine Behauptungen zu formulieren und zu präsentieren, durfte mit Akzeptanz rechnen.

Die Überzeugungskraft der Experimente liegt in ihrer maschinenhaften Mechanik. Es war Descartes, der diese Mechanik in seiner Artefaktenkunde als Basis für wissenschaftliche Erklärungen wählte. Es ist damit konsistent, wenn Tetens (1987) in Anlehnung an Reuleaux' berühmte Maschinendefinition von „Experimentiermaschinen"[11] spricht:

> „Eine Maschine ist eine Verbindung widerstandsfähiger Körper, welche so eingerichtet ist, daß durch sie mechanische Naturkräfte genötigt werden können, unter bestimmten Bewegungen zu wirken" (soweit Reuleaux, M. S.). Setzt man an die Stelle der Wendung „mechanische Naturkräfte" den allgemeineren Ausdruck „physikalische Vorgänge", so erhält man durchaus eine zutreffende Beschreibung der Experimentierapparaturen, soweit wir sie aus der Methodologie des Experiments entwickelt haben. Es ist also nicht falsch von Experimentiergeräten als Experimentiermaschinen zu reden." (op. cit., S. 41)

Das wäre die erste Antwort auf die Frage nach der Überzeugungskraft von Messung und Experiment. Die zweite ergibt sich fast von selbst aus der ersten. Es ist nicht so sehr die Konfliktaustragung zwischen Theorien, wie Kuhn meint, die durch Messungen entschieden wird, sondern die Chance zu einer symbiotischen Kooperation, die durch Messung und Experiment ermöglicht wird. Indem Experimente Referenzgrößen sind und Skalen Normierungen und Standardisierungen anbieten, liefern sie Voraussetzungen für gemeinsame Sprachspiele, Verhandlungsspielräume, Kommunikation und mögliche Kooperation.

Das wird anschaulich am eingangs gebrachten Beispiel des Thermometers. Im Prinzip würde es genügen sich auf eine Referenzgröße festzulegen, etwa den Gefrierpunkt des Wassers. Damit könnten, etwa auf

---

[11] P. Janich (1988) stellt in Analogie dazu fest:
„. . . any experiment in natural science starts with the construction and production of a machine." (S. 319)

der Basis von Längenvergleichen, Messungen vorgenommen werden. Diese wären allerdings nicht vom spezifischen Gerät unabhängig. Erst die zweite Referenzgröße, der Siedepunkt, gestattet eine vom Gerät unabhängige Messung mittels Normierung der Skala und erlaubt dadurch Vergleiche und Kommunikation.

Solche Referenzgrößen sollten jederzeit und überall zur Verfügung stehen. Das ist allerdings ein nur schwer zu verwirklichender Anspruch, besonders wenn es sich um komplexere Messungen handelt und nicht nur um Temperatur. Ein zusätzliches Verfahren liegt demnach in der industriellen, normengeleiteten Massenfertigung von Referenzgrößen. Bei der Längenmessung handelt es sich dabei etwa um die Reproduktion des „Urmeters" oder der Fabrikation quasi idealer Ebenen. Darauf hat Dingler wiederholt aufmerksam gemacht (Dingler, 1928, 1933, 1938).

Experiment und Messung erlauben also die Etablierung von Sprachspielen[12]. Allerdings bedürfen auch diese eines Regelkanons. In Abwandlung eines Satzes von Wittgenstein soll dieser Abschnitt so zusammengefaßt werden: Er schreibt:

> „Die Sprache ist ein Instrument. Ihre Begriffe sind Instrumente." (Wittgenstein, 1958, Nr. 569)

Wir meinen, Instrumente sind Begriffe.

4.4 Wahrheit herstellen

„. . . dem was wir Regel eines Sprachspiels nennen, können sehr verschiedene Rollen im Spiel zukommen." (Wittgenstein, 1958, Nr. 53)

Dieses Problem begleitete wissenschaftliche Aussagen seit ehedem. Theoretische Wissenschaft ist seit ihrem Anbeginn in der Antike ein Kampf gegen Sprachverwirrung. Dieses Bemühen zielt darauf Sprachen zu entwickeln, deren Regeln nur jeweils eine Rolle zukommt.

Um einen derartigen Anspruch realisieren zu können, muß die Anwendung der Regeln überprüfbar und kontrollierbar werden. Mit anderen Worten, sie müssen an die Öffentlichkeit gebracht, „externalisiert" werden.

Es handelt sich offenbar um ein ähnliches, wenn nicht dasselbe Programm wie zuvor. Waren wir zuvor damit beschäftigt zu zeigen, weshalb Begriffe quantifiziert, skaliert und schließlich demonstriert wurden, so geht es nun darum, Regeln zu formulieren, die die Kombination

---

[12] „Just as for Wittgenstein the term ‚language-*game*' is meant to bring into prominence the fact that the *speaking* of language is part of an activity or of a form of life, so we shall treat controversies over scientific methods as disputes over different patterns of doing things and of organizing men to practical ends. We suggest that solutions to the problem of knowledge are embedded within practical solutions to the problem of social order, and that different practical solutions to the problem of social order encapsulate contrasting practical solutions to the problem of knowledge." (Shapin/Schaffer, 1985, S. 15)

der Begriffe in einheitlicher Weise – ähnlich wie beim Experiment – jederzeit und überall nachvollziehbar machen. Wiederum läßt sich dies am besten mittels eines Mechanismus erreichen, der idealerweise so beschaffen sein sollte, daß er zwingend von quantifizierten Beobachtungsgrößen zu allgemeinen nomologischen Aussagen führt.

Zur selben Zeit, in der Experimente zu Instrumenten einer verallgemeinerbaren Erfahrung, somit eine soziale Technik wurden, wurde daran gearbeitet, daß diese Erfahrungen sich mittels eines ergänzenden Verfahrens zu allgemeingültigen, anerkennbaren Aussagen umwandeln lassen.

Zwei Wege wurden beschritten, der eine eher ideologiegetränkt, der andere nicht frei von beachtlichen Konsequenzen. Die Unerfüllbarkeit des naheliegenden Wunsches, von Messungen per Induktion zu allgemeingültigen Aussagen zu kommen, wurde erst in unserem Jahrhundert durch Carnaps vergeblichen Versuch, eine induktive Logik zu etablieren, demonstriert.

Im 17. Jhdt. war sie jene Strategie, die erlauben sollte, sich von der akademischen Philosophie zu distanzieren.

> „Die Ideologie der Unabhängigkeit der neuen Wissenschaft von der Philosophie (im Sinne spekulativer Naturwissenschaft) ist die des Induktivismus." (Böhme, 1977, S. 241)

Dieser neuen Methode fühlt sich u. a. Newton verpflichtet (ibid.), der damit seine Physik auf einer gängigen, jedoch metaphysischen Spekulation (Westfall, 1971) aufbauen konnte. Dadurch vergewisserte er sich der Akzeptanz einschlägiger Kreise für seine keineswegs empirisch belegbaren Abstraktionen, nämlich den absoluten Raum, die absolute Zeit, Bewegung und die mysteriöse Schwerkraft. Abstraktionen können als Folge dieser Ideologie wie Phänomene der Natur betrachtet werden, wobei es möglich wird, solche Phänomene auf der Basis nicht sinnlich wahrnehmbarer Maße und Bezugssysteme zu bestimmen. Induktion und Mathematisierung bedingen sich gegenseitig und legen fest, was „wahre Physik" sei. Mehr noch: Auf der Basis mathematischer Formulierungen wird festgelegt, was als wahr zu gelten hat. Es wird eine Grenze gezogen zwischen den Erscheinungen, die nur die Sinne wahrnehmen und die alltagssprachlich beschrieben werden, und den „wahren Phänomenen", die mathematisch beschrieben werden können (Böhme, 1977). Weiters werden mit Hilfe mathematischer Verfahren experimentelle Phänomene, die in Meßgrößen vorliegen, wie etwa die Pendelbewegung, den formalisierten Gesetzen der Mechanik zugeordnet. Dies alles geschieht allerdings um den Preis, daß alles was sich als nicht mathematisierbar erweist und nicht leicht auf die wenigen kartesischen Variablen von Ausdehnung und Bewegung, und bei Newton noch zusätzlich Masse, reduzieren läßt, wissenschaftlicher Behandlung entzogen bleibt. Was aber dafür erreicht wurde, war die Etablierung eines Verfahrens, oder, um es noch deutlicher zu sagen, eines Regelwerks, bei dem die „Rollen" der einzelnen Regeln nicht mehr

„sehr verschieden" sein konnten. Ähnlich wie Descartes die Vielfalt der Phänomene auf Raum-Zeitbeziehungen reduzierte, wurde nun die Vielfalt der gesprochenen Sprache auf einige wenige Verknüpfungsregeln eingeschränkt.

Allerdings war es damit noch nicht geglückt, die krausen Vorgänge des Denkens selbst nachvollziehbar zu machen. Diese Forderung war durchaus im Schwang der Zeit. Es wird nicht mehr überraschen, daß ausgerechnet Th. Hobbes, als mechanischer Philosoph, die Auffassung vertrat, daß Denken und Rechnen analoge Vorgänge wären.

In Kapitel V des Leviathan stehen etwa folgende illuminierende Passagen:

> „When a man *reasoneth*, he does nothing else but conceive a sum total, from *addition* of parcels; or conceive a remainder, from *substraction* of one sum from another; which, if it is done by words, is conceiving of the consequence of the names of all parts, to the name of the whole; or from the names of the whole and one part, to the name of the other part. . .These operations are not incident to numbers only, but to all manner of things that can be added together, and taken one out of another. . . Writers of politics add together *pactions* to find men's *duties*; and lawyers, *laws* and *facts*, to find what is *right* and *wrong* in the actions of private men. In sum, in what matter soever there is place for *addition* and *substraction*, there is also place for reason; and where these have no place, there *reason* has nothing at all to do. . .
> For REASON, in this sense, is nothing but *reckoning*, that is adding and subtracting, of the consequences of general names agreed upon for the *marking* and *signifying* of our thoughts; . . .
> And therefore, as when there is a controversy in an account, the parties must in their own accord, set up, for right reason, the reason of some *arbitrator* (m. H.), or judge, to whose sentence they will both stand, or their controversy must either come to blows, or be undecided, for want of a right reason constituted by nature; so it is also in all debates of what kind soever."
> (Hobbes, 1651; S. 81/82)

Denken verknüpft Bewußtseinsinhalte, die auf Empfindungen zurückgehen. Gedanken werden über Zeichen externalisiert, fixiert und mitteilbar. Diese Zeichen sind Namen, die zu Aussagen und Sätzen verknüpft werden. Solche Verknüpfungsoperationen stellt sich Hobbes als jenen von Rechenvorgängen analog vor. Für Hobbes ist demnach Erkenntnis und Berechnung dasselbe. Beide beruhen auf zwei Geistesoperationen, Addition und Subtraktion (Krämer, 1988). Vergleichbare Vorstellungen finden sich bei Descartes. Bei ihm haben sie die Form der Befolgung von Regeln und eines neuen Gebrauchs von Symbolen, die nicht nur zur Repräsentation von Begriffen, sondern auch als Operationsinstrumente (d. h. Operatoren) dienen.

Vor diesen – das sollte vor allem deshalb nicht unerwähnt bleiben, weil sich damit bereits die Vorstellung eines Apparats verbindet – hatte der katalonische Scholastiker Raimundus Lullus (1235–1315) die Idee, Logik als Instrument einer universalen Wissenschaft einzusetzen, mit deren Hilfe alle wahren Sätze mechanisch erzeugt werden sollten. Er entwarf ein Gerät zur Erzeugung wahrer Sätze, das allerdings vermutlich niemals gebaut wurde. Damit wäre aber ihr Zustandekommen nachvollziehbar geworden.

S. Krämer zufolge entwickelt sich im 17. Jhdt. die Synthese zweier verschiedener Auffassungen von Mathematik[13]. Die eine benutzte Mathematik als Technik zum Erzeugen bestimmter Ergebnisse, sie entspricht also einem heutigen Algorithmus. Die andere, die sich aus der griechischen Tradition herleitet, verstand Mathematik als Beweisverfahren. Nun wird bei dieser Synthese das Verfahren zum Beweis.

Im 17. Jhdt., insbesondere durch Leibniz, wird die Idee der mathematischen Formel geboren, die den operativen Gebrauch von Symbolen einführt, d. h. Regeln festsetzt, die nicht Bezug auf die Bedeutung von Zeichen nehmen, sondern ausschließlich syntaktisch sind. Ihr Zweck besteht darin, auf der Basis eines begrenzten Zeichenvorrates eine unbegrenzte Anzahl wahrer Symbolreihen durch Kombinationen, die Hobbes „Additionen" bezeichnen würde, herzustellen. Berechenbarkeit wird dadurch zum Instrument der Beweisbarkeit. Bedingung für diese neue Form von Beweis ist allerdings die Schriftlichkeit der Zeichen, d. h. deren Externalisierung, ein Ordnungsschema, das ähnlich wie beim Dezimalsystem den Zeichen Positionen zuweist, sowie Interpretationsfreiheit der Zeichen.

Solche interpretationsfreie, doch materialisierte Zeichen (man mag sie wieder als „Realabstraktionen" bezeichnen) lassen sich weit in die Geschichte zurückverfolgen. Sie sind demnach keine spezielle Erfindung der Epoche. In der deutschen Sprache wurden diese Realabstraktionen „Rechenpfennige" genannt. Der Name ist etwas irreführend, weil es sich dabei um wertlose Jetons handelt. Sie wurden zusammen mit sogenannten Rechenbrettern zur Durchführung aufwendigerer Kalkulationen benutzt. Da bis ins 13. Jhdt. arabische (besser indische) Zahlen unbekannt waren und folglich nur römische Ziffern Verwendung fanden, waren selbst einfache Multiplikationen ein größerer Aufwand, der erst mit Hilfe solcher Rechenbretter bewältigbar wurde. Anzumerken bleibt, daß die Rechenpfennige genauso wie die Ziffern im Dezimalsystem ihren jeweiligen Wert aus der Position am Rechenbrett erhielten. Das gesamte Verfahren, das aufgrund der völlig freien Verschiebbarkeit der Pfennige noch abstrakter als der Abacus ist, kann mit gutem Grund als „symbolische Maschine", als ein „thing to think with" (Leach, 1970) bezeichnet werden. Abacus und Rechenbrett hatten und haben noch heute weltweite Bedeutung. Insofern mag es vielleicht überraschend sein, wenn heute die Auffassung vertreten wird, daß Rechenmaschinen, wie sie Leibniz vorschlug, oder Computer eine besondere Leistung unserer Kultur wären. Neu ist die dahinterstehende Mechanik, d. h. die Formalisierung und Externalisierung der Operation und der Anspruch, die Welt nach diesen Verfahren erklären

[13] Wie zuvor gesehen wurde, bestehen beide, trotz dieser Synthese, als Instrumente unterschiedlicher Wissenschaftsauffassungen nach wie vor mehr neben- als miteinander weiter.

zu können. Darauf werden wir im letzten Teil dieses Kapitels noch zurückkommen.

Durch Leibniz wird das Bedürfnis artikuliert, Kommunikation, Beweisverfahren und Entdeckung mittels einer einzigen künstlichen Sprache zu integrieren[14]. Leibniz wünschte sich eine Sprache, die nicht nur Kommunikationsmittel, sondern auch Instrument wissenschaftlichen Denkens sein sollte. Durch Leibniz werden somit folgende Forderungen erhoben: (1) Philosophische Erkenntnis kalkulierbar zu machen, d. h. Probleme dadurch zu lösen, daß sie durch das Medium einer künstlichen Symbolsprache ausgedrückt werden; (2) Lösungen allein durch Operationen auf der Basis festgeformter Regeln innerhalb von Symbolsprachen zu erarbeiten. Solche Operationen sollen ausschließlich rein schematische Anwendungen eines Satzes vorgegebener Regeln sein (d. h. eines Kalküls). Mit diesem Anspruch verbindet sich (3) die Vorstellung einer einzigen „Universalwissenschaft" aufgrund einer universal gültigen Kalkülsprache, eine Vorstellung, die ja schon von Lullus formuliert wurde.

Als Folge ergibt sich im Vergleich zu früheren Wissenschaften eine grundlegende Änderung des Wahrheitsbegriffes. Ist etwa für Aristoteles Wahrheit noch Übereinstimmung von Wirklichkeit und Gedanke, und sind für ihn Aussagen nur dann sinnvoll, wenn ihnen Dinge oder Vorgänge in der Wirklichkeit entsprechen, so wird in der neuen Sicht Wahrheit ein Nachweis der Regelhaftigkeit eines Verfahrens, das aufgrund von Formations- und Transformationsregeln abläuft. Es geht also nicht mehr um Übereinstimmung mit sinnlich wahrgenommener Wirklichkeit, sondern um die „Wohlgeformtheit" von Zeichenausdrücken. Das Operieren in Gedanken wird durch ein überprüfbares Operieren mit Zeichen ersetzt, die selbst keinen Bezug zu einem Inhalt haben.

Leibniz vertritt die Auffassung, daß sich Begriffe aus nicht weiter reduzierbaren Teilen zusammensetzen, die er „notiones irresolubiles" nennt. Sie steht in Einklang mit der Forderung nach Herstellung allgemeiner, also nicht weiter reduzierbarer „Invarianzen" im Experiment durch Meßinstrumente.

Ausgehend von Begriffsatomen werden Begriffe Kombinationen solcher „notiones". Leibniz' kombinatorische Auffassung von Begriffen legt Kalküle zum Erkenntnisgewinn nahe. Diese sollen weiters als mechanische Instrumente hergestellt werden. Folglich wird

> „im Leibniz Programm die *maschinenmäßige Erzeugbarkeit* eines wissenschaftlichen Satzes zum *Kriterium seiner Wahrheit*" (S. Krämer, 1988, S. 180). (m. H., M. S.)

Eine vergleichbare Einstellung zur Wahrheit findet sich noch heute. Sie findet Ausdruck in Begriffen wie „prozedurale Rationalität" (Simon, 1979), „Performativität" (Lyotard, 1979) etc.

Diese Vorstellung, die von Leibniz entwickelt wurde, wurde in unserem Jahrhundert von Hilbert präzisiert und vervollständigt. Im Rah-

---

[14] Das ist ziemlich genau das, was heute von einer umfassenden Programmiersprache (siehe Kapitel 2) erwartet wird.

men seines Programmes wird zunächst festgestellt, daß sich alles Denken nur im Medium von Zeichen vollziehen kann, Denken und Sprache bedingen einander.

Sprache dient nicht allein der Kommunikation von Ergebnissen des Denkens, sondern sie ist das Medium, in welchem Denken stattfindet. Denken wird jedoch zu einem Kalkül, das in der Bildung und Umbildung von Zeichenkombinationen besteht. Aus diesem Ansatz leitete G. Hilbert die Forderung nach der Neubegründung der Mathematik im Rahmen eines formalistischen Programmes ab. Er erwartete sich, daß Mathematik durch kalkülisierte Axiomensysteme auf eine neue Grundlage gestellt werden könnte. Alle wahren mathematischen Aussagen sollten durch syntaktische Operationen mittels Kalkülen erzeugbar sein. Jede mathematische Behauptung wäre demnach entweder richtig oder falsch. Hilbert hat somit angenommen, daß Verfahren entwickelbar seien, die jedes mathematische Problem zu lösen gestatten, oder dessen Unlösbarkeit beweisen.

Diese Hoffnung wurde durch Kurt Gödel zerstört, der seinerseits nachwies, daß es wahre Sätze gibt, die innerhalb eines solchen Systems nicht abzuleiten sind. Gödel zeigt, daß es unmöglich ist, eine symbolische Maschine zu bauen, die für jede beliebige vorgelegte Aussage nachweisen kann, ob sie logisch gültig ist oder nicht. In Analogie zur Physik möchte ich diesen Beweis als Nachweis der „Unmöglichkeit eines formalen Perpetuum mobile" verstehen.

A. Turing hat hingegen gezeigt, daß jede Denkoperation, die vollständig formalisierbar ist, an eine Maschine delegiert werden kann. Das heißt nicht, daß jede Denkoperation formalisierbar ist. Durch Hilbert, Gödel und Turing wurden in den dreißiger Jahren dieses Jahrhunderts die Möglichkeitsräume formaler oder symbolischer Maschinen abgesteckt. Ein Ergebnis dieser Entwicklung ist, daß nun Formalisierbarkeit und Mechanisierbarkeit als deckungsgleich verstanden werden müssen.

Resümieren wir, so können wir feststellen, daß die Entwicklung künstlicher Sprachen weniger neue Kommunikationsmittel bereitstellt, als vielmehr *Werkzeuge zur Erzeugung wahrer Aussagen* liefert. Solche Kunstsprachen arbeiten mechanistisch, ihre Operationen sollen von Interpretationen unabhängig bleiben. Das Programm soll gestatten, jegliche menschliche Intervention zu eliminieren, um u. a. Wertneutralität und Akzeptanz zu gewährleisten.

Formale Sprachen korrespondieren nicht und sollen nicht mit Umgangssprachen des alltäglichen Verkehrs übereinstimmen. Ja, sie sind nicht einmal Abstraktionen von Umgangssprachen. Dieser Ansatz steht zwar in einem gewissen Widerspruch zu Auffassungen von formalen Sprachen, wie sie von der Erlanger Schule und ihren Anhängern vertreten werden. Denn diese sind um Kunstsprachen, die aus der Alltagspraxis entwickelt werden, bemüht und nicht, wie Leibniz, um solche auf der Basis eines abstrakten Gedankenalphabetes (Mittelstraß, 1974; Lorenzen, 1974). Diese Differenz ist jedoch für unsere Überlegungen nicht bedeutungsvoll.

Die konstatierte Unmöglichkeit einer universalen Denkmaschine hat die Möglichkeit spezieller Denkmaschinen nicht eliminiert. Speziellen Denkmaschinen liegt dasselbe Konzept wie universellen Denkmaschinen zugrunde. Sie entsprechen der rationalistischen Auffassung von Sprache und Wirklichkeit, d. h. der, daß Wirklichkeit nomologisch geordnet und folglich mit Kalkülen beschreibbar ist.

Damit kehren wir zum Anfang des gesamten Programms zurück. Das Programm lautete: Herstellung von Konsens, u. zw. sowohl im kognitiven Bereich, wie auch im kommunikativen oder normativen.

Das Problem wurde in beiden Fällen mit derselben Vorstellung angegangen. Diese war in der Vorstellung begründet, daß es neutrale, nichtmenschliche Mechanismen gäbe, die Zweifel eliminieren und Ordnung etablieren helfen. Soweit war das Programm konsistent. Es scheiterte allerdings daran, daß Experimentiermaschinen und symbolische Maschinen zwar beide Maschinen sind, aber eben getrennte Maschinen, die nur durch Induktion gekoppelt werden können. Der Entwurf einer „induktiven Logik" hat sich aber als nicht realisierbar erwiesen.

Als Helfer in der Not entpuppt sich heute der Computer. Er bringt Theorie und Experiment in der Simulation und im computergesteuerten und -ausgewerteten Versuchsprogramm zusammen und erlaubt darüber hinaus die Behandlung von bis jetzt ausgeklammerten, weil nicht mathematisierbaren oder lösbaren Problemen[15]. Mit Hilfe ausgefeilter, wenn auch nicht mehr nachvollziehbarer Programme werden z. B. experimentelle Wirklichkeiten in Form von Monte-Carlo-Modellen beschreibbar, vergleichbar und standardisierbar[16]. Ein gutes Beispiel liefern die Experimente im Zusammenhang mit der Etablierung „schwacher, neutraler Ströme". Die von verschiedenen Physikern erhobene Forderung, Theorie in Zukunft als Algorithmus (Wilson, 1983) zu formulieren, findet sich mit der gesamten historischen Entwicklung in Einklang.

Der Widerspruch zwischen den Auffassungen Bacons und jenen Newtons scheint im 20. Jhdt. gelöst zu werden. Newton vertrat ja die Auffassung, daß Wahrheit allein in mathematischen Formulierungen zu entdecken sei, Bacon propagierte hingegen die Auffassung, daß sie, wenn

---

[15] Einem Gespräch mit S. Krämer verdanke ich folgenden wichtigen Hinweis:
Mit Descartes und Leibniz ergab sich ein Bruch in der Denktradition. Zuvor wurden Symbole als Repräsentation von realen Phänomenen verstanden. Mit den beiden Denkern erlangen sie die Eigenständigkeit, sie werden erst im nachhinein im Artefakt (Plan, Konstrukt) realisiert. Die Postmoderne verzichtet auch auf diese Realisationen, indem sie sich der Simulation bedient.

[16] „Yet, unlike a calculation, it is impossible to follow a typical simulation from beginning to end analytically because it is simply too complex. Instead . . . the experimentalists will compare the outputs of different programs much the way experimentalists compare the results of related experiments . . . there, then, is a search for a new kind of stability, one not found in varying the apparatus.
Instead stability emerges upon comparing an old with a new Monte Carlo, running an old one with new parameters, or even cutting the data in a novel fashion." (Galison, 1987, S. 266)

überhaupt, in experimentellen Methoden liege. Heutige Verfahren algorithmisieren Theorie und Experiment.

In der Einschätzung Krämers kann folglich das Programm der Formalisierung und somit der Mechanisierung als ein Versuch verstanden werden, die Arbeit des Verstandes so zu organisieren, daß auf Phantasie nicht mehr zurückgegriffen werden muß.

Diese Darstellung ist hilfreich, doch fragt sich, ob es allein auf die Mängel der Phantasie zurückzuführen ist, daß im 17. Jhdt. ein so offensichtlicher Bedarf an „Wahrheitsmaschinen" bestand? Eher scheint es naheliegend zu sein, daß Bedarf danach herrschte, kulturell und religiös bedingte unterschiedliche Lebensformen und damit Vorstellungen von Wahrheit und Beweisen zu homogenisieren (Toulmin, 1990).

St. Toulmin (1988) schreibt zum Beispiel, Descartes und Leibniz lebten beide in Zeiten großer sozialer Veränderungen und Unruhen.

> „Descartes' philosophical project had a dual goal . . . as a physical theory, his *Principia Philosophiae* was to decipher the code of Material Nature: as epistemology, meanwhile his *Meditations* were a first step toward the parallel goal of reestablishing our grounds for certainty about the products of Human Mind." (Toulmin, 1988, S. 8)

Er fährt fort, indem er darauf hinweist, daß von 1690–1890 Philosophen und Naturwissenschafter sich in der Meinung vereinigt fanden, daß Newtons Mechanik und Euklids Geometrie die gemeinsamen Fundamente einer natürlichen Ordnung und einer Ordnung des Geistes bildeten. Mit anderen Worten: Beide etablierten Ordnung und sozialen Konsens. Das Programm des 17. Jhdts., eine universale Symbolsprache als internationales Verständigungsmittel zwischen Gelehrten, sowie als Instrument der Beweisführung und Entdeckung zu entwickeln (Cohen, 1954), hatte scheinbar Erfolg. Bacons Vorstellung von Wissenschaft geriet hingegen mehr oder weniger in Vergessenheit. Es obsiegte die theoretische Wahrheit Newtons.

In diesem Zusammenhang ist eine Beobachtung Kuhns von Bedeutung. Kuhn spricht von einer zweiten wissenschaftlichen Revolution in der ersten Hälfte des 19. Jhdts. Nach seiner Auffassung bestand sie in der durchgehenden Mathematisierung der neuen Wissenschaften, Wärmelehre, Elektrizität und Magnetismus, Chemie. Nachdem etwa 200 Jahre in dieser Hinsicht wenig geschehen war, wurde plötzlich D'Alemberts Sicht, daß die einzige wahre Aufgabe der Physik die mathematische Behandlung der Phänomene wäre, wieder aktuell. Dieser Wandel, der mit Namen wie Clausius, Kelvin, Maxwell, Poisson, Fourier und Laplace verbunden ist, bewirkte eine Konzentration der Forschung auf mathematisch traktable Phänomene, somit eine Verkürzung von Kontroversen und Dissens und schließlich Vereinheitlichung in der Problemwahl. Mathematisierung wird zum politschen Instrument wissenschaftlicher Konsensfindung.

Allerdings muß gesehen werden, daß kurz davor sich auch das Grundmodell der Erzeugung von sozialer Ordnung und Konsens zu ändern begann. Nach der Französischen Revolution war es nicht mehr die

Uhr, die die Geister faszinierte, sondern das Roulette. Es herrschte der Zufall, aber nach Gesetzen. Politische Macht wurde nicht mehr von einem absoluten Monarchen verwirklicht und praktiziert. Vielmehr versuchte man den Unruhen der Zeit mit einer neuen Staatsmethodologie zu Leibe zu rücken, der „Staats-istik"[17].

Die soziale Physik eines Schülers von Laplace und Fourier, Quetelet (1835, 1869), ruhte auch in dieser Statistik (Lazarsfeld, 1961). Sie wurde die Grundlage neuer wissenschaftlicher Ansätze. Darwins Auslese war bereits vom Zufall regiert, der Mutationen hervorbringt. Mayer legte dann die Basis für eine neue, der Zeit angemessene Auffassung der Natur, Boltzmann formulierte sie, Planck übernahm sie und Heisenberg vervollkommnete diese neue Ordnung der großen Zahlen, Statistiken und Wahrscheinlichkeiten[18].

In dieser unbestimmten Ordnung sind nun andere Instanzen aufgerufen, sie umzusetzen. Wahrheit und Erkenntnis finden sich konsequent nur mehr in der Maschine. Der Technikbegriff ändert im 19. Jhdt. seine Bedeutung. Im Gerät vereinigen sich zunehmend Theorie und Praxis des Zusammenwirkens, Erkenntnis und techné. In der Fabrik setzt sich analog die Maschinendisziplin des Dampfes durch, die dieselbe ist wie jene, die Turing von seiner menschlichen „Papiermaschine" fordert. Neue Kooperationsformen werden möglich. Algorithmische Verfahren erlauben nun, nicht nur „organisierte Komplexität" auf der Basis stochastischer Prozesse und anderer neuer Bereiche der Mathematik, sondern heute bereits Chaos und Singularität zu studieren, Intuition und Deduktion zu ersetzen.

Diese Einstellung ist zur Zeit in der KI-Forschung (Künstliche Intelligenz) weit verbreitet und kann nahezu als paradigmatisch genommen werden. Sie findet sich in den neuen Kognitionswissenschaften wie in der neuen Lehre. Dort findet sich folgerichtig dann auch eine inzwischen weitverbreitete Auffassung von Sprache.

---

[17] Dazu muß festgestellt werden, daß ein quantitativer Zugang zu sozialen Phänomenen bereits viel früher einsetzte. An den Beginn dieser Entwicklung ist W. Pettys „Political Arithmetic" (1690) zu stellen.
Aber im 19. und 20. Jhdt. entwickelten sich die Sozialwissenschaften in bahnbrechender Weise als statistische Wissenschaften, u.zw. im Zusammenhang mit den Arbeiteraufständen und ähnlichen politischen Unruhen. Diese Ansätze wurden von den modernen Bürokratien übernommen. Statistik wurde zur Basis jeder bürokratischen Kontrolle. (Shaw/Miles 1979; Young, 1979)

[18] In diesem Zusammenhang ist die Ideengeschichte der Mathematik selbst vielsagend. An ihrem Anfang stand der Umgang mit Quantitäten, wodurch vor allem einfache Probleme handhabbar wurden. Dazu ist auch die Differentialrechnung der klassischen Physik zu zählen, die sich auf zwei oder wenige Variable anwenden ließ. Komplexere Probleme erforderten neue Ansätze. Zur Behandlung unorganischer Komplexität wurden Verfahren entwickelt wie: Wahrscheinlichkeitsrechnung, Stochastik und induktive Statistik. Zur Behandlung „organisierter Komplexität" entstanden Graphentheorie, Topologie, Mengenlehre, Spieltheorie und unlängst die Katastrophentheorie. Diese versuchen mit multiplen Interdependenzen zurandezukommen. (Gerard, 1961)

Interpretationsfreiheit zusammen mit der Manipulation von Symbolreihen bezeichnet Krämer als „Grundidee der Formalisierung". Doch formale Sprachen, meint sie, bleiben immer nur Sprachen, die über *„symbolische Welten"* Aussagen machen und niemals über eine wirkliche, im Sinn einer vorfindbaren, empirischen Realität. Bleibt es bei diesem Diktum? Entstehen nun nicht auch alternative Realitäten?[19] Sind überhaupt Experimente vorfindbare Realität? Sind sie nicht wie v. Neumann meint, überwiegend nur primitive Rechenmaschinen? (Goldstine, v. Neumann, 1963).

4.5 Technik verstehen

Bei Wittgenstein ist zu lesen:

> „Einen Satz verstehen, heißt, eine Sprache verstehen. Eine Sprache verstehen, heißt, eine Technik beherrschen." (Wittgenstein, 1958, Nr. 199).

Bedeutet das gleichwohl: Eine Technik beherrschen, heißt, eine Sprache verstehen?

Winograd, ein maßgeblicher A. I.-Forscher, arbeitet seit langem an jenen linguistischen Problemen, die entstehen, wenn Sprachen maschinenverständlich werden sollen, d. h. Maschinen mit alltagssprachlichen Eingaben arbeiten sollen. Winograd hat allerdings den tradierten mechanistischen Ansatz verlassen. Dessen angebliche Beschränktheit erkennend, setzt er sich kritisch mit der zuvor dargestellten „rationalistischen Tradition" auseinander. In dieser erscheint die Welt in eindeutiger Weise in Sprachen abgebildet, folglich sind auch Sprachen als ineinander abbildbar zu verstehen. Die Konsequenz muß sein, durch abstrakte Kombinationen Aussagen erzeugen zu können, die mit Wirklichkeiten korrespondieren. Diese sogenannte „Korrespondenztheorie", die u. a. von Ludwig Wittgenstein (1921/22) in seinem berühmten Traktat entwickelt wurde, ist die Grundlage aller kunstsprachlichen Forschungsprogramme, sowie die der „kognitiven Wissenschaften".

Krämer (1991) hat in einer lesenswerten Arbeit diese Grundlagen künstlicher Intelligenz (KI oder AI) zusammengefaßt.

Historisch steht an deren Beginn die geschilderte Auffassung Leibniz', daß Rechenprozesse algorithmische Symbolmanipulationen sind. Dieser Ansatz wurde von Turing konkretisiert, indem er die menschliche Rechenprozedur in einige so einfache Operationen aufspaltet, daß eine weitere Reduktion nicht mehr möglich erscheint. Das erinnert einmal mehr an Descartes: Erzeugung absoluter Banalität. Diese elementaren

---

[19] Dazu ist ein Zitat aus der Evalution der CERN/Fermilab-Experimente illustrativ: „But the important issues for Gargamelle and E1A involved detailed computer simulations that depended on the idiosyncrasies of local conditions. Who outside the Gargamelle collaboration could effectively judge whether the simulation had overidealized the distribution of coils or concrete shielding in a particular building at CERN? Who outside E1A could assess the punch through?" (Galison,1987, S. 275)

Operationen können nun von einer sogenannten „Papiermaschine" ausgeführt werden, die genaugenommen ein absolut disziplinierter Mensch ist, der mit Stift, Papier und Radiergummi ausgestattet ist. Seine mechanische Realisierung ist der heutige Rechner, wobei der Begriff „Mechanik" nichts über die physikalische Konstitution der Maschine aussagen soll. Er wurde vielmehr gewählt, um an das Leibnizsche Diktum anzuschließen, das lautet, Formalisierbarkeit ist Mechanisierbarkeit.

Mit der Turingmaschine im Hintergrund läßt sich Rechnen nun als nichts anderes als formale Symbolmanipulation verstehen. Rechnen und andere geistige Tätigkeiten werden ident, das wird zumindest im sogenannten „harten AI" behauptet. Rechnen ist Denken.

Zwei renommierte Vertreter dieses Ansatzes, A. Newell und H. Simon (1976) haben die dahinterstehende Philosophie in ihrem „physical symbol system" auf den Punkt gebracht. Solche symbolverarbeitende Maschinen sind physikalisch in unterschiedlicher Weise realisierbar. Sie verarbeiten Symbole, die zwar von solchen, wie sie von Menschen verwendet werden, verschieden sind, aber trotzdem Bedeutung haben. Sie stehen etwa für Instruktionen oder Bezeichnungen. Demnach finden sich in dieser Maschine drei Ebenen, die unabhängig von einander behandelt werden können, aber zueinander in Beziehung gesetzt werden. Auf der semantischen Ebene sind Symbole Bezeichnungen und demnach bedeutungsvoll. Sie stehen also für Begriffe, die durch regelhafte Operationen verknüpfbar sind. Auf der syntaktischen Ebene sind die Symbole bedeutungslose Bestandteile einer formalen Sprache, die klar definierten Transformationsregeln unterworfen ist. Auf der physikalischen Ebene sind Symbole physikalische Zustände, z. B. magnetisiert oder nicht, die über Schaltkreise kombiniert werden.

Die drei Ebenen stehen zueinander durch Abbildrelationen in Beziehung. Diese wird zwischen syntaktischer und physikalischer Ebene durch die Boolesche Algebra oder Schaltalgebra erzeugt. Die Beziehung zwischen syntaktischer und semantischer Ebene ruht in der Vorstellung einer kombinatorischen Semantik, wie sie in Wittgensteins Traktat entwickelt wurde. In dieser Annahme ruht nun allerdings auch der Pferdefuß. Die Meinung, daß sich Bedeutungen semantischer Symbole in Interpretationslisten erschöpfen ließen, scheint sich nicht umsetzen zu lassen.

Die anfänglich beachtlichen Erfolge im AI – wobei Arbeiten vom zuvor genannten T. Winograd einen Meilenstein darstellen – sind allerdings nach relativ kurzer Zeit in eine nun schon mehr als zehn Jahre anhaltende Stagnationsphase getreten. Das Problem, das zunehmend ins Bewußtsein rückt, scheint Folge der Applikation der Korrespondenztheorie zu sein (H. Dreyfus, St. Dreyfus, 1988). Die aufgrund dieser Stagnation sich entwickelnde Diskussion stellt die Korrespondenztheorie und die These von der Angemessenheit interpretationsfreier Symbolmanipulation weitgehend in Frage. Wie kaum anders zu erwarten, werden grundlegende Konzepte westlicher Philosophie, wie der Descartes'sche „Geist-Körper-Dualismus", bzw. die Unterscheidung zwischen „objektiver Welt da draußen" und „subjektiver Welt innerhalb des Individuums" nun neuerlich hinterfragt. Ideengeschichtlich handelt es sich dabei um die Neuauflage der Auseinandersetzung zwischen hermeneutischen Philosophen (M. Heidegger, 1927; H. G. Gadamer 1960) und Rationalisten.

Aus der Sicht der Hermeneutik ist nämlich Sprache nie nur Abbild einer „objektiven Welt da draußen", sondern soziales Erzeugnis. Sie wird durch Handlungen erlernt und ist vor allem von Interpretationen nicht zu trennen. Das steht in eklatantem Gegensatz zu den zuvor gebrachten Behauptungen. Der einzelne Mensch wird durch den Gebrauch der Sprache geformt, so wie umgekehrt Sprache durch Gebrauch verändert wird. Menschen sind „Gesellschaftstiere", sie werden durch ihren kulturellen Hintergrund geprägt, der ihr Selbstbewußtstein weit übersteigt und niemals völlig in Sprache allein ausgedrückt werden kann. Das Verständnis der Welt selbst wird, wie das nicht nur Hilbert, sondern auch die Linguisten Sapir und Whorf betonen, durch Sprachstrukturen bestimmt.

> „. . . language produces an organisation of experience. We are inclined to think of language simply as a technique of expression, and not to realize that language first of all is a classification and arrangement of the stream of sensory experience which results in a certain world-order, a certain segment of the world that is easily expressible by the type of symbolic means that language employs. In other words, language does in a cruder but also in a broader and more versatile way the same thing that science does." (Whorf 1936, S. 55)

Es existiert demnach stets bereits eine bestimmte Einstellung oder ein Vorverständnis einer Situation, die nicht unabhängig von den sie erlebenden Menschen gesehen werden darf. Dieses Vorverständnis, bzw. diese Vorurteile bestimmen unser Wesen und sind Resultat einer Kulturgeschichte, die sich in jedem einzelnen manifestiert. Martin Heidegger (1927) postuliert, repräsentativ für andere, in ähnlicher Weise die Bedeutung praktischen Handelns als Erkenntnisvoraussetzung. Hier besteht eine offensichtliche Übereinstimmung mit Kuhns Konzept des Paradigmas und Dinglers Auffassung von Wissenschaft.

An dieser anderen philosophischen Tradition läßt sich nun ermessen, wie distanziert die Sicht des rationalistischen, westlichen Ansatzes und wie extrem individuumzentriert dieser ist. Als Konsequenz ihres Verständnisses wird die Vorstellung einer Abbildung der Welt in Sprache von den Hermeneutikern zurückgewiesen, u.zw. u. a. deshalb, weil das individuelle Subjekt immer nur Manifestation des „Daseins" (M. Heidegger, 1927) innerhalb einer vorgefundenen Tradition ist.

„Interpretation" und „Bedeutung" werden als fundamental *soziale Leistungen* verstanden. Die Forderung nach Interpretationsfreiheit bedeutet folglich die Ausschaltung dieser sozialen Leistung. Die Hermeneutiker meinen, Interpretation und Bedeutung können nicht das Resultat der Tätigkeit eines einzelnen Bedeutung zuweisenden Subjektes sein.

Diese hermeneutische Bedeutung des Alltäglichen läßt Sprache in anderer Weise verstehen: Zunächst müssen unveränderliche „Repräsentationen von Situationen" abgelehnt werden, weil Repräsentationen dialogisch entwickelt werden und somit notwendig Veränderungen unterworfen sind. Sprache wird als soziales Handeln verstanden, das heißt, sie ist keine Beschreibung einer in Fakten vorgefundenen Situation, sondern schafft und kreiert die zur Diskussion stehenden Situationen. Man lernt beide gemeinsam[20]. „Sagen" ist nach Heidegger (1962) ein „Her-zeigen", das „etwas zum Erscheinen" bringt. Sprache schafft, fast möchte man sagen „inszeniert", eine Vorstellung im Zuhörer, ohne sie materiell herzustellen.

Es wird daran deutlich, daß jenes wissenschaftliche Programm, das sich die Schaffung von Experimentier- und symbolischen Maschinen zum Ziel setzte, in sozialen Gegebenheiten ruht, die Interpretation deshalb soweit als möglich auszuschließen suchen, um (sozial bedingte) Probleme der Verständigung und Kommunikation, die aus unterschiedlichen Vorstellungen resultieren, zu eliminieren. Das geschieht durch Herstellung eigener Vorstellungen und deren Verknüpfung nach eigenen Sprachspielen[21].

Da Sprache Welt erzeugt (Winograd, 1986, S. 174) und Computer Maschinen sind, um in Sprache zu handeln, erzeugen sie gleichfalls eine Welt. Sie formieren damit menschliches Denken (Turkle, 1990) und Handeln. Kunstsprachen schaffen nicht nur symbolische Welten, sondern sollen Konsens darüber erzeugen, wie Welt beschaffen ist. Formalisierung und Experimente erzeugen einen Glauben an Objektivität, der sonst unter gegebenen Bedingungen nicht zu schaffen wäre. Nicht nur wird über Formalisierung aus einer Mannigfaltigkeit möglicher formaler Relationen ausgewählt, sondern es wird die maschinelle Verarbeitung der Symbole zum Leitbild intelligenten Verhaltens schlechthin. Man kann im Sinn Leibniz Kunstsprachen als Angebot einer Universalsprache interpretieren, die allerdings erlernt werden müßte, um beherrscht zu werden. Auf dieser Basis kann dann sozialer Konsens erzeugt, bzw. Widerspruch eliminiert werden.

Die Frage, was die Motive für diese Form der Konsenserzeugung sein könnten, läßt sich nun kaum mehr länger aufschieben. Wir sehen sie im Bestreben, neuerdings Kooperationsfähigkeit zu erzeugen. Denn:

> „The basic function of language as a system of orienting behaviour, is not the transmission of information or the description of an independent

---

[20] Diese Auffassung ist mehr als nur „philosophische Spekulation". Durch die weltweit Aufmerksamkeit erregenden Arbeiten von Maturana und Varela (1982) fanden diese philosophischen Positionen in jüngster Zeit eine auf sogenannte „harte Wissenschaften" gestützte Fundierung.

[21] Diese Aussage kann zumindest als ein Versuch gewertet werden, eine Antwort auf die Frage von M. Fehér (1988) oder eine ähnliche von I. Lakatos (1974) zu geben, die lautet: Warum spielen Menschen das Spiel der Wissenschaft? oder auch: Warum wird es manchmal nicht oder ganz anders gespielt?

universe about which we can talk but *the creation of a consensual domain of behaviour* (m. H.) between linguistically interacting systems through the *development of a cooperative domain of interactions.*" (m. H.) (Maturana, 1970, S. 50)

Sprache ist demnach eine soziale Technik, mit deren Hilfe Konsens und Kooperation, bzw. Interaktionen erzeugt werden können. Umgekehrt ist der Computer eine linguistische Maschine (Winograd/Flores, 1986, S. 178), um in Sprache zu handeln. Computer sind folglich Instrumente, um Interaktionen, d. h. soziale Bezüge zu formen, zu ermöglichen, wenn nicht gar zu ersetzen. Der „ordinateur" soll nicht nur Daten oder andere Maschinen, sondern soziale Handlungsbezüge organisieren. Soziale Bezüge und Konsens werden durch ihn formalisiert und mechanistisch erzeugt.

Fassen wir nun zusammen, was bis jetzt an verstreuten Resultaten vorliegt. Kognitiver Konsens wird auf dreifache Weise hergestellt:

Erstens, Konsens basierend auf wiederholbarer eigener Erfahrung: Soll eine Aussage begründet werden, so kann das durch Instruktionen geschehen, die, wenn befolgt, stets zu gleichen Ergebnissen, d. h. Erfahrungen führen. Diese Methode ist die experimenteller Wissenschaft. Die akzeptierte „Objektivität dieser Wissenschaft" kommt von der Annahme, daß jede Beobachtung mittels Instruktionen wiederholt werden kann, folglich zu gleichen Resultaten und Schlußfolgerungen führen muß. Es wird davon ausgegangen, daß solche Erfahrungen von allen menschlichen Beobachtern gemacht werden können. Nicht wiederholbare Ereignisse zählen nicht. Die präzisesten Replika generien dabei Maschinen.

Zweitens gibt es formale Verfahren, wie deduktive Logik und Mathematik, die auf Grundannahmen eines Sprachspiels beruhen. Ein Satz formaler Regeln wird akzeptiert, das Argument durch eine Abfolge regelkonformer Handlungen aufgebaut. Dieses Verfahren ist gleichfalls Grundlage maschineller Symbolverarbeitung. Es sollte dabei nicht übersehen werden, daß solche formale Strukturen auch in anderen, zwischenmenschlichen Dialogen eine bedeutende Rolle spielen, wie Etiketten und sonstige Verhaltenscodices demonstrieren.

Letztlich existiert ein sozialer Konsensmodus, der darauf beruht, daß jemand, der vertrauenswürdig scheint, einen Sachverhalt darstellt, bzw. interpretiert. Diese Form der Erzeugung von Übereinstimmung beruht auf Dialog, Erfahrung, Tradition und Akzeptanz von Autorität. Damit sind die sozialen Bedingungen angegeben, unter denen Bedarf an Denk- und Experimentiermaschinen entsteht.

Unter der Bedingung, daß solche soziale Akzeptanz nicht existiert oder akzeptiert wird, bleiben ja nur zwei Mechanismen zur Schaffung von Konsens und – darauf beruhend – späterer Kooperation. Verweise auf Erfahrung, die aufgrund objektivierter Regeln experimentell erzeugt wird, stellen die eine Möglichkeit dar, Verweise auf einen formalen, und somit neutralen Mechanismus, der gleichfalls aufgrund objektiver Regeln zu seinen Ergebnissen kommt, die andere. Es wird damit deutlich, daß sogenannte wissenschaftliche Wahrheiten Verfahren sind, um Konsens[22] und Kooperation herzustellen, wobei Konsens ohne augenscheinliche soziale Autoritäten möglich wird. Selbsterfahrung aufgrund von Wiederholbarkeit und das durch Exteriorisierung gewonnene „Desinteresse der Maschine" gewährleisten dies. Wiederholbarkeit und Desinteresse sind aber beide industriell erzeugte, technische Herstellungen. Dahinter versteckt sich eine neue Form sozialer Autorität. Auch Maschinen werden entworfen und gemacht.

Es wird, wie wir des weiteren sehen werden, kulturspezifisch von beiden Möglichkeiten unterschiedlich Gebrauch gemacht, der erfahrungsmäßigen im Experiment, und der regelabhängigen mittels formaler Sprachen. Beide können als Lebensformen nebeneinander bestehen, wie wir historisch hinlänglich gesehen haben. Ihre Vereinheitlichung im neuen Medium Computer sollte demnach als Indikator für eine Vereinheitlichung dieser Lebensformen gesehen werden. Darauf wird Kapitel 7 zurückkommen, auf die historischen Ursprünge dieses „Systems" jedoch Kapitel 6.

Maschinen sind formale Apparate. Mechanisierung und Formalisierung sind äquivalent, wie uns Leibniz und Turing klar gemacht haben. Sie sind beide eine Umsetzung von Konsenserzeugungsverfahren.

Da Umgangssprache traditionsgebunden ist[23], sind formale Sprachen – wegen der geforderten Interpretationsfreiheit – geeignet, Konsens und Kooperation auch dort zu erzeugen, wo divergierende bzw. inhomogene, traditionale Hintergründe Konsens be- oder verhindern würden. Maschinen bearbeiten somit nicht nur „Natur", sondern vor allem „Kultur"[24].

Um die notwendig werdenden Abstraktionsvorgänge zu akzeptieren, muß eine Bereitschaft oder die Notwendigkeit vorliegen, sich von erworbenen, traditionalen Hintergründen zu lösen, d. h. zu abstrahieren. Sich formalen Programmen zu unterwerfen, erfordert, sich von eigener Erfahrung, oft gegen den Augenschein, zu distanzieren, eigene Erfahrung in Zweifel zu stellen. Diese Bereitschaft entsteht historisch am häufigsten dann, wenn solche Erfahrungen vorliegen, die es nicht erlauben, die Gründe anderer Individuen zu ignorieren. Erst unter solchen konfliktbehafteten sozialen Bedingungen wird eine Trennung von unhinterfragten Empfindungen und Verstand notwendig.

Diese Situation wurde von Kant in der „Kritik der reinen Vernunft" angesprochen. Er spricht von „transzendentalem Bewußtsein" als einem

---

22 Dazu schreibt J.-F. Lyotard: „Diese doppelte Regel trägt das, was die Wissenschaft des 19. Jahrhunderts Verifikation nennt, und die des 20. Falsifikation. Sie eröffnet der Auseinandersetzung der Mitspieler – Sender und Empfänger – den Horizont des Konsens. Nicht jeder Konsens ist ein Indiz der Wahrheit; aber man nimmt an, daß die Wahrheit einer Aussage unmittelbar den Konsens hervorruft." (Lyotard, 1979, S. 78)

23 Heidegger (1962) spricht von „Überlieferung" und „Verwahrung".

24 Krämer (1991) meint allerdings, daß sie „Kultur" in „Natur" verwandeln. Darauf wird noch zurückzukommen sein.

Bewußtsein, das eigene Erfahrung transgredieren läßt. Diese Bereitschaft, Wahrheit außerhalb einer tradierten und somit sozial geprägten Empfindungswelt zu suchen und z. B. aufgrund formaler Regeln Propositionen zu akzeptieren, kann, anstatt Transzendenz zu bemühen, auch als Ergebnis einer gesellschaftlichen Situation betrachtet werden.

Die sozialen Voraussetzungen für die beschriebenen, notwendig gewordenen Verhaltensänderungen wären dann in zweifacher Weise zu untersuchen: Einmal ist zu fragen, wie einzelne Individuen in diese ihre Lage kommen und warum sie sie akzeptieren? Diese Frage kann als Sozialisationsproblem, bzw. als soziopolitisches und historisches Problem verstanden werden. Weiters ist zu fragen, wie sich aus der Sicht „anderer Individuen", deren Existenz Voraussetzung ist, verstehen läßt, daß das jeweilige „alter" divergierende Erfahrungen machen kann? In der Bereitschaft, dies als Möglichkeit zu akzeptieren, liegt zwangsläufig auch die Aufforderung, eigene Erfahrung zu hinterfragen. Eine mögliche Erklärung für die Akzeptanz solcher divergenter sozialer Erfahrungen liegt in dem Ansatz, daß Welt erst durch Sprache erzeugt wird.

Im folgenden Kapitel wird der Rolle von Sozialisation und Ausbildung nachgegangen, wobei der Ansatz von Thomas S. Kuhn gleichzeitig weiterentwickelt wird.

Kapitel 6 wird die soziopolitischen, historischen Bedingungen durchleuchten, die dafür ausschlaggebend waren, daß „jeweilig andere" in hinreichender Zahl existierten, und somit einem „ICH" als „ANDERE" entgegentreten konnten.

Erst in Kapitel 8 wird dann neuerlich auf die Bemühungen, Inkompatibilitäten von Sprachen und Sachen zu eliminieren, zurückgekommen.

4.6 Resümee

Greiff (1977) stellt fest, daß im Akt instrumenteller Messung jener Grad an Abstraktion von subjektiven Besonderheiten verwirklicht wird, wo eine Doppelung individueller Erfahrung in „allgemeine Empfindungen und in subjektive Sinneseindrücke" unvermeidbar wird. Was Anlaß für solche Abstraktion gibt, läßt er allerdings offen. Die formale, symbolische Maschine ist andererseits jenes ergänzende Instrument, das den subjektiven Faktor der Phantasie (S. Krämer) eliminiert und Sprache der Überlieferung und Tradition entledigt (Hermeneutiker). Damit wird Konsens ermöglicht und fabriziert, ungeachtet der Herkunft der Beteiligten. Geräte – als Meßinstrumente, wie auch als formale Maschinen – leisten demnach nicht nur einen wesentlichen Beitrag bei der Realisierung eines wissenschaftlichen Programms. Die Bedeutung, die ihnen zugemessen wird, ist Resultat spezifischer gesellschaftlicher Bedingungen, die wir in einer umgreifenden Individualisierung sehen. Nicht nur über industrielle Produktion, sondern weit darüber hinausgreifend, ist Wissenschaft in soziale und historische Bezüge[25] eingebettet. Sie ist mitnichten nur neutrales Instrument zum Zwecke der Erkenntnisgewinnung. Ihre soziale Aufgabe ist es neutral, also ARBITER[26] zu sein, die sie durch den Einsatz von Maschinen löst. Im Computer bzw. im Algorithmus vereinigen sich das Regelwerk des Sprachspiels einer Theorie und die präskriptiven Instruktionen des Experiments. Im „physical symbol system" verschmelzen Deskription, Präskription und Apodiktik.

Im vorigen Kapitel wurde gezeigt, daß technische Wissenschaft und Wissenschaft des Erkennens (téchne und èpistéme, Praxis und Theorie) historisch lange voneinander unabhängig waren. Es wurde aber auch gezeigt, daß in der jüngsten Geschichte eine zunehmende gegenseitige Abhängigkeit entstand, die anscheinend in einen Zustand umschlug, in dem theoretische Forschung zugunsten angewandter verschwindet – Götterdämmerung der Theorie.

In diesem Kapitel erschien zunächst „Theorie" als „alma mater" der Empirie – keine Messung, kein Experiment ohne sie. Doch widersprechende Theorien erfüllen ihre sozialen Aufgaben der Konsenserzeugung nicht. Sie wollen, müssen vereinheitlicht werden, wenn Unwiderlegbarkeit und Konsenserzeugung ihre Aufgabe ist. Daraus leitet sich die Tendenz zur Formalisierung her, die ihrerseits Mechanisierung bedeutet. Diese verweist auf téchne. Téchne wurde in der Einleitung als „sich auf etwas verstehen" eingeführt, ein Verstehen des Her-stellens. Èpistéme bedeutet hingegen „darüber-stehen". „Theoria" leitet sich vom selben Stamm wie Theater her. Es meint ursprünglich „betrachten", „vorstellen", aber auch das Herstellen von Vorstellungen.

Inszeniert Theorie Vorstellungen, so téchne Herstellungen von Sachen. In der Herstellung und Externalisierung von Vorstellungen erweist sich die Sinnhaftigkeit des Satzes „eine Technik beherrschen, heißt, eine Sprache beherrschen".

Dieses Herstellen von Vorstellungen und Regelverfahren mit Instrumenten technischer Provenienz läßt den sozialen Sinn moderner Technik greifen:

Er liegt im Instru-ieren der Sinne, ist Lehr-auftrag. Instruieren bringt Ordnung. Instrumente instruieren und konstituieren so Ordnung[27]. Da-

---

[25] Diese sozialen Bezüge bestimmen auch den Ausgang der Experimente.
„By the aggregation, refinement, criticism and synthesis of arguments the decision to end was reached. The answer to the question" Was this process a social one?" is a resounding yes. Sociological influences on the conduct of experimentation are visible everywhere, from planning to reception." (Galison, 1987, S. 276)

[26] Diese Aufgabe der Technik bringen Shapin und Schaffer (1985) auf den Punkt:
„The machine constitutes a resource that may be used to factor out human agency in the product: as if it were said ‚it is not I who says this; it is the machine;' it is not your fault; it is the machine's." (S. 77)

[27] Dazu schreibt Knorr-Cetina (1983):
„These developments demonstrate the creation of ‚order out of disorder', or more precisely, of information out of noise and of organisation out of chance events . . . It is the thrust of the constructivist conception to conceive of scientific reality as progressively

her kann Sprache, weil entlastet, nun auch zur Information, zur bloßen Übertragung von Zeichen werden. Denn Zeichen werden nicht mehr öffentlich verhandelt, sondern sind instrumentiert. Mit Whorf wurde zuvor die Auffassung vertreten, daß Sprache und Wissenschaft dasselbe verfolgen. Man mag sich fragen, wieso dann überhaupt Wissenschaft entstanden ist? Die Antwort ist, daß sie eine Weltordnung jenseits lokaler Sprachen durch Reduktion und Abstraktion von Qualitäten und der Externalisierung von Verfahren durch Instrumente schafft. Im Zentrum der Wissenschaft liegt nicht schlichtes Erkennen, sondern Instruktion als Bedingung sozialer Kooperation.

Am Ende des dritten Kapitels wurden Wissenschafter als Techniker auf der Suche nach praktischen Ergebnissen (Salomon, 1985) bezeichnet. Zu solchen praktischen Ergebnissen ist auch die Etablierung einer akzeptablen sozialen Ordnung zu zählen. Diese Ordnung, als Bedingung für soziale Kooperation, wird heute nicht mehr über Sprache und Theorie, sondern über technische Geräte erzeugt. Deren Erfindung und Verehrung besorgen Wissenschafter als Techniker. Sie sind die Ordner ritueller Praktiken, ‚les ordinateurs', wie ehedem. L'ordinateur, die symbolische Maschine, ist eine soziale Technik.

Daß dabei diese soziale Technik weit über den ursprünglichen Wissenschaftsbereich hinausreicht[28], wurde bereits im vorigen Kapitel durch die Entwicklung der Ingenieurwissenschaften in ein „systems engineering" gezeigt. In diesem Verschwinden der althergebrachten Differenz zwischen Wissenschaft und Technik deutet sich ein sozialer Schließungsprozeß an, ein Aufbruch in eine neue Dialektik[29].

---

emerging out of indeterminancy, and (self-referential) constructive operations, without assuming it to match any pre-existing order of the real (S. 135).

[28] B. Latour (1983) elaboriert diese umfassende, gesellschaftspolitische Bedeutung wissenschaftlicher Ordnung. Er macht zunächst deutlich, daß die Erfolge wissenschaftlicher Tätigkeiten vor allem daher rühren, daß die Gesellschaft in ein riesiges Labor verwandelt wird. Denn nur unter Laborbedingungen sind wissenschaftliche Erkenntnisse praktikabel. Erst durch diese Transformation wird die Universalität der Phänomene erzeugt. Diese Transformationen sind aber Politik, Politik mit anderen Mitteln. In den modernen Gesellschaften kommt neue Macht nur aus Wissenschaft und Technik und nicht aus den klassischen politischen Verfahren (dazu auch Kapitel 8).

[29] Dies deutet Krämer (1991) in einer abschließenden Aussage an:
„Das Ideal einer vollständig kalkülisierten Wissenschaft wird erkauft mit dem Verzicht auf die Erkenntnis dessen, was wirklich existiert." (S. 387)

5. Instruktionsinstrumente

Anliegen dieser Arbeit ist die Bestimmung des „Ortes", den Technik und Wissenschaft im sozialen Gefüge einnehmen. Dieses Anliegen wird am Beispiel der Institution „Universität" abgehandelt, wobei die Rolle der Universität in ihrem Zusammenwirken mit ihrer Umwelt selbst erst bestimmt werden muß. Das bedeutet, daß zumindest ein rudimentärer Aufriß des Umfelds der Universität, in dem diese wirkt, mitgeliefert werden muß. Daraus wird sich eine Topographie entwickeln, wie das in Kapitel 7 geschieht, die als Dispositiv dient, um Prozesse der Technisierung und möglicher Verwissenschaftlichung in ihrem Zusammenwirken mit anderen Prozessen zu begreifen. Aus diesem Grund wurden in den vorhergehenden Kapiteln Fragen, wie Industrialisierung der Forschung, Verwissenschaftlichung, Technisierung und die Rolle von Geräten in der Forschung behandelt. Es läßt sich Forschung als eine heute zweifellos dominante Form von Wissensproduktion bestimmen. Analog dazu muß „Lehre", das zweite Standbein der Universität, als Wissensvermittlung begriffen werden. Allerdings würde man einem weit verbreiteten, aber trotzdem nicht weniger verzerrendem Vorurteil aufsitzen, würde man dieses Wissen ausschließlich als Weitergabe eines möglicherweise vereinfachten und systematisierten Erkenntnisstockes, der als Resultat der Forschungstätigkeit geschaffen wurde, verstehen.

Daß das weitergegebene Wissen mehr umfaßt als nur Kognitionen und Sachkenntnisse läßt sich schon allein daran erkennen, daß Reformbestrebungen der Universität als Antwort auf ihre sich wiederholenden „Krisen", wie in Kapitel 1 aufgezeigt, stets auch Forderungen nach Formung und Prägung von Persönlichkeit und nach sozialer und menschlicher Kompetenz (VÖI, 1990) thematisieren. Von der Fähigkeit zur Kommunikation, Kooperation, Selbständigkeit bis zu Ausdauer und Belastbarkeit werden in verschiedenen Variationen wiederholt Ansprüche nach Persönlichkeitsentwicklung an die universitäre Lehre herangetragen. Wie weit solche Ansprüche noch als „Wissensvermittlung" verstanden werden können, ist debattierbar, denn Ausdauer und Belastbarkeit sind Eigenschaften, die nur indirekt über Theorie oder Schulbuch weitergegeben werden können. Wenn es sich dabei überhaupt um Wissen handelt, dann handelt es sich um „schweigendes Wissen", ein Wissen also, das nicht verbal fixiert weitergegeben und so dem Bewußtsein zugänglich wird, sondern subkutan vermittelt wird. Solchem Wissen sind wir bereits in unserer Auseinandersetzung mit den Thesen

Kuhns in Kapitel 2 begegnet. Die Kuhn'schen Paradigmen sind ein viel zitiertes Paradebeispiel für derartiges schweigendes Wissen. Allerdings sind wissenschaftliche Paradigmen bei weitem nicht die einzige Form schweigenden Wissens, sondern im Gegenteil stellt schweigendes Wissen eher die Regel als die Ausnahme dar. Die sprachliche Artikulation solcher Wissensbestände scheint freilich nicht nur äußerst schwierig zu sein, sondern auch aus anderen Gründen eher Ausnahme als Regel darzustellen. Das mag wie ein Widerspruch zu den in Abschluß von Kapitel 4 betonten Aussagen von Whorf, bzw. Maturana klingen. Tatsächlich wird aber dadurch die Bedeutung von Sprache als Instrument der Organisation von Erfahrung, bzw. als eines zur Schaffung eines konsensualen Bereiches von Verhalten und der Förderung von Kooperation nicht in Frage gestellt. Es ist allerdings ein Mittel, dessen Einsatz erst unter bestimmten Bedingungen notwendig wird. Im Augenblick wird darauf Wert gelegt zu betonen, daß Beobachtung, Nachahmung und ähnliche Prozesse gleichfalls Wissen, jedoch in nichtverbaler Form weitergeben, wie es Kuhn im Zusammenhang mit der alltäglichen Praxis des Forschens für seinen speziellen Fall beschreibt.

Praxis ist allgegenwärtig, wie, unter Bezug auf M. Heidegger, in Kapitel 4 betont wurde. Wissen wird über unterschiedliche Kanäle transportiert, wobei zu betonen ist, daß es nicht nur in mentalen Speichern abgelegt und von dort wieder aufgerufen wird, sondern daß diese Speicher selbst verändert werden, sodaß berechtigt die „message" auch als „massage" verstanden werden muß. Diese „massage" bewirkt auch jene Persönlichkeitsbildung, von der zuvor gesprochen wurde, und zwar auch so, daß manche „messages" gar nicht mehr „abspeicherbar" sind, weil für ihre Inhalte keine Plätze zur Verfügung stehen, bzw. ihre Form mit jener der Speicher nicht „kompatibel" ist.

Denkweisen können nur verstanden werden, wenn sie im Zusammenhang mit ihrem sozialen Ursprung gesehen werden (Mannheim, 1921, 1936). Struktur und Organisation des Wissensbestandes formen die Persönlichkeit und indem sie dieses tun, befähigen sie diese Persönlichkeit, innerhalb einer bestimmten sozialen Struktur funktionstüchtig zu sein und zu agieren. Soziale Gruppen eines bestimmten strukturellen Typs formulieren Theorien nicht nur in Übereinstimmung mit ureigensten Interessen, sondern entwickeln auch pädagogische Techniken, um diese angemessen zu übermitteln. Lehre ist folglich sehr viel mehr als nur Übermittlung kognitiver Muster. Dabei darf nicht übersehen werden, daß Plastizität, und damit die Möglichkeit der Persönlichkeitsprägung, mit zunehmendem Lebensalter abnimmt, daß also ab gewissen Altersgruppen Persönlichkeitsprägung nur mehr schwer möglich ist. Das bedeutet u.a. auch, daß ab einem gewissen Alter nur mehr bestimmte kognitive Muster und Inhalte erfolgreich vermittelt werden können. Die oben erwähnten Speicher sind dann eben bereits formiert, in-formiert.

Selbst universitäre Lehre ist mehr als nur Vermittlung wertneutraler Kenntnisse. Auch sie prägt durch Form und Inhalt Persönlichkeitsstrukturen. Allerdings sind vorausgegangene Prägungen schwer zu verändern, was u.a. auch die Bedeutung der Tätigkeit voruniversitärer Ausbildungsinstitutionen erkennen läßt, seien diese Familie, Kindergarten oder verschiedene Schultypen. Ähnlich wie in den vorausgehenden Kapiteln erscheint es daher sinnvoll, diesen weiteren Bereich der Sozialisation, wenn auch in komprimierter Form, zu behandeln. Dabei leitet uns nicht nur das Anliegen, Funktion und Rolle universitärer Lehre besser zu verstehen, sondern zusätzlich gewinnen wir dadurch die Chance, die Technik sozialer Innovationen in der in der Einleitung angesprochenen, prinzipiellen Alternative zwischen technischen und sozialen Innovationen im Detail kennenzulernen. Denn prinzipiell muß Sozialisation als jene „Primärproduktion" verstanden werden, die die Voraussetzungen für soziale Innovationen schafft und solcher Art neue gesellschaftliche Kooperationsmuster möglich macht. Sozialisation liefert das Rohmaterial, aus dem eine Sozietät entwickelt werden kann. Sie bestimmt dadurch u.a. Nachfrage und Bedarf an technischen Innovationen als Alternative zu sozialen.

Wir werden uns zunächst mit Sozialisation, Lehre, Erziehung, Bildung oder Ausbildung im allgemeinen befassen, und zwar im Hinblick auf Produktion von Persönlichkeitsmerkmalen und -strukturen. Sodann werden wir uns auf die Produktion und Strukturierung von spezifischen – nennen wir sie zunächst kognitiven – Kenntnissen konzentrieren, deren Weitergabe Bedeutung als Selektionsmechanismen im sozialen Kontext zukommt. Das führt dazu, daß solcher Art produzierte Kenntnisse zu nachgefragten Gütern werden, die in spezifischen Organisationen, Schulen und ähnlichem, hergestellt werden. Solche soziale Produktionsorganisationen weisen spezifische Strukturen auf, die in einem Rückkopplungsprozeß auf die Formung der Persönlichkeitsstrukturen der Belehrten einwirken und so schweigend Wissen und Praxis vermitteln.

Im zweiten Teil dieses Kapitels wird auf die spezifische Situation und Aufgabenstellung der Universität eingegangen und in einem dritten der mögliche Ersatz universitärer und anderer Lehre als soziale Technik durch geräteorientierte Technik behandelt.

5.1 Das Kreisen der Lehre

5.1.1 Blicke in und hinter den Spiegel

> „Sozialisation bezeichnet den Prozeß der Aneignung von und Auseinandersetzung mit gesellschaftlichen Werten, Normen und Handlungsmustern, in dessen Verlauf ein Gesellschaftsmitglied die soziale Handlungsfähigkeit erwirbt und/oder aufrecht erhält . . . „
> (Wörterbuch der Soziologie, 1989, S. 604)

Schon diese Definition legt die Frage nahe, warum es eigener Institutionen, z. B. Schulen, bedarf, um soziale Handlungskompetenzen zu vermitteln? Historisch gesehen ist es ein Faktum, daß Handlungskompetenz in sozialer und anderer Hinsicht über Jahrhunderttausende ohne eigene soziale Institutionen nachrückenden Generationen vermittelt wurde. Nachahmung und Teilhaben an Praxis reichten hinlänglich aus. Handlungskompetenz konnte ohne großartige theoretische Konstrukte über Generationen weitergegeben und vermittelt werden. Abgesehen von speziellen Ausbildungsstätten, etwa für Priester im alten Ägypten, läßt sich ein wirklicher Bedarf an solchen Institutionen erst im klassischen Griechenland, im Athen des 4. und 3. Jahrhunderts v. Chr., in Form von Gymnasien und Akademien nachweisen. Im mitteleuropäischen Raum waren – von einigen Klosterschulen der karolingischen Renaissance abgesehen – Universitäten die ersten, die für eine verschwindende Minderheit der Bevölkerung institutionalisierte Sozialisationsleistungen erbrachten. Erziehung war im Mittelalter, vielleicht auch deshalb, weil das Konzept des „Kindes" im Gegensatz zum „Erwachsenen" (Aries, 1960) gar nicht existierte, nicht aus der alltäglichen Praxis ausgegliedert, sondern ein integraler Bestandteil damaliger Lebensformen. Erst im 16. Jahrhundert wurde Kindheit als eigenständige Lebensphase begriffen. Es entstand gleichzeitig ein Bedarf nach eigenen Ausbildungsinstitutionen, den sogenannten „niederen Schulen". Dieses neue Interesse findet auch seinen Niederschlag in einer reichlichen Literatur zum Thema Erziehung, wobei insbesondere Erasmus von Rotterdam (1466–1536) als Autor und Propagent eine herausragende Rolle spielte. Just in jene Periode wird auch der Beginn der neuzeitlichen Wissenschaft gelegt. Kopernikus veröffentlichte sein bahnbrechendes Werk 1542. Besonders in Italien wird die Geburt des Individuums zelebriert, wobei N. Elias (1969) anmerkt, daß gleichzeitig auch neue Formen der Verhaltenskontrolle und der Selbstdomestizierung entwickelt werden. Ein Bedarf an neuen Formen der Wissensproduktion geht Hand in Hand mit einem ähnlichen Bedarf an neuen Formen der Wissensvermittlung und, wie sich zeigt, mit neuen Vorstellungen von erstrebenswerten Persönlichkeitsmerkmalen.

Schon hier wird deutlich, daß neue Wissensformen, Persönlichkeitsstrukturen und Methoden der Wissensvermittlung zumindest miteinander korrelieren. Die historischen Hintergründe für diese Entwicklungen werden im nächsten Kapitel ausführlich dargestellt. Zum Verständnis der zugrundeliegenden Differenzierung reicht aber eine unhistorische Darstellung, wie sie von T. Parsons (1959) dargelegt wird. Dieser unterscheidet zwischen „partikularistischen" und „universalistischen" Orientierungen. Partikularistische Orientierungen nehmen Bezug auf konkrete Menschen. Die Interaktionen zwischen Menschen werden stets auf bestimmte Personen mit allen ihren Eigenschaften, etwa Verwandte, ausgerichtet. Im Gegensatz dazu wird in einem universalistisch orientierten System von solchen konkreten Personen abstrahiert. Interaktionen werden von den spezifischen Personen unabhängig und auf „Rollen" bezogen. Anschauungsmaterial für diese Art von Sozialstruktur findet sich leicht in Staatsapparaten und Fabriken, wo die einzelnen Positionen stets von austauschbaren Trägern besetzt werden.

In den modernen Kleinfamilien, die im Mittelalter sicher nicht existiert haben, sondern erst in den letzten Jahrhunderten, insbesondere im 18. Jahrhundert, populär wurden, machen Kinder Sozialisationserfahrungen partikularistischer Art. Solche werden in den Schulen, sagt Parsons, zerstört und durch ein universalistisches Rollenverständnis ersetzt. Es handelt sich also nicht mehr um „den" Lehrer, sondern um Lehrer schlechthin, also um eine Rolle, die von jedem beliebigen Lehrer übernommen werden kann. Schulen stellen also eine soziale Technik dar, um etwas zu bewirken, was in der familiären Situation nicht zu erreichen wäre, nämlich die Loslösung von spezifischen Personen zugunsten abstrakterer Rollenerwartungen. Kinder werden in den Kleinfamilien zwar partikularistisch erzogen, ihr besonderer Wert wird, u.a. auch aufgrund der Kleinheit dieser Familie, ins Zentrum der Aufmerksamkeit gerückt. Andererseits soll aber diesen Kindern ein gesellschaftlicher Verhaltensmodus mit gegenteiligem Effekt vermittelt werden. Diese widersprüchliche Forderung läßt eine soziale Innovation entstehen, die Schule, die es erlaubt, affektive Zentrierungen zum Sonderfall zu machen und im allgemeinen gegenteilige Orientierungen zu erzeugen. Ein junger Mensch wird in seinem Verhalten lernen, zwischen einer Welt da draußen und der kleinen Welt der Familie zu unterscheiden. Allerdings muß er auch lernen, sich selbst nur als Inhaber einer Rolle, etwa der Rolle des Schülers, zu verstehen. Die Identifikation mit den Eltern wird belanglos. Die Identifikation mit anderen Kindern wird gleichzeitig so weit unterbunden, daß in ihnen nur „Mitschüler" erkannt werden. Das geschieht durch systematische Unterbindung von Interaktionen zwischen den Schülern, durch Pönalisierung des sogenannten „Schwätzens", durch die Betonung der „eigenen Leistung" in Konkurrenz zu den Leistungen anderer, anstatt einer gemeinsamen Gruppenleistung. Mit anderen Worten, es wird in den Schulen eine soziale Situation geschaffen, die eine Gruppe von gleichen Rollenträgern ohne nennenswerte Interaktion generiert. Dieser Prozeß wird durch eine weitere Technik verstärkt, die erlaubt sich selbst als eigenständigem Individuum entgegenzutreten. Diese Technik ist die „Schrift". (Dazu: Ong, 1982; Goody/Watt, 1963).

Die Schrift ist nämlich nicht nur ein Verfahren, um mit anderen, die durch Zeit oder Raum getrennt und häufig anonym sind, in Kontakt zu treten, sondern darüber hinaus auch eine Methode der *Exteriorisierung* eigenen Denkens, das auf diese Weise mir nun fremd entgegentreten kann. In der Form schriftlich niedergelegter Gedanken tritt das eigene Innere als lebloses Ding – als Aus-Druck – seinem Produzenten entgegen. Darin kann er sich, wie in einem Spiegel, zwar wiedererkennen und trotzdem gleichzeitig wissen, daß die beiden nicht mehr ident sind.

Das Interaktionsverbot in den Schulen, die Herauslösung aus der Kleinfamilie und das Sich-selbst-entgegentreten-Können durch schriftliche Niederlegung eigener Gedanken produzieren folglich das, was als das moderne Individuum bezeichnet wird[1].

---

[1] Die Lockerung des Interaktionsverbots, der sich andeutende Verlust des Schreibens und der Schulen in den USA als Folge der Rückverlagerung der Erziehung mit Hilfe computerunterstützten Unterrichts in den Privatbereich, kann tiefgreifende Folgen haben, die dem „American creed", dem Individualismus, diametral gegenüberstehen.

Hiermit wurde allerdings der Parson'sche Ansatz bereits weit überzogen. Denn Parsons sieht den Prozeß der „Individuierung", d. h. der Schaffung eines unabhängigen Indiviuums oder Subjekts, nicht. Aus Parsons' Sicht scheint die Existenz von Individuen selbstverständlich, sie müssen nicht erst geschaffen werden, sondern benötigen nur ein über die kleinfamiliäre Situation hinausreichendes, zusätzliches Verständnis gesellschaftlichen Rollenhandelns.

Die Konfrontation mit dem eigenen Denken als etwas Fremdem, wie sie insbesondere gegen Ende des 17. und im 18. Jahrhundert in der Technik des Tagebuchschreibens entwickelt wurde, erlaubt auch die Gedanken Fremder, insbesondere in ihrer schriftlichen Form, als mögliche eigene Gedanken zu verstehen. Es entsteht die Chance Vergleiche zu ziehen, sich selbst in die Position eines „alter" zu manövrieren und die persönlichen Erfahrungen und Artikulationen in Frage zu stellen. Es entsteht eine neue Form von Reflexivität, was zur Folge hat, daß man sich selbst als Objekt sehen kann. In dieser Doppelung liegt eine weitere Möglichkeit[2] begründet, „ego" und „alter" (der andere) zu vertauschen, und zwar vor allem dann, wenn dieses „alter" nicht vertraut ist, also selbst ein Fremder ist. Die Fähigkeit zur Empathie ist also zugleich jene, sich selbst als Fremdem zu begegnen. Sie ist gleichzeitig die Quelle möglicher Kooperation, wie das Mead (1932) beschreibt. Diese Fähigkeit ist allerdings nur als notwendige, keineswegs bereits als hinreichende Bedingung zu verstehen. Eine weitere Bedingung für potentielle Kooperation ist ja auch in inhaltlicher Hinsicht zu erfüllen. Erst wenn in kognitiver wie auch in wertemäßiger Hinsicht Konsens erzeugt werden kann[3], entsteht die Voraussetzung für mögliche Kooperation. Eine Methode diese Voraussetzung zu schaffen, eröffnet sich in der Akzeptanz schiedsrichterlicher Verfahren im Fall größerer Divergenzen. Solche Verfahren können, wie in Kapitel 4 gezeigt wurde, wissenschaftlich-experimenteller oder logisch-formalistischer Art sein. Nur für den Fall, daß ein gewisses gemeinsames, kulturelles Vorverständnis aufgrund von traditionsgestützten Erfahrungen existiert, kann auf eine von beiden Seiten akzeptierte Autorität requiriert werden. Prinzipiell geht es aber darum, „den Partner dahinzubringen . . . seine üblichen Sprechweisen aufzugeben" (Lorenzen, 1974, S. 128) und Konsens über eine neue Sprechweise zu ermöglichen; darin ruht der Erfolg der Wissenschaft und darin liegt auch der Sinn der Vermittlung wissenschaftlich erzeugten Wissens.

Sozialisation in den Schulen korrodiert traditionelle Lebensformen. So kann es nicht wundernehmen, wenn dieses neue Schulsystem, das im

---

2 Eine andere Chance dafür wurde bereits in Kapitel 4 genannt. Sie liegt in der Konfrontation von Messung und anders empfundenen Sinneseindrücken.

3 „Zur Verständigung in der Sprache gehört nicht nur eine Übereinstimmung in den Definitionen, sondern (so seltsam dies klingen mag) eine Übereinstimmung in den Urteilen." (Wittgenstein, 1958, § 242)

18. und 19. Jahrhundert zu einer allgemeinen Schulpflicht ausgeweitet wurde, als Bedrohung traditioneller Lebensformen verstanden (Tillmann, 1989) und daher auch von vielen, u.a. auch aristokratischen Kreisen, abgelehnt wurde. Welche tradierten Lebensformen dabei bedroht werden, wird in den folgenden Kapiteln dargestellt; anzumerken ist, daß es sich hier nicht um einen zufälligen, sondern einen durchaus beabsichtigten Prozeß der Entfremdung und der Erziehung zur Selbstdiziplin handelt, um u.a. den neuen Lebensbedingungen auf kapitalistischen Märkten in Städten und bürokratisch organisierten Staaten gerecht zu werden. Sich dort zu behaupten hat die Notwendigkeit neuer Persönlichkeitsstrukturen geschaffen (Shorter, 1975; Tenorth, 1988). Ähnliche Anforderungen sind auch aus der historischen Entwicklung der Nationalstaaten entstanden, wie N. Elias (1939, 1975) zeigt.

Fassen wir das Gesagte zunächst zusammen. Die erste wesentliche Leistung der Schule besteht darin, die partikularistische Erfahrung der Kinder durch eine universalistische zu ersetzen, d.h. sie aus ihrer Tradition zu befreien und zu Individuen zu machen. Das geschieht durch Herauslösen aus dem familiären Kontext, durch ein Interaktionsverbot, was gleichbedeutend ist mit einem Verbot der Solidarisierung, und durch Konfrontation mit den eigenen Gedanken über schriftliche Formulierung dieser Gedanken. Diese Gedanken bedürfen allerdings einer sprachlichen Formulierung, d.h. Kinder werden genötigt, ihr schweigendes Wissen zu verbalisieren. Das geschieht mit Hilfe einer noch immer alltäglichen Sprache, die eine geordnete Gegenstandswelt schafft, indem sie sprachliche Fixpunkte erzeugt, auf die sich Wahrnehmungen projizieren lassen (Schwemmer, 1987). Die Bindung an Wörter erzeugt Identitäten und dadurch für Wahrnehmung und Handeln klar erkennbare Gestalten. Die nicht-interagierenden Kinder in der Schule kommen allerdings aus verschiedenen Alltagen, sie haben somit unterschiedliche Sprachpraktiken zur Verfügung. Dadurch können kognitive Dissonanzen entstehen, die in einem späteren Stadium der Sozialisation hinderlich sind. Andererseits ist aber Sprache zwangsläufig Abstraktion. Phänomene können immer nur bis zu einem gewissen Grad sprachlich beschrieben werden. Es bleibt sozusagen stets eine Restgröße „zu tun", oder aber eine, die nicht ausgesprochen wird. Diese Situation kann gleichfalls für den Sozialisationsprozeß genutzt werden, und zwar dadurch, daß Lehre mittels Sprache einen höheren Grad an Abstraktion hat als partikuläres, detailliertes Tun und folglich auch besser dazu geeignet ist, möglichen Konsens und Kompromiß entstehen zu lassen. Sprachliche Lehre verfolgt andere Ziele als an der Praxis orientiertes Lernen. Lorenzen (1974) würde sprachlich orientierte Lehre als einen Vorgang bezeichnen, der aus einer „Parasprache" eine „Orthosprache" entwickelt. Das Herausheben von persönlicher Erfahrung in Sprachfiguren läßt Erfahrung verallgemeinern. Die Übersetzung der alltäglichen Parasprache in eine Orthosprache erlaubt unterschiedliche Alltage und Kulturen zu nivellieren. Diese bildet somit die Voraussetzung für einen nächsten Sozialisationsschritt.

Er besteht darin, Voraussetzungen für die stets notwendige Kooperation durch Möglichkeiten der Konsensfindung zu schaffen. Verschiedene Alltagssprachen schaffen ja, wenn sie aufeinander treffen, keineswegs eine geordnete Gegenstandswelt für alle, sondern diese muß erst durch neue Verfahren erzeugt und kommunizierbar werden. Wissenschaft, schreibt Mannheim (1936), ist der lebenden Erfahrung prinzipiell fremd, daher existiert stets eine Spannung zwischen Praxis und Theorie. Diese Fremdheit beinhaltet aber die Chance, eine verbindliche Ordnung unabhängig von verschiedenen Alltagen zu etablieren. Wissenschaftlicher Tätigkeit fällt demnach die Aufgabe zu, durch „Stilisierung der Dinge und Geschehnisse" (Schwemmer, op. cit.) unserer unmittelbaren Wahrnehmung diese in eine verbindliche Begriffswelt zu projizieren, wodurch sie identifizierbar und einer konsensträchtigen Darstellung zugänglich werden. Ein Beispiel für diese Art wissenschaftlicher Leistung kann man etwa in der Nivellierung der im Volkstum etablierten „Ethnobotaniken", d. h. einer kulturell unterschiedlichen Einteilung der Pflanzenwelt, finden, welche durch die exemplarische Leistung eines Carl v. Linné Anfang des 18. Jahrhunderts durch sein bekanntes Klassifikations- und Benennungssystem der Pflanzen erbracht wurde.

„Wissenschaft zeigt sich in dieser Sicht als eine ungeheuer erfolgreiche Technik, durch die Einrichtung symbolischer Fixpunkte die Vagheiten und den Wandel, die Unterschiedlichkeiten und den Zusammenhang unserer Wahrnehmungswelt in eine überschaubare Ordnung immer wieder identifizierbarer und voneinander deutlich unterschiedener Gegenstände zu transformieren, deren Relationen zueinander man im Idealfall durch mathematische Formalismen charakterisieren kann." (Schwemmer, 1987, S. 57)

Schule produziert allerdings nicht dieses neue Wissen, sondern setzt den wissenschaftlichen Produktionsprozeß bereits voraus. Sie verabsolutiert ihn, indem sie den historischen Entstehungsprozeß der Wissensproduktion im allgemeinen negiert (Tillmann, 1989).

Wissenschaft präsentiert sich somit als gesellschaftliche Ordnungsmacht, die Fixpunkte schafft, welche im allgemeinen als „Wahrheit" bezeichnet werden. Indem sie gesellschaftlich anerkanntes Wissen erzeugt, gibt sie der Schule die Chance, sich darauf zu beziehen, somit eine Basis für Konsens und Kooperation zu schaffen.

Dieses Modell hat tiefgreifende Folgen für die Entwicklung der Persönlichkeit. Skolimowski (1966) verweist darauf, daß ein wesentlicher Teil der Ausbildung darin besteht, Phänomene wahrzunehmen zu lernen. Hier stimmt er auffallend mit T. S. Kuhn überein, der ähnliches als Folge paradigmatischer Revolutionen feststellt. Sprachliche Darstellungen, insbesondere solche, die von der Wissenschaft produziert werden, wirken folglich nicht nur sinnstiftend, sie lenken auch die Aufmerksamkeit, u.zw. nicht allein auf bereits bekannte Phänomene. Sie bewirken auch die Suche nach Phänomenen, die sprachlich abgedeckt sind, denen aber noch keine Realität entspricht[4]. Nicht unerwähnt darf bleiben, daß analoge Mechanismen nicht nur bei wissenschaftlichen Entdeckungen, sondern auch bei technischen Erfindungen zum Tragen kommen. T. P. Hughes (1987) zählt als Beispiele für ein solches Suchen das Schmelzen von Aluminium, die Entwicklung des Dieselmotors (Diesel, 1913) etc. auf.

Diese Aspekte von Lehre und Theorie werden ausführlicher weiter hinten in diesem Kapitel behandelt. Im Augenblick sei festgehalten, daß die Interdependenzen zwischen der Vermittlung von Kenntnissen, Bildung bestimmter Persönlichkeitsstrukturen und -merkmale, sowie Organisationsformen der diese vermittelnden Institutionen, so eng sind, daß sie nur durch eine bewußt gesetzte, willkürliche Zäsur auseinandergehalten werden können.

Zu meinen, daß eine dauerhafte Kooperation zwischen individualisierten Persönlichkeiten schon allein auf der Basis von Konsensstrukturen und freiwilliger Entscheidung zu einer Kooperation möglich wäre, wäre eine einseitige Sicht der Dinge. Wie erwähnt, entstand Bedarf an universalistisch orientierten Persönlichkeiten ja nicht nur im Zusammenhang mit der Entwicklung kapitalistischer Marktstrukturen, sondern auch als Begleiterscheinung der Etablierung bürokratisch organisierter Nationalstaaten. Dieser Typ sozialer Organisation stellt eine andere Kooperation zwischen Individuen dar als am fluktuierenden Markt. Sie bedarf so auch eines anderen Sprachduktus. Die Genese von Persönlichkeitsmerkmalen, die für bürokratisch-hierarchische Kooperationsformen einen adäquaten „Rohstoff" bilden, hat M. Foucault (1975) extensiv dargelegt.

5.1.2 Die zerronnene Freiheit

Schule als Sozialisierungsinstitution wird historisch in jenem Moment gefragt, wo partikularistische Sozialisation überwunden werden soll. Diese Entwickung, die ich als „Ent-gemeinschaftung" (in Anlehnung an die Weber'sche Terminologie von „Ver-gemeinschaftung") bezeichnen möchte, um den Prozeß zu beschreiben, ohne gleich auf die Resultate, nämlich unabhängige Individuen, dieses Prozesses einzugehen, stellt ein neues Problem. Dieses lautet: Wie ist unter ent-gemeinschafteten Bedingungen komplexe und dauerhafte Kooperation zu gewährleisten?

Kognitiver Konsens, wie ihn Wissenschaft bereitzustellen imstande ist, ist zwar eine notwendige, aber noch lange keine hinreichende Bedingung für solche Kooperation. Erst ein gewisses Ausmaß an Nötigung wird ein entsprechendes Verhalten erzeugen. Dabei vermeide ich absichtlich von „Zwang" zu sprechen, weil Nötigung auch aus anderen Quellen, z.B. Mangel an politischer Macht, resultieren kann.

---

[4] Ich würde diesen Prozeß als jenen verstehen, den Kuhn als normale wissenschaftliche Forschung bezeichnet.

Aber selbst Nötigung ist noch kein Garant für erfolgreiches Zusammenwirken, wenn auf Traditionen und gemeinsame Erfahrungen nicht mehr zurückgegriffen werden kann[5]. Wo individualisierte Personen in komplexen Weisen interagieren, werden Regeln notwendig, die nicht nur kognitiven Konsens, sondern auch Ziele, Modalitäten der Praxis und Verfahren selektieren und deren Akzeptanz durchsetzen. Das bedeutet: Deskriptionen ersetzende Präskriptionen sind vonnöten; die im Prozeß der Ent-gemeinschaftung ihrem partikularistischen Verständnis entfremdeten Personen sind neuerlich zu sozialisieren, allerdings mit anderer Zielrichtung. Diesen Prozeß wollen wir als Ver-gesellschaftung bezeichnen. Eine derartige zweite Sozialisation kennt zwei Ausprägungen, eine liberale und eine autoritäre. Die liberale überläßt es dem Unternehmensgeist der einzelnen, auf der Grundlage von einfachen Konsensmechanismen, wie sie Wissenschaft oder Geld zur Verfügung stellen, Kooperationen, die die Form von Koalitionen haben, herzustellen. Solche Kooperationsmuster sind flüchtig, kurzlebig und unverbindlich offen. Ihre Sozialisationsvoraussetzungen sind folglich weniger ausgeprägt als die der zweiten Variante.

Die zweite Möglichkeit der Vergesellschaftung wird als „Disziplinierung“ bezeichnet. Historisch ist sie charakteristisch für die europäische Neuzeit, wobei es allerdings dahingestellt sein soll, ob ähnliche Prozesse nicht auch in anderen historischen Epochen, etwa in Klöstern oder Armeen, stattgefunden haben. Für die europäische Neuzeit wurde dieser Typ von prominenten Sozialwissenschaftern studiert. Zu ihnen zählen N. Elias (1976), der bereits genannte M. Foucault (1975), sowie M. Weber (1922).

Disziplinierung ist eng mit dem Aufkommen neuer Institutionen verknüpft, zu denen Armeen, Spitäler, Gefängnisse, absolutistische Höfe, Bürokratien und Schulen zählen. Alle diese Institutionen tragen auf ihre eigene Art zur „Pädagogisierung“ der Gesellschaft (Tillmann, 1989) bei. Der Prozeß selbst muß zweierlei erreichen können: Er muß über „Entgemeinschaftung“ zunächst zur Vereinzelnung der Menschen führen, um sie dann in einer neuen Weise kombinieren und so kooperationsfähig machen zu können. Dieser Vorgang wird durch „Disziplinartechnologien“ bewältigbar (Foucault, op. cit.). Diese Disziplinartechnologien sind zunächst als „soziale Innovationen“ zu verstehen, sie zeigen allerdings im Laufe ihrer Entwicklung eine Tendenz zur gerätemäßigen Umsetzung.

Disziplinartechnologien zielen nun nicht mehr nur auf die Genese eines Individuums, sondern auf eines, das sich präzise in einen leistungsfähigen Apparat einfügen läßt. Dieser Apparat besteht nicht nur aus irgendwelchen Rollen, die von einzelnen austauschbaren Individuen besetzt werden. Er verfügt selbst über eine charakteristische Struktur, die

---

[5] „Richtig und falsch ist was Menschen sagen; und in der Sprache stimmen die Menschen überein. Dies ist keine Übereinstimmung der Meinungen, sondern der Lebensformen.“ (Wittgenstein, 1958, § 241)

hierarchisch ist. Vereinzelung und klare Über- und Unterordnungsverhältnisse sind die wesentlichen Ingredienzien eines derartigen Apparates. Um ihn funktionstüchtig zu machen bedarf es präziser, eingeübter Verhaltensweisen, einer ausgefeilten Kontrollstruktur, sowie einer gemeinsamen, leicht erlernbaren und verständlichen Sprache[6]. Diese soziale Mechanik wurde in unterschiedlichsten Organisationen entwickelt und angewendet, wie bereits gesehen, aber insbesondere in Schulen fand sie ihre subtilste und nachhaltigste Realisation.

M. Foucault (1975) beschreibt diese Produktionsverfahren nachdrücklich, sodaß es sich lohnt, ihn ausführlich zu zitieren:

„Vom 17. Jahrhundert bis zur Einführung der Methode von Lancaster zu Beginn des 19. Jahrhunderts baut sich das komplizierte Uhrwerk der Schule mit wechselseitigem Unterricht Rad für Rad auf; zunächst hat man den ältesten Schülern einfache Überwachungsaufgaben anvertraut, dann Aufgaben der Arbeitskontrolle und schließlich des Unterrichts; zu guter Letzt ist die gesamte Zeit aller Schüler entweder mit Unterrichten oder mit Unterrichtetwerden ausgefüllt. Die Schule wird zu einem Lernapparat, in welchem alle Schüler, alle Niveaus, alle Augenblicke bei richtiger Kombination ständig im allgemeinen Unterrichtsprozeß eingesetzt sind.". . . „Diese sorgfältig abgestimmte Kombination der Kräfte erfordert ein präzises Befehlssystem. Jede Tätigkeit des disziplinierten Individuums muß durch Einschärfungen aufrecht erhalten und unterbrochen werden, deren Wirksamkeit auf ihrer Kürze und Eindeutigkeit beruht. Der Befehl wird weder erläutert noch gar begründet; er hat allein das gewollte Verhalten auszulösen. Das Verhältnis des Zuchtmeisters zum Zögling läuft über Signale: Es geht nicht um das Verstehen des Befehls, sondern um die Wahrnehmung des Signals und die alsbaldige Reaktion darauf, entsprechend einem vorgegebenen Code. . . . Die Dressur der Schüler muß sich in derselben Art vollziehen: wenig Worte, keine Erklärung, im Grenzfall ein totales Stillschweigen, das nur durch Signale unterbrochen wird – durch Glocken, durch Händeklatschen, Gesten, durch den bloßen Blick des Lehrers, oder durch jenes kleine hölzerne Gerät, dessen sich die christlichen Schulbrüder bedienten; es war ‚das Signal' schlechthin und mußte mit seinem einfachen Anschlag sowohl die Technik des Befehls, wie die Moral des Gehorsams heben." (S. 213–215)

Mit dieser Methode werden offensichtlich keineswegs „universalistische", weltoffene Menschen erzeugt, deren prinzipielle Gleichheit Postulat ist, sondern im Gegenteil wird, auf dauernde Zwangsverhältnisse gesetzt, anstatt sich auf einen ursprünglichen, konsensuellen Vertrag zu berufen. Die Zielvorstellungen sind nicht grundlegende Menschenrechte, sondern endlos fortschreitende Abrichtungen. Es gibt keinen allgemeinen Willen, sondern eine automatische Fügsamkeit, die eine einfache und leicht zu führende Administration gestattet (ibid., S. 218).

Die in der Aufklärung angesagte Befreiung des Individuums wird planvoll durch pädagogische Programme zurückgenommen. Das stellt einen Wandel dar, der keineswegs nur den Ambitionen bösartiger Despoten entspringt, sondern nach Elias Bedingung des gesellschaftlichen Überlebens ist. G. Simmel bezeichnet diese neue Metamorphose des In-

---

[6] „Daß die Disziplinierung des Meinens und Wollens mit einer Disziplinierung des eigenen Redens beginnen müsse, genau zu dieser Einsicht versucht der Platonische Sokrates seine Gesprächspartner immer wieder hinzulenken." (Lorenzen, 1974, S. 111).

dividuums als „Ent-Subjektivierung". Sie geschieht, wie gesagt, durch Disziplin, unter der M. Weber (1922) jene Chance versteht, bei der ein Befehl aufgrund einer eingeübten Einstellung (Drill) prompten, automatischen und schematischen Gehorsam bei einer angebbaren Vielheit von Menschen finden kann. Weber verweist in diesem Zusammenhang auf die schematische Uniformierung, die, rationalistisch verbrämt, erst kooperatives Handeln erlaubt. Dabei werden persönliche Motive eliminiert.

Aufgrund solcher Zurichtungen der Individuen wird die Konstruktion einer Maschine möglich, deren Elemente allerdings nicht Nuten noch Bolzen sind (Mumford, 1967). Sie besteht aus disziplinierten Menschen, einer Spezies, die nicht räsoniert, sondern „pariert mit der Gleichförmigkeit und Berechenbarkeit einer Maschine" (Felhofer, 1987, S. 19). Diese soziale Innovation wurde, wie Mumford zeigte (op. cit.), im Laufe der Geschichte in eine technische transponiert. Die Voraussetzung zur Schaffung einer derartigen sozialen Maschine war und ist allerdings eine analoge „pädagogische Maschine" (Dreßen, 1982), die in den spezifischen Schulen verwirklicht wurde.

Hier wird besonders deutlich, daß es sich um eine Primärproduktion für Produktionsapparate handelt, denn derartige soziale Maschinen werden im Rahmen industrieller Produktion nicht nur eingesetzt, sie werden mit solchen aus Eisen und Stahl zu einer funktionalen Einheit verkoppelt. Es fügt sich folglich die „Disziplin des Dampfes" (F. Engels) trefflich mit jener der Schulen zu einem homogenen Ganzen zusammen (H. Treiber, H. Steinert, 1980). Der graduelle Prozeß der Überleitung von sozialen Innovationen in Gerätetechniken läßt sich an verschiedenen Beispielen exemplarisch aufzeichnen. Aktuell ist in diesem Zusammenhang vielleicht die Entwickung funktionstüchtiger Rechenmaschinen, die ursprünglich, bei Prony, nichts anderes waren als eine ausgefeilte, hierarchische Organisationsstruktur, die von „geistigen Hilfsarbeitern" bis zu entsprechenden „Facharbeitern" reichte (Schmutzer, 1982). Auf diese Umsetzungen hat aber vor allem Mumford (1967) ausführlich hingewiesen.

Es zeigt sich also eine Entwicklung, die nicht nur in Schulen, sondern für einen ganzen Gesellschaftstyp symptomatisch ist. Die oft besprochene „Disziplinierung der Arbeiter" im 19. Jahrhundert wurde von Engels, Marx (1867) u. a., jene im Gefolge der neuen, wissenschaftlichen Betriebsorganisation in der Tradition von F. W. Taylor (1913)[7] von Barker (1985), Braverman (1974), Pollart (1967), Ullrich (1977) etc. dargestellt. Es läßt sich daher hier auf eine ausführliche Darstellung verzichten.

---

[7] „In der gegenwärtigen Situation, in der die Maschine nicht weit genug entwickelt ist, um gewisse Operationen auszuführen, verlangt der Taylorismus dagegen von der Masse der Arbeiter nicht Initiative, sondern Automatisierung. Die menschlichen Bewegungen werden zu Hebeln der Maschine."
Die „Verfeinerung" (der Methode Taylors) ließ nicht lange auf sich warten. Es kam zu einer Verknüpfung der Verfahren der wissenschaftlichen Betriebsführung mit der experimentellen Psychologie (Giedion, 1948, S. 124/125).

Was allerdings bereits erwähnenswert scheint, ist der Umstand, daß diese Art der Sozialisierung bedingungslose Voraussetzung für große Organisationen zu sein scheint. Darauf hat A. D. Chandler (1977) mit seiner bahnbrechenden Studie über die Entwicklung der Eisenbahnen aufmerksam gemacht. Chandler zeigt, daß hierarchische, disziplinäre Strukturen nicht einfach nur als Kopien von militärischen oder klösterlichen Vorbildern zu verstehen sind, sondern als genuine Innovationsleistungen. So wenig wie das Rad nur einmal erfunden wurde, so wenig scheinen hierarchische Organisationsstrukturen nur einmal erfunden worden zu sein. Es dürfte vielmehr der Fall sein, daß ab bestimmten Größenordnungen andere Organisationsstrukturen nicht mehr funktionstüchtig sind. Auch darauf werden wir noch ausführlicher, insbesondere in Kapitel 7, zu sprechen kommen. Der Bedarf an Sozialisationsinstitutionen im 17. Jahrhundert muß folglich auch in Zusammenhang mit anderen Veränderungen der Epoche gesehen werden. Es kann nicht Zufall sein, daß Descartes die Vorstellungen, die in Kapitel 3 ausführlicher dargestellt wurden, in der fraglichen Zeit entwickelt hat. Seine eigenen, frühen militärischen Erfahrungen in Frankreich haben ihm sicher eine Form von disziplinierter Sozialmaschinerie nahegebracht, die erahnen läßt, warum in seiner Welt sogar Gott, als Schöpfer der Naturgesetze, dazu verpflichtet wird, sich an diese zu halten. Die hier geschaffene, stabile, rationale Ordnung umfaßt ja Herrscher und Beherrschte gleichermaßen, obwohl den oberen und den unteren Chargen dieser Hierarchien weder derselbe Drill, noch dieselben Aufgaben zugeschrieben werden[8].

Verständlicherweise haben Befehlsgeber und Befehlsempfänger unterschiedliche Aufgaben zu erfüllen und verfügen über unterschiedliche Ressourcen, Privilegien und Symbole. Es sind, je nach Position, innerhalb einer Hierarchie also unterschiedliche Persönlichkeitsmerkmale gefragt. Allerdings wird irrespektive der Position allen Gliedern einer Hierarchie diszipliniertes Verhalten abverlangt. Darüber wird ausführlicher im Zusammenhang mit unserer Diskussion universitärer Lehre weiter hinten in diesem Kapitel die Rede sein (siehe 5.2).

Um unsere Diskussion über die Bedeutung der Persönlichkeitsprägung in Schulen zu einem vorläufigen Abschluß zu bringen, sei folgende Zusammenfassung gegeben:

Schulen haben zunächst die Aufgabe zu erfüllen, durch einen Prozeß der „Ent-gemeinschaftung“ universalistisch orientierte Individuen zu generieren. Des weiteren schaffen sie in einem zweiten Sozialisationsakt Voraussetzungen für neuerliche Kooperationsmöglichkeiten. Dabei sind zwei idealtypische Möglichkeiten gegeben. Resozialisation kann in liberaler Weise vergesellschaftend wirken, indem nichts als Konsensmechanismen zur Verfügung gestellt werden, die sowohl sprachlich wie inhaltlich kognitiv strukturiert sind. Solcher auf Freiwilligkeit ruhender

---

[8] Schon hier wird deutlich, daß sich soziale Erfahrungen und Anliegen in Theorien über die Natur reflektieren.

Grundkonsens findet sich in einem verwissenschaftlichtem Weltbild. Darüber hinaus kann zweitens über gezielte Disziplinierung eine keineswegs liberale Kooperationsform etabliert werden, die durch Drill, Befehlssprache, Kontrolle, eindeutige Über- und Unterordnung und Ausschließlichkeit ein robustes Kooperationsmodell liefert.

Diese beiden Prozesse der Resozialisation, als Vergesellschaftungsprozesse bezeichnet, präsentieren jedoch nicht die Gesamtheit möglicher Resozialisationstypen. Im Prinzip besteht auch die Möglichkeit, erlebter Entgemeinschaftung neuerliche Vergemeinschaftung entgegenzusetzen. Diese Chance der Resozialisation ist langwieriger als die beiden anderen und nur unter bestimmten Bedingungen möglich, sowie sie auch nur für spezifische Zwecke als erstrebenswert verstanden wird. Neuerliche Vergemeinschaftung wird etwa für Reproduktion der Gesellschaft, d.h. also Gründung und Erhaltung von Kleinfamilien angestrebt. Darüberhinaus werden derartige Kooperationsmuster bei kleinen Produktionseinheiten gewünscht (Sabel, 1983), manchmal sogar unabdingbar notwendig. Wie in Kapitel 7 noch ausführlicher zu sehen sein wird, lassen sich Bedingungen formulieren, unter denen solche Organisationsmuster operabel sind. Ohne bereits auf solche Details einzugehen, soll festgehalten werden, daß für die Funktionstüchtigkeit aller Organisationsmuster stets spezifische Persönlichkeitsqualifikationen Voraussetzung bilden, woraus sich spezifische Selektionsbedürfnisse ergeben. Selbst in hochgradig individualisierten Gesellschaften findet sich Bedarf für „gemeinschaftliche Strukturen" und folglich auch Bedarf an adäquaten, nicht-utilitaristischen und egozentrierten Persönlichkeitsmerkmalen. Die Schaffung derartiger Merkmale wird allerdings auf eng begrenzte Personenkreise beschränkt, wobei „eng begrenzt" nicht quantitativ zu verstehen ist. Ein Personenkreis, dem derartige Sozialisationsmuster am nachhaltigsten angeboten werden, sind Frauen. Ein anderer allerdings sind Personen, die kooperativ Forschung betreiben sollen. Auf diesen Umstand werden wir im Zusammenhang mit der Diskussion der Universität noch spezifischer eingehen.

Im folgenden soll zunächst auf die Vermittlung kognitiver Kenntnisse eingegangen werden, die ja zumindest in der öffentlichen Darstellung als vorrangige Aufgabe schulischer und universitärer Tätigkeit verstanden wird. Möglicherweise mag das Resultat überraschend erscheinen, wenn wir feststellen, daß auch die Vermittlung kognitiver Inhalte ein nicht zu unterschätzendes Instrument für die Prägung solcher Persönlichkeitsmerkmale darstellt.

5.1.3 Die Lehre ist der Beweis

Persönlichkeitsbildung könnte zunächst als Aufgabe verstanden werden, die unabhängig von der Vermittlung von Sachkenntnissen angestrebt und betrieben werden kann. Egal, ob theoretische Kenntnisse der Physik oder praktische der Produktion vermittelt werden, individualistisch-universalistische Persönlichkeiten werden gewünscht und disziplinierte Individuen in vielen Fällen gefordert. Persönlichkeitsbildung erscheint somit eine Aufgabe, die unabhängig von den zu übermittelnden Kenntnissen erfolgt, bzw. umgekehrt, die Vermittlung von Kenntnissen scheint unabhängig von den erwünschten Persönlichkeitsmerkmalen möglich. Diese Sichtweise ist weitverbreitet, allerdings ist es keineswegs sicher, daß beide Anliegen tatsächlich so unabhängig voneinander sind, wie häufig dargestellt.

Wie erinnerlich, hat schon Kuhn auf die Bedeutung von Lehrbüchern und exemplarischen Beispielen für die Übermittlung von wissenschaftlichen Kenntnissen und Arbeitsmethoden hingewiesen. Seine Paradigmen sind Verallgemeinerungen selektiver Darstellungsweisen. Aufgrund von Instruktionen werden Beweismuster als Beweise akzeptiert, werden mögliche andere nicht akzeptiert oder abgelehnt. Schon hier zeigt sich, daß Lehre eine selektive Vermittlung darstellt, ein Instrument ist, das Schülern oder Studenten die Qual der Wahl und die mit solcher Qual oft verbundene Hilflosigkeit und Orientierungslosigkeit ersparen helfen soll. Die Vermittlung von Kenntnissen ist zwangsläufig immer auch Unterdrückung von möglichen anderen Kenntnissen, denen im freundlichen Fall Bedeutung abgesprochen wird, im Extremfall sogar die Existenz. Wie Kuhn bereits feststellte, werden unter Anleitung von Paradigmen Sachverhalte perzipiert, andere nicht. Diese Feststellung soll für den folgenden Abschnitt dem Leser zum wesentlichen Leitfaden werden[9].

Sprechen wir im folgenden von Übermittlung kognitiver Kenntnisse, so kann deren Produktion nicht unberücksichtigt gelassen werden. Der vorliegende Abschnitt orientiert sich dabei im wesentlichen an K. Mannheims (1929, 1936) Einführung in die Wissenssoziologie.

Nach Mannheim gibt es kein persönliches Wissen, Wissen ist stets das Ergebnis eines kooperativen Prozesses des Zusammenlebens. Wissen ist also eine kollektive Leistung. Es bildet die Matrix, in die Ereignisse projiziert und durch diese Projektion sozialisiert werden. Perzeption und damit Kognition ist abhängig von der Gruppe, deren Mitglied man ist. Sie beide sind Voraussetzungen für kollektive Tätigkeiten, denn Bedeutungen sind richtungsweisend, wenn Entscheidungen getroffen werden. Existieren zu viele divergierende Bedeutungen, führt das zur Auflösung jeder Interaktion und zur Dysfunktionalität. Denkformen müssen folglich im Zusammenhang mit ihren sozialen Ursprüngen betrachtet werden. Erziehungsinhalte sind Replika der Konflikte innerhalb einer Sozietät und den darin angelegten Entwicklungstendenzen. Kenntnisse und Erkenntnisse können folglich nicht losgelöst von ihren sozialen

---

[9] Was in den nächsten Absätzen an- und ausgesprochen wird, könnte dafür beispielhaft sein, weil sich die folgenden Aussagen einem gängigen Paradigma, nämlich dem Absolutheitsanspruch wissenschaftlicher Erkenntnisse und wissenschaftlicher Lehre, nicht leicht einfügen lassen. Somit könnte die Bereitschaft zur Wahrnehmung verweigert werden.

Ursprüngen betrachtet werden, sondern nur als Produkt vorgefundener historischer Situationen. Das gilt für jede Wissensproduktion, auch unsere gegenwärtige naturwissenschaftliche. Wenn also F. Bacon oder I. Kant, wie wir gesehen haben, meinen, daß der Natur ihre Geheimnisse durch inquisitive Verfahren, d.h. Folter, abgerungen werden müssen, dann läßt sich daraus ein grundlegend verändertes, sozialbedingtes Verhältnis zur Natur, im Vergleich zur aristotelischen Wissenschaft, erkennen. Bösartiges Verschweigen einerseits, die Bereitschaft zu foltern andererseits, bestimmt dieses neue Verhältnis gegenüber der Natur. Doch – um in der Metaphorik zu bleiben – finden sich unter Folter entweder nur gequälte Antworten, oder solche von denen zu erwarten ist, daß sie die Tortur beenden, d.h. den Richter zufriedenstellen. Mit dieser Aussage mag die bemühte Metapher überfordert erscheinen, denn der gefolterten Natur wird ja zwangsläufig die listige Vernunft der reflektiven Einfühlung abgesprochen. Allerdings ist ein Verschweigen von Antworten nicht weniger listenreich. Lehnt man die eine Sicht ab, so wird auch die andere schwer zu akzeptieren sein. Da Inquisitoren nicht Einzelpersonen, sondern bestenfalls Repräsentanten größerer Gruppen sind (schließlich erhebt Wissenschaft den Anspruch auf allgemeingültige Aussagen), ergibt sich für Mannheim, daß Theorien stets in Übereinstimmung mit Interessen formuliert werden, die den solche formulierenden sozialen Gruppen gemäß sind.

Das zeigt sich nicht nur an Auslassungen, also an jenen Phänomenen, die nicht wahrgenommen werden, sondern auch an Beziehungsmustern, an Zu-, Über- und Unterordnung von Phänomenen zu Begriffen. Nicht nur bei Experimenten werden Daten unterdrückt oder ausgesondert, auch Theorien eliminieren bestimmte Beobachtungen, etwa als Pathologien oder Anomalien, weil sie sich nicht einfügen lassen. Doch nicht nur Zuordnungen und Auslassungen, die gesamte Organisation der Erkenntnis scheint von paradigmatischen Vorgaben bestimmt zu sein. Die schon früher erwähnte Tendenz zur Formalisierung oder Mathematisierung ist eine Ausprägung solcher Prädispositionen. Nicht zufällig meint folglich Mannheim, daß Wissenschaft beginnt, wo ein ursprünglicher Zugang zerstört und durch einen anderen ersetzt wird, also lebendiger Erfahrung fremd ist. Daraus erklärt sich die schon immer gemachte Beobachtung, daß zwischen Theorie und Praxis eine Spannung existiert. Diese rührt daher, daß Wissenschafter ihr Sujet auf bestimmte Weise ordnen und schematisieren. Wird in der Praxis die Orientierung auf Bewältigung von Lebenssituationen ausgerichtet, so richtet sie sich in der Theorie auf distanzierte, schematische Ordnung, die oft als „organisch" empfundene Zusammenhänge auseinanderreißt. Wissenschaftliche Berichte sind stets Konstrukte, die weder eine historisch treue Wiedergabe der Experimente sind, noch eine in diesen gefundene Logik repräsentieren (Fleck, 1935, Knorr-Cetina, 1981 u.a.).

Dieser Ordnungsprozeß kennt seinerseits unterschiedliche Ansätze. Es können Typologien entwickelt werden, die als Versuch, die Mannigfaltigkeit der Phänomene in ein künstliches Schema zu bringen, zu werten sind. Es kann aber auch der Versuch unternommen werden, über Klassifikationen Phänomene zu systematisieren und ein quasi-philosophisches System zu etablieren. In manchen Systemen läßt sich eine historische Ordnung erkennen, deren verknüpfendes Band einzig der Zeitablauf ist. Auch diese Form der Präsentation ist wissenschaftlich, wie die klassische, auf Ranke zurückgehende Auffassung der Geschichtsschreibung, belegt. Solche, aus unterschiedlichen Anliegen kommende, mentale Strukturierungen der Phänomene erfolgen in den Natur- und Formalwissenschaften genauso wie in den Sprach-, Sozial- oder Geschichtswissenschaften. Wir werden in Kapitel 7 anhand eines Vergleichs zwischen den Wissenschaftsauffassungen von K. Popper, R. Carnap und T. Kuhn solche differente Strukturierungen genauer analysieren.

Erinnerlicherweise hat sich Leibniz' Auffassung nicht unwesentlich von jener Newtons unterschieden. Und beide unterscheiden sich grundlegend von den Zugängen zu Naturphänomenen, die etwa die technischen Wissenschaften oder die überwiegend auf angewandte Forschung konzentrierten Naturwissenschaften einnehmen. Es ist daher kein Zufall, wenn Mannheim betont, daß soziale Gruppen ihre Theorien in Übereinstimmung mit ihren Interessen und in Abhängigkeit von der Art ihrer eigenen Struktur formulieren. Für jede spezifische soziale Situation gibt es eigene Denkmodi und Orientierungsmöglichkeiten. Erst wenn sich diese strukturalen Bedingungen ändern und durch andere ersetzt werden, beginnt, wie er sagt, ein neuer Bedarf an alternativen Theorien und Orientierungen zu entstehen.

Mit dieser Sicht betreten wir ein heiß debattiertes Gebiet. In welchem Umfang auch naturwissenschaftliche Theorien soziale Strukturen reflektieren, wird vermutlich niemals entschieden werden, weil tiefsitzende Prädispositionen und Interessen davon betroffen werden. Trotzdem häufen sich Aussagen und Studien, die solche Zusammenhänge aufzeigen[10].

Da diese Thematik zur Zeit ausführlicher diskutiert wird (Hronszky, Fehér, Dajka, 1988), scheint es empfehlenswert, zunächst auf Zeugnisse zu verweisen, die außerhalb dieser wissenschaftstheoretischen Debatte liegen.

Ch. Darwins (1859) Werk über den „Ursprung der Arten" repräsentiert einen anschaulichen Fall. Darwins große Erkenntnis war bekanntlich

---

[10] Der allgemeine erzieherische Wert naturwissenschaftlicher Theorien ließe sich anhand einschlägiger Zitate nachweisen.
Am Ende von „Opticks" schreibt z. B. I. Newton:
„If Natural Philosophy in all its Parts, By pursuing this Method, shall at length be perfected, the Bounds of Moral will also be enlarged. For sofar as we can know by Natural Philosophy what is the first cause, what Powers he has over us, and what Benefits we receive from him (God, M. S.), sofar our Duty towards him, as well as towards one another, will appears to us in the Light of Nature" (Zit. nach Holton, 1978, S. 93).
Dagegen meint Einstein (1924), daß die große erzieherische Aufgabe von Wissenschaft darin bestünde, „das Streben nach Kausalem Erkennen in der Gesamtheit zu wecken und wach zu halten."

nicht eine einmalige Leistung. Zur selben Zeit wurde von A. Wallace eine Theorie der natürlichen Auslese entwickelt, welche beide vor der Linnéischen Gesellschaft in London 1844 vorgetragen wurden. Solche gleichzeitigen multiplen Erfindungen sind keine Seltenheit. In diesem speziellen Fall läßt sich aber auch der gemeinsame Ursprung der Idee angeben, der in der Lektüre von T.R. Malthus „Essay on Population" (1798) zu finden ist. Diese Arbeit war eine sozialpolitische Schrift, die wesentlich zur Abschaffung der Armenfürsorge und des „Rechts zu leben" beitrug, wie es in England im Speenhamland-Gesetz bis 1834 garantiert war. Malthus und Bentham trugen wesentlich bei, daß der Schutz der Armen aufgehoben, bzw. in Kasernierung verwandelt und ein freier Arbeitsmarkt auf der Basis des Überlebens der Stärksten etabliert wurde (K. Polanyi, 1944).

Die Entstehung der Arten verdankt sich somit nachweislich einer Projektion sozialer Verhältnisse in die Natur, ein Umstand, der gleichzeitig erklärt, warum sich Marx, Spencer und andere Sozialtheoretiker von Darwins Ansatz besonders angesprochen fühlten. Daß das so war, illustriert Marx' Absicht, „Das Kapital" Darwin zu widmen (Burrow, in: Darwin, 1859).

Was für Darwin gilt, gilt analog für Newtons Atomismus und Mechanik. G. Freudenthal (1982), auf den im Kapitel 8 noch ausführlich eingegangen wird, verweist in seiner Studie auf die Zusammenhänge zwischen Hobbes' Gesellschaftslehre (Macpherson, 1962) und Newtons naturphilosophischen Atomismus. Über eine Analyse der Auseinandersetzung zwischen diesen und Leibniz bestimmt Freudenthal die gesellschaftspolitische Aufgabe der Newton'schen Mechanik folgend:

> „Es war . . . die Newton'sche Naturphilosophie, die die (bürgerliche) Theologie und bürgerliche Herrschaft zu untermauern hatte: Im Jahrhundert nach der englischen Revolution wird die Newton'sche Naturphilosophie zu einem Eckstein in den Predigten des gemäßigten anglikanischen Klerus." (Freudenthal, 1982, S. 285)

Um jedoch einem zu erwartenden Vorwurf des Erkenntnisrelativismus zu begegnen, meint er anderswo:

> „If one considers scientific work as a specific form of social labour and derives the acquisition both of particular knowledge and of paradigms of interpretation from actions dealing with structured objects within the framework of social relations, then relativism is excluded from the start. . . . the interpretation must nonetheless account for physical experience. Ideology-laden concepts and theories can be tested and developed further just as can any other concept." (Freudenthal, 1988, S. 211)

Es wird sich nun die Frage stellen, ob die oben genannte Verwendung in Newtons Intentionen lag. Newtons oftmalige religiöse Bezugnahmen, wie auch seine politische Statur – er wurde nicht umsonst 1705 geadelt – lassen diese Vermutung plausibel erscheinen. Doch unabhängig davon, ob absichtsvoll oder unbewußt, bleibt die Tatsache bestehen, daß sich bestimmte Interpretationen von Natur trefflich zur Legitimation sozialer Verhältnisse und Intentionen eignen.

Dabei ist es nicht vorrangig von Bedeutung, ob eine bestimmte unidirektionale Entwicklung der theoretischen Konzepte vorliegt. Es reichen für legitimatorische Zwecke Rückkopplungsansätze, die die Frage nach dem Primat obsolet werden lassen, weil ja nur die Homomorphie wichtig ist und die ideologische Verwertung solcher Homomorphien.

Rückkopplungsmechanismen dienen auch als drittes Beispiel für derartige Homomorphien. O. Mayr (1971) hat in seiner stimulierenden historischen Arbeit auf das gleichzeitige Auftreten „geschlossener Wirkungskreise" in sozialwissenschaftlichen Arbeiten und technischen Geräten aufmerksam gemacht. Adam Smiths (1776) bahnbrechende Arbeit über den Reichtum der Nationen formuliert erstmalig die Fähigkeit zur Selbstregulierung von Märkten durch das Prinzip von Angebot und Nachfrage. Dieses Prinzip war seinen Vorgängern in dieser Form noch unbekannt. Zwölf Jahre später entwickelt J. Watt (1788), der mit A. Smith befreundet war, den Fliehkraftregler bei der Dampfmaschine, wodurch eine Sollgröße, bei Smith der natürliche Preis (d. h. tatsächliche Kosten), selbsttätig angesteuert wird.

Smith propagierte den freien Markt und die Minimierung staatlicher Interventionen. Diese Forderung war keineswegs selbstverständlich, widersprach sie doch etablierten merkantilistischen Ansichten nachdrücklich. Mayr vermutet, daß Smith Kenntnis von älteren Regelmechanismen, wie Réaumurs thermostatischen Öfen, gehabt haben muß. Solche technische Raffinessen, wie z.B. Automaten mit allerdings starren Programmen, fanden allgemeines Aufsehen und Anerkennung. Smiths Vorstellung eines selbstregulierenden Marktes war als Rückkopplungsmechanismus erstmalig, entsprach jedoch diesen allgemeinen Vorstellungen und Tendenzen. Es liegt mehr als nahe, daß der Erfolg seiner Arbeit Resultat der Projektion dieser Mechanismen in soziale Belange darstellt. Darüberhinaus ist es wahrscheinlich, daß die technische Umsetzung bei Watt daraus entspringt. Spinnt man den Faden zu Ende, so stehen als Abschluß die Kreisprozesse Carnots, die bekanntlich ohne Dampfmaschinenregelung niemals erdacht worden wären.

Unseren augenblicklichen Interessen mögen diese drei prominenten Beispiele zur Illustration genügen. Es ließen sich ähnliche Arbeiten anführen, wie P. Formans (1971) These über den Zusammenhang zwischen Quantentheorie, nicht-kausalen Ereignissen und der Weimarer Republik. Zu dieser These gibt es auch eine gutbegründete Gegenposition (Hendry, 1980), sodaß sie mit gutem Grund nicht ausführlich dargestellt wird.

Die von Mannheim entwickelte Sicht findet heute schon ziemlich weitgestreute Akzeptanz, sodaß die bekannte Wissenschaftstheoretikerin M. Hesse (1988) summarisch festellen kann:

> „The „scientific world view" is the taken-for-granted consensus of modern Western society, to be wheeled out for purposes of *pedagogy* (m.H.), and to *give factual grounding for social and political action* (m.H.) in relation to medicine, the environment, nuclear power etc." (S. 15)

Noch deutlicher wird der Physiker G. Holton (1978), wenn er darauf hinweist, daß Newton in den „Optics" seiner Überzeugung Ausdruck verleiht, daß seine Naturphilosophie die Moralphilosophie stärkt (S. 93). Analoge Anliegen lassen sich bis in die heutigen Tage weiter verfolgen.

Finden sich soziale Strukturen in den Strukturen wissenschaftlicher Theorien über die Natur bestätigt, so ist ihre Vermittlung im Erziehungsprozeß in subtiler Weise gleichzeitig sozialisierend und persönlichkeitsprägend. Theorien und pädagogische Verfahren bilden eine strukturale Einheit, nicht unähnlich jener, die Lévi-Strauss (1962, 1964, 1968) in seiner strukturalen Analyse von Mythen dargelegt hat. Es kann daher nicht weiter verwundern, wenn ein akribischer Beobachter wie Karl Mannheim feststellt, daß jede soziale Gruppierung auch ihre eigene, spezifische, pädagogische Technik entwickelt, die in Form und Inhalt homomorph ist.

Mannheim meint z.B., daß die Vermittlung von sogenanntem „klassifikatorischen Wissen", also Wissen, das Systeme konstruiert, am besten in Form einer Vorlesung, als pädagogische Technik, vermittelt wird. Systematisiertes Wissen, in Typen klassifiziert und geordnet, wird am besten mittels einer unterordnenden Organisation gelehrt, also durch eindeutige Trennung zwischen Zuhörer und Redner. Dem Zuhörer wird so deutlich, daß rein subjektive, persönliche Faktoren eliminiert wurden. Es entsteht der Eindruck, daß ein Intellekt auf einen anderen in einer gereinigten Atmosphäre einwirkt, die von konkreten Bezügen abgetrennt ist. Diese Form der Wissensübermittlung scheint für die Vermittlung moderner Wissenschaft besonders angemessen. Kulturwissenschaften, und mehr noch solche, die anwendungsorientiert sind, brauchen andere Vermittlungsmodi. Hier scheinen sich Methoden zu bewähren, wie sie im Atelier oder in der Werkstatt gebräuchlich sind. Die Werkstatt lebt von der gegenseitigen Abhängigkeit zwischen Meister und Lehrling. Nichts wird systematisch dargelegt, um kognitiv wahrgenommen zu werden, sondern immer anhand konkreter Situationen, wie es gerade opportun ist. Kreativität ist in solchen Fällen Gruppenkreativität, Resultat von einem gegenseitigen Fragen und Antworten. Es wird bei derartiger Zusammenarbeit die ganze Person angesprochen, was einen großen Unterschied zu Formen des Lernens schafft, wo kognitiv vermittelt und Distanz durch Zuhören und Reden etabliert wird. Mannheim vergißt nicht, daß die werkstatthafte Form des Lernens jene ist, die von „Romantikern" gefordert wird. Doch diese untheoretische Form des Lernens wurde durch Intellektualismus ersetzt, der zwar kognitive Konsonanz, aber weniger unmittelbare Kooperation anstrebt. Allerdings sieht Mannheim auch, daß die romantische Form praxisorientierten Lernens zwangsläufig dann durch Systematisierung des Wissens ersetzt werden muß, wenn es sich um Komplexitäten und Größenordnungen handelt, wie sie in unserem modernen Leben vorherrschen. Das schließt allerdings nicht aus, daß bei systematischer Wissensvermittlung häufig krasse Überrationalisierung zu beobachten ist, ein Prozeß, den Mannheim in Zusammenhang mit einer nicht zu leugnenden Überbürokratisierung kapitalistischer Unternehmen bringt. Komplexität, Bürokratisierung, Rationalisierung und abstrakte, praxisferne, sprachlich orientierte und monologisch vermittelte Lehre gehen somit zusammen. Es erscheint müßig, aber vielleicht hilfreich, zu betonen, daß solche Strukturen hierarchisch sind und disziplinierte Persönlichkeiten verlangen.

Disziplin besteht u. a. darin, kommunikative Akte mit Gleichen zu unterlassen, sowie einen monologisierenden Lehrer nicht zu unterbrechen. Eine formalistische und deduktive Präsentation kognitiver Inhalte bietet sich somit in diesem spezifischen Zusammenhang als beste Lösung an.

Allerdings steht eine auf Praxis hinzielende Ausbildung, also Ausbildung von „geistigen Arbeitern", mit dieser Form abstrakter Vermittlung in Konflikt. Erhebt die Industrie Forderungen nach praxisbezogener Ausbildung, so bedeutet das u.a. die Lehrweise grundlegend zu verändern, was eine nicht geringe Veränderung der Organisationsstruktur der Lehranstalten mit sich bringen würde. Diesen Aspekt möge man für weiter hinten angestellte Überlegungen in Erinnerung behalten. Umgekehrt ist die Vermittlung von kognitivem Wissen, wenn es nicht praktisch umgesetzt zu werden braucht, für bestimmte andere Zwecke ein erfolgversprechendes Instrument. Die Absenz von Praxis wird dort nachgefragt, wo Sozialisation in Tauschstrukturen, oder für Überwachungsfunktionen innerhalb einer hierarchischen Struktur intendiert wird. Solche Tätigkeit ist jener monologisierender Lehrer analog. Es findet sich eine faszinierende Konkordanz in Inhalt und Form.

Individualisierten Kenntnisstrukturen und deren Vermittlung stellt Mannheim die Vermittlung von Inhalten gegenüber, wie sie in Sekten anzutreffen sind. Diese sind, wie bereits oben angedeutet, in ihren Bedürfnissen romantischen Vorstellungen nahe. Sie tendieren dazu, Ausbildung und Bildung ganzheitlich orientiert zu vermitteln und lehnen hierarchische und monologische Verfahren ab, präferieren dafür werkstättenhaftes Lehren.

Aus wissenssoziologischer Perspektive wird deutlich, daß Kenntnisse nicht nur eine bestimmte Struktur aufweisen, sondern pädagogische Techniken zusätzlich darauf angelegt sind bestimmte soziale Strukturen zu schaffen, indem sie entsprechend persönlichkeitsbildend wirken. Der praktische Wert von Kenntnisvermittlung präsentiert sich als gesellschaftskonstituierend, indem Orientierungsmuster, Entscheidungshilfen und somit Konsenschancen erzeugt werden; zusätzlich werden organisationsmäßige Erwartungshaltungen geschaffen und bestimmte Kooperationsmuster erlernt[11].

---

[11] Welche Fragen legen die Auswahl möglicher Denkvarianten fest? Toulmin antwortet folgend:
„Der Verlauf des gedanklichen Kurswechsels hängt offensichtlich genug nicht von Denkvariationen ab, sondern weitaus mehr von kollektiven Entscheidungen, durch die bestimmte neue Vorschläge allgemein als ‚begründet' akzeptiert und an die nächste Generation von Wissenschaftern als ‚gut bestätigte' Resultate übermittelt werden." (Toulmin, 1967, S. 261).

Mannheims Position kann aus zweifacher Sicht auf Ablehnung stoßen:

Sein Verständnis von Ausbildung und Bildung mag nicht akzeptiert werden, weil es Wissen relativiert und Erkenntnis prinzipiell in Frage zu stellen scheint. Diesem Vorwurf begegnet Mannheim selbst, indem er darauf hinweist, daß dabei „Relativismus" mit „Relationismus" verwechselt würde. Nicht jede Form von Wissen ist möglich, sondern abhängig von gegebenen sozialen Situationen sind nur bestimmte Formen von Wissen möglich, andere nicht. Mannheim lehnt zwar, was er als „Sphäre der Wahrheit selbst" bezeichnet, ab, öffnet damit aber keineswegs einer Auffassung von „anything goes" Tür und Tor. Für ihn ist Denken niemals von tatsächlicher „Existenz" unabhängig, folglich weder überhuman noch übersozial. Im Gegenteil: Umso mehr heterogene Gruppen in einer Sozietät integriert werden, umso nachdrücklicher ist die Tendenz zur Abstraktion. Doch umso abstrakter – und somit praxisferner – Theorien werden, umso inhaltsleerer, wie vielfältiger, vermögen sie zu werden. Große soziale Organisationen brauchen demnach nachhaltige Interpretationen und Interpretatoren. Sie sind abstrakten Darstellungen verpflichtet und werden dadurch erst befähigt, jeweiligen sozialen Bedürfnissen entsprechend unterschiedlich zu reagieren.

Daraus ergibt sich zwangsläufig die große politische Bedeutung theoretischen Wissens. Es erlaubt ein Ausmaß von Koordination und Kooperation, das unter Bedingungen praxisnahen Wissens nicht realisierbar wäre. Damit stellt es jene Form von Wissen dar, welches nicht nur legitimiert, und somit Herrschaftswissen darstellt, sondern erst die Grundlagen für komplexe Kooperationen schafft. Theoretisches Wissen ist zwar auch Herrschaftswissen und im engeren Sinne unproduktiv. Doch in einem weiteren Sinne ist es genauso produktiv wie praxisbezogenes Wissen. Denn aufgrund derartig relativierbaren Wissens werden Interpretationen möglich, die Kooperation auch zwischen Gruppen zulassen, denen Konsensmuster ansonsten nicht zur Verfügung stehen würden. Ähnlich wie bei Foucault dargelegt, ist hier zu sehen, daß Herrschaft auch über ihr theoretisches Wissen produktiv ist, allerdings nicht unmittelbar, sondern mittelbar. Zwangsläufig ist dieses Wissen elitär.

Wenn auch nicht ausdrücklich, so stellt Mannheim doch indirekt fest, daß zuviele Bedeutungen oder Interpretationen eines bestimmten Objektes zur Auflösung jedes Bedeutungssystems führen, wodurch auch Kooperation unmöglich wird (S. 23). Da abstrakte Theorien die Chance zu unterschiedlichen Interpretationen eröffnen, öffnen sie tentativ auch Pandoras Büchse. Sie können folglich auch zerstörerisch wirken, wenn zuviele verschiedene Interpretationen weitreichenden Konsens unmöglich werden lassen.

Daraus ergeben sich zwei Möglichkeiten: nämlich Interpretation zu monopolisieren und elitär zu verwalten, wobei allerdings sichergestellt werden muß, daß widersprüchliche Interpretationen nicht öffentlich werden. Zweitens: Diskussionsprozesse in die Wege zu leiten, um neuerlich Konsens zu etablieren. Solche Prozesse, die wir als „dialogische Wissenschaft" in Absetzung zur monologischen bezeichnet haben, bildeten das später diskreditierte Verfahren der Scholastik. Ihr Nachteil besteht darin, daß derartige dialogische Prozesse auf kleine Gruppen beschränkt bleiben müssen. Das bedeutet: Komplexe, soziale Gefüge müssen nicht nur theoretische Kenntnisse entwickeln, sondern diese auch zwangsläufig elitär und monopolistisch verwalten. Sprachlich vermittelte, theoretische Kenntnisse sind im Interesse großer Systeme, sie sind notwendig monologisch, weil sie dialogisch nicht mehr bewältigbar wären. Sie dürfen nicht unmittelbar produktionsorientiert sein, obwohl sie im weiteren Sinn Voraussetzung für komplexe Produktion sind.

Aber, wie bereits gesehen, können theoretisch-abstrakte Konsensstrukturen trotz allem unterschiedlich organisiert werden. Sie können in einer Form systematisiert werden, die unter dem „zwingenden Blick" des Panoptikums steht, indem sie deduktiven Regeln verpflichtet werden. Sie können, solchem Zwang abhold, der Mannigfaltigkeit durch Typologien gerecht zu werden suchen. Beide Möglichkeiten sind unterschiedlich leistungsfähig und folglich nur in ihnen adäquaten Sozialstrukturen nutzbringend. Die deduktiven Systeme sind insoferne leistungsstärker, als sie, unter der Voraussetzung, daß der Regelkodex akzeptiert wurde, zwangsläufig, wie Befehlssysteme, zu eindeutigen Resultaten führen. Das liberale Verfahren typologischer Darstellung empirischer Befunde kann Konsens bringen, aber dieser bleibt labil. In Fällen, wo es um dauerhafte Kooperationen geht, sind Verfahren langwährender Sozialisation zielführender. Wenn also soziale Kooperation auf Dauer gestellt werden soll, scheinen monologische, systematisch deduktive oder hierarchische Strukturen vermutlich die einzig zweckmäßigen Repräsentationen kognitiver Kenntnisse, besonders wenn es sich um große und komplexe Kooperationsstrukturen handelt.

Um die beiden unterschiedlichen Möglichkeiten abschließend anhand eines Beispiels darzustellen, sei nochmals auf Linnés Einteilung der Pflanzen verwiesen, die zwar erlaubt, jede neue Pflanze zu bestimmen und zu bezeichnen, trotzdem aber keine Deduktionen zuläßt. Das periodische System der Elemente hingegen gestattet aufgrund seiner Eigenschaften deduktiv die Existenz nicht bekannter Elemente zu fordern. Man kann sagen, beide unterscheiden sich dadurch, daß das eine deskriptiv, das andere präskriptiv strukturiert ist. Der Zweck des einen ist Konsens möglich zu machen, der des anderen ist zusätzlich produktiv zu sein. Es generiert neue Erkenntnisse, indem Verfahren der Vorhersagbarkeit, wie bei Manövern, angestrebt werden.

Grundlegend anders strukturiert sind Kenntnisse, die praxisorientiert vermittelt werden und, im Gegensatz zu deskriptiv und präskriptiv, als apodiktisch bezeichnet werden. Sie sind u.a. unwiderlegbar (apodiktisch), weil sie weder sprachlich noch theoretisch formuliert werden. Sie verfahren dialogisch und verkörpern das, was bereits eingangs als

„schweigendes Wissen" bezeichnet wurde. Das erscheint zunächst wie ein Widerspruch, weil Dialoge sprachzentriert erscheinen, schweigendes Wissen jedoch nicht. Doch das Ergebnis des Dialogs ist „verstehen", und das bleibt unaussprechlich, und Dialoge bedienen sich häufig auch nichtsprachlicher, indexikalischer Mittel.

Somit wäre der Bogen zurück zum Beginn dieses Abschnitts geschlagen. Alle genannten Formen von Erkenntnisvermittlung sind in den Wissenschaften anzutreffen, so wie außerhalb dieser. Persönlichkeitsentwicklung und soziale Organisation der Lehre und ihrer Inhalte vermengen sich so[12], daß Forderungen nach spezifischen Kenntnissen oder nach Praxisnähe nicht mehr unabhängig von Forderungen nach spezifischen Persönlichkeitsstrukturen erhoben werden sollten. Ein Teil jener Anforderungen, denen sich Schulen und universitäre Lehre gegenübersehen, erscheint aufgrund dieser Sicht in sich selbst widersprüchlich. Die Propagenten derartiger Forderungen müßten demnach zuerst ihre eigenen Präferenzordnungen klären, bevor sie damit an die Öffentlichkeit treten. Allerdings sollten derartige Inkonsistenzen für Schulen kein Grund sein, sich behaglich zurückzulehnen, um selbstgefällig auf die Schwächen zu verweisen. Denn als Sozialisationsinstanzen kommt ihnen eine verantwortungsvolle Aufgabe zu, die bei Nichterfüllung bewirkt, daß sich andere aufgerufen fühlen, diese Aufgaben zu übernehmen.

5.1.4 Die Lehre als Produkt

Unsere bisherigen Überlegungen gingen davon aus, daß die Sozialisationsinstanz Schule deshalb reüssiert, weil sie als Zwangsanstalt konzipiert ist. Schulpflicht, in Österreich Ende des 18. Jahrhunderts eingeführt, ist Garant dafür, daß eine staatlich präferierte Sozialisationsmethode zur Anwendung gelangt. So wichtig diese Feststellung ist, bleibt sie doch unvollständig, weil manche Schulen, wie Gymnasien oder Universitäten, ohne Zwangscharakter auskommen. Das heißt, daß „Pflicht" von Erziehungsberechtigten freiwillig und selbstauferlegt erfüllt wird. Man kann Schule auch als Markt betrachten: Schule stellt Produkte zur Verfügung, die nachgefragt werden. Schule produziert ausgebildete und sozialisierte Personen, doch anders als bei anderen Produktionsstätten, wird das Produkt vom Produkt selbst gewünscht. Das bedarf keiner weiteren Erklärung: Die Investition in Form von Lebenszeit, die in schulische Ausbildung eingeht, wird als wertvolles Gut, quasi als Kapitalgut betrachtet, welches lebenslang Zinsen einbringt und die Lebenschancen erhöht.

---

[12] „. . . die Entwicklung eines Ideensystems und die intellektuellen Aktivitäten der in diese Entwicklung Involvierten sind zwei Seiten ein und derselben Münze; und die umfassende Darstellung . . . muß zumindest aufzeigen, wie das Leben von Ideen sich mit dem Leben der Menschen verbindet." (Toulmin, 1967, S. 255)

Dieser Sachverhalt erscheint zunächst so trivial, daß er keiner weiteren Darstellung bedarf. Es deutet sich aber an, daß durch gerätemäßige Technisierung der Ausbildung das „Kapitalgut Bildung" durch ein anderes Kapitalgut ersetzt wird. Deshalb scheint es nützlich, – den trivialen Prozeß eingehender zu betrachten, um die Veränderungen zu verstehen. Der anstehenden Technisierung und ihren Folgewirkungen wenden wir uns in Abschnitt 5.3 zu. Hier wird zunächst der „Ist-Zustand" des Marktes erhoben.

Wesentliches Resultat unserer bisherigen Überlegungen ist die Feststellung, daß schulische Sozialisation zwar bestimmte Persönlichkeitsstrukturen entwickelt, aber genaugenommen wenig praxisrelevante Inhalte vermittelt. Selbst Grundkenntnisse, wie Schreiben, Lesen und Rechnen, deren praktische Bedeutung in unseren Gesellschaften unleugbar sind, dienen zusätzlich der Persönlichkeitsentwicklung. Die meisten anderen Inhalte, wie Geschichte, Physik oder das häufig diskutierte Latein, haben wenig Praxisrelevanz, sie dienen gleichfalls vor allem der geschilderten Persönlichkeitsentwicklung.

In anderer Hinsicht kommt ihnen allerdings gesellschaftliche Relevanz zu, nämlich in ihrer Bedeutung als „positionales Gut". Positionale Güter haben die Aufgabe als Symbole oder Signale zu dienen, um eine Position innerhalb der gesellschaftlichen Rangordnung zu signalisieren (Sahlins, 1976). Dieser Signalwert von vermittelten Bildungsinhalten wird nicht gerne thematisiert. In einschlägigen Diskursen erscheint etwa Lateinunterricht deshalb relevant, weil dadurch das Erlernen anderer romanischer Sprachen erleichtert werden soll. Daß Latein das Erlernen anderer Sprachen häufig verhindert, weil die Zeitbudgets zum Sprachenlernen erschöpft sind, wird meistens übergangen. Positionale Güter haben keinen anderen Gebrauchswert, als soziale Positionen zu dokumentieren. Sie bringen allerdings politischen Nutzen, weil sie Kooperationschancen eröffnen, die ohne Verfügung über solche Güter kaum gegeben wären (Douglas/Isherwood, 1978).

Schule formt Persönlichkeiten und verteilt gleichzeitig Symbole, die solche Persönlichkeiten schnell erkennbar werden lassen. Nicht das Rezitieren-Können von Ovid-Versen, sondern ein Zeugnis oder Diplom, muß als das wahre Produkt der Institution Schule betrachtet werden. Erst jene unterscheiden einen gebildeten Autodidakten von ‚rechtmäßig' Gebildeten und versetzen diese in die Lage, Ansprüche auf bestimmte Positionen zu erheben. Nicht umsonst hat Max Weber (1922) „das Examensdiplom als Grundlage aller Ansprüche auf soziale Geltung (Konnubium und soziales Kommerizium mit den zur „Gesellschaft" sich rechnenden Kreisen)" bezeichnet (S. 834). K. Marx (1843) spricht in seiner bekannt sarkastischen Weise von der „bürokratischen Taufe des Wissens" im selben Zusammenhang. Damit soll jedoch nicht geleugnet werden, daß über Examen und Zeugnisse hinausgehend in der Schule erworbene Kenntnisse auch anderen, praktischen Nutzen haben können. Dieser bezieht sich wiederum nicht auf die Herstellung von Gütern, sondern auf jene von sozialen Instrumenten. Auch hier scheint die zugrundegelegte

Dichotomie zwischen sozialer und technischer Innovation nutzbringend. Denn in der Schule erworbene Kenntnisse liefern kaum Voraussetzungen für einen sinnvollen Umgang mit der Natur, sondern solche für einen sinnvollen Umgang mit anderen Individuen. Sie liefern Konsensmuster, Gesprächsthemen und gemeinsame Interessenslagen. Ihr Wert besteht darin, soziale Innovationen zu ermöglichen, Netzwerke aufzubauen, Organisationen zu leiten und anderes mehr. Für Absolventen ermöglichen sie sozialen Aufstieg über Bildung, und das besonders in der „gebildeten Mittelschicht" (Ringer, 1969). Für die anderen Abnehmer der Produkte von Schulen, nämlich Staat und Wirtschaft, werden disziplinierte Persönlichkeiten zur Verfügung gestellt, die schweigen gelernt haben und aufgrund ihrer Bildungsvoraussetzungen wenig in der Lage sind, nach unten anders zu reden als im Befehlsmodus. Nach oben haben sie umgekehrt zuzuhören ohne zu fragen gelernt. Examen und Zeugnis garantieren weiters eine erstrebte Äquivalenz, sie ermöglichen die Konstruktion der sozialen Maschine durch austauschbare, weil normierte und standardisierte Arbeitskräfte.

Allerdings vermitteln Schulen keine Kenntnisse als Konsensbasis für zukünftige Interaktionen, die von ihnen selbst produziert und erarbeitet worden wären. Solche werden bestenfalls überarbeitet und weiter selektiert. Der ursprüngliche Produzent sprachlich-theoretischen Wissens, das zwar soziale Relevanz, aber vergleichsweise wenig praktische Relevanz im Umgang mit Natur stiftet, ist in der Universität zu suchen. Diese hat in mehrfacher Weise besondere Aufgaben zu erfüllen, weil sie höchste Schule und letzte Stufe institutionaler Ausbildung ist. Vor allem aber ist die Universität jener Ort, der als Grenzposten zwischen sozialer Ordnung und Chaos fungiert. Nicht ohne Grund wird sie „Alma mater", Nährmutter, genannt. Als Tochter der Erdmutter und Schwester der Artemis, ist ihr Ort der Zaun, die Grenze zwischen Chaos und Ordnung (Duerr, 1978).

5.2 Universitäre Lehre als Holografie

In seiner umfassenden Arbeit über die „Sozialgeschichte des Hochschulwesens" stellt H. W. Prahl (1978) lakonisch fest, daß „eine Theorie des Hochschulwesens . . . bislang nicht vorliegt" (S. 17). Soweit sich das beurteilen läßt, hat sich – vielleicht mit Ausnahme einer wichtigen Arbeit über französische Universitäten (Bourdieu, 1984) – an diesem Sachverhalt wenig geändert. Daraus ergibt sich, daß im folgenden der Versuch gemacht werden muß, einen eigenen Weg durch das Dickicht zu schlagen.

In dieser Betrachtung gehen wir zunächst einmal von der grundlegenden Feststellung aus, daß Universitäten Schulen sind und folglich mit den bisher gemachten Beobachtungen über Sozialisation und Lehre vieles gemeinsam haben. Allerdings sind, wie gesagt, Universitäten die höchsten Schulen und die letzte Stufe in einem Prozeß der Formung und

Indoktrination, der ein Viertel bis ein Drittel Lebenszeit in Anspruch nimmt. Universitäten sind mehr als andere Schulen Instrumente der sozialen Selektion und Verteilung begehrter, symbolischer Güter, die Zugang zu raren Positionen eröffnen sollen. Die Nachfrage ist entsprechend groß, sodaß Bourdieu eine Schere ortet, die dadurch entsteht, daß zwischen den Versprechungen des universitären Bildungskonsums und dem Angebot an freien Positionen eine Lücke klafft, die Unzufriedenheit aufkommen läßt. Doch, wie schon bemerkt, sind nicht nur Studenten Abnehmer des Kapitalguts „Universitätsbildung", sondern Arbeitgeber, die jene begehrten Positionen verwalten, sind es gleichfalls. Doch auch bei diesen wurde Unzufriedenheit mit den Produkten universitärer Ausbildung geortet, sodaß sich die Frage stellt, ob Bourdieus Schere der wahre Grund der Unzufriedenheit ist. In unserer Analyse wird diese Unzufriedenheit als Ergebnis tiefergreifender Umwälzungen gesamtgesellschaftlicher Natur gesehen, wobei diese Analyse trotz allem auf Bourdieus grundlegenden Ansatz der Reproduktion des gesamtgesellschaftlichen Machtfeldes im von ihm so genannten „universitären Feld" Bezug nimmt. Gesamtgesellschaftliche Entwicklungen müssen auf Universität und Schulen zurückwirken, weil ja das Substrat einer Gesellschaft in den Prägungen ihrer Menschen vorliegt. Einen solchen Tatbestand ortet Ringer (1983) in seiner Analyse des Aufstiegs der von ihm so genannten deutschen „Mandarine" im ausgehenden 19. und beginnenden 20. Jahrhundert. Ringer zeigt, daß dieser Aufstieg am Übergang von überwiegend agrarischer Produktion zum Industrialismus stattfindet, also dort, wo Aristokratie nicht mehr ausschließlich, aber Kapital noch nicht hinreichend politisch maßgebend war. Auch diese Beobachtung ist für die Überlegungen im folgenden wesentlich. Bewirken Veränderungen des gesellschaftlichen Machtfeldes Veränderungen des universitären Feldes, dann ist es angemessen, die Spezifizität der Universität zu bestimmen.

Prahl (1978) bemüht sich um eine Bestimmung der Spezifika und Funktionen der Universität. Wichtig erscheint ihm die Trennung von Berufsausübung und Berufsqualifikation durch die Universität. Selbst Mediziner erlernen ihren „trade", die Imponderabilien ihrer Berufsausübung, erst in Spitalsjahren nach dem Studium. Was Medizinern billig, ist Juristen oder Ingenieuren recht. Vorrangige Aufgabe universitärer Lehre bleibt die Selektion in Hinblick auf das gesellschaftliche Machtfeld und nicht die Kunst der Arbeit. Wesentliche Aspekte universitärer Ausbildung sind also nicht etwa Anatomie, sondern die Medizinalordnung, nicht die Offenbarung, sondern der Katechismus (Pircher, undatiert). Qualifizierung bestimmt sich am eng vorgegebenen Kodex politischer Provenienz.

An weiteren Spezifika der hohen Schulen nennt Prahl deren Exklusivität gegenüber anderen Gesellschaftsbereichen, die im krassen Gegensatz steht zur allgemeinen Schulpflicht. Sie lebt von der Betonung bestehender Grenzen, die durch Sprachformen, Rituale und Zugangsvoraussetzungen errichtet werden. Daraus ergibt sich, wie Prahl zeigt eine spezifische Eigenständigkeit der Arbeits-, Verkehrs- und Kooperationsformen, die über sprachliche und symbolische Medien kodiert werden. Universitäten unterscheiden sich von Schulen auch dadurch, daß sie Wissen nicht nur tradieren, sondern solches auch entwickeln. Das gilt für Forschung und Lehre gleichermaßen. Diese Feststellung betont den innovativen Charakter der Universität, der auch dann vorliegt, wenn eine These Klüvers (1983), daß sich Forschung und Lehre zunehmend auseinander entwickeln, weil Forschung in außeruniversitäre Institutionen abwandert, richtig sein sollte. Weitere Spezifika der Universität wurden bereits angesprochen: hochbewertete Qualifikationen zu vermitteln, hohes Sozialprestige zu verleihen, sowie das Ende eines formalisierten Bildungsprozesses darzustellen.

Diesen Spezifika der Universität stellt Prahl vier wesentliche gesellschaftliche Funktionen der Institution „Universität" an die Seite. Er bezeichnet sie als Funktionen der Qualifikation, der Tradition, der Innovation und der Legitimation.

Qualifikation der Studenten wird überwiegend sprachlich-kognitiv vermittelt. Sie bewirkt Verhaltens- und Bewußtseinsänderungen. Damit werden die Absolventen für besondere gesellschaftliche Positionen vorbereitet.

Die Funktion der „Innovation" wird, nach Prahl, vor allem vom ständigen Personal der Universitäten wahrgenommen, gilt allerdings auch für Absolventen. Innovation bedeutet: Fortentwicklung eines vorhandenen Wissenskanons, Entdeckung neuer Zusammenhänge, veränderte Interpretationen bekannter Sachverhalte, Diffusion des Wissens durch Popularisierung, sowie über Prozesse der „Ent- oder Reideologisierung". Das mag auf den ersten Blick überraschen, scheinen doch Universitäten als Repräsentanten der Wissenschaft verpflichtet, einen Gegenpol zu Ideologien zu bilden. Prahls Aussage wird an einem Beispiel verständlicher. Dazu eignet sich eine Redeweise, wie sie an jedem Kaffeehaustisch zu hören ist. Die zunehmende Tendenz etwa, mit Hilfe des Wortes „Information" Sachverhalte, die ohne dieses Vokabel genauso oder besser begreiflich zu machen wären, zu beschreiben, ist Ausdruck der Ideologisierung der Informationstheorie. Die Begriffe werden zunächst als rare Münzen in Umlauf gebracht, erleiden aber ähnliche Abnutzung und Entwertung. Ähnliches gilt für „BIO-, bzw. ÖKO-Terminologien".

Im Zusammenhang mit innovatorischen Funktionen kommt Prahl jedoch auf einen uns wichtig scheinenden Wandel zu sprechen. Er meint, Wissenschaft hätte sich, in der Folge der Aufklärung, gegenüber anderen „Deutungssystemen, wie Religion oder Mythologie", als Erklärungsmuster zur Kombination und zur Ordnung von Erkenntnis durchgesetzt. Allerdings wird „wissenschaftliche Innovation . . . nicht mehr primär in Deutungs- und Legitimationsaufgaben eingebunden, sondern hat verstärkt Produktionsfunktionen übernommen." (Prahl, 1978, S. 33). Das findet sich in Übereinstimmung mit den vorigen Kapiteln, Wissenschaft wird technisiert.

Dieser Wandel von Legitimation zur Produktion wird von anderen Autoren gleichfalls wahrgenommen. Er scheint indikativ für eine wesentliche Verlagerung des gesellschaftlichen Machtfeldes. Klüver (1983) stellt z. B. fest, daß heute Naturwissenschaft nicht mehr als Kosmologie zu verstehen sei. Sie habe keine Funktion der Weltdeutung und Sinnstiftung mehr, sondern wird zur Beherrschung natürlicher Systeme und zur Genese von Technik eingesetzt. Auch Ringers Beobachtung von der Rolle der Wissenschaft als Folge des Wandels vom Agrar- zum Industriesystem zeichnet diese Sicht. Allerdings scheint dieser Wandel weniger einen der Funktionen der Universität als vielmehr einen im gesellschaftlichen Machtfeld zu signalisieren. Bürokratien bedürfen als „Rechts- und Reichsverweser" anderer Legitimationsformen als Industrie- und Marktstrukturen, die sich nie als Rechtsverweser, sondern als Wohlstandsverwalter legitimieren. Nicht allen Herren läßt sich mit denselben Diensten willfahren. Aber trotzdem bleibt die in dem vorigen Kapitel gemachte Beobachtung mit den hier gefundenen Feststellungen konsistent: Technik etabliert heute soziale Ordnung und legitimiert sie.

Diese Aussagen leiten zur dritten Funktion der Universität über, nämlich jener der Legitimation. Wissenschaftliches Denken dient der Legitimation bestehender Verhältnisse. Prahl stellt fest, daß damit der nötige Glaube an die Rechtmäßigkeit einer vorhandenen Ordnung garantiert wird. Er wird durch das Bewußtsein, mit wissenschaftlichen Einsichten übereinzustimmen, bestärkt; darin herrscht Übereinstimmung zwischen allen genannten Autoren. Universitäten sind Legitimationsquellen; u. zw. nicht nur durch Verfügung über wissenschaftliche Einsichten unter Berufung auf „Wertneutralität", sondern auch aufgrund ihrer vierten Funktion: der Bewahrung von Tradition. Universitäten überliefern Wissensbestände in einem Umfang, wie er von der Mehrheit der Mitglieder einer Gesellschaft nie vollständig erworben und durchschaut werden kann. Sie schaffen sich dadurch einen „Nimbus von Geheimnis", der durch antiquiert scheinende Rituale, Zeremonien, Titel und Ehrungen, die keinesfalls rational sind und nicht problemlos anderswo erzeugt werden könnten, verstärkt wird. Für Universitäten ist Geschichte lebensnotwendig, weil sie durch sie in Distanz zur gegenwärtigen Gesellschaft gerückt werden. Diese „Entfremdung" stärkt den Nimbus ihrer Unparteilichkeit. Daraus leitet sich nicht nur ein Anspruch auf Autonomie, sondern auch die Chance ab, im gesellschaftlichen Machtfeld zu überleben. Die Bildungselite ist so in der Lage, auf der Basis dieser Ressourcen ein Arrangement mit den Herrschenden zu treffen. Ringer (1983) bezeichnet dieses als „Eheschließung zwischen Staat und Geist" (S. 111).

Diese Beobachtung läßt sich im Sinne Bourdieus verallgemeinern. Denn ähnliche Allianzen kommen auch zustande, wenn sich Machtverhältnisse in der Gesellschaft verlagern. Politische Umstürze oder Machtverschiebungen zwischen Staat und Wirtschaft demonstrieren das hinlänglich. Diese Erkenntnisse wurden schon von Kant (1798) in seiner

Schrift „Der Streit der Fakultäten" vertreten, und er blieb damit nicht allein.

Die Situation läßt sich historisch durch Myers (1960) weiter begründen. Dieser stellt, beginnend in der Antike, fest, daß neue territoriale Staatsapparate stets auch neue Bildungssysteme hervorgebracht haben. Staatsapparate und Bildungseliten gehen jeweils ein Bündnis ein, als Folge dessen esoterische Bildungsinhalte zum Bildungsstoff der Beamtenschaft werden. Myers rechnet dazu die großen universalistischen Religionen. Solche Bündnisse stützen nicht nur Bourdieus Ansatz, sie geben auch zu einer ergänzenden Frage Anlaß. Diese lautet: Was kann das alltägliche Geschäft der Macht, vor allem wenn es sich bereits einer etablierten und elaborierten Kosmologie (oder Religion) verschrieben hat, für Interesse haben, seine Ausübungsorgane, die Beamten, an derartigen Kenntnissen teilhaben zu lassen?

Unsere Antwort entlehnen wir der Anthropologie. E. R. Leach (1976) hat die griffige Formel „Power is located in dirt" geprägt. Übersetzt bedeutet das, Macht ruht im Unreinen, oder Unklaren, Undefinierten, oder im Zwei- bzw. Mehrdeutigen. Der Umgang mit Chaos, d.h. dem Unstrukturierten, liegt im Interesse aller Machthabenden, egal in welchen Bereichen sich diese unstrukturiert-amorphe Masse findet. Umgang mit „Schmutz" darf folglich nicht Beliebigen überlassen bleiben, er muß sorgfältig geregelt und beschränkt werden. Das ist insoferne nicht zu schwierig, als der Umgang mit Formlosem oder Unreinem meist mit Angst besetzt ist und daher von einer Majorität freiwillig gemieden wird. Trotzdem: Machtinteressen gebieten sicherzustellen, daß dieser Umgang Auserwählten vorbehalten bleibt. Zu allen Zeiten werden daher Personen, die dafür ausersehen sind, nicht nur eine besondere Ausbildung zuteil, sondern auch besondere Auszeichnungen, die den Charakter von Weihen haben und in Tradition ruhen. Solche widerfahren nicht nur Priestern, sondern ebenso Richtern, Beamten, Ärzten, Sehern und Gelehrten.

In einer Zeit, in der der Umgang mit unstrukturierten Phänomenen und ihre Interpretation vorrangig an die Wissenschaft delegiert wurde, wird Wissenschaftern ein ähnliches Ritual zuteil. Darin ruht u.a. die machtpolitische Komponente universitärer Zeremonielle, die auch Prahl als rational nicht erklärbar bezeichnet. Interpreten wirken systemstabilisierend, allerdings können sie, wenn nicht wohlintegriert, auch destabilisierend sein. Daraus ergibt sich zwingend eine Allianz zwischen Macht und Universität, oder Staat und Kirche. Der Umgang mit Chaos muß notwendigerweise einer Minorität vorbehalten bleiben.

Diese Beschränkung ist auch deshalb nötig, weil an den Spitzen hierarchischer Strukturen zwangsläufig wenige sitzen, die folglich selbstreferentiell sein müssen. Über ihnen findet sich außer einem esoterischen Konstrukt, das interpretationsbedürftig ist, nichts. Interpretationen müssen nach unten und außen begründet werden, wenn sie nicht den Eindruck der Beliebigkeit erzeugen sollen. Traditionellerweise wird derartige Überparteilichkeit durch Berufung auf Geschichte, Tradition, bzw. auf „objektive" und wertfreie Mechanismen, wie sie seit dem 17. Jahrhundert die neuzeitliche Wissenschaft zur Verfügung stellt, erreicht.

Dies erklärt u.a., warum Universitäten überwiegend sprachlich-kognitive und theoretische Lehre präferieren, und nicht einmal Technische Universitäten praxisorientiert und handlungsanweisend ihre Kenntnisse vermitteln können. Auch sie sind mit der Ausbildung einer Klientel betraut, die überwiegend interpretativ und legitimatorisch eingesetzt wird, indem sie Probleme zu technischen Problemen macht und folglich in geringerem Ausmaß „handgreiflich" produziert. So läßt sich auch begreifen, warum Natur- und Ingenieurwissenschaft mit Vorliebe auf Gesetze aus der Natur zurückgreifen, bzw. solche als Voraussetzung technischer Entwicklungen darstellen (dazu: Kapitel 3). Naturgesetze und Vorstellungen eines zwangsläufigen technischen Fortschritts legitimieren, ansonsten möglicherweise als interessenabhängig, erkennbare technische Innovationen. Auch solche sind, wie wir in Kapitel 4 und 8 sehen, Immanationen politischer Macht. Auch hier muß, in der Tradition Mannheims, stets die machtpolitische Dimension in die Betrachtung mit einbezogen werden.

Zusammenfassend: Universitäten müssen als Institution verstanden werden, die Eliten zur Interpretation und Ordnung chaotischer Zustände und zur Legitimation notwendiger Entscheidungen ausbilden. Dieses Faktum läßt sich durch die Argumente J. Beckmanns für die Schaffung technischer Universitäten und zur Gründung einer neuen Wissenschaft „Technologie" illustrieren (siehe Kapitel 1). Beckmanns Forderungen belegen historisch unsere verallgemeinerte Darstellung.

Universitäten vermitteln und generieren analog zu Schulen Homomorphien zwischen Kenntnisstrukturen, Persönlichkeitsstrukturen und Organisationsstrukturen. Die bekannte Forderung nach Freiheit von Forschung, Lehre und Lernen erweist sich folgerichtig als Formel, in der sich das Erlernen vom Umgang mit Chaos ausdrückt. Freiheit der Lehre und des Lernens erzeugt jene widerspruchsvollen Situationen, die Studenten nötigen, eigenständig Ordnung zu schaffen und diese zu verteidigen. Kritik ist, wie bereits Kant erkannt hat, der wichtigste Motor der Wissenschaft. Kritik nötigt aber auch zur Legitimation der eigenen Position. Sie ist der universitären Eliten oberste Aufgabe. Auseinandersetzung mit Chaos erfordert Kreativität, aber um Chaos zu erleben, sind überdurchschnittliche Vereinzelnung, Desorientierung und Individualität nötig. Nicht zufällig stimmen Prahl und Ringer überein, daß Universitätslehrer und Forscher als Individualisten sozialisiert werden. Erst dadurch werden sie genötigt, selbst für Ordnung zu sorgen, und als solche werden sie in die Lage versetzt, jenes „Detachement" glaubhaft zu machen, das Voraussetzung für jede schiedsrichterliche Interpretationsaufgabe ist. Dieser Umstand hat u.a. Mannheim veranlaßt, von „freischwebender Intelligenz" zu sprechen.

Trotz dieses Chaos existieren Methoden im Umgang mit Chaos. Diese ändern sich aber in Abhängigkeit von sozio-politischen und kulturellen

Gegebenheiten. Wandelt sich das gesellschaftspolitische Machtfeld, so ändert sich das universitäre Feld. Schon Diderot hat zwischen theoretischen und praktischen Wissenschaften, und Franz Reuleaux (1884) hat zwischen Wissenschaften „des Erkennens" und Wissenschaften „des Schaffens" unterschieden[13]. Letztere finden an den im 19. Jahrhundert etablierten technischen Lehranstalten ihre Heimstätte, wogegen die zuvor genannten an den Universitäten beheimatet sind. Beide unterscheiden sich aber nachhaltig von jener Form der Wissenschaft und Wissensvermittlung, wie sie in der mittelalterlichen Scholastik gepflegt wurde. Je nach Beschaffenheit des politischen Machtfeldes etablieren sich unterschiedliche Formen universitärer Lehre, wissenschaftlicher Theorien, Methoden und Wahrheiten.

5.2.1 Wissenschaften des Erkennens

Wenn Kant (1798) in seinem „Streit der Fakultäten" von der Universität als „Fabrik" spricht, dann sieht er die Aufgabe dieser Fabrik darin, Werkskundige der Gelehrsamkeit zu erziehen, die als Instrument der Regierung ein Amt bekleiden. Diese Instrumente der Regierung sind Geistliche, Juristen und Ärzte. Sie sind die Produkte der sogenannten drei „oberen Fakultäten", welche die Tätigkeit jener im Alltag kontrollieren und zensurieren. Über diese Instrumente verschafft sich der Staat als Definitionsmacht Einfluß auf Leib, Seele und soziale Interaktionen seiner Bürger. Diese Fakultäten liefern also die Grundlage für das praktische Handeln des Staates. Ihre Bedeutung kulminiert in der Etablierung der sogenannten „Polizeiwissenschaften", die dazu beitragen, daß der Staat in guter Verfassung und Ordnung gehalten wird. Die Polizeiwissenschaften haben für die gesellschaftliche Steuerung zu sorgen, indem sie Normen etablieren und darauf abzielen Handlungsmuster zu entwerfen, die die Erfüllung dieser Normen ermöglichen.

Diese Wissenschaften sind Wissenschaften des Handelns und nicht des Erkennens. Sie zielen durch Etablierung von Normen und deren Überwachung auf soziale Problemlösungen und, wenn notwendig, Innovationen.

---

[13] Die Autoren von *Technology & Culture* stimmen anscheinend auch darin überein, daß zwei unabhängige Formen von Wissen existieren, „skill" und „Theorie", wobei „skill", Erfahrung durch Tun, ein wesentlicher Bestandteil technischen Handelns ist, das sich nicht einfach ersetzen läßt. Zu betonen bleibt, daß „skill" und ingenieurwissenschaftliche Theorie so wenig ident sind, wie diese und wissenschaftliche, auf Erkenntnis gerichtete Theorien. Ohne es explizit zu machen, kommen also auch hier drei Arten von Wissen ins Spiel, die nicht aufeinander reduzierbar sind, unterschiedliche Funktionen haben und nahezu zwangsläufig Ergebnis unterschiedlicher Methoden, bzw. wissenschaftlicher Vorgehensweisen sein müssen. Daß sie folglich auch in unterschiedlichen Weisen vermittelt werden, ja werden müssen, ergibt sich fast von selbst. Sie sind Teil einer Kultur. (Dazu: Staudenmaier, 1983, Kap. 3/4)

Mit weniger Prestige bedacht findet sich unter den „oberen Fakultäten" die „Artistenfakultät", heute „Philosophie" genannt. Diese ist aus der hierarchischen Struktur ausgeklammert, ihre Existenzberechtigung schöpft sie aus ihrem „rein wissenschaftlichen Interesse" an Wahrheit. Ihre Aufgabe besteht darin, die oberen Fakultäten zu korrigieren und zu kritisieren. Sie ist ein Korrektiv, das politischem Einfluß offiziell entzogen ist und folglich nicht über staatliche Gratifikationen und Symbole verfügt. Aufgrund dessen erfüllt sie aber die Voraussetzungen für die Rolle des „neutralen Schiedsrichters". Ihre Kontrollfunktion verlangt, um deren Glaubwürdigkeit zu garantieren, größere Freiheit als den anderen Fakultäten zugestanden wird, doch gerade aufgrund dieser dient sie auch den Machthabern. Kant steht nicht an, die Beratung des Machthabenden als wesentliche Aufgabe der Philosophie zu definieren. Indem Philosophie einen Gegenpol darstellt und Willkür entgegenwirkt, legitimiert sie politische Macht. Sie vertritt jene Ordnung, indem sie eine wesentliche Position einnimmt, die nur scheinbar marginal ist. In dieser Ordnung hat der Machthabende einen anerkannten Platz. Damit wird verständlich, warum Beamte in esoterischen Kenntnissen bewandert sein müssen. Ihre eigene Existenz, sowie die jenes politischen Gebildes, das sie beschäftigt, begründet sich u.a. in den Wahrheiten der Philosophie.

Zur Zeit Kants waren die Naturwissenschaften noch nicht Bestandteil der philosophischen Fakultät. Dieser Schritt wurde erst bei der Neugründung der Berliner Universität durch Humboldt gesetzt. Es war eine historische Neuerung, die einen radikalen Wandel erkennen läßt: Wahrheit wird zunehmend von der Physik und den ihr untergeordneten anderen Naturwissenschaften verwaltet. Dieser Wandel in der Verwaltung der Wahrheit signalisiert Verschiebungen im politischen Machtfeld, und als deren Folge neue Problemlösungsmuster. Polizeiwissenschaft verliert an Relevanz. Von nun an werden, wie N. Luhmann (1975) feststellt, nicht mehr Normen für Kooperationen geschaffen, sondern neuartige „kognitive Mechanismen"; die Naturwissenschaft bildet deren Basis.

Diese Naturwissenschaft übernimmt allmählich die tradierten Aufgaben der Philosophie, die in der Schaffung und Verwaltung von „Wahrheit" liegen. Durch deren Welterklärung wird nun Ordnung etabliert[14]. Sie ist somit ähnlich legitimatorisch und erfüllt analoge Aufgaben wie früher die Religion, danach die Philosophie. Wissenschaft rechtfertigt, zumindest indirekt, den Staat, wobei die „intellektuellen Führer der Bildungselite die Rolle von Mittlern zwischen dem Bereich des Zeitlichen und des Ewigen" (Ringer, 1983, S. 107) übernehmen. Das waren bislang die erklärten Aufgaben von Priestern oder Schamanen.

Universitäre Wissenschaft figuriert seitdem als „Ordnungsfabrik" (Nowotny, 1982), indem sie kosmologische Fixpunkte schafft, die man als „Wahrheit" bezeichnet. Dabei verfährt sie in der Tradition der „reinen

---

[14] Diese Ordnung ruht in einer spezifischen Lebenspraxis, aus der sich Normen und eine Disziplinierung des Redens ergeben. (Lorenzen, 1974)

Wissenschaft", eine Terminologie, die nicht nur ihre Abgehobenheit von der händebeschmutzenden Praxis signalisiert, sondern auch die sterilisierenden Hygienevorschriften, die im Umgang mit dem unreinen Chaos stets als notwendig erachtet werden. Ihre Produkte sind sprachlicher Natur, sowie theoretischer und kognitiver Provenienz. Die Etablierung von Wahrheit ist nämlich keine Frage empirischer Forschung. Erkenntnis ist in der Tradition Kants stets ein menschliches Konstrukt. Wahrheit heißt nicht Entsprechung von Vorstellung und Gegenstand, sondern liegt in der richtigen Ordnung unserer Empfindungen und Begriffe[15], in formalen und logischen Regeln, nach denen jene gruppiert und aufeinander bezogen werden (Ringer, 1983, S. 88). Wissenschaft bedeutet also Abstraktion, i. e. Theorie, und nicht Empirie. Produziert wird damit ein kognitives Objekt, das mit bestimmten gesellschaftlichen Formationen und Organisationsformen kompatibel ist, mit anderen jedoch nicht (Nowotny, 1982).

Wir stellen in diesem neuen Zusammenhang nochmals dasselbe wie in den vorigen Kapiteln fest: Theoretische, sprachliche Orientierung ist zwangsläufig einem anderen Akzeptanzmodus unterworfen, als praxisorientierte Wissenschaft. Sprachliche Akzeptanz wird diskursiv erzeugt. Daraus entsteht auch eine Notwendigkeit zur Lehre: Wahrheiten müssen geteilt und folglich mitgeteilt werden. Der französische Philosoph Lyotard (1979) stellt fest:

> „. . . Der Wissenschaftler bedarf eines Empfängers, der seinerseits ein Sender sein könnte, also ein Partner. Anderenfalls ist die Verifikation seiner Aussage, mangels einer kontradiktorischen Auseinandersetzung unmöglich, . . ."
> „Die Wahrheit der Aussage und die Kompetenz des Aussagenden sind also der Billigung durch die Gemeinschaft der an Kompetenz Gleichen unterworfen. Man muß also Gleiche ausbilden. Die Didaktik sichert diese Reproduktion." (Lyotard, 1979, S. 78/79)

Es unterscheidet sich also theoretische Wissenschaft wesentlich vom „dialektischen Spiel der Forschung" (ibid.) und den technischen Wissenschaften, deren Apparaturen Verifikation oder Falsifikation in sich verkörpern. Der Techniker, kann man sagen, ist selbstgenügsam, der Wissenschafter zwangsweise Lehrer und damit einem Diskurs oder Dialog verpflichtet.

Solch unterschiedliche Erkenntnismodelle haben tiefgreifende Folgen für die Entwicklung anderer Wissenschaften, wie auch für die der Persönlichkeit. Ein wesentlicher Teil besteht darin, Phänomene wahrnehmen

---

15 „Theorie ist nicht die Addition von scheinbaren Fakten. Was als Faktum zu betrachten ist, hängt vom Begriff ab. Begreifen bedeutet, das objektiv blinde und richtungslose Zahlen- und Datenmaterial zu orientieren, um es in den Griff zu bekommen. Die Richtung, auf die hin das Material zu orientieren ist, hängt vom Begriff, das heißt von der Fragestellung und der Einordnung in den Erkenntnisvorgang, ab. Und dies ist eine Frage des Zusammenhangs. Ein Begriff hängt von der aus der Theorie gewonnenen Fragestellung ab . . .. Wie dieses Material auf den Begriff gebracht wird, ist eine Frage des Erkenntnisinteresses." (Prahl, 1978, S. 18/19)

zu lernen, die durch sprachliche Darstellungen erst erzeugt werden, indem sie Fixpunkte setzen. Sie kanalisieren Aufmerksamkeit. Theoretische Wissenschaft stimuliert dadurch auch empirische Forschung, da sie quasi „Suchaufträge" erteilt, die gelegentlich sogar befriedigt werden. Nicht nur das periodische System der Elemente hat derartig „normale" wissenschaftliche Forschung (Kuhn) entstehen lassen, die Entdeckung der letzten Planeten sowie die Mehrzahl der synthetischen Chemikalien oder jene des Neutrinos (Pickering, 1984) sind Resultate theoretischer Applikationen.

Theoretische Erkenntnisform und Didaktik bedingen einander. Hier findet sich der ursprüngliche Platz der Theorie. Theorie ist Darstellung, Inszenierung; Theorie und Didaktik tragen von alters her zur Entwicklung von Wissenschaft und Forschung bei. E. Kapp (1942) führt z. B. den „Ursprung der Logik bei den Griechen" auf derartige didaktische Notwendigkeiten zurück. Logik resultiert, nach Kapp, aus einem didaktischen Bemühen, Schülern der Rhetorik Verfahren beizubringen, die es ermöglichen sollen, Gegner in Streitgesprächen oder Gerichtsverfahren auf Prämissen festzulegen, wodurch diese genötigt werden, deduktiven Konsequenzen beizustimmen. Bammé, Berger und Kotzmann (1989) u. a. zeigen, wie das Interesse und die Entwicklung von nicht-differenzierbaren Funktionen in der Mathematik gleichfalls didaktische Ursprünge haben.

Die wesentlichste Aufgabe der Wissenschaften des Erkennens liegt jedoch in ihrer legitimatorischen Kapazität. Damit ist ihre als Bildung „bezeichnete Fähigkeit zur Prägung der Persönlichkeit" verbunden. Ringer schreibt, daß der Student die kognitiven Gegenstände im Verlaufe des Lernens erst erleben lernt, da seine gesamte Persönlichkeit an diesem Akt der Erkenntnis beteiligt wird. Prahl illustriert dies, indem er zeigt, daß erst theoretische Naturwissenschaft einen Leistungsbegriff erzeugt hat, der unhistorisch und unabhängig von gesellschaftlichen Bedingungen ist, der aber dann auf das Prüfungs- und Berechtigungswesen angewendet wurde. Damit half Naturwissenschaft die notwendige Austauschbarkeit von Mitarbeitern in Bürokratien herzustellen.

All das bedeutet, daß „Bildung" als ein Programm verstanden werden muß, das einer Form von Wissenschaft, der „Wissenschaft des Erkennens" verpflichtet ist. Bildung hat einen Legitimationsauftrag zu erfüllen. Wir werden im folgenden sehen, daß durchaus auch andere als nur sprachliche Legitimationskriterien möglich sind. Wissenschaften des Erkennens sind in der Lehre Disziplinierungsinstanzen. Diese versetzen leitende Beamte in die Lage, etablierte Strukturen zu legitimieren, indem sie sich auf „unverrückbare" Wahrheiten und Ordnungen berufen können oder diese theoretisierend interpretieren. Theorien entspringen einem Bedürfnis neuzeitlicher Staaten, sind aber gleichwohl in den Bürokratien moderner Wirtschaftsunternehmen gefragt. Das mag einer der Gründe sein, warum „Humanisten bessere Karrieristen" sind (Der Standard, 21. 4. 1989). Die Verwaltungsbürokratien der Wirtschaft übernahmen wegen der hohen Kosten dieser Bildung sowie der offensichtlichen Homomorphie zwischen ihren und staatlichen Verwaltungsstrukturen die Qualifikationsmuster des staatlich administrativen Bereiches (Prahl, 1978, S. 273). Sie versuchen nun diese zu reformieren, und zwar durch den Einsatz von Geräten.

Mit dieser pragmatischen Übernahme hat sich nämlich die Wirtschaft einen Widerspruch eingehandelt, der in der bekannten doppelten Forderung nach Ausbildung und Bildung Ausdruck findet. Unternehmen brauchen Bildung und Ausbildung für ihr politisches Überleben. Da aber beide nicht ident sind, weil sie mit anderen Leistungsanforderungen verknüpft sind, ist die Einrichtung von zusätzlichen Fachhochschulen das Gebot der Stunde.

5.2.2 Zwischenstück: Anmerkungen zur Scholastik

Wissenschaften des Erkennens legen keinen gesteigerten Wert auf Empirie und Experiment. Vorrangig ist ihnen die Produktion eines Modells, einer Kosmologie, das idealerweise durch Deduktionen und Regeln die Welt erklärt und Ordnung schafft. Prominentes Beispiel für diese Zwecke ist nicht nur der dargestellte Ansatz von R. Descartes, sondern auch I. Newtons Mechanik, im Unterschied zu dessen „Optick". Heute wird oft der Eindruck erweckt, als hätte Newton seine Mechanik aufgrund empirischer Daten hergeleitet. Tatsache ist, daß zwei von drei Gesetzen empirisch unbewiesene und experimentell unüberprüfte Konstruktionen waren, wovon eine erst etwa hundert Jahre nach Newton von Atwood experimentelle Abstützung fand. An Newton wird u. a. auch deshalb die kosmologische und legitimatorische Aufgabe der neuen Wissenschaft deutlich, weil die neue Physik schnell ihre vorgestellte Bacon'sche Praxisorientierung aufgab. Diese neue legitimatorische Rolle von Wissenschaft fällt keineswegs zufällig mit dem Wiedererstarken der Monarchie in England zusammen. Die Wissenschaft, und besonders Newton, unterstützte die Monarchie. Diese, in Übereinstimmung mit Bourdieus These, förderte dafür die Wissenschaft.

In Hinblick auf Praxis- und Empirieferne sind sich die neuzeitliche Wissenschaft des Erkennens und die Scholastik ähnlich. Trotzdem unterscheidet sich die neuzeitliche von der scholastischen Wissenschaft nicht unwesentlich. Krohn (1977) hat diese Unterschiede komprimiert gegenübergestellt. Scholastik verwendet schlüssige Folgerungsstrukturen, um zu überzeugen (convincere), ist ahistorisch, aber universalistisch, nimmt auf ein allgemeines Auditorium Bezug und gibt sich wertfrei und desinteressiert. Im Gegensatz dazu liegen die Grundlagen der neuzeitlichen Wissenschaft in Anleitungen zum Handeln (persuadere), sie sind historisch, beziehen sich auf konkrete Beispiele und agieren exemplarisch. Anstatt an ein allgemeines sind sie an ein zweckorientiertes Publikum gerichtet. Dabei versuchen sie sich normativ und emotional betont zu vermitteln. Krohn differenziert zwischen verschiedenen neuzeitlichen Wissenschaften nicht. Er identifiziert die neuzeitliche Wissenschaft mit der Baconischen Variante, was die von ihm betonte Zweckorientierung verstehen läßt.

Indem Scholastik eine Aussage und gleichzeitig deren Negation in Betracht zieht (sic et non) und akzeptiert, ist sie im Unterschied zu der von deduktiven Regeln geleiteten Wissenschaft des Erkennens nicht ausschließend, sondern einschließend und folglich umfassend. In der modernen Wissenschaft des Erkennens besteht dagegen eine Tendenz, sich-nicht-fügen-wollende oder widersprechende Fakten zu eliminieren. Hier sei an die Beispiele in Kapitel 3 erinnert. Scholastik ist, indem sie Widersprüche bewußt hereinnimmt, darauf bedacht zu integrieren.

Analoge Ansprüche bestimmen ihre Vorgehensweise. Das dialektische Spannungsfeld der Widersprüche wird dialogisch bearbeitet, indem aufgrund ausführlicher und regelgeleiteter Dispute Konsens erzeugt wird[16]. „Tertium datur" ist ein Lebensprinzip dieser Wissenschaft, wogegen in der Wissenschaft des Erkennens ein „tertium non datur" gilt. Scholastik ist konsensorientiert, die neue Wissenschaft des Erkennens hingegen wisseneliminierend, indem sie den Bereich zwischen „entweder-oder" ausschließt. Dieser Sachverhalt wird noch deutlicher, wenn Krohns Darstellung der wesentlichen Gesichtspunkte in Bacons Utopie „Nova Atlantis" herangezogen werden. Bacons Utopie vertritt erstmalig eine Ökonomie, deren Prinzip weder Gerechtigkeit noch Gleichverteilung ist. Sie ist nicht als egalitäre Lösung eines Null-Summen-Spiels zwischen arm und reich ausgelegt, sondern sucht diese Probleme durch empirischen Wissenszuwachs, d.h. Ausweitung der Produktion zu lösen. Sie ist demnach bemüht, Probleme wahrzunehmen und diese über technisches Wissen zu lösen und zu organisieren. Deshalb sind in Nova Atlantis wissenschaftliche Akademien stets darauf bedacht, neue Erfindungen zu registrieren, sowie daraus eigene Methoden zu entwickeln, um Erfindungen zu machen und Neuerungen auf ihre Nützlichkeit zu prüfen. Bacon wünscht das Leben zu verbessern, indem man Wissen verbessert. Sein Wissen ist handlungsorientiert und nicht theoriegeleitet. Wissen soll „ideologiefrei" nützlich sein und der Verbesserung des Lebens des einzelnen dienen. Heute würde dieses Programm als Verbesserung des Lebensstandards verstanden. Mit Recht bezeichnet Krohn Bacons Ansatz als „Philosophie der Industriewissenschaft", deren Entfaltung nur in der neuen Herrschaftsform des Kapitalismus möglich war. Diese neue Herrschaftsform stützt sich aber auch auf eine andere Legitimationsbasis als jene, regelkonform zu sein. Sie liegt eben in der Erhöhung des Lebensstandards des einzelnen. Als Folge hat diese Wissenschaft auch andere Leistungen zu erbringen. Theoretische Wahrheit wird nun wenig gefragt.

Wir erkennen folglich drei Formen wissenschaftlicher Orientierung. Zwei sind sprachlich-theoretisch orientiert; trotzdem aber konträr. Eine versucht über egalitäre Dialoge Konsens zu etablieren und ein-

---

16 „The ‚litigiousness' of Scholastic philosophers was commonly noted by their experimentalist critics." (Shapin/Schaffer, 1985, S. 73)

zuschließen, die andere eliminiert und etabliert Regelwerke, die autoritative Schiedsrichterrollen übernehmen. Die dritte ist in ihren Anliegen atheoretisch, aber praxisorientiert. Ihre Legitimation bezieht sie aus dem Anspruch, das alltägliche Leben eines jeden zu verbessern. Sie soll Anleitungen zum Handeln geben und handlungsweisend sein. Sie ist empirie- und erfahrungsorientiert und unternehmerisch. „Wahrheit" scheint ihr ähnlich unwesentlich wie den Wissenschaften des Erkennens Anwendungen.

5.2.3 *Wissenschaften des Schaffens*

Wäre die Situation tatsächlich so wie zuvor gerade dargestellt, dann müßten die Kenntnisse der Baconischen, praxisorientierten Wissenschaften in enger Zusammenarbeit mit der Produktion vermittelt werden, d. h. in Werkstätten, Lehrwerkstätten oder analogen Einrichtungen. Wie gleich zu sehen sein wird, gibt es derart analoge Einrichtungen sogar an Universitäten. Würden die Baconischen Wissenschaften der oben gegebenen idealistischen Darstellung tatsächlich in jeder Hinsicht entsprechen, so wären sie von der Lévi-Strauss'schen Wissenschaft des Konkreten nicht zu unterscheiden. Ihre herausragenden Vertreter, wenn es solche überhaupt auszumachen gäbe, wären Persönlichkeiten wie Edison, Morse, Bell, vielleicht auch Faraday. Mit anderen Worten, es wären vor allem Autodidakten. Tatsächlich sind diese Autodidakten aber bestimmt nicht die Regel, zumal es ja seit Ende des 18. Jhdts. eigene Institutionen zur Ausbildung von „praxisorientierten" Ingenieuren und – das sollte man nicht übersehen – Kaufleuten gibt.

Betrachtet man nun die erste dieser Schulen in Hinblick auf ihre Ausbildungsanlagen, so stellt man mit einem gewissen Erstaunen fest, daß die École Polytechnique in Paris gar nicht jene praxisbezogenen, technischen Wissenschaften vermittelte, sondern vor allem Wert auf andere, nämlich Mathematik und Naturwissenschaften, legte[17]. Die praxisnäheren wurden dagegen erst nach Abschluß der École Polytechnique an anderen Schulen, etwa den Écoles d'Application studiert[18].

---

[17] „Ein eigentliches technisches Schulwesen, das auch für Deutschland wichtig werden sollte, entstand erst nach der Revolution mit der Gründung der École Polytechnique im Jahre 1794, einem militärisch organisierten Institut mit mathematischer Orientierung als Vorstufe für die Fachschulen." (Troitzsch, 1991, S. 250)

[18] Zu den Eigenheiten der französischen Entwicklung zählt ferner, daß seit der Revolution und mehr noch in der Napoleonischen Ära Wissenschaft und Wirtschaft vorrangig im Dienste des Militärwesens stand. Die Militarisierung und Bürokratisierung der polytechnischen Bildung ließ harmonische Wechselwirkungen zwischen Wissenschaft und Industrie kaum entstehen. Hinzu kommt, daß sich unter der Ägide von Pierre S. Laplace in den ersten Dezennien des 19. Jhdts. an der École Polytechnique ein streng theoretisches Konzept Bahn brach, das zwar einen Grundlagenvorlauf für Jahrzehnte schuf, zugleich aber die auf die Ingenieurpraxis orientierten Fächer zurückdrängte oder an die Écoles d'Application delegierte." (Buchheim/Sonnemann, 1990, S. 193)

Obzwar in den Gründungsakten des Wiener Polytechnikums (1815), der zweitältesten derartigen Schule im deutschen Sprachraum, gleichfalls zu lesen steht, daß der Unterricht nicht „gelehrt" sein soll, sondern der richtigen und sicheren Ausübung der verschiedenen Geschäfte des bürgerlichen Lebens dienen soll und Wissenschaft nicht Selbstzweck sein soll, nehmen auch hier Mathematik und die Naturwissenschaften zunehmend eine prominente Stellung ein[19]. Dabei figuriert Mathematik[20] zunächst gar nicht als „Hilfswissenschaft", sondern ihr hoher Rang leitete sich daher, daß sie als „Schwester der Philosophie" betrachtet wurde. Es wird demnach auch nicht länger erstaunen, wenn bereits damals nicht verstummende Klagen aus der Industrie laut wurden, die mangelnde Brauchbarkeit der Absolventen technischer Bildungsstätten monierend (König, 1985).

Es wird in diesem Zusammenhang dann auch nicht mehr überraschen feststellen zu müssen, daß ein Gutteil der Absolventen dieser Schulen gar nicht in Industrie und Gewerbe, sondern in den Staatsdienst abwanderten[21]. Damit erweist sich J. Beckmanns früheres Argument für die notwendige Einführung technischer Hochschulen als Ausbildungsstätte für Kameralisten (siehe Kapitel 1) einmal mehr als sachlich wohl begründet[22]. Es haben sich im universitären Umfeld die Ressourcen verlagert. Demgemäß haben sich auch die Methoden der Machtausübung in eine soziale Physik umgewandelt und Legitimationsverfahren zwangsläufig gleichfalls angepaßt und, wie nicht anders zu erwarten, auch die Ausbildungsinstitution. Unbestritten nahmen (und nehmen auch heute) Jus, Medizin und Philosophie nach wie vor prominente Machtbasen ein. Doch die Theologie wurde schrittweise durch Naturwissenschaft und Technik verdrängt. So betrachtet ist dem-

---

19 „Jenes ihnen eigene mathematische, elegante Herangehen wurde aufgegriffen und, das in England akkumulierte empirische Material einbeziehend, der Versuch einer Synthese unternommen." (Buchheim/Sonnemann, 1990, S. 197)

20 Es soll in diesem Zusammenhang nochmals daran erinnert werden, daß dieser radikale Wandel in der Ausbildung von einem analog radikalen Wandel in der Theoriebildung der fraglichen Epoche und der politischen Machtausübung begleitet war. (Dazu: Kuhn, 1961)

21 „Das noch fehlende Glied, technische Schulen für die Industrie mit einem Anspruch auf wissenschaftliches Rüstzeug, entstand erst 1829 mit der „École Centrale des Arts et Manufactures", die sich an preußischen Einrichtungen orientierte. In Deutschland und in der Habsburger Monarchie waren es vor allem die den Berufsweg der Staatsbeamten vorbereitenden Bergakademien in Freiburg und Schemnitz und die Bauakademie in Berlin, die als Vorläufer des erst im 19. Jhdt. ausreifenden technischen Bildungswesens bezeichnet werden können." (Paulinyi, 1991, S. 468)

22 „Die besten Voraussetzungen dafür bestanden in Frankreich mit seinen noch im Ancien régime gegründeten Schulen für die Ausbildung von Staatsbeamten und Militärs, wie der „École des Ponts et Chaussées" und der „École des Mines". Aufbauend auf diesen Erfahrungen entstand 1795 in Paris die als wissenschaftliche technische Hochschule konzipierte „École Polytechnique", das große Vorbild für die technischen Hochschulen im deutschen Sprachraum." (Paulinyi, 1991, S. 467/468)

nach auch F. Reuleaux' Differenzierung zwischen „Wissenschaften des Erkennens" und „Wissenschaften des Schaffens" (Reuleaux, 1884) nicht mehr als ein Euphemismus. Seine gesamte eigene Arbeit, die Theoretisierung und Systematisierung der Maschinenlehre ist vom „Schaffen" und Erfinden soweit entfernt wie das Verfassungsrecht vom Bezirksgericht. Doch für didaktische Zwecke erfüllt sie insbesondere dann ihre Dienste, wenn die Empfänger dieser Ausbildung deshalb Theoretiker bleiben, weil ihre zukünftigen Aufgaben nicht in der Herstellung, sondern in der Darstellung, d.h. Erzeugung von Vorstellungen, liegen werden. Auch das ist praxisrelevant, allerdings handelt es sich dabei um eine andere Praxis, nämlich die Erzeugung von Konsensmustern und Organisation, bzw. um soziale Techniken[23]. Diese Praxisferne Reuleaux'scher Konstruktionslehre wurde auch in der Folge, wie wir bereits wissen, von der sogenannten „Antimathematiker"-Bewegung nachhaltig angeprangert. Deren Alternativlösung bestand konsequenterweise dann darin, die Werkstätte und den dazugehörigen Unterricht in Form des Forschungslabors an die Universität, bzw. technische Hochschule zu bringen. Damit erhalten die Wissenschaften des Konkreten, jene systematischen Herumprobierens, erstmalig Zugang zu den hohen Schulen. Bis ca. 1890 hat es an Technischen Hochschulen keine echten Maschinen, sondern nur Modelle davon gegeben.

Nun etablieren sich auch atheoretische Lehr- und Lernweisen, die nicht mehr sprachlich, sondern „schweigend" vermittelt werden. Daß Forschungslabors tatsächlich überwiegend so verfahren, wie damit angedeutet wird, zeigt sich anhand der sogenannten Laborstudien (Knorr-Cetina, Mulkay 1983; Latour, Woolgar, 1979), die alle die eher theorielose

---

[23] Dazu steht in der Theoretischen Kinematik (Reuleaux, 1875) folgende illuminierende Passage:

„Das ganze innere Wesen der Maschine ist das Ergebnis einer planvollen Beschränkung, ihre Vervollkommnung bedeutet die zunehmende kunstvolle Einengung der Bewegung bis zum vollen Ausschluss jeder Unbestimmtheit. An dieser Steigerung der Beschränkung hat die Menschheit durch Aeonen gearbeitet. Suchen wir eine Parallele hiezu auf anderen Gebieten, so können wir sie wohl in dem grossen Problem der menschlichen Gesittung finden. Dieser gehört im Grunde genommen die Entwicklung des Maschinenwesens als ein Factor an, indem sie zugleich ihr verschärftes Gegenbild vor Augen führt." (Kapp, 1877, S. 342)

Staudenmaier (1985) sieht einen zweifachen Zweck in ingenieurwissenschaftlichen Theorien. Einmal sind sie ein wichtiges Element in der Ausbildung zukünftiger Ingenieure, die das darin enthaltene verallgemeinerte Wissen später zur Lösung spezifischer Probleme nützen. Zweitens aber sind sie Kommunikationsmittel, das vor allem dann bedeutungsvoll wird, wenn es um die Etablierung der Akzeptanz technischer Innovationen geht. Der Erfinder muß sich dieser Sprache bedienen um Art und Wert seiner Erfindung darzustellen. Er muß „Überzeugungsarbeit" leisten, wie bereits in Kapitel 3 gezeigt wurde (dazu: 3.3) Mit anderen Worten: Theorie dient dazu das unbekannte Neue einzuordnen. Auch hier wird also über Theorie kognitive Ordnung und damit Akzeptanz erzeugt. (Staudenmaier, 1985, S. 108/110)

und sprachlich wenig fixierte Arbeitsweise in Labors[24] hervorheben. Durch die soziale Innovation „Labor" wurde allerdings die Reuleaux'sche „Wissenschaft des Schaffens" nicht abgeschafft. Nach wie vor werden auch an den technischen Universitäten Studenten überwiegend theoretisch ausgebildet und lernen die Arbeit im Labor vornehmlich erst nach dem zweiten Studienabschnitt im Rahmen eines Doktoratsstudiums kennen[25].

Dieser Sachverhalt ließe sich aus einem schieren Beharrungsvermögen der Universitäten erklären. Der Umstand, daß aber die Bedeutung der Hoch- und Fachschulabsolventen relativ zur Gesamtzahl aller in der Produktion Beschäftigten nach wie vor zunimmt (Hack, 1979), läßt umgekehrt auch den Schluß zu, daß die Universitäten nicht diametral am Bedarf vorbei produzieren.

Der neuerliche Bedarf an theoretischer Ausbildung geht gleichfalls mit Veränderungen im Produktionsbereich Hand in Hand. Betriebe, die zehntausende von Arbeitnehmern beschäftigen, können ihre Produktion und damit ihre Existenz nur aufrechterhalten, wenn sie stark bürokratisierte Organisationsstrukturen entwickeln. Damit ergibt sich aber ein analoger Bedarf an Legitimationsstrukturen wie bei der staatlichen Bürokratie. Theoretische und abstrakte „praxisferne" Ausbildung ist demnach nur insoferne der Praxis ferne, als sie sich in einer gewissen Distanz zur „Herstellung" bewegt. Diese Distanz ist aber nicht nur die raison d'etre hierarchischer Organisation, sondern ein integraler Bestandteil dieser Form von Produktion, ohne den sie sich gar nicht realisieren ließe[26].

Als Folge entsteht Bedarf an neuerlicher legitimatorischer Abstützung und an „Wahrheitsritualen". Tendenzen in diese Richtung deuten sich im

---

[24] „A day in the laboratory will usually suffice to impress upon the observer a sense of the disorder within which scientists operate, and a month in the lab will confirm that most laboratory work is concerned with counteracting and remedying this disorder." (Knorr-Cetina, 1983, S. 123)

[25] Demnach zerfallen die technischen Wissenschaften in zwei Kategorien. Die sogenannten Grundlagen, die in einem engen Zusammenhang mit den Naturwissenschaften stehen, vermitteln die Theorie und die Legitimation der Kompatibilität des „So-seins" technischer Produkte. Sie stehen am Anfang der Lehre, u.zw. nicht zufällig. Erst über ihre Einverleibung ergibt sich eine erstrebte Notwendigkeit der technischen Konstrukte in Übereinstimmung mit dem sozialen Umfeld. Der zweite Teil der technischen Wissenschaften verwaltet und systematisiert die praktischen Regeln der Herstellung und verstellt alternative Möglichkeiten. Diese Zweiteilung findet auch in unterschiedlichen Begriffen ihren Ausdruck: „Wissenschaften des Schaffens" und „Wissenschaften des Konkreten".

[26] Dazu schreibt E. Kapp (1877):
„Nun ist der vollendeten Thatsache nicht länger auszuweichen, dass das Reich der mechanischen Bildungen, dessen Einzelformen der schroffen Gegensätzlichkeit zum leiblichen Organismus sich nicht entziehen können, als ein Ganzes dem Staatsorganismus integrirend angehört." (S. 343)
„Das *Vorbild für die Organisation* ihrer Gesamtarbeit ist allerdings kein anderes als das, *welchem* auch *die Herstellung der besonderen Artefacte zu folgen* hatte." (m. H., ibid.)

wachsenden Verlangen nach interdisziplinärer Ausbildung an. Eine Ausbildung zu „Legitimatoren“ muß aber, das wurde bereits dargestellt, Eliten vorbehalten bleiben, sodaß sich zwangsläufig die Trennung von „Produktionstechnikern“ und „Legitimationstechnikern“ ergibt. Aktuelle Diskussionen über die Neuordnung des Studiums in Österreich nach dem Beispiel anglosächsischer Universitäten verdeutlichen die Aktualität der Situation. Hierarchisierte Strukturen haben keinen Bedarf an derselben Ausbildung für alle ihre Mitglieder. Es muß zwischen oben und unten unterschieden werden, zwei Persönlichkeitstypen werden nachgefragt.

Daß dem so ist, läßt sich an einem Vergleich dänischer technischer Universitäten zeigen. Dieses Land besitzt eine große Technische Universität in Kopenhagen und eine kleine in Aalborg. Die große entspricht in jeder Hinsicht der klassischen, theoriegeleiteten Lehre. Ihre Absolventen werden von großen Firmen gesucht. Die kleine kennt Gruppen- und Projektarbeit. Probleme werden dabei ziemlich selbständig von mehreren Studenten bearbeitet und gelöst. Die Absolventen dieser Schule finden reißenden Absatz in Kleinbetrieben (Schmutzer, 1980)[27].

Für die unteren Ränge ergibt sich entsprechend ein zusätzlicher Bedarf an disziplinierten Persönlichkeitsstrukturen. Max Weber (1920/21) bringt bereits das Dominantwerden disziplinärer Strukturen mit jener nicht zufälligen Entwicklung in Zusammenhang, bei der Arbeitnehmer von ihren Produktionsmitteln enteignet werden. Diese Entwicklung bildet eine notwendige Voraussetzung, um Disziplin durchzusetzen, weil Arbeitnehmer, solange sie über eigene Produktionsmittel verfügen, wenig Anlaß haben die neuen Abhängigkeitsverhältnisse zu akzeptieren. Sie könnten sich Zwangsanforderungen jederzeit entziehen.

Analoges gilt für die in den Produktionsprozeß integrierten Absolventen von Universitäten, besonders von technischen Universitäten. Ihr Maß an Freiheit wird über die neuen Technologien wesentlich reduziert. Beispielhaft zeigt sich diese Tendenz zur Disziplinierung und zur Reduktion individualistischer Kreativität in neuen Bereichen, wie der Softwareproduktion. Waren früher Programmierer am ehesten als anarchistische Künstler einzustufen, so wurden sie bald wesentlicher Bestandteil bürokratischer Organisationsstrukturen, wodurch ihre ursprünglichen Verhaltensweisen nicht mehr angemessen waren (Eggeling, 1985; Keen, 1981; Kraft, 1977). Dijkstra (1968) verbietet als Folge dessen konsequent das „heterarchische“ GOTO-Statement und hierarchisiert damit Programmierarbeit durchgehend.

Da andererseits Universitäten aufgrund der Trennung vom Produktionsbereich wenig geeignet sind, theoretisches und praktisches Wissen und die damit verknüpften Persönlichkeitsstrukturen für alle

---

[27] Man könnte vermuten, daß die hohe Wertschätzung der Montanuniversität in Leoben (Der Standard, 1. April 1992) gleichfalls aus einer analogen Situation herrührt.

Branchen angemessen zu entwickeln[28], andererseits legitimatorische Fähigkeiten auch auf nichtrationale Rituale, Zeremonien, sowie Geschichte und Tradition abgestützt werden müssen, ist die Trennung der beiden Ausbildungsfunktionen vorherzusehen.

Das Beispiel Medizin zeigt, daß zwar die gleichzeitige Unterbringung legitimatorischer und praxisorientierter Ausbildung im Rahmen einer Universität möglich ist, doch läßt sich dieses Beispiel enger Kooperation von Klinik und Hörsaal schwerlich auf die Beziehung zwischen Industrie und Universität übertragen. Es ist kaum zu erwarten, daß die „Kapitäne der Industrie" Universitätsprofessoren das Feld räumen, noch dürften umgekehrt diese schon aufgrund ihrer individualistischen Ausbildung und Persönlichkeitsprägung in der Lage sein, deren Aufgaben zu übernehmen. Näherliegend ist, daß Ausbildung und Bildung getrennt werden.

Diese Metamorphose wäre einer sozialen Innovation gleichzusetzen. Sie läßt sich bereits außerhalb Europas finden (Eurich, 1985). Da aber das industrielle Machtfeld dazu tendiert, soziale Innovationen durch gerätetechnische zu ersetzen, dürfte die in Kapitel 1 geschilderte Technisierung der Universität auch deren Industrialisierung bringen.

Die hier entwickelte Sicht bringt G. Holton (1978) in folgender Weise auf den Punkt:

> „Training is achieved by imparting the most efficient skill for a scientific purpose. Education is achieved by imparting a point of view that allows generalization and application in a wide variety of circumstances in one's later life. This difference explains why the older, linear kind of science course, though perhaps easier to teach, is not appropiate for classes that contain students interested in the power and meaning of science, but who do not necessarily think themselves ready to be trained as future physicists . . .[29]
>
> In the process of teaching good science, they can also convey a proper sense of dignity of scientific work as well as of the serious *civic responsibility* (m. H.) that are the consequences of its benefits and power." (S. 298)

Das bisher Gesagte läßt sich in einer Metapher anschaulich zusammenfassen:

Persönlichkeitsbildung, Wissensstrukturen, Akzeptanz- oder Wahrheitskriterien und soziale Organisationsmuster sind als Holographien zu verstehen. In jedem ihrer Ausschnitte findet sich mit unterschiedlicher Intensität die Gesamtheit des Bildes wieder.

---

[28] Zu den Forderungen, wie sie von prominenten Vertretern der Industrie stets erhoben werden, zählen: eine atheoretische und kritische, meist als „praxisbezogen" apostrophierte Ausbildung, sowie jene Persönlichkeitsformung, die hohe Beweglichkeit innerhalb einer bürokratisch strukturierten Organisationsmatrix möglich macht und die Einordnung in disziplinäre Strukturen begünstigt. (Beek, 1988; Ruggenthaler, 1988; Schneeberger, 1987)

[29] Analoges gilt für Techniker.

5.3 Sozialersatz und Disziplinartechnologien

Rekapitulieren wir das über Universitäten Gesagte, so sehen wir drei spezifische Aufgaben universitärer Lehre. Ihre vordergründigste ist Wissensvermittlung, wobei dieses Wissen mehrere Dimensionen umfaßt. Eine davon ist Vermittlung von Wissen, das als „positionales Gut", also als Statussymbol und Symbol der Zugehörigkeit zu einer bestimmten gesellschaftlichen Schicht genutzt wird. Dieses hat kommunikative Bedeutung und sein Erwerb wird über normierte Verfahren bescheinigt. Schwieriger ist es, über „praxisrelevantes Wissen" zu befinden, denn dieses kann nur durch Praxis gewonnen und vermittelt werden. Die Aneignung dieses Wissens geschieht daher im allgemeinen in post-universitären Lehrjahren in der Praxis oder in Forschungslabors. Was Universitäten meistens vermitteln, ist „theoretisches Wissen über Praxis", es ist somit nur indirekt, als Organisationswissen, produktionsrelevant. Die Relevanz dieses Wissens beruht in dessen Kontrollfunktion und der Fähigkeit zur Herstellung von Ordnungsstrukturen. Es dient u. a. der Legitimierung[30] des „überwachenden Blicks". (Ortmann, 1984)

Die ursprünglichste Aufgabe der Universität besteht darin, den Umgang mit Chaos zu lernen. Das bedeutet, jene Ordungen in unstrukturierte Situationen legen zu lernen, die für die jeweiligen Organisationsstrukturen relevant sind. Damit werden zusätzlich spezifische Persönlichkeitsprägungen erzeugt. Leistungen der Ordnungsgenese sind für die Industrie von wesentlicher Bedeutung, weil erst sie Kooperation (Ekhardt, 1977) ermöglichen. Der Umgang mit Chaos erfordert auch legitimatorische Leistungen, zu deren Erfüllung der richtige Umgang mit Symbolen, Ritualen und Zeremonien beherrscht werden muß. Auch dieses Wissen wird sublim an Universitäten vermittelt.

In allen diesen Belangen werden „sprachlich-theoretische Objekte" als pädagogische Instrumente eingesetzt. Es handelt sich also um „Wissenschaft des Erkennens". „Wissenschaften des Konkreten" haben an Universitäten geringe Umsetzungschancen, weil sie atheoretisch und manipulativ verfahren. Solche Vorgehensweisen sind im traditionellen Lehrbetrieb schwer einzubauen. Das dürfte u.a. ein zusätzlicher Grund dafür sein, daß an technischen Universitäten nachdrücklich Naturwissenschaft und Mathematik unterrichtet wird, hingegen technische Inhalte nur in Form von praxisabgehobenen Theorien (König, 1985), wie Maschinenlehre, Mechanik etc. angeboten werden. Auch „Ingenieurwissenschaften sind normative Handlungswissenschaften, deren präskriptiver Gehalt in bestimmtem Umfang empirisch-analytisch begründet, und in anderen wesentlichen Teilen auf gesellschaftliche Interessenslagen zurückgeführt

---

[30] „Inzwischen hat der Gegensatz von Manufact und Factor eine wesentliche Milderung dadurch erfahren, dass der Maschine ein anderes Erzeugniss menschlicher Arbeit, nämlich der Staat an die Seite getreten ist, und sehen wir auf einmal den Maschinenmechanismus und den Staatsorganismus „Hand in Hand" mit dem Begehr nach Ausstellung ihres Heimathscheines seitens der Wissenschaft." (Kapp, 1877, S. 342)

werden kann" (Ekhardt, 1977, S. 430). Ausnahme zur Regel bildet die Ausbildung zukünftiger Wissenschafter in Universitätslabors. Dort dominiert nach wie vor „schweigendes Wissen" und werkstättenhafte Praxis.

Die dritte wesentliche Aufgabe der Universität besteht in der Entwicklung von Persönlichkeitsmerkmalen, die zur Anwendung obiger Kenntnisse im Umgang mit Chaos befähigen. Dies erfordert Kreativität und Kritikfähigkeit, ein positives Verhältnis zur Herrschaftsausübung und die Fähigkeit zur Selbstdisziplinierung. Aufbauend auf vorausgegangenen Sozialisationsleistungen vertieft die Universität manche dieser Eigenschaften, und stellt darüber hinausgehend, aufgrund universitärer „Freiheiten", Erfahrung im Umgang mit Chaos zur Verfügung. Wie festgestellt, existiert eine nicht zu unterschätzende Interdependenz zwischen Organisationsstrukturen von Schulen, Persönlichkeitsstrukturen der Schüler und der Organisation inhaltlichen Wissens.

Die „Institution Universität" ist der Ort, wo Chaos und Ordnung aufeinandertreffen. Sie ist demnach in ihren Ansprüchen zwangsläufig widersprüchlich und folglich, wie die Anthropologie lehrt, aus diesem Grund „Sakralstätte". Als solche unterscheidet sie sich von Orten der Produktion. Es kann somit nicht erstaunen, daß Industrien deshalb vielseitige Anstrengungen unternehmen, Ausbildung selbst in ihren eigenen Organisationsstrukturen zu verankern und zu kommerzialisieren. Diese Tendenzen sind in hochindustrialisierten Ländern am ausgeprägtesten, allen voran scheinen die Vereinigten Staaten zu stehen.

Das „Learning Business" ist in den USA weitverbreitet und ein kapitalintensives Unterfangen. Es ausführlich darzustellen wäre lohnend, würde aber zu weit führen. Deshalb wird auf eine umfangreiche Studie von N.P. Eurich (1985) verwiesen. Die aufgrund dieses Milliardendollargeschäftes einsetzende Industrialisierung des Ausbildungssektors zeigt nicht zu unterschätzende Folgen für die meisten Universitäten, ein Umstand, der hier gleichfalls nicht besprochen werden kann. Ich verweise folglich auf eine Publikation, in der diese Aspekte ausführlich behandelt werden (Schmutzer, 1989).

Als Konsequenz dieser Entwicklungen im Ausbildungssektor ergibt sich, wie Boyer in der Einleitung des genannten Buches feststellt, keine geringe Herausforderung für Universitäten. Diese besteht u.a. darin, ihre eigentlichen Aufgaben zu erkennen und folglich Lehre angemessen zu reformieren. Dabei kann das Ziel solcher Reformen nicht sein

> „. . . to pursue the market place goals of corporate education. If that happens, higher learning may discover, having abandoned its own special mission, it will find itself in a contest it can not win." (Boyer, 1985, S. XIV)

Diese Aussage wäre gut geeignet, Reformern europäischer Universitäten ins Stammbuch geschrieben zu werden. Denn die Inkompatibilität, die auf Grund der zugeteilten Aufgaben mit jenen industrieller Organisationen gegeben ist, läßt keine Alternative und keinen Kompromiß zu. Folge kann nur die Selbstfindung der Universität als Mittler zwischen

Chaos und Ordnung sein. Diese Rolle ist auch gegen Widerstände von Reformbemühten durchzusetzen. Denn solche fordern häufig, entgegen ihren eigenen Interessen, also blauäugig, Ordnung im Chaos. Da aber die Universität der Ort ist, wo die Begegnung zwischen Chaos und Ordnung stattfindet, kann ihre Reglementierung nicht zielführend sein. Eine Trennung von Ausbildung und interpretativem Umgang mit Chaos wäre folglich sinnvoller. Boyer bietet, wie zu erwarten, keine Definition der „special mission" der Universität an, doch wird es deutlich, daß sie nicht in der zu Unrecht geforderten Praxisrelevanz für industrielle Produktion liegen kann.

Die angeführte „Industrialisierung der Ausbildung" ist durch ihre Technisierung gekennzeichnet. Informations- und Kommunikationstechnologien spielen eine zentrale Rolle. Ihr Einsatz wird durch internationale Programme, wie „COMETT", „DELTA" oder „SATURN" gefördert. Dazu gesellen sich private Organisationen, wie PACE, die erste europäische Satellitenuniversität, die NTU, die National Technical University in den USA, das „Electronic University Network" (Osgood, 1986) und etablierte Fernuniversitäten, wie die Open University. Solche Hitech-Ausstattung läßt traditionelle Universitäten aufgrund ihrer geringen Kapitalkraft schnell ins Hintertreffen geraten, und wegen des Zusammenhangs zwischen Organisationsstruktur, Persönlichkeitsbildung und Wissensstruktur nach der intendierten Rolle dieser Technisierung fragen.

5.3.1 Exteriorisierung menschlicher Fähigkeiten

Als Daniel Bell (1973) die postindustrielle Gesellschaft prophezeite, war ein wesentlicher Aspekt seiner Visionen, daß die auf Grund von Mechanisierung und Industrialisierung freigesetzten Arbeitskräfte im tertiären Bereich, also im Dienstleistungsbereich, unterkommen würden. Arbeitslosigkeit war aus seiner Sicht deshalb nicht zu erwarten, weil freigesetzte Arbeitskräfte als Krankenpfleger, Lehrer, Informationsarbeiter etc. reichlich Gelegenheit hätten, neue Beschäftigung zu finden. In den zwanzig Jahren, die seit der Veröffentlichung verstrichen sind, hat sich Bells optimistische Sicht bedauerlicherweise nicht realisiert. Im Gegenteil: Es gibt inzwischen arbeitslose Lehrer, Setzer, Journalisten und Bürokräfte. Der Dienstleistungssektor nahm nicht nur die aus den anderen Sektoren ausgeschiedenen Arbeitskräfte nicht auf, sondern setzte selbst in nicht zu übersehendem Maß Arbeitskräfte frei. Gershuny (1978) analysierte die Tendenz so, daß freiwerdende Arbeitsplätze auch im Dienstleistungsbereich durch elektronische Geräte kompensiert und Arbeitsplätze am ehesten in den diese Geräte herstellenden Industrien entstehen werden. 1990 wundert sich niemand mehr über stabile Arbeitslosenzahlen. Arbeitskräfte werden durch technische Geräte substituiert. Warum? Darüber schweigt die Wissenschaft. Eine vergleichbare Situation könnte sich in absehbarer Zeit auch im universitären Bereich einstellen.

Schon am Beginn dieses Kapitels wurde im Zusammenhang mit Schrift als Technik der Individualisierung von Verfahren, menschliche Fähigkeiten auszulagern, gesprochen. Solche Verfahren wurden als „Exteriorisierung" bezeichnet. Exteriorisierung bewirkt zwangsläufig qualitative Veränderung. Im Fall der Schrift und deren Weiterentwicklung im Druck bedeutet das folgende Veränderungen: Um das Lesen der geschriebenen Sprache zu vereinfachen, entstehen Zäsuren und dadurch Worte. Die gesprochene Sprache kennt im Gegensatz dazu solche rigide Differenzierungen kaum. Es besteht im Gegenteil die Tendenz, einen Schwall von Lauten zu produzieren, der Zäsuren an Stellen setzt, wo sie bei schriftlicher Darstellung nicht erwartet werden. Gedanken, die schriftlich ausgedrückt werden, werden der auditiven Sinneswahrnehmung entzogen, sie können daher neuartig organisiert werden. Schriftliche Niederlegungen erlauben es, die Identität zwischen Wissen und Wissendem aufzuheben. Präziser, es läßt sich über Wissen verfügen, das man selbst nicht hat, es wird anonym. Durch diese Konservierung werden neue Modelle von Erkenntnis und Erfahrung möglich (Goody, Watt, Gough, 1991). Schriftliche Niederlegung wurde von Sokrates, der kein Analphabet war, abgelehnt, weil er in diesem Verfahren „Entfremdung" ahnte[31]. Wesentlich ist, daß mit der Verwendung von Schrift die Trennung von Erfahrung und Wissen möglich wird. Von nun an läßt „sich erfahren", ohne jemals „Königsberg" verlassen zu müssen. Der Schüler Sokrates', Platon, hatte die Skrupel seines Meisters nicht mehr im selben Ausmaß und hat aus diesem Grund die Diskurse mit seinem Lehrer hinterlassen. Diese Hinterlassenschaft verändert unser Denken und bildet den Ausgangspunkt für neue Denkmuster. Gáspár-Ruppert (1989) vertritt die Ansicht, daß die Differenz, die Platon zwischen einer Welt der Ideen und einer sinnlich wahrnehmbaren setzt, Resultat dieser Spaltung von Schrift und Sprache sei. Diese Position klingt, wenn auch schwer beweisbar, immerhin sehr plausibel. Konkreter sind Veränderungen, die durch den Buchdruck[32] in die Welt kommen. Dieser bringt vor allem Normierungen mit sich, er schafft eine nutzbringende Ordnung des Textes, die nicht nur eine bedeutende Geschwindigkeitserhöhung des Lesens erlaubt, sondern auch die Suche nach Aussagen, unabhängig von der Kenntnis des gesamten Textes, gestattet. Seiten- und Zeilenangaben erlauben Zitationen, die nachvollziehbar sind. Da sich von nun an Aussagen präzise lokalisieren lassen, werden Enzyklopädien

---

[31] Im Lichte dessen ist es von Interesse festzustellen, daß die Schrift in Griechenland auch erst um 700 v.Chr. (nach dem Verschwinden der mykänischen Linear-B-Schrift um 1200 v. Chr.) neuerlich eingeführt wurde. Das muß in Zusammenhang mit den in Kapitel 3 und 6 geschilderten sozialen Entwicklungen dieser Epoche gesehen werden. Individualismus, Schrift, Wissenschaft, Münzen, Technisierung scheinen wesentliche Ingredienzen von Gesellschaften zu sein. Gemeinschaften pflegen hingegen die Oralität als anpassungsfähiges Kommunikationsmittel (dazu Kapitel 7).

[32] Diesen Wandel hat vor allem M. Giesecke (1991) ausführlichst studiert und dargestellt.

möglich, deren erste bekanntlich von Diderot und D'Alembert (1751/52) herausgegeben wurde.

Schon seit mindestens zweihundertfünfzig Jahren ist also bekannt, daß man wissen kann ohne zu wissen. Man braucht nur zu wissen, wo man etwas findet. Es ist also keineswegs nur der Erfolg der elektronischen Medien, die Wissen als Kapitalgut allmählich obsolet werden lassen. Trotzdem sollten nicht vorschnell Enzyklopädien mit Medien gleichgesetzt werden. Wie in Kapitel 1 dargestellt, erlauben die neuen Technologien einen wesentlich rascheren Zugriff zu Wissen, besonders wichtig ist aber, daß Suchprozesse flexibilisiert werden. Die alte, lexikographische Ordnung kann durch beliebige andere Ordnungen ersetzt werden. Noch wichtiger ist die Fähigkeit dieser Technologien, in großer Zahl beliebige Kombinationen von Details herzustellen – ein Verfahren, das dem guten, alten Lexikon nur mühsam gelingt. Dadurch wird der Wert von Detailinformationen intensiviert, weil nun auf spezifische Problemkonstellationen eingegangen werden kann, wie das für Expertensysteme im Kapitel 1 dargestellt wurde.

Solche Systeme verwalten, unabhängig davon, ob sie für materielle Produktion durch Programmierung von Robotern oder für geistige Produktion, etwa bei Erstellung medizinischer Diagnosen, eingesetzt werden, nicht mehr nur punktuelle Daten, sondern Prozesse. Dabei wird meistens ihre Funktionsweise vom Nutzer so wenig verstanden wie die Fakten, mit denen diese Systeme arbeiten.

Gáspár-Ruppert versteht Technik als Exteriorisierung subjektspezifischer Bezüge und Kompetenzen. Diese müssen in einem zweiten Schritt neuerlich einverleibt werden, der Umgang mit technischen Geräten muß erlernt und in subjektive, sowie gesellschaftliche Handlungsabläufe eingebunden werden. Das läßt u.a. auch die Reorganisation sozialer Bezüge notwendig werden und macht deutlich, daß die Einführung neuer Technologien zeitintensiv ist. Dadurch haben manche technische Neuerungen kurzlebiger Organisationen wenig Erfolgschancen, es sei denn, sie werden „user-friendly" angeboten, was ihre Einbindung erleichtet.

Diese subjektivistische Sicht erscheint uns jedoch nicht hinreichend. Sie erinnert stark an A. Gehlen (1953) und Kapp (1877), die Technik als Organersatz oder Organverstärkung verstehen und ihren Bedarf aus der organischen Unterbemitteltheit der Spezies „Mensch" herleiten.

Es wurde am Beginn dieses Abschnittes festgestellt, daß der Einsatz neuer Technologien dazu führt, gerätetechnisch Fähigkeiten zu exteriorisieren, die nichts oder wenig mit Organersatz oder -verstärkung zu tun haben. Wenn Lehrer oder Sekretärinnen ersetzt werden, kann nicht mehr davon gesprochen werden, daß das Mängelwesen Mensch vervollständigt wird. Genaugenommen geht es dabei nicht um den Ersatz eines Lehrers, Musikers oder Journalisten, sondern um jenen der Institution Schule, Orchester und Konzerthaus, oder um das Beziehungsgefüge zwischen Journalisten, Setzern, Sekretärinnen, Verlagen, ja manchmal sogar um jenes zwischen diesen und der Post.

Daß es sich nicht um „Organersatz", sondern um Ersatz sozialer Strukturen handelt, wird an einem historischen Beispiel deutlich, auf das Foucault (1975) aufmerksam macht. Schon vorne wurden Mechanismen besprochen, die Foucault als Disziplinarregime bezeichnet und die geschaffen werden, um Individuen absichtsvoll „als Macht- und Wissenselemente wirklich" herzustellen (ibid., S. 249).

Zu ihrer Produktion bedient man sich „sozialer Innovationen", wie sie in Hospizen, Arbeits- und Krankenhäusern, Armeen und Schulen entwickelt wurden. Doch diese „Sozialtechnik" fand eine gerätetechnische Umsetzung. Das „Panopticon", von Bentham, dem prominenten Vertreter des Utilitarismus erfunden, stellte eine „Maschine zur Scheidung von sehen und gesehen werden" dar (ibid., S. 259). Es geht also nicht um eine Exteriorisierung des Sehens, sondern darum, den Sehenden zu verstecken.

Zunächst ist dieses Gerät als Arbeitshaus in Form eines runden Gebäudes verwirklicht, das so angelegt war, daß in der äußeren Peripherie ein Kranz von Zellen angeordnet wurde, die Licht durch Fenster erhielten. In der Mitte des Gebäudes, das selbst unbeleuchtet war, befand sich ein Raum, der für jede Zelle Gucklöcher hatte, durch die in diese eingesehen werden konnte. Die Insassen konnten niemals wissen, ob sie beobachtet wurden oder nicht. Aufgrund dieser Konstruktion wurde eine Form der Unsicherheit geschaffen, die Selbstkontrolle und Selbstdisziplin schuf und so eine effiziente Kontrolle aller Insassen von nur einem einzigen Aufseher ermöglichte. Dieses Panopticon, so rudimentär es zunächst erscheinen mag, lieferte ein verallgemeinerbares Funktionsmodell, welches in verschiedenen Weisen vervollkommnet wurde.

Der Grundgedanke beruht auf der Zerstörung „horizontaler Verbindungen" durch Etablierung von Zäsuren, d.h. Scheidewänden. Zum selben Zweck, jedoch technisch perfektionierter, wurden von Ford Förderbänder in Fabriken eingeführt und von Taylor das wissenschaftliche Management. Von daher läßt sich eine diesen Anliegen entsprechende, technische Entwicklungstendenz verfolgen, die über Operations Research und Systemanalyse zu einer spezifischen Art des Einsatzes von Computern führt (Schmutzer, 1982), wie bereits in Kapitel 1 ausgeführt wurde. Dazu wurde in der Folge eine „Metatheorie" entworfen, welche ein Füllhorn neuer, formaler Verfahren und Kategorien auftat, die alles und jeden als Teil eines kontrollierbaren Systems zu betrachten erlaubte (Noble, 1984).

Das Panopticon und dessen Derivate sind im wahrsten Sinne des Wortes „Disziplinartechnologien", d. h. Geräte, die verhaltensmodellierend wirken. Ihr Werkstoff sind gesellschaftliche Phänomene und nicht der Natur entnommene Rohstoffe. So gesehen wird aber deutlich, daß ähnliche Geräte bereits lange vor Bentham existierten, dazu zählen so einfache Technologien wie Schlüssel und Schloß. Auch ihr Anliegen ist eine verhaltensmodellierende Wirkung und nicht die Auseinandersetzung mit Natur. Sie sind imstande Wächter zu ersetzen, nicht aber das Getreide vor dem Verschimmeln zu bewahren. Sie finden in tradionalen

Sozialstrukturen kaum jemals Anwendung oder werden, wenn vorhanden, nur selten benutzt. Umgekehrt sind sie in großer Nachfrage dort, wo diese Sozialstrukturen zerrüttet wurden und durch moderne, individualistischen ersetzt wurden.

Was über verhaltensmodellierende Disziplinartechnologien gesagt wurde, gilt auch für Schulen. Trotzdem sollte man nicht meinen, daß das der einzige Bereich wäre, wo Technik Sozialersatz leistet. Bei Gershuny kommt nicht nur der tertiäre Sektor schlecht weg, sondern auch der Bereich der privaten Reproduktion ist betroffen. Ersetzt werden nicht nur Drucker, Lehrer oder Journalisten, sondern auch Musiker, Orchester, Spielpartner, Diskussionspartner, erotische Partner (Frude, 1983), Ärzte oder Psychiater.

Und jene Leistungen, die mit Hilfe wissenschaftlicher Geräte in Experimenten und durch symbolische Maschinen (siehe Kapitel 4) erbracht werden, sind gleichfalls als Sozialersatz und Disziplinartechnologien[33] zu verstehen. Nicht zufällig meint Bernal (1954, Bd. 1), daß die Waage, ein neolithisches Instrument, eine Erfindung der Stadt sein müsse, denn in funktionierenden Kommunen besteht kein Bedarf für derartige Erfindungen. Wo Konsens nicht mehr zu gewinnen ist, wird auf Gerätetechnik Rekurs genommen. Der unparteiische Schiedsrichter wird durch Geräte ersetzt, wenn sich Menschen zu fremd geworden sind.

5.3.2 Sozialersatz

H. Linde (1972) geht von einer grundlegenden Annahme aus. Dinge versteht er als Basiselemente sozialer Strukturen und der Sozialisation. Sie wären somit eine notwendige Kategorie soziologischer Analysen, werden allerdings in der modernen Soziologie in ihrer sozialen Bedeutung unterschätzt.

Linde verweist darauf, daß Dinge nicht nur im Umgang mit ihnen soziale Verhaltensweisen formen, sondern auch Beziehungen zwischen Akteuren errichten. Das wird deutlich bei Werkzeugen, wo das Verhältnis von Arbeitgeber und Arbeitnehmer ohne die Werkzeuge nicht existierte. Werkzeuge formen Verhalten, aber auch jene Positionen, die Menschen innerhalb ihrer Sozialstrukturen einnehmen – man erinnere sich an die Aussage M. Webers weiter vorne – und prägen Kognitionen, Erwartungen und Attitüden. Es handelt sich folglich nicht nur um eine „Zweck-Mittel-Beziehung". Die Festlegung auf eine „Sache" hat weitläufige Konsequenzen:

1. Sie etabliert durch die Gebrauchsanweisung Handlungsmuster, d.h. sie legt die Benutzer auf ein Programm fest.

2. Bei regelwidriger Handhabung werden Sanktionen riskiert, etwa durch Verminderung der Effizienz, Beschädigung oder Zerstörung der Sache, des Handhabers etc.

---

33 Man erinnere sich an Turings „disziplinierte Papiermaschine" (Kapitel 4).

Folglich muß ein Gerät als vergegenständlichte, gesellschaftliche Institution verstanden werden. Um derartige Institutionen werden neue Sozialstrukturen und Organisationen aufgebaut, wie sich das am Beispiel der „Knopfdruck"-Technologien deutlich zeigt. Durch ihre „user friendliness" wird der notwendige Sachverstand minimiert, u.zw. weil er einerseits in das Gerät eingebaut und andererseits rund um das Gerät in Form von zugehörigen Wartungsstrukturen aufgebaut wird. Der „beurlaubte Sachverstand" wird in ein sachspezifisches Berufs- und Betriebssystem umgewandelt. Das wird sehr deutlich anhand von komplexen Servicesystemen, die nicht nur den Gebrauch komplizierter Technologien für Laien ermöglichen, weil sie quasi mitgeliefert werden, sondern auch wesentlicher Bestandteil industrieller Produktion sind.

Sachappropriation wird zu einem Akt „klientelartiger Vergesellschaftung" (ibid.), zumindest auf die Lebensdauer des Sachaggregats.

Aus dieser Sicht wird die Beschränktheit des Ansatzes von „Organersatz" und „Organverstärkung" deutlich, der von jener kritisierten idealistischen Vorstellung ausgeht, daß jeder Mensch eine Insel sei. Technologien sind aber Ersatz und Neuformulierung sozialer Institutionen.

Das macht noch einmal die prinzipielle Wahlmöglichkeit zwischen technischen und sozialen Innovationen deutlich. „Organersatz" als Erklärung kann nur als Extremfall akzeptiert werden, u.zw. dann, wenn nicht die Fähigkeiten eines „ego", sondern eines „alter", also eines anderen, „exteriorisiert" werden und so Ersatz finden. Die Potenzierung eigener Fähigkeiten durch Kooperation mit einem „alter" wird durch Technisierung ersetzt. Solche Substitution macht besonders dann Sinn, wenn soziale Institutionen funktionsunfähig geworden sind, bzw. aufgrund hoher Fluktuationen oder geringer sozialer Kohäsion nicht aufrecht zu erhalten sind. Wie Linde zeigt, wird durch Transformation sozialer Institutionen in Geräte die Festschreibung von Organisationsmerkmalen in Sachen erreicht. Es entsteht „Sachzwang", d. h. ein soziales Verhältnis, das durch Sachen determiniert ist und auch dann Realität hat, wenn es emotional abgelehnt würde.

Die Umsetzung von sozialen Institutionen in Sachen erlaubt es zusätzlich, diese über Marktstrukturen zu verteilen. Damit erklärt sich u. a. die Legitimation eines kapitalistischen Marktsystems aus „Machbarkeit", bzw. über eine „Wissenschaft des Schaffens". Geräte als materialisierte soziale Institutionen repräsentieren ein soziales System, das aufgrund eines freien Entscheids am Markt erworben wird, somit dieses auch legitimiert.

Letztlich erzeugen aber die zum Gebrauch der Geräte notwendigen Versorgungsnetze und Infrastrukturen spezifische Abhängigkeiten, die nicht nur die Nutzer dieser materialisierten Institutionen integrieren, sondern auch die zu ihrer Verwaltung notwendigen Hierarchien legitimieren. Über Infrastrukturnetze werden indirekt jene sozial begehrten Positionen geschaffen, die mit der Existenz von Hierarchien stets verbunden sind. Markt und bürokratische Hierarchien sind in symbiotischer Weise aufeinander abgestimmt.

Individuen sind andererseits entgemeinschaftete Personen, die aufgrund einer zweiten Sozialisation in soziale Strukturen rudimentär reintegrierbar werden, aber trotz allem austauschbar bleiben. Die so geschaffene soziale Unsicherheit läßt vorzugsweise auf exteriorisierte Institutionen und Kooperationsmuster zurückgreifen, weil sie eine leichter zu kontrollierende und somit verläßlichere Alternative darstellen. Geräte erscheinen zuverlässig und zugänglicher als von einem einzelnen Individuum aufbaubare soziale Kooperationen. Diese Situation ist allerdings ein Spezifikum unserer modernen Welt.

Umgekehrt benötigen Hierarchien und Märkte Individuen. Sie erzeugen diese nicht nur, sondern müssen, um auf solche Vereinzelte überhaupt zurückgreifen zu können, eine angemessene Überlebensstruktur garantieren. Durch Exteriorisierung von Fähigkeiten und Institutionen wird ihnen eine systemadäquate Lebensgrundlage über den Markt angeboten.

Bei diesem Verfahren entstehen auch synergetische Effekte. Dazu zählen Fähigkeiten, die keinem Menschen eigen sind, etwa Wahrnehmung durch Ultraschall oder Radar. Solche würden in anderen sozialen Strukturen nicht benötigt, so wenig wie die Kunst des Fechtens oder der Verkleidung in unserer Gesellschaft. Versachlichte Institutionen stellen erfreulicherweise keine direkten Ansprüche innerhalb sozialer Hierarchien. Dadurch erst entstehende Abhängigkeiten haben einen wesentlich anderen Charakter als jene zwischen Menschen. Mit anderen Worten: Exteriorisierte Fähigkeiten als Sozialersatz sind den Gegebenheiten unserer Lebensform adäquat.

Es wird deutlich, warum soziale Institutionen in gerätetechnischer Form bevorzugt werden. Trotzdem erklärt sich daraus noch nicht, welche historischen Gründe zu dieser Entwicklung führten. Dieser Frage widmet sich Kapitel 6, doch schon hier kann vorwegnehmend gesagt werden, daß soziale Institutionen dann gerätetechnisch transmutiert werden, wenn die Struktur von Gemeinschaften zerrüttet wurde. Dieses Argument findet auch Bestätigung in der augenblicklich interessierenden Substitution von Lehre und Schulen durch Geräte.

5.3.3 Wissensvermittlungsmaschinen

Mit Lindes Position wird die Tendenz, die Lehre an Schulen durch Technologien zu ersetzen, gleichbedeutend dem Ersatz von sozialen Institutionen durch technisierte, und sollte somit verständlich sein. Läßt sich damit das für diesen Prozeß maßgebliche Instrument, der Personal Computer, als Sozialisierungsinstitution verstehen? Lindes Beobachtung, daß Kognitionen, Erwartungen und Attitüden durch Festlegung auf das Programm einer Sache bestimmt und spezifische Handlungsmuster kreiert und vor allem bei regelwidriger Handhabung Sanktionen ausgelöst werden, ist für dieses Gerät leicht nachzuvollziehen. Ein PC kann berechtigt als materialisierte soziale Institution verstanden werden.

S. Turkle (1990) stellt z. B. fest, daß der PC nicht nur Dinge für uns, sondern vor allem auch Dinge mit uns macht. Sie bezeichnet diesen Sachverhalt als „Computerrevolution" von innen. In unserer eigenen Terminologie muß das als verhaltensmodellierende Persönlichkeitsbildung oder -prägung bezeichnet werden. Turkle hat in ihren umfangreichen Studien gezeigt, wie damit Verhaltensweisen und Persönlichkeitsstrukturen geprägt, bzw. verändert werden. Es finden sich Indikatoren in den von ihr durchgeführten Interviews, die zeigen, daß der Umgang mit der Maschine häufig eine Persönlichkeitsausprägung erzwingt, die mit der ursprünglichen nicht ident ist.

Das ist besonders häufig bei Personen der Fall, die z.B. eine andere Art kreativen Denkens kennen. Turkle bezeichnet diese andere Art als künstlerisch. Unter Bezug auf Lévi-Strauss' (1962) „wildes Denken" spricht sie von „Bricolage", also „Herumbastelei" im guten Sinn des Wortes. Personen, die diesen Arbeitsstil bevorzugen, finden den Umgang mit den üblichen Computerprogrammen schwierig, weil sie ihren Bedürfnissen nicht angemessen sind. Weniger planvolle Arbeitsweisen werden nämlich dadurch zugunsten einer strukturierteren Methode abgelehnt. Strategien, die wie ATHENA am MIT zum Ziel haben, universitäre Lehre zu computerisieren, lassen solchen Studenten häufig wenig Alternativen. Es handelt sich ja bei diesen Projekten um charakteristische Prägungen von Persönlichkeitsstrukturen, möglicherweise in ideologischer Absicht.

„Bricolage" stellt, wie schon in Kapitel 3 angeführt, eine eigenständige Form von Wissenschaft dar, die Lévi-Strauss bei nichtwestlichen Kulturen ortet. Solche Wissenschaft verfährt atheoretisch; sie geht von kleinen Funktionsmodellen aus, die durch Herumbasteln verändert, adaptiert und praktischen Bedürfnissen anpaßt werden. Angemerkt sei nochmals, daß auch Bernal (1954) derartige Tätigkeiten als wissenschaftlich versteht.

Persönlichkeiten, die dieser Art von Wissenschaft verpflichtet sind, haben nach Turkle oft Probleme im Umgang mit hierarchisch organisierten Programmstrukturen, die insoferne auch äußerst abstrakt verfahren, als sie einem sogenannten „Blackboxing" verschrieben sind (ein Verfahren, das Subprogramme plant, ohne deren Durchführung zu kennen, und folglich nur am In- und Output dieser Subprogramme, sowie daran interessiert ist, daß es sich in das Gesamtprogramm einfügt). Solche Personen finden Programmiermethoden, bei denen sämtliche Details stets zugänglich sind und die ihnen erlauben, diese nach Belieben „zusammenzubasteln", angenehmer. Turkle zeigt, daß diese Art der Programmierung von einer bestimmten Computerfirma vertreten und vertrieben wird. Es handelt sich dabei um Apple Macintosh-Produkte, die Turkle in eklatantem Kontrast zur IBM-Philosophie eines „top-down", also eines hierarchisch strukturierten Programmierens, sieht. Damit wird deutlich, wie spezifische „Philosophien" für die Verwirklichung von Technologien ausschlaggebend sind, ein Sachverhalt, der einmal mehr zeigt, daß die Organisation von Geräten sozialen Organisationspräferenzen nachempfunden ist. Es handelt sich, wie nicht mehr zu übersehen ist, niemals nur um neutrale „Werkzeuge", sondern stets um soziale Institutionen, die Persönlichkeiten prägen und gleichzeitig in eine präferierte Sozialstruktur eingliedern lassen sollen.

„Structured Programming", wie von Dijkstra entwickelt, wäre nochmals ein Beispiel für jene Methode, die unter Ausschließung von Rückkopplungsanweisungen (GOTO-Statements) erlaubt, individualisierte und leicht kontrollierbare Programmstrukturen zu entwikkeln. Es handelt sich dabei um eine abstrakte und deduktive Methode, die als Weiterentwicklung des Panopticons verstanden werden kann.

Anders verhält es sich bei den „künstlerisch generierten Programmen". Turkle berichtet von einem illustrativen Ereignis am MIT, das in Form einer Auseinandersetzung zwischen zwei prominenten Computerfachleuten stattfand. Nach einem Referat von dem bereits genannten Dijkstra soll Greenblatt „structured programming" als ungeeignet für die Programmierung von Schachprogrammen bezeichnet haben. Dijkstra scheint dieser Ansicht nicht widersprochen zu haben. Greenblatt als Spezialist für Schachprogramme hat, um komplexe Partien spielen zu können, ein eigenes Instrument entwickelt, das ihm gestattet auf spezifische Details seines Progamms nach Bedarf einzugehen und dieses auch jederzeit nach Bedarf zu verändern. Offensichtlich ist sein Verfahren jenem eines Künstlers und Bastlers ähnlicher als „structured programming". Greenblatt entwickelte kein deduktives System, sondern bietet ein Verfahren an, das erlaubt, ähnlich wie bei der Pflanzenbestimmung von Linné, jeden spezifischen Fall zu analysieren und in ein komplexes System einzuordnen. Es handelt sich dabei demnach um ein deskriptives Instrument und nicht um ein präskriptives, so wie bei „structured programming". Turkle unterscheidet, ähnlich unserem Ansatz, zwischen zwei verschiedenen Wissenschaften, zwischen zwei Persönlichkeitsstrukturen und zwei unterschiedlichen Erkenntnisformen. Beiden entsprechen Sprachformen, Methoden und Geräte.

Es kann nicht wundern, daß solche unterschiedliche Auffassungen Ausdruck in Lehrmethoden finden. Diese zielen ja auf die Genese von Persönlichkeitsstrukturen. In einem weiteren Bericht (August 11, 1990) schildert Turkle Differenzen bei der Einführung computerunterstützter Lehre am Physikdepartment des MIT. Hier ging es darum, Simulationen für Unterrichtszwecke zu entwickeln. Solche wurden von manchen Physikern mit der Begründung abgelehnt, daß das richtige, theoretische Denken dadurch behindert und nur ein ingenieurmäßiger Ansatz gefördert würde. Trotzdem finden sich an diesem Department umgekehrt auch Vertreter der „Bastler-Ingenieur-Wissenschaften", die im übrigen beeindruckende Lehrprogramme produzieren. Diese unterscheiden sich von den Ansätzen der Theoretiker durch Anschaulichkeit und dadurch, daß sie gestatten mit Details „herumzuspielen".

Allerdings verfahren alle diese Ausbildungsprogramme abstrakt, ihre Objekte, wenn auch visualisiert, bleiben Objekte am Bildschirm. Trotzdem sind beide Verfahren der Wissensorganisation und der Persönlichkeitsprägung zueinander konträr. Sie demonstrieren, was zuvor als „Wissenschaften des Erkennens", bzw. „Wissenschaften des Schaffens" bezeichnet wurde.

Im Vorhergehenden wurde jedoch auch von einer „dialogisch-dialektischen" Wissenschaft, wie sie die Scholastik pflegte, gesprochen. Turkle erwähnt diesen Typ nicht. Sie stellt allerdings einen dritten Maschinentyp vor, den sie als „romantische Maschine" bezeichnet. Dieser Typ ist unter dem Namen „Perceptron" bekannt geworden. Er basiert auf einer prinzipiell anderen Architektur, die als neurale Netzwerke bezeichnet wird. Maschinen dieser Art programmieren sich selbst. Sie bilden somit „geschlossene Entitäten", über deren internes Funktionieren keine Aussagen zu machen sind. Programmierbare PC's werden u.a. für Aufgaben künstlicher Intelligenz eingesetzt, wobei der Begriff „Intelligenz" nach den Vorstellungen westlicher Kulturen bestimmt wird. Für das Perceptron läßt sich „Intelligenz" so nicht mehr festlegen. Höchstens aufgrund bestimmter Resultate kann deren Sinnhaftigkeit festgemacht werden; wie diese erreicht werden, bleibt unbekannt. Es handelt sich also um mögliche andere Intelligenzen (Dreyfus, 1988).

Turkle listet Bezeichnungen für diese neuralen Maschinen auf, die bündig verdeutlichen, wessen Geistes Kinder diese sind. Ausdrücke wie „Society of Mind", „biologische Maschine" etc. zählen dazu. „Emergente, künstliche Intelligenz" ist ein weiterer Versuch zu verdeutlichen, daß ihre Resultate durch Interaktionen von unbestimmten Agenten innerhalb der Maschine entstehen. Intelligenz entsteht dabei nicht durch Regeln, die ein Computer befolgt, sondern durch „diskursive Interaktion". Diese Möglichkeit, die von der etablierten AI-Forschung lange heftig bekämpft und abgelehnt wurde, macht einmal mehr deutlich, welche beeindrukkende Plastizität Technik haben kann. Sie wird allerdings aufgrund spezifischer Gesellschaftsstrukturen, die Denkformen bestimmen, meist nicht genutzt. Die vehemente Ablehnung des Perceptrons von den „Hardlinern" des starken AI-Ansatzes über zwanzig Jahre deutet manche Ursprünge dieses defensiven Verhaltens an. Sie sind nicht-rational, obwohl sie gerade von den prominentesten Vertretern der Rationalität herrühren. Eine ausführliche Darstellung dieser Auseinandersetzung findet sich bei H. Dreyfus/St. Dreyfus (1988).

Turkle hat das Perceptron feinfühlig auch als „romantische Maschine" bezeichnet. Diese ist insofern in der Tat „romantisch", als sie an einer Sozialstruktur orientiert ist, die heute in westlichen Zivilisationen nur noch rudimentär, häufiger noch in außereuropäischen Kulturen anzutreffen ist. Vor der europäischen Neuzeit waren solche Formen, wie weiter hinten zu sehen sein wird, gleichfalls die dominante Form gesellschaftlicher Organisation. Dieser Blick zurück konstituiert das, was als „romantisch" bezeichnet wird.

Ihre wissenschaftliche Ausprägung findet sich in der Scholastik, die bemüht war, diese geschlossene Gesellschaftsform zu erhalten, bzw. zu stärken, wo sie gefährdet war. Ein ähnliches Bemühen wird heute von den meisten Alternativbewegungen vertreten, deren Vorstellungen von „Ganzheitlichkeit" und „angepaßten Technologien" genau diesem Reservoir entspringen.

Turkle meint, daß Computer epistemologischen Pluralismus ermöglichen. Dem ist zuzustimmen, wobei dieser Pluralismus aber engstens mit der Pluralität sozialer Organisationsmuster verknüpft ist. Konstatierbares Wiedererstarken „romantischer Anliegen" läßt erst Maschinen akzeptabel werden, die solchen Ansprüchen genügen.

An Universitäten sind derartige Wunschvorstellungen als Folge des rationalistischen Weltbildes wenig akzeptiert. Es überwiegen die anderen Formen von Wissenschaft, die sich auch im computerunterstützten Unterricht bemerkbar machen. Im Kapitel 1 wurden drei Formen des Einsatzes von Computern in der Lehre genannt, solche, die vor allem Computerprogramme für Simulationen und Modelle verwenden. Sie entsprechen am ehesten Bedürfnissen wie sie der „Bricoleur" oder „Bastler", bzw. Ingenieure und die „Wissenschaft des Schaffens" vertreten.

Versuche, Maschinen als Tutoren oder Tutees zu nutzen, entstammen theoretisch hierarchischen Vorstellungen. Der ausschlaggebende Unterschied zwischen den beiden Ansätzen liegt in der Ordnung der Hierarchie. Einmal wird der Computer Repräsentant einer Autorität und der „Lerner" zum Untergebenen. Das andere Mal wird der „Lerner" in den oberen Rängen der Hierarchie gesehen und dazu angehalten, Ordnung ins Chaos zu programmieren. Der Computer hilft dabei, diese Ordnung zu formulieren und zu erschaffen. Aufgrund einer ihm eigenen Programmstruktur läßt er allerdings nur bestimmte solcher Schöpfungen zu, andere werden eliminiert. Diese Maschine sanktioniert und belohnt, wie jede andere auf Disziplinierung und hierarchische Organisation ausgelegte „Schule". Beide Versionen verkörpern das zuvor angesprochene Dilemma der Ausbildung für obere bzw. untere Positionen einer Hierarchie.

Der geschilderte Einsatz von Informationstechnologien verändert die Position von und den Umgang mit Wissen. Als „positionale Güter" werden diese Technologien des Wissens am Markt zu variablen Preisen vertrieben. In dieser Hinsicht sind sie wie Autos, teure Anzüge oder Hotels zu betrachten. Als Produktionswissen wird Wissen allerdings zunehmend geheimgehalten und auch deshalb in Maschinerien ausgelagert, wobei aber auch organisatorische Vorteile, die mit dieser Auslagerung entstehen, entscheidend sind.

Die genuine Aufgabe der Universitäten, der Umgang mit Chaos, läßt sich allerdings nur schwer in Algorithmen auslagern. Für die Genese, Interpretation und Akzeptanz von Ordnungsleistungen werden menschliche Interpreten gebraucht. Dieser Umstand sollte für die Neuorganisation universitärer Lehre beachtet werden, selbst wenn soziale Ordnung zunehmend durch und über technisierte Institutionen hergestellt und gewährleistet wird.

Hier den verständlichen und naheliegenden Versuch zu machen, jene Homomorphie zwischen Persönlichkeits-, Organisations- und Lehrstrukturen herzustellen, würde zwar Widersprüche eliminieren und Reibungsflächen verringern, doch eine Schließung bedeuten. Sie würde einer romantischen Maschine entsprechend auch eine dazugehörende soziale Ordnung entstehen lassen, die dem rationalistischen Weltbild diametral entgegengesetzt wäre. Das brächte nicht das Ende der Wissenschaft, doch eine Renaissance scholastischer Exegese und Dialektik.

Die Universität, als Grenzstation zum Chaos, bleibt zwangsläufig ein elitäres Unterfangen. Der Bedarf an rationalistischem, legitimatorischem Wissen bleibt, solange Markt und Staat symbiotisch dominante Machtträger sind, bestehen. Das universitäre Feld und das Machtfeld sind weiterhin interdependent aufeinander abgestimmt.

Die gesellschaftliche Aufgabe universitärer Lehre liegt schwerlich in der Bereitstellung von Produktionswissen, weder Markt noch Bürokratie produzieren, obwohl sie Produktion ermöglichen. Die handgreifliche Herstellung von Gütern liegt darunter, daneben und jedenfalls außerhalb von Forschung und Lehre. Die Bereitstellung von angemessen sozialisierten Produzenten ist allerdings ein Bestandteil sozialer Organisation, auf den nicht verzichtet werden kann.

5.4 Resümee

Selbst bei universitärer Lehre werden aus dem Umfeld der Universitäten wiederholt Stimmen laut, die von ihr Ergebnisse fordern, welche nicht einfach als Wissensvermittlung, sondern als Persönlichkeitsprägung zu verstehen sind. Diese Aufgabenzuweisung wird von vielen Universitätsangehörigen als illegitime Forderung verstanden.

Tatsächlich ist aber die Vorstellung, daß Schulen (dazu zählen auch Universitäten) nur kognitives Wissen vermitteln und bewahren sollen, kein Faktum, das den Tatsachen gerecht wird. Es sind nicht so sehr die Inhalte, sondern die Art wie diese organisiert und in welcher Form sie vermittelt werden, die persönlichkeitsprägend wirkt. Damit werden aber nicht allein spezifische Persönlichkeitsprägungen erzeugt, sondern auch dazugehörige soziale Strukturen vermittelt, ermöglicht und erhalten.

Jede Organisation ist genötigt, diese ihre Struktur gegen einen entropischen Zerfall zu schützen und aus dem Chaos der Umwelt an den Schnittflächen Ordnung, und zwar ihre Ordnung, zu extrahieren. Dies auf der Basis von tradierten Regelwerken für den Alltag und mittels schöpferischen Umgangs mit Chaos in Spezialfällen (vorzüglich in Labors) zu bewerkstelligen ist die soziale Leistung der Universität und ihrer Alumni. Die Rolle der Universität besteht demnach darin, Chaos so zu strukturieren, daß das Produkt mit einer angestrebten, meistens schon existierenden sozialen Struktur kompatibel wird. Aufgrund dieser Leistung wird gleichzeitig die soziale Organisationsform legitimiert, sie macht es aber auch unumgänglich, daß Eliten den Umgang mit Chaos durch Praxis erlernen müssen.

Diese ordnungsstiftende Produktion ist eine soziale Technik, die besonders dann groß in Nachfrage steht, wenn die soziale Konstitution selbst chaotische Züge hat. In solchen Fällen wird die Etablierung von Regelwerken, von Nachvollziehbarkeit und Kontrollierbarkeit zur Bedingung sozialer Kooperation. Diese Bedingung wird durch Be-DING-ung hergestellt. Die Auslagerung – Exteriorisierung – von Regelvollzügen in Gerät (hardware), das manchmal nicht mehr als nur Träger, d. h. Materialisierung, von Symbolen zu sein braucht, erlaubt gleichzeitig zweierlei: nachvollziehende Kontrolle der Regelhaftigkeit eines Verfahrens, wie das etwa durch Verschriftlichung geschieht, bzw. auch Nachvollziehbarkeit von Demonstration und Beweis, aber zweitens auch, wie Weber es aussprach, Enteignung. Diese gestattet eine zusätzliche Form der Kontrolle durch Herstellung von Abhängigkeitsverhältnissen.

Die Fluidität der Gesellschaft[34] stabilisiert sich so im Gerüst der Geräte. Technisierung ist die Materialisierung von Ordnung durch Dinge.

Allerdings sind die Möglichkeiten solcher Verdinglichung selbst plastisch. Das Gerüst kann unterschiedlichste Formen und Ausprägungen haben, die ihrerseits von den Vorstellungen und Praktiken sozialer Kooperation bestimmt werden[35].

So gesehen kann und wird es nicht verwundern, wenn auch die Ausbildung in Schulen und Universitäten zunehmend in Übereinstimmung mit technisierten Strukturen gebracht und gleichfalls technisiert wird. Sozialisation wird ins Gerät verlagert.

Wird dieser Prozeß auch auf Universitäten ausgedehnt, ergibt sich die Möglichkeit einer „Schließung". Damit werden zwar Widersprüche im sozialen Gefüge weiter minimiert und der osmotische Druck chaotischer Zustände abgeschottet. Der Preis für solche Perfektionierung wäre Fixierung der Fluidität in Erstarrung und disputativen Zirkularitäten. Am Ende einer derartigen Entwicklung wäre zu lesen: „Wegen zu großen Erfolges geschlossen".

---

34 Diese Fluidität spricht R. Thom (1972) an. Er vergleicht eine solche Gesellschaft mit einem Schwarm von Moskitos. Doch auch solche Strukturen haben Grenzen. Diese sieht Thom in einem individuellen Gewissen (als Internalisierung von Normen), Gesetzen und repressiven Verfahren in der Gesellschaft verwirklicht.
Für das was in Kapitel 7 kommt ist noch erwähnenswert, daß Thom die gegenwärtige Gesellschaft als einen Mischtyp versteht, der stratifiziert ist in soziale Klassen und demnach nicht als durchgehend „fluid" verstanden werden kann. (Thom, 1972, S. 319)

35 Erinnerlicherweise schreibt Kant, Gesetzmäßigkeit wird zuerst gedacht und dann realisiert.

Teil III

Kooperation meistern

„. . . a culture is not only a body of intellectual and imaginative work; it is also and essentially a whole way of life. . . . The crucial distinction is between alternative ideas of the nature of social relationship."

R. Williams, 1958 (S. 325)

„. . . The atomization . . . conferred on society the greatest possible plasticity – a decisive condition for technique . . .. To uproot men from their surroundings, from the rural districts and from family and friends, in order to crowd them into cities still too small for them; to squeeze thousands into unfit lodgings and unhealthy places of work; to create a whole new environment within the framework of a new human condition . . . – all this was possible only when the individual was completely isolated. It was conceivable only when he literally had no environment, no family, and was not part of a group able to resist economic pressure; when he had almost no way of life left. Such is the influence of social plasticity. Without it, no technical evolution is possible. . . . At the same time, by a historical coincidence . . ., what I have called a clear technical intention came into being."

J. Ellul, 1954 (S. 51/52)

„Das Wahrheitskriterium ist der Handlungserfolg."

C. F. Gethmann, 1989 (S. 117)

6. Ingenium und Individuum

Im ausgehenden Mittelalter entstand ein neuer Bedarf, junge Menschen außerhalb der Praxis des Alltags in Schulen erziehen zu lassen. In Anlehnung an T. Parsons kann man diese Entwicklung als Resultat des Wunsches verstehen, zu enge Bindungen an traditionelle und häusliche Gepflogenheiten zu eliminieren. Es handelte sich um Prozesse der „Ent-Gemeinschaftung", die über „universalistische Prinzipien" unabhängige Persönlichkeiten, d. h. Individuen, erzeugen sollten.

Es braucht nicht betont werden, daß bis zur allgemeinen Schulpflicht solche Ausbildung nahezu ausschließlich jungen Männern zugute kam, wie auch in späteren Zeiten Erziehung überwiegend Männern und nicht Frauen zugedacht wurde. Aus solchen geschlechtsspezifischen Sozialisationsmustern erklärt sich u. a. auch die Vorherrschaft und Faszination der Männer in und an den Wissenschaften (Fox-Keller, 1985). Sie lassen Wissenschaft als heroisches, männliches Unternehmen erscheinen.

Bildung, Ausbildung, Lehre und Individualität hängen eng zusammen. Sozialisation innerhalb einer Primärgruppe erzeugt Identifikationsformen kollektiver Art, die im Gegensatz zu Vorstellungen vom selbständigen, unabhängigen Individuum stehen. Die traditionelle Sozialisation über Teilhabe am Handeln ist geeignet, Identifikation mit einem größeren sozialen Ganzen zu erzeugen, also Solidarität und weniger Selbstbewußtsein.

Dieses Ergebnis ist nicht Produkt des Zufalls. Solidarität begründet als notwendige Voraussetzung das Funktionieren kleiner sozialer Einheiten und bestimmter, solche einschließende, größerer. Seit dem Neolithikum bis etwa ins 17. Jahrhundert (Brunner, 1968) wurde solidarisches Verhalten benötigt und deshalb auch erzeugt. Es war Voraussetzung für eine spezifische Form sozialer Problemlösungen.

Erst im 17. Jahrhundert, als in Europa die ursprüngliche Produktionsweise im „ganzen Haus" (dem griechischen Oikos) allmählich zum Erliegen kam, waren diese Sozialisation und ihre Ergebnisse nicht mehr adäquat. Daraus entstand ein neuer Bedarf, der solidarisches Gemeinschafts-Erleben und dessen Wirkung für die Prägung der Persönlichkeit durch neue Vorstellungen und Methoden ersetzen mußte. Dieser Prozeß kennt allerdings Analogien in der Antike wie auch im Mittelalter.

6.1 Individualisierung: Söldner, Münzen, Philosophen

Diese pauschalen Aussagen sind an manchen Punkten zu korrigieren. Für bestimmte Phasen der Geschichte kann die vorige umfassende Aussage keine Gültigkeit beanspruchen, weil bereits früher alternative Vorstellungen von Persönlichkeit und der Rolle des einzelnen wiederholt existiert haben. Zu diesen Zeitabschnitten zählt die klassische Antike, wo über einige Jahrhunderte, besonders in Athen, ein starker Bildungsbedarf existierte. In dieser Epoche, beginnend mit dem 6. Jahrhundert v. Chr., finden sich die „ersten Philosophen" (Thomson, 1955). Zur fraglichen Zeit werden weiters für wissenschaftliches und logisches Argumentieren Richtlinien entwickelt, die auch heute noch von Bedeutung sind. Es kommt das erste Mal Geld in Umlauf, präziser: geprägte Münzen. Was uns im Augenblick am meisten interessiert, ist aber die Entwicklung eines neuen „Ich-Bewußtseins", welches sich an der Herausbildung einer neuen Sprachform konstatieren läßt (Müller, 1977).

Bei Archilochos von Paros (um 640 v. Chr.) läßt sich der Gebrauch des Personalpronomens der ersten Person Singular das erste Mal in einer neuen Form nachweisen. Archilochos, Söldner und Lyriker, ist somit der nachweislich erste Repräsentant eines Selbstverständnisses, das entsteht, wenn jemand überwiegend auf sich selbst gestellt ist. Dieser „Vereinzelte" versteht auch als erster die Welt um sich als „objektiv". An ihm zeigen sich erstmalig Phänomene, die sich im Lauf der Zeit häufen, die es aber, soweit man weiß, davor nicht gab.

Da „Objektivität" wesentlicher Bestandteil einer wissenschaftlichen Einstellung und gleichzeitig mit der Entstehung von „Subjektivität" verknüpft ist, sind die Entstehungshintergründe für uns von nicht geringem Interesse.

Müller (1977) stellt die Entwicklung aufgrund der Texte des Archilochos folgend dar:

> „*Archilochos wird sich seiner selbst gewissermaßen negativ bewußt*, nämlich in dem *Ausgeliefertsein an die Unsicherheit und die Unbeständigkeit der Ereignisse um ihn herum*, die die ‚ephemeren' Menschen ganz in ihren Bann schlagen. Gerade in der *Erkenntnis des ständigen Wechsels der Verhältnisse* und der von ihnen betroffenen Menschen gewinnt sein Ich ein *Bewußtsein der Kontinuität*, gerade durch jene objektiven Veränderungen hindurch, die ihn zutiefst ergreifen, aber eben nicht bis zum Verlust des Bewußtseins der Identität, sondern dieses erst hervortreibend durch die ‚Selbstbehauptung'." (Müller, 1977, S. 274)
>
> „Diese *dem einzelnen Menschen gegenüber gleichgültige, aber sie bestimmende Umwelt* (oft in Gestalt anderer Menschen) ist also *eine von einem objektiven Gesetz beherrschte Welt*. Die Verhältnisse sind unbeständig und wechselnd, aber dieser dauernde Wechsel ist keineswegs beliebige Wirrnis. Sondern, weil er als *regelmäßiger* Wechsel konstatiert wird, nimmt er ‚objektiven' Charakter an, kann er als *objektiver* beobachtet werden und der Möglichkeit nach auch berechnet werden – nämlich durch ein Subjekt, das sich gerade in diesem Akt des Konstatierens, Beobachtens und tendenziell auch des Berechnens *als Subjekt* konstituiert." (ibid., S. 275)

In Anbetracht dieser Analyse, die Objektivität und Subjekt als Ergebnis der Unbeständigkeit der Lebensverhältnisse „ephemerer Menschen", d. h. Vereinzelter oder Entwurzelter, betrachtet, scheint es lohnend, sich Archilochos' Lebensumstände genauer anzusehen. Archilochos, illegitimes Kind einer Sklavin und eines Adeligen, ist Söldner; er kämpft für Geld. Er bleibt alleinstehend, weil eine Ehe, die ihm sozialen Aufstieg und Integration in einen Oikos ermöglicht hätte, hintertrieben wurde. Obwohl es ähnliche Dokumente kaum gibt, läßt sich sagen, daß Archilochos' Biographie trotzdem nicht einmalig war, sondern eher typisch. Das 7. und 6. Jhdt. war ein Zeitalter sozialen Aufbruchs, in dem freie, aber mittellose männliche Griechen in großer Zahl ausgelagert wurden. Sie wurden Söldner, Handwerker, Gelegenheitsarbeiter, Händler, Wucherer, Seeräuber, Seeleute, etc.

Das 7. Jhdt. war also eine Zeit umherziehender Fremder, die – allerdings bereits seit dem 8. Jhdt. – als Söldner in Ägypten und anderswo unterwegs waren (J. Boardman, 1964). Trotz Fremdheit und weitgehender Rechtlosigkeit – frei Herumreisende waren rechtloser als Sklaven – stellten diese Vogelfreien in der fraglichen Zeit bereits eine gesellschaftlich wichtige Gruppe dar. Aufgrund ihrer Tätigkeiten im Handel, im Sold und als Handwerker lieferten sie wichtige Beiträge zum Funktionieren einer in Umbruch befindlichen Gesellschaft, ähnlich wie heute Gastarbeiter. Das gleichzeitige Aufkommen von Geld in Form von geprägten Edelmetallbarren (Elektron, Gold, Silber) ist kein davon unabhängiger Zufall.

6.1.1 Tausch oder Sold

Das gemeinsame Erscheinen von Münzen, Philosophie oder Wissenschaft, Demokratie und Individualismus in der fraglichen Epoche in Griechenland wurde seit Marx und Engels wiederholt konstatiert. In deren Tradition wird der gesamte Komplex der Phänomene als Ergebnis der Entstehung einer Tauschgesellschaft, bzw. einer Waren produzierenden Wirtschaft gedeutet. Auch Müller interpretiert das erstmalige Auftreten von Münzen, ichbezogenen Subjekten und Lyrik in dieser Tradition.

Es fragt sich, ob dadurch nicht der Wagen vor das Roß gespannt wird? Geld als Verrechnungsgröße, z. B. als „Viehgeld", oder als „heiliges Geld" (Laum, 1924) in Form von Metalläxten etc. hat es, genauso wie weitreichenden Warenhandel, seit Jahrtausenden gegeben. Internationale Handelsstraßen lassen sich im Nahen Osten über zehntausend Jahre zurückverfolgen, maritimer Handel ist mit Bestimmtheit auch wesentlich älter als die ersten Münzen. Man darf zwischen ein- und zweitausend Jahre getrost dazuschlagen. Wenn das so ist, kann schwerlich davon ausgegangen werden, daß hier nur zufällige Überschußgüter im Umlauf waren, es ist vielmehr anzunehmen, daß diese bereits absichtsvoll als Tauschartikel produziert wurden. Das hat für den nicht-europäischen Raum Malinowski (1922) inzwischen doch recht klar zum Ausdruck gebracht.

Warenproduktion für Handel kann demnach nicht ausschlaggebend gewesen sein, so wenig wie dieser für die Genese der Münzen verantwortlich zu machen ist. Münzen und Waren sollten deshalb besser als Resultat demografischer und sozialer Entwicklungen gesehen werden, wie sie zwar für die Antike nicht mehr leicht zu rekonstruieren sind, aber beim Wiederauftreten all dieser Phänomene im Mittelalter doch noch zu erkennen sind.

Trotzdem läßt sich soviel feststellen: Exakt zu jener Zeit, in der Archilochos schrieb, entstand eine neue Macht in Kleinasien, die vor allem für ihren immensen Reichtum bekannt war: Lydien.

Der Begründer der neuen Dynastie in Sardes war Gyges († 652 v. Chr.). Die darauf folgende Zeit war eine Epoche kontinuierlicher Kriege und Allianzen, die dann durch die persische Expansion im sechsten vorchristlichen Jhdt. einen deutlich gesteigerten Bedarf an Soldaten hervorbrachte. In der bevorstehenden Auseinandersetzung zwischen dem kleinen, reichen und wohllebenden Lydien und der Großmacht Persien waren Söldner die einzige Chance, um zu bestehen. Doch im Unterschied zu den älteren ägyptischen Pharaonen, die gleichfalls für ihre Eroberungsfeldzüge griechische Söldner anwarben, konnte Krösus, der damalige König in Sardes, diese nicht durch Beuteversprechen entschädigen. Sie mußten anders entlohnt werden. Just in dieser Zeit treten die ersten geprägten Münzen in Lydien auf. Und – welch ein Zusammentreffen – der erste Wissenschaftler oder Philosoph, Thales von Milet, stand im Sold des lydischen Königs als „Militäringenieur", wie wir vermutlich heute sagen würden (Boardman, 1964, S. 96).

Diese ersten geprägten Münzen sind demnach kaum über Warentausch, sondern vorwiegend im Dienstleistungsbereich entstanden. Sie müssen ursprünglich auch weniger als Bezahlung denn als „Pfand" verstanden worden sein, als Zeichen eines Vertrags zwischen dem lydischen König und den Söldnern[1], der sie nach der gewonnenen Schlacht anspruchsberechtigt für weitere Entlohnung machte und gleichzeitig auch bewirken sollte, daß sich die Söldner im kritischen Augenblick nicht verabschiedeten.

Krösus wurde allerdings besiegt, gefangengenommen und nach Persien verschleppt. Die Pfandstücke blieben in den Händen der Söldner und kamen so nach Milet, Chios und in andere griechische Siedlungen,

---

[1] Dazu schreibt M. Mauss (1923):

„Die als Pfand gegebene Sache ist durch sich selbst schon ein Band . . . dem Partner wird meist ein geringwertiger Gegenstand gegeben . . . Die Tatsache, daß sie sich in den Händen des Nehmers befindet, drängt den Geber dazu, den Vertrag zu erfüllen, sich dadurch zurückzukaufen, daß er die Sache zurückkauft. So liegt das *nexum* also in dieser als Pfand gegebenen Sache. . ." (S. 152).

„Der andere Aspekt weist auf die Gefahr hin, die die Annahme des Pfandes birgt. Denn nicht nur derjenige, der gibt, bindet sich, sondern auch derjenige, der empfängt" (S. 153).

wo sie bald Nachahmung fanden. Diese geschilderte Entwicklung findet weitere Unterstützung in dem hohen Wert dieser ersten Münzen. Für alltägliche Handelsgeschäfte waren sie deshalb ungeeignet, d. h. der Markt konnte, wie bisher, vor allem vom Gütertausch leben. Was aber diese These noch weiter stärkt ist der Umstand, daß selbst in der Blüte der antiken Welt von einem maßgebenden, die Wirtschaft konstituierenden, internationalen Handel und Geldverkehr nicht ernsthaft gesprochen werden kann. Subsistenzwirtschaft, d. h. Produktion für den eigenen Bedarf, war und blieb die dominante Wirtschaftsform (Finley, 1973).

Damit bleibt zu erklären, aufgrund welcher gesellschaftlichen Entwicklungen die konstatierte, nicht zu unterschätzende Mobilität zustande gekommen ist. Daß es für die Beantwortung dieser Frage keine statistisch relevanten Materialien gibt, versteht sich nahezu von selbst. Doch ist es bekannt, daß ab Mitte des 8. Jhdts. eine massive Kolonisationsbewegung in Kleinasien einsetzte, der diverse Stadtgründungen zuzuschreiben sind. Diese Bewegung war keineswegs nur auf Jonien in Kleinasien beschränkt, sondern erstreckte sich über weite Bereiche des Mittelmeers.

Eine sehr illustrative Episode in diesem Zusammenhang findet sich bei Herodot. In der nämlichen Zeit in der Archilochos lebte, fand sich der ägyptische Pharao Psammetichos I. in großen innenpolitischen Schwierigkeiten. Um seinen Thron zu sichern, heuerte er griechische und karische Piraten, die im Nildelta gelandet waren, an. Mit ihrer Hilfe vermochte er auch seinen Thron zu halten. Zur Entlohnung gab er diesen frühen Söldnern am Pelusischen Arm des Nils Land. Stratopeda wurde so der erste Ort in Ägypten, an dem Fremde siedeln durften. Ein halbes Jahrhundert später versicherte sich Pharao Amasis wiederum griechischer Söldner in seiner Auseinandersetzung mit Nebukadnezar aus Babylonien. Diesmal fiel die Belohnung noch großzügiger aus, nämlich in Form des Privilegs, ein Handelszentrum, Naucratis, am Nil – etwa 50 Meilen von der Küste – zu gründen. Naucratis entwickelte sich zu einem blühenden Umschlagplatz, weil es aufgrund verschiedener Privilegien „Tor" nach Ägypten wurde.

Beispiele dieser Art in Verbindung mit Mythen, wie denen der Argonauten, Theseus, Odysseus oder Ödipus, legen nahe, daß Wanderbewegungen kaum die Form regulärer Auswanderungen hatten, wie man sich das vielleicht noch für die Völkerwanderung vorstellen darf, wo ganze Sippen mit „Kind und Weibern" unterwegs waren. Es scheint vielmehr, daß es sich überwiegend um Gruppen von Männern gehandelt hat, die je nach Situation Freibeuter, Händler oder Söldner waren.

Solche Perspektiven lassen an eine Feststellung M. Webers (1922) erinnern, der auf die in so vielen Kulturen auffindbaren „Kriegergemeinschaften" verweist, die entweder bei „chronischen Fehdezuständen" (ibid. S. 684/685) entstehen oder über die Institution von „Männerhäusern" und „Männerbünden". Solche Organisationen betreiben Krieg, Raub, Freibeuterei und Handel oft als regelmäßigen „Nebenerwerb", was dann, wenn Nahrungsknappheit nach schlechten Ernten, Landknappheit durch Übervölkerung oder stabilisierte Herrschaftsverhältnisse eintreten, zur Regel wird. Solche „Aushäusigkeit" der jungen Männer ist, wie Weber meint und gleichzeitig leicht verständlich ist, nicht selten zu Hause mit mutterrechtlichen Strukturen einerseits, mit Frauenraub im Fall der Seßhaftwerdung andererseits verbunden.

Tatsache ist, daß sich in der fraglichen Epoche in den fruchtbaren Gebieten Griechenlands oikische Besitzverhältnisse an Boden weitläufig etabliert haben und Land demnach rar geworden ist. Daß unter derartigen Bedingungen Mobilität der geschilderten Art entsteht, läßt sich weiters auch daran erkennen, daß sich in der fraglichen Epoche gleichfalls grundlegende Verschiebungen im religiösen und rituellen Bereich nachweisen lassen. Ab dem 8. Jhdt. werden die traditionellen, auf Erd- und Muttergottheiten aufbauenden Riten zunehmend von den männlich dominierten olympischen Gottheiten verdrängt (Harrison, 1911).

Diese Auseinandersetzung, die u. a. im berühmten Fries von Pergamon ausführlich dargestellt ist[2], war keine nur graduelle Veränderung, sondern Ausdruck einer vehementen Konfrontation. Wie sehr dieser Konflikt als Auseinandersetzung unterschiedlicher, feindseliger Ideologien verstanden werden muß, läßt jene, bereits der seleukidischen Epoche entstammende Darstellung noch immer erahnen. Selbst damals war dieser Konflikt offensichtlich noch nicht entschieden, und sollte es bis zu den Kirchenvätern auch nicht werden.

Von weiterer Bedeutung im Zusammenhang mit der „Subjektwerdung" der Söldner, der ersten Wissenschafter oder Philosophen, und der Erfindung der Münzen ist, daß sich in der gleichen Epoche auch erste Disziplinierungsverfahren entdecken lassen. Es etablierten sich als Folge der Individualisierungsprozesse, man ist geneigt zu sagen zwangsläufig, neue Vergesellschaftungsverfahren. Die „Hoplitendisziplin" der Griechen ersetzte nicht nur den früheren „Heldenkampf", sondern stellte ihn in vielen Fällen sogar unter Strafe. An dessen Stelle trat ein einexerziertes Heer, meistens von Berufssoldaten. Auch hier ist die Analogie der historischen Entwicklungen frappierend, erinnern wir uns doch, wie sehr Disziplinierung mit Individualisierung einhergeht

---

[2] Der Fries aus Pergamons Tempelanlage ist nahezu vollständig erhalten und in Berlin zu sehen. Die Anlage wurde in der seleukidischen Zeit errichtet. Er beinhaltet die Darstellung des Kampfes der Olympier und ihrer Verbündeten (z. B. Herakles) mit den alten Erd- und Muttergöttern und deren Verbündeten, den Titanen. Die Dramaturgie der Darstellung steht in nichts jener der Darstellungen nach wie wir sie aus der Zeit der Gegenreformation oder der Türkenkriege kennen. Der Fries ist das Dokument eines Religions- und Kulturkampfes wie man ihn in der Antike nicht vermuten würde. Er läßt die spätere Auseinandersetzung mit und innerhalb des Christentums antizipieren und als Fortsetzung ahnen. Dabei ist J. Harrison (1911) zuzustimmen, daß es überwiegend um die Auseinandersetzung zwischen matriarchalischen und patriarchatischen Gesellschaftsordnungen, bzw. in unserer Terminologie, um den Konflikt zwischen Gesellschaft und Gemeinschaft geht.

(Kapitel 5). Es scheint folglich bereits in dieser frühen Zeit erlaubt, die Genese von egozentrierten Subjekten nicht wie Müller oder Thomson als Ergebnis eines expandierenden Warenhandels zu betrachten, sondern als eines gesteigerter Mobilität und sozialer Auslagerungsprozesse[3].

Solche Auslagerungen waren, wie bei Herodot zu lesen ist, nicht nur freiwillig, sondern wurden sogar zwangsweise durchgeführt. Bevorzugt betroffen waren – das bräuchte eigentlich nicht separat erwähnt zu werden – die Mittellosen, Landlosen und Armen. Damit bleibt eine letzte Anmerkung zu machen.

Die Entlohnung für Söldner mußte u. a. leicht zu transportieren sein, denn wenige legten gesteigerten Wert darauf, Söldner länger als notwendig in Stadt und Umgebung zu haben oder gar durch Landschenkung anzusiedeln. Dieser Anforderung leichter Transportierbarkeit entsprechen geprägte Münzen (E. Fox, 1971) besser als jedes andere Geschenk. Maritimer Handel kennt hingegen solche Transportbeschränkungen nicht. Es gibt demnach auch keine rationalen Gründe, warum der doppelte Gewinn des Warentauschs bei Hin- und Rückfahrt durch Münzen ersetzt werden sollte, wogegen Münzen als Sold für zeitlich begrenzte, individuelle Dienstleistungen einem rationalen Bedarf entspringen.

Somit scheint gesellschaftlicher Bedarf an frei herumziehenden Männern einerseits und massive Auslagerung junger und mittelloser Männer – aus welchen Gründen immer – aus gemeinschaftlichen Verbänden andererseits Ursache für die Entwicklung eines neuen Persönlichkeitstyps, des Subjekts, und das Entdecken eines „Ich" (G. Simmel, 1908 a) im frühen Griechenland gewesen zu sein. Aus dieser soziologischen Sicht erscheint dann auch der Aufstieg Athens, mit seinen Silberbergwerken im Hintergrund, seinem aufblühenden Handel, den im Vergleich zu Sparta weggesperrten, weil geraubten Frauen, und den herumziehenden Philosophen in anderem Licht. Sophisten und Stoiker waren gleichfalls solche vagante „Weltmänner". Als „kosmopolitische Individuen" (Simmel, 1908 a, S. 274/275) waren sie fähig, der ansässigen Jugend von Athen Kenntnisse und rhetorische Fähigkeiten für eine in Bewegung geratene Welt beizubringen, die Platon und später Aristoteles bekämpften, weil diese die Wiederherstellung traditioneller, oikischer und royalistischer Strukturen zu ihrem Programm gemacht hatten.

Auch diese Sophisten boten, ähnlich wie die Söldner, ihre guten Dienste gegen Geld an. Geld seinerseits verstärkt aber genau jene Prozesse der Individualisierung (Simmel, 1907). Athen wurde ein kosmopolitischer Platz und war zwangsläufig auf der Suche nach neuer Identität. Der perikleische Versuch, eine neue Gesellschaft auf der Basis von Recht, Demokratie und Geld zu konstituieren, mißlang, u. a. aufgrund des Peloponnesischen Krieges. Was jedoch in Athen nicht gelang, scheint

---

3 „a hiving-off of surplus citizens" (Finley, 1973, S. 171).
Simmel (1908b) verweist gleichfalls darauf, daß Wachstum von Gruppen Individualisierung bewirkt.

in der Folge in der Stadt Alexanders des Großen, Alexandria, vollendet worden zu sein. Dort etablierte sich unter den Ptolemäern nicht nur ein Handelsplatz mit großem Reichtum, sondern auch ein Ort der Wissenschaft (Euklid, Aristarch von Samos, Apollonius) und Technik, der für Jahrhunderte beispielgebend bleiben sollte.

Alexandrien stellt die Kulmination einer Entwicklung dar, die weit früher begann und ohne die Alexandrien nicht zu seiner Größe gefunden hätte.

6.1.2 Architekten und Mechaniker

Bereits in jenem Jahrhundert, in dem Archilochos sein „Ich" entdeckte, wurden wesentliche technische Erfindungen gemacht, zu denen der Flaschenzug, die Erdwinde und der Bronzehohlguß gehören. Das mag zunächst bescheiden klingen, doch in Abhebung zu diesem Urteil wird jene Epoche der Expansion, zwischen 700 und 500 v. Chr., als grundlegend für alle weiteren technischen Entwicklungen der Antike bezeichnet (Schneider, 1991, S. 72).

Auch diese Aussage bedarf einer Konkretisierung, weil die Meinung weit verbreitet ist, daß die Antike außer Tempeln und Theatern, technisch nichts aufzuweisen habe. Die Vorstellung, daß wegen Sklavenhaltung und des niederen Status von Handwerkern und anderen manuell arbeitenden Menschen (Banausen) bei den Griechen kein Interesse an Technik und deren Anwendung bestanden hätte, ist ja auch heute noch wesentlicher Bestandteil weitverbreiteter historischer Darstellung[4].

Und obwohl die vorliegende Arbeit keine Technikgeschichte schreiben will, sehen wir uns veranlaßt, als Beleg für die These, daß Technik und Wissenschaft engstens mit Vergesellschaftung und Individualisierung zusammenfallen, in diesem Kapitel detaillierter auf die antike Technik einzugehen.

In der Antike, die geprägt war von zunehmender Urbanisation, Mobilität und Interaktion zwischen den Städten, bildeten Landwirtschaft und Subsistenzwirtschaft nach wie vor die wirtschaftliche Existenzgrundlage (Finley, 1973). In Städten wie Athen konnte aber damit nicht jeder seinen Lebensunterhalt sicherstellen. Das umso mehr, als sich gerade diese Stadt mit Menschen füllte, die von allen Seiten, wie Plutarch schreibt, in Attika zusammenströmten und folglich keine Landbesitzer waren. Es kann daher nicht verwundern, daß Solon den Athenern die handwerkliche Ausbildung von Kindern zur Pflicht machte und die Jugend von der Für-

---

[4] Finley (1963), ein profunder Kenner der Antike, pflegt z. B. diese Sichtweise, wenn er u. a. schreibt:

„. . . the society as whole lacked the mentality and the motivation to strive systematically for greater efficiency and greater productivity. Not even so a practical man as Vitruvius, not a philosopher but a working engineer and architect, shows the slightest awareness of the possibilities of technological progress;" (S. 128) . . . „The fate of Greek science was not shared by philosophy." (ibid.).

sorge für die Alten entband, wenn diese keine derartige Ausbildung ermöglicht hatten. Wenn dem so ist, kann es nicht überraschen, daß die klassischen Handwerke, wie Schmiede, Leder-, Holz- und Tonwarenherstellung, bald ergänzt und spezialisiert wurden, sich zu Gold-, Kupfer- oder Waffenschmieden verfeinerten oder Gießer, Münzpräger und Spengler entstanden etc. Die in diesen sozialen Entwicklungsprozessen gleichzeitig angelegte soziale Differenzierung zwischen Armen und Reichen ließ weiters einen neuen Bedarf nach Luxuswaren aufkommen, der gleichfalls befriedigt werden wollte.

Vorrangige Bedeutung nimmt bei dieser Entwicklung stets die Textilbranche ein, die ja zuerst dafür zuständig ist, „Erscheinung" zu produzieren. So war es auch im antiken Griechenland. Als Folge nahm Schafzucht zu, Weber, Spinner und Tuchhändler waren gefragt. Die Städte entwickelten zwangsläufig eigene Verteidigungsweisen, wobei einer „Infanterie" zunehmend strategische Bedeutung zuwuchs. Auch diese wollte ausgerüstet sein, es wuchs mit anderen Worten die Nachfrage nach Gütern.

Das Wachstum der Städte und deren Neugründungen wirkten aber auch in anderer Weise. Die Wasserversorgung für große Bevölkerungsgruppen, Stadtplanung, der Bau von Agoren als öffentliche Versammlungsplätze, von Befestigungsanlagen und Häfen ließ nicht nur eine neue Bautechnik notwendig werden, sondern schaffte darüberhinaus Transportprobleme, Organisations- und Versorgungsfragen. In öffentlichen Belangen entwickelte sich ein staatlich besoldetes Beamtentum, und in der Produktion begannen „Architekten", Bauleiter als Manager verdienstvoll zu werden. Auch hier entstanden neue Verfahren der Vergesellschaftung, d. h. soziale Innovation. Das wachsende Selbstverständnis der neuen Städte verlangte nach Ausdruck (Finley, 1963) und die Macht der ansässigen Aristokraten nach Darstellung. Diese wurden in Form von Repräsentationsbauten, Tempeln wie Theatern geliefert. Ihre Errichtung verdrängte die zuvor übliche Ziegel- und Holzbauweise. Erste Steintempel entstanden. Der älteste davon steht in Kerkyra auf Korfu, erbaut um 590 v. Chr. Doch wenig später wurde bereits eines der sieben Weltwunder der Antike errichtet: das Artemision in Ephesus, eine Stiftung von König Krösus aus Lydien. Dieser Tempel ist in seinen Ausmaßen bereits gigantisch: 120 mal 60 Meter[5], sowie 127 Säulen mit etwa 19 m Höhe.

Die Bauzeit dieses Tempels wird auf 120 Jahre geschätzt. Damit wird auch deutlich, welche organisatorischen Leistungen bei seiner Errichtung zu bewältigen waren. Um bei einem solchen Projekt Erfolg zu haben, mußten die „Architekten" weiters über exakte Meßverfahren verfügt haben. Das wird besonders in Zusammenhang mit einem anderen Projekt deutlich. Auf Samos wurde eine – keineswegs die einzige – Wasserleitung errichtet, wobei ein Berg auf einer Länge von über 1000 m durchtunnelt wurde. Man weiß, daß dieser Tunnel von beiden Seiten

---

[5] Die Maßangaben schwanken zwischen 110 und 125 m und 55 bis 65 m.

vorangetrieben wurde und beide Trupps exakt aufeinandertrafen. Wie eine derartig präzise Arbeit möglich war, ist allerdings unbekannt.

Weiters verdeutlichen Beispiele dieser Art, daß technisches Wissen unmöglich erst im Anlaßfall von einem einzigen Architekten entwickelt werden konnte. Es kann demnach auch nicht überraschen, wenn wir hören, daß diese Architekten ab dem 6. Jhdt. Bücher verfaßten, von denen allerdings keines erhalten ist. Doch von Vitruv ist bekannt, daß Chersiphron und Metagenes über ihre Arbeit am Artemision in Ephesos schrieben, Theodoros, der auch als Erfinder des Bronzehohlgusses gilt, über den Heratempel in Samos, Iktinos und Karpion über das Parthenon in Athen etc. Vitruv zitiert allein 35 derartige Bücher.

Es wird nun auch nicht mehr erstaunen zu hören, daß diese antiken Architekten hohe soziale Wertschätzung genossen und ihre Leistungen keineswegs mit der so oft zitierten Mißachtung und Überheblichkeit aufgenommen wurden, wie sie für das angeblich weitverbreitete technische Desinteresse der Antike (Finley, 1963) charakteristisch gewesen sein soll. Aristoteles äußert sich jedenfalls in anerkennender Weise über diese Leistungen. Damit wird auch begreiflich, daß selbst dieser es nicht unter seiner Würde fand, ein Buch über Mechanik zu verfassen, das ihm allerdings von unseren Historikern lange Zeit abgesprochen wurde (Krafft, 1970).

Das Selbstbewußtsein dieser Architekten war auch demgemäß ausgebildet. Die Tatsache, daß sich viele namentlich in ihren Werken verewigten, belegt das hinlänglich und unterstreicht einmal mehr, wie Selbstbewußtsein, Individualismus und technische Entwicklungen zusammengehören.

Um den Mythen über die Antike entgegenzutreten, darf auch nicht unerwähnt bleiben, daß nicht nur die Architektur einen hohen Entwicklungsstand besaß, sondern auch die Mechanik. Bereits um 500 v.Chr. findet sich eine Berufsgruppe, die mechanai, die für die Konstruktion von Kränen, Belagerungsapparaten und Mechanismen für Theater, auf die wir gleich zu sprechen kommen, zuständig waren.

Auch diese schrieben Bücher über ihre Künste und verwendeten dabei, wie Archytas von Tarent, mathematische Formulierungen für die Darstellung mechanischer Verfahren. Obwohl Archytas' Werk nicht erhalten ist, gibt es Anzeichen, daß er sich intensiv mit Rotationsphänomenen beschäftigte, wozu u. a. die Faszination gehörte, daß konstante Winkelgeschwindigkeiten unterschiedliche Rotationsgeschwindigkeiten entlang der Schenkel bewirken. Auf diesem oder ähnlichen Traktaten baut dann Aristoteles' Mechanik auf (Krafft, 1970). Für diesen ist Mechanik ein Verfahren[6], schwere Gewichte mit kleiner Kraft zu be-

[6] „Die Mechanik ist eine ‚Kunst', die nach antiker Auffassung deshalb auch zur wissenschaftlichen Erkenntnis der ‚Natur', des ‚natürlichen' Geschehens nichts Wesentliches beizutragen vermag." (Krafft, 1970, S. 136)
Zwischen ‚Physik' und ‚Mechanik' bestand in der Antike eine unüberwindliche Schranke.

wegen. Anhand der Waage entwickelte er in der Folge (vor Archimedes) das Hebelprinzip, womit er die Mechanik auf Geometrie reduzierte und so in ein theoretisches technisches Wissen, also eine Art Ingenieurwissenschaft, verwandelte.

6.1.3 Alexandrien

Mit Aristoteles blättern wir eine neue Seite der griechischen Geschichte auf. Aristoteles war bekanntlich Lehrer Alexanders, der durch seine Feldzüge die antike Welt kräftig durcheinander rüttelte. Seine beachtlichen militärischen Erfolge ergaben sich u. a. aus seiner aufsehenerregenden, transportfähigen Militärtechnik, die der Belagerungstechnik der Kreuzzüge in nichts nachsteht. Dammbauten, bewegliche, bis zu 30 m hohe Belagerungstürme mit Fallbrücken, Katapulte und Ballisten, auch auf Schiffen, zählten zu seiner Armatur.

Nach Alexanders frühem Tod zerfiel das Reich in mehrere Diadochenstaaten, die seine Technophilie weiter pflegten. Besonders Alexandrien, eine Gründung Alexanders, wurde ein herausragender Ort für Ingenieurkunst und Wissenschaft. Schon die Gründung der Stadt stellte ein beachtenswertes Unternehmen dar, bei dem zwei Hafenbecken, ein Kanal zum dahinterliegenden Binnensee, Sumpftrockenlegungen, Bewässerungsanlagen sowie ein Damm nach Pharos errichtet wurden. Nicht genug, wurde auf der ca. 1 km entfernten Insel Pharos ein Leuchtturm errichtet, der 100 m hoch war und dessen Feuer über 50 km sichtbar war. Er zählte gleichfalls zu den antiken Weltwundern.

Zur gleichen Zeit entstand ein weiteres „Weltwunder" in Rhodos. Die Geschichte des Kolosses von Rhodos ist in zweifacher Weise mit großtechnischen Unternehmungen verknüpft. Er war Ausdruck des Stolzes, den die Bewohner von Rhodos empfanden, nachdem sie eine Belagerung durch Demetrios Poliorcetes (Demetrios den Belagerer) abwehren konnten. Bei dieser wurde ein Belagerungsturm, „helepolis" genannt, eingesetzt, der bereits in die Kategorie barocker Technik gehört. Er war 39 Meter hoch, hatte neun Stockwerke, wurde von 800 Mann geschoben, war mit Eisenplatten auf drei Seiten gepanzert, manövrierbar und mit einer Vielzahl von Katapulten und Ballisten bestückt. Daß die Stadt trotzdem

---

„Die ‚Mechanik' war keine ‚Naturwissenschaft' im antiken Sinne und konnte deshalb auch mit ihrer weitgehenden Mathematisierung keinen entscheidenden Einfluß auf ‚naturwissenschaftliche' Betrachtungsweisen und Ergebnisse ausüben." (ibid. S. 138)
Zur Mechanik zählten nach Pappos (um 400 v. Chr.):
Baukunst, die Kunst der Hebezeuge, des Geschützbaus, der Wasserkünste, des Baues von ‚Wunderwerken' mit Hilfe der Luft, Sehnen, Seilen, Waagen oder Schwimmern, des Baues von ‚Sphären' (Globen, Planetarien) und jede andere, die Materie in Bewegung setzt. Die Ermittlung des Gleichgewichts und des Schwerpunkts sei Voraussetzung für alle ‚Teile' der Mechanik und mache die ‚theoria', die Grundlage, der Mechanik aus. Das heißt aber, daß es im alten Griechenland eine theoretische Mechanik und eine angewandte Mathematik gab.

nicht eingenommen wurde, verdankt sie einer List ihres Ingenieurs Diognetos. Dieser ließ während der Nacht vor dem bevorstehenden Angriff eine Bresche in die eigene Mauer schlagen und durch diese das Gelände davor durch Wasser und Unrat derartig versumpfen, daß der Turm stecken blieb. Demetrios zog danach ab. Aus Überschwang und Freude und aus den Hinterlassenschaften der Belagerer wurde der Koloß von Rhodos geboren. Dieser war eine Gußstatue von 33 m Höhe, die von Chares aus Lindos an Ort und Stelle in Teilen gegossen wurde. Chares benötigte zwölf Jahre zu ihrer Fertigstellung. Die dahinterstehende technische Leistung würde auch heute noch Aufmerksamkeit verdienen.

Ähnliche Leistungen waren zwar nicht alltäglich, aber auch nicht unbekannt. Dazu ließen sich eine Bewässerungsanlage am Burgberg von Pergamon oder die „Syrakusia", ein Frachtschiff, das Hieron von Syrakus in Auftrag gab, zählen. Dieses verfügte über bewässerte Gärten, ein Heiligtum, ein Gymnasion, eine Bibliothek, acht Verteidigungstürme und 2000 t Ladekapazität. Zu seinem Stapellauf entwickelte Archimedes ein eigenes System von Flaschenzügen.

Bei Erwähnung dieses Namens ließe sich nun gleichfalls wieder eine Vielzahl von originären Ingenieurleistungen nennen, die schnell ein anderes Bild eines Menschen entstehen lassen als dasjenige, das ihn als verschrobenen Mathematiker und Gelehrten zeichnet. Die erfolgreiche Verteidigung der Stadt Syrakus gegen die Römer war über Jahre vor allem sein Verdienst.

Archimedes' Name soll aber Anlaß sein, über eine grundsätzlich andere Variante hellenistischer Technik zu sprechen. Schon eingangs wurde von Archimedes' Astrolab, das Cicero erwähnt, gesprochen, sowie dem Antikythera-Mechanismus, den manche als möglicherweise Cicero gehörend betrachten.

6.1.4 Pädagogische Maschinen

Die Feinmechanik war in der Antike eine hochentwickelte Fertigkeit, die komplexe Getriebe herzustellen imstande war. Eine Ausprägung dieser Technik fand sich in Automaten, für die wiederum Alexandrien berühmt ist. Nicht wenige betrachten zwar diese Technik als dekadente Fehlentwicklung, weil sie nicht utilitaristisch, sondern anders eingesetzt wurde.

Technik verfolgt jedoch seit Anbeginn auch andere Aufgaben. Würde Technik auch als Institution für Ordnungs-, Konsens- und Kooperationserzeugung verstanden, so würden diese alexandrinischen Automatentheater nicht mehr als dekadente Luxuserscheinung, sondern als pädagogische Maschinen bezeichnet.

Nicht zufällig fällt die Entstehung des Dramas in dieselbe Epoche wie die der Wissenschaft und Philosophie. Das Drama entwickelt sich unter denselben sozialen Voraussetzungen, es muß folglich als weiteres Resultat dieser historischen Gegebenheiten verstanden werden[7]. Sicher ist, daß das Drama kein unschuldiges Vergnügen, sondern von Anbeginn vor allem „kathartisch" gemeint war, d. h. als ein Verfahren zur Erzeugung sozialer Ordnung und psychotherapeutischer Reinigung verstanden wurde. Um dies zu erreichen, war keine Technik zu aufwendig. Ähnlich wie die Mysterienspiele des Mittelalters kannte auch das klassisch-griechische und noch mehr das hellenistische Theater komplexe Mechanismen zum Herstellen von Vorstellung: Flugmaschinen, die Götter über die Bühne schweben ließen, optische und akustische Effekte, Bühnenaufzüge, unterirdische Gänge für Geistererscheinungen und später sogar Drehbühnen. Eine ähnliche Dramaturgie fand auch bei den religiösen Ritualen Einsatz, wo sich selbst öffnende Tore, Wasser- oder Weinspender analoge Aufgaben der Erzeugung des Wunderbaren übernahmen. (Giedion, 1948)

Diese frühen Automaten sind repräsentative Geräte, um die Bearbeitung des Sozialen zu verdeutlichen. Sie sind in dieser Hinsicht unseren Medien (Film, Fernsehen etc.) wie auch den wissenschaftlichen Experimenten Boyles verwandt.

So betrachtet liegt es folgerichtig in der Natur der Sache, daß am Ende dieser Entwicklung automatisierte Dramen bzw. dramatisierte Mythen stehen, wie das bei Philo, einem Schüler Ktesibios', der Fall ist. Mit der Etablierung von Weltmodellen, wie das dann beim Turm der Winde in Athen geschah, wo soziale und zeitliche Ordnung in einem einzigen neutralen Mechanismus dargeboten wurden, wird die didaktische Intention dieser Technik vollendet.

Aus der Ingenieurperspektive gesehen handelt es sich dabei um komplexe Maschinen, die meistens über langsam ablaufende Gewichte, wie die Uhren der Neuzeit, angetrieben wurden. Ktesibios baute aber auch Wasseruhren mit selbsttätigen Regelmechanismen, eine Antriebsart, die auch beim Turm der Winde Verwendung fand. Solche Theatermaschinen fanden nahezu zweitausend Jahre später wieder Nachahmung. Ein bekanntes Exemplar davon wurde am Beginn des 17. Jhdts. in Hellbrunn bei Salzburg errichtet.

---

[7] „. . . Aristophanes' comedies as much as Aeschylus' and Sophocles' on contemporaneous Greek society, that is, whatever the nature of their plot, whether drawn from myths or reputed historical accounts, they were intensely ‚reflective'. If they were mirrors held up to nature (or rather to society and culture) they were *active* . . . mirrors, mirrors that probed and analyzed the axioms and assumptions of the social structure, isolated the building blocks of the culture, and sometimes used them to construct novel edifices, Cloud Cockoolands or Persian courts that never were on land or sea, but were nevertheless, possible variants based on rules underlying the structures of familiar sociocultural life or experienced social reality." (Turner, 1982, S. 104)
Zusammenfassend kommt dann Turner zu dem Schluß, daß Theater in allen Epochen das Produkt umfassender Individualisierungsprozesse ist.
„Theater has, in fact, become the domain of the individual-in-general, of what post-Renaissance man and woman would call ‚the real self', or William Blake ‚the Individual' with his/her ‚Definite and Determinate Identity'." (ibid., S. 117)

Der Betrieb solcher Theater machte weitere technische Erfindungen notwendig, wie die Nockenwelle, Schienenfahrzeuge und diverse Mechanismen der Bewegungsumwandlung. Ktesibios entwickelte weiters eine Pneumatik und Hydraulik, die Anwendung bei automatischen Orgeln, bei Pumpwerken mit Rückschlagventilen etc. fanden. Heron von Alexandrien (erstes nachchristliches Jhdt.) erfand in der Folge Dampfmaschinen, darunter eine, die das Rückstoßprinzip nutzte, Theodoliten, Dioptra genannt, zur Feldvermessung und Münzautomaten. Das technische Können stand dem des 17. Jhdts. kaum nach; was vermutlich fehlte, war ein durchgängiger Wille zum „Sozialersatz". Menschen verstanden sich eben vor allem noch als soziale Wesen und nicht als Vereinzelte.

Mit Heron wurde wieder eine zeitliche Grenze überschritten, und zwar jene, an der Rom in die hellenistische Welt eintrat und zunächst seinen gewaltigen Aufholbedarf befriedigen mußte. Bevor wir einige der technischen Leistungen Roms würdigen, soll aber zusammenfassend folgendes festgestellt werden:

Entgegen weitverbreiteten Vorstellungen besaß die griechisch-hellenistische Welt ein reiches technisches Wissen, das auch in Form von Büchern öffentlich zugänglich war. Darüberhinaus lag ein guter Teil dieses Wissens bereits in theoretischer und mathematischer Form vor. Dieses Wissen war auch keineswegs Erfahrungswissen allein. Bereits im fünften Jhdt. v. Chr. etablierte sich auf Kos die Hippokratische Schule der Medizin, die systematische Forschungen betrieb, die auch schriftlich hinterlassen sind. Weiters ist bekannt, daß die Ptolemäer großzügig langwierige Versuchsserien finanzierten, mit deren Hilfe Philon z. B. die optimale Dimensionierung von Ballisten ermittelte[8]. Alexandrien und seine Könige waren technophil, doch Analoges gilt auch für die anderen hellenistischen Staaten jener Zeit.

6.1.5 Rom

Rom war in Kontrast dazu ausgesprochen unterentwickelt. Das zeigt ein kleiner Vergleich. Zu der Zeit, als Sokrates starb, begann man in Rom das erste Mal die Notwendigkeit zu verspüren, nicht nur Tag und Nacht zu unterscheiden, sondern zusätzlich dazu die Mittagsstunde einzuführen. Diese wurde zunächst durch einen öffentlichen Ausrufer bekannt gegeben, der mit bloßem Auge den Sonnenstand zu beobachten hatte. Als Ktesibios seine komplexen Wasseruhren vervollkommnete, wurde in Rom gerade die erste öffentliche Sonnenuhr aufgestellt. Nochmals etwa 150 Jahre später wurde dann (159 v. Chr.) die erste öffentliche Wasseruhr in Rom aufgestellt, die nun auch erlaubte, Nachtstunden

[8] „By the time Strato died (not later than 268) (v. Chr.; M. S.) Greek science, it is said, had been brought to the threshold of modernity, most notably in the growing appreciation of experimentalism." (Finley, 1963, S. 125)

festzustellen. Diese verspätete Entwicklung macht gleich zweierlei deutlich. Einerseits werden anhand des geringen Bedarfs nach Zeitfeststellungsgeräten die noch sehr traditionsgebundenen sozialen Beziehungen deutlich, deren zunehmende Komplexität erst eine elaboriertere Zeitfeststellung nötig macht. Andererseits wird der ursprüngliche technische und wissensmäßige Rückstand deutlich. Rom lernte jedoch schnell, nachdem es sich in die hellenistische Welt gedrängt hatte.

Die Probleme des expandierenden Roms waren ja in vieler Hinsicht jenen der Hellenen vergleichbar: Sie bestanden in Stadtplanung und -versorgung, militärischen Bedürfnissen jeder Art, Repräsentationsbedürfnissen öffentlicher und privater Natur, Transportproblemen. Die heutige Reputation Roms im Bereich der Bautätigkeiten und der Waffenproduktion ist groß. Es soll daher auf Entwicklungen verwiesen werden, die weniger geläufig sind. Bei Aristoteles findet sich z. B. noch kein Hinweis auf Schrauben als Maschinen. Die Archimedes zugeschriebene Wasserförderung mit Hilfe einer Schraube (archimedische Spirale) könnte ihr möglicher Beginn sein. In Rom finden sich jedenfalls bereits zur Augusteischen Zeit erste Schraubenpressen zur Öl- und Weingewinnung. Überhaupt beginnt man in Rom zur fraglichen Zeit, Rotationsbewegungen vielfältig zu nutzen. Es entstehen verschiedenste Mühlen zur Produktion von Öl, Mehl etc. Diese werden manchmal bereits von Tieren angetrieben, was u. a. auch Indikator für einen anwachsenden Massenbedarf an Nahrungsmitteln ist. Dieser findet weiters Ausdruck im Entstehen von Großbäckereien und in einer Steigerung des Wasserbedarfs, der bis zum Jahr 100 n. Chr. auf 700.000 Kubikmeter pro Tag wächst (Fahmüller, Januschke, Warner, 1982). Die bekannte hohe Mobilität verlangte weiters nach besseren Reisemitteln, es entstanden z. B. gefederte Reisewagen. In diesen Bereich fallen auch Sicherheitsvorkehrungen beim Reisen, wie Leuchttürme, die auch an den Atlantikküsten noch zu finden sind.

Im Produktionsbereich stellte der Bergbau eine Reihe technischer Anforderungen, besonders im Umgang mit Grundwasser, das schon mit Pumpen und archimedischen Spiralen gefördert wurde.

Die technischen Entwicklungen der Römer ließen sich seitenlang fortsetzen. Das ist jedoch nicht unser augenblickliches Anliegen. Zwei Aspekte seien aber doch erwähnt. Im Zusammenhang mit den „großen Leistungen der Renaissance" wird wiederholt auf eine besonders verwiesen: die Kuppel des Florentiner Doms. Gerne wird aber übersehen, daß das römische Pantheon mit einem Durchmesser von 43,3 m der größte Kuppelbau bis ins Barock blieb. Dieser wurde durch Anwendung einer Gußmörteltechnik mit Verschalung möglich, wobei diese Technik, nicht unähnlich unserem heutigen Beton, auch zum Bau von Dämmen und Molen verwendet wurde.

Weiters wird nicht selten festgestellt, daß die antike Technik keine arbeitssparenden Maschinen hervorbrachte. Das wird häufig unter Verweis auf eine Sklavenhaltergesellschaft erklärt. Diese Aussage ist mit Gewißheit zu allgemein. Sueton berichtet, daß z. B. Vespasian arbeitssparende Baugeräte angeboten wurden. Vespasian belohnte den Erfinder, lehnte jedoch den Einsatz der Geräte mit dem Verweis auf die vielen Arbeitssuchenden auf dem Forum ab, die keine Sklaven, sondern freie Bürger waren. Weiters ist nicht ganz eindeutig, was eine arbeitssparende Maschine ist. Großmühlen, die durch Tierkraft statt mit Sklaven betrieben werden, sind bestimmt dazu zu zählen, archimedische Spiralen statt langer Ketten kübelschwingender Sklaven wären es auch[9]. Allerdings läßt sich doch feststellen, daß das, was gemeinhin als arbeitssparende Anlage verstanden wird, wie Wassermühlen und Mähmaschinen, dort entstanden ist und in Einsatz war, wo Arbeitskräftemangel herrschte, nämlich im Pontus, in Gallien, im römisch-germanischen Grenzgebiet. Auch in dieser Hinsicht finden sich in der Antike analoge, gesellschaftsbedingte Entwicklungen wie später im Mittelalter oder in der Kolonisationsphase der Neuzeit.

6.1.6 Genese des Subjekts

Fassen wir nun diese Exkursion in die antike Welt zusammen, so läßt sich bereits dort erkennen, daß soziale Zerrüttung, Mobilität und damit einhergehende Individualisierung und der folgende Aufbau neuer Sozialität wesentlich zur Technisierung beitragen. Die in den ersten nachchristlichen Jahrhunderten deutlich werdende Stagnation in philosophischer, wissenschaftlicher und technischer Hinsicht fällt andererseits zusammen mit dem Erstarken und Überhandnehmen bürokratischer und autoritärer Herrschaftsstrukturen und einem Verlust an Demokratie in Griechenland, wie auch in Rom.

Was hier in geraffter Form geschildert wurde, bleibt kein einmaliges historisches Ereignis, sondern hat sich öfter als einmal wiederholt.

Tausch und Geld, sowie Disziplinierung in hierarchische Befehlsstrukturen und Befehlssprachen, und letztlich Wissenschaft, Logik oder formale Sprachen (Mathematik) und Dramaturgie sind Resultate eines Bemühens, Kooperation jenseits tradierter Sozialgrenzen zu ermöglichen. Die Notwendigkeit zu derartig innovativen Leistungen entsteht erst, wenn ein hinreichend großes Reservoir von vereinzelten Persönlichkeiten existiert, die aus ihren traditionellen Bindungen ausgelagert wurden.

Karl Mannheim (1929/1936) betrachtet aus diesen Gründen Mobilität als Voraussetzung zur Entwicklung neuer Denkformen. Er meint, Stabilität garantiere die innere Einheit einer Weltsicht, weil Worte von Kind-

---

9 Sogenannte „Wasserknechte" waren bis ins späte Mittelalter in Einsatz. In einer Reihe aufgestellt, reichten sie Kübel um Kübel weiter, u.zw. nicht nur in Notfällen, sondern täglich. Diese Arbeit war bezahlt, wenn auch schlecht. Hätte es in der Antike tatsächlich keine Vorstellung von Arbeitsersparnis durch Maschinen gegeben, so hätte man für diese Tätigkeit gleichfalls Sklaven einsetzen können. Es wurden jedoch die genannten Hebemechanismen bevorzugt. (Dazu auch v. Müller/Ludwig, 1982, S. 170)

heit an stets dieselben Bedeutungen haben, und Schlußfolgerungsverfahren und Ideen traditionell weitergegeben werden. Dynamik entwickelt sich erst, wenn Denkformen reflektiert werden müssen. Das geschieht durch verstärkte soziale Mobilität. Aufgrund dieser Reflexion werden Illusionen zerstört, allen voran die Vorstellung, daß sich Ideen durch ihre Sprachform inhaltlich nicht ändern. Es zeigt sich dann deutlich, daß Sprache Ideen präformiert.

Mannheim unterscheidet zwei Arten sozialer Mobilität: horizontale oder geographische Bewegung innerhalb eines sozialen Milieus und vertikale, welche die Auf- oder Abstiegsbewegung auf einer sozialen Stufenleiter bezeichnet. Mannheim ordnet vertikaler Mobilität höhere Bedeutung für Reflexionsleistungen zu[10].

Solange Traditionen ungebrochen bleiben, bleibt jedermann traditionellen Denkformen verhaftet. Es herrscht ein Trägheitsprinzip, das andere Denkweisen als Kuriositäten, Fehler oder Häresien abtun läßt. Zweifel an der Richtigkeit, der Einheit und Allgemeingültigkeit eigenen Denkens werden unter solchen Bedingungen meist nicht entstehen. Wird horizontale Mobilität jedoch mit vertikaler kombiniert, so wird der Glaube an ewige Gültigkeiten erschüttert. Vertikale Mobilität ist zwangsläufig mit Wertungen verknüpft, weil oben höher bewertet wird als unten. Das macht unsicher und skeptisch, vor allem, weil meistens auch keine Möglichkeit besteht, auszuweichen.

Auch M. Weber (1922) zeigt, daß in Gesellschaften, die in verschiedene Kasten, Ränge oder Klassen gegliedert sind, sehr unterschiedliche Weltansichten nebeneinander existieren können. Entscheidend für grundlegenden Wandel erscheint ihm, daß voneinander isolierte Schichten gezwungen werden, miteinander zu kommunizieren, sodaß sozialer Austausch stattzufinden beginnt. Wann werden aber solche Punkte erreicht?

Mannheim geht bei vertikalen Bewegungen von Schichtzugehörigkeit aus. In unserem Ansatz wird zunächst von sozialen Prozessen gesprochen, die über lange Zeit anhalten (N. Elias, 1969b). Kurzzeitige Katastrophen können aber gleichfalls ein soziales Gefüge so zerrütten (Kriege, Epidemien oder Hungersnöte), daß Einzelpersonen in großer Zahl ausgelagert, die Gesellschaft atomisiert wird. Ihre Mitglieder verlieren den sozialen Rückhalt, ja sind oftmals nicht mehr überlebensfähig. Überleben sie trotzdem, bedeutet das häufig enormen sozialen Abstieg. Sie finden sich genötigt, „sich nach der Decke streckend“ als Fremde durchzusetzen, was auch heißt, mit anderen Fremden kooperieren zu müssen.

Solche Prozesse fanden in der Antike etwa ab dem 8. Jahrhundert v. Chr. statt und wiederholten sich während des europäischen Mittelalters. Halten derartige Entwicklungen über Generationen an, so etablieren sich zwangsläufig neue Lebensformen mit neuen Techniken, die zu stabilen Kooperationsmustern verhärten können. Solche neue, in-

[10] Dieser Wertung kann ich mich nur mit Vorbehalt anschließen, weil „Kulturschocks“ auch heute nicht von geografischer Mobilität zu trennen sind.

dividualistische Kooperationsformen bezeichnen wir in Anlehnung an M. Weber als „Gesellschaften", in Unterscheidung zu den ursprünglichen „Gemeinschaften". Die Wege, die dorthin führen, heißen Prozesse der „Vergesellschaftung" bzw. „Vergemeinschaftung".

Derartige soziale Entwicklungen sind engstens mit positiven Einstellungen zu Innovationen verknüpft. Soziale Desintegration erzeugt den Bedarf nach sozialen wie technischen Innovationen, ein Zustand, den Ellul (1954) als „technische Intention" bezeichnet. Technisierung und die „rationalistische Einstellung zur Welt" (Giedion, 1948) sind demnach beide Produkte bestimmter gesellschaftlicher Zustände, so wie umgekehrt Stagnation im technischen und wissenschaftlichen Bereich von sozialen Verknöcherungen und der Reduktion von Mobilität begleitet wird.

6.2 Individualisierung: Vaganten, Pilger, Eremiten

Das sogenannte „finstere Mittelalter" – eine Erfindung Petrarcas – wird üblicherweise in zwei Teile geteilt. Die Zeit von der Völkerwanderung bis zu den Kreuzzügen ist relativ wenig bekannt, Pirenne rechnet sie noch zur Antike. Die Bezeichnung „dunkel" könnte hier eine gewisse Berechtigung haben, wenn von dieser pauschalen Wertung die „Karolingische Renaissance" um 800 n. Chr. ausgenommen wird. Tatsache ist, daß in dieser ersten Phase Handel, Geld und Sklaventum mehr oder weniger aus Europa verschwunden sind. Die geringe Bedeutung des Handels kann u. a. auch als Resultat der Selbstgenügsamkeit der Höfe verstanden werden. Insoferne darf man berechtigt sagen, daß der neolithische Oikos nach dem Verfall der Antike wieder voll in sein Recht gesetzt wurde. (Cipolla, 1972)

6.2.1 Bevölkerungsentwicklung

Ausschlaggebend für diese Selbstgenügsamkeit waren mehrere Gründe. Einer liegt in der ablehnenden Einstellung der Kirche zu Handel und Geld. Ein anderer war ein allgemeiner Bevölkerungsrückgang durch Pestepidemien, die ab Mitte des 6. Jahrhunderts Europa mehrere Male heimsuchten und die Bevölkerung stark dezimierten. Die Folgen dieser Epidemien wirkten bis ins 17. Jahrhundert. Sie trugen bei, daß früher urbar gemachtes Land brachliegen blieb und verwüstete.

Die Bevölkerung Europas pendelte um 500 n. Chr. um die 27,5 Millionen. Um 650 betrug sie nur noch 18 Millionen. Dieser Bevölkerungsrückgang trifft das Gebiet des gesamten nördlichen Mittelmeers, Deutschland, Skandinavien und Frankreich; ausgenommen bleiben nur die Britischen Inseln (J. C. Russell, 1972).

Erst ab Mitte des 7. Jahrhunderts beginnt die Bevölkerung langsam wieder anzuwachsen. Man vermutet, daß gegen 800 der ursprüngliche

Stand wieder erreicht wurde. Allerdings sind Aussagen über diese Periode äußerst schwierig: Erst ab 950 lassen sich wieder genauere Schätzungen machen. Von dieser Zeit an kann ein vergleichsweise starker Bevölkerungszuwachs – zuerst in Italien, wenig später in Zentral- und Nordeuropa – verzeichnet werden.

Um 1000 wird die Gesamtbevölkerung Europas auf etwa 38 Millionen geschätzt, was ein Anwachsen um fast 40% (allerdings innerhalb von 500 Jahren) bedeutet. Die nächsten 340 Jahre brachten hingegen fast eine Verdoppelung der Bevölkerung; 1340 lag die Zahl bei 73,5 Millionen. Das Jahr 1340 ist deshalb interessant, weil Europa im folgenden Jahrzehnt von der zweiten großen Pestperiode heimgesucht wurde. Allein in der ersten Phase dieser Pest, von 1347 bis 1351, kann ein neuerlicher Bevölkerungsverlust von 25% errechnet werden. Bei der zweiten Pestepidemie 1385 trifft ein weiterer Schwund von etwa 20% das Land.

Um 1450 betrug die Gesamtbevölkerung Europas nur ungefähr 50 Millionen, obwohl von Mitte des 12. bis Ende des 13. Jahrhunderts in Norditalien, Zentral- und Nordeuropa eine Bevölkerungsexplosion stattfand, die eine Verdreifachung der Bevölkerung mit sich brachte. In dieser Epoche finden sich das erste Mal wieder Städte, die 20.000–30.000 Einwohner zählen. Das massive Wachstum der Städte ist gleichwohl Resultat einer Expansion der Nahrungsmittelproduktion wie hoher Mobilität. Es ist eine Zeit, in der Mannheims Bedingungen voll erfüllt scheinen. Tatsächlich handelt es sich auch um eine Periode hoher geistiger Mobilität, wie bereits gesehen wurde.

6.2.2 Mobilität und Verstädterung

J. Gimpel (1976) richtet erstmalig unsere Aufmerksamkeit auf eine erste, damit einhergehende industrielle Revolution im Spätmittelalter. Ausgangspunkt für diese war die Verbesserung des Landbaus durch die Benediktiner, die ihre neuen Arbeitstechniken den Druiden in Irland abschauten. Die Christianisierung Zentraleuropas von Irland und England aus brachte also unerwartete Früchte.

Die Benediktiner führten mit der Christianisierung neue Geräte wie Kummet, Dreschflegel, Sichel und vor allem den für die schweren fränkischen Böden wichtigen Räderpflug mit Streichbrett, sowie das Stirnjoch für Ochsen auf dem Kontinent ein. Mit diesen Techniken konnten größere Leistungen beim Einsatz von Pferden und Ochsen erzielt werden. Zusätzlich wurden die Saaterträge der Anbauflächen durch Einführung der Dreifelderwirtschaft beachtlich gesteigert. Die neue Landwirtschaft vermochte aber nicht nur Hektarerträge zu steigern, sondern produzierte auch eine größere Auswahl an Nahrungsmitteln durch Rotation zwischen Gemüsen, Sommer- und Wintergetreiden. Sie erzeugte damit eine wichtige Abwechslung in der Ernährung.

Trotzdem waren Hungersnöte im 10. und 11. Jahrhundert eher Regel als Ausnahme, besonders vor 1050. Beispielsweise war die Hungersnot von 1032/33 so groß, daß es nicht nur vereinzelt zu Kannibalismus kam. Reisende wurden systematisch überfallen und aufgefressen (Le Goff, 1965, S. 31), wobei skurrilerweise zu bemerken ist, daß es im 10. und 11. Jhdt. weit mehr Reisende gab als man glauben möchte.

Hunger, Epidemien, konstanter Bevölkerungsdruck und religiöser Fanatismus (Runciman, 1950) trieben die Menschen auf miserable Straßen, und zwar trotz politischer Kräfte, die solche Migrationen unterbinden wollten. Feudalherren – aus Angst um ihre unentbehrlichen Arbeitskräfte – und religiöse Traditionen unterstützten diese erstaunliche Beweglichkeit keinesfalls. Trotzdem zogen – einzeln und in Gruppen – viele Tausende durch Europa, unter ihnen Einsiedler und Mönche, Krieger, Räuber, Pilger, Kaufleute, Vaganten und Sänger und, nicht zu vergessen, Studenten und Schüler. Manchen von letzteren wurden ja sogar verbindliche Auflagen gemacht, einige Zeit Erfahrungen im Ausland zu sammeln, bevor sie ein Studium beginnen durften.

Dieser Umstand ist in Hinblick auf unsere Universitätsthematik erwähnenswert, weil er die Rolle der ersten Universitäten als Orte eines Internationalismus illustriert und den so „erlebten Bedarf" nach einem international verbindlichen (römischen) Recht in Lehre und Praxis verständlich werden läßt. Die Universitäten waren Orte, an denen sich gegenseitig Fremde im Bestreben trafen, Kenntnisse zu erwerben, die die *er-fahrene* Vielfalt in eine konsensfähige Einheit zu bringen erlaubte. Diesem Anliegen verdankt sich auch die Gründung der Scholastik durch den Golliarden Abaelard in Paris.

Horizontale Mobilität, die zum Wiederaufleben des Handels und zur späteren Kreuzzugsbewegung beitrug[11], bewirkte eine nicht geringe Durchmischung der Gemeinschaften und verstärkte zusätzlich eine vorhandene vertikale Mobilität (Koenigsberger/Mosse, 1968). Die Studenten der frühen Universitäten waren meist gesuchte Anwärter für Administrationsposten bei Adel und Kirche. Als solche wurden sie „Ministeriale", Angehörige eines Dienstadels, somit soziale Aufsteiger. Nicht-erbende Söhne aus der Aristokratie erlebten hingegen das Gegenteil. In kleinen

---

11 Das bringt J. Gimpel (1976) auf den Punkt, wenn er schreibt:
„Some of the features that accompanied this first industrial revolution seem strangely familiar.
There was a great increase in population, which led to massive movements of people.They emigrated; they opened up and colonized new lands; they founded and built new towns. Conditions favored free enterprise, and this led to the rise of self-made men. Capitalist companies were formed and their shares were bought and sold. Entrepreneurs were fully prepared to use ruthless business methods to stifle competition.They introduced extensive division of labor to increase efficiency, and their enterprises called into being a proletariate whom they could exploit. The workers retaliated with wage claims, absenteeism, and strikes.
Energy consumption increased considerably. Technological innovations brought about improvements in the efficiency of existing methods and also led to a successful search for new sources of energy. Many of the tasks formerly done by hand were now done by machines."(S. viii/ix)

Banden eroberten sie daher in Spanien, Süditalien und während der Kreuzzüge im Orient ganze Landstriche. Manche wurden so unerwartet Gutsherren und akzeptierte Aristokraten. Die nicht mit Erfolg Verwöhnten wurden allerdings soziale Absteiger, Strauchdiebe und Raubritter.

Aber nicht nur Intellektuelle und Aristokraten fanden diverse Aufstiegsmöglichkeiten. Die mittelalterliche Gesellschaft, anfänglich eine Dreiständegesellschaft, die aus Klerikern, dem Stand der Krieger und dem Rest der arbeitenden Bevölkerung bestand, kannte auch die Unterscheidung zwischen Freien und Unfreien. Der Schritt vom Unfreien zum Freien bedeutete gleichfalls einen wesentlichen sozialen Aufstieg.

Im 11. und 12. Jahrhundert konnte diese Freiheit auf verschiedenen Wegen erlangt werden. Einige erreichten ihr Ziel legal durch Privilegien. Andere errangen die Freiheit durch bloße Flucht bzw. Abwanderung in die Stadt oder durch Beteiligung an den neuen Siedlungsbewegungen innerhalb Zentraleuropas, wo durch Rodungen Land urbar gemacht wurde. Wieder andere wanderten wie die Jonier mit den Kolonisationsbewegungen nach Osten. Die Abwanderung in die Stadt ließ auch die Frage Solons wieder vorrangig werden, wie die Abwanderer – in diesen relativ kleinen und äußerst heterogenen sozialen Räumen – ihren Lebensunterhalt bestreiten könnten.

Die Landbevölkerung der damaligen Zeit war den Umständen gemäß in vielen Dingen versiert. Kenntnisse der Gärtnerei, Textil- und Nahrungsmittelherstellung standen ihnen genauso zur Verfügung wie jene über unmittelbare landwirtschaftliche Belange. Das „Ganze Haus" als Wirtschaftsform erforderte vielseitig einsetzbare Persönlichkeiten. Abwanderer konnten daher als Küfer, Schmelzer, Sattler, Falkner, Schmiede etc. arbeiten und ihren Lebensunterhalt, wie damals in Athen, als Handwerker verdienen. Diese Möglichkeit bestand allerdings nur für geraume Zeit, weil sich die etablierten Handwerker bald in Zünften und Gilden zusammenschlossen, um ihre Interessen gegenüber Neuankömmlingen zu wahren, aber auch um ständigem Druck und anhaltender Bedrohung durch Feudalherren, Kaiser oder Eindringlinge wie Sarazenen, Normannen etc. standzuhalten.

Auch diese Städte waren wie damals in der Antike genötigt, als Folge des heterogenen Menschenzustromes tragfähige Kooperationsformen zu entwickeln. Wo das gelang, wurden sie durch „Gemeinschaftssymbole" dokumentiert und verstärkt. Zunfthäuser, Rathäuser, Hallen, Kirchenglocken und Kathedralen dienten diesen Zwecken. Wieder entstand damit eine steigende Nachfrage nach Bauarbeitern, Baumaterialien und allem was dazugehörte, und intensivierte so die begonnene Entwicklung.

Aber nicht nur Städte bedurften der Selbstpräsentation durch demonstrative Gebäude. Adel und Kirche standen dem in nichts nach. Diese intensivierte Nachfrage verursachte Holzmangel und erzwang wieder einmal eine technische Entwicklung nicht geringer Bedeutung: Steinbauten.

Die mittelalterliche Stadt war im 12. und 13. Jahrhundert ähnlich wie in der Antike ein Sammelplatz primär Entfremdeter, die erst über „soziale Erfindungen" neue Formen des Zusammenlebens, also zunächst der Vergesellschaftung, entwickeln mußten. Daraus entstanden allerdings in weiterer Folge neuerlich Gemeinschaften, die etabliert waren und Traditionen aufbauen konnten. Diese sozialen Leistungen wurden später von Aufsteigern, wie Petrarca, als „Stagnation" bezeichnet. Mit gleicher Berechtigung könnten sie auch als „Konsolidierung" bewertet werden, als Phase, in der ursprüngliche Sozialisationsziele erfolgreich erreicht wurden. Diese Entwicklung verdiente deshalb auch mehr sozialwissenschaftliche Beachtung, u. a. weil es sich nicht um „Ausdifferenzierungen" handelt, wie es die Systemtheorie gerne sähe, sondern um Schließungsprozesse.

6.3 Resozialisationen und Technisierung

6.3.1 Vergesellschaftung und Technisierung im Kloster

Die Stadt war allerdings nicht einzig der Ort, an dem innovative soziale Leistungen erbracht werden mußten. Ähnliches leisteten die Klöster. Hier findet sich ein darüberhinaus interessanter sozialer Sachverhalt. Aus Gründen des Zölibats waren sie nicht in der Lage, eine vergleichbare Primärsozialisation zu leisten, wie das andere gesellschaftliche Gruppen vermögen. Klöster hatten folglich Sekundärsozialisationsmechanismen zu entwickeln, die erlaubten, aus heterogenen Anhäufungen entwurzelter Individuen eine funktionsfähige Sozietät zu machen. Nicht grundlos bezeichnet M. Weber den Mönch als „ersten Individualisten". Klöster sind demnach als Gesellschaften zu bezeichnen[12]. Vom 4. Jhdt. an hat aber die Kirche viel umfassender und systematisch Individualisierung durch Schwächung der Großfamilien über verschiedene Strategien betrieben (Goody, 1983). Goody betrachtet demnach diese kirchliche Politik als maßgebliche Wurzel des europäischen Individualismus.

Das Milieu, aus dem Klöster ihre Belegschaften rekrutierten, war aber besonders heterogen. Es setzte sich nicht nur aus sogenannten adeligen Nachgeborenen, die nicht erbend Aufnahme in Kirche und Kloster suchten, zusammen, sondern auch aus Bürgersöhnen, Bauern, Weggelaufenen und Vaganten. Klöster waren somit jener Ort, wo Kooperation über Standesgrenzen hinweg erreicht werden mußte, wenn ein funktionsfähiges Ganzes entstehen sollte. Die Betonung liegt dabei auf dem „funktionsfähigen Ganzen", d. h. auf Schaffen von gemeinsamer Kooperation. Es wurden demnach dringend soziale Innovationen als Problemlösungsverfahren benötigt, die technischen Lösungen in nichts nachstehen.

---

[12] Dazu auch (Duby, 1979, S. 76, Zit. auf S. 281).

Die christliche Glaubenslehre bildet die Voraussetzung zur Erzeugung eines Grundkonsenses trotz aller Heterogenität. Das gilt trotz jener Divergenzen, die zwischen etablierten benediktinischen oder cluniazensischen Klöstern und den Bestrebungen nach Reformen bestanden, die zurück zu den Anfängen des Klosterlebens führen sollten. Deutliche Signale solcher Unzufriedenheit fanden sich im Wiederaufleben der Eremitagen, wo das Einsiedlerleben mit idiosynkratischen Einstellungen – zwar fromm und heilig, aber nicht an Regeln gebunden – möglich werden sollte (Duby, 1979).

Solche Eremitagen lassen sich nicht nur als Ausdruck hoher Mobilität, sondern auch als Zeichen der Unwilligkeit, sich in etablierte Institutionen einzuordnen, verstehen. Begreiflicherweise fand die offizielle Kirche nur gedämpften Gefallen daran. Folgerichtig förderte sie auch jene Bestrebungen massiv, die Eremiten wieder in das Gemeinschaftsleben eingliedern und der Kirche enger verpflichten wollten.

Durchschlagenden Erfolg hatte dabei die Ordensgründung bei Citeaux (1098) in Frankreich. Ein zweites, in der Folge durch Bernhard in Clairvaux gegründetes Kloster desselben Ordens überflügelte das Mutterhaus bald. Die nach Citeaux benannten Zisterzienser erfuhren in der Folge eine rapide Verbreitung. Sie waren spezialisiert, Klöster in der „Wildnis" zu errichten, kamen also Eremiten den halben Weg entgegen. Durch Betonung einer einfachen Lebensführung, des Asketizismus und der Handarbeit gewannen sie bei diesen an Attraktivität und wurden zum Sammelbecken extrem Vereinzelter. Ähnliches schaffen ca. 100 Jahre später, nach dem ersten Verfall der Zisterzienser und nach Bernhards Tod, die neugegründeten Prämonstratenser noch einmal. Diese Orden sind der Beginn einer tiefgreifenden Veränderung im Kloster.

> „. . . Damit berührt man wohl die wichtigste Änderung, die zu einem Bruch zwischen Citeaux und dem gesamten früheren Mönchstum geführt hat. Das frühere Mönchstum paßte zu einer Gesellschaft des Ritus, die wie eine Herde war, in der es keinen Platz gab für individuelle Wünsche . . . Ohne daß es seinen Gründern voll bewußt war, bringt Citeaux eine grundlegende Neuerung, indem es sich der Strömung anschließt, aus der im Abendland zu Beginn des 12. Jht. die Vorstellung des Individuums auftaucht. Die Ethik des heiligen Bernhard ist das Echo der Lehre Abaelards, der ‚das Gesicht der Seele' zeigen wollte. Die zisterziensische Gemeinschaft von Büßern, die ihre Bande niemals lockert, versteht sich als eine Gruppe von Individuen." (Duby, 1979, S. 76)

Die letztgenannten Orden sind deshalb von Interesse, weil sie anders als die frühen Orden, die ähnlich den Zünften auf Vergemeinschaftung setzten, auf Vergesellschaftung über Disziplinierung setzen.

Sie sind Instanzen sekundärer Sozialisation. Aus einer heterogenen, um nicht zu sagen bunt zusammengewürfelten Grundpopulation muß, ähnlich wie bei Söldnern, eine kooperationsfähige Gruppe werden. Unter erschwerenden, ja extremen Bedingungen mußten sie in kurzer Zeit in Gegenden mit geringer Bevölkerungsdichte ein kooperationsfähiges Ganzes schaffen. Diese Umstände trugen dazu bei, daß die Zisterzienser zu sogenannten „Technischen Hochschulen" des Mittelalters werden.

Wir haben somit jene Bedingungen vorliegen, die technische Innovation begünstigen: Wesentlich ist wieder eine vorausgehende, umfassende Entfremdung. Weiters ist eine erfolgreiche Sekundärsozialisation erforderlich, die eine neue Kooperationsfähigkeit ermöglicht, wobei in Relation zu den zu bewältigenden Aufgaben wiederum akuter Arbeitskräftemangel besteht. Unter solchen Bedingungen sind in den genannten Orden technische Entwicklungen in realiter entstanden, von denen die späteren Künstleringenieure überwiegend träumten. Ihre Träume wurden allerdings in Skizzenbüchern und sonstigen Publikationen der Nachwelt überliefert, wogegen die technischen Produkte der Klöster meist den Weg alles Irdischen gegangen sind, weil sie u. a. aus Holz und organischen Werkstoffen geschaffen wurden. Das mag ein Grund für die häufig entstellte Darstellung des „dunklen" Mittelalters sein.

Gleichzeitig zeigt sich dabei auch die Janusgesichtigkeit von Technik. Denn tatsächlich kommen unter solchen Bedingungen zwei „Techniken" zur Anwendung: Techniken der Vergesellschaftung Entfremdeter und solche der Hervorbringung materieller Artefakte, soziale Innovationen und technische.

Worin bestanden nun diese technischen Leistungen mittelalterlicher Klöster? Eine oftmals zitierte emphatische Beschreibung, die bei v. Müller/Ludwig (1982) ausführlich wiedergegeben wird und den Einsatz des Wassers im Kloster von Clairvaux schildert, nennt folgende Einsatzbereiche:

Wasser wurde in Clairvaux vor allem für den Betrieb verschiedenster Mühlen eingesetzt: Kornmühlen, Lohmühlen, Walkmühlen, für Pressen zur Erzeugung von Wein, für Hammerwerke und Rüttelsiebe, etc. Doch die in diesen Klöstern entwickelten hydraulischen Maschinen wurden in der Folge in den Städten für neue Zwecke weiter adaptiert; so wurden Mühlen für die Herstellung von Papier, für Sägen, für Zwirn- und Drahtherstellung sowie das Brechen von Flachs bei der Leinenerzeugung verwendet. Auch im Bergbau fand Wasserkraft zunehmend Verwendung, wie weiter hinten noch besprochen wird.

Die große technische Kunst der Klöster war Ursache für weitere innovative Leistungen. Da in den Klöstern, soweit sie schriftlich vorlagen, antike Praktiken studiert werden konnten und ihnen durch ihre internationalen Kontakte auch arabische Herstellungsverfahren nicht unbekannt waren, bewirkten sie in vielen Bereichen, etwa bei der Metallverarbeitung (z. B. beim Glockenguß), der Glasmalerei, der Farbherstellung und ähnlichen technischen Verfahren, Technologietransfer.

Der am wenigsten zu unterschätzende Aspekt klösterlicher Produktion bestand allerdings in ihrer Organisation oder – um es anders zu formulieren – in der von ihnen praktizierten Arbeitsteilung. Die herrschende Unterscheidung zwischen Laienbrüdern und Klerikern war für die klösterliche Hierarchie grundlegend, sie trennte bereits damals geistige und körperliche Arbeit. Die rigorose Zeiteinteilung der Klöster bildete aber die Grundlage für eine wohldurchdachte Arbeitsorganisation. Man spricht daher mit gutem Grund von einer „Industrialisierung vor der Industrialisierung" (Kriedte et al., 1978), welche diesen Klöstern auch die zu erwartenden großen finanziellen Gewinne brachte.

Denn zunehmender Geldumlauf und gleichzeitige Liberalisierung der Einstellungen gegenüber diesem Verkehrsmittel von seiten der Kirche ließ die Klöster bald über ihren Eigenbedarf hinaus produzieren (Duby, 1979). Sie bedienten früh einen bereits vielfältigen Markt (v. Müller/Ludwig, 1982), vor allem weil sie, um mit M. Weber zu sprechen, in moderner Weise auf der Basis von „Leistungsspezialisierung" und vielfältiger Arbeitsteilung ihre Waren herstellten. Diese Arbeitsteilung muß aber selbst als nahezu zwangsläufiges Ergebnis der Sozialisationsumstände in den Klöstern verstanden werden. Im Unterschied zu den Handwerkern, die ihre Produktion noch am Muster der „Leistungsspezifikation" orientierten (das heißt, es blieb die Produktion eines Gegenstandes zur Gänze in einer Hand) und meistens auf einer vorausgegangenen einschlägigen Sozialisation der Lehrlinge aufbauen konnten, hatten die Klöster die erwähnten grundlegend anderen Herkunftsvoraussetzungen in Rechnung zu stellen und trotzdem Kooperationsfähigkeit zu erzeugen. So war die klösterliche Produktion genötigt, die erst von Adam Smith (1776) theoretisch herausgearbeiteten Vorteile der Arbeitsteilung 500 Jahre vor diesem zu verwirklichen.

6.3.2 Vergesellschaftung und Technisierung der Städte

Es kann dann auch nicht weiter erstaunen, daß wohlhabende Florentiner Bürger 1235 den Orden der Humiliaten – obwohl häresieverdächtig – aufforderten, in ihrer Stadt Verarbeitung und Verkauf von Wolltüchern zu organisieren. Damit erreichten die Patrizier nicht nur eine Schwächung handwerklicher Zünfte, sondern ihrerseits beträchtliche Gewinnsteigerungen. Entscheidend für diesen wirtschaftlichen Erfolg waren weniger die technischen Geräte als vielmehr die neue, rationale Organisation des Arbeitsprozesses. Die Humiliaten gliederten nämlich den Arbeitsprozeß der Tuchherstellung bereits in der Manier des 19. und 20. Jahrhunderts in 26 getrennte Arbeitsgänge. Für jeden dieser Arbeitsgänge – vom Reinigen der Wolle bis zum Färben und Ausbessern der Gewebe – waren angewiesene, d. h. angelernte Arbeiter zuständig, ein Verfahren, das alle Zunftordnung unterlief und belegt, daß eine industrielle Revolution nicht alleiniges Privileg des 18. Jhdt. ist.

Um diese neue Produktionsweise zu stützen und ihrer Umsetzung Nachdruck zu verleihen, wurde über die Statuten der Stadt ein straffes Disziplinarsystem aufgebaut, das sämtliche Bedingungen der Arbeit, wie z. B. den Taglohn, regelte und entsprechenden Zwang auf die arbeitende Unterschicht auszuüben wußte. Die angelernten Arbeiter produzierten in

Zentralwerkstätten und unterlagen – wie kaum anders zu erwarten – intensiver Kontrolle. Wie in den Klöstern wurden ihre Tagesabläufe streng durch die Uhr geregelt[13]. Man darf mit Berechtigung feststellen, daß zu dieser Zeit die Tuchindustrie in Italien in nichts modernen Industrieformen nachstand. So kann es nicht überraschen, daß auch die Zeitmessung wieder einmal verfeinert wurde und deren Perfektionierung zu einem bedeutenden technischen „Forschungsprogramm" wurde. Uhren waren ja wesentliche Voraussetzung für soziale Konsenserzeugung, wie das u. a. die „Stechuhren", die jüngsten Funde im Dom von Orvieto, bezeugen.

Neben den Zentralwerkstätten findet sich zusätzlich ein ausgedehntes System der Verlagsproduktion, wo Aufträge in Heimarbeit von einem Verleger – sie waren meistens Kaufleute – an Produzenten – gerne außerhalb der Stadt – vergeben wurden. Auch diese Heimarbeit wurde auf horizontalen Trittwebstühlen oder mit Spinnrad durchgeführt. Beide „Technologien" waren Neuerungen, die aus dem Orient eingeführt worden waren.

Diese zuerst in Florenz und später in anderen Städten Italiens verfolgte Politik verhinderte erfolgreich die Gründung unabhängiger Weberzünfte. Die geschilderte Vorgehensweise brachte, wie zu erwarten, den Webern gewaltige soziale Nachteile. Aus der Perspektive der Durchsetzung technischer Entwicklungen allein betrachtet, ergaben sich allerdings nicht minder gewaltige Vorteile, deren Nutznießer Kaufleute und Patrizier als „Träger dieser Technologien" (Edquist/Edquist, 1978) waren.

Damit sind wir an jenem historischen Punkt angelangt, wo sich die Vergesellschaftungsmethoden des Klosters mit jenen der Städte überschneiden. Diese Methoden werden allgemein als „Sozialdisziplinierung" bezeichnet. Sie zielen auf Schaffung einer Organisationsform durch Über- und Unterordnung in einer reduzierten Sozialisation und ermöglichen rationale Kooperation.

Theoretiker der Disziplinierung, deren wichtigste Vertreter Max Weber, Norbert Elias bzw. Michel Foucault sind, setzen in ihren diesbezüglichen Darstellungen bei verschiedenen Institutionen, Epochen und Entwicklungssträngen an. Sie stimmen überein, daß die ersten nachweisbaren Vergesellschaftungsmechanismen, die auf der Basis von Sozialdisziplinierung arbeiteten, Klöster waren. Ob daraus – wie manche meinen – abzuleiten ist, daß dieses Beispiel von nachfolgenden Disziplinierungsinstanzen einfach kopiert wurde, erscheint fraglich. Aufgrund der Untersuchungen von A. Chandler (1977) über die Entwicklung des Eisenbahnwesens in den USA, welches – so Chandler – selbst zum Prototyp der Organisation späterer amerikanischer Industrien wurde, kann man gleichfalls die Auffassung vertreten, daß es sich dabei um genuine Innovationsleistungen handelte, die nicht am Beispiel an-

---

[13] „Der Arbeitstag dieser Menschen war gänzlich von der Uhr beherrscht" (v. Müller, Ludwig, 1982, S. 141).

derer hierarchischer Strukturen, insbesondere dem Militär, orientiert waren[14].

Chandlers Sicht könnte dabei Unterstützung aus der Technikgeschichte erhalten, wo gleichfalls „multiple Erfindungen" Realität sind; das Rad wurde öfter als einmal erfunden, Disziplin gleichfalls. Hierarchie als Organisationsform, Disziplinierung als Methode einer zweiten Sozialisation in diese Organisationsform, dürfte demnach ein verallgemeinerbares Phänomen sein. Trotzdem wird nicht selten Wert darauf gelegt, zu betonen, daß die europäische Art der Disziplinierung kein Analogon besitzt.

So hebt z. B. Max Weber die organisatorische „Rationalität der Klöster" hervor. Er bezeichnet die christlichen Mönche nicht nur als erste Individualisten, sondern auch als erste rational lebende Menschen. Weber erscheint „Disziplin" als die Schlüsselkategorie. Sie ist ihm eine notwendige Begleiterscheinung der zunehmenden Rationalisierung in gesellschaftlichen Organisationen. In vormodernen Gesellschaften findet sie sich nur gelegentlich und beschränkt sich auf die persönlichen Stäbe mancher Potentaten[15]. Ziel von Disziplinierung ist es, nach Weber, eine gesellschaftliche Gruppierung zu schaffen, die wie ein Apparat funktioniert. Idealerweise gehorcht dabei der Befehlsempfänger nicht nur automatisch, sondern handelt auch im Fall des Apparatversagens aufgrund seiner totalen Identifikation systemgerecht.

Fälschlich könnte man somit meinen, daß zwischen disziplinierter Gesellschaft und traditioneller Gemeinschaft kein Unterschied besteht. Doch traditioneller Herrschaftsausübung fehlt die Vorstellung von abstrakten Regeln, welche absichtsvoll als Organisationsverfahren geschaffen werden. In traditionellen Gemeinschaften ruht Handeln in Normen, welche Resultat kontinuierlichen historischen Wandels und somit kein Produkt menschlicher Intention sind.

Sozialdisziplinierende Gesellschaftsformen und traditionelle Herrschaften stehen demnach nach Weber in einem Ausschließungsver-

---

[14] Weber (1922) meint, die Disziplin des Heeres sei der „Mutterschoß der Disziplin" überhaupt. Dieser Vorstellung widerspricht Chandlers Aussage, daß es sich um eine genuine soziale Innovation handelt.
Weber übersieht aber nicht, daß der ökonomische Großbetrieb, egal ob in der Antike, dem Mittelalter oder der Neuzeit, der „zweite große Erzieher zur Disziplin" ist.
„Die höchsten Triumphe feiert die darauf aufgebaute rationale Abrichtung und Einübung von Arbeitsleistungen bekanntlich in dem amerikanischen System des ‚scientific management', welches darin die letzten Konsequenzen der Mechanisierung und Disziplinierung des Betriebs zieht. Hier wird der psychophysische Apparat des Menschen völlig den Anforderungen, welche die Außenwelt, das Werkzeug, die Maschine, kurz die Funktion an ihn stellt, angepaßt . . ." (S. 686).

[15] Hier ist Weber selbst nicht ganz konsistent, da er einmal davon spricht, daß Disziplin zunächst nur in den persönlichen Stäben früher Potentaten zu finden war, andererseits aber die „Hoplitendisziplin" der Spartaner anführt. Doch scheinen Fragen der Priorität jedenfalls dann nachrangig, wenn man die Vorstellung wiederholter Erfindungen akzeptiert.

hältnis. Rationale Ordnungen und versachlichte Herrschaft, wie sie in Klöstern, Bürokratien und Armeen späterer Zeit zu finden sind, zerstören vielmehr traditionelle Eigengesetzlichkeiten und deren Rhythmen. Die Uhr beherrscht das Soziale.

Ein nahezu epidemisches Um-sich-Greifen von Disziplinarstrukturen wird von verschiedenen Autoren – u. a. G. Oestreich (1960) – als für die weitere Entwicklung Europas charakteristisch betrachtet. Die meisten derartigen Schübe setzen im 15./16. Jahrhundert an. G. Oestreich verweist in diesem Zusammenhang auf die Polizey-Ordnungen der neuzeitlichen Städte.

Das Beispiel Florenz' im 13. Jahrhundert läßt aber vermuten, daß Tendenzen dieser Art bereits früher existierten. Die beispielgebende Organisationsform des Klosters hat dazu beigetragen, eine hohe Disziplinierung der Arbeitnehmer und des städtischen Lebens über Zeitordnung zu schaffen.

Etwas später wurden u. a. als Reaktion auf die Pestepidemien des 14. bis 17. Jahrhunderts in anderen italienischen Städten analoge Verwaltungsstrategien entwickelt. C. N. Cipolla (1973) zeigt das anhand einer Fallstudie konkret. In dieser läßt sich nachvollziehen, wie in Prato, allerdings erst zur Zeit Galileis, neue Hygiene- und Disziplinarvorschriften entwickelt und umgesetzt wurden. Damit scheint nicht nur die Pest unter Kontrolle gebracht worden zu sein. Die neue Ordnung wurde beibehalten. Sie förderte so die weitere Disziplinierung ihrer Bürger. Städte hatten aber bereits früher ihre eigenen Methoden, um die Vergesellschaftung ihrer zugewanderten Bewohner zu betreiben. Solche Verfahren sind uns ja bereits aus der Antike bekannt.

6.3.3 Handelsnetze: Vergesellschaftung mit Ungenossen[16]

Kaufleute waren gleichfalls von Anfang an maßgeblich an der Entfaltung horizontaler und vertikaler Mobilität beteiligt. Ihr Handel mit Byzanz und den Arabern ließ Geldwirtschaft im 12. und 13. Jhdt. neuerlich aufkommen. Eigene Münzprägungen fanden sich in der Folge zuerst in Florenz, später in Venedig, Pisa und anderen Städten[17]. Diese neu erblühende Geldwirtschaft machte Lohnarbeit und, ähnlich wie in der Antike, Söldnerheere erst möglich. Sie förderte eine zusätzliche, lockerere

---

[16] Der Markt ist, wie Weber (1922) schreibt, eine „Vergesellschaftung mit Ungenossen, also Feinden" (S. 385).
Man kann ihn somit auch als jene Form von Interaktion verstehen, die noch unter größtmöglicher Entfremdung möglich ist.

[17] „Ein echtes Bewußtsein von der Bedeutung des Geldes für die Abwicklung internationaler Geschäfte entstand bei den Völkern des Westens eigentlich erst im Zeitalter der Kreuzzüge. Roger II. (1130–1154), König von Sizilien und Herzog von Apulien und Kalabrien, war der erste europäische Monarch, der seit den bescheidenen Versuchen der Karolinger wieder eine Goldmünze schlagen ließ" (Atiya, 1973, S. 160). Erst 1252 folgte Florenz diesem Beispiel und 1283 Venedig.

Form der Vergesellschaftung Entfremdeter, die M. Weber (1922) als „Markt-Vergesellschaftung" bezeichnet. Markt-Vergesellschaftung ist, nach Weber, die unpersönlichste und kurzlebigste Art von Kooperation. Sie wird nur durch Tausch von Sachen vermittelt, wobei im „Tauschpostulat" (Sohn-Rethel, 1970) von persönlichen Eigenschaften und Notwendigkeiten abgesehen wird. Tausch muß demnach, obwohl handfeste Dinge den Eigner wechseln, als äußerst abstraktes Verfahren verstanden werden, dem auch aufgrund dieser Abstraktion ein disziplinierender Aspekt innewohnt. Die Abstraktheit resultiert aus dem den Tausch begründenden Postulat der Wertäquivalenz sowie einer rituellen Gebrauchsentsagung während des Handels. Bei der Übereignung wird weiters „Kontrakttreue" gefordert, die besonders durch die Möglichkeit zukünftiger Geschäftshandlungen gestützt wird[18].

Im Markt entsteht, nach N. Elias (1969), nicht nur ein Zwang zur „Langsicht", sondern auch einer zum „Selbstzwang". Der Markt ist zwar der Disziplinierung, wie sie in geschlossenen Institutionen, etwa dem Kloster, betrieben wird, entgegengesetzt, beide sind aber auf ein Reservoir entfremdeter, entgemeinschafteter Individuen angelegt.

Marktgesellschaften entwickeln – ähnlich wie Klöster – auch einen ihnen eigenen Bedarf an Technologien. Ein charakteristisches Beispiel dafür bietet die Seefahrt. Was Klöster kaum erzeugten, war Grundvoraussetzung eines weitläufigen maritimen Handels. Die kommerziellen Städte pflegten, wie das am Beispiel Venedigs deutlich wird und sich später in den Städten des Nordens wiederholt, vor allem neue Formen des Massentransports zur See. Schiffbau erfuhr eine bislang im Mittelalter unbekannte Blüte und bedeutende technische Neuerungen. Antrieb, Steuerung und Arbeitsorganisation auf Schiffen und, da man häufig im Verband fuhr, in Flotten wurden neu gestaltet.

Der bis ins 13. Jhdt. dominante Schiffstyp im Mittelmeer war zunächst die Galeere. Eine größere Variante der Galeere wurde ab Beginn des 14. Jhdts. gebaut.

Galeeren waren ihrem Bau nach eher Kriegs- als Handelsschiffe, doch präziser gesagt, waren sie Mehrzweckschiffe. Sie waren, ähnlich wie die griechischen Kriegsschiffe, leicht und wendig. Aus Gründen der Schnelligkeit und um Fahrtwiderstand zu minimieren, wurden sie lang und schlank gebaut, folglich verfügten sie über vergleichsweise wenig Laderaum. Sie wurden überwiegend gerudert, obwohl sie meist auch zusätzlich eine Lateinertakelage besaßen. Diese diente allerdings nur als Unterstützung der Ruderer. Galeeren waren als Rammschiffe ausgelegt,

[18] Nach Weber ist der Markt die „unpersönlichste praktische Lebensbeziehung, in welche Menschen miteinander treten können", u.zw., weil der Markt „spezifisch sachlich" nur am Interesse an den Tauschgütern interessiert ist. Wo er seiner Eigengesetzlichkeit überlassen bleibt, kennt er kein Ansehen der Person, keine Brüderlichkeit oder Pietätspflichten, noch sonstige urwüchsige, menschliche Beziehungen, und demnach, müßte ich hinzufügen, auch keine andere Sozialisation als Selbstdisziplinierung und Autodidaktik. Es herrscht absolut Egalität.

besaßen daher meist einen niederen Bug und niederes Freibord. Für das Mittelmeer waren sie geeignete Schiffe, dem Ozean waren sie allerdings nicht gewachsen. Ein weiterer Nachteil war ihre Bemannung. Die Versorgung von 150 bis 200 Mann Besatzung erforderte oftmaliges An-Land-Gehen, um zumindest Wasser zu erneuern (Braudel, 1949/1966). Gesteuert wurden sie mit einem Seitenruder, das steuerbords lag.

Im 13. Jhdt. kam ein neuer Schiffstyp auf, der als Handelsschiff ausgelegt war, das Rundschiff. Wie der Name andeutet, war es plump und langsam, nicht unähnlich der nordischen Kogge. Diese verfügte über ein Ladevermögen bis zu 500 t, was eine Verdreifachung gegenüber den Galeeren bedeutete. Anders als die Koggen, besaßen die Rundschiffe noch immer nur ein Seitenruder. Koggen waren dagegen Segelschiffe mit gemischter Takelage, daher besser manövrierbar. Sie benötigten weiters eine wesentlich geringere Mannschaft, allerdings zum Ausgleich auch bessere Bewaffnung. Koggen waren geeignet, weite Strecken fernab der Küste zurückzulegen, ihr Versorgungsbedarf war gering. Der damals in Verwendung kommende Kompaß, den Europa den Arabern abguckte, unterstützte diese Tendenz weiter. Diese Schiffe bildeten daher erst die technische Voraussetzung für den Sprung über den Atlantik und rund um das Kap der Guten Hoffnung (Law, 1987). Dieser Schiffstyp repräsentiert demnach eine charakteristische Technologie von Marktgesellschaften. Weder Klöster noch Militär und schon gar nicht traditionelle Gemeinschaften finden an solchen Technologien besonderen Gefallen.

6.3.4 Vergemeinschaftung: Brüder im Geiste

Die sozialen Voraussetzungen für Marktgesellschaften sind die gleichen wie für klösterliche und andere hierarchische Verbände. Beide benötigen entfremdete Individuen, die auf der Basis rationaler, d. h. traditionsungebundener Konsensmechanismen miteinander in Beziehung treten können. Ohne eine solche Bereitschaft gäbe es weder Klöster, noch Söldner, noch Markt.

> „Der Markt ist – in vollem Gegensatz zu anderen Vergemeinschaftungen, die immer persönliche Verbrüderung und meist Blutsverwandtschaften voraussetzten – jeder Verbrüderung in der Wurzel fremd." (Weber, 1922, S. 383)

Vergesellschaftung bildete nicht das einzige Muster zur Lösung des Problems neuerlicher Sozialisation. Parallel zu den genannten Verfahren liefen in den Städten komplementäre Prozesse, die darauf hinzielten, traditionelle Gemeinschaften wieder zu etablieren. Darum bemühten sich nicht nur einzelne Handwerker, die eine neue städtische Oikos-Wirtschaft erprobten, sondern, ab dem 12. Jhdt., vor allem auch einflußreich werdende Zünfte und Gilden. Zünfte förderten langwierige Sozialisationsmaßnahmen, führten verbindliche Qualitätsstandards und Normen zur Herstellung von Gütern ein und schufen Entlohnungsstandards sowie „Sozialversicherungen" für Gesellen. Sie kannten verschiedene Wohlfahrtseinrichtungen und verfügten, wenn einmal etabliert, reichlich über Gruppenidentität bildende Rituale und Symbole. Als Folge solcher erfolgreicher „Ver-gemeinschaftungsstrategien" wurden sie zwangsläufig zu Zentren des Widerstandes gegen jede Veränderung. Besonders wurden Änderungen technischer Art abgelehnt, weil Geräte wegen ihrer umfassenden Sozialisationsanforderungen und ihrer damit einhergehenden tiefgreifenden Integration in Gemeinschaften (Ellul, 1954) diese Gemeinschaftsstrukturen festlegen, wobei technischer Wandel sie sogar funktionsunfähig machen kann.

In sogenannten „Schwurbruderschaften", „Einungen" oder „Eidgenossenschaften" wurde eine Form der Interaktion gepflegt, wo auf traditionelle Selbstgenügsamkeit und Abgrenzung geachtet wurde, aber umgekehrt die als legitim betrachteten Ansprüche der Mitglieder auch dann Befriedigung fanden, wenn sie sie nicht selbst bestreiten konnten. Bedürfnisse und deren Befriedigung richteten sich nach dem sozialen Stand und nicht nach dem jeweiligen Einkommen.

An mittelalterlichen Städten läßt sich erkennen, wie rationalistische Disziplinarstrukturen entstehen und herausragende Bedeutung bekommen, und dennoch gleichzeitig traditionelle Gemeinschaftsstrukturen entwickelt werden. Zusätzlich dazu läßt sich aber eine weitere historische Entwicklung herausschälen, nämlich „Schulen".

Die Realität mittelalterlicher Städte setzte sich demnach komplex zusammen. Eine Schicht regierender Patrizier und Aristokraten fand sich neben politisch unterschiedlich einflußreichen Zünften und, konfrontiert mit Klerus und Klöstern, herausgefordert durch einen vierten Stand, eine breite Schicht von Vaganten und Armen. Diese bildeten dasselbe mobile Reservoir wie in der Antike, aus dem sich Söldnerheere, Taglöhner und Schiffsbesatzungen rekrutieren ließen.

Doch, und auch das kann in Analogie zu den gesellschaftlichen Entwicklungen der Antike gesehen werden, sind dazu auch Intellektuelle zu rechnen. Waren es damals die Sophisten, so sind es nun die Gelehrten und Studenten der Universitäten. Ihr in vielen Fällen sogar verordnetes Vagantentum macht sie nicht nur zu unberechenbaren Verbündeten, sondern nötigt sie vor allem zur Entwicklung und Pflege einer ihrer Situation angemessenen Technologie, die ein geistiges Band durch das Abfassen von Schriften und Büchern webt. Dieses Mittel diente dazu, Barrieren in Raum und Zeit zu überbrücken.

Schriftliche Kommunikation anonymisiert und trägt, ähnlich wie Geld (Simmel, 1907), dazu bei, individualistische Tendenzen weiter zu verstärken. Um glaubhaft und verständlich zu bleiben, muß schriftliche und somit möglicherweise unpersönliche Kommunikation wesentlich mehr Details anbieten, müssen Beispiele, Anschauungs- und Bezugsmaterial beigebracht werden, wozu auch Illustrationen zählen[19]. Eine weitere Möglichkeit, Verständlichkeit bei anonymisierter Kommunikation zu fördern, besteht darin, Verfahren anzugeben, wie bestimmte Resultate erreicht oder produziert werden können.

---

[19] Siehe dazu auch Kapitel 8.

Es kann so betrachtet kein Zufall sein, daß unter Bedingungen hoher Mobilität auch Forderungen nach einer experimentellen Wissenschaft auftreten. Grosseteste (1175 – 1253) begründete dieses Verfahren in Oxford, sein Schüler Roger Bacon († 1292) propagierte es als neue Erkenntnismethode und prägte den Ausdruck „Scientia Experimentalis" (Ullmann, 1966).

Gerade jener ‚Doctor mirabilis' hat gleichzeitig auch die antiken Philosophen, besonders Aristoteles, studiert und in der Lehre verbreitet, weil er wegen seiner logischen Beweisverfahren wieder einmal soziale Aktualität besaß. Der Konflikt, der sich als Folge einer damit doppelten Konfrontation mit „zwei Wahrheiten" ergibt, wie sie einerseits durch die heiligen Texte, andererseits durch Logik angeboten werden, ruft Ordnungshüter auf den Plan[20]. Philosophie wird begreiflicherweise zunehmend desavouiert. Diverse bekannte Gelehrte, z. B. Siger von Brabant, Roger Bacon u. a., wurden deshalb vor Gericht gestellt und jahrelang eingekerkert. Unter diesen neuen Bedingungen wird Mobilität gegen Ende des 13. Jhdts. weitgehend eingeschränkt, auch wenn sie nie gänzlich zum Stillstand kommt. Rechtswissenschaften gewinnen dagegen Bedeutung, gleichzeitig steigt der Einfluß zünftischer Korporationen auch an den Universitäten. Vergesellschaftung wird neuerlich durch Vergemeinschaftung ersetzt. Diesen Entwicklungen bereitet allerdings in kurzer Folge die Pest ein unerwartetes Ende.

In Übereinstimmung mit den geschilderten Entwicklungen findet sich zunächst, ganz wie unser Ansatz nahelegt, auch bei den Gelehrten eine zunehmende „Technophilie". Hervorragendes Beispiel dafür ist wieder Roger Bacon, von dem Schriften überliefert sind, in denen er eine Fülle (nicht unähnlich da Vinci) von für damalige Verhältnisse utopischen Maschinen vorschlägt. Zu diesen zählen Unterwasserfahrzeuge, Flugmaschinen, sich selbständig bewegende Schiffe, ständig brennende Lampen etc. Man muß nicht unbedingt betonen, daß sie nicht realisiert wurden. Die möglichen technischen Entwicklungen wurden ja, wie wir bereits wissen, anderweitig, in den „technischen Hochschulen" des Mittelalters verwirklicht.

Faßt man zusammen, so entsteht ein ähnliches Bild wie das der Antike. Hohe Mobilität und eine umfassende soziale Dynamik lassen einen hochentwickelten Individualismus (v. Martin, 1932) entstehen. Aus diesem ergibt sich zunächst Bedarf an neuen Konsensfindungs- und Wahrheitsmechanismen. Gleichzeitig entwickelt sich eine deutliche Technophilie, die Wunschträume bei den Intellektuellen, konkrete technische Innovationen dort entstehen läßt, wo auch soziale Innovationen erfolgreich waren. Viele solcher sozialer Innovationen waren allerdings das

---

[20] Zur doppelten Wahrheit der Nominalisten gesellte sich im beginnenden 16. Jhdt. eine doppelte Moral durch Machiavellis „Il Principe"; auch dieser wurde von allen Glaubensrichtungen – egal ob protestantisch oder katholisch – heftigst bekämpft. Sie ist auch integraler Bestandteil der Tragödien Shakespeares und anderer elisabethanischer Schriftsteller.

Ergebnis der Arbeiten und Schriften gerade jener Intellektueller. Die sukzessive Aufhebung des Zinsverbots, besonders über die argumentativ brillianten Schriften des Aquinaten (Knoll, 1933), sind dafür ein herausragendes Beispiel; sie unterstreichen die Bedeutung solcher Arbeiten für die soziale Konsenserzeugung, aus der sich neue Kooperationsformen ableiten.

Wissenschaft steht im Dienst resozialisierender Maßnahmen, selbst wenn ihre Vertreter oft extrem vereinzelte Individuen sind. Darin unterscheidet sich Technisierung von Verwissenschaftlichung. Geistige Produktion ist auch ohne Resozialisation möglich. Sie benötigt nur die Mobilmachung erfolgter Entfremdung, d. h. Individualisierung. Technische Innovationen sind ohne vorausgehende Vergesellschaftung nicht realisierbar. Deshalb erscheint Verwissenschaftlichung historisch vor Technisierung. Technisierung ist eine kollektive Leistung. Das gilt für die Produkte der Ingenieure genauso, worauf vor allem B. Latour (1987) aufmerksam gemacht hat. Ist diese kollektive Arbeit nicht gewährleistet, d. h. mangelt es an sozialen Innovationsvoraussetzungen, bleiben auch die technischen Innovationen aus, wie wir im folgenden sehen werden.

6.4 Traumzeiten

6.4.1 Bevölkerungsentwicklung

Obwohl die Zahlen zwischen 1500 und 1700 schwer zu schätzen sind, rechnet man um 1500 mit etwa 80 Millionen Menschen in Europa, 200 Jahre später mit ungefähr 115 Millionen (Mols, 1972). Um 1750 lag die Population Europas bei 120 bis 140 Millionen, 1800 bei etwa 187 Millionen, wieder 50 Jahre später bei 266 Millionen und um 1900 bei über 400 Millionen. Der Zuwachs für die zweite Hälfte des 18. Jahrhunderts betrug demnach 34%, für die erste Hälfte des 19. Jahrhunderts 43% und zwischen 1850 und 1900 50% (Armengaud, 1970).

War das Bevölkerungswachstum innerhalb von zwei Jahrhunderten – zwischen 1500 und 1700 – nicht einmal 50%, so zeigen die Werte ab 1750 innerhalb eines halben Jahrhunderts fast denselben Anstieg. Aufgrund dieser Entwicklungen kann von zwei großen Wellen gesprochen werden, wobei in der Zwischenzeit eine Phase demografischer Konstanz zu beobachten ist.

Weiters läßt sich feststellen, daß nach der Pest, mit Ausnahme der Hauptstädte der Großmächte, die ein rapides Wachstum zeigen (was mit der Entwicklung des zentralistischen Staates zusammenhängt), der städtische Raum, der im 13. und 14. Jahrhundert ummauert wurde, nicht mehr weiter ausgedehnt wird. Daraus kann man schließen, daß Bedeutung und Wachstum der Städte in keiner Weise mit den Entwicklungen des 11. und 12. Jahrhunderts vergleichbar sind.

Betrachtet man obige Bevölkerungszahlen genauer, so ergibt sich, daß zwischen Mitte des 14. Jhdts. und Mitte des 15. Jhdts. ein beachtlicher

Abfall im Bevölkerungswachstum stattfand, der überwiegend den großen Pestepidemien, gepaart mit Hungersnöten, zuzuschreiben ist. Ab Mitte des 16. Jhdts. beginnt aber die europäische Bevölkerung erneut zu wachsen. In Deutschland setzt als Folge des Dreißigjährigen Krieges ein neuerlicher Abfall ein, der aber mit dem beginnenden 18. Jhdt. rapide ausgeglichen wird.

Die Dezimierung der Bevölkerung als Folge der großen Epidemien darf jedoch nicht nur in dieser quantifizierenden Weise betrachtet werden. Die Pest war keinesfalls jene blinde Geißel Gottes, als welche sie manchmal hingestellt wird, sondern traf unterschiedliche Bevölkerungsgruppen verschieden hart. Sie vernichtete die Armen, wie sich leicht verstehen läßt, wesentlich gezielter als die Wohlhabenden. Sie wütete stärker in den Städten als am dünn besiedelten Land, was u. a. auch zur Folge hatte, daß gerade die Wohlhabenden die Städte verließen. In Paris flüchtete etwa 1523 das gesamte Parlament und das gleiche wiederholte sich in den sechs folgenden Wellen der Epidemie bis 1668. Was den Parisern billig war, war den Bürgern und Magistraten von Grenoble, Rennes, Bordeaux u. a. recht, doch auch in London verließ der Hof zwischen 1593 und 1664 zusammen mit vielen anderen Notablen nicht weniger als fünfmal die Stadt, Genua, Florenz und andere Städte folgten diesen Beispielen. Mit anderen Worten: Gerade dann, wenn Entscheidungen bitter nötig gewesen wären, waren jene, die entscheiden sollten, abwesend. Das Chaos wuchs beachtlich, Egoismus und Entfremdung gleichfalls, ein Umstand, der auch in einer damals entstehenden Kunstrichtung, dem Manierismus (Hauser, 1964), beredten Ausdruck fand.

Entgegen der Vorstellung, die man pflegen möchte, wenn man bedenkt, daß die ersten Pestwellen als Strafe Gottes für Geiz, Wollust und Ausbeutung interpretiert wurden, brachte sie nicht neue Frömmigkeit und Bescheidenheit.

Das Verhalten der Menschen wurde im Gegenteil rücksichtsloser, geiziger und raffgieriger, verschlagener und aggressiver, und das vor allem auch innerhalb der Kirche selbst (Tuchman, 1978). Die Verwüstungen der ersten Pestwellen, Ende des 14. Jhdts., mit den verwesenden Toten in den Straßen der Städte und ausgestorbenen Dörfern, trugen dazu bei, die alte Ordnung vollends zu unterminieren und die Saat zur Revolution zu legen.

„To that extent the Black Death may have been the unrecognized beginning of modern man." (Tuchman, 1978, S. 123)

Dieser im Entstehen begriffene moderne Mensch bringt am Ausgang des Mittelalters auch die schon genannten drei grundlegenden Erfindungen zur Welt: Artillerie, Buchdruck und Navigation, die nach F. Bacon die Welt verändert haben.

6.4.2 Technische Innovationshemmung

In technischer Hinsicht war aber die folgende Zeit eher stagnierend. Außer den drei genannten Innovationen (F. Braudel, 1967), die als Abschiedsgeschenke des Mittelalters enorme Auswirkungen zeitigten, sind keine nennenswerten Entwicklungen bekannt. Nur kleine, unscheinbare Veränderungen sind zu registrieren. Nicht zufällig schreibt U. Troitzsch (1982):

> „Demgegenüber erscheint diese Periode in der Technikgeschichtsschreibung zumeist äußerst farblos, wenig ereignisreich, und in ihrer Einschätzung zudem umstritten. . . . . Die Eckdaten (nämlich 1500 und 1750, M. S.) markieren das Ende bzw. den Beginn von zwei Perioden extrem starken technologischen Wandels. Daraus läßt sich folgern, daß zwischen diesen beiden Höhepunkten in der technischen Entwicklung eine Phase der Stagnation oder zumindest ein quantitativer Rückgang bei Erfindungen und Innovationen liegt." (S. 199)

Troitzsch kontestiert zwar, daß F. Klemm das Augenmerk berechtigt auf technische Entwicklungen innerhalb des Instrumentenbaus und der naturwissenschaftlichen Forschung lenkt, aber im Hinblick auf Basisinnovationen läßt sich in diesem Zeitraum wenig entdecken, was einem Vergleich mit dem hohen Mittelalter und der zweiten Hälfte des 18. bzw. der ersten des 19. Jhdts. standhalten könnte. Betrachten wir daher im Detail die Weiterentwicklung der drei Basisinnovationen, sowie jener anderen, die bereits die industrielle Revolution des Mittelsalters wesentlich geprägt hat, nämlich wassergetriebene Kraftmaschinen (Gimpel, 1976).

Braudel (1967) gibt ein exaktes Datum für das erstmalige Auftreten der Artillerie: Calais 1347. Damals spielte sie allerdings noch keine durchschlagende Rolle. Doch dreißig Jahre später zerstörten zwölf kastilische Galeeren auf offener See drei Dutzend englischer Schiffe, was den Anfang allgemeiner bewaffneter Seefahrt in England einläutete. Anfang des 15. Jhdts. verfügten bereits die Hussiten über leichte und mobile Artillerie, und bei der Belagerung von Konstantinopel und dessen folgendem Fall 1453 benutzten die Türken bereits eine monströse Kanone.

Militärisch ausschlaggebend wurde Artillerie aber erst Ende des 15. Jhdts., als Karl VIII. von Frankreich mit seinen Söldnern in Italien einmarschierte. Bei dieser Gelegenheit waren die Kanonen bereits selbständig mobil geworden, indem sie auf eigene Transportwagen montiert waren, die von Pferdegespannen gezogen wurden. Außerdem verwendeten diese Heere bereits Eisen- statt Steinkugeln. Etwa zur selben Zeit tauchen die ersten Musketen und Hakenbüchsen auf. Alle zusammen lassen befestigte Städte der traditionellen Bauart nutzlos werden und verlangen nach grundlegenden Veränderungen der Befestigungen.

Auch die intellektuellen Verfestigungen waren einem vergleichbaren Bombardement ausgesetzt. Die Nachfrage nach Büchern stieg seit dem 12. Jhdt. kontinuierlich, sodaß Kopier- und Schreibstuben als Gewerbe bereits vor dem Buchdruck rapide zunahmen. Ob nun der Druck mit beweglichen Lettern Gutenberg zuzuschreiben ist, bleibt dahingestellt. Sicher ist aber, daß in seiner Werkstätte damit gearbeitet wurde und dort auch die Druckerpresse benutzt wurde, die vermutlich den Weinpressen nachgemacht war. Braudel jedenfalls hat Zweifel die historische Entwicklung betreffend, da zur Herstellung der Lettern u. a. auch Antimon für die Legierung benötigt wurde, das erst am Beginn des 16. Jhdts. erstmals abgebaut wurde.

Dieser Zweifel über den tatsächlichen Ablauf ändert aber nichts daran, daß innerhalb von fünfzig Jahren (bis 1500) etwa 20 Millionen Bände (incunabula) in Europa produziert wurden, und das bei etwa siebzig bis achzig Millionen Einwohnern. Nur etwa 100 Jahre nach ihrer Erfindung sind Presse und Lettern in China in Gebrauch, woher sie vermutlich auch gekommen sind.

Dort wären sie allerdings kaum gelandet, zumindest nicht mit dieser Geschwindigkeit, hätte es nicht auch die dritte technische Innovation gegeben, die neue Schiffahrt.

Der erfolgreiche Ausbruch aus den Grenzen des Mittelmeers und der „keltischen" See zwischen Nordspanien und Irland ist Ergebnis eines komplexeren Zusammenwirkens technischer Innovationen. Dazu zählen einerseits schiffbauliche Errungenschaften, wie sie zum Teil bereits angesprochen wurden. Ihre Vollendung stellt vermutlich die portugiesische Karavelle mit Heckruder und gemischter Takelage, dabei vergleichsweise klein, dar.

Dieses Schiff findet sich ab 1430 in verschiedenen Häfen Europas. Ähnlich bedeutend waren Kompaß und Astrolab, wobei sie allerdings insofern als eine kulturspezifische Erscheinung zu betrachten sind, als andere seefahrende Völker sogar den Pazifik ohne ihre Hilfe befahren konnten.

Zusätzlich zu diesen drei „paradigmatischen" Technologien, die das ausgehende Mittelalter seiner Nachwelt hinterließ, kommt noch ein weiterer, kleiner technischer Innovationsschub im Bergbau zwischen 1350 und 1400, denn es herrschte in den alten Gewerbelandschaften ein massiver Arbeitskräftemangel als Folge der Pest. Die bereits am Beginn des 13. Jhdts. in manchen Gegenden eingesetzten Erzmühlen fanden nach der Pest weite Verbreitung, wobei sogar Getreidemühlen umgebaut wurden. Die Tendenz den Einsatz von Mühlen weiterzuentwickeln hielt sich in verschiedensten Branchen über die gesamte Stagnationsphase hinweg. Bayerl und Troitzsch (1987) zeigen etwa wie Mühlen bei neuentwickelten Verfahren der Spiegelherstellung, bzw. in der Papierherstellung eingesetzt wurden. Ihr daraus abgeleiteter Anspruch, daß deshalb das Konzept der industriellen Revolution durch das einer technischen Evolution zu ersetzen sei, steht nicht nur im Gegensatz zu früheren Erkenntnissen Troitzschs[21], sondern scheint in der Tat etwas überzogen, wie z. B. Paulinyi (1987) im selben Band deutlich zum Ausdruck bringt.

---

[21] Es sollte vielleicht an dieser Stelle noch eine abschließende Feststellung gemacht werden. Troitzsch vertrat und vertritt auch heute noch eine etwas widersprüchliche Position. So meint er mit Bezug auf die Entwicklung der Technik im Barock und der Aufklärung:

„Nur bei der Technik dürfte man, im Gegensatz zum Mittelalter und zur Industriellen Revolution, gewisse Schwierigkeiten haben, insbesondere was die ‚Großtechnik' angeht. Abgesehen von einigen wenigen Ausnahmen würde man feststellen, daß diese

Der hoffnungsvolle Beginn eines technischen „revivals“ fand sein einstweiliges Ende aufgrund der verheerenden Gesamtsituation in Europa, wo die Pest in verschiedenen Wellen, der Hundertjährige Krieg zwischen Frankreich und England sowie die Rivalität zwischen Kaiser und Papst auch nur die notwendigsten Investitionen im Bergbau unmöglich machten. Dieser Zustand hielt bis etwa 1450, von wo an eine neuerliche Renaissance des Hüttenwesens zu verzeichnen ist. Allerdings hielt diese nur ca. 100 Jahre, weil dann die leicht abbaubaren Ressourcen erschöpft waren und eine gleichzeitige, zunehmende Konkurrenz durch Importe, vor allem von Silber und Gold aus Übersee, wirtschaftlich kaum zu verkraften war.

In der genannten Epoche von 1450 bis 1550 erlebten Bergbau und Metallverarbeitung allerdings eine neuerliche Blüte. Betrachtet man diese, so fällt auf, daß sie gleichfalls mit sozialen Innovationen einherging. Im Salzbergbau waren etwa die Salinen im Besitz von „Pfännern“, ansässigen Familien, die untereinander genossenschaftlich organisiert waren. Diese „Gewerkschaften“ waren aber nicht mehr wirklich in der Lage, die dringend notwendig gewordenen Investitionen durchzuführen. Als Folge erwarben die Landesherren die „Pfannrechte“ und ermöglichten so, die notwendigen technischen Innovationen durch-

---

einhundertfünfzig Jahre kaum neue epochemachende Erfindungen aufzuweisen haben.“ (Troitzsch, 1991, S. 11)

Weiters stellt er fest:“ Wenn in den folgenden Kapiteln mehr von der Großtechnik sowie von den produzierenden Gewerben und weniger von der Alltagstechnik zu lesen ist, so läßt sich das auf die Tatsache zurückführen, daß bis in das 18. Jahrhundert hinein von einer Technisierung der Gesellschaft nicht die Rede sein konnte.“ (ibid., S. 12)

Einige Seiten weiter ist dann allerdings zu lesen: „Statt des immer fragwürdiger werdenden Fortschrittsbegriffes benutzt man den wertfreien weil ‚richtungslosen‘ Terminus ‚Technischer Wandel‘ oder man spricht von ‚technischen Veränderungen‘. Unter dieser Prämisse ergibt sich für den hier anstehenden Zeitraum eine neue Perspektive, bei der nicht nur ständig nach dem bisher noch nicht Dagewesenem und damit vermeintlich a priori Besseren, sondern auch nach der bestmöglichen, das heißt ökonomischsten und sozial verträglichsten Veränderung vorhandener Technik gefragt wird.“ (ibid., S. 19)

Damit will Troitzsch den Blick auf den „stillen, den allmählichen für das 17. und 18. Jahrhundert so typischen technologischen Wandel eröffnen“ (S. 20).

Dieser stille Wandel soll nun keineswegs in Abrede gestellt werden, im Gegenteil. Er vollzieht sich eben in einer Welt sozialer Stabilität, bzw. in einer Welt ohne soziale Innovationen. Parallel zu diesem allmählichen Wandel werden aber einige ganz bahnbrechende Erfindungen gemacht, wie Bandmühlen, die bekämpft und unterdrückt werden. Und sie werden deshalb bekämpft, weil sie eine neue soziale Ordnung implizieren, die aus zweierlei erzeugt wird, der Auslagerung von Können in Geräte (Sozialisationsersatz) und deren systematische Zusammenfassung über Kraftmaschinen in der Fabrik im Zuge einer technischen und sozialen Revolution, die, wie das auch M. Weber (1920) sagt, von „Parvenüs geschaffen“ wurde. Es wurde in anderen Worten eine neue soziale Ordnung mit einer radikal neuen Technologie erzeugt. Troitzsch' Schwanken bestätigt somit die prinzipielle Richtigkeit des Ansatzes. Keine Innovationen im sozial statischen Bereich, revolutionierende technische Innovationen dort, wo neue soziale Kooperationsstrukturen im Entstehen sind.

zuführen, den riesigen Holzbedarf zu befriedigen und Verkehrswege auszubauen.

Eine frühkapitalistische Organisation setzte sich gleichfalls im Edelmetallabbau durch, wobei von besonderem Interesse ist, daß in der zweiten Hälfte des 15. Jhdts. auch erste Patentschutzgesetze zu finden sind. Damit wurde das Interesse an technischen Innovationen stimuliert, die im allgemeinen bitter nötig waren. Viele Gruben waren in den vorangegangenen hundert Jahren versumpft und mußten zu allererst trocken gelegt werden. Um das zu bewältigen, waren „Wasserkünste" gefragt, um Pumpen und andere Hebevorrichtungen mit Wasserkraft zu betreiben.

In den hundert Jahren von 1450–1550 wurde eine weitere Reihe technischer Entwicklungen gemacht, zu denen Schienenfahrzeuge, mechanisch betriebene Blasbälge in der Verhüttung, neue Vermessungstechniken und Änderungen der technischen Zeichnungen zählen.

Gleichzeitig veränderte sich auch die Arbeitsorganisation. Der Arbeitstag der Bergleute wurde von früher sechs Stunden auf acht Stunden erhöht, Lohn- und Hilfsarbeiter beigezogen, deren Arbeitstag bis zu zwölf Stunden dauern konnte. Tag- und Nachtschichten wurden eingeführt, Bergordnungen erlassen, und erste „Bergingenieure" sind zu finden.

Die diversen technischen Entwicklungen wurden von G. Agricola 1556 in „De re metallica libri XII" zusammengefaßt. Doch, wie so oft, flog auch diesmal die Eule erst zu Beginn der einsetzenden Dämmerung. Wie bereits gesagt, es stagnierte die begonnene Entwicklung von Mitte des 16. Jhdts. mehr als 200 Jahre lang.

Läßt man die im Zeitraffer dargestellte Entwicklung Revue passieren, so sehen wir folgenden sozialen Verlauf: Eine soziale Konsolidationsphase mit ausgeprägten Vergemeinschaftungstendenzen findet ein ziemlich abruptes Ende durch die Zerrüttungen der Pestepidemien. Entwurzelung, Entfremdung und soziale Unruhe sind die Folge. Bemühungen, wie im Montanbereich die Baisse zunächst durch technische Innovationen auszugleichen, scheitern, weil die minimalsten Voraussetzungen für soziale Kooperation nicht mehr gegeben sind.

Erst müssen neue Kooperationsformen entwickelt werden, u. zw. nicht nur im Bergbau. M. Weber stellt z. B. im Zusammenhang mit einer der zuvor genannten Technologien fest:

> „Die Disziplin aber, und nicht das Schießpulver, war es, welche die Umwandlung zuerst einleitete." (Weber, 1922, S. 683)
> „Man sieht, daß die Art der Waffe Folge, nicht Ursache der Disziplinierung war." (ibid.)

Es wird hier deutlich, was zuvor in der Einleitung bereits ausgesprochen wurde. Es waren soziale Innovationen, die Ggantija oder Stonehenge entstehen ließen, nicht umgekehrt. Sind aber solche Innovationen einmal da, dann können sie durch technische ergänzt und gestützt werden. Neue Technologien finden nur in einem so geschaffenen

Verbund Einsatz. Das hält, solange sich die Problemlage oder -sicht nicht wesentlich verändert. Genau aber dieser Wandel tritt ab Mitte des 16. Jhdts. im Bergbau ein; in anderen Produktionsbereichen bereits früher.

6.4.3 Soziale Innovationshemmung

Die Zeit zwischen 1500 und 1750 wird, wie erwähnt, als Epoche technischer Stagnation bezeichnet. Es finden sich zwar kleine Verbesserungen da und dort, doch keine Basisinnovationen. Wie gleichfalls festgestellt, war der Bevölkerungsschwund wieder ausgeglichen. Manche Gebiete,wie Frankreich, Württemberg oder Italien waren in Relation zur landwirtschaftlichen Produktion bereits überbevölkert. Emigration nach Spanien und Übersee waren keine Seltenheit. Arbeitskräftemangel bestand demnach nicht, und wenn, nur an spezifischen Fachkräften. Allein dieser Umstand läßt die einsetzende technische Stagnation verstehen.

Dazu kommt aber, daß sich die soziale Ordnung der Zünfte weiter stabilisiert hatte, wobei die sich in England, Frankreich und Spanien etablierenden Monarchien häufig ein geschicktes politisches Spiel der Privilegienvergabe an alte und neue Zünfte betrieben (Kellenbenz, 1974).

Zünfte sind in Hinblick auf Innovationsfreudigkeit bekannt zurückhaltend. Das erklärt sich daraus, daß sie eine vollentwickelte Organisationsform darstellen, wo bereits alle möglichen Spielräume ausgefüllt sind und eine optimale Anpassung an ihre jeweilige Umgebung erreicht wurde. Für ihr Überleben war demnach die größte Sorge darauf zu verwenden, daß sich diese Umgebung nicht zuviel ändert, denn das hätte ihre subtilen Interaktionsmuster empfindlich gestört. In unserer Terminologie sind Zünfte Gemeinschaften, deren langdauernde und ausgefeilte Sozialisationsmuster nur langsam zu verändern sind. Deshalb müssen sie auch konservativ sein.

Doch außerhalb und jenseits dieser etablierten Strukturen der Zünfte brodelte es. Das können ein paar gesamteuropäische Daten schnell in Erinnerung rufen: die Plünderung Roms durch meuternde Söldnerheere 1527, die Türken vor Wien 1529, die Zerstörung der spanischen Armada durch England 1588, der Beginn des Dreißigjährigen Krieges 1618, der englische Bürgerkrieg 1642, die Glorreiche Revolution 1688 etc.

Im Hintergrund dieser Veränderungen standen häufig religiöse – und damit soziale – Auseinandersetzungen zwischen Bürgern und Adel, zwischen Adel und den nach absoluter Herrschaft drängenden Monarchen, zwischen Handelskapital und Handwerkern, zwischen Handwerkern, deren Zünften und Arbeitslosen etc.

Diese Arbeitslosen strömten in die großen Städte, sodaß sich deren Bevölkerung (Sella, 1970) in der fraglichen Zeit oft mehr als verdoppelte. Manche fanden Arbeit als Dienstboten oder Hilfsarbeiter, nicht wenige bildeten auch das, was als „Lumpenproletariat" bezeichnet wurde, bzw. wieder einmal den bevölkerungsmäßigen Hintergrund für Söldnerarmeen, Schiffsbesatzungen und neue Kolonisationsbewegungen, und zwar nicht nur nach Übersee, abgab.

Das wird anhand eines naheliegenden Beispiels anschaulich. London erlebte im 16. und 17. Jhdt. eine Bevölkerungsexplosion durch Zuwanderung. Diese nahm vor allem im 17. Jhdt. durch die bereits damals praktizierten Einhegungen der Allmende für Zwecke der Schafzucht weiter rapide zu. Zwischen 1500 und 1650 wird geschätzt, daß sich die Bevölkerung von London verachtfacht hat (Hill, 1972; Moore, 1966). Um dieser arbeitslosen Massen Herr zu werden, wurden verschiedene Strategien versucht, eine bestand in der „Auslagerung der sozialen Last" durch Kolonisation von Irland 1594. 1602 wurde geschätzt, daß allein in London 30.000 dieser „herrenlosen Männer" hausten, bei einer geschätzten Bevölkerung von nicht einmal 75.000, wobei allerdings weitere 150.000 außerhalb der Mauer siedelten.

Diese „Herrenlosen" hatten leibliche und psychische Bedürfnisse. Die dringende Befriedigung der leiblichen Bedürfnisse rief karitative Bewegungen auf den Plan, besonders in den Jahren des Bürgerkriegs. Es kann nicht unerwähnt bleiben, daß gerade hier Emigranten wie Hartlib, Comenius und Dury – die „drei Fremden" – eine bedeutende Rolle spielten, wie auch Winstanley. Unter Berufung auf Bacons unter solchen sozialen Bedingungen verständliche Forderung nach dem Einsatz von Wissenschaft zur Verbesserung der Lebensbedingungen wurden Wissenschaft, Astrologie und Soziallehre vor allem durch Comenius zu einer millenarischen Heilslehre verpackt[22]. In Winstanley fand sich hingegen jene Persönlichkeit, die Hobbes' kompetitivem Individualismus ein alternatives Modell entgegenstellte, das als frühkommunistisch bezeichnet werden kann. Allerdings waren diese Vorstellungen keineswegs neu. Seit dem 15. Jhdt. finden sich in Großbritannien wie am Kontinent verschiedene Bewegungen, die wie Münzer oder die Ranters Privatbesitz ablehnten, freie Liebe predigten und praktizierten, gleichzeitig die Rückkehr zu traditionellen Lebensweisen forderten und statt Rationalität Dialektik wollten. Keine dieser Bewegungen setzte sich durch, zumal ihnen mächtige Kontrahenten gegenüberstanden, die

22 Der Zusammenhang zwischen der Wissenschaft des 17. Jhdts. und Gesellschaftsreformen ist vielfältig und wirft ein neues Licht auf diese „heroische Zeit" der Wissenschaft. „Chemistry became almost equated with radical theology" schreibt Hill (1972, S. 290). Astrologie spielte dabei, wie kaum anders zu erwarten, gleichfalls eine wesentliche Rolle. Allerdings waren die dahinterstehenden Überlegungen anderer Art als wir uns heute vorstellen. Mit Hilfe der Astrologie wurde der Versuch gemacht, die Prinzipien der Entwicklung menschlicher Gesellschaft zu entschlüsseln, sie war demnach eine Vorläuferin der Soziologie des 19. Jhdts. . . . Cohen (1958) vertritt deshalb auch die Position, daß Newton vor allem aus diesem Grund an Mathematik und Astronomie interessiert war, weswegen ihn Keynes auch bei den 300-Jahr-Feiern anläßlich seines Geburtsjahres als den „letzten Magier" (magician) bezeichnete.

auf der Basis puritanischer Selbstdisziplin[23] nicht nur Rationalität verkörperten und Privatbesitz verteidigten, sondern gerade deshalb auch besser in der Lage waren, politisch erfolgreiche Koalitionen zu schließen. Zu ihren prominenten Vertretern zählt William Blake hundert Jahre danach und, als herausragende „Symbole der Unterdrückung", Newton und Locke.

Für unsere Zwecke und weitere Diskussion sind diese millenarischen Bewegungen Beispiele dafür, wie aus massiver Entwurzelung und Entfremdung „Traumspiele" (Hauser, 1964) entstehen können, die in Richtung sozialer wie auch technischer Innovation zielen, sie aber nicht umzusetzen imstande sind.

Aus der Krise, die das 16. Jhdt. erschüttert hat und die in der „Desintegration der Wirtschaft und Gesellschaft", der „Verdinglichung der Kultur", der „Entfremdung des Individuums" und einer allgemeinen „Verunsicherung" besteht, entwachsen Wunschvorstellungen, die Calderon oder Shakespeare (Hauser, 1964) oder danach Defoe und Fielding in Szene setzen. Und diese Bühnen sind wiederum nicht frei von Maschinen. Das Barocktheater lebte davon, wie auch die Defoeschen Träume vom Überleben auf einer einsamen Insel von ihnen schwanger sind. Vorstellungen wurden hergestellt, doch ihre Umsetzung in Realität glückte nicht.

Weiters fällt auf, daß schon früh nach der Einführung des Buchdrucks „mechanische Bücher" großes Interesse und nicht minder großen Absatz gefunden haben. Seit der ersten Auflage Vitruvs (1543 in Latein, 1548 in Deutsch) erschienen laufend Maschinenbücher, die alle um den Gedanken eines Maschinentheaters kreisten. Um nur eines zu nennen, sei das sechsbändige „Theatrum Machinarum" von Heinrich Zeising genannt, dessen Erstausgabe 1607–1614 erschien (Troitzsch, 1982). Die meisten der darin präsentierten Apparate waren, wie auch viele von Leonardo da Vincis Zeichnungen, unrealisierbar. Sie waren Spiele, und so kann es auch nicht erstaunen, daß manche solcher Spiele als Theater tatsächlich gebaut wurden, wie 1613 in Hellbrunn.

Die Unfähigkeit zur Verwirklichung der Träume drängt dazu, sie in einer neuen Traumtechnologie, dem Buch in Form des Romans, herzustellen. Dazu wird auch eine eigene, hochelaborierte und in Details gehende Sprachform nötig und entwickelt, die im monologischen Diskurs des im ausgehenden 17. und beginnenden 18. Jhdts. in Mode kommenden Tagebuchschreibens gepflegt wird.

Manche Vorstellungen werden aber irgendwann doch Realität. Das gilt für eine der Ideen Herons, dessen Schriften 1575 erstmals veröffentlicht wurden, und worin auch die Heronsche Dampfkugel aufschien. Von da an finden sich wiederholte Versuche, Dampfmaschinen zu bauen. Ein

---

23 In einem gewissen Kontrast zu Elias (1969) erklären englische Historiker das Entstehen von Selbstdisziplin im Puritanismus als Resultat solcher „Herrenlosigkeit". Es war ein Versuch den verlorenen Herrn in sich selbst wieder zu finden und dadurch eine neue gesellschaftliche Ordnung zu begründen. (Walzer, 1968)

erster stammt von G. Branca aus dem Jahr 1629, der ein Stampfwerk mit einem sogenannten „Püsterich" antreiben wollte (Troitzsch, 1991). Diese Vorstellung mußte noch mangels Erfolges abgesagt werden. Der Traum starb jedoch nicht mehr aus. Morland, Papin und andere versuchten sich darin, bis 1712 die erste dampfgetriebene Arbeitsmaschine von Newcomen tatsächlich in Betrieb ging. Nicht unerwähnt kann bleiben, daß 24 Jahre davor auch die soziale Stagnation in der „Glorreichen Revolution" zumindest in England ihr Ende fand.

6.5 Die Geburt des sozio-technischen Systems

Es ließe sich – nachdem ab Mitte des 15. Jahrhunderts die Bevölkerungszahlen allmählich wieder ansteigen – fast ein analoges Bild wie das für das Mittelalter zeichnen: Anstieg der Bevölkerungszahl, Veränderungen und Verbesserungen in der Landwirtschaft, Migrationen verschiedenster Art, kleine technische Verbesserungen hier und dort – und dann plötzlich ein „Take off" im 18. Jahrhundert.

Man spricht daher gerne von zwei Wellen[24], und diese korrespondieren in interessanter Weise mit den beiden industriellen Revolutionen, die von T. Otten (1986) kompakt erarbeitet wurden. Die Bevölkerungsentwicklung kann auch in dieser Phase der Geschichte nicht nur mit Hilfe von Zahlen erfaßt werden. Die demografische Explosion brachte, wie zu erwarten war, eine neue Mobilität zustande, die dreierlei bewirkte: eine nicht gekannte Zunahme der Größe von Städten mit allen damit verknüpften Problemen, eine entsprechende Reaktion der Etablierten in den Städten, was u. a. auch die Zünfte zu immer weiterreichenden protektionistischen Maßnahmen veranlaßte, und schließlich einen Bedarf an neuen Kooperationsformen.

Diese neuen Kooperationsformen sind aus unserer Perspektive von eminentem Interesse, bilden sie doch, wie zuvor gesehen wurde, die Voraussetzung für die Integration neuer technischer Innovationen. Diese neuen Formen müssen aus zwei unterschiedlichen Perspektiven dargestellt werden, aus der Nähe, wobei ein mikroskopisches Bild entsteht, und aus einer Vogelflugsicht, die die großen Linien erkennen läßt.

6.5.1 Vergesellschaftung der Individuen

Beginnen wir mit dem Detail, so bleibt zunächst festzuhalten, daß die Gesellschaft, trotz aller neuen Entwicklungen, nach wie vor ständisch organisiert war. Das Prinzip der Gemeinschaft und die Integration in Gemeinschaften prägten die Vorstellungen des Zusammenlebens, was sich u. a. auch an dem Begriff „herrenlose Menschen" als Beschreibung

---

[24] Diese „zwei Wellen" der Bevölkerungsentwicklung in Europa berücksichtigen aufgrund des Mangels an irgendwelchen verläßlichen Daten Entwicklungen in der Antike zwangsläufig nicht.

eines ungehörigen Zustandes zeigt. Die Solidargemeinschaften kannten zwar Lohnarbeit und Hilfsarbeit, doch wurden sie nicht als der Regel entsprechend betrachtet. In oder nach der Regel gehörte man einem Verband an, der Produktion und Versorgung einschloß, und zwar egal, ob im städtischen Handwerk oder im ländlichen Großgrundbesitz. Solche Solidargemeinschaften hatten oft eine komplexe Struktur, weil es möglich war, sowohl einem „oikos" wie auch etwa einer Bruderschaft von Handwerksgesellen anzugehören, die eine zusätzliche Absicherung gestatteten. Umgekehrt gehörten die „Häuser" ebenfalls in unterschiedlicher Weise größeren Organisationen an, etwa den Zünften, die die Qualität der Produkte, Preise und Entlohnung, Arbeitszeiten und Produktionsmengen kontrollierten und darüberhinaus auch noch für Ausbildung, Nachwuchs und soziale Wohlfahrt ihrer Mitglieder zuständig waren. Analoge, wenn auch weniger komplexe Einrichtungen fanden sich in den Dörfern, denen auch die Sorge für Kranke, Schwache und Arme zufiel, wenn sonst niemand zuständig war, bzw. die im öffentlichen Gemeindeland Vorsorge für die Besitzlosen schufen.

Diese Struktur wurde sukzessive zerstört[25]. Die genannten Katastrophen trugen dazu genauso bei wie ihr Gegenteil, Überbevölkerung. Doch es blieb nicht allein bei diesen Unwägbarkeiten. Einhegungen und Großgrundbesitz, Erbrecht und Gewerbekontrolle setzten Grenzen und erzwangen Mobilität, meist in die Städte oder deren Bannkreis[26]. Es ließe sich demnach mit einer gewissen Berechtigung sagen, der Erfolg der Zünfte ist Ursache ihres Verfalls.

Denn das durch Auslagerungen entstehende Chaos verlangte nach neuen Ordnungsprinzipien und Verwaltern. Tatsächlich nahmen sich gleich zwei Bewerber dieser neuen Aufgaben in unterschiedlicher Weise an: Unternehmer und Staat.

Es fand sich Kaufmannskapital, das sich wegen der expandierenden Märkte veranlaßt sah, die Produktionsregeln der Zünfte zu durchlöchern, zunächst nur außerhalb der Städte, wo die Zünfte keinen oder wenig Einfluß hatten. Nicht selten allerdings geschah das mit benevolenter Förderung von seiten der jeweiligen Landesherren. Dieses so etablierte Verlagssystem existierte, wie wir wissen, schon im hohen Mittelalter, konnte aber unter den gegebenen Bedingungen weiter expandieren. Vor allem war in der neuzeitlichen Variante das Arbeitslosenheer nicht in der üblichen Weise einzubinden, denn es waren häufig die primitivsten Voraussetzungen für Produktion nicht mehr zu finden.

---

25 Die allmähliche Auflösung der Zünfte war allerdings auch ein Ergebnis der starken Migrationen innerhalb von Europa. Die Ausweisung der Hugenotten aus Frankreich hatte z. B. eine nicht zu unterschätzende Immigration von Handwerkern in England zur Folge, die als Fremde zwangsläufig nicht zünftisch integriert waren.

26 Die Bevölkerungsexplosion brachte nicht nur „herrenlose Menschen", sondern auch neue Formen des Zusammenlebens mit sich, die dann das Wachstum ihrerseits anheizten. Die Entstehung der Kleinfamilie, der romantischen Liebe und die Erosion der weitreichenden Eheverbote für nicht besitzständige Personen beiderlei Geschlechts sind Ergebnisse dieser Entwicklung (Bauer/Matis, 1988; Shorter, 1975).

Die Leute besaßen keine Webstühle, waren keine Kleinhäusler, die sich ein Zubrot erwirtschafteten, sondern oft genug schlicht Obdachlose. Zentrale Manufakturen entstanden, um das Problem zu umgehen, wobei nicht nur Garn und Aufträge, sondern zunächst Werkzeug und Dach zur Verfügung gestellt wurden und werden mußten.

Solche Arbeitshäuser waren auch nicht mehr im „Haus" integriert, sondern außerhalb des Hauses, ja der Stadt, auch aus schon erwähnten Gründen. Weiters läßt sich unter derartigen Bedingungen nicht einfach nur auf die tradierten Kenntnisse einer Hausindustrie zurückzugreifen, sondern die Kenntnisse müssen selbst erst vermittelt werden.

Meistens wird A. Smith (1776) zum Herold der modernen Arbeitsteilung gemacht, die er zwar nicht erfunden, aber zumindest theoretisiert und ideologisiert hat. Smith stellt ein ökonomisches Gesamtkalkül an, in dem er Arbeitsteilung aus dieser großen, nationalökonomischen Perspektive interpretiert. Die Quellen dieser Arbeitsteilung liegen zwar einerseits im Selbstinteresse der Unternehmer, andererseits aber auch darin, daß die frühen Industriearbeiter kaum über einschlägige handwerkliche Kenntnisse verfügten, also angelernt werden mußten.

Da es sich dabei um langwierige Prozesse handelt, die sich für Arbeitgeber wie Arbeitnehmer nur über lange Zeitspannen amortisieren, ist Anlernen für einige repetitive Handgriffe einfacher, billiger und schneller. Zwar muß als Folge dessen dann der gesamte Arbeitsprozeß neu gestaltet werden, denn dadurch ergibt sich der Übergang von „Leistungsspezifikation" zur „Leistungsspezialisierung" (Weber, 1922), doch gleichzeitig hat die maßgebliche Glocke geklingelt: Kenntnisse und Können werden soweit wie möglich in Arbeitsmaschinen ausgelagert[27], die dann nur mehr bedient und arrangiert zu werden brauchen. Daher rührt in Wahrheit der Reichtum der Nation.

Und nicht nur das. In der Arbeitsmaschine[28] liegt der Ursprung des „sozio-technischen Systems", d. h. eines Verfahrens, das das Soziale ersetzt, Kooperation ohne Interaktion möglich werden läßt. Sozialisation in Hinblick auf eine bestimmte Kooperation wird ersetzt, indem diese technisiert wird[29]. Linde ist zuzustimmen, soziale Institutionen werden nun über Geräte realisiert, wobei aber die grundlegenden Vorstellungen über Art und Form von Kooperation erhalten bleiben, indem sie in die Geräte als Grammatik eingehen (dazu: Kapitel 8).

---

27 Hauser (1964) betrachtet gleichfalls das 16. Jhdt. als Beginn des technischen Zeitalters, weil damals zuerst gelernte durch ungelernte Arbeit ersetzt wurde und die Mechanisierung der Produktion qualifizierte Arbeit entwertete.

28 Dazu liegt eine umfangreiche Studie aus jüngster Zeit vor, die nicht mehr berücksichtigt werden konnte: Spur (1991).

29 Diesen Sachverhalt stellt Marx (1867) in folgendem Zitat in anschaulicher Weise dar: „In Manufaktur und Handwerk bedient sich der Arbeiter des Werkzeugs, in der Fabrik dient er der Maschine. Dort geht von ihm die Bewegung des Arbeitsmittels aus, dessen Bewegung er hier zu folgen hat. In der Manufaktur bilden die Arbeiter Glieder eines lebendigen Mechanismus. In der Fabrik existiert ein toter Mechanismus unabhängig von ihnen, und sie werden ihm als lebendige Anhängsel einverleibt." (S. 445)

Diesen Wandel hat A. Smith in vollem Umfang gesehen und zum Ausdruck gebracht (Wieland, 1992). Arbeitsteilung beruht auf dem Prinzip der Teilung und Rekombination (division and combination). Es handelt sich um die Konstruktion eines Verbundes operational zusammenhängender Elemente. In Kapitel 3 wurde dieses Verfahren als „Projektierung" bezeichnet. Es beinhaltet die Zurichtung des „menschlichen Faktors".

Smith bezeichnet diese Konstruktion explizit als „System", das er sich gleichzeitig als Maschine vorstellt.

> „A system is an imaginary machine invented *to connect together* (m. H.) in the fancy those different movements and effects which are already in reality performed." (Zit. nach Wieland, S. 369)

Eine Maschine ist für Smith eine Vorrichtung, die nicht nur bestimmte Abläufe ausführt, sondern vor allem solche miteinander verbindet. Mit anderen Worten: Arbeitsteilung bedeutet den Entwurf einer Maschine, die die Arbeitsmaschinen miteinander verknüpft.

Mit nichts zu wünschen lassender Deutlichkeit macht er dann in seiner „Theorie der ethischen Gefühle" klar, daß dieses System die gesamte menschliche Gesellschaft ist, also ein „sozio-technisches System" darstellt:

> „Die menschliche Gesellschaft erscheint . . .wie eine große, ungeheure Maschine, deren regelmäßige und harmonische Bewegungen tausend angenehme Wirkungen hervorbringt." (zit. nach Dreßen, 1982, S. 209)

Dieser Entwurf erfolgt nach idealisierten Vorstellungen zwischenmenschlicher Beziehungen.

> „Die Manufaktur selbst liefert dem Maschinensystem in den Zweigen, worin es zuerst eingeführt wird, im großen und ganzen die naturwüchsige Grundlage der Teilung und daher der Organisation des Produktionsprozesses." (Marx, 1867, S. 400)

Das soziotechnische System externalisiert zwar Sozialstrukuren in

> „Arbeitsmaschinen, die ihre Bewegung vermittelst der Transmissionsmaschinerie von einem zentralen Automaten empfangen" (ibid.)

trotzdem aber repliziert es sie in ihren topologischen Ausprägungen.

Dieser Entwurf erfolgt nach wie vor nach den idealisierten Vorstellungen zwischenmenschlicher Beziehungen. Darauf werden wir im Kapitel 8 zurückkommen.

6.5.2 Sozialisationsersatz

Daß von dem Augenblick an, wo die zünftische Produktion umgangen wurde, das Hauptaugenmerk auf der Exteriorisierung von Können in entsprechende Maschinerien lag und nicht darauf gerichtet war, Arbeit zu erleichtern oder Kraftanstrengungen zu ersparen, wußte bereits J. St. Mill und läßt sich an der Art, wie diese Maschinen bereits früh beurteilt wurden, schnell erkennen.

Bereits um die Mitte des 17. Jhdts., also zu einer Zeit, wo mit Bestimmtheit noch nicht von Dampfmaschinen oder industrieller Revolution gesprochen werden kann, fanden sogenannte „Bandmühlen", d. h. Webstühle zur Produktion von Bändern, zunehmend Einsatz. Die Proteste der Bortenwirker, Posamentierer und Bandweber erreichten, daß noch 1685 ein kaiserliches Verbot der Bandmühlen in Deutschland ausgesprochen wurde. Trotzdem wurden sie aber insgeheim eingesetzt und fanden weite Verbreitung. In Bälde wurden dann diese Webstühle mit Wasserkraft angetrieben, was weiters dazu führte, daß die Arbeit überwiegend von Frauen und Kindern, also Ungelernten, geleistet wurde. Der gelernte Beruf der Bortenweber wurde damit mehr oder weniger aufgerieben und verschwand. Die Einschätzung der Zünfte, die 1685 zu dem besagten Verdikt führte, nämlich daß dadurch ihr Gewerbe zerstört und Hunger erzeugt würde, hat sich vollinhaltlich bestätigt (Troitzsch, 1991). Auch in anderer Weise läßt sich diese Exteriorisierung von „Können" bestätigen[30].

Die Pioniere der neuen Industrialisierung begannen bekanntlich überwiegend ihre Karriere in der Textilindustrie. J. Hargreaves entwikkelte 1767 eine Spinnmaschine. Diese produzierte Garn, das nur als Schußfaden verwendet werden konnte, wogegen die von Arkwright eingeführte „Waterframe" Garn produzierte, das auch für Kettenfäden verwendet werden konnte. Sie verdrängte die Vorgängerin, woran gleichfalls zu erkennen ist, das es um Auslagerung von Können ging. Es braucht auch wohl kaum erwähnt zu werden, daß traditionelle manuelle Spinnverfahren natürlich beides beherrschten.

Dieses Interesse an der Auslagerung von Können, das dadurch mit Kapitaleinsatz erwerbbar wurde, hatte einen doppelten Interessenhintergrund. Denn nicht nur die beschäftigten Industriearbeiter waren vergleichsweise ahnungslos, was ihre Tätigkeit betraf. Die Unternehmer standen ihnen in Hinblick auf handwerkliches Wissen in nichts nach[31]. Die Heroen dieser Entwicklung waren samt und sonders nicht von „der

[30] Bereits in der Antike finden sich erstaunlicherweise Beispiele für solche Auslagerungen von Können. Öffentliche Bauten in Rom wurden von angelernten Arbeitern errichtet, die aufgrund von Regeln ihre Arbeit ausführten. Dazu: J. E. Packer (1968). Dieselbe Tendenz ortet Guilmartin (1974) in militärischem Konnex im 16. Jhdt., wo wegen Mangels an ausgebildeten Kanonieren und Bogenschützen, neue Kanonen eingeführt wurden, die erlaubten die geringere Treffsicherheit der Schützen durch schnelleres Laden und damit häufigeres Schießen auszugleichen. Wenn auch Können noch nicht ausgelagert wurde, so zeigt sich doch bereits eine Tendenz an, mangelndes Können durch Technisierung zu ersetzen.

[31] Der Begriff „ahnungslos" bezieht sich auf die handwerklichen Kenntnisse, wie sie zünftisch tradiert waren. Allerdings beklagt sogar Ure die „grobe Unbekanntschaft seiner lieben, Maschinen exploitierenden Fabrikanten mit der Mechanik, und Liebig weiß von der haarsträubenden Unwissenheit der englischen chemischen Fabrikanten in der Chemie zu erzählen." (Marx, 1867, S. 408) Die neuen Unternehmer verfügten hingegen zwangsläufig über diverse andere, unternehmerische Kenntnisse. Ohne solche hätten sie es schwerlich geschafft sich durchzusetzen.

Branche". Arkwright war, bevor er sich der neuen Industrie zuwandte, Hausierer in Perücken, Cartwright ein kleiner Pastor, die Peels, die die bedeutendsten Textilfabrikanten werden sollten, waren kleine Bauern, genauso wie die Familie der Brüder Siemens.

Bessemer war dagegen Sohn eines Gießers und Stephenson Sohn eines Mechanikers, der eine Newcomen-Dampfmaschine in einer Kohlengrube bediente, wo auch er zunächst arbeitete. Damit wird ein nicht unwesentlicher Unterschied zwischen den neuen maschinenbaulichen und den alten Produktionen deutlich, der sich in nahezu reiner Form in der Biografie Maudsleys nachzeichnen läßt. Ihre Heroen waren aus gewerberechtlicher Sicht gleichfalls ungelernt, aber dafür erfahrene Autodidakten.

Henry Maudsley war das Kind eines Invaliden und demnach früh genötigt, sein Brot zu verdienen. Mit zwölf Jahren begann er im Arsenal von Woolwich zu arbeiten, offiziell zwar als Lehrling, tatsächlich aber eher als Hilfsarbeiter. Als Bramah, ein bekannter Londoner Mechaniker einen geschickten Hilfsarbeiter suchte, fiel es demnach Maudsley nicht schwer, seine Lehre aufzugeben und zu Bramah als Hilfsarbeiter zu gehen. Bramah war, möchte man sagen, ein notorischer Erfinder, der nicht nur eine Reihe von Patenten besaß, sondern auch mit vollem Engagement verwirklichte, wovon gerade gesprochen wurde, nämlich die „kostentreibende Handarbeit durch Werkzeugmaschinen zu ersetzen" (Paulinyi, 1991, S. 329).

Maudsley arbeitet bei Bramah mehr als sieben Jahre, wurde Werkmeister, verließ ihn aber schließlich, um seine eigene Werkstatt zu eröffnen. Zunächst entwickelte er eine Schraubenschneidemaschine, wobei bereits das Werkzeug auf einem Schlitten montiert wurde und über eine Spindel Vorschub und Umlaufgeschwindigkeit gekoppelt waren. Im Prinzip hat Maudsley damit die Universaldrehmaschine erfunden. Seinen Ruhm begründeten aber letzlich Holzbearbeitungsmaschinen zur Herstellung von Flaschenzugblöcken für die Marine.

„Der von ihm produzierte und 1809 in Portsmouth installierte Maschinensatz, mit dem zehn angelernte Arbeiter dieselbe Menge zustandebrachten wie 110 Handwerker, begründete den Ruhm der Firma . . ." (S. 332), schreibt folgedessen Paulinyi (1991). Ausschlaggebend war also die Möglichkeit, hochausgebildete Kräfte durch Maschinen zu ersetzen.

Diesen Prozeß, wie auch die daraus resultierenden Folgen erkennt bereits A. Smith (1776) ganz klar. Denn im letzten Buch seines Werkes, stellte er fest, daß jemand, der den ganzen Tag nur einige, wenige Handgriffe ausführt, verlernt seinen Verstand zu gebrauchen und

> „so stumpfsinng und einfältig wird,wie ein menschliches Wesen eben nur werden kann."(ibid., S. 662)

Dieser Zustand ist auch in den Augen Smiths nicht erstrebenswert, u. a. deshalb, weil darunter auch die Wehrfähigkeit leidet und der Unternehmungsgeist erstickt. Smith, der Proponent des freien Marktes, fordert daher staatliche Schulen und eine allgemeine Schulpflicht.

Es wird somit mehr als deutlich, daß der geschilderte Entwicklungsprozeß nicht allein teuere Arbeitskräfte, sondern den gesamtem Ausbildungs- und Sozialisationsprozeß einspart. Nicht Natur wird damit bearbeitet, sondern das Soziale in seinem innersten Kern.

Einmal soweit gekommen war dann der Rest nur mehr eine Frage der Organisation, des Kapitals und der Verfügung über hinreichend Energie, das heißt Kraftmaschinen, um die Arbeitsmaschinen in Bewegung zu setzen[32], man könnte auch sagen, um sie endgültig „zu befreien". Wie aber die frühen Beispiele gleichfalls zeigen, war dieser Schritt nicht notwendig an die Existenz der Dampfmaschine geknüpft. Das zeigt für Deutschland insbesondere Radkau (1989), der auch die Bedeutung technischer Entwicklungen in Hinblick auf ihre größere Organisationsfähigkeit anspricht. Soziotechnische Systeme lassen sich leichter herstellen als soziale Organisationen.

6.5.3 *Externalisierung der Freiheit in der Dampfmaschine*

Von Anfang an standen die ersten Fabriken, genauso wie ihre mittelalterlichen Vorreiter, an Wasserläufen. Ein wirklich umfassender Einsatz von Dampfmaschinen läßt sich erst gegen Ende des ersten Drittels des 19. Jhdts. festmachen[33]. Was Dampfmaschinen allerdings gegenüber Wasserrädern vor allem auszeichnete, war ihre Ortsunabhängigkeit, denn leistungsmäßig lagen sie in der Frühzeit sogar hinter den Wasserrädern. Paulinyi (1991) stellt mit gutem Grund fest, daß bis in die Zwanzigerjahre des 19. Jhdts. die vorherrschenden Kraft-

---

[32] „Die Erweiterung des Umfangs der Arbeitsmaschine und der Zahl ihrer gleichzeitig operierenden Werkzeuge bedingt einen massenhafteren Bewegungsmechanismus, und dieser Mechanismus zur Überwältigung seines eigenen Widerstands eine mächtigere Triebkraft als die menschliche, abgesehen davon, daß der Mensch ein sehr unvollkommenes Produktionsinstrument gleichförmiger und kontinuierlicher Bewegung ist." (Marx, 1867, S. 396)

[33] Dazu meint K. Marx (1867): „Die Dampfmaschine selbst, wie sie Ende des 17. Jahrhunderts während der Manufakturperiode erfunden ward und bis zum Anfang der 80er Jahre des 18. Jahrhunderts fortexistierte, rief keine industrielle Revolution hervor. Es war umgekehrt die Schöpfung der Werkzeugmaschinen, welche die revolutionierte Dampfmachine notwendig machte." (S. 396)
Allerdings fügt er wenig später folgendes an: „Indes war auch der Gebrauch der Wasserkraft als herrschender Triebkraft mit erschwerenden Umständen verbunden. Sie konnte nicht beliebig erhöht und ihrem Mangel nicht abgeholfen werden, sie versagte zuweilen und war vor allem rein lokaler Natur. Erst mit Watts zweiter, sog. doppelt wirkender Dampfmaschine war ein erster Motor gefunden, der seine Bewegungskraft selbst erzeugt aus der Verspeisung von Kohlen und Wasser, dessen Kraftpotenz ganz unter menschlicher Kontrolle steht, der mobil und ein Mittel der Lokomotion, städtisch und nicht gleich dem Wasserrad ländlich, die Konzentration der Produktion in den Städten erlaubt, statt sie wie das Wasserrad über das Land zu zerstreuen, universell in seiner technologischen Anwendung, in seiner Residenz verhältnismäßig wenig durch lokale Umstände bedingt." (Marx, 1867, S. 397/398)

spender Wasserräder waren und die Dampfmaschine keineswegs den ausschlaggebenden Anreiz für die maschinelle Produktion lieferte[34]. Was Dampfmaschinen allerdings vermochten, war die Produktion dorthin zu verlagern, wo es genügend ungelernte und deshalb billige und ständisch nicht organisierte Arbeitskräfte gab: in die übervölkerten Städte.

Die Dampfmaschine war die erste „universelle Kraftmaschine" und entsprach aufgrund dieser Universalität der neuen Wirtschaftsform des Marktes. Das vermochte sie umso erfolgreicher, als sie, auf Räder montiert, in der Lage war, auch die diversen Standorte netzartig miteinander zu verbinden. Ihre räumliche Universalität erlaubte z. B. in den USA die aufgrund der Flußläufe dominante Nord-Süd-Verbindung durch Ost-West-Strecken zu vervollständigen. Diese schon höchst attraktive räumliche Unabhängigkeit wurde aber durch eine zusätzliche zeitliche Unabhängigkeit vervollkommnet. Der Gütertransport war, solange er auf Wasserwege angewiesen war, starken jahreszeitlichen Schwankungen ausgesetzt, besonders in Nordamerika kam er im Winter nicht selten überhaupt zum Erliegen. Diese Abhängigkeit von der Witterung wurde durch den Einsatz der Eisenbahn ebenfalls dramatisch reduziert (Chandler, 1977).

In der Dampfmaschine vereinigten sich demnach jene Eigenschaften, die eine marktgemäße Organisation der Gesellschaft erst zur Wirklichkeit werden lassen. Innerhalb der Betriebe erfüllte sie dann zusätzlich eine nicht unwesentliche soziale und organisatorische Aufgabe, die aber auch Wasserkraft bewerkstelligen könnte. Sie bestimmte in der Folge die Geschwindigkeit der Arbeit, sodaß Dampf und Uhr zusammen zu einem grundlegenden Koordinierungsinstrument wurden und maßgeblich zur Koordination der neu aufgeteilten Arbeit beitrugen. Was mit diesen Geräten noch nicht zu erreichen war, wurde noch durch Disziplinar- und Kontrollstrukturen sowie über detaillierte Fabriksordnungen ergänzt, bis schließlich auch dazu Maschinen erfunden wurden, die, in Form von Fließbändern, den Takt vorgaben und solcher Art als „arbiter" einsetzbar waren. Kooperation wird nun ohne Sozialisation über Maschinen möglich.

Da es bekannt ist, daß in der Folge über Massenproduktion, Standardisierung und Normung auch die Abnehmer der neu produzierten Güter zunehmend in diese so geschaffene Markt- und Fabriksordnung eingebunden wurden, sei dieser Umstand nur mehr kursorisch und der Vollständigkeit wegen angeführt.

---

[34] Um Mißverständnisse von Anfang an auszuschalten, soll folgendes betont werden: Die Dampfmaschine war für den weiteren Verlauf der industriellen Entwicklung zweifellos von maßgeblicher Bedeutung. Sie übertraf bald die Wasserkraft an Leistung, sie gestattete eine weitere Reduktion der Arbeitskräfte, vor allem aber kreierte sie einen ungeheueren Bedarf an Stahl und Eisen (Eisenbahnbau), der dann durch die neuen Produktionsverfahren von Bessemer und Thomas auch befriedigt werden konnte. Sie heizte so die industrielle Revolution an.

6.5.4 Soziale Innovationen: Das Gesetz des Hungers

Die Befreiung von sozialisierenden zeitlichen und räumlichen Beschränkungen war um einen weiteren, wesentlichen Freiheitsgrad zu erweitern, der in der Genese eines hinlänglich verläßlichen Arbeitsmarkts bestand. Technische Innovation forderte eine dazu passende soziale Innovation ein. Da weder Löhne noch Arbeitsbedingungen – wenn wir von Ausnahmen wie Robert Owens Betrieb in Lanark absehen – hinlänglich attraktiv waren, um, solange eine Armenfürsorge bestand, die Versorgung mit Arbeitern zu gewährleisten wurden die Armengesetze abgeschafft. An ihre Stelle traten Arbeitshäuser und Disziplinaranstalten, wie sie bereits im vorigen Kapitel geschildert wurden, vor allem jedoch das Gesetz der Wildnis.

Die Fähigkeit, Unbewegtes absichtsvoll in Bewegung zu setzen und sich selbst zu bewegen ist eine Eigenschaft der Menschen, doch auch bewegte, tote Massen können Unbewegtes in Bewegung setzen (Freudenthal, 1988). Diese Äquivalenz ist vermutlich der Ursprung jeglichen Sozialersatzes durch Geräte. Sie ist der Punkt, wo Mechanik beginnt, die soziale Welt aus den Angeln zu heben.

Gleichzeitig ist der Menschen „Automobilität" ein Drücker, um dasselbe zu bewirken. In der Freizügigkeit der Bewegung begründet sich die Freiheit des Individuums. Diese Freiheit liegt sämtlichen Kontrakttheorien sozialer Kooperation zugrunde.

Die Fähigkeit, Unbewegtes in Bewegung zu setzen, teilen Kraftmaschinen mit Menschen, ihre Unfähigkeit, sich selbst zu bewegen, macht sie zu verläßlichen, weil unfreien Partnern.

Fähigkeiten, die sich nicht exteriorisieren lassen, erzeugen umgekehrt den Bedarf Menschen dingfest zu machen. Das wurde bereits bei der Schilderung des Mittelalters erwähnt. Um das zu erreichen, stehen verschiedene soziale Instrumente zur Verfügung. Gemeinschaften erreichen diese Festlegungen der Personen über ihre Sozialisationspraktiken. Gesellschaften müssen auch in dieser Hinsicht innovativ sein. Dazu erfinden sie die genannten Disziplinar- und Kontrolltechnologien, wie das Panoptikum (Kapitel 5).

War von Hobbes bis A. Smith noch immer das mittelalterliche Bemühen um die Gestaltung eines sozialen Ganzen – das allen ihren Teil zubilligte, indem es Armenfürsorge gab – im Zentrum der gesellschaftlichen Aufmerksamkeit, so änderte sich das in der Folge schlagartig. Soziale Innovation komplementierte die technische.

Die Fürsorge wurde nun jedem einzelnen selbst überlassen. Das jeweilige gesellschaftliche Ordnungsprinzip, das auch den frühen Naturwissenschaftern, wie Newton oder Kopernikus, ein Modell zur Erklärung der Ordnung in der Natur lieferte, wurde nun umgekehrt aus der Natur abgeleitet. So wie auf einer fernen Insel im Pazifik ein Gleichgewicht zwischen ausgesetzten Ziegen und Hunden aufgrund des Regimes des Hungers sich eingespielt haben soll, so sollte in Townsends Dissertation (1786), deren Grundidee von Malthus, Bentham und schließlich Darwin übernommen wurde, durch das Gesetz des Hungers Ordnung in der Gesellschaft einziehen (Polanyi, 1944). Nicht mehr die Gesellschaft wurde damit in die Natur projiziert, sondern umgekehrt ein Bild der Natur in die Gesellschaft. Die öffentliche Diskussion um die Armenfürsorge setzte mit Malthus Essay ein. Bentham und die Utilitaristen taten ein Zusätzliches, 1832 wurden die Gesetze in England abgeschafft. Utilitarismus, Liberalismus und die Reduktion des Staates auf die Aufgaben eines Nachtwächters wurden des weiteren zu führenden Glaubensbekenntnissen. Arbeitskämpfe, Wirtschaftskrisen und neue politische Parteien demonstrierten allerdings bald, daß Markt ohne Politik und Staat nicht funktionieren kann.

Die umgekehrte Erkenntnis, daß auch ein Staat ohne Markt nicht wirklich überlebensfähig ist, hat sich allerdings in umfassender Weise erst unlängst eingestellt. So kommt es, daß individualisierte Gesellschaften zwei Formen ihrer Organisation benötigen, die symbiotisch aufeinander angewiesen sind. Dieser Möglichkeit steht jene prinzipiell andere Art solidarischer Kooperation gegenüber, die durch Markt und Staat und unter Einsatz spezifischer technischer Innovationen weitläufig zum Verschwinden gebracht wurde. Eine Auseinandersetzung damit ist Thema des nächsten Kapitels.

Bevor wir uns diesem zuwenden, soll aber ein Faden aufgegriffen werden, der im Kapitel 3 zunächst fallen gelassen wurde.

Technik, wurde dort festgestellt, etabliert soziale Ordnung. Kapitel 4 hat dann gezeigt, daß technische Innovationen Konsens ermöglichen können. Dieses Kapitel zeigt, daß durch Auslagerung, Externalisierung von Wissen oder Können und Kraft in Technik nicht nur Konsens, sondern auch das erzeugt wird, was Durkheim in irreführender Weise als „organische Solidarität" durch Arbeitsteilung beschrieben hat, in unseren Worten, Kooperationsbedingungen.

Man merke aber: Anders als bei der industriellen Revolution des Mittelalters, wo vorallem die Kraftmaschine in Form von Mühlen die Neugestaltung der Kooperationsbedingungen ermöglichte, wird diese neue Arbeitsteilung durch Auslagerung von Wissen in Geräte erzeugt, an denen nicht ausgebildete, angelernte Arbeitnehmer tätig sind. Bis zu den Tagen Smiths waren die Sozialwissenschafter die Architekten der Gesellschaft, im Markt wurden es hingegen die Ingenieure. Ihre Produkte erwiesen sich in Hinblick auf soziale wie technische Innovationen als plastisch genug, um gleichzeitig konträre Anforderungen neuer Organisationsformen, vom universalistischen Markt bis zum territorial abgegrenzten, hierarchisch geordneten Staat zu befriedigen. Weltoffener Mobilität wie auch der Disziplin geschlossener Anstalten vermochten sie gerecht zu werden.

Der Ingenieur ist und erzeugt das Individuum. Auch wenn soziale Innovationen Bedingung für technische sind, so sind technische in der Lage, trotz ihrer Plastizität soziale Innovationen einzufordern. Technik ist demnach auch Politik.

6.6 Resümee

Betrachtet man die Geschichte, so entsteht der Eindruck, daß sich zwei soziale Prozesse gegenseitig bedingen: Individualisierung und Technisierung. Allerdings bedarf es von der technischen Intention zu deren Realisation eines zusätzlichen Zwischenschritts, nämlich einer erfolgreichen Organisation gegenseitig fremder Individuen in neuen Formen der Kooperation. Diese neue Organisation der Kooperation kann dann in verschiedener Weise durchgeführt werden. Dazu müssen diese Individuen entweder resozialisiert und diszipliniert werden, oder Bedingungen geschaffen werden, die solche Maßnahmen unnotwendig werden lassen. Das geschieht durch Exteriorisierung menschlicher Fähigkeiten in Maschinen. Gelingt dies nicht, so bleibt es bei Träumen.

Im vorliegenden Kapitel wurde die Aufgabe gestellt zu zeigen, daß zu Zeiten, in denen Vergesellschaftungstendenzen überwiegen, auch entsprechende Technisierungsschübe auftreten, und umgekehrt, daß Vergemeinschaftungen mit Innovationshemmungen korrespondieren. Entgemeinschaftung fördert zwar die technische Intention, sie manifestiert sich aber solange in Traumtechnologien, solange keine erfolgreichen Resozialisationsmaßnahmen, d. h. Vergesellschaftung, gesetzt werden können. Es wurde des weiteren auch gezeigt, daß es prinzipiell unterschiedliche Resozialisationsmaßnahmen gibt, die zu ihnen entsprechenden spezifischen Technisierungsweisen führen. Technisierung und beweisende Wissenschaften sind in ihren Formen gesellschaftlich geprägt. Sie nähren sich aber von der gleichen sozialen Grundvoraussetzung, nämlich Individualisierung.

Betrachtet man Technisierung als „Sozialersatz", d. h. als Verfahren, soziale Rollen zu externalisieren und Sozialisation zu verkürzen bzw. überhaupt überflüssig zu machen, so wird die mit der Neuzeit zunehmende Tendenz, Wissen und Können auszulagern und stattdessen Arbeitsmaschinen einzusetzen, verständlich. Diese Tendenz ist besonders charakteristisch für marktmäßig organisierte Gesellschaften, die Sozialisierungsmaßnahmen abhold sind und überwiegend auf Autodidaktik setzen. Und diese „Auto-Sozialisation" wird auch zum Antrieb für technische Innovationen.

Die gesamte Entwicklung hängt engstens mit der Ideologisierung des unabhängigen Individuums zusammen. Sie läßt auch den von Weber herausgearbeiteten Übergang von Leistungsspezifikation auf Leistungsspezialisierung als zwangsläufiges Resultat reduzierter Sozialisation verständlich werden. Unser Ansatz macht ferner deutlich, daß sich die unterschiedlichen (Re-)Sozialisationsstrategien bestens – in Analogie zu den Regenerationsmerkmalen in der Biologie – als Klassifikationsinstrumente für unterschiedliche Sozietäten eignen.

Die Einmaligkeit der neuzeitlichen Entwicklung besteht darin, daß sie einerseits Individualisierung und Entfremdung zum Prinzip erhoben hat, vor allem durch eine umfassende Schulpflicht. Das wurde bereits im vorigen Kapitel ausgesprochen. Andererseits hat sie technische Innovationen zu sozialen gemacht; Artefakte wurden, wie Linde (1972) mit gutem Grund feststellt, zu sozialen Institutionen. Damit ist aber noch nicht alles gesagt.

Sonntag (1988) zeigt nämlich weiters, wie diese Entwicklung in einer „Psychotechnologie" kulminiert.

> „Wesentlich an diesen „modernen Integrationsformen" scheint also zu sein, daß sie gleichsam unterhalb der Ebene einer klassischen politischen Theorie (und der mit ihr verbundenen Praxis) sich vollziehen, daß sie weniger aus der „Gesamtheit der materiellen und moralischen Bedingungen" hervorgehen, als sich vielmehr konstituieren in der „Gesamtheit der *Mittel*" und dem „Spektrum der *Prozeduren*", die „ein Zerfallen der Gesellschaft" verhindern. Die Politische Theorie des Bürgertums verblaßt zugunsten einer Politischen Technologie . . ."

und er fährt fort:

> „. . . diese beginnt sich im Zuge von Entwicklungen zu entfalten, die mit der zunächst manufakturellen Teilung der Arbeit, dann der industriellen Revolution und Maschinisierung die Gesamtheit der Tätigkeiten und Prozesse, die den Notwendigkeiten des Lebens und Überlebens dienen, aus dem Bereich des Privaten, der Familie und des „Ganzen Hauses" in den Bereich des Öffentlichen verlagern." (Sonntag, 1988, S. 167)

Die Genese des Individuums ist Bedingung für das Funktionieren neuzeitlicher Produktionsmethoden. Sie erfordert aber darüber hinaus Integrationstechnologien, von denen zu erwarten ist, daß sie sich apparativ technisieren lassen und auf diese Art das (ich möchte vermuten, auch gewünschte) soziotechnische System konstituieren.

Zweierlei wird in dieser Aussage von M. Sonntag mehr als deutlich:

Zunächst die Intensionalität technischer Entwicklung, die in der Substitution des Sozialen durch Technik – Sozialersatz – zu suchen ist. Weiters die zugrundeliegende Interdependenz zwischen Technik und sozialer Innovation.

Aus dieser grundlegenden Polarität und Konkurrenz erklärt sich möglicherweise die oft konstatierte Rivalität zwischen den „zwei Kulturen", zwischen Technikern und Politikern (Juristen, Humanisten) (Mai, 1992). Das folgende Kapitel wird sich nun mit den Möglichkeiten sozialer Integration auseinandersetzen.

7. Gemeinschaft und Gesellschaft*

Im Kapitel 6 wurden jene historischen Entwicklungsprozesse darstellt, die Menschen bestimmen, sich als ‚Subjekt' zu verstehen. Diese scheinen keineswegs einmalige Prozesse zu sein. Subjektivierung wird folglich als historisches Resultat eines Entfremdungsprozesses verstanden, der reflexiv verarbeitet und bewußt gemacht wurde. ‚Die Moderne' unterscheidet sich von ähnlich gelagerten historischen Entwicklungen dadurch, daß sie diese Situation ideologisch überhöht, sodaß Subjektivierung nicht mehr nur Ergebnis historischer und somit unkontrollierter Prozesse massiver Auslagerung und Zerrüttung ist. Aufgrund solcher ideologischer Überhöhung, die sich z. B. in protestantischen Religionsbewegungen (Weber, 1921) manifestiert, die aber schon im frühen Christentum angelegt ist (Goody, 1983), findet sich in Schulen und anderen Bildungsinstitutionen der erklärte Auftrag zur Individualisierung bzw. Subjektivierung.

Der Prozeß der Erzeugung eines Individuums ist nun nicht mehr dem Zufall überlassen, sondern absichtsvolles, gesellschaftlich gestütztes Handeln. Auch das ist eine soziale Innovation. Er konstituiert nicht mehr Unglück, sondern Glück. Allerdings bleibt es nicht allein bei diesem Handeln. Das isolierte Individuum ist, wie bereits die Griechen wußten, ein Idiot, ein lebensunfähiges Wesen. Individualisierung stellt nur eine Bedingung dar, um nachfolgend eine zweite Sozialisierung zu ermöglichen. Dieser zweite Sozialisierungsprozeß wird aber nicht mehr in der selben Weise ideologisch überhöht.

Anhand historischer Beispiele wurden im vorigen Kapitel Möglichkeiten solcher neuer Organisationsformen und Resozialisierungen aufgezeigt. Diese sollen nun systematisiert werden. Dazu werden in Kürze ähnliche Ansätze in ihren wesentlichen Übereinstimmungen skizziert, bevor sie in einem eigenen formalen Modell zu einem konsistenten Kategoriensystem synthetisiert werden.

7.1 Grundformen sozialer Kooperation

M. Weber (1922) beginnt sein monumentales Werk in den Vorbemerkungen mit einem Verweis auf Ferdinand Tönnies (1887). Tönnies dürfte demnach erstmals auf die grundlegenden Unterschiede sozialer Organisation verwiesen haben, die auch wir bisher als konstitutiv erachtet haben.

---

* Siehe Grafik am Bucheinband.

7.1.1 Aggregat und Organismus

F. Tönnies' Unterscheidung zwischen „Gemeinschaft" und „Gesellschaft" ist, jenseits der damit verbundenen Emphase, ein äußerst nützliches Instrument. Für Tönnies ist „Gesellschaft" Resultat „des Verfalls aller Gemeinschaft". Es handelt sich um eine Art Sündenfall, dem das Paradies vorausgeht. Das Paradies, ein Stadium sozialer Existenz, in dem der einzelne in einem größeren, gemeinschaftlichen „Organismus" oder „Ganzen" aufgeht, liegt in der Zeit vor der Erfindung des „Individuums". Diese seine „organistische" Sichtweise teilt Tönnies u. a. mit Emile Durkheim (1893), der ebenfalls von einem Zustand „primitiver Gesellschaften" bei der Arbeitsteilung ausgeht. In diesem findet sich als Ergebnis eines „Homogenitätszustandes" eine Situation, in der sich der einzelne nicht von seiner Gruppe, sein Bewußtsein kaum vom kollektiven unterscheidet.

Grundlegend verändert sich die Sichtweise an dem Punkt, wo eine weitere Entwicklung berücksichtigt wird. Tönnies versteht „Gesellschaft" als Ansammlung getrennter Individuen, die nicht mehr Glieder eines Ganzen sind. Folglich können sie auch keine Funktionen in diesem Ganzen haben. Gesellschaft ist für Tönnies ein „Aggregat", also eher einem Mechanismus vergleichbar als einem lebenden Organismus. Organe können nicht ausgetauscht werden, Maschinenteile schon.

Da Weber und andere auf Tönnies' Kategorien Bezug nehmen, ist es zweckmäßig, diesen in seiner Terminologie nicht mehr zeitgemäßen Ansatz darzustellen. Das „Individuum" existiert nach Tönnies nicht in Gemeinschaften. Dort hat der einzelne kein Recht gegenüber dem Ganzen, wogegen umgekehrt die Gemeinschaft gegenüber dem einzelnen Ansprüche stellt, die kompromißlos erfüllt werden müssen. Aufgrund dieser Voraussetzungen verhalten sich Menschen zueinander in den jeweiligen Typen „Gemeinschaft" und „Gesellschaft" grundlegend unterschiedlich[1].

In Gesellschaften verhält sich der einzelne seinen Mitmenschen gegenüber berechnend, rational und zweckorientiert utilitaristisch. In einer Gemeinschaft wirkt andererseits gemeinsames Denken so verbindend, daß

---

[1] Tönnies (1887) schreibt: „Gemeinschaft ist das dauernde und echte Zusammenleben, Gesellschaft nur ein vorübergehendes und scheinbares. Und dem ist es gemäß, daß Gemeinschaft selbst als ein lebendiger Organismus, Gesellschaft als ein mechanisches Aggregat und Artefakt verstanden werden soll." (S. 4)
Weiters: „Gesellschaft also, durch Konvention und Naturrecht einiges Aggregat, wird begriffen als eine Menge von natürlichen und künstlichen Individuen, deren Willen und Gebiete in zahlreichen Verbindungen zueinander, und in zahlreichen Verbindungen miteinander stehen, und doch von einander unabhängig und ohne gegenseitige innere Einwirkung bleiben." (S. 44)
Sowie: „Zwei Zeitalter stehen mithin . . . in den großen Kulturentwicklungen einander gegenüber: ein Zeitalter der Gesellschaft folgt einem Zeitalter der Gemeinschaft. Dieses ist durch den sozialen Willen als Eintracht, Sitte, Religion bezeichnet, jenes durch den sozialen Willen als Konvention, Politik, öffentliche Meinung." (S. 215)

sich eine „Wesenheit" bildet. Gemeinschaft repräsentiert einen Gegensatz zum Rationalen, welches, als Denkform, mit einem Apparat im Kopf verglichen wird. In einer rationalen Gesellschaft, in der Menschen isoliert nebeneinander leben, ist der einzelne als Individuum relativ frei. Die Gesellschaft wird vor allem durch Tausch zwischen Individuen konstituiert, u.zw. Individuen, die einander fremd sind und so wenig gemein haben.

Gemeinschaft ruht hingegen in „Liebe", egal ob es die Liebe der Eltern, geschlechtliche oder geschwisterliche Liebe ist. Klassischer Ort solcher Bindungen sind demnach Familie und Dorf, jener gesellschaftlichen Zusammenlebens ist dagegen die Großstadt, der Staat und – noch weiter gefaßt – die kosmopolitische Welt. Maßgebend für Gesellschaft ist die prinzipielle Fremdheit der Individuen zueinander. Diese wird nur aus einem utilitaristischen Kalkül, welches der Notwendigkeit zu minimaler Kooperation entspringt, vor allem im Tausch kurzfristig durchbrochen.

Durkheim (1893) versteht den Prozeß organischer Differenzierung hingegen als Prozeß gesteigerter Individualisierung, weil Personen, die jeweils nur Teile der gesellschaftlichen Arbeit ausführen, zwangsläufig unterschiedliche Erfahrungen machen, also andere als jene machen, die Aufgaben eines anderen „Organs" übernehmen[2].

Diese Form der Kooperation, die Durkheim als „organische Solidarität" bezeichnet, ist das Resultat zunehmender Arbeitsteilung, die auch eine zunehmende Differenzierung zu der Gruppe entstehen läßt. Doch auch Gruppen wachsen in der Folge unterschiedliche Aufgaben zu. Dadurch entstehen komplexe Abhängigkeiten zwischen Untergruppen und einzelnen Menschen vom sozialen Ganzen. Die Gesamtheit der Leistungen steht nur über diese Kooperationsform zur Verfügung.

Den anderen, den primitiven Zustand bezeichnet E. Durkheim mit „mechanische Solidarität", wobei diese Begriffswahl, mit ähnlichen Ansätzen verglichen, Verwirrung stiftet. „Mechanische Solidarität" ist für Durkheim primitiver als „organische Solidarität"; man könnte vermuten, daß Durkheim durchgehend biologisch bzw. evolutionär dachte und daß er undifferenzierte Einzeller mit den Organismen höherer Lebewesen verglich. Dieses Bild ist jedenfalls seinem Entwicklungsmodell analog, auch wenn es seine Begriffswahl nicht logischer erscheinen läßt[3].

---

[2] G. Simmel (1908b) unterscheidet folglich scharf zwischen zwei Formen der Individualität. Eine ist kosmopolitisch, sie betont vor allem die Gleichheit der Individuen. Die andere hebt hingegen die Verschiedenheit hervor. Simmel bezeichnet dies als romantische Form der Individualisierung. Diese Unterscheidung scheint der Differenz zwischen Markt und Nullmatrix in unserem System zu entsprechen.

[3] Durkheim bezieht sich allerdings nicht auf Einzeller, sondern auf Moleküle. „Die sozialen Moleküle, die nur auf diese einzige Art zusammenhalten können, könnten sich in ihrer Gesamtheit somit nur in dem Maß bewegen, in dem sie keine Eigenbewegung haben, so wie es bei den Molekülen der anorganischen Körper der Fall ist." (Das mag 1893 noch Geltung beansprucht haben, uns fällt es bereits schwer, diese Metapher noch nachzuvollziehen. M. S.)

Man sieht, daß auch Durkheim Individualität als Ergebnis sozialer Entwicklung betrachtet und die Auffassung vertritt, daß es Zustände gibt, in denen Ichbezogenheit und Subjektivität unbekannt sind[4]. Will man soziale Phänomene verstehen, so muß man solche Möglichkeiten in Rechnung stellen. Die Beobachtungen diesseits und jenseits des Rheins sind somit ähnlich, ihre Wertungen fallen allerdings konträr aus[5]. Mechanische Solidarität nährt sich von der durchgehenden Ähnlichkeit der Menschen in einem sozialen Kollektiv. Ihre „Individualität ist gleich Null". Individualität „kann nur entstehen, wenn die Gemeinschaft weniger Platz in uns einnimmt." (Durkheim, 1893, S. 182)

7.1.2 Erwartetes Verhalten

Max Weber (1922) sieht die Gesamtsituation analog. Allerdings spricht er von „Vergemeinschaftung", also Prozessen, wenn sich soziale Beziehungen auf subjektiv gefühlter – das heißt von Affekten und Traditionen getragener – Zusammengehörigkeit entwickeln. Umgekehrt nennt er „Vergesellschaftung" Prozesse, wo Beziehungen rational motiviert werden, weil sie auf Interessenausgleich und Interessenverbindungen basieren. Doch auch Weber betrachtet wie Tönnies den Markt, wie wir bereits in Kapitel 6 gesehen haben, als reinsten Typ der Vergesellschaftung und Familie als jenen der Vergemeinschaftung[6].

---

[4] „Wir schlagen daher vor, diese Art der Solidarität mechanisch zu nennen. . . . Wir nennen sie nur so in Analogie zu der Kohäsion, die die Elemente der festen Körper miteinander vereint, und in Gegensatz zu jener Kohäsion, die die Einheit der lebenden Körper ausmacht." (Durkheim, 1893, S. 182)
Ein nicht unwesentlicher Aspekt bei der Differenzierung der zwei Typen von Solidarität liegt in Durkheims Zuordnung von unterschiedlichen Rechtstypen zu diesen. Mechanische Solidarität ruht im „Repressivrecht", organische hingegen in einem „kooperativen Recht"; das rührt daher, daß im ersten Fall noch ein umfangreiches kollektives Bewußtsein existiert, das über Ritus und Zeremoniell seinen Ausdruck findet. Das Repressivrecht verfolgt vor allem Verstöße dagegen. Im anderen Fall verlangt die zunehmende Arbeitsteilung eine entsprechende rechtlich gestützte und gesicherte Normierung der Kooperationen. Identitätserzeugende Rituale nehmen an Bedeutung ab.

[5] Durkheim (1893) schreibt zum Beispiel: „Der Provinzialismus ist endgültig vorbei; der Kirchturmpatriotismus ist ein Anachronismus geworden, den man nicht auf Wunsch wiedererwecken kann." (ibid., S. 70)

[6] Weber (1922) definiert: „Soziale ‚Beziehung' soll ein seinem Sinngehalt nach aufeinander gegenseitig eingestelltes und dadurch orientiertes Sichverhalten mehrerer heißen." (S. 13)
„‚Vergemeinschaftung' soll eine soziale Beziehung heißen, wenn und soweit die Einstellung des sozialen Handelns . . .. auf subjektiv gefühlter (affektueller oder traditionaler) Zusammengehörigkeit der Beteiligten beruht.
‚Vergesellschaftung' soll eine soziale Beziehung heißen, wenn und soweit die Einstellung des sozialen Handelns auf rational (wert- oder zweckrational) motiviertem Interessenausgleich oder auf ebenso motivierter Interessenverbindung beruht." (ibid., S. 21)

Allerdings beeilt sich Max Weber zu betonen, daß die Mehrzahl sozialer Beziehungen sowohl den Charakter von Vergemeinschaftung als auch von Vergesellschaftung haben. Es handelt sich ja bei ihm um absichtsvoll entworfene, idealtypische Konstrukte, die eine theoretische Behandlung komplexer Gegebenheiten ermöglichen und erleichtern sollen. SeineVorgehensweise ist Gepflogenheiten in den Naturwissenschaften analog, wo gleichfalls Phänomene im Experiment begrifflichen Präzisierungen oft nicht exakt entsprechen.

Max Weber betont weiters, daß Sprache, „geschaffen durch gleichartige Tradition von seiten der Familie und Nachbar-Umwelt" (1922, S. 22/23) zwar gegenseitiges Verstehen erleichtert, was aber noch nicht „Vergemeinschaftung" durch Sprache bedeutet. Erst bei Sprachschwierigkeiten gegenüber Dritten (Fremden) kann gemeinsame Sprache einen Prozeß der Vergemeinschaftung einleiten. Daran werden wir uns bei der Besprechung von J. Habermas zu erinnern haben.

Der Markt stiftet für Weber Vergesellschaftung; Tauschpartner werden dabei genötigt, ihr Verhalten aneinander zu orientieren. Somit ist er eine Form von Kooperation und gleichzeitig Resultat eines zumindest minimalen Konsenses, der, an Verhaltenserwartungen geknüpft, handlungsbestimmend wird.

Anders formuliert kann man sagen, daß sogar der Markt – als loseste Kooperationsform – eine gewisse Regelmäßigkeit im sozialen Handeln erzeugt und voraussetzt, denn sonst wären solche Erwartungen nicht möglich. Das bedeutet keinesfalls, daß jeder Tauschakt oder Tauschpartner wiederkehrend ident sein muß. Nur ein Handlungstypus und die damit verbundenen Erwartungen sind gleich. Es geht also um die Geltung einer Ordnung, die unterschiedlich gewährleistet sein kann. In neuerer Zeit wird diese vor allem durch staatliche Autorität garantiert.

Derartig komplementäre Abstützungen wie zwischen Markt und Staat finden sich nicht nur in diesem symbiotischen Zusammenwirken, sondern auch in traditionell-gemeinschaftlichen Strukturformen, wie sie noch in rudimentärer Form im Privatbereich, d. h. der Familie existieren (Geser, 1982).

Vergleicht man Tönnies und Weber, so kommt man zu folgendem Resultat: Weber ist, wie bereits in der Einleitung erwähnt, ein prononcierter Vertreter eines individualistischen Gesellschaftsverständnisses. Im Brennpunkt seiner theoretischen Überlegungen stehen die Begriffe des „sozialen Handelns" und der „Beziehung". Beide sind am „erwarteten Verhalten anderer" (Weber, S. 11 und S. 13) orientiert. Diese „anderen" sind immer Einzelmenschen, auch wenn sie „viele" oder „Unbekannte" sind. Es ist die Art der Beziehungen, die Weber als „Vergesellschaftung", wenn sie rational etc. sind, oder „Vergemeinschaftung", wenn sie affektiv etc. sind, bezeichnet.

Tönnies ist zwar nicht weniger dogmatisch als Weber, aber aufgrund der unübersehbaren Existenz von Markt und Tauschgesellschaften zunächst genötigt, diese zur Kenntnis zu nehmen. Doch Tönnies' Identität bestimmt sich offensichtlich nicht aus dem Markt. Für ihn sind andere kleinste soziale Einheiten als nur die physische Person (idealisiert im Individuum) denkbar. Das geht aus folgender Textstelle anschaulich hervor:

> „Die Theorie der Gesellschaft konstruiert einen Kreis von Menschen, welche wie in der Gemeinschaft auf friedliche Art nebeneinander leben und wohnen, aber nicht *wesentlich verbunden* (m. H.), sondern wesentlich getrennt sind, und während dort verbunden bleibend, trotz aller Trennungen, hier getrennt bleiben trotz aller Verbundenheiten. Folglich finden hier keine Tätigkeiten statt, welche aus einer a priori und notwendigerweise vorhandenen Einheit abgeleitet werden können, welche daher auch insofern, als sie durch das Individuum geschehen, den *Willen und Geist dieser Einheit in ihm* (m. H.) ausdrücken, mithin so sehr *für* die mit ihm Verbundenen als für es selber erfolgen." (Tönnies, 1887, S. 34)

Hier ist keine Rede von „erwartetem Verhalten anderer", an dem sich Handlungen bzw. Tätigkeiten orientieren. Für Tönnies zählen auch sogenannte kulturspezifische Handlungen wie Brot backen, die auch der einsamste Robinson noch immer setzt, gerade weil sie widersinnig arbeitsaufwendig sind und stattfinden, ohne daß er mit anderen konfrontiert ist, als gesellschaftliches Handeln.

Solche Handlungen sind für Weber keine sozialen Tatbestände, so wenig wie die Tatsache, daß bei beginnendem Regen alle einen Regenschirm aufspannen, einen sozialen Tatbestand ergibt.

Die Gegenwart des Sozialen in Sachen, so wie sie der soziale Konstruktivismus historisch belegt (Bijker et al., 1987), kann Weber nicht zur Kenntnis nehmen.

Bei dieser von Weber formulierten Weigerung, die Geltung solcher überindividuellen Ordnungen anzuerkennen, setzt H. Linde (1972) mit seiner wesentlichen Kritik an Weber an. Linde meint nicht unberechtigt, daß Handlungsmuster, wie sie am Markt zu finden sind, nicht von den Erwartungen einzelner vis-ă-vis anderen einzelnen geschaffen werden, sondern sich meistens über Menschenalter hinweg erhalten. Man kann sie daher als stabiles, von einzelnen Subjekten unabhängiges Resultat unpersönlicher Regelungen verstehen.

Auch vergesellschaftete Individuen sind Handlungszwängen unterworfen, die nicht nur aus einer unmittelbaren Interaktion mit anderen Individuen resultieren, sondern weit darüber hinaus Geltung beanspruchen. Linde unterscheidet folglich zwischen zwei kognitiven Programmen soziologischer Analyse: solchen, die „beziehungsorientiert" sind, d. h. die von der Vorstellung des subjektiven Sinns interindividueller Handlungsmuster bestimmt sind, und solchen, in denen „soziale Verhältnisse" von überindividuellen Regelungen dominiert werden, welche von Individuen en bloc zu akzeptieren sind. Linde vertritt im Gegensatz zu Weber die Position, daß „soziales Handeln" nicht nur solches ist, das sich am Handeln anderer orientiert, sondern daß auch solches „Handeln, welches sich lediglich am erwarteten Verhalten" sachlicher Objekte „orientiert", als sozial verstanden werden muß. (Linde, 1972, S. 40 ff.)

Linde folgert demnach, daß zur Erklärung gesellschaftlicher Zusammenhänge immer zwei gut unterscheidbare Momente der Sozialität heranzuziehen seien. Konsequenterweise sind für ihn Verhaltensregelungen nicht nur Resultat intersubjektiver Kooperation, sondern werden in Sozialisationsprogrammen vermittelt. Nicht zu unterschätzender Teil solcher Sozialisationsprogramme sind Sanktionsmechanismen, welche Verstöße gegen Sittenkonventionen oder Recht pönalisieren[7]. (Solche Sanktionsmechanismen erklären auch das symbiotische Aufeinander-Angewiesen-Sein von Staat und Markt.) Verhaltensweisen, die derart geregelt sind, werden habituell und kognitiv vermittelt. Sie haben dadurch eine soziale Konstanz.

Dieser Aspekt ist in Hinblick auf die im vorigen Kapitel entwickelte These von nicht geringem Interesse. Dort wurde ja davon ausgegangen, daß massive Auslagerungsvorgänge die Notwendigkeit zur Schaffung neuer Kooperations- und Konsensformen zwischen gegenseitig Fremden erzeugen. Ist der Markt, als die rudimentärste Form solcher Kooperation, in seinen Grundlagen gleichfalls sozialisationsmäßig bedingt – was auch Weber vertritt -, müßte man konsequenterweise Verhaltensnormen annehmen, die überkulturelle Gültigkeit beanspruchen dürfen. Anthropologische Forschung bestätigt dieses Faktum zumindest in Hinblick auf zwei Konstante, die es überall und jederzeit zu geben scheint. Diese sind das Prinzip der Reziprozität, also Tausch irgendwelcher Art, sowie das Inzesttabu (Gouldner, 1976). Daß es sich dabei nicht um angeborene, sondern anerzogene Verhaltensprinzipien handeln muß, beweisen die gerade zu ihrer Aufrechterhaltung notwendigen Sanktionsmechanismen. Reziprozitätsmuster können allerdings äußerst komplex sein, wie gewisse außereuropäische Tauschformen belegen (Malinowski, 1921/1922; Mauss, 1923). Daraus ergibt sich notwendig, daß der Markt selbst auch als Sozialisationsinstanz zu betrachten ist.

7.1.3 Sachbezogene Verhältnisse

Für unsere Argumentation ist die in Lindes Ansatz – in Absetzung zu Max Weber – herausgearbeitete Bedeutung von Sachen (Artefakten) für soziale Verhältnisse und Verhaltensweisen von weiterem Interesse. Linde beobachtet, daß sogenannte „sachbezugsfreie Sozialverhältnisse" überhaupt nicht auszumachen sind. Er versteht folglich, wieder im Gegensatz zu Weber, gesellschaftliche Verhältnisse, die durch Sachen vermittelt oder in Sachen begründet sind und möglicherweise ohne diesen Sachbezug überhaupt nicht existieren würden, als anderen sozialen Institutionen – wie Recht, Norm oder Sitte – gleichwertig.

Sachen bestimmen nicht nur soziale Positionen (etwa als Statussymbol), sondern auch von solchen unabhängige Verhaltensmuster, Vor-

---

[7] Hier sollte vielleicht noch hervorgehoben werden, daß Linde nicht auf die oben ausgeführten Rechtsunterschiede bei Durkheim Bezug nimmt.

stellungen und Erwartungen. Da der falsche Gebrauch von Artefakten Sanktionen verschiedenster Art nach sich zieht, setzt Linde die Bedeutung von Artefakten jener anderer sozialer Institutionen gleich. Am eindruckvollsten erweist sich diese Sichtweise beim Verfügungsrecht über Sachen, das üblicherweise mit dem Begriff „Eigentum" abgedeckt wird. Allerdings – und Linde betont das mit Nachdruck – ist Verfügung im Sinne von Eigentum keineswegs die einzige Art, wie Sachen Verhalten und soziale Verhältnisse bestimmen.

Motorisierung des Verkehrs wie etwa durch die Eisenbahn, empfängnisverhütende Mittel, wissenschaftliche Instrumente wie Boyles Vakuumpumpe determinieren gleichfalls Kooperationsformen, Vorstellungen und Kognitionen, u. zw. in Weisen, die eigentumsunabhängig sind, auch dann, wenn die Verfügbarkeit über sie – in unserer Gesellschaft – über Eigentumsregulierung erfolgen sollte.

Ohne auf alle Details von Lindes Ansatz einzugehen, sei festgehalten: Sachverhältnisse sind „Grundelemente der Struktur menschlicher Vergesellschaftung", aber auch der Vergemeinschaftung. Offen bleibt nun der Begriff der „Sache". Wir ordnen ihn dem Begriff „Artefakt" unter, was die Chance eröffnet, auch nicht-materielle „Kunstprodukte" wie Computerprogramme gleichfalls Berücksichtung finden zu lassen. Es ist schließlich kein Zufall, daß die Antike, und auf dieser aufbauend das Mittelalter, kategorisch zwischen Physik und Mechanik unterschied. Bei dieser Differenzierung handelt es sich nämlich um mehr als nur um die noch nicht vollzogene Erkenntnis, daß auch Kunstprodukte den Naturgesetzen unterworfen sind.

Kapitel 3, 4 und 6 haben hinlänglich veranschaulicht, daß solche Kunstprodukte stets mehr verkörpern als nur die Anwendung von Naturgesetzen. Sie entstehen als intentionale Ereignisse, also stellen sie physisch eine Absicht her.

Die Externalisierung einer Vorstellung ist ihrerseits Ergebnis einer Wahl, zwar innerhalb eines beschränkten Möglichkeitsraumes, aber trotzdem aus einer Mannigfaltigkeit von Möglichkeiten. Es verkörpert sich demnach in Artefakten eine Setzung von Normen. Ein Artefakt ist so beschaffen, wie es beschaffen sein SOLL. Dieser normative Charakter des Artefaktischen bleibt allerdings nicht auf seine Erscheinung allein beschränkt. Schon als Werkzeug, doch noch mehr als Arbeitsmaschine wird die im Artefakt verkörperte normative Kraft auf den jeweiligen Umgang mit dem Kunstprodukt ausgedehnt. Das Artefakt schränkt durch den Umgang mit ihm den Handlungsspielraum ein, prägt ihn und normiert ihn.

Zwar läßt sich noch argumentieren, daß diese Feststellung durch die Artefakte gleichzeitig wieder aufgelöst wird, und zwar durch eine Wahlmöglichkeit zwischen verschiedenen Artefakten. Diese Wahlfreiheit besteht allerdings auch nicht überall. Aber gerade diese Möglichkeiten werden heute ihrerseits durch solche Normung, Standardisierungen, Innovationsförderungen und -verweigerungen beschränkt. Der Umstand, daß in die Tätigkeit der Normenausschüsse auch ökonomische Überlegungen eingehen, besagt dann nur, daß ökonomische Werte in unserer Kultur weit vorne stehen.

„Die Ingenieure, Planer, Administratoren und Ökonomen der Rationalisierung werden in Techniken geschult, die alle normativ sind. Die normative Tätigkeit des Ingenieurs sollte den modernen Industriestaat aufbauen, der den alten, überholten Rechtsstaat ersetzen sollte." (Guillet de Monthoux, 1981, S. 83)

Die juristische Situation der technischen Normen, die ja meist freiwillig befolgt, allerdings auch in privaten Normenausschüssen erstellt werden, ist unklar. Der Umstand, daß sich nicht wenige Staatsgesetze auf Normen beziehen, schafft eine gewisse Rechtsunsicherheit, die von manchen Juristen wahrgenommen und hinterfragt wird. Technische Normen erhalten andererseits gerade dadurch zusätzliche Legitimität.

Sie erscheinen so, und darauf wird in öffentlichen Darstellungen auch stets großer Wert gelegt, als wären sie nichts als Ergebnisse der Anwendung praktischer Vernunft, und da ihre tatsächliche Anwendung freiwillig erfolgt, bestätigt sich auch diese Sicht. Die einzige Rationalität, die sich aber entdecken ließe, und auch die ist empirisch nicht bestätigt, ist die der „economies of scale". Es scheint daher nicht völlig von der Hand zu weisen, daß

> „. . . der Kern der Methode ist . . . eine Normung für jede industrielle Handlung festzustellen . . . (How Scientific Management is Applied, 1974, S. 12).

Vergleicht man das mit den Aussagen Webers und Durkheims, die beide darin übereinstimmen, daß der Ursprung des Rechts einen repressiven Charakter hat (bei Weber „das Imperium"), wobei sich nach Weber unser „heutiger Gesetzesbegriff" aus der römischen Disziplin herleitet (Weber, 1922, S. 450), so muß man wohl anerkennen, daß Artefakte eine gesellschaftliche Institution bilden, die Gesetz, Recht und Norm ebenbürtig ist.

7.1.4 Technisierung der Lebenswelt

Solchen „Sachverhältnissen" stehen weiters gleichberechtigt „Sprachverhältnisse" gegenüber. Diese Thematik hat J. Habermas (1981) zum zentralen Anliegen seiner Arbeit gemacht. Auch er geht vom kategorialen Gegensatzpaar „Gemeinschaft" und „Gesellschaft" aus, bezeichnet sie allerdings mit den Begriffen „Lebenswelt" bzw. „Systemwelt". Die Beschaffenheit seiner Systemwelt ist Resultat evolutionärer Ausdifferenzierungsprozesse aus der früheren, einheitlich gedachten Lebenswelt. Die dominanten Subsysteme des „Systems", der Staat mit hierarchischer Bürokratie und Machtmonopol, und der Markt, d. h. Tausch bzw. Wirtschaft, kooperieren. Beiden steht die „Lebenswelt" als Relikt und „quasi-Territorium", das von den beiden anderen sukzessive kolonialisiert wird, dialektisch gegenüber.

Wesentlich für die Habermas'sche Unterscheidung zwischen Lebenswelt und Systemwelt scheint, daß Lebenswelt in Form eines von ihren Angehörigen intersubjektiv geteilten Globalwissens konstituiert wird. Es exisitiert ein gemeinsam geteiltes Hintergrundwissen, welches – in Analogie zu F. Tönnies – als gemeinsame Denkform verstanden werden kann. Dieses gemeinsame Denken, das zwangsläufig auch gemeinsames Handeln bedingt und ermöglicht, wird über Kommunikation, in der Form einer ‚Alltagssprache', artikuliert.

Die ‚systemischen Repräsentanten', Staat und Wirtschaft, sind hingegen auf solche Sprachvermittlung nicht angewiesen. Gesellschaftliche Integration funktioniert bei ihnen auf der Basis von zwei sprachunabhängigen Steuerungsmedien, nämlich Geld und Macht. Solche „entsprachlichte Kommunikationsmedien" (S. 461) sollen, nach Habermas, kommunikatives Handeln innerhalb von Organisationen überflüssig machen und dessen Geltungsgrundlage verschwinden lassen (S. 460). Es bildeten sich somit zwei „Entlastungsmechanismen" als Kommunikationsmedien aus, die sprachliche Verständigung entweder „kompensieren" oder ersetzen.

Kommunikative Alltagspraxis ist hingegen in einen kulturellen Konnex eingebettet. Die notwendigen Interpretationsleistungen „zehren von einem lebensweltlichen Konsensvorschuß" (S. 277). Wachsender Rationalitätsdruck erhöht allerdings den Verständigungsbedarf und somit auch den Interpretationsaufwand. Als Folge vergrößert sich dadurch das Risiko eines prinzipiellen Dissenses. Dieser Gefahr wird durch die etablierten Kommunikationsmedien zu begegnen versucht.

Es eröffnet sich die Chance, durch die Steuerungsmedien ‚Geld' und ‚Macht' Handlungskoordinierung vom lebensweltlichen Zusammenhang abzukoppeln. Steuerungsmedien ermöglichen somit eine verallgemeinerbare, strategische Einflußnahme auf Entscheidungen unter „Umgehung sprachlicher Konsensbildungsprozesse" (S. 273). Diese Umstellung des Handelns auf Steuerungsmedien, die Entlastung und Konditionierung zugleich bedeutet, bezeichnet Habermas als „Technisierung der Lebenswelt" (ibid.).

Geld als Medium ist – aufgrund der Quantifizierung – ein Code mit eingebauter Präferenzstruktur. Der Unterschied zwischen Geld und Muttersprache besteht darin, daß man letzterer nicht mißtrauen kann. Sie ist über Sozialisation und kulturelle Überlieferung Grundlage des Denkens, indem sie in lebensweltliche Kontexte eingebettet ist. Geld braucht hingegen eine institutionelle Verankerung, damit man ihm vertrauen kann. Diese kommt über privatrechtliche Einrichtungen (Eigentum, Vertrag) zustande.

Anders verhält es sich beim Medium Macht. Habermas setzt dieses mit dem Rechtssystem gleich. Macht, das sieht Habermas wohl, läßt sich nicht so einfach quantifizieren wie Geld. Trotz einer im Hintergrund stehenden möglichen Sanktionsandrohung läßt sich Macht auch nicht in derselben Weise wie Geld kalkulieren.

Demnach meint Habermas weiters, daß Machtanspruch gleichfalls eine Verankerung durch Legitimation benötigt, u. zw. deshalb, weil Machtverhältnisse strukturelle Unterschiede zwischen Befehlsgeber und Befehlsempfänger schaffen.

Habermas ist zuzustimmen, wenn er Geld und Macht als Voraussetzung, als Medium zweckrationalen Handelns versteht. Doch gleichzeitig scheint er an den Medieneigenschaften der Macht zu zweifeln, etwa wenn er die Differenz zwischen Geld und Macht in deren Abhängigkeit von sprachlichen Konsensbildungsprozessen ortet, die doch nach seinen Thesen lebensweltlich verankert sind. Die zuvor erwähnte „Umgehung" scheint nur halbherzig vollzogen zu werden.

Die Umgehung wird aus unserer Sicht notwendig, wenn kein gemeinsamer lebensweltlicher Kontext als Hintergrund für Kommunikation existiert und Selbstverständlichkeit dadurch verloren geht. Damit erhöhen sich die Chancen für Mißverständnis und Dissens sowie der Bedarf an zusätzlichen Verständigungs- und Interpretationsmechanismen zwangsläufig. Diesem Dilemma entziehen sich die Medien ‚Geld', und ‚Macht', indem sie so gestaltet sind, daß sie der Erzeugung von sprachlichem Konsens durch Disziplinierung nicht mehr bedürfen bzw. Skalen bereitstellen, die Verhandlungsspielräume eröffnen. Sie dienen als Ersatz für spezielle Sprachfunktionen, ohne aber auf Sprache im Fall der Macht verzichten zu können. Diese Abkoppelung ist offensichtlich Resultat eines vorausgegangenen Entfremdungsprozesses. Wir sehen demnach keinen wachsenden Rationalitätsdruck vom „System" auf die Lebenswelt, sondern nur die „condition humaine", die zur Kooperation auch unter Bedingungen sozialer Zerrüttung nötigt und neue Konsensmechanismen zum Vorschein bringt.

Es scheint daher vielleicht sinnvoller, anstelle des diffusen Begriffes „Macht" den Begriff einer konstruierten, nach Möglichkeit binären „Kunstsprache" zu setzen, deren Verbindlichkeit durch Machtmittel erzeugt wird, auch wenn unterschiedliche Lebenserfahrungen vorliegen. Damit würde man den Konzepten Disziplinierung, Drill und sekundäre Sozialisation näherkommen. Ob dann Sozialisation durch Gewaltandrohung, Charisma oder Interessenkonsonanz zustande kommt, bleibe offen. Somit könnte Geld als eine über eine Sache vermittelte Kooperationsmöglichkeit verstanden werden, hierarchische und bürokratische Hoheitsverwaltung hingegen als geglückte Errichtung eines hochdisziplinierten Sprachcodes, der unabhängig von lebensweltlichen Erfahrungen eingeübt oder aufoktroyiert wird. Beispiele dafür wären militärische Befehlssprachen, Steuerformulare oder die Konstruktion eines „Falls" in der Rechtssprechung. Doch in Übereinstimmung mit W. Ouchi (1980) scheint auch hier das Reziprozitätsprinzip Geltung zu haben, was auch den Legitimationsbedarf für Macht erklärt. Wäre Macht wirklich einseitig, würde sie ohne Legitimation praktiziert werden können.

Auch Sanktionen sind de facto kein Monopol der Macht. Sie finden sich in der Lebenswelt und können dem Subsystem „Markt" genauso zur Verfügung stehen. Sanktionen können auch in anderen Zusammenhängen, etwa bei falschem Gebrauch von Geld und noch viel mehr von Geräten wirksam werden.

Das stellt Habermas auch nicht in Abrede. Er verweist sogar darauf, daß Macht kein dem Geld äquivalentes Zeichensystem zur Verfügung steht. Somit unterscheidet sich Geld von Macht zunächst dadurch, daß es meßbar, zirkulationsfähig und deponierbar ist, was im selben Ausmaß von Macht nicht behauptet werden kann. Zweifelhaft erscheint auch, daß Macht – insbesondere in Form von Gesetzen – nicht der Interpretation bedürfe. In Konfliktfällen ist das genaue Gegenteil der Fall. Es bedarf hoher Interpretationsfertigkeit und rhetorischer Qualitäten, um Inkonsistenzen, die in Machtgefügen und deren rechtlicher Form stets enthalten sind, rational und konsistent erscheinen zu lassen.

7.1.5 Fabrikation von Kooperation

Das Problem, das Habermas zu umschiffen sucht, dürfte anderswo liegen. Habermas stellt die Frage nach der sprachlichen Fixierung der Lebenswelt in nicht wirklich befriedigender Weise. Ursprüngliche Lebenswelt – das heißt die Gemeinschaft im Sinne von F. Tönnies – war jener soziale Zusammenhang, wie er im „ganzen Haus" (O. Brunner, 1956) konzeptualisiert ist. Dieser „Oikos", der seit dem Neolithikum bis etwa ins 17. Jahrhundert bestand und ursprünglich bäuerlicher Produktion verschrieben war, dem aber handwerkliche Produktionsweisen (Nahrstedt, 1972) folgten, hat eine Vielfalt von Sprachen gekannt, die sich zünftisch, geschlechtsspezifisch, altersspezifisch und vor allem regional sowie zusätzlich aufgrund religiöser Differenzierung gründlich unterschieden haben. Nicht zufällig ist im Zusammenhang mit der Etablierung eines zentralen Staates die Notwendigkeit entstanden, ‚Hochsprache' zu kreieren. Solche Hochsprachen unterscheiden sich nicht minder voneinander als die lebensweltlichen Sprachen und deren Handlungsbedürfnisse, auf die sie sich beziehen.

Ein Basiskonsens, der am ehesten in der Lebenswelt existiert, wurde sprachlich meist gar nicht fixiert, sondern bestand in einer umfassenden, meistens allen bekannten Praxis, die keiner weiteren sprachlichen Darstellung mehr bedurfte. Über Dinge, die keiner ungewöhnlichen Handlungsform bedürfen, wird öfter geschwiegen als gesprochen. Indexikalische Hinweise genügen meistens. Es scheint wie eine intellektuelle Verklärung der Lebenswelt, wenn diese als Ort großer sprachlicher Kompetenz beschrieben wird.

Mit gleicher Berechtigung kann die Auffassung vertreten werden, daß sich genau dort hohe sprachliche Kompetenz einstellt, wo Praxisbezüge nicht selbstredend sind, somit keine reibungslose Handlungskoordination gewährleistet ist. Unter diesen Bedingungen entsteht ein neuer Bedarf nach Enzyklopädien, elaborierten Sprachformen und Grammatiken, um Kommunikation über Unklarheiten hinweg durch verbale Sprache weiter zu ermöglichen.

Die andere Chance, Verständigung zu ermöglichen, liegt im Erlernen neuer Sprachen, das sind vor allem Befehlssprachen, wie sie wohlorganisierten Unternehmen, Klöstern oder Armeen bekannt sind. In kognitiven Belangen kann schließlich Wissenschaft Sprachmodi erzeugen und diese in Übereinstimmung mit konstruierten Handlungsmustern (Operationen) setzen, aufgrund derer letztlich, d. h. verbindlich, kognitiver Konsens geschaffen werden kann. Schließlich schafft es die quantifizierbare Realabstraktion „Geld", ähnlich wie Apparaturen Konsens und Handlungsnormierung herzustellen.

Wir verstehen alle diese Kommunikationsformen als Instrumente, um Konsens durch Fabrikation universalisierbarer Randbedingungen zu erzeugen. Das soll nun keinesfalls heißen, daß nicht auch lebensweltliche Erfahrungen sprachlich vermittelt werden. Gluckman (1963) hat gerade im Gegensatz dazu die Grenzen gesellschaftlicher Entitäten dort geortet, wo „gossip" (das gute Gespräch) – man könnte auch sagen: der Tratsch – endet. Jenseits dieser Grenzen werden Sprachen formal und zunehmend offiziell. Es ändern sich somit die Sprachformen, u. a. deshalb weil der Praxisbezug inhomogen wurde. In „Lebenswelten", die sich aus einer Vielzahl von Fremden zusammensetzen – wie z. B. den absolutistischen Höfen (N. Elias, 1969a) -, wird im Unterschied zu „gossip" Sprache so formalisiert, daß sie Teil der Etikette wird.

Genau dort ist auch der Poet, der Sänger, der Sprachinnovator von großer sozialer Bedeutung. Anders als man vielleicht meinen möchte, kann Sprache als hochentwickeltes Kommunikationsmedium wenn nötig hochgradig diszipliniert sein. Vermag sie dieses nicht, entartet Kommunikation zum Gestammel verständigungsunfähiger Privatsprachen.

Eine solche Sicht müßte sich eigentlich auch aus Habermas' Einschätzung öffentlichkeitswirksamer Medien ergeben. Habermas ignoriert diesen Umstand nicht, denn er differenziert ja die Lebenswelt, indem er zwischen privatem und öffentlichem Bereich unterscheidet. Dieser öffentliche Bereich wird in der modernen Welt durch Massenmedien dominiert, denen er die Fähigkeit zur Entschränkung der Horizonte wie zur Hierarchisierung einräumt. In dieser medialen Öffentlichkeit ortet Habermas beides, ein autoritäres wie auch ein emanzipatorisches Potential.

Dieser Beobachtung ist nichts hinzuzufügen, außer, daß sie keinen Widerspruch beinhaltet. Entschränkung fordert nach Habermas gleichzeitig Beschränkung der Inhalte. Um unter den Bedingungen räumlich-zeitlich-kultureller Entschränkung noch ein Minimum an Inhalten zu transportieren, die zumindest einer Majorität noch verständlich sind, wird beides gefordert. Mit anderen Worten wird ein hohes Maß an Disziplinierung der Sprechakte eingefordert, weil darüber hinausgehende Inhalte aufgrund mangelnder gemeinsamer Erfahrungen unverständlich bleiben. Solche Inhalte müssen zwangsläufig ausgegrenzt werden. Öffentlichkeit erfordert also eine Form von Kommunikation, die jener der Imperativsprachen sekundär sozialisierter Armeen ähnelt. Inhalte und Formen werden reduziert und standardisiert. Am eindringlichsten läßt sich solche Reduzierung am Beispiel binärer Codes verdeutlichen. „Ja" oder „Nein", andere Möglichkeiten werden exkludiert. Man sieht,

> „Sprache . . . ist einfach ein Prozeß, durch den der in eine *kooperative Tätigkeit* (m. H.) eingespannte einzelne die Haltung der anderen betroffenen Individuen erfassen kann." (Mead, 1932, S. 384)

Dieser Prozeß erfordert zwangsläufig wie in der Kunst einerseits hohe Kreativität, nämlich dann, wenn eine neue Sprachform zu schaffen ist, die – von wem immer – nicht als Privatsprache verstanden werden soll. Daß es unter solchen Umständen auch zu einer selektiven Reduktion der Inhalte kommen kann, ist naheliegend. Andererseits verlangt er Beschränkung auf das Mögliche, das sozial bestimmt ist.

Aufgrund ‚kooperativer Tätigkeiten' bestimmt Mead (1932) Rationalität als jene Verhaltensweise, mit der der einzelne sich auch in die Haltung der ganzen ihn umgebenden Gruppe versetzt. Das bedeutet dann, daß dieser einzelne in eine organisierte Tätigkeit eingebunden wird, wo die Handlung jedes einzelnen die Handlungen aller mitbestimmt. Für Mead ist Vernunft jene Einstellung, bei der die Haltung der anderen bereits in eigenen Reaktionen vorweg einbezogen wird. Da aber auch Sprache bei jenen anderen Reaktionen auslöst, muß auch sie mitgedacht und geformt werden, weil die am kooperativen Prozeß teilhabenden Individuen dadurch angeregt werden, ihre jeweiligen Rollen auszufüllen. Sprache ist Bedingung, ja Instrument für kooperatives Handeln und Organisation. Kooperatives Handeln unter solchen Bedingungen zu ermöglichen ist eine Technik, die Arbeit am „Selbst" (Selbstdisziplinierung) erfordert und in jeder Hinsicht der Problemlösungskapazität von Gerätetechnik gleichwertig ist. „Wer eine Sprache beherrscht, beherrscht eine Technik", das gilt besonders für das soziotechnische System, in dem Sprache und Zeit zur Kooperationsvoraussetzung werden.

Sprache kann gleichfalls Artefakt sein, aber ein Artefakt, das trotz seiner Künstlichkeit mit der Realabstraktion Geld nicht gleichzusetzen ist.

7.2 Kultur und Artefakte

> „Die Sprache ist nicht eine Organisation von natürlichen Reizen, wie das Photonenbündel es ist, das uns als Lichtreiz trifft. Sie ist eine von Menschen gemachte Organisation von Reizen, ein Artefakt, so wie die künstlerische Form ein Artefakt ist; . . . Die Sprache ist, wie die Linguisten begriffen haben, nicht ein Kommunikationsmittel unter vielen; sie ist „das, was jede Kommunikation begründet"; besser noch, „die Sprache ist wirklich die eigentliche Grundlage der Kultur. Im Verhältnis zur Sprache sind alle anderen Systeme von Symbolen akzessorisch oder abgeleitet." (Eco, 1962, S. 66)

Es ist zwar J. Habermas Verdienst, die mediatisierenden Systemdenker auf die Bedeutung der Sprache zu verweisen, aber sein eigener Umgang mit Sprache ist bedauerlicherweise zu vereinfachend. Das wird bereits anhand der Probleme deutlich, die Habermas im Umgang mit dem

„Medium Macht" hat. Doch auch sein Verhältnis zum „Medium Geld" scheint nicht ganz korrekt, da dieses bekanntlich nicht nur durch Gold, sondern vor allem durch staatlich-bürokratische Verwaltung gedeckt wird, also gleichfalls Ergebnis eines Konsenses ist, der in Sprache ruht. Dabei wird die gegenseitige Abhängigkeit von Geld und Macht dann besonders deutlich, wenn das Vertrauen in Geld schwindet und überdurchschnittlich inflationäre Tendenzen manifest werden. Diese fallen häufig mit einem entsprechenden Schwund staatlicher Macht zusammen. Das Medium Geld ist noch ein Ding, ein Artefakt als Realabstraktion, um das soziale Strukturen entstehen. Macht hingegen hat vor allem die Form sprachlicher, gesetzlicher Regulierung.

7.2.1 *Sprachtypen*

Daß Habermas diesen Umstand nicht zur Kenntnis nimmt, könnte von der Tatsache herrühren, daß er Sprache wenig diskriminierend, als ‚Muttersprache' und somit relativ homogen betrachtet. Doch Sprache ist, wie wir gesehen haben, Artefakt und es gibt folglich verschiedene Sprachen; weiters transformiert Sprache Erfahrung und Wahrnehmung von Sprecher und Zuhörer, wie das ganz deutlich die wissenschaftliche Sprache bewerkstelligt.

Dieser Sachverhalt ist nicht neu. Verschiedene linguistische Arbeiten, von R. Jacobson, C. Whorf oder E. Sapir, untermauern und bestätigen ihn. In jüngster Zeit hat jedoch Basil Bernstein (1971) besonders wichtige, neue Dimensionen des Zusammenhanges zwischen Kultur und Sprache erarbeitet. In Bernsteins Ansatz spielt die Unterscheidung zwischen zwei spezifischen Sprachformen eine für uns bedeutende Rolle. Beide seiner Formen korrespondieren nämlich mit sozialen Organisationsformen, wie wir sie bisher bereits bemüht haben.

Bernsteins Grundtypen lassen sich in folgender Weise beschreiben: Einmal handelt es sich um soziale Umstände, bei denen sämtliche Sprecher Zugang zu denselben fundamentalen Annahmen haben. In einer solchen Situation wird jede Aussage in den Dienst der Bestätigung dieser gegebenen sozialen Ordnung gestellt. Vor allem finden sich solche Gebrauchsweisen in kleinen, lokal geprägten Gruppen. Sprache erfüllt damit auch die Aufgabe, Solidarität zu fördern und zu unterstützen. Als Agent könnte Sprache in dieser Funktion mit Religionen primitiver Gesellschaften (im Sinne Durkheims) verglichen werden oder als Repräsentant für „Lebenswelt" gelten.

Bernsteins zweite Sprachform wird dort gepflegt, wo zwischen den Sprechern keine solche Übereinstimmung über fundamentale Annahmen existiert. Demnach hat Sprache zunächst die Aufgabe, individuelle und einmalige Rezeptionen von Erlebnissen und Erfahrungen explizit zu machen, d. h. unterschiedliche Anfangsannahmen auszugleichen.

Beide Sprachtypen korrespondieren mit Durkheims Kategorien mechanischer, bzw. organischer Solidarität. Darauf weist Bernstein selbst hin und meint demnach, daß Kinder über das Erlernen von Sprache die an sie durch die soziale Struktur gestellten Anforderungen gleichzeitig miterlernen. Jedesmal, wenn ein Kind spricht oder zuhört, wird die soziale Struktur psychisch etabliert und seine Identität geprägt.

Bernstein unterscheidet weiters zwischen zwei linguistischen Codes. Er bezeichnet sie als „ausgearbeitet" (elaborated), bzw. „eingeschränkt" (restricted). Codes unterscheiden sich durch die durch sie ermöglichten syntaktischen Alternativen.

Auch Code-Formen sind Produkte einer dazugehörigen sozialen Matrix. Ein eingeschränkter Code dominiert in Sozialstrukturen, wo Aussagen gleichzeitig einen doppelten Zweck erfüllen; nämlich nicht allein Information zu transportieren, sondern gleichzeitig Über- und Unterordnungsverhältnisse zu stärken. Gerade diese letzte Aufgabe ist dabei wichtig.

Im ausgearbeiteten Code wird diese Aufgabe unwichtiger, demnach werden Sprachformen auch freier. Die Aufgaben, die diese Sprachformen zu lösen haben, ändern sich ständig, denn Denkprozesse müssen aufgrund wechselnder Umstände ständig neu differenziert, bzw. kombiniert werden. In extremen Fällen ist ein ausgearbeiteter Code völlig von den üblichen Sozialstrukturen losgelöst; ja er kann sogar neue soziale Gruppierungen mittels neuer Sprachformen etablieren helfen. Man könnte vermuten, daß es sich bei dieser extremen Form um die Redeweisen charismatischer Personen handelt, die ja meistens auch begabte Rhetoriker sind.

Bernstein interessiert als Folge seines Ansatzes besonders die Sozialisation innerhalb von Familien, weil diese für den Spracherwerb die erste und somit ausschlaggebende Instanz sind. In Übereinstimmung mit dem vorigen unterscheidet er nun zwei Verfahren der Sozialisation. Einmal vermittelt Sozialisation einen eingeschränkten Code, dadurch gewinnen zugeschriebene, hierarchisch geordnete Rollenspiele an Dominanz. Der Wert von Aussagen wird in solchen Familien nach der Position innerhalb ihrer Hierarchie beurteilt. Soziale Beziehungen sind dabei eindeutig geregelt, genauso wie die Sprachweisen und die dazugehörigen Richtlinien für Handlungen. Gruppensolidarität wird auf Kosten sprachlich origineller Aussagen hergestellt. Originelle Aussagen werden als Folge dessen nach Möglichkeit vermieden. Soziale Ungleichheit bleibt erhalten, weil Widerspruch nicht leicht praktizierbar ist.

Im Kontrast dazu stehen solche Familien, in denen ein „elaborierter" Code Verwendung findet. Hier existieren keine festgelegten Rollenmuster zwischen den Familienmitgliedern, es werden im Gegenteil Autonomie und Selbständigkeit betont.

Dort, wo diese individuelle Autonomie betont wird, lernt das Kind, ein elaboriertes Spiel zwischen „ego" und „alter" zu beherrschen. Es wird den Vorstellungen G. H. Meads gemäß sozialisiert. Im anderen Fall werden dagegen Statusdifferenzen betont und spielerische Flexibilität gemieden. Zu betonen wäre noch, daß Bernstein Sprachformen, Codes und Erziehungssysteme voneinander unabhängig versteht. Es ergibt sich so ein Vier-Felder-Schema[8].

7.2.2 *Ordnung und Kultur*

Dieses wurde von der britischen Anthropologin Mary Douglas aufgegriffen. Sie hat dann in der Tradition Durkheims den Versuch unternommen, auf einer ähnlichen Basis wie Bernstein Kulturen zu typisieren. Dabei ging sie von dem von E. Durkheim und M. Mauss (1903) entwikkeltem Ansatz aus, daß sprachliche Klassifikationssysteme ihren Ursprung in sozialen Klassifikationen haben. Soziale Ordnungssysteme werden auch auf Bereiche wie die natürliche Umwelt oder den Körper übertragen, die so gleichzeitig zu Repräsentanten der sozialen Ordnung werden und diese so als naturgegeben erscheinen lassen.

Existieren rigide Klassifikationssysteme, so bedeutet das, daß sich auch rigide Unterscheidungen zwischen den Mitgliedern der jeweiligen sozialen Entität finden. Umgekehrt gilt allerdings auch, daß flexible Klassifikationssysteme dazu beitragen, daß zwischen einzelnen Positionen der Mitglieder einer Gruppe keine so strikte Unterscheidung getroffen wird, das heißt, sie werden als gleichrangig betrachtet.

Die interne soziale Struktur – man könnte sagen, das soziale Netz, das die einzelnen Mitglieder einer Gruppe verbindet – reflektiert sich demnach in der Rigidität ihrer Klassifikationssysteme. Dabei findet sich diese Rigidität der Klassifikationssysteme – so wie sie Mary Douglas darstellt – nicht in unmittelbarer Übereinstimmung mit den Bernsteinschen Codes. Elaborierte Codes finden sich bei rigiden wie auch bei freien Klassifikationssystemen. Dasselbe gilt für restriktive Codes. Das Verhältnis zwischen Codes und Klassifikationssystemen ist bei Douglas demnach ähnlich wie jenes zwischen Sozialisationstypen und Codes bei Bernstein.

Gleichfalls ähnlich wie bei Bernstein unterscheidet Douglas eine zusätzliche Variable, die die Abgrenzung sozialer Entitäten gegenüber anderen beschreibt. Es handelt sich dabei also um Grenzen, die die Angehörigen einer Gruppe gegenüber ihrer Außenwelt ziehen. Diese Dimension bezeichnet Mary Douglas als „group" (M. Douglas, 1970), in Unterscheidung zur inneren Struktur, welche sie „grid", inneres Netz, benannt hat. Mit dieser grid-Variable lassen sich also soziale Differenzierungen und die Verteilung von Autorität innerhalb einer Gruppe abdecken. Eine Sozietät, die z. B. in Form einer Hierarchie organisiert ist, wird durch gruppenumschreibende und gruppenidentifizierende Reglements charakterisierbar. Beschränkungen im Umgang miteinander werden auf der„grid"-Dimension, die spezifisches Verhalten beschreibt, ausgedrückt.

Eine individualistische Gesellschaft gewährt im Unterschied dazu ihren Mitgliedern, den Individuen, uneingeschränkte Freiheit, mitein-

---

[8] Bernsteins Ansatz wird in Kapitel 8 weiter dargestellt und in Zusammenhang mit Technologien gebracht.

ander in Beziehung zu treten. Weiters lassen sich kaum Gruppengrenzen festlegen.

Gesellschaften, die hingegen Gruppengrenzen definieren, aber innerhalb dieser freizügig sind, kennen weder Führerpersönlichkeiten noch Regeln oder starre Protokolle im Umgang miteinander. Verhaltensweisen sind so internalisiert, daß sie wie ‚natürlich' erscheinen und nicht mehr den Stellenwert formaler Regeln haben.

Douglas kennt auch Gruppierungen, die, ohne Abgrenzungen nach außen zu machen, trotzdem präzise Vorgaben kennen, was den Umgang mit anderen und deren Klassifikation betrifft (M. Douglas, A. Wildavsky, 1983, S. 138 ff.). Dieser Typ wurde von Douglas selbst nicht übermäßig deutlich herausgearbeitet.

7.2.3 Körper und Kosmos

Die „group-grid"-Analyse ist bemüht, gesellschaftliche Typen herauszuarbeiten und in der Folge in Beziehung zu ihren jeweiligen Kosmologien und Symbolsystemen zu setzen. Das zeigt Douglas in ihrem 1970 veröffentlichten Buch über natürliche Symbole, wo sie das kulturspezifische Verständnis des menschlichen Körpers in Abhängigkeit vom Verständnis des „sozialen Körpers" bringt. Der von Kultur zu Kultur unterschiedliche Umgang mit dem eigenen Leib reflektiert soziale Verhältnisse und Vorstellungen.

Douglas zeigt in dieser Arbeit, daß der menschliche Körper als Abbild des gesellschaftlichen gesehen wird, bzw. daß umgekehrt der Leib nie ohne Bezugnahme auf jene soziale Dimension betrachtet wird. Die Beziehungen zwischen Kopf und Füßen, Gehirn oder Sexualorganen, Mund und After werden in Analogie zu den wichtigsten Mustern gesellschaftlicher Organisation interpretiert. Körperkontrolle ist demnach auch ein Ausdruck der Formen sozialer Kontrolle.

Mögliche Ängste im Umgang mit dem eigenen Körper sind kaschierter Ausdruck gesellschaftlicher Erfahrungen. Hierarchisch organisierte Gesellschaften tendieren dazu, ein Körperverständnis nahezulegen, das einem Organ, dem Kopf oder dem Herz, größte Bedeutung zumißt. Egalitäre Gesellschaften sind im Gegensatz dazu an der Aufrechterhaltung von Gruppengrenzen interessiert. Sie verstehen die Organisation der Gliedmaßen so, daß kein Teil einem anderen wesentlich übergeordnet ist, sondern alle in komplexer Weise als gegenseitig voneinander abhängig betrachtet werden. Diese „harmonische Ordnung" kann charakteristischerweise leicht durch Einflüsse von außen verletzt werden. Solche egalitäre Gesellschaften verstehen deshalb Körperöffnungen als Quellen der Gefahr, die zu schützen und zu kontrollieren sind.

Gesellschaften ohne explizite Gruppengrenzen kennen hingegen solche Ängste nicht, dort geht man vergleichsweise sorglos mit dem eigenen Körper um. Das kann sie sogar dazu verleiten, Organe als austauschbar zu betrachten, was in anderen Systemen unvollstellbar wäre und somit auf große Ablehnung stoßen würde.

Jener letzte Gesellschaftstyp, der zwar keine Gruppengrenzen, trotzdem aber klassifikatorische Kontrolle kennt, mißt demgegenüber dem Körper nur sekundäre Bedeutung zu. Sein Hauptaugenmerk ist auf nicht-materielle Aspekte, auf die Reinheit und Einheit von Geist und Psyche, gerichtet. Die sozialen Bande innerhalb der Gruppe scheinen nicht existent oder reichen über diese hinaus; man wird vermuten, daß es sich um eine Gruppe gegenseitig Fremder handelt.

Von M. Thompson wurde der Ansatz von M. Douglas weiterentwikkelt. Er zeigte, daß Risikoeinschätzung, -freudigkeit und -ablehnung gleichfalls mit solchen sozialen Prädispositionen verknüpft sind (Thompson, 1983). Darüberhinaus wurde von ihm für die vier Idealtypen eine Nomenklatur eingeführt, die sich von der Douglas'schen unterscheidet. Anlaß dazu waren seine Arbeiten über die Akzeptanz und Perzeption von technischen Risiken.

Sprach Mary Douglas von Hierarchien, ‚kleinen Gruppen', ‚Großer-Mann', oder ‚Marktstrukturen' und manchmal von ‚millenarischen Bewegungen', so tauscht Thompson, der ökologische Bewegungen in den Vereinigten Staaten untersucht hat, die Begriffe für ‚kleine Gruppe' mit ‚Sekte' und ‚millenarische Bewegung' mit ‚nicht-effektive einzelne' aus. Thompson versteht weiters seine vier Typen vor allem als Persönlichkeitstypen, die durch ihre jeweilige soziale Umwelt geprägt wurden und daraus ihre Vorstellungen vom sozialen Zusammenleben beziehen. Diese Differenzen sind aber nicht gravierend. Alle benutzen für die jeweiligen Typen charakteristische Merkmale, die sich nicht ausschließen. Um aber die Verständigung zu erleichtern, wird im folgenden die Terminologie noch einmal modifiziert.

Dazu verleitet auch der Umstand, daß neuere organisationssoziologische Arbeiten, die unabhängig von der „group-grid"-Analyse ein analoges Klassifikationsschema entwickelt haben, nochmals eine andere Terminologie einführten.

7.3 Märkte, Bürokratien, Clans und Schulen

Das grundlegende Problem organisationssoziologischer Ansätze liegt in der Tatsache, daß der Begriff ‚Organisation' keine verbindliche Definition kennt. Die Ansätze von March und Simon (1958), Mayntz (1963), Blau und Scott (1962), Perrow (1972), Silverman (1970) und anderen erlauben es nicht, ein einheitlich zugrundeliegendes Konzept zu entwikkeln. Das ist zweifellos ein Grund, allerdings bei weitem nicht der einzige, warum es manche, wie M. Thompson, vorziehen, erst gar nicht von Organisationen, sondern von Persönlichkeitstypen zu sprechen. Solche Persönlichkeitstypen werden so von ihrer sozialen Umgebung geprägt, daß sie ihre soziale Umwelt nicht nur entsprechend wahrnehmen, sondern sie aufgrund dieser Formungen auch entsprechend gestalten.

7.3.1 *Probleme mit Organisationen*

Ein Unternehmer wird in einer Welt geprägt, die Markteigenschaften hat. Markt wird somit als Phänomen akzeptiert, ohne daß er stringent definiert zu werden bräuchte. Analog kann eine hierarchische Persönlichkeit, die durch hierarchisch-bürokratische Strukturen geprägt wird, konstruiert werden, ohne daß diese Struktur selbst präzise bestimmt werden müßte. Das Phänomen „Bürokratie" wird unspezifisch zur Kenntnis genommen.

Ein weiteres, unlösbar scheinendes Problem bei der Definition von Organisationen scheint die Festlegung ihrer Grenzen zu stellen. Kriterien für Grenzen vorzugeben ist auch in anderen Bereichen notorisch problembeladen. So mag es naheliegen, ähnlich wie Maturana und Varela (1982) Grenzen als von innen definiert zu betrachten. Wieder wird das Phänomen akzeptiert, ohne den Versuch zu machen, es in seiner jeweiligen Ausprägung festzulegen.

Teilhabende erfahren Grenzen von innen, indem diese demonstriert werden, Nicht-Teilhabende erleben sie nicht in derselben Weise von außen, sodaß keiner mit Sicherheit angeben kann, wo nun die Grenze genau verläuft. Das Konzept „Grenze" ist dann trotzdem keine Fiktion, obwohl es indeterminiert bleibt. Eine verständliche Reserviertheit gegenüber einer solchen Indeterminiertheit läßt sich heute allerdings durch weitere Arbeiten, etwa im Bereich fraktaler Geometrien (Mandelbrot, 1982), mit gutem Grund als nicht mehr zeitgemäß bezeichnen. Auch in diesen Belangen ist die Welt in Bewegung geraten.

Für den Ansatz von Douglas ist die Unterscheidung zwischen „innen" und „außen" gleichfalls ein wesentliches Differenzierungskriterium. Ein zweites ist die Intensität, mit der stabile Mikrostrukturen bewertet werden. Für beide Merkmale gilt, daß die Kenntnis der Innenstruktur und der Abgrenzungsmuster bei den teilhabenden Individuen liegt. Solche Kenntnisse müssen als schweigendes, doch geteiltes Wissen verstanden werden, wobei es auch zu Auffassungsunterschieden kommen kann. Manche Mitglieder kennen klare Zugehörigkeitskriterien, andere nicht. Solche Unterschiede sind u. a. Resultat ungleicher Sprachkapazitäten und individueller Reflexion. Wieder gilt, daß deshalb allein die Phänomene nicht in Frage gestellt zu werden brauchen.

7.3.2 *Stabile Transaktionen*

Unterschiedlichkeiten dieser Art berücksichtigt W. G. Ouchi (1980), wenn er „Organisation" als „stabile Muster von Transaktionen zwischen Individuen" oder „Aggregaten von Individuen" bezeichnet. Solche Transaktionsmuster können in ihrer zeitlichen oder räumlichen Dimension oder der der zugelassenen Teilnehmer beschränkt oder unbeschränkt sein. Für Ouchi stellt sich folglich eine Organisation nicht als „geschlossener Verein" dar, obwohl er auch geschlossene Muster nicht als prinzipiell unmöglich ausschließt.

Transaktionen sind kostenträchtig, vor allem wenn sie mit Unsicherheiten verbunden sind. Mangelnde Übereinstimmung in Zielvorstellungen (goal incongruence) und mehrdeutige Verhaltenserwartungen (performance ambiguity) sind Quellen für solche Unsicherheiten. Sie sind in unserer Darstellung die Quellen, aus denen Bedarf an neuen Konsensmustern entspringt.

Ouchi analysiert demnach die Effizienz kooperativer Handlungen, also von Handlungen, die zu Transaktionsmustern führen. Alle kooperativen Handlungen schaffen Interdependenzen, sie verlangen demnach nach einem Ausgleich, der von allen Beteiligten, möglicherweise aus unterschiedlichen Gründen, als gerecht betrachtet wird[9]. Ouchi meint, Situationen, in denen große Ziel-Inkongruenz herrscht, aber Unklarheiten, wie sie die Durchführung betreffen, gering sind, generieren charakteristische Transaktionsmuster, die er als ‚Markt' bezeichnet. Alltagssprachlich ausgedrückt heißt das, daß Tauschpartner zwar unterschiedliche Ziele im Tausch verfolgen, aber über die Art, wie der Tausch durchgeführt wird und was wofür getauscht wird, Konsens besteht.

Ein Markt ist für Ouchi jenes Transaktionsmuster, bei dem Bedarf und Transaktionsverfahren selbstverständlich sind und Interessenunterschiede hinreichend groß sind, um Tausch sinnvoll zu machen.

Schwindet diese Selbstverständlichkeit in der Durchführung und bleibt die Ziel-Inkongruenz trotzdem hoch, so brechen Märkte zusammen. Sie sind unter diesen Bedingungen nicht mehr leistungsfähig. Derartige Situationen verlangen nach einer neuen Sicherheit, wobei Unklarheiten autoritativ beseitigt und so Transaktionsmuster wieder funktionsfähig werden. Ziel-Inkongurenz wird dabei bewußt und konstruktiv, etwa durch Androhung von Sanktionen, eliminiert.

Unter solchen Bedingungen entwickelt sich ein Transaktionstyp, den auch Ouchi als ‚Bürokratie', im Sinn von M. Weber (1922), bezeichnet. Bürokratien schaffen klare Zielvorstellungen. Sie sind fähig, zukunftsorientiert zu agieren und Konfliktsituationen zwischen Angehörigen solcher Transaktionsmuster zu reduzieren.

Doch auch Bürokratien sind nur beschränkt leistungsfähig. In Situationen, wo – aufgrund externer Vorgaben – präzise Klarheit über Aus- und Durchführung von Transaktionen nicht geschaffen werden kann, werden selbst Bürokratien handlungsunfähig. Solche Situationen treten typischerweise in Fällen auf, wo Unvorhersehbarkeit, wie etwa in bestimmten Forschungsbereichen, zum Alltag gehört. Es kann sich aber auch um nicht vorhersehbare Katastrophen handeln, von denen man bestenfalls weiß, daß sie eintreten können, wo aber weder genaue Umstände noch Zeitpunkt bekannt sind.

---

[9] Dieser Anspruch gilt auch für Hierarchien. Damit eröffnet sich ein nicht uninteressanter Auffassungsunterschied zu Habermas, der ja, wie bereits erwähnt, die Meinung vertritt, daß es diese Reziprozität im Bereich staatlicher Macht nicht gibt.

Unter solchen Bedingungen kann eine prinzipiell andere Struktur effizient sein, die Ouchi als „Clan" bezeichnet. Wesentlich ist dabei, daß alle Beteiligten ihre Organisation bis ins kleinste Detail kennen und beherrschen. Es bedarf also einer sehr umfassenden Sozialisation, um das Funktionieren solcher Organisationen zu gewährleisten. Nur dadurch ist es ihren Mitgliedern möglich, selbst in unklaren, zwei- und mehrdeutigen Situationen kooperativ zu bleiben. Mayo (1945) erkannte in der präindustriellen handwerklichen Produktion, wo Lehr- und Gesellenzeiten alle wesentlichen Kenntisse einer Organisation über Jahre vermitteln, eine derartige Form der Organisation.

Sie kommt zustande, wenn sich grundsätzliche Einstellungen (states of mind) langsam und langwierig annähern. Ouchi bezieht sich dabei auf Durkheims Konzept organischer Solidarität. Dies bedeutet ferner, daß im „Clan" kooperierende Individuen einheitliche Zielvorstellungen (also niedrige Zielinkongruenz) haben, die sich u. a. aus gegenseitiger Abhängigkeit und Erfahrung ergeben. Als Folge teilen sie miteinander die Überzeugung, daß individuelle Vorteile nur kurzfristig vorteilhaft wären, sie können und müssen folglich im Interesse des Ganzen zurückgestellt werden.

Im Clan wird das komplette Aufgehen (Kanter, 1972, S. 41) des einzelnen Individuums in den Interessen des Ganzen gefordert. Solche Einstellungen finden sich heute noch in Japan[10], wo auch Ouchi seine Organisationen zu studieren begann. Das bedeutet nun keinesfalls, daß Clans nicht auch in anderen Ländern, sogar den Vereinigten Staaten, zu finden sind. Sie sind dort nur seltener.

7.3.3 Das etwas andere Muster

Letztlich überlegt Ouchi, welche Organisation hohe Ziel-Inkongruenz, ähnlich wie beim Markt, und unklare Ausführungsvorgaben, wie bei Clans, bewältigen könnte. Unter solchen Bedingungen kann man ja berechtigterweise fragen, ob Transaktionen dort überhaupt noch möglich sind, bzw. ob noch von ‚Organisation' gesprochen werden darf. Thompson (1983) vertritt beispielsweise die Position, daß nur drei Arten von Organisation möglich sind, aber dafür aufgrund bestimmter Sozialisationsergebnisse fünf Persönlichkeitstypen. Zwei wären demnach nicht kooperationsfähig.

---

[10] Chie Nakane (1972) hat eine sehr gute und komprimierte Darstellung japanischer Kooperationsmuster geliefert. Aus unserer Sicht ist zunächst die Feststellung wichtig, . . . if individuality is not stifled under such circumstances, it has, to say the least, very little possibility of development." (ibid., S. 22)
Daraus entsteht „conformity to the aims and intent of the group," sowie „a gulf between the group and others" und „the consciousness of the difference between ‚our people' and ‚outsiders'" (S. 21), ferner eine emotionelle Bindung als Basis gruppenbildender Kohärenz.

Thompson benennt seine fünf Typen Hierarchisten, Sektierer, Entrepreneure, Ineffektive und Eremiten. Die letzten zwei sind isolierte Individuen, sind also in keine Organisation eingegliedert. Beide unterscheiden sich nur dadurch, daß Eremiten freiwillig auf Zugehörigkeit zu Transaktionsstrukturen verzichten, wogegen Ineffektive unfreiwillig ausgeschlossen wurden. Sie wären somit Repräsentanten jener Ausgelagerten, die Söldner, Freibeuter, Sophisten oder Intellektuelle werden (siehe voriges Kapitel).

Es stellt sich also die Frage, ob bei diesem letztgenannten Fall von Organisation gesprochen werden kann. Meyer und Rowan (1977) sind im Zuge einer umfangreichen Studie kalifornischer Schulen nun interessanterweise zu dem Ergebnis gekommen, daß Schulen jede Form rationaler Organisation durchbrechen. Trotzdem existieren sie – und nicht nur das – sie expandieren sogar. Genauer betrachtet, läßt sich sagen, daß diese Institution keine Transaktionen durchführt, sondern ausschließlich auf der Basis sozial akzeptierter Mythen existiert, bzw. wenn, nur Transaktionen nicht-materieller Art durchführt. Man ahnt die Körperlosigkeit des vierten Typs im Douglas'schen Schema. Erinnern wir uns an das, was im fünften Kapitel beschrieben wurde, so wird die abstrakte Situation schnell konkret. Kinder, im Geiste noch ein Ding der Familie, meist unfähig zu Kooperation, wurden vorübergehend von zu Hause ausgelagert, um sich zu Individuen zu mausern. Sie werden entgemeinschaftet, ohne schon vergesellschaftet zu sein. Doch das, was Schulen im besonderen sind, gibt es öfter. Dieser Organisationstyp ist der Ort der Ausgelagerten schlechthin, ein Zwischenreich, wo Interaktionen und Kooperationen noch nicht, bzw. nicht mehr möglich sind. Es ist das Purgatorium der Verschiedenen, die Mayflower der Siedler, der Athos der Idiosynkraten, kurz ein Wartesaal der Geschichte.

Schulen repräsentieren, was kulturell als nicht mehr weiter hinterfragbarer Glaubensgrundsatz, der Mythos vom Individuum, gilt. Schulen sind Repräsentanten kultureller, also geistiger Werte. Damit werden sie für andere Organisationstypen zu ‚Referenzentitäten'. Sie sind trotz internen Interaktionsmangels außengeleitet.

Organisationen tendieren dazu, ihre formalen Strukturen so zu entwickeln, daß sie mit Mythen übereinstimmen. Sie verleiben sich Elemente ein, die über Mythen legitimiert werden, ohne dabei Effizienzüberlegungen anzustellen. Solche Isomorphie garantiert nämlich erst Erfolg und Überleben. Es läßt diese Isomorphie Kontrolle zu rituellen Handlungen verkümmern. Das gilt besonders für die Referenzorganisationen selbst. Diese sind unkontrollierbar, solange sie selbst diese Werte repräsentieren[11]. Sprache spielt dabei gleichfalls eine wesentliche Rolle. Nicht nur regeln Begriffe Verfahrensweisen, generieren Verständnis und strukturieren Ziele, die Sprache der Mythen erbringt eine

[11] Dieser Sachverhalt dokumentiert sich z. B. bei der zur Zeit in Mode gekommenen „Bewertung universitärer Einrichtungen". Sie wird zwar in verschiedenen Fällen durchgeführt, bleibt aber konsequenzenlos.

weitere, höchst interessante Leistung. Indem sie sich eines wenig elaborierten, eingeschränkten Codes bedient, ist mythische Sprache zwangsläufig vieldeutig, trotzdem ist sie stilisiert und kontrolliert. Es wäre illegitim, die mythische Sprache beliebig zu verwenden, aber es steht jedem frei, sich „seinen Reim" darauf zu machen. Denn zum Unterschied von Befehlssprachen findet sich hier kein Automatismus, der zwischen Tat und Wort vermittelt. Schulen sind folglich absichtsvoll praxisfremd. Wer Praxis von Schulen verlangt, verwechselt Lehrzeit in der Werkstatt, d. h. im Clan, mit Schulen[12]. Beide sind grundlegend verschieden.

Institutionen sind weiters Umwelten anderer Institutionen. Sie stabilisieren sich gegenseitig. Sie stehen zueinander in einer gewissen symbiotischen Abhängigkeit. Somit hängt der Erfolg von Organisationen nicht nur von der Effizienz ihrer eigenen Koordination oder Kontrolle über ihre Produktion ab. Organisationen gewinnen Legitimität durch ihre Adaption an diese Umwelten, mit denen sie so zunehmend isomorph werden, Ordnung zieht ein.

Meyer und Rowan unterscheiden zwei Organisationstypen: Bei Organisationen, die sie als ‚produzierende Organisationen' bezeichnen, hängt der Erfolg vom Management ab. Bei Organisationen, die sie als „institutionalisierte Organisationen" bezeichnen, wird der Erfolg vom Vertrauen bestimmt, bzw. kommt aus der Stabilität, die aufgrund der Isomorphie institutionaler Regeln erlangt wird. Schulen sind Lehrmeister der Nation, nicht nur der jeweiligen Kinder.

Schulen können es sich gestatten, nicht nach dem Effizienzprinzip zu funktionieren, sondern nach Kriterien der Glaubwürdigkeit, die sie produzieren. Zwar sind sie hochgradig regelgeleitet, doch gerade deshalb nicht-rationalen Kriterien verpflichtet. Ihre rituelle Signifikanz verschafft ihnen Ansehen und validiert ihre Organisation. In diesem Zusammenhang sei in Erinnerung gerufen, daß gerade Universitäten zu solchen Organisationen zählen (siehe Kapitel 5).

Ohne auf weitere Einzelheiten einzugehen, sei somit abschließend auf zweierlei hingewiesen: Organisationen dieser Art sind keine Anarchien, sondern werden durch Vertrauen und Glauben getragen. Man kann getrost sagen, sie ruhen in einem „geistigen Körper". Gerade deshalb können auf Effizienz drängende Evaluationen und Inspektionen die Existenz dieser Organisationen ernsthaft gefährden, weil solche Ansprüche die andere Konstitution dieser „Gemeinschaft von Gläubigen" prinzipiell in Frage stellen. Deshalb wird Evaluation nach Möglichkeit vermieden oder nur rituell gehandhabt. Geschieht dies, so könnte man sie allerdings auch unterlassen.

Mit Bezug auf Rowan und Meyer komplettiert W. G. Ouchi sein Schema, das nun jenem von M. Douglas/M. Thompson auffallend ähnelt, ohne – soweit sich das aus Literaturverweisen ersehen läßt – diesen Ansatz zu kennen. Ouchis Ansatz bietet sich folglich als wertvolle weitere Stützung der group-grid Analyse an.

---

[12] Hier sei nochmals an Kapitel 5 erinnert.

7.3.4 Gleichheit – Ungleichartigkeit – Ungleichheit

Die diversen Organisationstypen haben allerdings nicht nur für sie jeweils charakteristische Interaktionsmuster und Kosmologien. Auch in anderen Hinsichten unterscheiden sie sich signifikant, allerdings existieren zwangsläufig auch signifikante Ähnlichkeiten.

In Absetzung zu Hierarchien sind Märkte und Clans etwa egalitär. Die beiden gemeinsame Betonung der Gleichheit läßt auch häufig beide verwechseln, tatsächlich handelt es sich aber gar nicht um Gleichheit. Clans produzieren eine Gleichheit der Ungleichartigkeit, d. h. sie können funktional differenziert sein, doch innerhalb der Gruppierung herrscht nach außen Statusgleichheit. Brunner schreibt daher:

> „Das Haus (oikos) ist also ein Ganzes, das auf der Ungleichartigkeit seiner Glieder beruht, die durch den leitenden Geist des Herrn zu einer Einheit zusammengefügt werden." (Brunner, 1968, S. 112)

Vor diesem Herrn sind aber alle gleich, so wie alle Christen vor Gott gleich sind. Das gilt selbst für den Herrn, der sich von seinem Haus abhängig weiß[13]. Die Gleichheit im Clan unterscheidet sich von der des Marktes durch die Individualisierung im Markt. Hier herrscht Gleichheit zwischen vereinzelten Individuen, dort zwischen Zünften oder anderen Gruppierungen[14].

Diese Gleichheitsprinzipien manifestieren sich in entsprechend unterschiedlichen Gratifikationsmustern. Im Markt gilt das Prinzip der Wertäquivalenz im Tauschakt zwischen Individuen. Im Clan existiert diese Äquivalenz nicht, es können bei Kooperation manche durchaus benachteiligt werden. Die Gleichheit wird über die Vorstellung eines langfristigen Ausgleichs, der bei langer Gruppenzugehörigkeit möglich ist, erreicht. Im Prinzip sind alle gleichwertig, aber diese Gleichwertigkeit findet nicht in den Gratifikationen Ausdruck, sondern in der Vorstellung des gemeinsamen Wohlergehens über lange Zeit. (Wilkins/Ouchi, 1983)

---

[13] „Was die Seele im Körper, ist der Herrscher im Staat, der Hausvater im Haus, das organisierende, die Einheit begründende Prinzip." (Brunner, 1968, S. 114)
In diesem Zusammenhang ist auch eine Bemerkung Nakanes von Interesse:
The „authority (of the Japanese household head, M. S.), long considered to be the prime characteristic of the traditional family system, extended over the conduct, ideas and ways of thinking of the members of the household." . . . „I wish, however, to add that actually the force that restricted each member's conduct and thought originated in the household's solidarity as a social group, though people more often considered it to be the personal authority of the household head." (Nakane, 1972, S. 16)

[14] Dies bringt Nakane (1972) zum Ausdruck, wenn sie z. B. feststellt, daß sich Mitglieder niederer Kasten in Indien keineswegs minderwertig fühlen. Die Gleichheit gilt zwar nicht zwischen, aber dafür innerhalb der Kasten. Die Ungleichheit zwischen den Kasten ergibt sich historisch, da nicht wenige ursprünglich unterworfene Ethnien sind.
In auffallendem Kontrast dazu steht Japan, das gleichfalls clanartig organisiert ist. Die Grundzelle ist dort der Haushalt, der ichizoku – roto. Obwohl dieser – nach Nakane – „vertikal organisiert" ist, existiert im japanischen Denken „eine extreme Form von Egalitarismus". Alle haben den Anspruch auf gleiche Behandlung und sozialen Aufstieg im Laufe ihres Lebens, unabhängig von persönlicher Leistung und anderen Qualifikationen.

Unmittelbar damit verknüpft sind unterschiedliche Zeithorizonte und -vorstellungen. Im Clan herrscht Tradition, lange Mitgliedschaft, werden langwierige Sozialisationsmechanismen praktiziert, und somit gilt auch die Vorstellung eines langfristigen Ausgleichs.

Der Markt lebt von kurzfristigen Interaktionen, demnach variablen Interaktionspartnern, autodidaktischer Sozialisation und der Bereitschaft, Unsicherheiten und manchmal Verluste zu akzeptieren, die in anderen Interaktionen ausgeglichen werden. Diese kurzzeitigen Interaktionen machen Gratifikationen, bzw. Kontrollmechanismen notwendig, die unmittelbar einsetzbar und nachweislich neutral sind, so wie Meßinstrumente, Waagen, Maßstäbe, Münzen zur Verrechnung. Die Kontrolle im Clan kann auf solche Instrumente verzichten (Polanyi, 1944; Ouchi, 1980). Tradition und die gesamte Umwelt steuern hier das Verhalten, wobei einzelnen Abweichungen gegenüber größere Toleranz möglich ist als etwa in Hierarchien.

Die geringere Sozialisation in Hierarchien macht Abweichungen wahrscheinlicher und verlangt deshalb konsequenterweise auch nach anderen und intensiveren Formen von Kontrolle. Sie basieren demnach auf Ungleichheit. Wegen der viel geringeren Sozialisation müssen Hierarchien auch dafür Sorge tragen, daß Ereignisse innen und außen unter Kontrolle bleiben, weil bei nicht vorhersagbaren Fällen der eingeübte Mechanismus nicht mehr funktioniert. Werden solche Umstände zur Regel, so zerbrechen Hierarchien daran, wogegen Clans viel besser in der Lage sind, damit fertig zu werden (Ouchi, 1977). Daran ist ersichtlich, daß Organisationen aufgrund endogener Faktoren genauso zerfallen können wie aufgrund exogener Umstände (Geser, 1982).

Daraus ergibt sich weiters ein sehr unterschiedliches Herangehen an Umwelt und Natur. Sehen Vertreter des Marktes in der Natur eine sehr stabile und verläßliche Partnerschaft, die ausnutzbar und technisierbar ist, so pflegen Hierarchien eine vorsichtige Distanz, wogegen Clanmitglieder die Differenz zwischen Natur und Kultur quasi wegsozialisieren möchten. (Thompson, 1987)

Ein anderer auffallender Unterschied zwischen Clan und Hierarchie betrifft ihre jeweilige Gruppengröße. Thompson (1987), Schwarz und Thompson (1990), Ouchi und Johnson (1978) u. a. stimmen überein, daß Hierarchien große Organisationen bilden können, Clans diesbezüglich beschränkt sind. Da Märkte im Vergleich zu diesen beiden sehr flüchtig sind, ist es schwer, über ihre Größe zu sprechen; im Prinzip sind sie aber unbegrenzt, wenn man die Interaktionsmuster über einen hinreichend langen Zeitraum verfolgt.

7.3.5 Symbiotische Komplementarität und sozialer Wandel

Zwar ließe sich die Liste charakteristischer Merkmale der vier Typen noch um einiges verlängern, doch wird darauf in diesem Kontext verzichtet. Einige weitere Charakteristika finden sich bei den bereits genannten Autoren. Was allerdings nochmals nachdrückliche Erwähnung verdient, ist der Umstand, daß unterschiedliche Organisationstypen aufeinander angewiesen sind, also symbiotisch koexistieren. Daß Bürokratien Märkte brauchen und umgekehrt, ist bereits gesagt worden, doch auch auf Clans sind sie angewiesen (Geser, 1982), und ich stehe nicht an zu behaupten, auch auf die Nullmatrix.

Diesen Umstand bringt Geser (1982) zum Ausdruck, indem er darauf hinweist, daß alle formalen Organisationen eine Kategorie von „Nicht-Mitgliedern" brauchen und zwangsläufig erzeugen, die in der Folge eine hohe Identifikation mit traditionellen Gemeinschaften entwickeln.

Hörning (1988) arbeitet seinerseits die Notwendigkeit der Existenz eines eher anarchistisch erscheinenden Konsumbereichs heraus. Diese dabei stark Ich-bezogene, vom Geist eines materialistischen Individualismus getragene Kultur stellt das Komplement zur Produktionssphäre dar. Auch in Hinblick auf dominante Werthaltungen ergänzen sich beide. Sind die einen rationalistisch in ihren Grundeinstellungen, so sind die anderen zum Ausgleich hedonistisch. So gesehen ist es auch kein Zufall, daß gleichzeitig mit der industriellen Revolution in England eine Konsumrevolution stattgefunden hat (Campbell, 1987). Wenn Sombart (1913) weiters den Ursprung des Kapitalismus im Luxus des 12. und 13. Jhdt. sieht, so braucht dies nur noch ergänzt zu werden, indem an unsere Darstellung einer industriellen Revolution im Mittelalter erinnert wird.

Faßt man diese Ansätze zusammen so wird deutlich, daß sich damit nahezu zwangsläufig auch eine kompakte Theorie sozialen Wandels ergibt. Nicht nur exogene, sondern vor allem auch endogene Faktoren führen dazu, daß es zwangsläufig immer wieder zu Auslagerungen kommen muß. Davon sind besonders Clans betroffen für die die Kontrolle der Gruppengröße von lebenswichtiger Bedeutung ist. Doch auch Hierarchien können, wenn auch aus anderen Gründen davon Gebrauch machen. Diese Ausgelagerten wandern – wie in Kapitel 6 anschaulich dargestellt – in die Nullmatrix ab, wo sie nicht nur genötigt sind ihr „Ich", sondern auch ein „Alter" zu entdecken. Es entsteht die Notwendigkeit soziale Innovationen in einem Prozeß neuerlicher Resozalisation und Selbstdisziplinierung zu schaffen, wobei Märkte am leichtestens, weil kurzlebig, Hierarchien schwerer und neue Clans am schwierigsten zu bilden sind. Solche Prozesse sind im übrigen keineswegs ein gesellschaftliches Spezifikum, wie Maturana (1978) deutlich macht[15].

15 „During this process there is no behavioral homomorphism between the interacting organisms and, although individually they operate strictly as structure-determined systems (aufgrund ihrer kulturspezifischen Sozialisation, M. S.), everything that takes place through their interactions is novel, anticommunicative, in the system that they then constitute together, even if they otherwise participate in other consensual domains. If this process leads to a consensual domain, it is, in the strict sense, a conversation, a turning around together in such manner that all participants undergo non-

Damit wird nun auch deutlich, daß sich die zuvor besprochenen Typologien gut in den Ansatz der „cultural theory" einfügen lassen. So wird z. B. Tönnies und Durkheims Unterscheidung von individualisierten Gesellschaften und ganzheitlichen Gemeinschaften durch Märkte und Hierarchien einerseits, Clans und Nullmatrix (siehe unten) andererseits repräsentiert. Dabei fällt der „Nullmatrix" die Repräsentation der noch nicht resozialisierten, isolierten Ausgelagerten zu, die aber mental und emotional noch ihrer Primärgruppe zugehörig sind. Es handelt sich demnach um Formen geistiger Zugehörigkeit, wie sie von den Romantikern gerne gepflegt wird (Lepenies, 1985) und M. Douglas (1970) ausführlich beschreibt.

Es bleibt nun zu zeigen, daß es sich bei dieser Typologie nicht um eine beliebige Auflistung handelt, sondern um ein genuines Kategoriensystem, in dem alle möglichen Fälle von Interaktionen idealtypisch vertreten sind. Mit Hilfe eines solchen Kategoriensystems wird es möglich, auf ad-hoc-Untersuchungen zu verzichten und trotzdem ein Universum erschöpfend zu beschreiben. Der Nachweis dafür wird mittels eines formalen Modells im folgenden erbracht.

7.4 Ein Kategoriensystem für Organisationen

Ouchis Definition einer Organisation als ‚stabiles Transaktionsmuster' ist äußerst hilfreich. Auf der Basis dieser Definition läßt sich nämlich eine Organisation formal als Menge von Elementen samt einer dazugehörigen Menge von Beziehungen über diesen Elementen beschreiben. Das ist gleichbedeutend einem Graphen im Sinn der mathematischen Graphentheorie. Die Anzahl aller möglichen Beziehungen über einer solchen Menge von n Elementen bestimmt sich aus dem kartesischen Produkt, sie ist maximal n^2.

Für den Fall binärer Graphen kann man somit präzise Angaben über alle möglichen Transaktionsmuster machen. Selbstverständlich variiert

---

trivial changes until a behavioral homomorphism is established and communication takes place. These precommunicative or anticommunicative interactions that take place during a conversation, then, are creative interactions that lead to novel behavior. The condition under which a conversation takes place (common interest, spatial confinement, friendship, love, or what ever keeps the organisms together), and which determine that the organisms should continue to interact until a consensual domain is established, constitute the domain in which selection for the ontogenetic structural coupling takes place. Without them, a consensual domain could never be established, and communication, as the coordination of noncreative ontogenetically acquired modes of behavior, would never take place." (Maturana, 1978, S:54/55) (m. H.)

„. . . linguistic communication always takes place after the establishment of an ontogenetic structural coupling, and in that sense is trivial because it shows only that the engineer's situation has been established. What is not trivial, however, is what takes place in the process of attaining communication through the establishment of ontogenetic structural coupling and the shaping of the consenual domain." (ibid.)

ihre Zahl in Abhängigkeit von der Anzahl der Elemente gewaltig. Sie beträgt 2^n.

Binäre Graphen lassen sich in einer sogenannten Inzidenzmatrix darstellen, wo jede Beziehung zwischen zwei Knoten durch eine 1, das Fehlen einer solchen Beziehung durch eine Null ausgedrückt wird. Sollen solche Beziehungen klassifiziert werden, weil ihnen unterschiedliche Bedeutung zukommt, analog etwa der Unterscheidung von Haupt- und Nebenstraßen, so werden die Eins und die Null durch andere Zahlenwerte ersetzt, vorzüglich durch Größen zwischen null und eins. Ein solcher gewichteter Graph ist durch eine Matrix beschreibbar, deren Elemente f_{ij} das Gewicht der Kante zwischen i und j bedeuten.

Weiters lassen sich den Elementen oder Knoten, die die Individuen innerhalb eines Transaktionsmusters repräsentieren, gleichfalls Werte zuordnen, die als ihre Ressourcenausstattung verstanden werden können. Bezeichnet x_i die Ressourcenausstattung des Individuums i, so ist die gesamte Ausstattung von n Individuen als Vektor mit n Komponenten repräsentierbar, den wir mit X bezeichnen. Diese Ressourcen lassen sich nun gemäß den Gewichten oder Anteilen in der Transaktionsmatrix F, deren Elemente f_{ij} sind, verteilen. Wir wollen ferner annehmen, daß alle Individuen auch über Ressourcen verfügen, die nicht zur Verteilung vorgesehen sind. Diese beschreiben wir mit dem Vektor E, dessen Elemente e_i sind. Aufgrund eines wechselseitigen Gebens und Nehmens (in Übereinstimmung mit den in der Matrix vorgegebenen Anteilen) entsteht ein Zustand, der meist als Gleichgewichtszustand interpretiert wird. Sein Resultat läßt sich als Lösung folgenden Gleichungssystems erfassen.

$$X = F \,.\, X + E \qquad E = (e_1, e_2, \ldots e_n)$$

$$\text{d. h.:} \quad (I - F) \,.\, X = E \qquad X = (x_1, x_2, x_3, \ldots x_n)$$

$$I = \text{Einheitsmatrix}$$

Die Matrix F ist dabei durch folgende Eigenschaften gekennzeichnet:

$$f_{ii} = 0 \qquad \text{für alle } i = 1, 2, \ldots, n$$

$$0 \leq f_{ij} \leq 1 \qquad \text{für alle } i \neq j$$

$$\sum_{i=1}^{n} f_{ij} \leq 1$$

$$E \neq 0$$

Das läßt sich folgend interpretieren:

f_{ij} repräsentiert den Verteilungsschlüssel der Ressourcen. Es ist jener Bruchteil, der von j an i abgegeben wird. Alle Werte von f_{ij} liegen im Intervall [0,1].

Weiters kann kein i mehr als alle zur Verteilung vorgesehenen Ressourcen ausgeben, aber auch nicht weniger. Die Tatsache, daß

$$\sum_{i=1}^{n} f_{ij} \leq 1$$

bedeutet daher, daß es jedem möglich ist, Ressourcen außerhalb der aus n Individuen bestehenden Organisation auszugeben. Ist die Spaltensumme

$\sum_{i=1}^{n} f_{ij} = 1$ für alle n Individuen, so handelt es sich um ein geschlossenes System, weil alle Ressourcen innerhalb des Systems bleiben. Ist mindestens eine Spaltensumme kleiner als eins, so ist es demnach offen. Dann ist

$$\sum_{i=1}^{m} f_{ij} = 1 \text{ für } m > n.$$

Mit dieser Festlegung unterscheiden wir uns von gängigen ökonomischen Input-Output-Modellen. Dort wird meist der Vektor E als Repräsentant eines offenen Systems genommen, nämlich dann, wenn $E \neq 0$, bzw. das System inhomogen ist.

Darin manifestiert sich ein Unterschied im Interesse. Bei den üblichen Modellen ist die Ausstattung der Individuen am Ende des Austauschprozesses als eine Form eines Gleichgewichtszustandes vorrangig. Uns interessieren die Folgen der Veränderung von Transaktionsmustern.

Als weitere Folge dessen ist es uns auch weniger wichtig, die Werte von X zu berechnen, als vielmehr mit Hilfe dieses Modells Kippvorgänge zu beschreiben. Es ist uns zwar klar, daß die Rechtfertigung eines derartigen Modells darin besteht, daß Operationalisierungen und Meßvorschriften angegeben werden, aufgrund derer die linearen Beziehungen sinnvoll werden. Das ließe sich etwa über Zeitbudgets und Interaktionsfrequenzen erreichen. Doch wie gesagt, das ist nicht unser Anliegen. Dieses liegt vielmehr darin, zu untersuchen was passiert, wenn sich die Interaktionsmatrix verändert. Es geht also nicht darum, festzustellen, ob ein bestimmtes System, wie mit F beschrieben, sich im Gleichgewicht befindet, sondern darum, Bedingungen zu erarbeiten, die qualitative Veränderungen bewirken.

Eine derartige radikale qualitative Unterscheidung ist die Unterscheidung zwischen lösbaren und unlösbaren Gleichungssystemen. Aufgrund eines Satzes von Hadamard (Lancaster, 1968) gilt, daß ein inhomogenes System, dargestellt durch die Matrix A = (aij), dann lösbar ist, wenn es eine dominante Hauptdiagonale besitzt, d. h. wenn

$$|a_{ii}| > \sum_{\substack{j=1 \\ j \neq i}}^{n} |a_{ji}| \text{ für alle i}$$

ist. Im Falle unserer Matrix (I – F) lautet diese Bedingung

$$1 > \sum_{i \neq j} f_{ji}$$

d. h. sie entspricht dem Vorliegen eines offenen stark verbundenen Transaktionsmusters. Unabhängig von der spezifischen Form der Transaktionsmuster ist also bei Erfüllung dieser Bedingungen ein System lösbar. Das bedeutet, daß es für jedes Element der Gruppe (jede Variable) eine eindeutige Wertzuordnung als Ergebnis gibt.

Verletzen wir nun die gestellten Bedingungen, indem wir zunächst alle Elemente der Matrix F gleich 0 werden lassen. Das produziert als Lösungsvektor nur wieder den Vektor E. Dieses System ist absolut offen, da jede Spaltensumme von F kleiner eins ist, verletzt aber offensichtlich die Bedingung, daß jedes Mitglied auf einem Weg innerhalb von F von jedem anderen Mitglied der Gruppe zu erreichen sein muß. In einer solchen Gruppe gibt es keine Transaktionen, die durch die Matrix darstellbar wären. Es ist der Wartesaal der Ausgelagerten.

Andererseits sind Gruppen, in denen die Ressourcen sämtlicher Mitglieder innerhalb der Gruppe verteilt werden, das heißt wo die Summe der Komponenten aller Spaltenvektoren der Matrix F gleich 1 ist, Systeme, die nicht lösbar sind.

Wichtige Ausnahme von dieser Regel ist jener Fall, in dem die Matrix F so umgruppiert werden kann, daß alle f_{ij} unterhalb der Hauptdiagonale 0 sind. Das bedeutet, daß es sich quasi um ein ‚Einbahnsystem' handelt, bzw. um eine wohl ausgebaute hierarchische Struktur, in der alle Transaktionen nur in eine Richtung fließen, z. B. von oben nach unten. Korrekterweise muß festgestellt werden, daß dann ein Element, das oberste, zwangsläufig keine f_{ij} ungleich null hat, d. h. keine Ressourcen in der Gruppe einsetzt, weil ja sonst nicht alle f_{ij} dieses Elements gleich null sein könnten, eine Notwendigkeit, die sich aus der geforderten Dreiecksform der Matrix ergibt. Abgesehen von dieser einen Ausnahme werden aber alle anderen Ressourcen innerhalb der Gruppe verteilt, uund zwar zwangsläufig ungleich[16].

Für diesen besonderen Fall gibt es ebenfalls eine Lösung des Gleichungssystems. Ein hierarchisches System wär allerdings auch lösbar, wenn es offen wäre. Es besitzt also eine Eigenschaft, die die anderen Systeme nicht haben: Es ist ein lösbares System, egal ob offen oder geschlossen. Allerdings verletzt es dafür die Forderung, daß alle Elemente von allen anderen zumindest entlang eines Pfades erreichbar sein müssen.

Systeme, die geschlossen sind, wo also die Summe aller Spaltenvektoren der Matrix F gleich 1 ist, haben keine Lösung. Es kann sich dabei um Systeme handeln, die zwar intern ähnlich strukturiert sind wie lösbare, offene Systeme, aber aufgrund der Geschlossenheit zirkulär werden. Prozesse der Schließung oder Öffnung würden in diesem Fall offensichtlich massive qualitative Veränderungen bewirken, sie würden

---

[16] Dieses Durchbrechen der Grenze an der Spitze des Dreiecks einer Hierarchie ist nicht nur eine Eigenart des vorgeschlagenen Modells.
M. Weber (1922) meint, daß es charakteristisch für Hierarchien sei, daß ihre Spitze nicht wirklich, sondern meistens nur symbolisch zu diesem Verband dazugehört. Er meint, daß Minister, Generaldirektoren etc. nicht material, sondern nur formal dem Apparat angehören, daß sie „nur eine Kategorie der Herrschaft" (S. 127) wären. Ein sehr anschauliches Beispiel liefern dafür auch anglosächsische Universitäten, deren Spitze der Vice-Chancellor ist. Der Chancellor ist ein fernab weilender, nicht selten aristokratischer Patron, dessen Verbindung mit der Universität im allgemeinen rein symbolisch ist.

einen katastrophenartigen Übergang von einem individualisierten zu einem nicht-individualisierten System bedeuten (Schmutzer/Bandler, 1980).

Wir wagen nun folgende Interpretation dieses Modells. Lösbare Systeme beschreiben einen Gleichgewichtszustand, bei dem jedem Element ein spezifischer Anteil an Ressourcen zugeordnet wird. In unserem Modell ist das dann der Fall, wenn F = 0, oder wenn F eine Dreiecksmatrix ist, bzw. ein offenes, stark verbundenes Strukturmuster besitzt. Diese drei Typen sind Repräsentanten individualisierter Organisationsmuster. Das nicht-lösbare System, also jenes, das keine individualisierte Verteilungsstruktur kennt, ist das geschlossene zyklische. Es entspricht unseren nicht-individualisierten Gemeinschaften.

Es drängt sich unwillkürlich die Frage auf, ob die Tatsache, daß Mathematiker für solche Systeme keine Lösungen kennen, nicht Ergebnis einer Unfähigkeit ist, sich unter einer so beschriebenen Situation etwas vorzustellen? Ohne eine Antwort darauf zu wissen, wird selbst die Frage als provozierend verstanden werden können. Doch bevor man sich zu einer derartigen Einschätzung entschließt, möge der Leser sich in Erinnerung rufen, daß es weder rationale, noch reale und schon gar nicht imaginäre Zahlen immer gegeben hat. Sie wurden genauso erfunden wie das äußere Vektorprodukt und die gesamte Vektoralgebra, nachdem der entsprechene Bedarf manifest geworden ist. Es ist noch nicht so lange aus, daß kubische oder andere Gleichungen höherer Ordnung als unlösbar betrachtet wurden.

Lineare Gleichungssysteme mit n Unbekannten und n Gleichungen bieten somit ein formales Pendant, anhand dessen vier distinkte Typen von Transaktionen dargestellt werden können. Die Unterscheidung zwischen offen und geschlossen, wie sie durch die Summe über die Spaltenvektoren ausgedrückt wird, korrespondiert mit der Kontrolle der Gruppengrenzen. Offene und geschlossene Systeme lassen sich weiters intern unterscheiden. Offene lösbare Systeme müssen so verknüpft sein, daß jedes Element von einem anderen zumindest auf einem Pfad erreicht werden kann. Geschlossene Systeme können selbst in verschiedene verbundene oder geschlossene Substrukturen zerfallen. Offene lösbare und hierarchische Systeme kennen individuelle Lösungen für jedes Element. Geschlossene, nicht hierarchische kennen das nicht. Sie sind deshalb gute Repräsentanten gemeinschaftlicher Sozialstrukturen, während die anderen individualisierte Gesellschaften zu repräsentieren vermögen[17].

---

[17] Die hier gewählte Form der Darstellung der Lösbarkeit linearer Gleichungssysteme entspricht nicht der Tradition deutschen Mathematikunterrichts. Es ließe sich somit schnell wieder auf die Kulturabhängigkeit wissenschaftlicher Darstellungen zurückkommen, wie sie von Duhem, Lakatos u. a. aufgezeigt wurden. Das ist aber nicht unser augenblickliches Anliegen. Die Form der Darstellung wurde vielmehr deshalb gewählt, weil sie den graphentheoretischen Charakter der Transaktionsmatrix, die auch als Input-Output-Matrix verstanden werden kann, besser zum Ausdruck bringt.
Die erste Bedingung für die Lösbarkeit des Systems, nämlich daß die Summe der

Diese Strukturen lassen sich vielfältig variieren. Idealtypisch sind aber nur die gegebenen vier Fälle. Es lassen sich weiters Mischformen kombinieren, sodaß dieses Modell trotz seinem idealtypischen Ansatz, eine wirklichkeitsgerechte Darstellung zu machen gestattet. Damit kann also eine Vielzahl von möglichen Organisationsmustern berücksichtigt werden, die aber alle nur aus den vier Grundtypen kombiniert werden. Gleichzeitig sind nun allgemeine Aussagen sinnvoll geworden.

Das vorgeschlagene formale Modell vermag die Sinnhaftigkeit der „group-grid"-Analyse zu untermauern und zu zeigen, daß diese einem Kategoriensystem entspricht. Ihr kommt folglich ein weit höherer Erklärungswert zu, als beliebig veränderbaren und ergänzbaren Listen oder Typologien. Es lassen sich nämlich nun auf der Basis dieses idealtypischen Kategoriensystems umfassende theoretische Überlegungen anstellen, ohne daß man von Fall zu Fall in die Verlegenheit käme, zusätzlich neue Typen kreieren zu müssen. Eine ausführliche Darstellung möglicher Kombinationen findet sich in anderen Arbeiten (Schmutzer, 1975). In diesen Arbeiten wurden Fragen des sozialen Status behandelt, die auch im gegenständlichen Zusammenhang von Relevanz wären, da die gängigen Unterscheidungen von ‚zugeschriebenem' und ‚erworbenem' Status individualistischen Gesellschaften gemäß sind, Gemeinschaften hingegen Gruppenstatus kennen.

Solange ein Gleichungssystem lösbar ist, kann jedem Element eines solchen Transaktionsnetzwerkes eine individuelle Lösung zugeschrieben werden. In Fällen, wo Transaktionsmuster durch unlösbare Gleichungssysteme beschrieben werden, sind solche individuelle Zuordnungen nicht mehr möglich, es dominiert die Gruppe als Ganzes. Ein solches geschlossenes System ist dann eben nur mehr als ‚Ganzes' begreifbar, individuelle Differenzierungen ergeben keinen Sinn.

Soziologisch betrachtet, wurde genau diese Situation am Beginn dieses Kapitels bei der Darlegung von F. Tönnies' Ansatz als maßgebend für „Gemeinschaften" bezeichnet. Umgekehrt sind für ihn „Gesellschaften" individualisiert. Sie können jedoch unterschiedliche Strukturmerkmale haben, d. h. intern hierarchisch oder nicht-hierarchisch geordnet zu sein.

Komponenten zumindest eines Spaltenvektors von F kleiner 1 sein muß, besagt, daß die Vektoren der Matrix linear unabhängig sind und ferner, daß die Determinante von (I – F) ungleich null ist. Vorausgesetzt wird, daß auch die zweite Bedingung erfüllt ist. Diese lautete: Jedes Element muß zumindest entlang eines Pfades von jedem anderen erreichbar sein. Diese Bedingung garantiert, daß kein Spalten- oder Zeilenvektor der Matrix ein Nullvektor sein kann, wodurch gleichfalls die Determinante der Gleichung gleich null würde. Ferner wird dadurch sichergestellt, daß das System nicht in zwei Subsysteme zerfällt, von denen eines lösbar, das andere unlösbar ist, weil innerhalb eines dieser Teilsysteme lineare Abhängigkeit herrscht.

Lineare Abhängigkeit der Vektoren einer Matrix bedeutet, daß die Vektoraddition einen in sich geschlossenen Linienzug ergibt, wenn sie graphisch ausgeführt wird. Dieser Umstand kann nun seinerseits die Sinnhaftigkeit der Terminologie belegen. Offene Systeme sind nicht zirkulär, geschlossene sind es.

Davon unterscheidet sich grundlegend jene Transaktionsmatrix, die durch eine Nullmatrix dargestellt wird. Im Sinne von Tönnies kann diese als spirituelle Gemeinschaft, als Glaubensgemeinschaft oder Religion verstanden werden. Nachvollziehbare Transaktionen finden nicht statt. Meyer/Rowan (1977) bezeichnen sie als institutionalisierten Mythos. Bis zum Extrem individualisiert finden sich keine registrierbaren Transaktionen mehr, alle Ressourcen gehen nach außen, es handelt sich um eine Nicht-Gruppe im Wartesaal, deren spirituelle Zugehörigkeiten anderen gelten. Diese läßt sich als extremste Form einer Gemeinschaft verstehen, wo Zugehörigkeiten so verinnerlicht sind, daß sie auch über Trennungen hinweg Bestand haben. Eine derartige Situation wurde von Mary Douglas mit Recht als „außengeleitet" charakterisiert.

Unter Bezug auf dieses Modell werden im folgenden die Begriffe für die vier Idealtypen sein: ‚Nullmatrix' für die zuletzt genannte Glaubensgemeinschaft, ‚Hierarchie' für eine Transaktionsmatrix, die Dreiecksform hat, ‚Markt' für jene Form, die einer Lösung zuführbar ist und ‚Clan', in Anlehnung an Ouchi, für eine geschlossene, nicht lösbare Transaktionsmatrix.

7.5 Synopsis und Beispiele

Die eingangs besprochenen Theoretiker verbindet eine ähnliche Einschätzung der Gegebenheiten. Tönnies unterscheidet zwischen Gemeinschaft und Gesellschaft und meint, Gemeinschaft sei am klarsten in der Familie zu finden, ließe sich aber über das Dorf auf die Religion erstrecken. Gesellschaft sei eine Tauschgesellschaft, die auch durch den modernen Staat repräsentiert wird. Max Weber versteht beide als Beziehungsgeflecht. Vergemeinschaftung schafft Beziehungen, welche von affektiven und traditionellen Bindungen getragen sind, Vergesellschaftung dagegen wird durch Markt und staatliche Bürokratie ermöglicht. Beide ruhen in ihren spezifischen Rationalitäten, die Voraussetzung für ihr Funktionieren sind. Weber unterscheidet dann zwischen solchen Formen von Rationalität, die uns jedoch im Augenblick nicht zu beschäftigen brauchen.

J. Habermas spricht von ‚Systemwelt' und ‚Lebenswelt', wobei Systemwelt die Weber'sche Gesellschaft meint, Lebenswelt dagegen den Privatbereich bis zur sogenannten „Öffentlichkeit" abdeckt. Öffentlichkeit umfaßt für ihn vieles; in unserer Zeit wird sie über Medien konstituiert, egal ob Druck- oder elektronische Medien. Beide, meine ich, vermitteln inhaltlich anderes als Religionen, in Form und Funktion wirken sie jedoch ähnlich mythenbildend. Die Öffentlichkeit ist gleichfalls eine Assemblage von Individuen, die miteinander nichts zu tun haben, trotzdem aber in dem Glauben leben dürfen, einer „mythischen Gemeinschaft" anzugehören.

Douglas/Thompson sprechen von Märkten und Hierarchien, wie die anderen, von ‚kleinen Gruppen' und ‚Sekten' bzw. anonymisierten Massen, ausgegrenzten ‚Ineffektiven' (Thompson), und ‚millenarischen Bewegungen' bzw. ‚atomisierten Untergebenen' (Douglas).

Mary Douglas präsentierte ihre Typologie in Form eines zweidimensionalen Schemas. Ein Koordinatenkreuz repräsentiert über die vertikale Achse die „grid"-Dimension, in der horizontalen Achse die „group"-Dimension. Die so veranschaulichten vier Typen sind Ergebnis einer Dichotomisierung der zwei grundlegenden Variablen. Hoher ‚group'-Wert findet sich rechts und hoher ‚grid'-Wert oben. Hierarchien finden sich demnach im rechten oberen Quadranten, Clans im rechten unteren, Märkte im linken unteren und die Nullmatrix im verbleibenden linken, oben.

In diesem Schema sind ‚Gesellschaft' und ‚Gemeinschaft' durch Diagonalen repräsentiert. Markt und Bürokratie liegen auf einer Diagonale von links unten nach rechts oben. Sie erscheinen als komplementäre Gegensätze. Hat Markt niederen grid- und niederen group-Wert, so hat Bürokratie hohen group- und hohen grid-Wert.

Umgekehrt ist die Gemeinschaftsachse, die auf traditionell-affektiver Bindung basiert, die Diagonale von links oben nach rechts unten. Nullmatrix und Clan stehen, ähnlich wie Bürokratie und Markt, in einem symbiotischen Verhältnis.

Man mag sich fragen, wodurch sich der Ansatz von Douglas/Thompson, bzw. Ouchi, von jenem der traditionelleren Theoretiker unterscheidet. Offensichtlich zeigt unser Schema, daß es sich nur um eine Drehung der Koordinaten um 45 Grad handelt. Diese Drehung impliziert aber einen Perspektivenwechsel. Ruht das Schema von Douglas bis Ouchi auf sozialen Differenzierungen, so basiert das andere auf kognitiven Differenzen.

Bürokratie ist im Sinn „rationaler Verfahren" rational – Märkte besitzen als Tauschgesellschaften Sachrationalität repräsentiert in Geldwert, wobei die Weber'sche Wertrationalität mit Sachrationalität nicht exakt übereinstimmt. Umgekehrt sind beide Extremformen von Gemeinschaft auf verschiedenen Arten von „Liebe" aufgebaut. Man mag eine als „platonische Liebe" oder geistige Liebe bezeichnen, die andere als die bekanntere, psychisch-leibliche u. ä. Attraktion, die etwa Kind-Elternbeziehungen mit einschließt.

Beide bieten idealtypische Formen von Integrationsmöglichkeiten, einmal auf der Basis rationalen Kalküls, einmal auf der Basis affektiver Identifikation. Diese Voraussetzungen sozialer Kooperation fallen mit strukturellen Bedingungen sozialer Organisation zusammen, wie sie in den grid- und group-Dimensionen berücksichtigt werden. Beide Ansätze haben ihre Meriten und ergänzen sich in nützlicher Weise, besonders wenn sie als Folgen unterschiedlicher Sozialisationsbedingungen die Prägungen von entsprechenden Persönlichkeitsmerkmalen einbeziehen. Unterschiedliche Sozialisationen definieren dann auch als eines ihrer Ergebnisse die Grenzen von Organisationen. Umso eindeutiger und intensiver Sozialisation erfolgt, umso deutlicher werden die Unterschiede zu jenen, die eine andere Sozialisation durchgemacht haben. Minimale Sozialisation schafft vielfältige Differenzen und erzwingt damit Egalität im Markt, extensive erzeugt solidarische Gruppenidentität im Clan. Dazwischen findet sich die Ungleichheit gestaffelter Sozialisationsverfahren in Hierarchien.

Diese Kongruenz kognitiver und sozialer Sichtweisen läßt eine von Douglas und Durkheim entwickelte Sicht akzeptieren. Beide gehen davon aus, daß die genannten Typen charakteristische Kosmologien und Weltbilder ihr eigen nennen. Weltbilder sind Orientierungs- und Ordnungsmittel einer Welt, in der ohne sie alles fließen würde. Sie müssen daher ausschließend sein, weil alternative Ordnungen Ordnung aufheben (Mannheim, 1929). Auf der Basis von sozialen und kognitiven Vorgaben werden Konstrukte erarbeitet, mit deren Hilfe Welt gesehen und nach deren Vorgaben sie erzeugt wird; diese Konstrukte sind als Bedingungen sozialer Ordnung unabdingbar notwendig. Die Gegensätze, die sich in Hinblick auf Weltsicht durch Betonung von Vernunft und individualistischem Kalkül einerseits, durch Betonung von Ganzheitlichkeit und Verzicht auf ein individuelles Nutzenkalkül andererseits auftun, sind erstrebte Resultate differenter Erfahrungen von sozialen Ordnungen und Organisation als Resultat einer dazugehörigen Sozialisation.

Repräsentanten einer individualistisch-rationalistischen Welt erleben die Welt schlechthin als solche. Nur wer das Erlebnis eines „Kulturschocks" erfahren hat, wird in die Lage versetzt, unterschiedliche Weltsichten als gleichberechtigt zu akzeptieren. Es kann daher nicht weiter erstaunen, daß auch jede Kategorie ihre eigenen Theoretiker kennt, die ihre ureigenen Erfahrungen zum Ausgangspunkt nehmen, indem sie sie verallgemeinern, bzw. als einzig mögliche propagieren. Damit wäre eine Brücke zu den in der Einleitung angesprochenen Themen zurückgeschlagen.

Luis Dumont, Indologe – und somit Repräsentant eines „Kulturschockerlebnisses" – hat in zwei interessanten Aufsätzen (1967, 1983) derartige Unterschiede aufgezeigt. Im älteren Aufsatz zeigt er, wie eng neuzeitliche soziologische Theorie mit der Erfahrung individualistischer Kooperation verknüpft ist, wie wenig sie demnach auch fähig ist, Alternativen auch nur als Möglichkeit wahrzunehmen, und wie sehr sozialwissenschaftliche Forschungen diese spezifische Situation zu verallgemeinern suchen. Ähnliche Beobachtungen wurden unlängst auch von K. Hörning (1988) ausgesprochen.

Dumont verweist weiters mit Nachdruck darauf, daß ältere Vorstellungen, wie sie noch bei Durkheim zu finden sind, heute selbst als Alternativen ausgeschlossen werden. Er erklärt diese Phänomene damit, daß moderne Soziologen selbst Mitglieder einer individualisierten Gesellschaft sind und folglich in Übereinstimmung mit diesen ihren Erfahrungen die Welt interpretieren. Solange ihre Arbeiten auf Bereiche beschränkt bleiben, die diesem Gesellschaftstypus zuzuordnen sind, ist dagegen auch nichts einzuwenden. Wird allerdings dieser Ansatz auf Sozietäten angewendet, wie sie sich z. B. in Indien finden, oder wie

Habermas sie in der Lebenswelt ortet, wird eine derartige Vorgehensweise inakzeptabel. Der Ansatz verzerrt die Gegebenheiten, ja manche können überhaupt nicht wahrgenommen werden.

In seinem zweiten Aufsatz stellt Luis Dumont einen Vergleich zwischen Deutschland und Frankreich an. Er analysiert die Arbeit zweier deutscher Philosophen, Herder und Fichte, und zeigt, wie sich in dieser deutschen Tradition zwei Positionen gegenüberstehen, die beide Repräsentanten geschlossener Gesellschaften sind. Herders „Volk" entspricht dem Gemeinschaftsbegriff, so wie er von Tönnies dargestellt wurde. Bei Herder scheint das Individuum in einer Kommune aufzugehen, d. h., dem Volk, dem es angehört. Herder lehnt jeglichen Individualismus ab, er glorifiziert holistische Ansätze.

Fichtes Philosophie beruht dagegen auf dem Primat des „Ich", wobei die „Nation" im Staat aus der hierarchischen Organisation solcher „Ichs" besteht. Hierarchisches Denken ist demnach für Fichte grundlegend, u.zw. nicht nur in Hinblick auf die von ihm postulierte notwendige Unterordnung unter einen Herrn, sondern auch in Hinblick auf seine Wissenschaftslehre. Diesen Gedanken führt Dumont allerdings nicht weiter aus.

Dumont vergleicht im letzten Teil seines Aufsatzes die deutsche mit einer französischen Darstellungsweise. Er meint, in Frankreich würde der einzelne Mensch meistens als ein von Natur aus unabhängiges Wesen betrachtet und (man glaubt es kaum) der ‚Nation' kein ontologischer Status zugesprochen. Beliebt die deutsche Tradition Menschen als soziale Wesen zu betrachten, so schätzen nach Dumont Franzosen die Gesellschaft prinzipiell nur als Anhäufung von Individuen ein, der niemals kollektive Entität zugesprochen wird.

Dumonts Darstellung weist also zwei Formen jeweils geschlossener Gesellschaften in Deutschland nach. Diese Geschlossenheit deutscher Sichtweisen konfrontiert er mit der französischen, die offensichtlich repräsentativ für eine offene Marktgesellschaft ist. Auch er kennt jene drei Organisationsformen, die er, wie Thompson, als solche akzeptiert.

Dumonts Einschätzung von Fichtes Wissenschaftstheorie läßt uns nochmals auf ein bereits angeschnittenes Thema zurückkommen. In einem von I. Lakatos (1968) herausgegebenen Band zur Wissenschaftsphilosophie geht es u. a. um eine ausführliche Auseinandersetzung mit induktiver Logik. Es werden dabei die Ansätze von K. Popper, R. Carnap und letztlich D. Hume gegenübergestellt. J. W. N. Watkins (1968) versucht, diese Positionen zur Induktion mit Hilfe eines Schemas in den Griff zu bekommen. Er stellt fest, daß Hume den Weg, um von Sinneseindrücken zu allgemeinen, wahren Aussagen zu kommen, als ein nicht logisches, nicht rationales Verfahren charakterisiert, dem trotzdem Methode zugrundeliegt. Carnap postuliert hingegen die Existenzmöglichkeit von rationalen Verfahren, nämlich seine induktive Logik. Er ist somit offensichtlich rationalen Verfahren verpflichtet.

Dieser Position tritt Karl Popper mit der Ansicht entgegen, daß zwischen konkurrierenden wissenschaftlichen Theorien nur auf der Basis eines Wertvergleiches (welche von zwei Theorien kann mehr Phänomene erklären), also wertrational, entschieden werden könne. Ein verbindliches, induktives Verfahren akzeptiert Popper nicht. So weit bleibt es zunächst bei Feststellungen.

Doch in einer weiteren Publikation kommt Lakatos (Lakatos/Musgrave, 1970) noch einmal auf dieses Schema zurück und versucht nun auch, Kuhn damit zu klassifizieren. Lakatos kommt nun zu dem berechtigten Ergebnis, daß Kuhn die Entwicklung der Wissenschaft als nicht-rationalen Prozeß darstellt, sich also dadurch von Popper unterscheidet, mit diesem aber insoferne übereinstimmt, als er die Möglichkeit von induktiven, verpflichtenden Verfahren bestreitet.

Diese Beurteilung von Watkins und Lakatos ist für uns doppelt interessant. Erstens legt sie nahe, wissenschaftsphilosophische und -theoretische Ansätze – ganz wie es Dumont im Hinblick auf Fichte vorgeschlagen hat – als Resultat von Prädispositionen zu verstehen. Diese lassen sich mit Hilfe des in diesem Kapitel entwickelten, typologischen Schemas darstellen. Zweitens entspricht die Watkins-Lakatos'sche Charakterisierung auch inhaltlich unserem Ansatz.

Hume und Kuhn sind Repräsentanten einer nicht-rationalen Auffassung. Sie sind folglich auf der Gemeinschaftsdiagonale zu verorten. Umgekehrt müssen Carnap und Popper als markige Verfechter von Rationalität der Gesellschaftsdiagonale zugerechnet werden. Doch Carnap versucht – mit Hilfe der induktiven Logik – ein strenges, hierarchisches Prinzip zu entwickeln, um wahre Aussagen zwangsläufig aus empirischen Daten gewinnen zu können. Popper bestreitet diese Möglichkeit und hat gegenüber Carnap in der späteren Entwicklung zunächst recht bekommen. Popper vertritt die Rationalität des Marktes, wo Wert oder Unwert Ergebnis eines quantitativen Vergleiches ist. „Mehr" ist gleichzeitig besser.

Hume und Kuhn treffen sich in der Irrationalität ihrer Verfahren. Kuhn argumentiert auf der Basis paradigmatischen Wissens. Er vertritt, wie in Kapitel 2 und 3 dargestellt wurde, die Auffassung eines geschlossen Wissenschaftssystems, in dem von Zeit zu Zeit Revolutionen ausbrechen, die dann in einen neuen, geschlossenen Normalzustand überführen. Er ist ein guter Repräsentant der Weltsicht des Clans.

Hume gibt andererseits ein Verfahren an, das in einem stufenartigen Prozeß besteht, der von empirischen Sinneseindrücken über Beobachtung zu Generalisationen und schließlich zu allgemeinen Gesetzen führt. Jeder dieser Schritte ist nach Hume Ergebnis einer nichtrationalen Abstraktionsform. Sein System beansprucht Allgemeingültigkeit. Man kann ihn insoferne in Gegensatz zu Kuhn setzen, als er nicht die Geschlossenheit Kuhnscher Wissenschaftssicht vertritt, sondern von allgemeinen idealistischen Strukturen ausgeht, die selbst keiner rationalen Gesetzmäßigkeit folgen, sondern in Annahmen, ‚beliefs', ruhen[18].

---

[18] D. Hume (1711–1776) kann als ein weiterer typischer Repräsentant der Nullmatrix, neben Archilochos oder Descartes, betrachtet werden. Seine Biografie ist dafür so

Hume kann als guter Repräsentant der Nullmatrix gewertet werden, Carnap als einer der Hierarchien, Popper – das läßt sich auch aus seinen anderen Schriften belegen – als Vertreter des Marktes und Kuhn als einer der Clans. Unser Ansatz liefert somit ein Klassifikationsmuster, wie sie andere Theoretiker auch, doch vielleicht weniger präzise vorgeschlagen haben.

Auch D. Bloor (1976) kommt bei einem Vergleich von Kuhn mit Popper zu analogen Ergebnissen. Dieser Vergleich ist insoferne von Interesse, als er auch auf Sprachfiguren in den Schriften Poppers und Kuhns aufmerksam macht, die vielsagend sind und bestätigen, was bisher ausgeführt wurde.

Popper liebt in seinen Darstellungen das Bild des Kampfes ums Überleben. Dieses Konzept hat Darwin der utilitaristischen Ökonomie J. Benthams entliehen und dieser, wie wir wissen, Townsends Dissertation (Kapitel 6). Bloor verweist in seiner Darstellung auf die antiautoritäre Grundeinstellung Poppers, seine kosmopolitische Sicht und seinen Glauben an einen kumulativen Fortschritt. Gleichzeitig vertritt Popper eine Auffassung von Sprache, die rationalistisch-mechanistisch der Abbildtheorie des frühen Wittgenstein verpflichtet scheint.

Kuhn bemüht dagegen Metaphern wie „Community", Gemeinschaft und Solidarität, und im Kontrast dazu, dort wo diese gebrochen wird, katastrophenartige Revolutionen. Bloor meint, das Konzept Kuhns erlaube keine alternativen Sehweisen (Paradigmen) und sei folglich autoritär, eine Wertung, die überzeichnet.

Dieser Einschätzung widerspricht auch, daß beide, Popper und Kuhn, so Bloor, keinen absoluten Wahrheitsanspruch wissenschaftlicher Erkenntnis artikulieren. Für beide stellt Wahrheit nur ein Ideal dar, das sich in unendlicher Ferne befindet. Bezeichnenderweise unterstreicht Popper die Bedeutung von öffentlichem Diskurs und von Kritik, Kuhn dagegen die gemeinsame Lebensform. Popper favorisiert universalistische und abstrakte Tendenzen, Kuhn lokale und konkrete. Letztlich versteht Sir Karl Wissenschaft als linearen, homogenen Prozeß des Fortschritts, ist zukunftsorientiert und der Akkumulation des Marktes verpflichtet. Kuhn dagegen vertritt eine zyklische Wiederkehr qualitativ unterschiedlicher Verfahren. Seine Bezugsgrößen liegen in der Vergan-

---

charakteristisch wie seine grundlegenden Werke. Nachdem eine Bewerbung um eine Universitätsprofessur wegen Atheismusverdachts abgelehnt wurde, folgten lange „wandering years", wo er sich seinen Lebensunterhalt als Hauslehrer etc. verdiente. Er erlitt 1729 einen Nervenzusammenbruch, verbrachte drei Jahre in Frankreich, war zeitweise im diplomatischen Dienst tätig, wo ihn eine seiner Missionen auch nach Wien führte.

Seine „skeptische" Einstellung, seine Überzeugung, daß alles Wissen nur in Glaubensannahmen begründet ist, wie z. B. auch das Kausalitätsprinzip, wie letztlich auch seine „Moralphilosophie" sind als Ausdruck der Erfahrung und Sehnsucht eines „Entfremdeten" zu werten. Ähnliche, doch ausführliche biografische Studien würden zweifellos wertvolle Aufschlüsse über die Hintergründe und die soziale Konstitution bekannter Werke geben.

genheit. Als charakteristischen Vertretern von Clan und Markt ist allerdings beiden eine positive Einstellung zur Egalität gemeinsam; Fakten wie Wahrheit bleiben unverbindlich, sie sind stets Ergebnisse theoretischer Konstrukte. Daran läßt sich ihre gemeinsame „low-grid"-position erkennen, so wie an ihren Gegensätzen die divergente „group"-position zum Ausdruck kommt.

Zum Abschluß soll eine Arbeit von E. A. Tiryakian (1981) als letztes Beispiel für Gemeinschaft dienen. Tiryakian setzt sich mit der Bedeutung wissenschaftlicher Schulen auseinander, wobei der Begriff Schule im obigen Sinn umfassender zu verstehen ist. Schulen bezeichnet er als wissenschaftliche Gemeinschaften, vorwiegend unpersönlichen Charakters, die

> „. . . als Grundlage ihrer Existenz kaum Kontakte von Angesicht zu Angesicht zwischen ihren Mitgliedern und nur geringe oder überhaupt keine gefühlsmäßigen Bande aufweist (S. 33)."[19]

Schulen repräsentieren somit das, was als Nullmatrix bezeichnet wurde. Tiryakian vergleicht sie mit einer „Bruderschaft", und meint, daß

> „. . . die wissenschaftliche Gemeinschaft wie ein Bekenntnis (sei), dessen Mitgliedschaft freiwillig ist und bei dem die Größe, Qualität und Intensität der sozialen Bande irgendwo zwischen ‚Kirche' und ‚Sekte' angesiedelt" sind. (S. 34)

Tiryakian sieht offensichtlich Wissenschaft aus der Perspektive Kuhns, erkennt aber die Komplementarität von Nullmatrix und Clan.

Sein Vergleich von Wissenschaft mit Religion erinnert an eine Arbeit von Tenbruck (1989). Beide finden wissenschaftliche Schulen (besonders am Beginn) einer religiösen Gemeinschaft oder Sekte, u. a. in Hinblick auf deren intellektuellen Missionswillen vergleichbar.

7.6 Resümee

Mit Hilfe der „cultural theory" und deren Präzisierung über ein formales Modell, das auch Repräsentant einer Ouchi'schen Transaktionsmatrix sein kann, scheint es möglich, die Aussagen und Beobachtungen der letzten Kapitel in ein kohärentes Erklärungsschema zu bringen, das idealtypisch ist. Damit wird ein reiches Reservoir unterschiedlicher Ansätze aufeinander beziehbar. Die zugegebenermaßen noch vorhandenen methodischen Schwächen (Ostrander, 1982) der „cultural theory" lassen sich damit vermutlich überkommen.

---

[19] Tiryakian ist hier möglicherweise nicht ganz konsistent. Denn einige Seiten weiter betrachtet er Schule als Gemeinschaften, die von einem charismatischen Führer gegründet wurden und wo sehr starke affektive Beziehungen bestehen.
Aus dieser Situation entwickelt sich meines Erachtens erst eine Diaspora, die durch eine gebrochene Emotionalität gekennzeichnet ist.

Der reiche Fundus an Beobachtungen von über hundert Jahren (Tönnies 1887 bis Schwarz/Thompson, 1990), müßte sich auf dieser Basis sinnvoll aufeinander beziehen lassen. Da es sich dabei nicht nur um Organisationsmuster, sondern auch um Sozialisationsprozesse der Ver- und Entgemeinschaftung (-gesellschaftung) handelt, ist auch ihre idealtypische Darstellung als Zielvorstellung für angestrebte Kooperationsweisen und schließlich als Kosmologie und Handlungsanweisung trotzdem praxisrelevant.

Das entwickelte Schema erlaubt die Explikation einer Sozialdynamik. Unterschiedliche Sozialisationsvorstellungen und -weisen erfordern den Einsatz unterschiedlicher Zeitbudgets. Die Sozialisation in Clans ist das zeitaufwendigste Verfahren[20], jene in Märkte das zeitkostengünstigste, mit den hierarchischen Disziplinarverfahren dazwischen. Das bedeutet, daß nicht unter allen sozialen Bedingungen Wahlfreiheit über die Art der Kooperationsmuster herrscht.

Der Sozialisationsaufwand „amortisiert" sich auch nur in unterschiedlichen Zeitspannen, was die gleichfalls unterschiedlichen Beharrungstendenzen verstehen läßt, bzw. die oft konstatierten konservativen Einstellungen in Clans erklärt.

Nicht zufällig hat Douglas Clans als „kleine Gruppen" bezeichnet. Die Aufrechterhaltung dieser affektiv getragenen und durch extensive Sozialisation möglich gemachten Kooperationsweisen ist nur innerhalb einer bestimmten Maximalgröße der Mitgliederzahl praktizierbar. Wird diese signifikant überschritten, sind Pathologien oder, wie Simmel (1908b) meint, Individualisierung die logische Folge. Nicht nur mit wirtschaftlichen Ansätzen lassen sich demnach die in der Geschichte wiederkehrenden Auslagerungsprozesse erklären[21].

Finden solche Auslagerungen nicht statt, werden organisatorische Veränderungen, meist in Richtung Hierarchien nötig. Fallbeispiele dafür finden sich in Fülle, z. B. bei Weber (1922) oder Chandler (1977). Solche Übergänge machen auch einen dramatischen Wandel des Selbstverständnisses der Betroffenen nötig. Derartige Veränderungen haben wir in Kapitel 6 studiert, auch sie generieren „Subjektivität". Letztlich ist jede Organisationsform nicht nur ihren eigenen Beschränkungen unterworfen, sondern verfügt auch über ihnen spezifische Chancen. Was Märkte können, vermögen keine Clans zustandezubringen und umgekehrt[22]. Darauf hat Ouchi mit Nachdruck aufmerksam gemacht.

---

[20] Wilkins und Ouchi (1983) zählen zu den Bedingungen, die das Entstehen von Clans begünstigen: „long history and stable membership" (S. 472).

[21] In ihrer inzwischen zu einem Klassiker gewordenen Arbeit „Primitive Government" verweist L. Mair (1942) wiederholt auf solche Auslagerungsprozesse, wobei halbe Dörfer in Situationen wegziehen, wo sich kein allgemeiner Konsens herstellen läßt.

[22] D. Schön (1982) meint in diesem Zusammenhang, daß es bei manchen Gruppenleistungen, wie etwa Jazzimprovisation, darum geht, ein „Gefühl für eine Situation" zu entwickeln, was nur unter bestimmten sozialen Voraussetzungen möglich ist.

Jede Form von Kooperation bedarf auch einer ihr adäquaten Sprachform, denn Sprache ist Kooperation, wie in Kapitel 4 bereits festgehalten wurde. Doch Technik ist, das wissen wir inzwischen gleichfalls, beides: Kooperationsform und Sprache. Die Abstimmung in diesem ,triangle culinaire' (Lévi-Strauss, 1965) erfolgt wiederum durch Sozialisation.

8. Technik: Sachen und Sprachen*

Im vorigen Kapitel wurde eine Typologie entwickelt, mit deren Hilfe soziale Transaktionen klassifikatorisch unterscheidbar und theoretisch beherrschbar gemacht wurden. Die in den unterschiedlichen Theorieansätzen vorkommenden Konzeptionen, die gelegentlich mit großer Schwierigkeit zu vereinheitlichen sind, wie etwa Durkheims Ansatz mit jenem von Tönnies, können durch ein derartiges formales Modell konsistent gemacht werden. Das vorgeschlagene Modell stützte sich besonders auf die Ansätze von Douglas/Thompson und Ouchi. Zwei Aspekte sind dabei festzuhalten:

Beide Ansätze wurden unabhängig voneinander entwickelt, wobei sich Douglas wiederholt auf Durkheim bezieht, Ouchi (Ouchi/Johnson, 1978) hingegen auch auf Weber und Tönnies. In Weiterentwicklungen (Douglas, 1982; Douglas/Wildavsky, 1982; Thompson, 1989) wird die zugrundegelegte Korrespondenz zwischen der group-grid-Analyse und dem von Max Weber entwickelten Dualismus ‚Bürokratie und Markt' offensichtlich. Weniger Übereinstimmung besteht in Hinblick auf die andere Diagonale, die in dieser Arbeit in Anlehnung an Weber und Tönnies als Gemeinschaftsdiagonale definiert wurde. Die konstatierte Komplementarität zwischen Markt und Bürokratie ruht in deren jeweiliger Rationalität, jene von Clan und Nullmatrix in affektuellen und traditionalen Bindungen. Das mag ein Grund sein, warum die Qualität von Gemeinschaft nur schwer wahrgenommen wird. Ein anderer wird allerdings in der Schwierigkeit zu suchen sein, nicht existierende Transaktionen (Nullmatrix) als Teil einer Organisation wahrzunehmen.

Die „group-grid"-Analyse erlaubt diesen Zusammenhang zu erkennen. Sie stellt ein wertvolles zusätzliches Instrument dar, um die zentralen Begriffe „Gesellschaft" und „Gemeinschaft" besser zu verstehen. Erst mit ihrer Hilfe werden Brüche oder Übergänge von einer Sozialstruktur zur anderen deutlich. Mögliche Übergänge, die unter Umständen traumatisch sein können[1], hat Ouchi (1980) aufgezeigt. Erst im Schema von Douglas/Thompson werden aber die Bedingungen systematisiert, unter denen solche Übergänge möglich sind.

Solche Katastrophen rühren einerseits von internen Umstrukturierungsprozessen her, andererseits von Veränderungen der Innen-

---

* Siehe Graphik am Bucheinband.

[1] Solche katastrophenartige Übergänge wurden mit Hilfe eines Modells aus der Katastrophentheorie von R. Thom in Schmutzer/Bandler (1980) elaboriert.

Außen-Beziehungen. Die Regelung der Innen-Außen-Beziehungen ist keinesfalls unbeeinflußbar, sondern unterliegt selbst internen Verfahren (Rîtes de Passage, van Gennep, 1908), die sie kontrollieren und handhabbar machen. Die vorgeschlagene Zusammenführung aller dieser theoretischen Ansätze liefert folglich ein Instrument, das idealtypische Zuordnungen erleichtert.

Es entsteht so eine Situation, die dem Verhältnis von Theorie und Experiment in den Naturwissenschaften ähnlich wird. Dort wird im allgemeinen eine Vielzahl von Variablen bestimmten theoretischen Begriffen zugeordnet. Von einer Theorie inspirierte Experimente werden meistens nur über komplizierte sekundäre und tertiäre Zusatzannahmen operabel. Ein sehr drastisches Beispiel dafür liefert die Experimentalanordnung, die zur Entdeckung solarer Neutrinos (Pinch, 1988) führte[2]. Analog werden durch unseren Ansatz soziale, empirische Beobachtungen, die sich einmal auf Weltbilder, dann auf Transaktionsmuster, spezielle Verfahrensweisen, Rationalitäten und Affekte etc. berufen, einem dahinterliegenden idealtypisch-theoretischen Konzept leichter zuordenbar und können somit auch leichter integriert werden.

Weiters können mit Hilfe dieser Typologie soziale Phänomene als beschreibbare Prozesse sozialen Wandels aufgefaßt werden. Es können damit radikale Metamorphosen – vergleichbar Veränderungen, wie sie in der Ontogenese von Amphibien oder Insekten bekannt sind – als solche begriffen werden, ohne daß jedesmal eine neue Terminologie bemüht werden muß. Es läßt sich zeigen, was passiert, wenn sich Clans in Hierarchien oder Märkte verwandeln und vice versa. Weiters läßt sich damit beschreiben, weshalb durch Entfremdungsprozesse einzelne Individuen aus existenten Strukturen ausgelagert werden und trotzdem Gemeinschaften verhaftet bleiben. Die Frage nach den Bedingungen, unter denen vereinzelte Entfremdete überleben und neue Kooperationsformen zu entwickeln imstande sind, wird damit gleichfalls stellbar. Die entwickelte Typologie ist weiters deshalb sehr dienlich, weil die Zahl möglicher Kooperationsformen beschränkt bleibt, ohne gleichzeitige Einschränkungen der spezifischen Ausprägungen beobachtbarer Transaktionsmuster. Die idealtypischen Grundmuster besitzen nämlich trotz ihrer beschränkten Zahl eine große interne Variabilität, u. a. deshalb, weil sie bausteinartig

---

[2] Die Versuchsanordnung ist dabei folgend:
Mehr als 1000 m unter der Erde wird ein etwa 500.000 l fassender Tank mit Perchloräthylen installiert. In diesem C_2Cl_4 befindet sich Chlorisotop Cl^{37}, das unter Neutrinoeinwirkung in Ar^{37} plus ein Elektron zerfällt. Die Anwesenheit dieses Isotops kann als Indikator für die Passage von Neutrinos genommen werden. Um aber Ar^{37} zu entdecken, muß zunächst das Argon gesammelt werden und der nun stattfindende Zerfallsprozeß von Ar^{37} beobachtet werden. Dabei werden Elektronen emittiert, die mittels eines Geigerzählers registriert werden. Da aber der Geigerzähler auch Emissionen aus anderen Quellen registriert, braucht es ein Datenanalyseverfahren, das nicht ohne Computer auskommt. Die daraus gewonnenen Ergebnisse werden grafisch repräsentiert. Erst durch die Inspektion dieser Ausdrucke läßt sich dann auf die Präsenz von Neutrinos schließen (Pinch, 1988).

zu größeren Komplexen zusammengefügt werden können. Es herrscht also trotz der Einfachheit der Typologie eine große Mannigfaltigkeit klassifizierbarer Möglichkeiten. Ferner lassen sich nun Organisationen analog zu ‚Holographien' verstehen, wo jeder noch so kleine Ausschnitt in geschwächter Form das gesamte (idealtypische) Bild wiederholt. Thompsons Vorliebe für Persönlichkeitstypen steht nicht mehr in Widerspruch zu Ouchis Präferenz für Organisationen oder Transaktionsmuster[3].

Es lohnt sich folglich, sich mit diesen metamorphosischen Veränderungen in ihren weitgestreuten Konsequenzen auseinanderzusetzen. Bedingungen für den Übergang von bestimmten sozialen Strukturmustern in andere, das heißt also sozialen Wandel, wurden von Ouchi (1980) durch seine Transaktionskostenanalyse erarbeitet. Im folgenden werden deshalb von Ouchi nicht abgedeckte Prozesse der Genese neuer Strukturen aus der Nullmatrix analysiert. Erst später wird wieder auf andere metamorphosische Prozesse eingegangen, um auch deren Entstehungsbedingungen darzulegen.

8.1 Das Kunstprodukt „Sprache" und soziale Innovationen

Wie erinnerlich, wurde in Kapitel 4 Sprache, im Sinne von Maturana, als Instrument zur Erzeugung von Konsens und Kooperation verstanden. Sprache ist ein politisches Instrument, das nicht immer in angemessener Form vorgefunden wird, sondern bei Prozessen neuer Vergesellschaftung gleichfalls neu geformt, manchmal sogar erzeugt werden muß. Es handelt sich dabei um soziale Innovationstechniken, die in ihren intellektuellen Ansprüchen in nichts denen technischer Geräteinnovationen nachstehen. Anders als Jürgen Habermas, versteht – wie wir bereits gesehen haben – Umberto Eco Sprache nicht als quasi-natürliche Angelegenheit, an der Generationen nur unwissentlich arbeiten, sondern als Artefakt, an dem bewußt oder unbewußt gearbeitet wird. Demnach entspricht es nicht ganz den Tatsachen, wenn die sogenannte „Systemwelt", also Markt und Bürokratie, nur als medienfixiert gesehen wird, die „Lebenswelt" dagegen als Ort, an dem Menschen menschlich, das heißt über Sprache, miteinander verkehren. Märkte sind von alters her Orte, an denen unter eloquentem Einsatz sprachlicher Mittel Tauschgeschäfte stattfinden. Das bekannt seltene afrikanische Phänomen

---

[3] Ouchi und Johnson (1978) machen auf die augenfällige Übereinstimmung zwischen Makrophänomenen der Gesellschaft und der Art, wie in den jeweiligen Gesellschaften Arbeit organisiert wird, aufmerksam. Sie erklären diese Korrespondenz damit, daß die Primärbeziehungen unterschiedlich beschaffen sind. In Japan hat man es geschafft, die Arbeitsorganisation nach dem Muster der Primärsozialisation aufzubauen, wogegen man in den USA aufgrund höherer Urbanisierung und Mobilität zu solchen auf primärer Sozialisation aufbauenden Interaktionsmustern nicht mehr in der Lage ist. Ihre Studien belegen demnach das „holografische Modell" im Makro- und Mesobereich. Zu ähnlichen Ergebnissen gelangt auch Geser (1982).

„schweigender Märkte“ (Grierson, 1903), auf das auch Habermas verweist, stellt jene extreme Ausnahme dar, die die Regel der „Marktschreier“ bestätigt. Die gleichfalls nicht unrichtige Beobachtung, daß die Supermärkte der Moderne „entsprachlicht“ seien, bzw. auf andere Formen der Überredung zurückgreifen, sollte nicht als Indiz dafür genommen werden, daß sich Märkte schlechthin nur über das Medium Geld konstituieren[4].

8.1.1 Öffentliche und formale Sprachen

Eher könnte umgekehrt argumentiert werden. Die konstatierbare Entsprachlichung unserer Konsumtempel ist Resultat einer in zentralistisch-bürokratische Richtung gehenden Veränderung der Organisationsstruktur des Detailhandels. Der Markt (ver)endet im Supermarkt. Moderne Verkaufsformen sind, wie jeder weiß, in Ablaufschemata ausgedehnter Bürokratien eingebettet, und Bürokratien haben tatsächlich einen eingeengten Umgang mit Sprache. Allerdings kann selbst diese Entwicklung nicht verallgemeinert werden, denn auf jenen Märkten, wo Warenwerte größerer Ordnung die Hand wechseln, spielen nach wie vor weitläufige Verhandlungen eine eminente Rolle, obwohl erst das Medium Geld, als gemeinsames Referenzsystem, die Durchführung des Tauschaktes zuläßt.

Im Vergleich zu Märkten ist dagegen die Lebenswelt häufig gerade nicht ein Ort höchstentwickelter Artikulationsfähigkeit. Auf diesen Umstand hat Basil Bernstein (1971) wiederholt verwiesen. Die Existenz unterschiedlicher, nebeneinander existierender Sprachformen und „Codes“ faßt Bernstein – wie wir bereits wissen – in zwei Kategorien, die sich nicht aufeinander reduzieren lassen. Er unterscheidet, wie im vorigen Kapitel bereits angedeutet wurde, zwischen „öffentlicher Sprache“ (public language) und „formaler Sprache“ (formal language) und bezieht sie ausdrücklich auf die uns bereits geläufige Polarität von „Gemeinschaft“ und „Gesellschaft“. Bernstein versteht ähnlich wie Maturana Sprache als ein Phänomen, dessen semantische Funktion die soziale Struktur ist. („The semantic function of a language is the social structure“, Bernstein, 1971, S. 54). Auch für ihn ist Sprache ein Medium, in dem gedacht bzw. Denken wesentlich erleichtert wird und das dazu dient, bestimmte Denkweisen zu stärken, sowie Gefühle und Verhaltensweisen, die mit einer bestimmten sozialen Gruppe verbunden sind, zu synthetisieren.

‚Öffentliche Sprache‘ erleichtert beschreibende Denkformen; sie neigt dazu in Argumenten zirkulär zu sein und Symbolismen niedriger Ge-

---

[4] Im übrigen macht K. Polanyi (1944, S. 274 ff) darauf aufmerksam, daß Handel und Tausch nicht auf Märkte, und Märkte nicht auf Geld angewiesen sind. Bezeichnenderweise fehlt Polanyi in Habermas' Bibliografie. Das sollte auch in Hinblick auf unsere Argumente in Kapitel 6 in Erinnerung gehalten werden.

neralisierbarkeit zu verwenden. Sie verfügt über ein restringiertes Vokabular. Wer sie gebraucht, konzentriert sich lieber auf Sachbezüge als auf Prozesse (ibid., S. 44). „Public language" ist eine nicht-individualistische Sprachform, die selten auf Personalpronomina der 1. Person Singular[5] zurückgreift, dafür häufig Gebrauch von sozialen Symbolen macht. Oft hat das, was nicht gesagt wird, mehr Bedeutung als das, was gesagt wird. Durch Verschweigen wird Solidarität innerhalb der Gruppe maximiert, u.zw. u. a. auf Kosten einer logischen Kommunikationsstruktur. Die beobachtbare Mißachtung logischer Zusammenhänge wird durch Zirkularität der Argumentation intensiviert, wodurch weiters die Suche nach Begründungen und nach Analysen zwecklos erscheint. Somit werden Argumente notwendigerweise stereotyp, traditions- oder autoritätsbezogen[6]. Diese Sprachform begünstigt folglich, daß Veränderung abgelehnt wird. Wie kaum anders zu erwarten, ist sie in ihrer Ausdrucksweise bodenständig und lokal distinkt, was soviel wie „begrenzt" bedeutet. Zusätzliche Ausdrucksmittel, Gestik, Mimik und Intonation, spielen häufig eine wichtige zusätzliche Rolle. Das hat gleichfalls zur Folge, daß indexikalische Ausdrucksformen und Symbole als praktisches Ergebnis gegenseitiger Vertrautheit leicht verstanden und folglich benützt werden.

Im krassen Gegensatz dazu stehen formale Sprachen. Sie sind individualistisch, logisch und in Hinblick auf Wortwahl elaboriert und differenziert. Beziehungen zu Autorität werden durch Rationalität gemildert. Präzise grammatikalische Ordnung und logische Argumentationsweisen herrschen in dieser Sprachform vor. Sachbezogene, persönliche Fürwörter, wie „es", werden häufig gebraucht, Begriffshierarchien dienen zur Organisation der Erfahrung. Im Prinzip können zwar beide Sprachformen von einem einzelnen Individuum beherrscht werden, allerdings scheinen Unterschicht-Kinder meistens nur die ‚öffentliche Sprache' zu beherrschen. Schulbildung trägt besonders in gesellschaftlich höheren Schichten dazu bei, formale Sprachen zu verwenden, wobei Bernstein dieses Ersetzen der öffentlichen Sprache durch eine formale Sprache dafür verantwortlich macht, daß Kinder ihren traditionellen Beziehungen entfremdet werden. Wir finden also im linguistischen Bereich das wieder, was in Kapitel 5 als grundlegende Aufgabe von Schulen bezeichnet wurde, nämlich Prozesse der „Entgemeinschaftung" einzuleiten. Solche Prozesse sind aber Voraussetzung für die neuerliche Sozialisation in vergesellschaftende, individualistische Kooperations- und Transaktionsbezüge.

Ein durch Schulen, oder – wie in Kapitel 6 dargestellt – durch historisch verursachte Mobilität entfremdetes Individuum wird demnach ‚aufbereitet', um in neue, vergesellschaftete Interaktionsmuster einbau-

---

5 Auf analoge Beobachtungen Borsts das Mittelalter betreffend wurde im Kapitel 3 verwiesen.

6 Hier sei an die verschiedenen Konsensformen in Kapitel 4 und an die Charakterisierung scholastischer Wissenschaft im Kapitel 5 erinnert.

bar zu werden. Allerdings können die Denkmuster früherer Gemeinschaftserfahrungen und die Fähigkeit öffentliche Sprache zu sprechen nicht eliminiert, sondern nur ergänzt werden. Es bleiben ‚Erinnerungen‘ an ein anderes Sein, welche zu Quellen des „Unbehagens in der Zivilisation“ zu werden vermögen[7].

Bernsteins Unterscheidung zwischen formalen und öffentlichen Sprachen läßt nochmals deutlich werden, daß Sprache nicht einfach vorgefunden, sondern erzeugt wird. Das gilt insbesondere für formale Sprachen. Den Intentionen bei der Herstellung dieses Artefakts „formale Sprache“ sollte demnach nachgegangen werden.

8.1.2 Codierung

Bernstein entwickelt in einem weiteren Teil seines Buches ein zweites Schema. Dort unterscheidet er zwischen ‚elaborierten‘ (elaborated) und ‚restriktiven‘ (restricted) Codes. Bedauerlicherweise verknüpft Bernstein die Konzepte ‚öffentliche Sprache‘ und ‚formale Sprache‘ nicht mit jenen restriktiver und ausgearbeiteter Codes. Diese Aufgabe bleibt somit uns überlassen, wobei das zuvor entwickelte Kategoriensystem bereits nützliche Dienste zu leisten vermag.

---

[7] Das Unbehagen in der Zivilisation wird oft als Ergebnis eines irrationalen Romantizismus betrachtet. Doch derartige Vorstellungen von Irrationalität entsprechen keinesfalls der romantischen Einstellung, auch wenn es richtig ist, daß die romantische Bewegung nicht die Rationalität und Werte des „Systems“ teilt. Es herrscht eine andere Rationalität, die sich mit den Weberschen Rationalitäten so wenig vergleichen läßt, wie jene untereinander. In der Zivilisation, in der der „Geist des Kapitalismus“ und die „Selbstdisziplin der protestantischen Ethik“ herrschen, stellen Individualität und Arbeit zentrale Werte dar. Die Romantiker huldigen hingegen einer hedonistischen Rationalität des Konsums (Campbell, 1987), des Müßiggangs und der „Freiheit von Entfremdung“. Diese Rationalität ist zwar einerseits „emanzipatorisch“ (Lüthi, 1985), weil sie die Gleichheit aller, und somit die Nivellierung von Hierarchien fordert. Gleichzeitig vertritt sie aber anti-individualistische Tendenzen und huldigt, wie etwa Novalis, den Vorstellungen gemeinsamen Arbeitens, welches so zum Vergnügen wird, des Beisammenseins und der Geselligkeit. Interessanterweise wird diese Geselligkeit auch in Abwesenheit der Gesellschaft in Form einer „Geisterfamilie“ (Novalis) oder einer „Gemüthsgemeinschaft“ Gleichgesinnter (Schleiermacher) möglich, wo auch die anerzogene Selbstunterdrückung aufhebbar wird.
Die Romantiker lehnen jede Form der Begrenzung ab, was sie auch in eine andere Beziehung zur Natur eintreten läßt – diese soll integriert werden in Kultur – und was sie auch ein positives Verhältnis zu Chaos finden läßt. Sie sehen in ihm ein positives, weibliches Prinzip der Kreativität.
„Die Romantiker waren soziologisch-gesellschaftlich gesehen weithin ‚unverwurzelt‘. Es ging um Gruppen und Kreise von ‚freischwebenden Intellektuellen‘ und Dichtern, die gegenüber ihrer gesellschaftlichen Umwelt isoliert waren.“ (Lüthi, 1985, S. 20)
Mit anderen Worten stellt das eine weitere illustrative Charakterisierung dessen dar, was als „Nullmatrix“ bezeichnet wurde. Deutlich wird dabei auch der Widerspruch zwischen tatsächlicher Lebensform und Idol.

Mit „Code“ bezeichnet Bernstein das Prinzip, welches Auswahl und Organisation von Sprachakten regelt. Beide Arten linguistischer Codes üben regulierende Funktionen der Art aus, daß aus der Sicht eines Linguisten eine Vorhersage darüber möglich wird, welche syntaktischen Alternativen in einer bestimmten Situation gewählt werden. Diese Vorhersage fällt beim elaborierten Code deshalb nicht leicht, weil stets viele Alternativen flexibel miteinander verknüpft werden. Umgekehrt wird aber diese Wahl bei restriktiven Codes oft drastisch eingeschränkt. Existiert somit bei dem einen hohe Flexibilität, so umgekehrt beim anderen hohe Rigidität. In einem elaborierten Code wird es Sprechenden leicht gemacht, sehr subjektive Einstellungen und Intentionen explizit zu machen. Umgekehrt wird im restriktiven Code dieses erschwert und verbzw. behindert. Codes entstehen über soziale Beziehungsmuster, sie sind Verwirklichung und Verinnerlichung unterschiedlicher Sozialstrukturen.

Diese Feststellung könnte uns bereits als Antwort für die Frage nach den Intentionen dienen. Bernstein macht aber den Sachverhalt noch deutlicher (op. cit., S. 146/147). Er meint, restriktive Codes entstehen dort, wo ein hoher Grad an Identifikation und gemeinsamen Erwartungen erwünscht ist, wo „wir“ gewichtiger ist als „ich“. Der Code übt somit Kontrolle aus, er vermittelt eine spezifische Kultur. In Kulturen mit restriktiven Codes wird dem „Wie“ (etwas gemacht oder gesagt wird) mehr Bedeutung als dem „Was“ (gemacht wird) beigemessen, und folglich finden sich solche Kommunikationsformen vor allem in Gefängnissen, in der Armee, zwischen Freunden, die sich lange kennen, sowie unter Jugendlichen.

Restriktive Codes schaffen soziale Solidarität auf Kosten der Darstellung und Aufarbeitung individueller Erfahrungen. Es entsteht „mechanische Solidarität“ im Sinn von Durkheim, zum Unterschied von „organischer Solidarität“, die durch elaborierte Codes gestützt und verwirklicht wird. Die spezifische Kommunikationsform verstärkt die Art der sozialen Beziehung und modelliert das Selbstverständnis der Sprechenden.

Im elaborierten Code hingegen wird „ich“ statt „wir“ betont, weil Absichten und Vorverständnis der anderen Person, d. h. des Gesprächspartners, nicht selbstverständlich bekannt sind und somit nicht vorausgesetzt werden können. In dieser Kommunikation müssen Bedeutungen erst elaboriert, explizit und spezifisch gemacht werden. Das heißt, Sprechweisen, die lokalen Charakter haben, verlieren an Bedeutung. Auf den Sprechenden wird zwangsläufig Druck ausgeübt, zwischen syntaktischen Alternativen zu wählen, die zur Verfeinerung seines Vokabulars beitragen. Der Sprecher muß antizipativ mögliche andersartige Erfahrungen mit berücksichtigen. Es handelt sich um die im Mead'schen (1932) Ansatz elaborierte, klassische Situation zwischen „ego“ und „alter“. Es ist jener historische Punkt, an dem Archilochos oder Descartes ihr jeweiliges „Ich“ artikulieren.

Restriktive Codes sind ferner status- und positionsorientiert, elaborierte dagegen individualistisch und personenzentriert. In diesem

Sprachmodus wird von vornherein keine fixe Personengruppe, sondern immer nur ein spezifisches Individuum als potentieller Partner auftreten, wogegen im anderen Fall eine Grenze zwischen jenen, die eine Sprachform teilen und jenen, die sie nicht teilen, errichtet wird. Im einen werden individuierte, im anderen kommunale und Gemeinschaftssymbole eingesetzt. Bernstein unterscheidet zwischen „geschlossenen" und „offenen" sozialen Strukturen. An diesem Punkt herrscht zwischen ihm und M. Douglas Übereinstimmung, genauer gesagt: Diese Übereinstimmung war der Ausgangspunkt für die Arbeiten von Mary Douglas.

Mit gutem Gewissen können wir anhand der von Bernstein gegebenen Beispiele und Erläuterungen restriktive Codes jenen sozialen Formierungen zuordnen, die hohen „group"-Wert haben. Das heißt mit anderen Worten, restriktive Codes sind bei Clans wie bei hierarchischen Strukturen vorzufinden. Komplementär dazu wird ein elaborierter Code auf der anderen Seite, also bei niederen „group"-Werten angesiedelt sein, wobei allerdings unklar ist, ob Bernstein außer Marktstrukturen etwas unserer Nullmatrix Analoges mit im Auge hatte. Für die Nullmatrix wird demnach die Zuordnung schwierig, zumal das Konzept organischer Solidarität im Sinne Durkheims gleichfalls nicht leicht mit ihr in Einklang zu bringen ist. Andererseits kann diese Schwierigkeit nicht überraschen, handelt es sich dabei doch um eine Übergangsphase, den Wartesaal, wo Altes und Neues nebeneinander bestehen.

8.1.3 Sprachen machen

Die Bezugnahme auf unsere Typologie versetzt uns dafür in die Lage, die Konzepte formaler bzw. öffentlicher Sprache und jene der beiden Codes aufeinander abzustimmen. Ergebnis dieser Synopsis ist dann, daß sich zwei Formen formaler Sprache, nämlich elaborierte und restriktive, als die Sprachformen in Vergesellschaftungsprozessen finden, und mindestens eine öffentliche, die gleichfalls ihre Codes restriktiv handhabt. Bei der Nullmatrix können Zwitterformen existieren, wo restriktive und elaborierte Codes nebeneinander bestehen und ineinander übergehen. Diese Interpretation ließe sich mit der Unbestimmtheit elaborierter Formen sowie diversen Verweisen Bernsteins begründen, wo er Schulen für das Vermitteln elaborierter Codes verantwortlich macht. In einem nicht ausgeführten weiteren Ansatz deutet Bernstein die Existenz von drei unterschiedlichen Arten restriktiver Codes an. Diese dritte, extremste Form eines restriktiven Codes sei rituell, es handle sich dabei um eine Situation, wo nur mehr Formeln Verwendung finden. Eine derartige Flucht in die Formel läßt sich bei Gesprächen zwischen Unbekannten meistens problemlos entdecken. Sie wird nicht selten als „small talk" charakterisiert und wäre so die angemessene Charakterisierung der Sprachform, die unserer Nullmatrix entspräche.

Angehörige der Nullmatrix sind „geistig" noch ihrem früheren Clan verbunden. Andererseits sind sie tatsächlich abgeschnitten und individualisiert. Es ist demnach mit Bestimmtheit nicht falsch, solche Personen als „hin- und hergerissen" (cross-pressured) zu beschreiben, weil sie einerseits noch traditionellen Formen verbunden sind, andererseits damit ständig konfrontiert werden, daß ihre „bodenständigen" Sprachformen mißverstanden werden. Es fehlen die Voraussetzungen für eine konsensuale Interpretation, d. h. gemeinsame Referenzsysteme aus einer gemeinsamen Praxis. Diese werden ihnen in der neuen Welt nur stückweise und allmählich beigebracht.

Um in einer derartigen Situation sich wiederholenden Mißverständnissen zu entkommen, bieten sich drei Lösungsmuster an: Erstens kann der Versuch gemacht werden, Aussagen zu differenzieren, ja sogar redundant zu machen, um Mißinterpretationen auszuschließen. Zweitens kann mittels eines restriktiven Codes die Bedeutungszuweisung kontrolliert werden, d. h. mit Sprachdisziplin werden im Zuge eines „abgekürzten Sozialisationsverfahrens" Interpretationsmuster autoritativ festgelegt. Eine dritte Möglichkeit findet sich im Bemühen um Reetablierung von Clan-Strukturen, die mittels Abgrenzung und langwieriger Sozialisation heterarchische Abhängigkeiten, gemeinsame Praxis und somit die Anwendungsbedingungen für den neuen Gebrauch „öffentlicher Sprache" (public language) schafft. Dieses Verfahren bildet u. a. eine gängige Strategie bei „Sekten", womit u. a. verständlich wird, warum Thompson Clanstrukturen als „sektiererisch" bezeichnet. 40 Jahre Wüste nach dem Auszug aus Ägypten oder mittelalterliche Zünfte wären Beispiele, wo solche Verfahren erfolgreich neue Gemeinschaftspotentiale schufen. Diverse amerikanische Sekten, etwa die Mormonen, bieten weiteres, reichhaltiges Anschauungsmaterial für den Erfolg solcher Verfahren, und letztlich gewähren Ouchis (1978) Untersuchungen zu seiner „Z-Form" betrieblicher Organisation in Japan weiteres reiches Demonstrationsmaterial.

Betrachtet man Gesellschaft nicht überwiegend als Assemblage existierender Institutionen und Organisationen, die, so wie es die Systemtheorie vorschlägt, sich nur durch Ausdifferenzierung neuer Institutionen dynamisch entfaltet, sondern als Prozeß sich ständig neu formender sozialer Gebilde, d. h. als Prozeß wiederkehrender sozialer Innovation, wo individualisierte, sich gegenseitig Fremde in kooperationsfähige Interaktionen eintreten, wird verständlich, unter welchen Bedingungen welche Organisationsstrategien Erfolg haben. Es müssen zuerst Randbedingungen erfüllt werden, die sinnvolle Kommunikation und damit Kooperation erlauben. Aus einem solchen Blickwinkel lassen sich die Interdependenzen von Sprachen, Handlungsmustern und Organisationsformen erst erkennen.

Bei der Schaffung kooperationsfähiger Einheiten führen formale Sprachen meistens, unter wechselnden Bedingungen aber auch formelhafte, öffentliche Sprachen manchmal zum Erfolg. Diese mehrdeutigen, weil wenig elaborierten Sprachen erlauben zunächst vielfältige Interpretationen. Sie ermöglichen folglich weitläufigen Konsens und helfen Kooperationswilligkeit herzustellen, weil sie unterschiedliche Vorstellungen unter einen Begriff zu bringen erlauben. Ihre Nutzung stellt somit ein hochpolitisches Verfahren dar, dessen Erfolg sich bei Persönlichkeiten mit Überzeugungskraft historisch mannigfach belegen läßt. Solche Persönlichkeiten werden als charismatische Führer bezeichnet. Zu diesen zählen Mohammed, Tito, sowie einige Charaktere der jüngeren deutschen und österreichischen Geschichte.

So gesehen ist nachvollziehbar, was E. Leach (1976) mit seiner bündigen Formel meint: Macht liegt im Unreinen („dirt"). Wer sich in den interpretationsweiten Räumen öffentlicher Sprache zu bewegen weiß, ist Machtträger, weil dadurch soziale Innovationen möglich werden, denn: Soziale Kooperation bedeutet Machtgewinn (siehe: 8.3.1). Gelingt es dann, solche über Zeit zu perpetuieren, was nicht immer der Fall ist, lassen sich auch „technische Innovationen" erreichen. Gleichzeitig bleibt aber diese Art sozialer Innovation fast zwangsläufig auf kleine Gruppen beschränkt[8]. Die notwendige, langjährige[9] Resozialisation in neue Clan-Strukturen, mit ambivalenten Sprach- und Kooperationsformen, kann bei großen Gruppen, großen Religionen, Staaten oder Firmen nicht erfolgreich umgesetzt werden, womit sich auch ihre Einstellung zu technischen Innovationen erklären läßt (siehe: Kapitel 6). Größenmäßige Expansion, ja schon das Ableben eines charismatischen Führers, erzeugt meist den Bedarf an neuen hierarchischen Organisationsmustern. A. D. Chandler (1977) hat am Beispiel der Geschichte amerikanischer Eisenbahnen diese autochthone Entwicklung zu hierarchischen Organisationsstrukturen aus clanartigen heraus detailliert dargestellt. Mittelalterliche Klöster wären ein weiteres, bereits behandeltes und nicht zu übersehendes Beispiel für solche autonomen Entwicklungsprozesse.

Zur Schaffung hierarchischer Organisationsformen mit den dazugehörigen restriktiven Codes formaler Sprachen müssen gleichfalls spezifische Voraussetzungen erfüllt werden, um sie funktions- und tragfähig werden zu lassen. Aufgrund einer (vergleichsweise zum Clan) kurzen Sozialisation in diese Strukturen muß Ambiguität vermieden und die Übereinstimmung zwischen Sprachsystem und Referenzsystem sichergestellt werden. Das bedeutet, daß klare Begriffsabgrenzungen eine

---

[8] Charisma verebbt und wird im allgemeinen „zugunsten der Mächte der Tradition oder der rationalen Vergesellschaftung" ersetzt. Das bedeutet gleichzeitig, daß die Bedeutung des individuellen Handelns zugunsten rationaler Disziplin abnimmt. Aus der „Versachlichung" des Charismas entwächst das rationalste „Kind der Disziplin": die Bürokratie (Weber, 1922). Was gleichwohl heißt: hierarchische Organisation.

[9] Ouchi, Wilkins, Johnson verweisen in verschiedenen Arbeiten abwechselnd darauf, daß Clans als Existenzbedingungen die Fähigkeit haben müssen, ihre Mitglieder ausführlich zu sozialisieren, einen geringen Wechsel in der Belegschaft zu haben und auf eine lange Tradition zurückblicken zu können. Große Organisationen sind nur äußerst selten dazu in der Lage, eine clanmäßige Organisation aufzubauen und zu erhalten. Sie offerieren meist eine reduzierte Ausbildung und Sozialisation, u. a. auch deshalb, weil ihre Arbeitsteilung im Vergleich zum Clan feinkörniger ist. Sie sind folglich meistens hierarchisch-bürokratisch organisiert und können daher zusätzlich zu Bezahlung Karriere als Leistungsmotivation anbieten.

notwendige Voraussetzung bilden. Dieser Bedarf an Fixierungen liefert gleichzeitig eine Erklärung für die oft registrierte Innovationsunwilligkeit großer hierarchischer Organisationen (Schwarz/Thompson, 1990, Hamberg, 1963).

Im Hinblick auf Mitgliedschaft sind aber hierarchische Strukturen wesentlich flexibler als Clans, u. a. deshalb, weil ihre Sozialisationsbedingungen einfacher sind. Andererseits existiert hier ein ausgeprägter Bedarf an Kontrolle und Legitimation, sowie an dazugehörigen Sozialisationspraktiken der Disziplinierung. Weiters bedarf es eines ausgleichenden Gratifikationssystems. Ein solches haben Clans nicht notwendig, weil das entwickelte „Wir"-Gefühl ganzheitliche Nutzenskalküle nahelegt. Im individualisierten, hierarchischen Gefüge lassen sich solche Kalküle meist nicht mehr erzeugen. Sanktions- oder Gratifikationsmechanismen bilden folglich eine Existenzbedingung von Hierarchien. Um also Herrschaftssysteme, im Sinn von Max Weber, in einem Akt sozialer Innovation zu generieren, sind Ressourcen erforderlich, und auch formale Rechtssysteme werden nötig. Darauf haben Weber wie Durkheim gleichermaßen verwiesen. Solche verlangen die Offenlegung von restriktiven Codes, die Definitionen als sprachliches Mittel restriktiver Codierung benützen. Es handelt sich also um präskriptive – vorschreibende – Kommunikationsstrukturen, die im Rahmen einer restringierenden Ordnung detailliert werden und somit, wie es moderne Rechtssysteme deutlich machen, auch elaboriert sind. Sie benötigen aber auch Interpretationsregeln und unterscheiden sich dadurch markant von den elaborierten formalen Sprachen, wie sie sich in Marktstrukturen finden.

Wo aufgrund hoher Interessensgegensätze (Ouchi, 1980) die Erzeugung permanenter, ausschließender Kooperationsformen nicht möglich oder nötig ist, also im Markt, sind präskriptive Vorgaben nicht zielführend, weil die Voraussetzungen für Gehorsamserwartungen fehlen. Eingespielte Interpretationsmuster sind gleichfalls nicht vorhanden. Einzige Grundlage für Konsensfindung und Etablierung von zumindest kurzlebigen Kooperationsmustern bildet eine formale, verhandelbare Sprache mit hoch-elaboriertem Code.

Idealerweise sollte eine solche Sprache für jeden Anlaßfall ein passendes Begriffssystem zur Verfügung stellen. Das wäre allerdings eine Anmutung, der keine Sprache gerecht werden kann. Der Sack, den der mythische chinesische Weise auf seinen Rücken trägt und aus dem er in jedem einzelnen Kommunikationsfall den betreffenden Gegenstand herausholt und vorzeigt, müßte die Dimensionen des Universums haben. In einer Welt, in der alles fließt, und keine gemeinsame soziale Erfahrung vorausgesetzt werden kann, trotzdem aber Bedarf an Kooperation besteht, kann die Offenheit des Universums nur in ein ähnlich offenes Kommunikationssystem projiziert werden. Dieses findet sich im Universum der Zahlen. Alles messen, was meßbar ist und was nicht meßbar ist, meßbar machen, ist die von Francis Bacon formulierte erfolgversprechende Parole. Aber selbst Messung muß über ein Referenzsystem abgestützt werden. Aufgrund der Existenzbedingungen der gegebenen Sozialstruktur hat ein derartiges Referenzsystem in jedem Augenblick und an jedem Ort ausschließlich aufgrund individueller Erfahrung und Reproduktionsmöglichkeit herstellbar zu sein. Solche Anforderungen wurden im Kapitel 4 dargestellt. Die extremste und somit idealtypisch repräsentativste Form einer elaborierten Sprache finden wir demnach in den empirischen Naturwissenschaften.

Allerdings findet auch das naturwissenschaftliche Verfahren Grenzen, nämlich dort, wo es um Wertungen geht. Um diese Situation zu meistern, dient Geld als das Maß, das den Anforderungen prinzipieller Offenheit Genüge leistet und gleichzeitig hinreichend abstrakt ist, um das Universum bewertbarer Qualitäten mittels dieser ‚Realabstraktion' fokussieren zu können. Geld kann demnach in seiner sozialen Bedeutung der idealen euklidischen Ebene gleichgesetzt werden. Beide sind Realabstraktionen, deren Aufgabe darin besteht, eine brauchbare Grundlage für Konsens und Kooperation zu liefern, wenn eine vorausgehende, vereinheitlichende Sozialisation nicht oder nur mangelhaft stattgefunden hat. Hier treffen wir uns mit Habermas.

Der Bedarf an formalen Sprachen ist das Resultat der Notwendigkeit, Kooperation zwischen gegenseitig Fremden herzustellen. Wir haben dabei zwei Ausprägungen kennengelernt: elaborierte Codes und restriktive Codes. Beide sind in distinkten Formen wissenschaftlichen Handelns zu finden. Restriktive Codes sind zwangsläufig autoritär und genötigt, Begriffe definitorisch, am besten in Form von Lexika, festzulegen. Darüber hinaus müssen sie auch die Syntax reglementieren. Solche Reglementierungen verstehen sich als „Logiken", die im Laufe der Geschichte in unterschiedlicher Weise entwickelt wurden. Die Übereinstimmung zwischen Code und Referenzsystem wird, als Ergebnis spezieller Sozialisation, künstlich erzeugt, was bedeutet, daß es präzise Handlungsanweisungen geben muß. Heute werden solche als „Algorithmen" bezeichnet (siehe: Kapitel 4).

Die Ausführung wie die sprachliche Codierung müssen unter den gegebenen Bedingungen eindeutig sein. Das bedeutet: Sprache und Ausführung fallen exakt zusammen. Dies kann nur das Ergebnis bewußter und präziser Konstruktionen sein und ist außerhalb gesellschaftlich konstruierter Zusammenhänge unerreichbar. Die geforderte Eindeutigkeit wird über soziale wie auch technische Innovationen möglich. Die weiter vorne erwähnte Forderung, wissenschaftliche Theorie als Algorithmen zu formulieren, wie sie Wilson (1983) erhoben hat, ist die logische Konsequenz aus dieser Situation.

Elaborierte Codes sind hingegen deskriptiv. Ihre Handlungsanweisungen begnügen sich im allgemeinen mit der Vorgabe experimenteller Randbedingungen, die ihre prinzipielle Wiederholbarkeit, unabhängig von Raum und Zeit, garantieren. Raum und Zeit müssen folglich zwangsläufig als eigenschaftslos erklärt werden. Das ist keine Selbstverständlichkeit, sondern eine Konvention. Diese ist historisch neu und geht bezeichnenderweise auf Galilei zurück, u.zw. in drastischer Abhebung zu den damals gängigen aristotelischen Vorstellungen.

Elaborierte wie restriktive Codes sind die Ergebnisse von unterschiedlichen Kooperationsbedingungen. Was beide, bei aller Widersprüchlichkeit verbindet, sind ihre Entstehungsvoraussetzungen: entfremdete Individuen, die kooperationsbedürfig sind. Damit wird eine Erklärung der im Kapitel 7 aus der Wissenschaftstheorie entlehnten Beispiele möglich. Popper, Carnap und Kuhn müssen als Vertreter solcher sozial erzeugten Codes verstanden werden. Für Kuhn versteht sich Wissenschaft als Clan-bestimmtes Handeln, dem im Paradigma ein interpretationsunabhängiges Referenzsystem, das in praxisbezogenen Sozialisationsprozessen – vor allem im Labor – erzeugt wird, zugrunde liegt. Wissenschaftliche Revolutionen sind demnach Prozesse, bei denen Abgrenzungsmechanismen durchbrochen werden und die „guardians" der Wissenschaft (Grabner/Reiter, 1974) ihrer charismatischen Potenz verlustig werden. Carnap und Popper figurieren hingegen als Vertreter formaler Sprachen, wie sie in Hierarchien und Märkten zu finden sind. Popper bestimmt den Tauschwert von Theorien über ihr deskriptives Potential. Je mehr eine Theorie erklären kann, desto besser ist sie. Carnap ist dagegen, ähnlich wie Hilbert, um ein Verfahren bemüht, das zwangsläufig, d. h. durch Regeln, zu „wahren" und somit legitimen Aussagen führt. An allen dreien läßt sich anschaulich die soziale Bedingtheit neuzeitlicher Wissenschaft demonstrieren.

Moderne Wissenschaft kann nun als jenes soziale Verfahren verstanden werden, das unter Bedingungen der Individualisierung Vergesellschaftung möglich macht. Wissenschaft hilft kognitive Konsensstrukturen als Kooperationsvoraussetzung zu etablieren. Sie reduziert damit Unsicherheit und Chaos.

Kuhns Ansatz ist gegenläufig. Seine Welt könnte auch ohne Wissenschaft auskommen, weil im Paradigma Konsens bereits existiert. Für ihn ist Wissenschaft gleichzeitig die – seine – Welt. Jenseits von Clangrenzen herrscht im allgemeinen die Barbarei. Seine Paradigmen sind deshalb autonom. Sie wurden clanmäßig erzeugt, sind folglich kein individuelles Produkt. Würden alle diese Voraussetzungen erfüllt, wären Kuhns Behauptungen konsistent.

Was in Kapitel 3 hinterfragt wurde, kann jetzt verstanden werden. Kuhns Ansatz ruht in einer Kosmologie der Gemeinschaft, in der entweder kleine Gruppen gemeinsam agieren oder entfremdete Individuen in losem, quasi religiösem Zusammenhang geistiger Art stehen. Diese Sicht von Wissenschaft als Schule wurde auch von Tiryakian (1981) beschrieben. Somit stellte sich die Frage, wie eigentlich wissenschaftliche Clans entstehen. Unsere These lautet: vor allem über Dinge, die quasi „urkommunistisch" gemeinsam besessen werden (z. B. in Forschungslabors) und so das dingliche Rückgrat wissenschaftlicher Autarkie werden.

Das Artefakt Sprache ist eine wesentliche Ingredienz sozialer Innovationen. Wie steht es um die anderen Artefakte in dieser Hinsicht?

8.2 Soziogenese von und durch Sachen

Bisher wurde davon ausgegangen, daß Sprache eine GRAMMA-TIK[10] ist, d. h. eine Technik der Umgangs mit Zeichen, wodurch, abhängig von unterschiedlichen Sozialisationsweisen, Kooperation ermöglicht wird und Interaktionsmuster generiert werden. Sprache wird ihrerseits von diesen Transaktionsweisen getragen und bestimmt. Es handelt sich also bei Sprachen um Verfahren, Konsens und Kooperation durch konstruktiven Umgang mit Zeichen zu ermöglichen, wobei mit derselben Technik Kooperation durchaus absichtsvoll auch behindert werden kann. Es wurde ja zuvor schon verdeutlicht, daß in Clanstrukturen und Hierarchien, also in langlebigen Organisationen, Sprachtechnik auch dazu eingesetzt wird, bestimmte Handlungen unmöglich zu machen.

Präziser: Es handelt sich dann um eine „Technik des Schweigens"[11]. Aber es sollte nicht übersehen werden, daß gerade Handlungsvermeidung im Interesse von Kooperationsförderung liegen kann.

Mit dieser Sicht entfernen wir uns etwas von jenem verbreiteten Sprachverständnis der Abbildung und nähern uns einer Auffassung von Sprache, wie sie im antiken und mittelalterlichen Verständnis der Rhetorik gepflegt wurde. Denn: Auch Rhetorik war eine Technik, um gezielt Konsens und Kooperation zu schaffen[12]. Sie war generativ und sicher keiner abbildenden Auffassung von Sprache verpflichtet. Sie war eine Waffe im politischen Kampf, deren Gebrauch von eigenen Lehrern, den „Rhetoren", vermittelt wurde. Ihre bekanntesten Vertreter waren die Sophisten, unter denen Gorgias (siehe Kapitel 3) besonders herausragt.

8.2.1 Kleider machen Leute

Verstehen wir Grammatik, wie es die Etymologie nahelegt, als Technik des Umgangs mit Zeichen, so kann sich diese nicht nur auf den Umgang mit schriftlichen oder vokalen Zeichen beschränken, sondern muß im Sinne einer Semiologie (Barthes, 1964) alle möglichen Zeichen in Rechnung stellen. Es muß dann auch jenen Erscheinungen Augenmerk geschenkt werden, die von Menschenhand voll bewußt als Zeichen

---

[10] Die Silbe „-tik" stammt etymologisch von dem griechischen „techne"; Ballistik wäre demnach die Technik des Werfens (ballein = werfen), „Heuristik" eine Technik des Suchens.

[11] Wittgenstein formulierte zuerst den berühmten Satz:
„Wovon man nicht sprechen kann, darüber muß man schweigen." (1921/22, Nr. 7.0), aber später auch jenen in Kapitel 4 gebrachten: „Eine Sprache verstehen, heißt, eine Technik beherrschen." (1958, Nr. 199) Es bietet sich somit an, von einer „Technik des Schweigens" zu sprechen, insbesondere dann, wenn Schweigen „vielsagend" wird, wie Heidegger (1962) konsequent meint.

[12] Rhetorik, die „Technik des Redens", in der Antike eine hoch entwickelte und bedeutende politische Waffe, die bezeichnenderweise erst in den neu geschaffenen Hierarchien der römischen Kaiserzeit diese Bedeutung einbüßte.

produziert wurden. Denn: Alle Artefakte als Sachen, nicht nur Geld, sind mediale Träger von Bedeutungen. Ihr Aussagewert und ihre Kraft stehen jenen sprachlicher Kommunikation nicht nach (Hörning, 1988).

Als Zeichenträger sind sie somit zwangsläufig vergesellschaftet, also integraler Bestandteil gesellschaftlicher Strukturen, so wie das andere Artefakt, die Sprache. Der Deutlichkeit wegen sei betont, daß Sprache, je nach Bedingung, vergesellschaftend oder vergemeinschaftend wirken kann. Sachen können demnach, genauso wie das „Kunstprodukt Sprache", in unterschiedlichen Codes organisiert werden, die formal oder öffentlich, bzw. elaboriert oder restriktiv sind.

Artefakte als Zeichen definieren zunächst Zugehörigkeiten oder ihr Gegenteil, Nicht-Zugehörigkeit, Entfremdet-Sein oder eigenständige Individualität. Es finden sich Zeichen für hohe „group"-Werte und solche für niedere, sowie welche, die „grid"-Positionen signalisieren.

Wählen wir als Beispiel ein Kleidungsstück: die Lederhose. Die Lederhose im Ausseer-Land ist Ausdruck von „dazugehören", oder dazugehören-wollen. Sie ist ein Gemeinschaftssymbol, mit dem lokale Differenzierungen zum Ausdruck gebracht werden, es unterscheiden sich Lederhosen aus Aussee von jenen aus Tirol.

Ändert man den sozialen Kontext, benutzt man etwa dieselbe Lederhose in New York, ändert sich der Aussagewert des Symbols. Symbole sind ja, wie die Informationstheorie lehrt, von ihrer Umgebung abhängig. In New York würde folglich eine Lederhose als Zeichen exzentrischer Individualität verstanden und sicherlich nicht als Ausdruck eines gemeinschaftlichen Dazugehörens. Sie kann aber auch Ausdruck extremer Individualität, und im großstädtischen Milieu insoferne auch Ausdruck von „Angepaßtheit" sein, als sie als Versuch, andere durch noch größere Exzentrizität zu übertrumpfen, genommen werden kann. Sie kann darüberhinaus Unangepaßtheit nach außen, also neuerdings „Clanidentität" ausdrücken, eine Strategie, der sich „punks" gekonnt bemächtigt haben. Man sieht: Dieses Artefakt kann vielseitig eingesetzt werden, demnach auch mißverstanden werden. Offensichtlich handelt es sich noch um ein Zeichen aus einer öffentlichen Sprache mit restriktivem Code.

In hierarchischen Strukturen werden Lederhosen schon differenzierter, sodaß sowohl Dazugehörigkeit – zur Ausseer oder Tiroler Kultur – signalisiert wird, als auch hierarchische Differenzierung. Diese Flexibilität des Ausdrucks durch Gegenstände kommt verbalen Sprachmitteln in gleicher Weise zu. Hochsprachen, Gaunersprachen, lokale Dialekte, Sakralsprachen etc. werden bewußt für ähnliche Zwecke eingesetzt und zurechtgerichtet.

Dinge als Zeichen zu verstehen haben in der jüngsten Zeit in der deutschen Soziologie auch andere vorgeschlagen. In der um ihre Identität kämpfenden, sich neu etablierenden Techniksoziologie vertreten K. Hörning und W. Rammert (beide 1989) einen vergleichbaren Ansatz. Hörning schlägt vor, „Technik von den Dingen her zu betrachten" (S. 90) und sie in ihren Bedeutungsstrukturen als materielle Kultur zu beleuchten. Rammert versteht Technik hingegen als Medium, das spezifische Äußerungsformen zuläßt, und definiert daher Technik kurzwegs als „gespeicherte Kommunikation über funktionierende Möglichkeiten einer bestimmten Operation" (S. 161). Er vertritt dabei die Position, daß Soziologen nur das an Technik zu interessieren hätte, was diese zum Medium von Kommunikation macht.

Die Aufgabe bei der „Technisierung" wäre nach Rammert, auf die dadurch entstehende künstliche Fixierung von Schemata zu achten. Mit Hilfe von solchen Schemata werden Abläufe fixiert, wiederholbar gemacht und durch die so entstehende Berechenbarkeit von anderen übernehmbar. In Rammerts Sichtweise scheint Technik auch nicht mehr als Mittel der Naturbeherrschung und Arbeit auf, sondern nur mehr als eines der Kommunikation. So wohltuend sich sein Ansatz von anderen gängigen abhebt, scheint er doch Skylla zu meiden, um Charybdis zu verfallen. Hörning und Rammert nehmen also gleichfalls auf Technik als Zeichensystem Bezug. Das soll uns zunächst als Bestätigung genügen, ausführlich werden wir uns mit beiden Ansätzen im Abschnitt 8.3 auseinandersetzen.

In Frankreich hat P. Bourdieu (1980) durch seine Unterscheidung von „Habitus" und „Habitat" gleichfalls auf den Bedeutungskonnex von Sachen aufmerksam gemacht. Seine Begriffswahl, „Habitus" und „Habitat", drückt allein schon die prägende Wirkung von Sachverhältnissen aus. Aus der Sicht Bourdieus üben Dinge, besonders das „Habitat", eine vergleichbare Wirkung wie Sozialisationsinstanzen aus, sie prägen also Individuen bis tief in ihre Persönlichkeitsstruktur. Hier zeigt sich demnach eine erwähnenswerte Übereinstimmung zwischen Bourdieu und Linde, sowie mit unserem Ansatz (Kapitel 5 und 6).

Bourdieus Ansatz, Sachen als Zeichen und Träger kultureller Anliegen zu sehen, schließt deshalb ihre Funktionalität nicht aus. Statuspositionen, die über Symbole signalisiert und zugewiesen werden, oder „Habitus" als Ergebnis und Ausdruck sozialer Zugehörigkeit und Prägung, finden in der deutschen Soziologie weniger Berücksichtigung. Insoferne stellt die Soziologie Frankreichs eine wertvolle Ergänzung dar.

In Hinblick auf die Bedeutungsfunktion von Sachen hat H. Linde (1972) Pionierarbeit geleistet. Vergleichsweise früh hat er die gesellschaftliche Relevanz technischer Mittel und sachhafter Einrichtungen, z. B. für das Leben einer Gemeinde, herausgestrichen. Deren funktionale Bedeutung, als Behausung, Verkehrsmittel, etc., sowie die durch Sachen geschaffene „Präfixierung" sozialer Positionen und Rollen (S. 28) übergeht Linde so wenig wie die durch Sachen vermittelten Einkommensmöglichkeiten, die ihrerseits wieder Schichtung, Mobilität und habituelle Verhaltensweisen mitbestimmen. Ihren Symbolcharakter macht er anhand von Bauwerken, die als Symbole von Macht und Autorität, bzw. als Orte, an denen sich die Bevölkerung zu bestimmten, besonderen Anlässen versammelt, deutlich. Sie fungieren somit auch als Instrumente, die Gemeinschaft entstehen lassen.

Dieser Aspekt ist insoferne erwähnenswert, als Technik, besonders aber Bauwerke auf diese Weise eine Funktion gewinnen, die dem gängigen Slogan der „Naturbeherrschung" diametral gegenübersteht. Bauwerke dienen nun als „Anziehungspunkte", Attraktoren, wo u. a. gemeinsamen Gefühlen Ausdruck verliehen wird. Es entstehen durch sie überindividuelle Identifikationen – und zwar keineswegs zufällig. Sie werden absichtsvoll mit ihrer Hilfe erzeugt.

Klösterliche Orden, mittelalterliche Zünfte, städtische Gemeinden haben stets die Bedeutung solcher Zentren gekannt; bei Klostergründungen wurde meistens noch vor Errichtung eines „Habitats" das zentrale, sinnstiftende Symbol ‚Kirche' errichtet (Duby, 1979). Derartige Bauwerke waren daher nicht nur Symbol einer neuen Gemeinschaft, sondern weitreichender ein Instrument der Vergemeinschaftung, der Erzeugung von Orientierung[13], Ordnung und Identität. So, wie bei Bourdieu das „Habitat" Form und Struktur aus kulturellen Traditionen erhält und dadurch den „Habitus" prägt, wird hier Kultur und Gemeinschaft in Körper und Seelen eingeschrieben.

Kathedralen, Zunfthäuser, Rathäuser und ähnliche Versammlungsgebäude sind weiters auch Instrumente der Ein- und Ausschließung. Sie ziehen u. a. Grenzen, die zur Voraussetzung von Vergemeinschaftung werden. Sachen dienen folglich als Ur-Sache und Mittel, sie sind Ausdruck von und Zeichen für soziale Situationen. Da sie in der Lage sind, soziale Strukturen zu erzeugen, sind sie politische Instrumente (Winner, 1980); Artefakte sind dann nicht mehr nur Ausdruck von Politik, in ihnen verkörpert sich Politik (Schmutzer, 1988), weil sie Organisationsinstrumente menschlicher Kooperationen sind.

Welche sozialen Strukturen aber dabei erzeugt werden, ergibt sich aus Intentionen und aus Vorstellungen. Diese Absichten werden in die Artefakte eingeschrieben und sind demnach auch aus ihnen herauszulesen. An wenigen Extremen exemplifiziert, wären z. B. die großen Hallen der oben genannten Gebäude jene Form, die zur Genese und Erhaltung von Gemeinschaften dient, das Panoptikum Benthams (1803) die gebaute Ordnung hierarchischer Strukturen, eine in alle Richtungen offene Kolonnade vielsagendes Symbol für Märkte. Das mag zunächst trivial erscheinen. Doch im Kapitel 5 haben wir Analoges für Computer gezeigt, T. Hughes (1983) macht analoge Zusammenhänge für elektrische Verbundsysteme sichtbar, und weitere Beispiele finden sich in Kapitel 3. Die scheinbare Trivialität ist demnach nur das Ergebnis einer umfassenden Gültigkeit der Aussage.

Um die Situation zusammenzufassen: Artefakte lassen sich u. a. als „Sozialisationsmaschinen" verstehen, deren Intentionalität nicht mehr Bearbeitung von Natur, sondern vorrangig die von sozialer Struktur und von Kooperationsformen ist. Diese Beobachtung ist nicht neu, sie wurde

---

[13] Dieses Verfahren erinnert an eines, das Durkheim und Mauss (1901/02) schildern. Sie beschreiben dabei, wie nomadisierende Buschmänner einen neuzubeziehenden Lagerplatz ordnen. Zuallererst wird ein bestimmter Pflock in die Erde geschlagen. Dieser wird zum Zentrum, Nabel, des Lagers. Erst wenn das geschehen ist, ist klargestellt, welche Plätze welchen Gruppen und Sippen zufallen.

bereits in Kapitel 5 abgehandelt, daher soll dieser Sachverhalt auch in diesem Zusammenhang nur noch Erwähnung finden (Ozbekhan, 1978).

8.2.2 Sachdominanz

Linde hat Sachverhältnisse mit Recht als besondere Art sozialer Institution bezeichnet. Sie prägen menschliches Verhalten ebenso wie sie soziale Verhältnisse etablieren. In welchem Umfang Sachverhältnisse andere soziale Institutionen, Normen und Verhaltensanweisungen ersetzen können, bleibt zwar unbestimmt. Wichtig ist aber in Lindes Ansatz, daß Sachverhältnisse soziale Institutionen ersetzen können und in manchen Fällen sogar bestimmte Verhaltensweisen erfolgreicher erzeugen als Normen, insbesondere dann, wenn Sozialisationsmaßnahmen zu langwierig erscheinen. Dieser Umstand macht einmal mehr auch auf die stets vorhandene Wahlmöglichkeit zwischen technischen und sozialen Innovationen aufmerksam.

Somit ist Rammert zuzustimmen. „Technisierung" ist ein sozialer Prozeß, der den Ablauf von Operationen künstlich fixieren kann, wiederholbar, berechenbar und übernehmbar macht (op. cit.), kurzum als Sozialisationsersatz verstanden werden muß. Technisierung ist ein Verfahren eine bestimmte Sozialordnung zu erzeugen, zu stützen oder aber auch unmöglich zu machen.

Sozialisationsaufgaben können an Sachen übertragen werden. Sie können Kondensationskerne sozialer Fusion und Interaktion werden. H. Linde spricht folglich nicht grundlos von „Sachdominanz in Sozialstrukturen". Somit stellt sich die Frage, ob der Austauschbarkeit von sozialen und gerätetechnischen Institutionen Grenzen gesetzt sind. Idealtypisch scheint es – in Anlehnung an einen von Saint Simon formulierten Satz – möglich, daß Herrschaft über Menschen durch die Verwaltung von Sachen ausgeübt wird. Saint Simon verstand allerdings diese Möglichkeit nur als eine utopische Vision[14].

Die angesprochene dichotome Alternative „Herrschaft" oder „Sachdominanz" läßt sich in der in Kapitel 7 entwickelten Typologie verankern. Schon Tönnies wählte den Begriff „Tauschgesellschaft" für eine Kooperationsform, bei der die Zirkulation von Waren den dominanten sozialen Zusammenhalt konstituiert. Hier unterscheidet sich Tönnies nicht von der bekannteren materialistisch-marxistischen Sicht. Sozialer Bezug liegt bei beiden in der Zirkulation von Sachen. Diesen Sach-Verhalt hat Mauss (1923) anthropologisch und historisch vergleichend, umfassend und verallgemeinert dargestellt. Heute wird aber dieser Sach-

---

[14] Auf diese hier entwickelten Zusammenhänge verweist auch G. Schmidt (1989), wenn er meint, daß die in der Industriesoziologie bislang beliebte Formel von der „Versachlichung der Politik" (etwa durch die Einführung neuer Kontrolltechnologien) bei den neuen I- und K-Technologien durch die Parole „Verpolitisierung der Sache" ergänzt werden müßte.

bezug erweitert, indem er auch auf die Organisation von Kooperationen Anwendung findet. Das Zusammenspiel der Kräfte, das A. Smith noch einer blind waltenden Vorsehung anvertraute, während es Durkheim bereits einem naturwüchsigen Organismus überantwortete, der die Kontrollfunktion übernahm, wird nun bewußt dem Regelwerk der Technik übergeben. Für diese Entwicklung ist heute vor allem der „Ordinateur" zuständig, ein Umstand, den Weizenbaum (1976) früh erkannt hat.

M. Weber unterscheidet verschiedene Rationalitäten. Dem Markt schreibt er eine „material-formale" Zweckrationalität zu, der Bürokratie eine, die sich auf Regeln, Rechtsnormen und Verfahrensweisen stützt. Weber stellt fest, daß aus „wertrationalem" Gesichtspunkt eine bürokratisch-verfahrensmäßige Rationalität als irrational bezeichnet werden muß, weil nicht das Verhältnis von Aufwand und Erfolg ausschlaggebend ist, sondern im Gegenteil bestimmten Verfahren auch dann Vorrang eingeräumt wird, wenn verursachte Kosten in keiner Relation zum zu erwartenden Gewinn stehen.

Wie sehr solche Verfahrensrationalitäten auch den Umgang mit Technik bestimmen und Organisationen eine Anpassung an technische Vorgaben, die marktrationalen Überlegungen entspringen, ignorieren können, zeigen Studien aus den ehemals sozialistischen Ländern. Die Unfähigkeit ‚stalinistischer Technik' (Hronszky, 1990), marktrationale Technik und sozialistische Arbeitsorganisation aufeinander abzustimmen, demonstriert exemplarisch was „Verfahrensdominanz" bedeutet. Technische Geräte dienten dort vorrangig als ‚Prestigesymbole', ähnlich wie reich bestickte Lederhosen, unter demonstrativer Vernachlässigung von Profitabilitätskalkülen. Sie wurden mehr zur Konservierung existierender organisatorischer Strukturen als zur Produktion von Gütern eingesetzt. Diesen Sach-Verhalt beschreibt Bogdan (1990) ausführlich. Technik wird damit vorrangig ein soziales Instrument und erst zweitrangig Mittel der Naturbeherrschung.

Verfahren, Prozeduren und Regeln sind handlungsbestimmend. In Situationen, wo Sachdominanz herrscht, werden sie „(sach-)zwangsläufig". „Substantive rationality", „Sachrationalität", steht dabei einer „procedural rationality" gegenüber (H. Simon, 1979; F. Lyotard, 1979), einer, die sich als „logical doctrine for the harmonious cooperation of people and machines" (Arden, 1980, S. 806) definiert, und das soziotechnische System ausmacht.

M. Douglas (1970) und M. Thompson (1983) verstehen in ihrer „cultural theory" die „grid"-Dimension analog. Hohe „grid"-Werte werden stets mit präskriptiven Vorgaben verbunden, niedere nicht. Thompson verweist in dem genannten Aufsatz auf die prozedurale, bürokratische Rationalität hierarchischer Strukturen und bezeichnet in Abhebung dazu als „substantive rationality" (substantielle oder materielle Rationalität) jene im Marktbereich. Hohe „grid"-Werte korrespondieren mit Verfahrensdominanz, niedere im Markt mit Sachrationalität.

Clanstrukturen wurden bereits als präindustrielle Produktionsformen, wie sie seit dem Neolithikum bis in das 17. Jahrhundert (Brunner,

1968) in Form des Oikos verbreitet waren, identifiziert. Gemeinschaft wird um „urkommunistisch" verwaltete Produktionsmittel organisiert. Ihre kollektive Nutzung prägt nicht nur die Sozialstruktur, sondern auch die in Gemeinschaften gepflegten Codes einer „öffentlichen Sprache". Die verhaltensleitende zentrale Präsenz von Sachen färbt im alltäglichem Umgang Sprache und formt Organisationen.

Somit ergeben sich zwei Formen von „Sachdominanz": Eine, wo kurzlebige Sozialstrukturen über Tausch durch die Vielzahl zirkulierender, Aufmerksamkeit heischender Dinge entstehen. Ihre Vielfalt legt auch elaborierte Codes nahe. Eine zweite, wo Verhaltensweisen und Dinge in langwährender Sozialisation engstens miteinander verknüpft werden und aufgrund der umfassenden Vertrautheit und Praxis nichtsprachlich fixiertes, also „schweigendes Wissen" (tacit knowledge, M. Polanyi, 1966) repräsentieren. Restriktive Codes einer „öffentlichen Sprache" erfüllen unter solchen Bedingungen ihre Aufgaben und erlauben den Einsatz einer Technik des Schweigens, zumal auch vertikale (und andere) soziale Differenzierungen sowenig wie leistungsspezifische Gratifikationen gewünscht sind. Soziale Verhältnisse sind hier stark sachdominiert und folglich – wie auch Linde feststellt – mobilitäts- und positionsbestimmend, bzw. verhindernd. Sie spielen, etwa bei Heiraten, eine ausschlaggebende Rolle, weil sie gerade da zum Kondensationskern neuer Clanstrukturen geraten.

Geringe Mobilität beschränkt die Ausformung von Intellektualität – wie schon in Kapitel 6 gezeigt wurde. Tradition und Sitte werden im Clan nicht hinterfragt, Dingen können so tiefe symbolische Bedeutungen zukommen. Sie werden unter solchen Voraussetzungen zu Objekten affektiver Bindungen, wie sie nachdrücklicher kaum anderswo als in der Literatur der „Blut-, Heimat- und Bodenromantik" zu finden sind.

Solche an Dinge gebundene Verhaltensstilisierungen können intentional genützt werden. Gemeinschaftsstrukturen sind ja, wie Ouchi (1980) zeigt, keineswegs auf quasi-neolithische, oikische Strukturen beschränkt. Sie finden sich auch unter modernen Produktionsbedingungen.

Clanstrukturen sind – scheinbar widersprüchlicherweise – auch der modernen Wissenschaftsorganisation nicht unbekannt. Das zeigen inzwischen diverse Studien. Latour/Woolgar (1979), Latour (1983), Knorr-Cetina (1981, 1983), Pickering (1984) u. a. haben in ihren Laborstudien Verhaltensweisen gefunden, die kaum rationalistischen oder opportunistischen Vorstellungen gerecht werden. Dafür entdeckten sie einen ‚indexikalischen', nicht-elaborierten Sprachmodus. Dieser ermöglicht unter anderem, wie sie zeigen, eine notwendige „interpretative Flexibilität" zwischen Wissenschaftern zu sichern. Im Gegensatz zu gängigen Vorstellungen von wissenschaftlicher Tätigkeit werden in den genannten Arbeiten Verhaltensweisen beschrieben, deren heterarchische Kontrollstrukturen (Ouchi/Johnson, 1978; Polanyi, 1966) symptomatisch für Gemeinschaft sind. Vergleichbare Strukturen finden sich auch in „Computerlabors"; sie wurden von Weizenbaum (1976), Rosenberg (1980) u. a. ausführlich beschrieben. Deren affektive Dimension findet in T. Kidder (1981: „The Soul of a New Machine") eine überzeugende Darstellung.

Trotz allem können aus solchen heterarchischen Strukturen mit ihren irrationalen Verhaltensweisen und affektiven Bezügen zu Sachen rationale, wissenschaftliche Konstrukte destilliert werden. Das wird durch eine Metamorphose bewerkstelligt, deren sprachliche Umwandlungsprozesse L. Fleck (1935) beschreibt[15] und die einen wesentlichen Bestandteil der „sozialen Konstruktion von Wissenschaft"[16] bildet. „Übersetzungen" kommt dabei eine hervorragende, u.zw. wissenskreierende und sozialen Konsens erzeugende Rolle zu, weil erst durch diese kognitive Muster geschaffen werden, die zu den sozialen homomorph (siehe Kapitel 5) sind und damit erst akzeptabel und verständlich werden.

Das macht nun zweierlei deutlich: erstens, die große Bedeutung der Lehre, wie sie auch Kuhn beschreibt. Lehre übernimmt in diesem Übersetzungsprozeß gerade jene wesentliche Aufgabe, indem sie, noch bevor sie belehrt, vorstrukturiert. Zweitens, die Bedeutung wissenschaftlicher Weihen. Aus der Anthropologie kennt man jene rituellen Vorsichtsmaßnahmen, die beim Überschreiten von Grenzen zu beachten sind. Um sicherzustellen, daß die Innenstruktur eines Clans nicht verletzt und die Abschottung nach außen nicht willkürlich durchbrochen wird, fungieren Gesandte als Botschafter einer verschlossenen Welt. Sie sind, und sollen es auch sein, Fremde unter Fremden. Um ihre Anerkennung in dieser

---

15 Diese sprachlichen Umwandlungen und deren Notwendigkeiten im Zug der Produktion von Erkenntnis hat L. Fleck (1935) erstmals zum Ausdruck gebracht. In seiner Arbeit über die Beziehung der Wassermann-Reaktion zur Syphilis schreibt er, daß „diese Tatsache durch kein *isoliertes Experiment* zu beweisen, sondern nur durch eine ausgebreitete Erfahrung, einen *besonderen Denkstil*, der aus früherem Wissen, vielen gelungenen und mißlungenen Experimenten, viel Übung und *Erziehung* (m. H., M. S.), und – was erkenntnistheoretisch am wichtigsten – *mehreren Begriffsanpassungen und Umwandlungen* sich aufbaut." (ibid., S. 128)
Die Entwicklung solcher Denkstile ist bei Fleck eine genuine kollektive Leistung, wobei durch sie nicht allein Denkmöglichkeiten, sondern auch Denkunmöglichkeiten fixiert werden, die Fleck als „Denkwiderstände" bezeichnet.

16 Der Begriff einer „sozialen Konstruktion von Wissenschaft und Technik" ruht vor allem in der nicht widerlegbaren Annahme, daß alle sozialen Systeme, folglich auch kognitive Modelle der Welt, durch einen Satz sozial vorgegebener Regeln und Normen zusammengehalten und deshalb akzeptiert werden. Obwohl es unterschiedliche Erklärungsansätze über das Zustandekommen solcher Modelle gibt, kann eines doch verallgemeinernd festgestellt werden: Jedes Wissenssystem, demnach auch unsere Wissenschaft und Technik, kann epistemologisch daraufhin untersucht werden, wie die Zusammenhänge zwischen Daten, Theorie, Generalisierung und Paradigmen zustande kommen, bzw. wie Begriffe entstehen, welche Interessen Forschung leiten, wie Methoden entwickelt und akzeptiert werden, was als Erfolg gilt etc. Aus all dem ergeben sich Komplexe, die vor allem dann, wenn sie mit Ergebnissen aus anderen kulturellen Umgebungen verglichen werden, als nichts anderes als als Konstruktionen oder Artefakte begriffen werden können (Hesse, 1988).
Aus diesem Grund spricht man von „sozialem Konstruktivismus".

Fremde zu erleichtern, bedürfen sie hoher Status- und Symbolzuweisungen. Dieser Status geht in der Folge auch auf das was sie sagen über, wodurch solche Aussagen, vor allem wenn sie schwer verständlich sind, leichter annehmbar werden. (Bandler/Schmutzer, 1980). Solche Statuszuweisungen erfolgen aber zeremoniell u. zw. in und durch Weihen, die sich im Fall der Universität auf deren Tradition stützen. Dieser Status ist repräsentativ, er ist als Gruppenstatus, und nicht individuell zu verstehen[17]. Doch Statuszuweisungen müssen verdeutlicht werden, sie müssen ihren Aus-Druck finden. Und dazu dient das „Ge-Habe", d. h. Anhaftungen, zu denen auch Sachen zählen und das den „Habitus" ausmachen. Dieser Prozeß wurde bereits am Beispiel der Lederhosen demonstriert. Doch was für diese gilt, gilt mehr oder weniger für alles Ge-Rät. Es ist erst dann geraten, wenn es nicht nur für die Erfüllung einer spezifischen Aufgabe gut ist, sondern sich dem Gesamtbezug fügt, der sozial bestimmt ist.

Geräte haben demnach nicht nur eine Aufgabe, etwa den Ersatz der Hand oder eines anderen Organs. Wäre es so, so wäre Loos' Diktum, Ornament sei Verbrechen, berechtigt. Tatsächlich sind sie stets gleichzeitig mehreres. Sie sind Gehabe, was nicht nur ihre Handhabung und Verfügbarkeit (Habe) einschließt, sondern auch die Form ihrer Handhabung. Geratene Geräte bilden eine Symbiose von Inhalt und Form und nicht die Addition von Mittel für einen Zweck plus Dekor. Als geratenes Gehabe prägen sie den Habitus, der ihnen anhaftet. Sie sind dann angemessen.

8.2.3 Angemessen

Doch selbst diese Darstellung bleibt noch vordergründig und an der Oberfläche. Gerät folgt der gleichen Systematik wie Sprachen, es läßt sich nicht nur von öffentlichen und formalen Sprachen, sondern auch von öffentlichem und formalem Gerät sprechen, samt den zuvor angegebenen Differenzierungen der Codes.

Ausgehend von den unterschiedlichen Sozialisierungsformen Markt, Nullmatrix, Hierarchie und Clan, ergeben sich dazu analoge Gerätetypen. Manche Geräte sind so gestaltet, daß sie mit nahezu keinen Voraussetzungen spontan und problemlos benützt werden können. Sie sind für Vertreter der ersten beiden Typen entworfen. Zusätzlich sind sie „leichtfüßig", sie kommen und gehen im modischen Gewand, und wenn sie eigens für die Nullmatrix geschaffen wurden, erlauben sie auch noch zu träumen. Ihre Benützerfreundlichkeit ist dabei weit mehr als Tünche, definiert sie doch auch ihr „Innenleben". Solche Geräte beherrschen einen äußerst elaborierten Code, Programme genannt, weil sie sich auch

---

[17] Am leichtesten ist das in Fällen zu verstehen, wo etwa Botschaftern eines Landes die Ehrbezeugungen eines Staatsoberhauptes zuteil werden. Sie gelten nicht der Person, sondern dem Staat.

als Gerät, quasi autonom, in einer komplexen Umwelt zurecht finden müssen. Es ist folglich naheliegend, diesen Gerätetyp als „Automat" zu bezeichnen. Seine Existenzvoraussetzung ergibt sich aus den dominanten Sozialisationsprozessen im Markt. Diese sind wenig kontrolliert, autodidaktisch und idiosynkratisch. Das Gerät muß dazupassen.

Umso höher die Bereitschaft zu Sozialisationsmaßnahmen wird, umso restriktiver können auch die Codierungen der Geräte werden. Hierarchien können demnach mit wesentlich geringeren Anweisungsvorgaben im Gerät auskommen als Märkte. Sie bleiben aber präskriptiv, wobei ein Teil der Präskriptionen durch Disziplin geleistet wird, sodaß das Gesamtgefüge sich am „Zwanglauf", nicht nur der Reuleaux'schen Maschine, orientiert. Dies weiter zu explizieren dürfte sich bereits erübrigen. In diesem sozialen Zusammenhang jedoch ist die zuvor angeführte Charakterisierung von „Technisierung" durch Rammert, der sie als jenen sozialen Prozeß beschreibt, der den Ablauf von Operationen künstlich fixieren kann, am angemessensten. Doch sogar hier werden „Zweck und Mittel" austauschbar. Das Medium gerät zur Botschaft, wie bereits McLuhan (1967) feststellte. Die Wahl, Geräte als Kommunikationsmittel einzusetzen, die Tatsache, daß Operationen gerätemäßig fixiert und veräußer(lich)t werden, ist Ausdruck und Darstellung einer spezifischen sozialen Situation, für die diese Geräte speziell geschaffen wurden. In Kapitel 6 wurden sie als „Arbeitsmaschinen" mit einer dazugehörigen „Fabriksdisziplin" beschrieben. Ihre externalisierte Verfahrenslogik legitimiert das Verfahren, wie den dadurch auch neutralisierten dahinterliegenden Sanktionsmechanismus. Denn Gerät sanktioniert auch unangemessene Bedienung[18]. Diese implizite Sanktionsstruktur hat Linde u. a. bewogen, Sachen sozialen Institutionen gleichzusetzen.

Daß Technisierung nicht in allen Fällen so beschaffen sein muß, beweisen nicht nur die sogenannten benützerfreundlichen Geräte, sondern vorrangig jene, die von der Alternativbewegung gefordert und mit Vorliebe als „Werkzeug" bezeichnet werden. Um die Frage: „Is the computer a tool?" hat sich manche Veranstaltung formiert, meistens allerdings, ohne sie zu beantworten. Ursache für dieses Versäumnis ist dabei weniger der Computer, der nachweislich zu allem möglichen gemacht werden kann (Kapitel 5), als unklare Vorstellungen darüber, was ein Werkzeug ausmacht.

Wieder bietet sich aus der Perspektive der Sozialisation eine sinnvolle Antwort an. Sind Geräte so beschaffen, daß die Operationen weder fixiert noch exteriorisiert sind, sondern die Handlungsmuster über Sozialisation langsam verinnerlicht wurden – und so auch einem freien und kreativen Spiel zugänglich bleiben –, scheint der Begriff „Werkzeug" angemessen. Solche Potenzen lassen sich an Spaten und Messern genauso verwirkli-

[18] Derartige Sanktionen bestehen zunächst im schlichten Nichtfunktionieren, weiters in der Zerstörung des Gerätes, was einer Geldstrafe äquivalent ist, schließlich in der *physischen* Bedrohung des Benutzers, die bis zur Lebensgefahr reicht.

chen wie an Drehbänken und Computern. Allerdings sind Geräte für Clans von ihrer eigenen, inneren Struktur her anders beschaffen als jene, die mit elaborierten oder präskriptiven Codes ausgestattet wurden.

Die unumgänglich notwendige Sozialisation „zu solchen Geräten" stellt dabei nur einen Aspekt der Gesamtsozialisation zur Clankooperation dar. Sie ist keineswegs so umfassend freizügig und kreativ, wie das vielleicht auf den ersten Blick erscheinen mag. Doch werden diese Fixierungen in einem Ausmaß verinnerlicht, daß sie zur nicht mehr wahrnehmbaren Selbstverständlichkeit werden. Sie unterscheiden sich schon dadurch von den restriktiven, in Maschinencodes festgelegten Präskriptionen. Erinnert sei hier an die Sozialisationsweisen der Werkstatt, wie sie Mannheim schildert und im Kapitel 5 dargestellt wurde.

Unsere bisherige Darstellung könnte nun den fälschlichen Eindruck erwecken, daß sich Geräte nur durch diese Codierungen unterscheiden, ansonsten aber beliebig austauschbar bleiben. Geräte bieten jedoch Problemlösungen an. Probleme, Bedürfnisse und Wünsche bestimmen sich aber, wie schon D. Hume (1739, 1740) und H. Freyer (1929) wußte, aus ihrem gesellschaftlichen Gesamtbezug.

Den Wunsch nach lebensverlängernden Techniken gibt es z. B. nur dort, wo es keinen Glauben an ein anderes Leben gibt, solche nach Krankenpflegegeräten nur, wo keine sonstige Krankenpflege befriedigt, Schlösser braucht, wer kein Vertrauen hat oder haben kann. Und umgekehrt gilt: Märkte brauchen keine Disziplinartechnologien, Vertreter von Clans benötigen keine Arbeitsmaschinen, in denen Wissen ausgelagert wird. Die oberen Ränge der Hierarchien können dagegen aufgrund ihrer Position wenig Vertrauen haben, weswegen Kontroll- und Disziplinartechnologie benötigt werden. Weitläufige und kurzlebige Marktgeflechte können ihre Kranken nicht angemessen und langdauernd versorgen, folglich brauchen sie entsprechende Geräte etc.

Es finden sich demnach Sozialstrukturen charakterisierende Technologien, die in anderen Sozialgefügen keine Daseinsberechtigung hätten. Andererseits existieren sehr wohl Probleme so allgemeiner Art, daß sie überall zu finden sind, wie Krankenpflege oder Hunger, wo trotzdem nur sozial angemessene Lösungen annehmbar erscheinen. So gibt es angeblich in Indien Hungernde, die sich weigern Weizen zu essen, sie nehmen nur Reis. Es wurden deshalb Technologien entwickelt, die Weizen so behandeln, daß er wie Reis aussieht. Weizen ist dort offensichtlich eine falsche Lösung für ein allgemeines Problem. Die einfache Rechnung mit Kalorien und Kohlehydraten geht nicht auf[19]. Selbst allgemeinmenschliche Probleme verlangen ihre kulturspezifischen Lösungen.

---

[19] Dabei darf begründet angenommen werden, daß im Fall einer Hungersnot in Europa oder den USA ähnlich idiosynkratische Verhaltensweisen zu registrieren wären. Das deuten bereits die von den hungernden Arbeitslosen von Detroit abgelehnten europäischen „CARE-Pakete" an. Mit großer Wahrscheinlichkeit läßt sich prognostizieren, daß gepökeltes Hundefleisch und geröstete Heuschrecken selbst bei großem Hunger in Europa gleichfalls abgelehnt würden.

Solche kulturbedingte Differenzen lassen sich mit Hilfe von Symbolisierung erklären. Ob wir Lederhosen, Reis oder Heuschrecken als Beispiel wählen, ändert die Situation nicht maßgeblich. Ob jedoch soziale, bzw. welche technische Lösungen präferiert werden, macht einen grundlegenden qualitativen Unterschied. Bevor wir uns in 8.3 mit dieser Problematik auseinandersetzen, soll zuvor das Bisherige noch an einem Beispiel ausführlich illustriert werden.

8.2.4 Zeitgeber

Dieses Beispiel betrifft die „Versachlichung" von Konsens- und Kooperationsstrukturen, welche in der Erfindung, oder besser Entwicklung, der Uhr sehr anschaulich wird. Werden Sonnenuhren miteinbezogen, so wird schnell deutlich, daß Uhren nicht notwendig selbstbewegte Mechanismen sein müssen. Es genügt, wenn sie Bewegung abbilden können. An Sonnenuhren kommt gleichzeitig die Äquivalenz von Kalender und Uhr zum Vorschein, denn beide unterscheiden sich nur durch eine Verfeinerung der Darstellung oder Skala.

Zunächst soll daran erinnert werden, daß Rom im Vergleich zur hellenistischen Welt erst Jahrhunderte später Bedarf an einer elaborierten Zeitfeststellung entwickelte. Die römische Welt war länger traditional organisiert, der Bedarf an elaborierten Codes entstand demnach später. Auch in Europa wurden Minuten- und Sekundenzeiger erst in jüngerer Zeit eingeführt[20]. Was die Skalierung selbst betrifft, so ist auch diese ein Kind der jüngsten Geschichte.

Zeitmessung, also die Projektion in die Zahlengerade, war im allgemeinen das geringste Anliegen, viel wichtiger war das Erkennen von bestimmten Zeitpunkten. In den komplexen mechanischen Vorrichtungen des Altertums, die D. J. de Solla Price (1975) untersuchte, wurde die Kontinuität, die durch die Zahngetriebe der Bewegung aufgezwungen wurde, eher als ein Mangel des Getriebes empfunden, als daß sie intendiert war. Die Intervalle zwischen ausgezeichneten Punkten zu beachten und, wie bei unserer Zahlengerade, als rationale Zahlen oder gar reelle Zahlen zu verstehen, entsprach den damaligen Vorstellungen keinesfalls. Die „Protouhren", die de Solla Price anhand des Antikythera-Mechanismus und des Turms der Winde in Athen studierte, waren zunächst Weltmodelle, die nicht Zeit messen sollten, sondern dazu dienten, den Kosmos zu versinnbildlichen. Und es wird nicht wundern, wenn dieser Kosmos nicht nur Gestirne, sondern auch die dazu gehörigen Götter und ihr Vermögen umfaßte.

„Zeitgeber" dienten vor allem der Koordination sozialen Geschehens in einer Welt, die im ersten vorchristlichen Jahrhundert bereits hinlänglich komplex war, um Mechanismen für die Herstellung von einheitlichen Vorstellungen zu benötigen. Es handelte sich zwar damals

---

[20] Der erste Minutenzeiger auf öffentlichen Uhren findet sich erst 1670.

noch um eine qualitative, soziale Dimension von Zeit, wobei allerdings in bestimmten Fällen auch ihr quantitativer Aspekt schon Beachtung erlangte. Diese Fälle waren solche der geregelten Konfliktaustragung, oder Konsenserzeugung. Die Gerichte Athens kannten genauso wie der römische Senat festgesetzte Rededauern, die mit Sanduhren oder Wasseruhren gemessen wurden. Allerdings wurde auch diese Frist nicht in die Zahlengerade projiziert, sondern das Gerät als unparteiischer Schiedsrichter eingesetzt, der feststellt, daß die Redezeit (und später symbolisch die Lebenszeit) abgelaufen ist.

Weltmodelle oder Uhren verschwanden im frühen Mittelalter ebenso wie das Geld, sie kommen ungefähr wieder mit diesem in Mode[21]. Wie kaum anders zu erwarten, fand ihre Renaissance in den Zellen „modernistischer" und „individualistischer" Rationalität statt, den Klöstern (North, 1975). Doch auch hier waren sie zunächst Modelle kosmischer Ordnung und somit geeignet, Ordnung in das alltägliche Leben der Mönche zu bringen. Die Regelung des klösterlichen Tagesablaufes verwandelte sich jedoch bald in eine der umliegenden Dörfer, Märkte und Städte. Vor allem in Märkten, jenen Orten und Zeiten, wo das Aufeinandertreffen von Fremden stets eine delikate Mischung von Freiheit und Regulierung erforderte, waren die Uhren der Klöster früh jenes allgemein akzeptable Instrument, das Beginn und Ende der Freiheit einläuten konnte. Norwich, Salisbury, Stralsund, Bourges, Ulm, Straßburg und viele andere bedienten sich dieser Möglichkeiten. Und nicht nur Märkte fanden dieses Gerät ein praktikables Medium der Konsensstiftung. Wie jüngste Forschungen im Dom von Orvieto lehren, wurden dort bereits im 13. Jahrhundert Uhren als Stechuhren eingesetzt, um beim komplexen Baugeschehen der Kathedrale Konsens über Arbeitszeit und -dauer zu stiften. Damit wurde allerdings ein deutlicher Schritt in Richtung Quantifizierung der Zeit gesetzt. Dieser erste Wandel der Uhr zum Meßinstrument geht einher mit dem Erblühen der Geldwirtschaft, der Lohnarbeit und dem spätmittelalterlichen Verlust von Gemeinschaft. Eine komplex und mobil gewordene Gesellschaft schuf sich einen elaborierten Code in einer formalen Sprache.

Der „indexikalische, restriktive Code" der Zeitqualität und Horoskopie wird so allmählich von einem „elaborierten" überlagert, der erlaubt, die Vielfalt der Auffassungen in das Universum der Zahlen zu projizieren. Die Uhr als Meßinstrument, und nicht als Weltmodell, erlaubt wenig interpretationsbedürftige Kooperationsformen unter Fremden zu realisieren, weil sie, ähnlich wie die Waage, kognitiven Konsens auf der Basis banalster Beobachtungen ermöglicht.

Anders als Zunftgebäude und Kathedralen schafft die Uhr keine „Wir-Gefühle" als Basis clanartiger Vergemeinschaftung, sondern in-

---

21 Die älteste öffentliche Uhr, die auch ein Schlagwerk besaß, hatten die Mailänder 1335. Die ersten europäischen Münzen von Bedeutung wurden in Florenz 1252, in Venedig 1283 geprägt. Die größeren Länder, wie Kastilien, England, Böhmen etc. führten alle erst in der ersten Hälfte des 14. Jhdts. eigene Münzen ein.

dividuell überprüfbaren Konsens als Grundlage für weitere Vergesellschaftung (Nahrstedt, 1972).

Doch trotz dieses Wandels hat die Uhr ihre Fähigkeit, als Weltmodell zu dienen, nicht eingebüßt. Nachweislich hat Descartes den Hahn der berühmten Straßburger Uhr bereits 1629 gekannt, was vermuten läßt, daß seine Auffassung von Tieren und Menschen als Automaten vom dortigen Hahn herrührt (Haber, 1975). Robert Boyle jedenfalls erwähnt die Straßburger Uhr explizit und bezeichnet sie als Anstoß für seine mechanistische Philosophie (ibid.).

Diese Verallgemeinerung des Gerätes „Uhr" mag auf einen ersten Blick übertrieben scheinen, doch steht dahinter eine langwierige Entwicklung.

> „There were also three hundred years of familiarity with representing the operations of the heavens with a machine powered by gravitational force before the machine of the world had been reduced to the laws of gravitation. A mechanical working model of the world system had come into existence long before there was a mechanical philosophy to go with it." (Haber, 1975, S. 400)

Diese Beobachtung nötigt einmal mehr zu fragen, wie zu verstehen ist, daß erst nach ca. 300 Jahren diese philosophische Qualität der Uhr zum Durchbruch kam? Die Antwort lautet, daß kein Bedarf an einem mechanistischem Konzept bestand, weil das Zusammenwirken der Menschen noch immer auf der Basis gemeinschaftlicher Prinzipien möglich war. Die Fähigkeit der Uhr, „Moral zu lehren" (Ph. N. Frischlin, 1547–1590) und somit zu sozialisieren, wurde ursprünglich nicht benötigt. Erst weitere Korrosionen des sozialen Ganzen, wie sie in Kapitel 6 besprochen wurden, machten das nötig.

Die Uhr wird etwa ab dem 16. Jahrhundert zur Sozialisationsmaschine, u.zw. mindestens in zweifacher Hinsicht: Als Modell eines Weltbildes bildet sie den Kern neuzeitlicher Wissenschaft (de Solla Price, 1975). Des weiteren etabliert sie einen kooperativen Grundkonsens in der industriellen Revolution des 18. und 19. Jhdts. Dieser wird in Form der Fabriksuhr verwirklicht. Als Zeitmessungsmechanismus definiert sie Arbeitsleistung schiedsrichterlich neutral und erlaubt Leistung in (Geld-) Wert zu übersetzen. Über die Uhr wird Zeit qualitätslos und damit quantitativ verhandelbar. Konsens wird möglich.

Doch weiters formt die Uhr auch den Habitus der „Zeitgenossen".

> „Ihre zwingende Selbstregulierung (der Menschen unserer Epoche, M. S.) im Sinne der unermüdlich weiterlaufenden Uhr- und Kalenderzeit ist ein gutes Beispiel . . . dafür, daß nicht allein die genetisch bestimmten Zwänge der eigenen Natur, sondern auch die durch die Zugehörigkeit zu einer bestimmten Gesellschaft bedingten Zwänge des sozialen Habitus eines Menschen eine entscheidende Rolle spielen. Aber mit dieser Feststellung nimmt man zugleich Abschied von einem Menschenbild, das in der Tradition der großen, kanonisierten Denker der Neuzeit eine beherrschende Rolle spielt." (Schröter, 1984, S. XXXVII)

Gerade die Uhr veranschaulicht deutlich die soziales Verhalten und Verhältnisse prägende Kraft von Geräten. Diese Sicht hat bereits L. Mumford (1934) vertreten. Er bezeichnete die Uhr als Beginn des Maschinenzeitalters. Dieses wird zwar meistens als Zeit der Naturbeherrschung verstanden. Doch Natur wurde schon im Paläolithikum beherrscht, sonst wäre das Maschinenzeitalter nicht Realität geworden. Was sich im Maschinenzeitalter grundlegend geändert hat, sind die Grundlagen der Kultur, der Sozialisation und des Umganges miteinander. Somit wurde auch jener historische Punkt erreicht, an dem deutlich wird, daß soziale und technische Innovationen einander bedingen, daß Dinge sozial sind und umgekehrt manchmal Menschen „verdinglicht" werden.

8.3 Die mechanische Macht der Maschinen

„Der Begriff der ‚Macht' ist soziologisch amorph" schreibt bereits Weber (1922, S. 28). An dieser Tatsache hat sich bis heute nichts geändert. Weber versteht unter „Macht" die Chance, den eigenen Willen auch gegen Widerstand durchzusetzen, unabhängig davon, worauf diese Chance beruht. Er unterscheidet von diesem Begriff den der „Herrschaft", die eine Form der Machtausübung auf der Basis von Befehl und Gehorsam ist. Unter „Disziplin" versteht Weber hingegen jene Form von Herrschaft, wo Automatismus und Schematismus aufgrund eingeübter Muster zur Wirkung kommen.

Schon Webers Definition von Macht kann gewisse negative Reaktionen gegenüber Macht aufkommen lassen, weil die Durchsetzung eines Willens als ein undemokratisches und rücksichtsloses Verhalten verstanden wird. Eine solche Einstellung gegenüber Macht ist in den heutigen deutschen Sozialwissenschaften wohl verankert. Daraus erklären sich u. a. auch viele kritische Einstellungen zur Technik, wie sie z. B. in einer repräsentativen Arbeit O. Ullrichs (1977) zu finden sind. Technik wird als Herrschaftsinstrument verstanden.

Eine wesentlich andere Position dazu nimmt bekanntlich M. Foucault (1977) ein (Kapitel 5). Er betont, daß Macht nicht nur unterdrückend und beraubend sein muß, sondern, besonders in ihrer heutigen Ausprägung, auch einen produktiven Aspekt besitzt. Macht produziert nicht nur Güter, sondern auch – wie in Kapitel 5 dargestellt – in eigenen Anstalten die dazu notwendigen „Individuen". Sie erzeugt Ausprägungen persönlichen Daseins, die es in früheren Gemeinschaften nicht gegeben hat. Für unsere Zwecke scheint somit Foucaults Auffassung von Macht zweckmäßiger.

8.3.1 Vermögen und Mangel

Zunächst soll aber mit Hilfe der Etymologie des Wortes „Macht" ein etwas anderes als das gängige Verständnis des Begriffs entwickelt werden. „Macht" leitet sich vom gotischen ‚magan' her, was ‚können, vermögen, zeugen' bedeutet. ‚Magan' stammt von der indogermanischen Wurzel ‚magh'.

Soweit stimmen Grimms Wörterbuch (Bd. 12, Sp. 1397, 1991), Kluge (1967) und der Duden-Etymologie (1989) überein. Duden, aber auch Grimm verweisen ferner auf eine Entwicklung in slawischen und baltischen Sprachen von ‚magh' zu mogu, Sippe. Damit verwandt ist das deutsche Wort Magen. Grimm stellt bei Magen (Beutel, Erweiterung) den Bezug zum gotischen ‚magan' und zu Macht her (Grimm, Sp. 1436). Die slawische Entwicklung von ‚magh' zu mogu, Sippe, läßt vermuten, daß der ‚mage', der besonders durch Heirat Verwandte, gleichfalls auf ‚magh' zurückzuführen ist. Feist (1936) sieht zwischen ‚magan' und magus oder mago, Knabe, Sklave, Diener, einen Zusammenhang. Köbler (1939) sieht in ‚magh' eine mögliche Wurzel für maghoti – Weiblichkeit und somit für Magd. Er betont, daß die Wurzel nicht völlig geklärt ist und für Magd wie für mago (Knabe) entweder in maghu, jung, unverheiratet, oder in ‚magh', mögen, können, helfen, zu finden ist. Feist (1936), aber auch Grimm, machen ferner darauf aufmerksam, daß das griechisch-dorische maxos, Hilfsmittel, Werkzeug, aus dem sich Machana, Mechanik und Maschine herleitet, gleichfalls auf ‚magh' zurückgeht. In gleichem Konnex steht mäm (got.), das Joch, die Unterwerfung, was wiederum mit mago, Knabe, Sklave, Diener in Zusammenhang steht. Selbst wenn die eine oder andere Beziehung etymologisch nicht vollständig gesichert ist, macht der Entwicklungszusammenhang doch sehr deutlich, daß Vermögen, Macht, wesentlich mit der Fähigkeit zusammenhängt, das eigene Vermögen durch Hilfe zu erweitern. Solche Hilfe kann einerseits von Verwandten, Helfern, Sklaven kommen, wie auch von Werkzeugen und Maschinen. Den ersten Teil illustriert eine Stelle in Ovids Metamorphosen anschaulich:

> „. . . modo maxima rerum, tot generis natisque potens . . . nunc trahor exul, inops. (. . . eben noch die Allerhöchste, *mächtig durch so viele Schwiegersöhne und Kinder* (m. H.) . . . werde ich jetzt verstoßen und hilflos hinweggeführt . . .)

klagt Hecuba in den Metamorphosen Ovids und macht solcherart deutlich, was auch die Etymologie des Wortes „Macht" erschließt.

Solche Erweiterungen sind jedoch nicht jederzeit realisierbar. Durch Prozesse der Entgemeinschaftung und Vereinzelung, wie sie in Katastrophenzeiten, Kolonialisationszusammenhängen und Fällen hoher Mobilität stattfinden, ist eine solche Erweiterung des Vermögens aufgrund eines nicht behebbaren Mangels an potentiellen Kooperationspartnern Ding der Unmöglichkeit. Dazu lieferte auch die Biografie des Archilochos Anschauungsmaterial.

Somit entsteht ein neuer Bedarf, der nur durch „Exteriorisierung" menschlicher Fähigkeiten innovativ gedeckt werden kann. Bereits in früheren Kapiteln wurde Technik wiederholt als Prozeß solcher „Exteriorisierung" verstanden. Durch Auslagerungen menschlicher Fähigkeiten kann, auch unter sozial restriktiven Bedingungen, eine Erweiterung des Vermögens erreicht werden. Man kann dann Technik – und besonders Maschinen – als *„Sozialersatz"* von Macht verstehen – ein Verständnis, das zentral für unsere Überlegungen ist. Die heute wiederholt konstatierte Tendenz, Menschen durch Maschinen zu ersetzen, ist, wie wir gesehen haben, keineswegs nur Resultat neuester Technologien. Diese Tendenz besteht seit der Antike und nimmt im 17. Jhdt. zu. Damit läßt sich heutige Technik als Ergebnis einer in einer individualistischen Welt um sich greifenden Unfähigkeit verstehen, soziale Innovationen zu verwirklichen. Schulen scheinen bei ihrer gesellschaftsformenden, entgemeinschaftenden Aufgabe (Kapitel 5) erfolgreicher, als manche meinen, und Geräte unterstützen diese schulischen Ambitionen, indem sie zumindest dem Augenschein nach Unabhängigkeiten verwirklichen helfen.

Die einfache Formel: Technik ist Sozialersatz kann somit weiter präzisiert werden. Bereits in der Einleitung wurde auf eine oft angesprochene, anthropologische Differenz hingewiesen, „das Wort und das Werkzeug" (Cassirer, 1930, S. 50), die Menschen als Gattung von allen anderen Gattungen unterscheidet. Das „Wort" ist dann jenes Artefakt, das die eine Variante von Macht erzeugen läßt, das Werkzeug oder Ding die andere.

Als solche Gattungsdifferenz können aber Geräte nicht „Ersatz" sein, oder dieser „Ersatz" würde demnach selbst zur konstitutiven Differenz: Die menschliche Gattung unterscheidet sich, wenn das so wäre, von allen anderen durch ihre „Fähigkeit zum Ersatz".

Bedauerlicherweise zeigt schon die erste Probe, daß z. B. manche Reptilien oder andere Organismen Organersatz kennen. Sie ersetzen verlorene Organe einfach, indem sie sie nachwachsen lassen. Ersatz allein ist folglich zu unspezifisch, um eine hinreichend signifikante Differenz zu etablieren. Spezifiziert man diesen Ersatz, etwa durch die Vorstellung von „Organersatz", so zeigt obiges Beispiel schlagend, daß auch dies keine signifikante Differenz ergeben kann, es sei denn, daß es Organe sind, die ein Mensch nicht hat. Dazu können sowohl die Schnäbel und Krallen der Vögel gezählt werden, wie auch ein weiteres Augenpaar, ein Dutzend weiterer Arme, die Fähigkeit gleichzeitig zu schlafen und zu wachen etc. Damit wird deutlich, daß es gar nicht um den Ersatz von Organen geht, sondern um Fähigkeiten, über die der einzelne jeweils nicht verfügt. Rund um die Uhr wach zu bleiben ist nicht durch Organersatz zu bewerkstelligen, sondern durch Organisation; zu wissen was andere nicht wissen, ist keine Frage der Organe, sondern eine der Sozialisation, und auf seiten des Nichtwissenden ein Mangel, der gleichfalls durch Organisation behoben werden kann. Die Mängel des einzelnen sind durch Multiplizierung und Differenzierung der vielen meist bestens behebbar. Trotzdem gibt es Mängel, die durch keinerlei „Erweiterung" der Zahl behebbar sind.

Diese Mängel sind nun selbst wieder der Analyse bedürftig. Zwar kann kein Mensch fliegen, aber unter welchen Bedingungen wird das zum Mangel?

Der „Cargo-Kult" in Neuguinea besteht in der Verehrung von Flugzeugen, doch wurden solche erst verehrt, als den Papuas ihre eigene Inferiorität und Begrenztheit demonstriert wurde. Es wurde ein Mangel an

Macht, an Vermögen erlebt. Es handelt sich also um Machtgefälle, wenn Mangel obiger Art entsteht.

Die in Hinblick auf Macht ursprüngliche Gleichwertigkeit von gerätetechnischen und sozialen Konstrukten läßt sich anhand der Etymologie der Worte anschaulich rekonstruieren. Beide Worte, „Maschine" wie „Mechanik", lassen sich, wie bereits gezeigt wurde, auf dieselbe Wurzel, das indogermanische „magh", zurückführen. Maschinen und Mechanik sind Erweiterungen des Vermögens, wie Mägde und Knappen. Damit dechiffriert sich auch die Überschrift dieses Abschnittes als Wortspiel, wo dieselbe Aussage durch drei scheinbar unterschiedliche Wörter getätigt wird.

Die prinzipielle Äquivalenz von Mechanik, Maschine und menschlicher Organisation (Macht) wird meines Erachtens ideengeschichtlich erstmals von G. Freudenthal (1982) dargestellt, samt ihren Konsequenzen für Wissenschaftstheorie (die Newton'sche Mechanik) und politische Theorie. Freudenthal schreibt, daß bestimmte Eigenschaften von Menschen, z. B. unbewegte Körper in Bewegung setzen zu können, auch Erkenntnisobjekt der Mechanik sind. Dies gilt sowohl für die theoretische wie auch die praktisch angewandte Mechanik, die für Francis Bacon und René Descartes Ursprung der analytisch-synthetischen Methode und des Atomismus war (Lange, 1866). Diese Sicht Freudenthals deckt sich mit unserer These der Substitution von sozialen Institutionen durch technische Geräte. Um es nochmals explizit zu machen: Die Organisation von „Helfern" wird durch eine Maschine ersetzt. Die *Maschine ist somit Ersatz sozialer Organisation,* sie wird zum Kern des sozialen Systems, welches deshalb als soziotechnisches System bezeichnet wurde.

Antriebe für Maschinen konnten zu Bacons Zeit Wasserkraft, andere natürliche Kräfte, Wind etc., aber genauso gut auch Menschen oder Tiere sein. Jeder Kraftbegriff hatte für alle Arten von „power" (sowohl Macht als auch Kraft) verwendbar zu sein. Daraus ergibt sich zunächst die Äquivalenz von Mechanik und politischer Macht. Aber weiters ergibt sich daraus auch eine Äquivalenz der Methoden bei der Analyse mechanischer und politischer Systeme. Beide verfahren analytisch-synthetisch. Hobbes wie Newton denken aufgrund dieser Gleichheit auch Gesellschaft als mechanisches Ensemble von kleinsten Teilen, Atomen oder Individuen.

Die Fähigkeit zur Bewegung (Mobilität) bildet für beide die Grundlage menschlicher Freiheit, ein Umstand, der im November 1989 in Deutschland anschaulichst vor Augen geführt wurde. Mobilität wird so zur Voraussetzung für jede „Kontrakttheorie der Gesellschaft", deren Inhalt die freiwillige Kooperation zwischen freibeweglichen und dadurch nicht mehr über Traditionen und andere Beschränkungen (Clans) gebundenen Individuen ist. Mobilität ist aber ihrerseits auch Ausgangspunkt für die grundlegenden physikalischen und atomistischen Ansätze Isaac Newtons und – wie wir gesehen haben – für Intellektualität, Kreativität, Individualismus und Gesellschaft.

Freudenthal zeigt anhand eines Vergleichs zwischen Newton und Leibniz, wie beide sehr unterschiedliche Auffassungen von menschlicher Freiheit vertraten und wie verschieden sie die Rolle des einzelnen innerhalb seiner Gesellschaft verstanden. Für Freudenthal konstituieren diese Differenzen die Erklärungsbasis für die unterschiedlichen physikalischen Ansätze von Newton und Leibniz. In Hintergrund stehen unterschiedliche Sozialisationserfahrungen und -absichten. Für uns wird aus der Perspektive der „cultural theory" sein Ansatz ein weiteres überzeugendes Beispiel der Bedeutung kultureller Differenzen, sind doch Newton und Leibniz Repräsentanten zweier sehr verschiedener Gesellschaftsformen. Hierbei muß an den im vorigen Kapitel von L. Dumont angestellten Vergleich zwischen Frankreich und Deutschland erinnert werden, auch wenn es sich nun um einen Vergleich mit England handelt.

Leibniz lehnt aufgrund seiner kulturellen Erfahrung die Newton'sche Auffassung von letzten Elementen – Atomen – ab. Er unterwirft seine Elemente einem darüberliegenden System, das diese determiniert[22]. Leibniz' Sicht entspricht geschlossenen Strukturen. Konsequenterweise lehnt Leibniz auch die englischen Kontrakttheorien der Gesellschaft ab und damit deren Voraussetzung, Mobilität und individuelle Freiheit. Bei ihm dominieren andere Beziehungen. Folglich entwickeln Leibniz und Newton unterschiedliche philosophische Systeme und Wissenschaften. Beide sind durch die sozialen Beziehungen, die sie erfahren und anstreben, prädeterminiert. Solche kulturellen Prädispositionen wurden bereits in der Einleitung angesprochen und in Kapitel 5 weiterentwickelt. Wir erinnern an Rutherford (1909), der meinte, daß die „atomistische Sicht" das anglosächsische Temperament besonders anspräche (Holton, 1978).

Beide Sichtweisen vermögen aber trotzdem akzeptable Erklärungen für physikalische Phänomene zu liefern, womit sich zeigt, daß verschiedene Sozialformen Basis für brauchbare, wenn auch unterschiedliche physikalische Theorien sein können[23].

8.3.2 Maschinensturm

Das Konzept der „Externalisierung" oder „Exteriorisierung" läßt uns die in Artefakte ausgelagerten humanen Fähigkeiten trotz dieser Auslagerung in einem sozialen Zusammenhang sehen. Daraus ergibt sich: Erstens: Artefakte werden in Organisationsformen integriert und ge-

---

22 Die Prägung und Einbettung von Menschen durch Sozialisation und Kultur wird in England erst am Beginn des 19. Jhdts. durch S. T. Coleridge (1772–1834) thematisiert, der bezeichnenderweise unter starkem deutschen Einfluß (Schiller, Goethe) stand. Dazu: R.Williams (1954).

23 Damit wird einmal mehr die Position, wie sie Hacking (1983), Kuhn (1958) oder Duhem (1906) vertreten, gestärkt: Unterschiedliche Theorien können trotzdem brauchbare Erklärungen und Ergebnisse liefern. Solche Ergebnisse sind somit kein Beleg für die Richtigkeit der Theorie.

winnen erst dadurch ihre Mächtigkeit, wie Weber (1922) am Beispiel des Schießpulvers expliziert. Sie müssen daher auch diesen gemäß gestaltet werden. Zweitens: Wo Sozialstrukturen erhalten werden sollen, müssen Technologien den jeweiligen sozialen Vorgaben angepaßt werden, sodaß sie ohne soziale Umstrukturierung integrierbar sind. Anderenfalls stoßen sie zwangsläufig auf Ablehnung, weil sie die kulturabhängigen Lebensweisen und Kooperationsformen ändern. Bewerkstelligen sie das nicht, sind sie so wenig einsetzbar wie die technischen Innovationen der Chinesen (Needham, 1969). Drittens: Technologien bearbeiten das Soziale, indem sie als Organisations- und Sozialisationsersatz eingesetzt werden.

Daraus ergibt sich die Notwendigkeit gegenseitigen Anpassens von Technologien und Organisationen. Dieser Prozeß wurde von Baark und Jamison (1986) schematisch dargestellt. Sie bezeichnen die daraus resultierenden gegenläufigen Prozesse als „kulturelle Kritik" bzw. „technischen Imperativ". „Kulturelle Kritik" beschreibt die mögliche Anpassung von Artefakten an kulturelle Vorgaben. Unanpaßbarkeit resultiert dabei keineswegs nur aus technischen Unmöglichkeiten. Sie ist meistens Ergebnis politischer Dispositionen oder eines kulturellen Imperialismus, wobei beide einen Interessenausgleich ver- oder zumindest behindern. Das Konzept „Technischer Imperativ" anerkennt hingegen sachgegebene Grenzen im kulturellen Anpassungsprozeß.

„Technikfeindlichkeit" ist als Widerstand gegen die Destruktion etablierter Lebensweisen (Pearson, 1979) zu verstehen. Solcher Widerstand ist häufig anti-individualistisch motiviert, oder, positiv formuliert, entspringt gemeinschaftsorientiertem Denken, weil dort Geräte und Sozialstrukturen so aufeinander abgestimmt sind, daß sie über Sozialisation und Tradition sozial eingebettet sind (Thompson, E. P., 1963).

Ablehnung kennt ihrerseits viele Formen. Die bekannteste unter ihnen wird oft als „Maschinensturm" bezeichnet und häufig als irrational, sinnlos und unbegreiflich verurteilt. Doch solche Wertungen sind Ergebnisse einer einseitig kulturell bestimmten Sicht. Sie werden nicht selten von einem Fortschrittsverständnis getragen, das zwar Ergebnis einer Rationalität ist, nicht aber Rationalität schlechthin verkörpert.

Tatsache ist, daß Maschinensturm keine undiskriminierte Zerstörung von Maschinen bedeutet, sondern, daß soweit das unter Bedingungen des Aufruhrs möglich ist, dabei genau zwischen verschiedenen Typen von Maschinen unterschieden wird.

In den Maschinenstürmen um 1760 in England wurden z. B. kleine Spinnereimaschinen mit bis zu 20 Spindeln nicht zerstört, weil diese auch in der Heimproduktion Verwendung fanden. Sie wurden als „fair" bezeichnet. Was hingegen, bei späteren Aufständen, bevorzugt zerstört wurde, waren dampfgetriebene Webstühle. Und wieder ist es bezeichnend, daß gerade auch Fabriksuhren beliebte Ziele der Attacken waren. Das untermauert nicht nur die zuvor präsentierte Sicht der Uhr als ungeliebtes Disziplinargerät, sondern zeigt auch deutlich, wie sehr Uhr und Fabrik in die traditionelle Lebensweisen eingriffen, weshalb sie auch abgelehnt wurden.

Zu dieser traditionellen Lebensweise gehörte auch, sich selbst Recht zu verschaffen (Hobsbawm, 1959), was durch Drohbriefe, einschüchternde Aktionen, wie demonstrativen Diebstahl und Beschädigung von Vieh und Gerät, geschah. Zu dieser Form „behinderter Kommunikation", die entsteht, wenn sich eine Seite weigert zuzuhören, ist Maschinensturm zu rechnen.

Rammert (1988) spricht in diesem Zusammenhang von „machtasymmetrischer Kommunikationsbeziehung". G. Pearson (1979) bezeichnet solches Verhalten schlicht als frühe Form gewerkschaftlichen Kampfes.

Historisch wäre es unrichtig, Maschinenstrum nur als Handlungsweise zu interpretieren, die von Menschen mit gemeinschaftlichen Lebensformen praktiziert wird. Physische Zerstörung von Geräten kennt auch andere Ursachen. M. Bloch zeigt in seiner Arbeit über die Einführung der Wassermühlen analoge Vorgehensweisen auf. Diesmal wurden allerdings die kleinen Geräte, die Handmühlen der leibeigenen Bauern, von den Vasallen ihrer Grundherren zerstört, um die Bevölkerung zu nötigen, ihr Getreide in den wassergetriebenen Großmühlen ihrer Herren abzuliefern. Die dahinterliegende Absicht ist leicht zu durchschauen (Marglin, 1977). Es handelt sich einmal mehr um einen Versuch, neue Abhängigkeiten mit Hilfe von „Großtechnologien" durchzusetzen. Das ist ein Verfahren übrigens, das auch heute noch praktiziert wird, wie die eingangs beschriebenen Veränderungen an den Universitäten u. a. belegen (Kapitel 1 und 3).

Doch es darf auch nicht übersehen werden, daß selbst Zerstörung kulturell-spezifisch unterschiedliche Gestalt annimmt. Der Maschinensturm, den Märkte praktizieren, ist zwar weniger handgreiflich, doch auch die Erzeugung von Obsoleszenz am Markt ist eine Form von Maschinensturm (und wird von Clanvertretern so interpretiert). Dabei werden Geräte zwar nicht physisch zerstört, sondern erleiden nur einen „sozialen Tod", im Ausgedinge. Mit feinerer Klinge eliminiert der Markt auch Technologien, die gar nicht erst „das Licht der Welt erblicken" dürfen. Dazu zählen „Alternativtechnologien", die clanartigen Kooperationsmustern entsprechen, bzw. solche bei der Anwendung nahelegen. Doch diese Praxis ist nicht allein marktspezifisch, sie wird in ihrer Weise auch von den anderen Kulturtypen praktiziert.

Als Illustration für diese Form der Eliminierung braucht nicht eigens auf die bereits symbolträchtigen angepaßten Technologien der Energiegewinnung hingewiesen werden. Statt über Solaranlagen etc. zu reden genügt es, sich an die „romantische Maschine", das Perceptron (Kapitel 5) zu erinnern, das von den Vertretern des „harten AI" in einem Stadium vehement bekämpft und eliminiert wurde, in dem es noch lange nicht ausgereift und folglich auch nicht zu beurteilen war.

Diese Ablehnungen bestimmter Technologien demonstrieren andererseits die Feinfühligkeit, mit der, wenn auch meist unausgesprochen, ihre soziale Potenz eingeschätzt wird. Denn nur wenn sie die präferierten Vorstellungen wünschenswerten Zusammenlebens, d. h. Kooperierens, innerhalb von Organisationsmustern potentiell in Frage stellen, lassen sich so früh ablehnende Reaktionen verstehen. Würden Geräte nur aufgrund ihrer Zweckmäßigkeit und ihrer Resultate beurteilt, würden viel mehr technische Lösungen akzeptabel erscheinen, als es tatsächlich der Fall ist. Kulturelle Akzeptanz bestimmt sich eben aus den um Geräte aufbaubaren Interaktionsmustern.

Mit Hilfe der „cultural theory" lassen sich jene fundamentalen kulturellen Differenzen ausmachen, die die Akzeptanz von technischen Geräten bestimmen. So sind etwa Vorstellungen von „rein" und „unrein", „gefährlich" und „nicht gefährlich", „nützlich" und „unnötig" in den verschiedenen kulturellen Typen gleichfalls äußerst unterschiedlich. Gerade solche grundlegenden Einstellungen bestimmen aber die Akzeptanz von Technologien. Schwarz und Thompson (1990) präsentieren dazu Fallstudien, die solche Unterschiede in Auffassungen und Standards bei Risiko, Sauberkeit, Lernmethoden, Größenordnungen, Gerechtigkeit oder technischer Ästhetik belegen. Risiko etwa, das bei der Be- und Entladung von Schiffen mit Flüssiggas zu erwarten ist, wurde in Kalifornien und Schottland äußerst unterschiedlich eingeschätzt. Die massiven Proteste gemeinschaftlich organisierter „Sekten" veranlaßten die amerikanischen Behörden, einen Entladehafen weit abseits von bewohntem Gebiet zu bauen. Die marktmäßige Indifferenz der Bewohner von Edinburgh gegenüber Risiko gestattete es hingegen in Schottland, den gleichen Hafen in dicht verbautem Gebiet zu plazieren (Thompson, 1983).

8.3.3 Anpassung

Dieses Beispiel scheint als Lösung von Akzeptanzproblemen eine recherchierte Wahl von Standorten für Technologien nahezulegen, weil Akzeptanz und Ablehnung von Technologien in unterschiedlichen Populationen verschieden ist. Allerdings finden sich Beispiele, die auch die veränderbare Plastizität von Technologien demonstrieren. Obwohl Schwarz und Thompson solche Beispiele offerieren, soll die Gelegenheit wahrgenommen werden, um auf die technikgenetischen Studien an der Universität Maastricht aufmerksam zu machen. In der Konzeption einer „sozialen Konstruktion der Technik" wird deutlich, daß Technologien, auch die ausgereiftesten, stets Ergebnis gesellschaftlicher Abstimmungen, um nicht zu sagen Verhandlungen, sind. Technik und Gesellschaft erscheinen wie ein „nahtloses Gewebe" (Bijker/Hughes/Pinch, 1987). Die Arbeiten dieser Gruppe machen deutlich, daß neue technische Lösungen zusammen mit neuen Interessen und kulturellen Ansprüchen artikuliert und auch durchgesetzt werden. Technische Lösungen sind oft starrer als soziale, aber trotzdem wesentlich flexibler, als es in den Darstellungen einer von unveränderlichen Naturgesetzen und zwangsläufigem technischen Fortschritt bestimmten Technik erscheint.

In den meisten Fällen bietet sich mehr als nur eine Lösung eines Problems an, selbst wenn dieses bereits zu einem technischen Problem ernannt wurde. Die technische Umsetzung wird stets von vielen Faktoren bestimmt, zu denen nicht allein Wirtschaftlichkeitsüberlegung, etwa in bezug auf Wirkungsgrade oder Materialeinsatz gehören, sondern sogar Fragen des guten Tons, der Selbstdarstellung und des Lebensstils, der Benutzer, der Umweltverträglichkeit u. a. mehr[24]. Sicher sind bei den wechselseitigen Berücksichtigungen all dieser Faktoren stets Kompromisse und Abstriche unvermeidbar. Manchmal wird sich sogar herausstellen, daß eine bestimmte Lösung unter gegebenen Bedingungen nicht praktikabel ist. Inzwischen ist es z. B. allgemein bekannt, daß Atomenergie und diverse Biotechnologien ohne rigide Überwachungsinstitutionen nicht anwendbar sind. Umfassende Kontrolle ist also eine Bedingung für den Einsatz dieser Technologie. Die Ablehnung solcher Technologien bestimmt sich vorwiegend daraus (Meyer-Abich/Schefold, 1981). In anderen Fällen scheinen aber Kompromisse möglich, welche technische Innovationen nicht selten weiter stimulieren. Man erinnere sich etwa an die Schilderung der Entwicklung von Radar in Kapitel 3.

T. Hughes (1983) zeigt in seiner umfassenden Technikgeschichte elektrischer Verteilungsnetze gleichfalls solche kulturell bestimmten, markanten Unterschiede in London, Chicago, Paris und Berlin. So wurde London über Jahrzehnte mittels einer großen Zahl kleiner Kraftwerke versorgt, die netzartig verbunden waren, wogegen in Berlin einige wenige zentralistisch organisiert wurden. Ähnlich wie bei den in Kapitel 5 besprochenen Unterschieden zwischen „Computerphilosophien", spricht Hughes von unterschiedlichen Stilen, die gleichzeitig grundlegende politische Werthaltungen zum Ausdruck bringen. Die Londoner Unternehmen versuchten z. B. die politische Macht von Regionalverwaltungen zu erhalten, wogegen Berlin dem nun schon öfter genannten Prinzip eines bürokratischen Zentralismus huldigte.

Hughes bezeichnet, wie gesagt, diese Variationen als „technologische Stilrichtungen", die die „soziale Konstruktion technischer Geräte" deutlich zum Ausdruck bringen.

Er schreibt:

> „There is no one best way to paint the Virgin; nor is there one best way to build a dynamo. Unexperienced engineers and laymen err in assuming that there is an ideal dynamo toward which the design community Whiggishly gropes" (Hughes, 1987, S. 68).

Diese keineswegs geringe Plastizität hat uns in dieser Arbeit u. a. bewogen, Ingenieurwissenschaften nicht einfach als angewandte Naturwissenschaften zu verstehen, sondern im Gegenteil von „Wissenschaften des

---

[24] „Careful historical interpretation reveals many nontechnical influences at work on the designers. For example, Ford and the people working with him appear to have shared a set of values related to an ideal of American life . . . how did that world view influence their interaction with existing technological constraints?" (S. 194/95)

„. . . the life-style and value systems of Americans grew to reflect automotive mobility, with particular emphasis on individualism in transportation styles." (Staudenmaier, 1985, S. 196)

Schaffens" im Kontrast zu jenen des Erkennens zu sprechen[25]. Nun wäre es vorschnell zu meinen, daß sich Ingenieurwissenschaften und -tätigkeiten nur in einem spezifischen kulturellen Kontext finden. Die besprochenen Beispiele zeigen, daß Technologien an kulturelle Bedürfnisse angepaßt werden, was u. a. bedeutet, daß es auch Techniker geben muß, die solche Kulturformen repräsentieren[26]. Selten allerdings kommt diesen Ingenieuren ihre eigene Prädisposition zu Bewußtsein, was u. a. auch durch die schon angeführten Ausbildungsdefizite signalisiert wird.

In verallgemeinerter Form demonstriert diese Unterschiede eine Langzeitstudie von F. Weltz/V. Lullies (1983). In dieser empirischen Arbeit werden „Menschenbilder" und Einstellungen von Betriebsorganisatoren in bezug auf die Substitution menschlicher Arbeitskraft erhoben. Drei Typen ergeben sich aus dieser Analyse, die unschwer in das Schema der „cultural theory" einzuordnen sind. Die Autoren beschreiben sie als „technik-", „organisations-" und „arbeitsorientiert". Der erste Typus sieht als Ziel der Einführung von Textverarbeitung, worum es in dieser Studie geht, schlicht die Substitution menschlicher Arbeit durch Geräte.

Im Kontrast dazu wollen „organisationsorientierte" Personen diese Technik eher als Mittel zentraler Steuerung und verbesserter Kontrolle verstehen. Dem dritten Typ ist Technik eher nebensächlich. Er setzt vor allem auf „Verbesserung der Arbeitssituation", sowie auf die Lernfähigkeit der Arbeitnehmer. Dieser Typ scheint seinen Intentionen nach eher pragmatisch und undogmatisch, er lehnt z. B. Standardisierung und Maschinisierung ab.

Aus der Sicht der „cultural theory" handelt es sich bei letzterem um einen repräsentativen Vertreter gemeinschaftsorientierten Clandenkens. Er vertraut auf extensive Sozialisation, Kooperationswilligkeit und Identifikationsbereitschaft mit der Gruppe. Sozialersatz ist folglich für ihn ebenso wenig gefragt wie zentralistische Kontrolle. Der mittlere Typus ist ein klassischer Vertreter hierarchischen Denkens, seine Erwartungen an die Arbeitnehmer sind wesentlich reduzierter (da auch ihre Sozialisation rudimentärer ist), womit die Kooperationsfähigkeit nur durch Kontrollmaßnahmen zu gewährleisten ist. Die geringsten Erwartungen diesbezüglich hat der technikorientierte Typ. Er substituiert menschliche Ko-

---

[25] „. . . the fundamental character of all technology, . . . consists of historically specific tensions between design concepts and the limited material and societal contexts in which they exist. Since technology never exists in an abstract, ahistorical domain, it necessarily requires knowledge that is problematic in the sense defined here. Unlike scientific data which is congruent with highly abstract theoretical models, technological data is rooted in the specifics of every ambience in which it operates. . . . it constitutes a form of cognition that is irreducibly distinct from science." (Staudenmaier, 1985, S. 107)

[26] „To speak of a technological design as having achieved momentum implies that momentum must be something more than the design itself. ‚Achieving' momentum implies societal acceptance of and later adaptation to the constraints of the design. The contrasting case, even if not mentioned, is that of designs that do not achieve a place within the societal fabric. . . . technical design (is) intimately part of culture." (Staudenmaier, 1985, S. 171)

operation durch verläßlichere Geräte, die aufgrund ihres Designs besser sozialisiert, „more user-friendly", als menschliche Partner sind. Diesen Typus haben wir bereits als Repräsentanten kurzlebiger Marktorganisationen kennengelernt.

Menschenbilder sind Ergebnis von Sozialisationserfahrungen, welche ihrerseits auf ideal-typischen Vorstellungen über die Beschaffenheit menschlicher Kooperation beruhen. Es kann nicht erstaunen, daß auch andere empirische Arbeiten zu vergleichbaren Ergebnissen kommen, wobei allerdings nicht selten Vertreter der Gemeinschaftssache, die nicht ins gängige individualistische Bild passen, übersehen und mit dem Markttyp vermischt werden. Eine solche Studie liegt für Österreich von Kolm et al. (1988) vor. Dieses Projektergebnis unterscheidet zwar nur zwei grundsätzlich verschiedene Einsatzformen von Technologie, welche einmal zum Zweck intensivierter Kontrolle, das andere Mal zur Erhöhung der Flexibilität der Unternehmen verwendet wird. Auch diese Studie thematisiert den Einsatz von EDV und Ausprägungen unterschiedlicher Stile bei diesem Einsatz. Die Plastizität von Technologien kommt in allen diesen Studien deutlich zum Vorschein, wie auch der Umstand, daß diese Plastizität von Unternehmen gesehen und folglich genutzt wird (Otway/Wynne, 1982). Technologien haben gewichtige Auswirkungen auf Organisationen (Kieser/Kubicek, 1983), am meisten dann, wenn sie nicht durch freien Entscheid Einsatz finden, sondern von „carriers of technology" (Ch. Edquist, O. Edquist, 1978) aus politischen Motiven (etwa in der dritten Welt) aufgenötigt werden. In den meisten anderen Fällen werden Technologien eher, so wie im Modell der „cultural critique" beschrieben wurde, den Umständen gemäß adaptiert. Im Fall freier Selbstbestimmung ist es naheliegend, daß Technologien entsprechend ausgewählt, bzw. so angepaßt werden, daß sie den Anforderungen der Organisation entsprechen (Perrow, 1972).

Faßt man die bisherigen Befunde zusammen, so kommt man zu folgendem Ergebnis, das O. Mayr (1986) in folgende Worte gekleidet hat:

> „1. Die Technik ist als eine grundlegende menschliche Aktivität mit allen übrigen Aktivitäten des Menschen aufs engste verknüpft und daher ein integraler Bestandteil jeder Kultur – und nicht, wie man oft hört, eine fremde, inhumane Kraft, die irgendeine äußere Macht auf die Menschheit losgelassen hat.
> 2. Es läßt sich beweisen, daß zwischen der Technik und allen übrigen Äußerungen menschlichen Lebens und menschlicher Kultur Wechselwirkungen stattfinden,mögen sie auch noch so schwer zu fassen und zu definieren sein, wie z. B. die Wechselwirkungen zwischen den in einer Gesellschaft vorherrschenden politischen, gesellschaftlichen, ökonomischen und religiösen Ideen auf der einen und den jeweiligen Präferenzen und Entwürfen für bestimmte Geräte auf der anderen Seite." (S. 11)
> „. . . die Technik (ist) ebenso eine Ursache wie eine Folge der Wertvorstellungen und Normen der Gesellschaft, in der sie sich entfaltet: Die Technik ist sowohl eine gesellschaftliche Kraft als auch ein Produkt der Gesellschaft." (S. 15)

Wertvorstellungen und Normen einer Gesellschaft bestimmen sich aber, das macht die „cultural theory" mehr als deutlich, aus der Art der sozialen Organisation dieser Gesellschaft, so wie sie im vorigen Kapitel dargestellt wurde.

Obige Studien lassen uns nun an den Beginn dieses Kapitels zurückkehren. Die aufgezeigte Plastizität von Technologien erinnert an die Flexibilität sprachlicher Codierungen. Elaborierte und deskriptive Codes formaler Sprachen sind Ausdruck und Ergebnis einer bestimmten psychosozialen Situation. Mangelnde gemeinsame Sozialisationserfahrungen nötigen dazu, das politische Instrument „Sprache", das soziale Problemlösungen erlauben soll, zu elaborieren und zu verfeinern. Gleichzeitig legen aber andere Erfahrungen nahe, sich nicht zu sehr auf den Erfolg solcher Bemühungen zu verlassen. Marktkooperation ist eine flüchtige Angelegenheit. Aus diesen Erfahrungen entsteht Technophilie, die grundsätzliche Einstellung, auf Technik mehr als auf gegenseitige Hilfe zu vertrauen.

Die öfters festgestellte geringe sprachliche Gewandtheit von Ingenieuren (Hillmer et al., 1979) verdeutlicht die Extremform einer sozialen Unfähigkeit, die durch mangelhafte Resozialisation zustandekommen kann (siehe Kapitel 9). Restriktive Codes präskriptiver Sprachen sind Mittel zur Disziplinierung und zu restriktiver Sozialisation. Diese korrespondieren mit Kontrolltechnologien. Sie sind erwünscht, weil verläßliche Kontrollinstanzen selbst nur durch nachhaltige Sozialisation (quasi clanartige Vergemeinschaftung) zu erreichen sind. Kontrolltechnologien stellen daher für Hierarchien den erwünschtesten Sozialersatz dar. Die größte Schwäche hierarchischer Organisationsstrukturen besteht bekanntlich in einer stets möglichen Solidarisierung zwischen Wächtern und Bewachten. Um dies zu verhindern, sind drastische Disziplinierungsmittel, exemplarische Strafen, demonstrative Bevorzugung u. ä. nötig. Technologien solidarisieren sich hingegen nicht.

Clanartige Vergemeinschaftung kann auf Sprache als politisches Instrument und auf Technik als Sozialersatz verzichten. Technische Innovationen stellen eine Bedrohung etablierter Kooperationsweisen dar, da sie langwierige Resozialisation und Veränderungen der komplexen, heterarchischen Interdependenz notwendig machen. Elaborierte Codes untergraben hingegen die Solidarität des Schweigens. Wie komplex und sprachlich schwer zu erfassen Clanstrukturen sind, hat Bourdieu (1976) in einer seiner ersten Arbeiten am Beispiel der Kabylen deutlich gemacht[27].

---

[27] Bourdieu (1976) macht die Komplexität in seiner Arbeit über eine Landreform in der Kabylei deutlich, die u. a. auch geplant war, um große Landmaschinen einsetzen zu können. Der Widerstand der Bevölkerung war enorm, die Ursachen dafür zunächst unverständlich. Erst lange und mühevolle Untersuchungen brachten die komplexen Verhältnisse zutage, die zwischen der Verteilung der Felder, den Beziehungen zwischen den Familien, der sozialen Wohlfahrt im Dorf etc. bestanden. Jeder kannte die Gesamtsituation, doch niemand sprach davon. Dabei handelt es sich nicht um Geheimhaltung, sondern darum, daß diese Komplexität in einem reduzierten Code

8.3.4 *Technisierung*

Nach dieser Zusammenstellung kehren wir zu den beiden eingangs zitierten deutschen Soziologen Hörning (1988) und Rammert (1988) zurück. Beide betonen die oft übersehene symbolische Bedeutung technischer Artefakte. Hörning hebt die Bedeutung von „Technik als zentrales Ritual der modernen Gesellschaft" (S. 88) hervor. Er verweist weiters auf die gesellschaftspolitische Rolle technischer Metaphern, die weit über sich hinausweisen und eingesetzt werden, um „Mensch und Welt" zu benennen und zu begreifen (ibid.). Diese symbolische Sicht der Dinge läßt ihn, das sollte vielleicht betont werden, keineswegs die handgreifliche Bedeutung der Werkzeuge und Artefakte übersehen. In einer Fußnote würdigt er den Erklärungsansatz, Technik als Institution zu betrachten, doch bemängelt er, daß dieser nicht erlaubt, „Differenz und Widersprüche zwischen materieller und symbolischer Welt angemessen zu erfassen" (S. 92).

Rammert (1988) seinerseits offeriert was er als „Theoriestücke" bezeichnet. Er zieht es vor, von Prozessen der „Technisierung", statt von Technik oder Technologien zu sprechen. „Technisierung" signalisiert die Substitution von etwas, doch was das ist, wird nicht ganz deutlich. Technisierung verändert zunächst die Lebenswelt (Habermas) der Nutzer, und dieser Wandel kann dann Krisen erzeugen, wenn Orientierungsinteressen innerhalb eines lebensweltlichen, kulturellen Modells betroffen sind. Rammert nennt einen weiteren Krisentyp, der das Ergebnis des universalen Erfolgs einer Technologie bei der „Veralltäglichung von Technik" ist und quasi „Monokulturen" mit darauffolgenden, spezifischen Verarmungen erzeugt.

Rammert läßt uns mit dieser Darstellung das Konzept eines „Sozialersatzes" vervollständigen. Technische Lösungen sind Antworten auf soziale Mängel, bzw. Ergebnis unmöglich gewordener sozialer Kooperation. Deren extremste Form ist andauernde Vereinsamung und Entfremdung. Unter solchen Bedingungen entsteht ein gewaltiger Bedarf an schwer zu erfüllender Bedürfnisbefriedigung, welcher zu Wünschen, Phantasien und Innovationen verleitet. Die fehlende hilfreiche Hand soll, indem sie „exteriorisiert" wird, ersetzt werden. Damit werden neue Qualitäten ins Spiel gebracht, mit denen tatsächlich gespielt wird und die oft auch nur Spiel bleiben, wie die vielen ungenützten technischen Erfindungen Chinas (Needham, 1969) oder des präkolumbianischen Amerika belegen[28]. Sie bleiben Spiele, weil kein Mangel besteht. Dieser entsteht erst in der Konfrontation mit individualisierten, technisierten Ge-

---

schwer auszudrücken ist und im übrigen auch gar nicht zur Diskussion gebracht werden soll.

Was für die Kabylei gilt, gilt nicht weniger für unsere Gesellschaft. Auch hier wird über vieles nicht gesprochen, was doch die meisten wissen.

[28] Es wird z. B. oft die Meinung vertreten, daß die präkolumbianischen Hochkulturen das Rad nicht gekannt hätten. Spielzeug aus Terracotta belegt, daß sie Rad und Wagen wohl kannten, sie jedoch nicht nutzten.

sellschaften. Wer erstmals sieht und erlebt, wozu Flugzeuge dienen, erlebt einen zuvor nicht gekannten Mangel. Wer wie in Japan, Mexiko oder Peru erdulden muß, wie eine Handvoll Desparados mit Feuerwaffen die Öffnung heimischer Häfen und den Untergang ganzer Reiche bewerkstelligen können, wird genötigt zu begreifen, daß hier ein zuvor nie registrierter Mangel besteht. Das zweifellos umso mehr, wenn, wie im Fall Japans, bewußt und freiwillig auf den Gebrauch und die Entwicklung von Feuerwaffen Jahrhunderte davor verzichtet wurde (Perrin, 1982).

Technische Lösungen erfordern eine dazugehörige soziale Organisationsstruktur, das wurde schon mehrere Male betont. Neue Technologien lassen herkömmliche obsolet werden. Deren Mächtigkeit und Wohlfeilheit läßt schnell die Kunst eigener Produktion im Handwerk, wie auch die Beherrschung der politischen und sozialen Künste vergessen. Entfremdung, Individualisierung und Mobilität resultieren daraus und beschleunigen so den Wandel. Zur sozialen Entwurzelung gesellen sich technische Monokulturen, Monotonien, Unzufriedenheit, samt bekannten Phänomenen, wie steigende Kriminalität, Vernachlässigung der Sorge um den Nachwuchs und dessen angemessene Sozialisation. Hier treffen wir uns nochmals mit Rammert. Technisierung verändert „Lebenswelt", doch nicht nur diese.

Rammert benutzt das Habermas'sche Modell von System- und Lebenswelt. Er steht folglich dem hier entwickelten Ansatz nicht zu fern. Kultur scheint sich aber aus dieser Perspektive nur auf eine Lebenswelt zu konzentrieren, genauso wie der Gebrauch von Sprache. Die Vertreter der Systemwelt – Markt und Staat – bedienen sich der Medien „Geld" und „Macht" für Kommunikationszwecke. Rammert (1988), der Technik als gespeicherte Kommunikation, also als Medium und Handlungsanweisung versteht, sieht daher Kultur anders als Hörning. In Anlehnung an Habermas erscheint Rammert Markt und Staat quasi kulturlos. Solchem „Systemfehler" erliegt Hörning nicht, der seine Anregungen in der Anthropologie, bei Geertz u. a., findet.

Unser Ansatz ist beiden teilweise verpflichtet, deshalb soll auch auf Aspekte eingegangen werden, die uns dort zu fehlen scheinen.

Die prägende Kraft von Metaphern bei Hörning überzeugt solange nicht, bis deutlich wird, unter welchen Bedingungen Metaphern wen beeinflussen. Die Möglichkeit ihrer Kraftlosigkeit erweist sich in anderen Zusammenhängen, etwa bei politischen oder religiösen Anlässen. Auch technische Metaphern fallen nicht überall auf denselben fruchtbaren Boden. Es fehlt uns eine angemessene Differenzierung des Kulturbegriffs, denn selbst in modernen Gesellschaften finden sich eklatante Unterschiede, etwa nördlich und südlich eines „Weißwurstäquators". Derselbe Mangel zeigt sich auch im Habermas'schen „Lebenswelt"-Begriff. An dieser Lebenswelt nimmt jeder teil, doch nicht jeder reagiert mit der gleichen Euphorie oder Ablehnung auf technische Offerte, ja nicht einmal auf das Versagen der Systemwelt als Folge des universalen Erfolges bestimmter Monokulturen, wie Autos, chemischer Düngemittel etc. Was zu fehlen scheint, ist der Versuch, die Intentionen, die als Handlungsweisen in Technologien schlummern, zu analysieren, zu differenzieren und zu typisieren, wie es im Abschnitt 8.2 zumindest versucht wurde.

Und umgekehrt: Angebote müssen angenommen werden, was eine Analyse der Wünsche und Bedürfnisse verlangt, die ja von gesellschaftlichen Umständen bestimmt sind[29]. Die von Rammert als Beispiel angeführte Ablehnung der Fotografie im bäuerlichen Milieu wäre dann z. B. mit der großen Akzeptanz in anderen Kulturen zu konfrontieren. R. Williams (1974) erklärt z. B. diese Akzeptanz mit der großen Mobilität und den Migrationen, die Familien trennten, wobei Fotografie eine besondere Form geistiger Bindung erlaubte. In unserer Terminologie handelt es sich ganz deutlich um jene „geistige Bindung und Zugehörigkeit", wie sie zwischen Nullmatrix und Clan besteht. Ein Zustand, den übriges van Gennep (1908) als Ritus des Abschiednehmens, verbunden mit solchem des „Platzhaltens", beschrieben hat. Wenn „Platzhalten" eine vordringliche Aufgabe von Fotografie war, dann wird ihre Ablehnung bis zu jenem Punkt, an dem Landflucht erstmals ins bäuerliche Bewußtsein drang, begreiflich. Bis zu diesem Punkt war kein Bedarf gegeben.

Andererseits ist das sicher nicht die einzige Funktion von Fotografie. Eine weitere Bedeutung ortet Williams (1974) in ihrer Fähigkeit, „Statik" in einer Welt zu erzeugen, die in Bewegung geraten ist. Obwohl auch andere Bedürfnisse mit Fotografie befriedigt werden, läßt sich allein damit generalisierend feststellen, daß ein Fotoapparat ein Ritualgerät par excellence ist und sozial bestimmte Wünsche befriedigt. Man darf ja ohne Übertreibung behaupten, daß die großen Feste des Lebenszyklus, die rîtes de passage, ohne dieses Gerät bereits undenkbar geworden sind. Was somit beiden Ansätzen fehlt, ist eine integrierte Sicht der Bedürfnisgenese und – eine Erklärung, warum, wann und bei wem ihre

---

[29] Zur Berücksichtigung solcher Hintergründe haben sich nur wenige bereit erklärt. Giesecke (1991) ist einer von diesen. Die Durchsetzung des Buchdrucks in Europa erklärt er u. a. damit:
„Erst die Druckmaschine vermag Totes wiederzuerwecken und Gedanken und Autoren Unsterblichkeit (inmortalitas) zu verleihen. Der Traum vom ewigen Leben wird für ‚sehr viele griechische und lateinische Autoren' und natürlich auch für die Autoren des 15. und 16. Jahrhunderts Wirklichkeit: Die Druckmaschine hat sie ‚für alle Zukunft vor der Gefahr des Untergangs bewahrt'." (S. 152)
„Will man den Siegeszug des Buchdrucks im Europa der frühen Neuzeit begreifen, so muß man die Projektionen der Zeit, wie sie sich in den vielen Zitaten ausdrücken, ernst nehmen. Was aus heutiger Sicht als überschwenglicher, überzogener Lobgesang erscheint, ist genau jene ‚Argumentation', die damals erforderlich war, um aus einigen zusammengefügten Werkzeugen ‚Unaussprechliches' werden zu lassen. Ohne diese bedingungslose Begeisterung für die neue Erfindung, die zugleich blind machte für so vieles andere, was in der Zeit vorging, hätte Gutenbergs Maschine vermutlich den gleichen geruhsamen Gang genommen wie die vergleichbaren Erfindungen in Asien. Damit technische Instrumente zum Katalysator sozialer Veränderung werden können, müssen sie, so scheint es, soziale Projektionen auf sich ziehen. Je totaler deren Anspruch – man kann auch sagen: deren Größenwahn – umso größere katalysatorische Effekte sind für die gesellschaftliche Evolution zu erwarten." (S. 156)

Befriedigung durch technische Geräte und nicht durch andere Mittel zustande kommt. Denn

> „a technological response to a need, is less a question about the need itself than about its place in an existing social formation." (Williams, 1974, S. 19)

Um technische Antworten zu verstehen, sind die Veränderungen in den Beziehungen (Organisationen, Transaktionen, Kooperationen) zwischen Menschen und diesen und Dingen zu studieren. Doch dieser Wandel kann mit den blassen und statischen Konzepten der Ausdifferenzierung in System- und Lebenswelt nicht erfaßt werden.

Veränderungen der Beziehungen verändern auch Persönlichkeitsmerkmale, denn

> „. . . der Makrokosmos der Gruppe und der Mikrokosmos des einzelnen Individuums" sind „in ihrer Struktur von einander abhängig und – mehr oder weniger – aufeinander abgestimmt." (Schröter, 1984, S. 14)

Analoges gilt aber auch für die Zusammenhänge zwischen Organisationsstrukturen und übergreifenden gesellschaftlichen Merkmalen, wie Ouchi (1977) und Ouchi/Johnson (1978) zeigen. Diese „Russische-Puppen" oder, zeitgemäßer, holografische Auffassung des Verhältnisses vom Einzelmenschen zu seiner Gesellschaft hat von Anfang an diese Arbeit bestimmt. Sie war Grund, warum Fragen der Sozialisation so breiten Raum eingenommen haben. Des weiteren sind die Bemühungen um die Einbeziehung von Sprache aus dieser Position zu erklären; Sprache fungiert nicht nur als Instrument zur Ermöglichung von Kooperation, sie ist, neben der Praxis, wichtigstes Sozialisationsinstrument, eine Technik zur Zurichtung des Geistes.

Sachen oder Sprachen, beide sind mögliche Antworten auf Probleme. Beide erzeugen und stützen gesellschaftliche Ordnung. Eine gewählte Ordnung ist aber ausschließend, es kann nicht gleichzeitig mehrere verschiedene Ordnungen geben. Deshalb müssen beide Artefakte, Sachen und Sprachen, konsistent strukturiert sein, den selben Code repräsentieren. Doch ihre Interdependenz ist nicht gleichgewichtig. Soziale Lösungen sind durch Geräte, aber auch ohne sie möglich, das bezeugen Kindergärten, Schulen oder Gewerkschaften. Technische Lösungen sind von sprachlichen Entwicklungen niemals unabhängig. Darauf hat Mittelstraß (1984) längst hingewiesen.

Genannter Aufsatz von Mittelstraß stellt aber auch von ihm unbeantwortet gelassene Fragen, die wir beantworten zu können glauben. Dies soll zum Anlaß genommen werden, um in einem abschließenden Abschnitt zu diesem Kapitel unseren Ansatz auf seine Brauchbarkeit zu testen.

8.4 Antworten und Anwendungen

Um die Brauchbarkeit unseres Erklärungsansatzes zu evaluieren, werden abschließend Fragen behandelt, wie sie bei bekannten Autoren gestellt, doch oft nicht beantwortet werden. J. Mittelstraß (1984) fragt u. a. nach den Ursachen, die moderne Gesellschaften so eigentümlich technische Problemlösungen präferieren lassen. Diese Präferenz nötigt u. a. dazu, Probleme, bevor sie gelöst werden, erst in die spezifische Form eines technischen Problems zu bringen, sie müssen „technisch gemacht" werden. Die Auffassung, daß alle Probleme auf diese Art verwandelt werden könnten, wäre nach Mittelstraß ein Irrtum. Eine Antwort auf die eingangs gestellte Frage offeriert Mittelstraß leider nicht. Er verweist statt dessen auf Lebensformen technischer Kulturen, die in ihrer technischen Vernunft begründet liegen und die Konstruktion einer „gesellschaftlichen Maschine" erfordern. Durch solche würde der einzelne Mensch aus dem Mittelpunkt in Nischen des Systems gedrängt, woraus sich u. a. die bekannten Orientierungsprobleme moderner Gesellschaften ergeben.

Die Frage von Mittelstraß läßt sich mit unserem Ansatz so beantworten: Technik als Sozialersatz und als soziogenetisches Instrument ist in Marktstrukturen deshalb besonders nachgefragt, weil hier nur geringe Resozialisation geleistet wird, weshalb die Kooperationsfähigkeit zwischen einander entfremdeten Individuen reduziert ist. Probleme werden „technisch gemacht", um jenen minimalen Konsens durch Externalisierung von Können herzustellen, der Interaktion noch ermöglicht oder besser, Kooperation erst gar nicht nötig macht. Übereinstimmung wird u. a. mit Hilfe der „neutralen Sachlichkeit" aller Maschinen in Wissenschaft und Praxis erzeugt; um Sachlichkeit zu erzeugen, werden Probleme technisch gelöst (dazu: Kapitel 4).

Den zweiten Testfall finden wir bei S. Giedion (1948), der eine vergleichbare Position einnimmt, wenn er nach Bedingungen fragt, die in Amerika zur so oft beobachteten exzessiven Technophilie (Noble 1984; Hughes, 1989) führten. Giedion verweist selbst auf die spezifische Situation bei der Kolonialisation Amerikas, d. h. dessen geringe Bevölkerungsdichte. Unter diesen Umständen seien bereits früh vollautomatische Systeme, z. B. Getreidemühlen, ersonnen und gebaut wurden. Die These, daß Technik die Antwort auf soziale Defizite sei, wird an diesem Beispiel demonstrativ deutlich.

F. Braudel (1967) sowie J. Needham (1969) stellen unter Bezug auf China die Frage, warum dieses Land, das einen vergleichsweise hohen Stand naturwissenschaftlich-technischer Kenntnisse hatte, erstaunlich wenig Interesse zeigte, die darin enthaltenen Möglichkeiten zu nutzen, um den großen Sprung in eine Industriegesellschaft zu machen. Auch hier scheint die Antwort in der Definition von Technik als Sozialersatz zu liegen. China ruhte, wie die meisten Kulturen dieser Zeit, in einem auf Traditionen gebauten Clansystem, das – wie Braudel deutlich macht – problemlos große Schleusensysteme betreiben konnte, wobei Hunderte von Menschen fallweise zu ihrer Bedienung mobilisiert wurden. Soziale Lösungen und die traditionsgemäße Integration von Technik in die Clans waren für China unproblematisch. Solche wohletablierte, funktionstüchtige Sozialsysteme kannte das christliche Europa des 11., 12., 17. und 18. Jhdts. nicht mehr.

T. Hughes (1989) prognostiziert das Verschwinden des genannten technischen Enthusiasmus der Vereinigten Staaten in absehbarer Zeit.

Sein Argument ist unserem ähnlich. Er vertritt die These, daß technische Entwicklung dann stagniert, wenn wohlfunktionierende Sozialsysteme etabliert sind und somit umfassende Integration möglich geworden ist. Große technische Systeme sind heute, nach Hughes, tief in die Strukturen der USA eingegraben, weshalb an weitere Entwicklung nicht mehr zu denken ist. Ausgereifte Systeme ersticken mögliche neue. Es handelt sich dabei zwangsläufig um Hierarchien, die mit geringerem Sozialisationsaufwand als Clans stabile, „selbsttragende" Kooperationssysteme technisch-sozialer Art aufzubauen imstande sind. Einmal etabliert, sind solche Strukturen kaum mehr genötigt und nur schwer fähig, sich aus einer gewissen Stagnation zu befreien. Dies gilt vor allem bei ausgefeilten Kontroll- und Disziplinartechnologien, wie sie G. Marx beschreibt[30], die für Hierarchien essentiell sind.

Im Unterschied zu Bürokratien sind Marktstrukturen aufgrund geringer Sozialisation wenig langlebig. Sie müssen stets neu aufgebaut werden. Einen Weg, solchen wiederkehrenden Anforderungen zu entkommen, ohne umfangreiche disziplinäre Sozialisationsmaßnahmen zu setzen (was auch ideologisch nicht wünschenswert scheint), stellt Sozialersatz durch Maschinerie dar. Technische Netzwerke sind das Gerüst unserer Märkte, auch darin liegt eine Wurzel amerikanischer Technophilie.

Abschließend wollen wir noch Einstellungen zur Technik der Nullmatrix aus historischer Sicht beschreiben. Ihre Vertreter haben aufgrund hoher Isolation nachdrücklichen Bedarf an Sozialersatz. Seine Befriedigung vermögen sie allerdings nicht zu erzeugen, sie konsumieren nur. Daraus erwachsen Träume und Phantasien. Sie wurden in den „Maschinenbüchern" des 16. und 17. Jhdts dokumentiert. In unserer Zeit sind „Singles" repräsentative Vertreter dieser Spezies. Tatsächlich finden sich in deren Haushalten häufig Mechanismen, die ihre unbefriedigten Bedürfnisse stillen. Der Intimbereich bleibt dabei so wenig ausgespart (Frude, 1983) wie Küche und Wohnbereich, zu den Traumzeiten gesellen sich heute Traumtechnologien, die von Hierarchien produziert werden.

In welchem Umfang Technik in individualisierten Gesellschaften Sozialersatz leistet, ließe sich auch an anderen Beispielen dokumentieren. Sie fänden sich in der Landwirtschaft, wo Landflucht Clanstrukturen so gründlich zerstörte, daß sie durch umfassende Mechanisierung der Landwirtschaft ersetzt werden mußten. Andere Beispiele ließen sich in der Krankenpflege und Altenbetreuung entdecken, wo Roboter zur Fütterung Behinderter die Krankenschwester, Videos und PC's die Besucher ersetzen. Diese Beispiele kann aber jeder leicht für sich selbst weiter entwickeln.

---

[30] Das Ausmaß, mit dem Staat und Privatfirmen Kontolltechnologien unterschiedlichster Art in den USA bereits einsetzen, wurde von G. Marx (1988) aufgezeigt. Nicht wenige Firmen machen z. B. ohne Wissen der Betroffenen regelmäßig Urinproben, kontrollieren Fingerabdrücke, Privatkontakte, Telephongespräche, machen Videoaufzeichnungen etc. Daß dazu auch die I- und K-Technologien massiv eingesetzt werden, versteht sich von selbst (Marx, 1990).

8.4.1 Technikfolgenabschätzung

Die Beantwortung der von den genannten Autoren gestellten Fragen scheint bereits die Nützlichkeit des Ansatzes zu belegen. Den größten Gewinn dürfte er aber für die Abschätzung der Technikfolgen bringen.

Paschen et al. (1978) betonen etwa, daß die immer notwendigen Entscheidungen, wer Betroffene sind und wer nicht, stark von den subjektiven Einstellungen der Analytiker abhängen. Technology Assessment (TA) steht ein nur geringes Methodeninventar zur Verfügung, es mangelt ihm aber vor allem ein theoretisches Konzept, das diese Forschungen leiten könnte. Da der Ursprung der Bewertungskriterien der Betroffenen im Dunkeln bleibt, sind Prognosen zur Gänze von der Auswahl der Betroffenen abhängig, folglich rein statistisch. Die statistisch kleine Gruppe von Clanvertretern, die aufgrund ihrer sozialen Verankerung sehr selbstbewußt und „alarmiert" (Douglas/Wildavsky, 1982) agieren kann, wird meist leicht übersehen und wenn sie entdeckt wird, wird sie negativ, als antiautoritär definiert. Eine solche Definition ist methodisch wenig hilfreich, wirft sie doch Markt, Clan und Nullmatrix in einen Topf und erlaubt somit keine geeignete Differenzierung[31].

Diese Situation ist nicht befriedigend, was „Unsicherheit" erzeugt, u.zw. sowohl bei den Forschern, wie auch den Anwendern (Schmidt, 1989).

Betrachtet man etwa die von Schmidt (1989) genannten sozialen Technikfolgen bei der Einführung von I- und K-Technologien in Betrieben, zu denen er unter anderem zählt, daß

> „nicht nur tradierte Formen von Kooperation und Hierarchie in industriellen Unternehmungen und Verwaltungen ‚gestört'" werden, sondern „über diese Techniken auch qualitativ neuartige Formen von Sozialbeziehungen hergestellt" (ibid., S. 161), werden, und „bislang vorherrschende Kriterien und Modi der sozialen Anerkennung und des unternehmensspezifischen Prestigegefälles ganz erheblich ‚verrückt' werden" (ibid., S. 162),

so gewinnt man die Überzeugung, daß der hier vorgeschlagene Ansatz sehr zur Reduktion dieser Unsicherheit beitragen könnte. Denn sowohl die Veränderung der zeitlichen Struktur der Implementation, die Schmidt heraushebt, wie auch jene der Formen von Kontrolle und alle oben genannten, ließen sich als Ergebnisse eines Überschreitens der Grenze zwischen unseren prototypischen Kooperationsformen erklären. In Schmidts Darstellung wird zwar deutlich, daß die registrierten Entwicklungen von der hierarchischen Organisationsform wegführen. We-

---

[31] Diese Situation läßt sich leicht mit jener vergleichen, die in Kapitel 4 in Zusammenhang mit der Entwicklung schwacher neutraler Ströme geschildert wurde. Dort wurde von einem elektronischen Detektor gesprochen, der so ausgelegt war, daß besagte Phänomene, da sie als unmöglich ausgeschlossen wurden, auch nicht wahrgenommen werden konnten. Analoges passiert bei TA, wo die eingesetzten Methoden bestimmte Wahrnehmungen gleichfalls nicht zu machen gestatten.

niger deutlich wird aber – und das ist nicht das Spezifikum dieser Arbeit allein – ob es sich um einen Wandel in Richtung Markt oder in Richtung Clan handelt. Aus technologischer Sicht ist kaum daran zu zweifeln, daß die I- und K-Technologie mit allen idealtypischen Transaktionsmustern kompatibel gemacht werden können, auch mit hierarchischen. Das zeigen u. a. die umfangreichen Arbeiten von G. Marx (1988).

Umgekehrt ist es aber keineswegs ausgemacht, daß jedes beliebige Produkt von jeder beliebigen Organisationsform hergestellt werden kann. So meint Dankbaar (1988), daß ein Auto, das aus Tausenden Teilen besteht und für dessen Produktion bei GM allein bis zu 150.000 Ingenieure beschäftigt werden, schwerlich auf der organisatorischen Basis sogenannter Inselherstellung produzierbar ist. Die Planung bleibt in solchen Fällen notwendig zentralisiert. Die Vorstellungen flexibler Produktion von Sabel (1982/1983) und anderen wären demnach nicht schlechthin verallgemeinerbar. Was aber für Autos gilt, hat mit Gewißheit auch Bedeutung für noch komplexere Produkte, wie Flugzeuge, Großrechner oder Industrieanlagen.

Das hat keine geringen Folgen. Denn einerseits sind bestimmte Technologien charakteristische Produkte einer spezifischen Organisationsform, was auch das Verschwinden mancher Produkte, etwa beim Übergang von handwerklicher auf industrielle Produktion erklärt, andererseits ist die Form der Kooperation nicht unabhängig von den eingesetzten Technologien.

Welche Form von Technologie, I- und K- und andere, tatsächlich realisiert wird, hat demnach für die Organisation der Zusammenarbeit weitreichende Folgen. Daher gibt es wesentliche Inkompatibilitäten zwischen der Art der Technologie und der sozialen Organisation. Die „soziale Verträglichkeit" einer an Markt- oder Bürokratievorstellungen entwickelten Technologie mit einem Clan ist eben nicht gegeben[32]. Das läßt sich allerdings nicht berücksichtigen, wenn zwischen Clan und Markt, wie das sehr oft geschieht, nicht wesentlich unterschieden wird.

Daran läßt sich u. a. einmal mehr die Bedeutung des von Fleck (1935) entwickelten Konzepts des „Denkstils" und der damit verbundenen „Denkwiderstände" als Analyseinstrument erkennen (siehe Fußnote 15, S. 374).

In Diskussionen um TA tauchen folglich Fragen auf, die im Rahmen der „cultural theory" behandelt werden könnten.

---

[32] Hörning (1988) macht zwar darauf aufmerksam, daß bestimmte Technologien in sehr unterschiedlichen arbeitsorganisatorischen Zusammenhängen zum Einsatz kommen, demnach kein Konnex zwischen den Technologien und der Organisationsform besteht. Darin wird kein Widerspruch gesehen. Manche Technologien lassen sich adaptieren und in einem Prozeß „kultureller Kritik" (Baark/Jamison, 1986) den jeweiligen Anforderungen anpassen. Sie bleiben trotzdem z. B. Computer. Allerdings ist diese Plastizität nicht allen Technologien im selben Ausmaß eigen. Darauf wurde unter Bezug auf Dankbaar (1988) bereits aufmerksam gemacht. Es ist auch nicht vorstellbar, daß die industrielle Produktion von Stahl auf der Basis des Puddelstahlverfahrens möglich sein soll. Nicht jede Technologie paßt demnach in jede beliebige Organisationsform.

M. Dierkes (1988) schreibt z. B. folgendes:

> „Auswirkungsanalysen sind zudem, wie neuere Studien zeigen, dadurch erschwert, daß die *Wahrnehmung und Berücksichtigung von Technikfolgen abhängig ist vom organisatorischen und institutionellen Kontext* (m. H.), indem eine Technik entwickelt und angewendet wird. Nicht nur entfalten *die selben Techniken in unterschiedlichen Organisationen unterschiedliche Wirkungen*, sondern *unterschiedliche Organisationen entwickeln auch unterschiedliche Techniken* (m. H.), nehmen Nutzen und Risiken von Techniken unterschiedlich wahr und bewerten sie unterschiedlich. Dem Organisationskontext der Technik kommt damit für die Art und Intensität einzelner Auswirkungen eine nicht zu unterschätzende Bedeutung zu. Damit rücken seit wenigen Jahren verstärkt Bemühungen in das Zentrum sozialwissenschaftlicher Technikforschung, den *Einfluß organisatorischer und institutioneller Faktoren auf den Prozeß der Entwickung von Techniken* (m. H.) zu ermitteln. Hierbei wiederum zeigen sich zunehmend Indikatoren dafür, daß *unterschiedliche Organisationskulturen* (m. H.) eine wichtige Rolle bei der je spezifischen Gestaltung und Ausrichtung von Techniken in der Phase ihrer Entwicklung zukommt." (S. 2).

Dies führt Dierkes zu folgender These:

> „Organisationen haben für sie charakteristische Kulturen und funktionsspezifisch in diese eingebettete Subkulturen, die sich in teilweise weitgehend geteilten Perzeptionen, Werten sowie Grundannahmen über die Zweckmäßigkeit bestimmter Strategien und Verhaltensweisen sowie Symbolen manifestieren, die wiederum Entscheidungen, Strategien und Verhalten prägen." (ebd.)

Dierkes artikuliert somit hypothetisch, was mit dem hier gewählten Ansatz nicht nur ident ist, sondern hier auch theoretisch erarbeitet wurde. Zugegebenerweise gibt es bei der Umsetzung dieses Ansatzes methodische Lücken (Ostrander, 1982; Hampton, 1982), die aber, auch unter Zuhilfenahme der vorliegenden Arbeit, in absehbarer Zeit behebbar erscheinen.

8.5 Resümee

Einprägsam läßt sich zum Abschluß der dargestellte Substitutionsprozeß anhand eines erstaunlichen etymologischen Sachverhalts verdeutlichen. Magd, Macht und Maschine sind, wie vorne gezeigt wurde, etymologisch derselben Wurzel entsprungen. Ähnliches läßt sich für das Wort „Ding" zeigen. Seine ursprünglichste Bedeutung blieb im Verb „dingen" erhalten. Es handelt sich um ein ‚Heuern' von Kräften (z. B. Söldnern), welches selbst Ergebnis eines Verhandlungsprozesses ist. Im skandinavischen „Thinget" (Volksversammlung) findet dieser politische Sachverhalt noch seinen Ausdruck (Kluge, 1967; Duden, 1989; Grimm, 1984). Was „gedingt" wird, ist „Ding". Dieses Wort kann für Sachen wie für gedingte Personen Verwendung finden. Ihr Status war meistens ambivalent, oft niedrig, sodaß heute für Menschen das Wort nur mehr in seiner pejorativen Form, nämlich in Phrasen wie „dummes Ding", gebraucht wird. Gedingt wurden Clanfremde, Vereinzelte. Das Ding ist ein Fremder, so wie der Fremde ein nützliches Ding sein kann[33].

Die ursprüngliche Austauschbarkeit von ‚Ding' und ‚Ding' wird dadurch nachvollziehbar, ähnlich wie es G. Freudenthal (1988) vertritt. Dinge sind Geheuerte, egal ob Menschen oder Sachen. „Sprachen und Sachen" steht für eine politische Äquivalenz bei der Genese von Macht- und Kooperationsstrukturen. „Versprachlichung von Sachen", oder „Versachlichung von Sprachen": beides sind Möglichkeiten, zwischen denen stets zu wählen ist.

Auf den Punkt gebracht stellt sich die Wahl:

Dingen oder Dinge. Je nach Persönlichkeitstyp, d. h. Sozialisationsvorgaben, wird diese Wahl entschieden werden. Sachen sind, wie Sprache, Artefakte. Beide sind Wege zur Kooperation, beide müssen den Anforderungen, dieses Ziel zu erreichen, gerecht werden. Es kann daher nicht erstaunen, daß Sachen wie Sprachen Formen und Anliegen bestimmter Kooperationsmuster zum Ausdruck bringen. Umgekehrt wird es aber auch nicht überraschen, wenn sie sich nicht ohne weiteres den Anforderungen fügen, die aufgrund von ihnen nicht eingeschriebenen, anderen Kooperationsvorstellungen an sie gerichtet werden.

Als Quintessenz dieses Kapitels soll die einprägsame Formel geprägt werden: „Technophobie schlechthin gibt es nicht". Es findet sich nur Ablehnung spezifischer Technologien und zwar dann, wenn sie die sozial etablierten Kooperationsmuster in Frage stellen. Technikfolgenforschung hätte sich demnach vordringlich mit den in Technologien realiserten Vorstellungen von Interaktion zu beschäftigen.

---

[33] Im Duden – Etymologie (1989) wird „Dings" als Bezeichnung für „unbekannter Mensch" angegeben.

Teil IV
Brücken schlagen

Es gibt „Grenzen, die man überschreitet, indem man sich durch den Eintritt in eine andere Ordnung selbst ändert und gleichsam über seinen eigenen Schatten springt."

Waldenfels, 1990 (S. 31)

9. Das Ding und der Fremde

Diese Arbeit ist in wesentlichen Linien von den Sichtweisen eines zeitgenössischen Soziologen geprägt, dem ich Dank abstatten möchte. Norbert Elias wurde vom deutschen Faschismus in die Emigration nach England gedrängt und so ein Wanderer zwischen zwei Kulturen, ein Fremder, der lange, weder dort noch da, die ihm gebührende Anerkennung fand. Einen Beleg dafür mag die umfassende Bibliographie im opulenten Werk „Theorie des kommunikativen Handelns" (1981) des vermutlich meist zitierten lebenden deutschen Sozialwissenschafters, J. Habermas liefern, in der Elias durch Abwesenheit glänzt[1].

Elias, der auch viele Jahre in Afrika verbrachte, kannte mehr als zwei Kulturen gut und hat mehr als einen Kulturschock durchlitten. Es wäre begründet, wenn ich ihn als Repräsentanten einer Art von Entfremdung sehe, wie sie dieser Arbeit zugrundeliegt. Und es mag kein purer Zufall sein, daß sich gerade diese Persönlichkeit veranlaßt sah, sich mit der Bedeutung von Geräten, „Zivilisationsgeräten", wie er sie bezeichnet, auseinanderzusetzen. Das Ding und der Fremde verhalten sich zueinander wie zwei Seiten einer Medaille: umso größer die Entfremdung, umso größer der Bedarf an Gerät. Dies ist zentrale These dieser Arbeit.

Doch auch unsere zweite These findet sich in enger Übereinstimmung mit Elias und anderen „Entfremdeten", wie etwa P. Bourdieu. Sie besagt, daß Persönlichkeiten Produkte ihrer Umwelt sind, daß „Habitat Habitus" prägt (Bourdieu, 1980), wobei allerdings diese Umwelt nicht nur aus Umwelt und Dingen zu denken ist, sondern wesentlich eine soziale Umwelt ist, wo Menschen Menschen prägen.

> „. . . mit dieser Feststellung nimmt man zugleich nun Abschied von einem Menschenbild, das in der Tradition der großen kanonisierten Denker der Neuzeit eine herrschende Rolle spielt. Von Descartes bis zu den Existenzphilosophen des 20. Jahrhunderts ist es immer der gesellschaftslose Mensch, der, sei es im naturalistischen, sei es im methaphysischen Gewande, die zentrale Rolle spielt. Und oft genug ist es sogar ein Mensch, der gleichsam weltlos, unabhängig von dem natürlichen Universum zu existieren scheint. Es ist eine merkwürdig egozentrische, ganz um sich selbst, den einzelnen, zentrierte Tradition." (Schröter, 1984, in Elias, 1984, S. XXXVII ff.)

---

[1] Es gibt Stimmen, die meinen, dafür wären persönliche Hintergründe maßgebend. Wenn dem so wäre, so wäre das gleichzeitig ein weiteres Beispiel für die Schwierigkeit unterschiedliche Kulturstile zu akzeptieren.

Diese „egozentrische Tradition" ist letztlich auch dafür verantwortlich zu machen, daß Technik nur als Auseinandersetzung mit der Natur verstanden und folglich eben in den Sozialwissenschaften nicht verstanden wird. Das kann nicht überraschen, denn wo Gesellschaft nicht einmal als Interaktionsgefüge zwischen Individuen existiert, kann Technik schwerlich gesellschaftsbezogene Funktionen übernehmen. Als Ergebnis solcher ideologischer Unterhöhlungen wird dann „der Mensch" zwangsläufig „Mängelwesen", dessen Überleben nur durch Geräte als Organersatz gewährleistet werden kann.

Diese behinderte Sicht, die sich von Kapp (1877) über Gehlen (1953) bis zu G. Günther (1963) und noch weiter zieht, läßt gleichzeitig zweierlei verstehen: einerseits den beachtlichen blinden Fleck der Soziologie gegenüber Technik, die sie meistens eben nur im Produktionszusammenhang, wenn überhaupt, wahrnimmt (Jörges, 1986; Hörning, 1984), andererseits die nicht selten geäußerte Sicht, „der Mensch" könne sich selbst nur über seine Produkte, also Geräte etc., verstehen. Wo andere nicht zur Kenntnis genommen werden, kann auch Er-Kenntnis nicht von ihnen kommen.

Wäre allerdings der Mensch ein „homo clausus" (Elias , 1970), so wäre er tatsächlich ein Mängelwesen, doch wäre er dann vermutlich auch nicht durch das bißchen Technik zu retten, das er sich als einzelner beschaffen könnte, denn selbst Robinson lebte vom Strandgut seines Schiffes.

Es ist also die dritte These dieser Arbeit, daß Menschen aufeinander angewiesen sind und in einem „Funktionszusammenhang" (Elias, 1939/1987) zu einander stehen, der sie prägt, der aber auch wesentlich gestört und behindert sein kann.

Mit dieser Sicht, daß Störungen des Funktionsgefüges, u. zw. zufällig und katastrophenartig oder absichtsvoll und intendiert, jederzeit möglich sind, wodurch der große Strom „langfristiger Gesellschaftsentwicklung" (Elias, 1969) auch einmal zum Stillstand, zur Richtungsänderung oder zum Verschwinden kommen kann, trenne ich mich von Elias. In den hier entwickelten Thesen finden sich Katastrophen, die jedoch beschreibbar sind. Das Instrument, sie beschreibbar zu machen, lieferte dabei die „cultural theory".

Rekapitulieren wir im Lichte dieses Ansatzes, was bisher in den verschiedenen Kapiteln entwickelt wurde, so sollten folgende Beobachtungen und Aussagen mit Hilfe der präzisierten „cultural theory" zusammengeführt und vereinheitlicht werden: Kapitel 3 hat vorrangig darauf Wert gelegt, zunächst zu zeigen, daß Wissenschaft kein einmaliges historisches Phänomen darstellt, sondern wiederholt, aber in unterschiedlichen Ausprägungen auftritt.

Die von Lévi-Strauss als Wissenschaft des Konkreten bezeichnete Frühform leistet bereits das, was als wesentliche Aufgabe von Wissenschaft zu verstehen ist: Erzeugung einer Ordnung der Phänomene. Diese Aufgabe teilt sie zwar in unterschiedlichen Weisen mit Mythen und Religionen, doch der nicht zu übersehende Praxisbezug und die daraus resultierenden technischen Innovationen erlauben trotzdem, sie gegenüber diesen abzuheben, wie das auch Bernal vertritt – auch wenn die Übergänge fließend sind.

Gerade diese fließenden Übergänge waren Anlaß für die „Entdekkung der Möglichkeit von Wissenschaft" in Griechenland, die Mittelstraß als Notwendigkeit der Einbringung von Beweisen charakterisiert. Beweisende Wissenschaft als neues Phänomen nötigt nachzufragen, aus welchen Quellen plötzlich der Bedarf nach solchen Beweisen gespeist wird.

Es zeigt sich, daß sowohl in der Antike als auch in den folgenden Epochen des Wiederaufflammens beweisender Wissenschaften (Mittelalter, Neuzeit), beachtliche gesellschaftliche Mobilitätsschübe und Individualisierungstendenzen auszumachen sind (Kapitel 6).

Die damit einhergehende Durchmischung von in den Köpfen eingeprägten Ordnungen läßt die Notwendigkeit von Beweisen für bestimmte Aussagen vor allem dann verstehen, wenn über solche vorhandene Barrieren hinweg Konsens und Kommunikation angestrebt werden.

Aus gesellschaftlicher Sicht wird beweisende Wissenschaft daher als ein Verfahren begriffen, Voraussetzungen für Konsens und mögliche Kooperation auch dort zu schaffen, wo keine vorausgehende, gemeinsame Sozialisation stattgefunden hat.

Vermittlungs- und Streitschlichtungsinstanzen müssen als Bedingung für ihre erfolgreiche Aufgabenerfüllung unparteiisch, d. h. neutral sein. Übernimmt Wissenschaft diese gesellschaftliche Rolle, so hat sie diese Voraussetzungen zu erfüllen. Das ist einer der hervorragendsten Gründe, warum Wissenschaft als „Arbiter" den Nimbus absoluter Neutralität und Desinteressiertheit benötigt.

Erzeugt Wissenschaft sozialen Konsens und interindividuelle Kompromisse, so muß des weiteren das Ergebnis solcher Vermittlung ein Anbot sein, das allen Beteiligten noch akzeptabel erscheint, also innerhalb ihrer jeweiligen Vorstellungen noch Platz findet. Das bedeutet, daß die Akzeptanz von Beweisen abhängig ist von der jeweiligen sozialen Situation. Beweise sind kulturspezifisch verschieden, das haben sogar für die Neuzeit allein von Duhem bis Lakatos verschiedene Wissenschafstheoretiker belegt.

Läßt sich ein derartiger kleinster „Nenner" oder eine nicht „leere Durchschnittsmenge" nicht finden, hat auch beweisende Wissenschaft keine Ausgleichskapazität.

Eine Chance besteht möglicherweise noch in der Schaffung von Vorstellungen. Das geschah ursprünglich im Ritual, dann im Zeitalter beweisender Wissenschaften auch im Drama und schließlich im Gerät. Descartes' Postulat, daß Naturgesetze auch für Artefakte Gültigkeit haben und die Praxis Boyles erhoben Artefakte in die Posititon eines obersten „Dramaturgen, Schiedsrichters und Vermittlers" (Kapitel 4).

Die Auslagerung einer sozialen Rolle in Artefakte, die allerdings schon zuvor in Uhr und Weltmodell angelegt war, wurde damit zum meist präferierten Konsenserzeugungsverfahren. Descartes' gleichzeitiger theoretischer Rekurs auf die banalsten Erfahrungen menschlicher Existenz, Raum und Zeit (Bewegung), leistete im sprachlich-theoretischen Bereich

Vergleichbares. Diese konsenserzeugenden Möglichkeiten wurden in Kapitel 3 herausgearbeitet.

Kapitel 5 widmet sich der Lehre und damit der Sozialisation. Gleich anfangs kann nicht übersehen werden, daß die moderne Form der Sozialisation in Schulen darauf angelegt ist zu entsozialisieren, genauer: zu entgemeinschaften. Damit wird in den Kindern absichtsvoll jene Erfahrung geschaffen, die historisch zur Entstehung beweisender Wissenschaften geführt hat, Subjektivierung und Individualisierung. Den Schülern wird somit zunächst klar, daß ihre aus ihrer Primärsozialisation kommende Ur-Ordnung nicht Allgemeingültigkeit beanspruchen kann. Sie müssen lernen, eigene Empfindungen zu hinterfragen, Annahmen und Aussagen auch aus der Position eines anderen zu betrachten. Entfremdung wird zum Programm. Würde es allein dabei bleiben, wäre Schule allerdings keine soziale, sondern eine asoziale Institution. Denn zunächst sind nur die Bedingungen geschaffen, die, historisch betrachtet, beweisenden Wissenschaften eine soziale Aufgabe zugewiesen haben. Nun gilt es beweisende Wissenschaft zu nutzen, sie zur Basis jeglichen Konsenses zu machen.

Unter Berufung auf Wissenschaft wird eine neue Ordnung etabliert. Kapitel 5 zeigt, daß es eine Ordnung ist und sein muß, die der sozialen Ordnung einer bestimmten Organisation entspricht, auf die Kinder vorbereitet werden, denn mehr als eine Ordnung erzeugt Unordnung. Jede Ordnung ist ausschließend, denn

> „Eine neue Form der Ordnung, . . . bricht sich Bahn, wenn der Verdacht aufkommt, die so unverbrüchlich und allumfassend scheinende Ordnung sei nur eine unter möglichen anderen." (Waldenfels, 1990, S. 18)

Somit haben Organisationen darauf zu achten, ihre jeweils spezifische Ordnung als einzige gültige erscheinen zu lassen. Mehrere „Ordnungen" können zwar nebeneinander bestehen, doch ist dann darauf Bedacht zu nehmen, daß die jeweils eigene Ordung als einzig richtige erscheint.

Die Topologie dieser Ordnungen wurde in Kapitel 7 dargelegt, ihre Reflexionen in den Wissenschaften finden sich hingegen im Kapitel 5. Um präferierte soziale Ordnungen zu erreichen, stehen entsprechende Sozialisationsverfahren zur Verfügung. Diesen gemäß muß auch die kognitive Ordnung beweisender Wissenschaft angelegt werden. Es gibt Verfahren der monologischen Überprüfung und des kontraktuellen Konsenses, ihm entspricht empirische Wissenschaft und der kurzlebige Markt. Wir haben weiters solche der Disziplinierung kennengelernt und der regelgeleiteten, formalen Wissenschaft, die Hierarchien entsprechen. Weiters wurden solche der Konsenserzeugung durch Dialog und der Vergemeinschaftung in Clans vorgestellt. Unterschiedliche Vorstellungen vom sozialen Leben nötigen zu den entsprechenden Vorstellungen in anderen Belangen. So entstehen unterschiedliche Formen von Wissenschaft, Beweisverfahren und Theorien[2]. Individualisierte Gesellschaften

---

[2] „There are . . . no criteria for saying which representation of reality is the best. Representations get chosen by social pressures." (Hacking, 1983, S. 144)

sind soziale Produkte – sie entstehen nicht unbewußt oder quasi naturwüchsig aus der simplen animalischen Reproduktion. Sie werden erzeugt (Bauer/Matis, 1988), und zwar dadurch, daß ihre jeweiligen Mitglieder so geprägt werden, daß sie den organisatorischen Anforderungen und Ordnungsverfahren bestmöglich entsprechen.

Die Organisation von Kooperation braucht ferner in allen ihren Formen Kontrolle, wobei Kontrolle gleichzeitig auch Bestandteil der Kooperationsformen ist. Demnach finden sich auch unterschiedliche Kontrollweisen, Selbstkontrolle, Kontrolle von oben durch Kontrolleure, gegenseitige Kontrolle im heterarchischen Clan.

Kapitel 6 zeigt ferner, daß Hand in Hand mit der Entstehung beweisender Wissenschaften und der vorausgehenden Individualisierung technische Innovationsschübe auftreten. Dabei entwickeln sich gleichzeitig eigenständige Formen technischer Wissenschaften. Diese jeweils neuen Technologien in der Antike, im Mittelalter und in der Neuzeit bewirken zweierlei: Sie gestatten es, auf komplexe und umgreifende Sozialisation in Clans weitgehend zu verzichten, bzw. Sozialisation über Disziplin auf ein notwendiges Minimum zu reduzieren. Technologien bieten Sozialersatz, u.zw. auch im Bereich politischer Macht.

Gleichzeitig verlangen sie, oder ermöglichen sie, neue Kooperationsweisen, wie sie Märkte und Hierarchien anbieten. Soziale Institutionen werden durch sie ersetzt und komplementiert. Doch gerade weil die Bedingungen sozialer Kooperation nach wie vor weiter bestehen, weil nicht einmal heute die „automatische Fabrik" so richtig funktionieren will, bleiben die paradigmatischen vier Kooperationsformen unter Menschen bedeutungsvoll. Diesen müssen sich die Geräte einfügen, sie müssen den selben Bedeutungscodes und Zuweisungsmechanismen entsprechen, die Kooperation ermöglichen. Auch sie müssen sich der einmal gewährten und präferierten Ordnung fügen, sie werden aber gleichzeitig zum harten Kern, dem Gerüst solcher Ordnung.

Der Externalisierung von Vorstellung und von Kontrollierbarkeit im Regelapparat folgt so zwangsläufig jene der Organisation der Kooperationen. Technik wird zur materialisierten Ordnung, zur Ordnung der Dinge und zur Ordnung des Diskurses. Lassen sich schlecht oder anders Sozialisierte über Dinge organisieren und zu kooperativen Einheiten verbinden, erübrigt sich Sozialisation zunehmend. Technisierung der Lehre läßt sich auch als derartige Intention begreifen. Es entsteht so in der Folge ein sozio-technisches Gebilde.

Wenn dem so wäre, läßt sich fragen, wozu werden dann unterschiedliche Organisationsformen technisiert? Vorausgeschickt sei, daß die Zeit noch nicht für durchgehende Technisierung reif ist. Doch selbst, wenn eine solche bereits möglich wäre, bliebe der Bedarf an unterschiedlichen Kooperationsformen erhalten, weil diese unterschiedlich leistungsfähig sind. Nicht alle Aufgaben sind auf dieselbe Weise zu lösen (Kapitel 7).

Und weil das so ist, sind diese unterschiedlichen Muster aufeinander angewiesen, sind sie symbiotisch verschränkt.

Damit eröffnet sich eine Aporie. Wie soll es möglich sein, daß sich gegenseitig ausschließende soziale Entitäten aufeinander angewiesen und kooperationsfähig sind?

Der Beantwortung dieser Frage widmet sich der letzte Teil dieses Kapitels.

In der Einleitung wurde davon ausgegangen, daß eine prinzipielle Wahlfreiheit zwischen technischen und sozialen Innovationen besteht. Der Unterricht in Schulen kann im Prinzip über soziale Innovationen erfolgreicher gemacht werden, oder es kann das gleiche Ziel über Einführung von I- und K-Technologien angestrebt werden. Analoges gilt für Spitäler, Altersheime oder Orchester. In den sozio-technischen Gebilden, von denen gerade die Rede war, werden beide verbunden. Ist es weiterhin sinnvoll, diese Unterscheidung zwischen einzelnen Arten von Innovation aufrecht zu erhalten?

Oder gibt es Bezüge, die nicht offensichtlich mit dem hier entwikkelten Ansatz in Übereinstimmung stehen, sich aber integrieren lassen? Zu solchen bislang abseitsstehenden Fragen zählen Ansätze, die von geschlechtsspezifischer Wissenschaft und Technik sprechen, sowie über Zusammenhänge zwischen Demokratie und Technologie, bzw. dieser und autoritären Strukturen reden. Mumford (1964) hat ja z. B. zwischen autoritärer und demokratischer Technik unterschieden[3].

9.1 Soziogenese und Technogenese

Menschen sind auch in und nach Katastrophen befähigt, Mängel zu meistern, zerstörte Kooperationen auf neue Beine zu stellen, zu ersetzen oder zu reparieren. Zwei Alternativen bieten sich dabei an: technische und soziale Innovationen. Dabei können soziale ohne technische Innovationen auskommen, umgekehrt funktioniert es hingegen nicht. Auch deshalb ist das Gerede vom einsamen Homo abzulehnen. Doch der Heroenkult des einsamen, erfolgreichen Fremden, des Self-made-man, kann als Leitbild einer spezifischen Sozialisation betrachtet werden und dominiert die Mehrzahl alltäglicher Erzählungen. So wird es nicht erstaunen, wenn besonders junge Männer nicht soziale, sondern technische Problemlösungsmuster bevorzugen. Die männliche Faszination an der Technik ist Ergebnis und Teil einer ausgeprägten individualistischen, egozentrischen Sozialisation. War der Privatmann in der Antike als Negation des politischen Menschen, des Zoon politikon, noch Idiot, so ist dieser heute zum Idol geworden. Es bestimmt sich das Ergebnis der Wahl zwischen sozialer und technischer Problemlösung aus dieser Sozialisation, und es kommt daher, daß soziale Funktionszusammenhänge trivialisiert werden und leicht substituierbar scheinen.

---

[3] Wir sehen die Situation schon deshalb anders als er, weil wir zwischen verschiedenen Formen egalitärer Organisationen unterscheiden, was Mumford nicht tut.

9.1.1 *Männliche Wissenschaft?*

Betrachtet man diese Situation genauer, so ergibt sich eine These der Frauenbewegung: „Männer werden nicht geboren, sondern gemacht", diese ist so richtig wie ihre Umkehrung. Auch Frauen werden gemacht, doch nicht beide nach dem Ebenbilde Gottes, des großen Machers jüdisch-christlichen Ursprungs. Es ist mehr als verlockend, einen Aufsatz von Lynn White Jr. (1967) aufzugreifen, in dem er nicht nur den Anthropozentrismus des Christentums, sondern den darüber hinausgehenden Auftrag Gottes, die Natur auszubeuten und sich die Erde untertan zu machen, als Ursprung des charakteristisch okzidentalen Verständnisses von Wissenschaft und Technik darstellt.

Weiters zeigt J. Goody (1983) die Bedeutung dieser selben Religion als Quelle des europäischen Individualismus auf. Bereits in den frühesten Jahrhunderten des Bestehens des Christentums weist er die wiederkehrende Grundeinstellung der Theologen nach, Bekehrte zum Verlassen ihrer Familien zu bewegen. Christentum zerstört Großfamilie und Clan. Die damit einhergehende Individualisierung ist wie das Christentum männlich dominiert und uns im Kontext von Mönchstum und Klöstern in dieser Arbeit bereits früh begegnet.

Es scheint in diesem Konnex angebracht, sich auch jenes Zeitpunktes zu entsinnen, an dem der „Schöpfer der Welt" dem Mann Adam den Auftrag gab, sich diese arbeitend zu unterwerfen. Dies geschah bekanntlich bei der Ausweisung aus dem mütterlichen, bzw. väterlichen Schoß des Paradieses. In diesem mythischen ersten Entfremdungsprozeß wird dem Vereinsamten der Auftrag zur Arbeit und zur Unterwerfung der Natur mit auf den Weg gegeben. Die symbiotische Beziehung zwischen dem Ding und dem Fremden und Ausgewiesenen ist offensichtlich älter als jede Soziologie der Technik und älter als Archilochos.

Entfremdungsprozesse ähnlicher Art haben wir inzwischen zur Genüge in der Geschichte kennengelernt (Kapitel 6). Auch M. Weber (1922) weist auf archaische Stadien der Individualisierung und einer damit einhergehenden Vergesellschaftung im Zusammenhang mit „Männerbünden" und „Männerhäusern" hin. Er vergleicht diese ausdrücklich mit klösterlichen Verfahren der Vergesellschaftung, auch wenn sich beide in ihren sozial festgelegten Intentionen grundlegend unterscheiden. Auf Raub und Plünderung ausgerichtete Kriegergesellschaften sind eine Form der Auslagerung von Männern, die nicht nur Disziplinierung nötig machte, sondern auch kein Analogon für Frauen finden zu lassen scheint. Stimmt die Vermutung, so mag darin die kulturelle Wurzel „männlicher Wissenschaft und Technik" liegen, weil antizipierbare Ausweisung „aus dem Paradies" nahelegt, die Substitution sozialer Beziehungen durch Unterwerfung der Natur so früh als möglich zu erlernen[4].

---

[4] Um die These von der „Entgemeinschaftung" als Quelle der Naturbeherrschung nicht allzu sexistisch geraten zu lassen, sei wenigstens noch eine Überlegung nachgereicht. Möglicherweise werden zwar Frauen und Mädchen in keiner Sozietät, außer vielleicht

Wenn folglich Evelyn Fox-Keller (1985) auf die Geschlechtsspezifität neuzeitlicher Wissenschaft hinweist, ist ihr, allein aufgrund der empirischen Sachlage, zuzustimmen. Wissen als Macht und Macht als Herrschaft mit und über Dinge hat bereits Bacon so beschrieben. Nach Fox-Keller – und auch hier wird kaum jemand widersprechen – beruht diese Macht in einem spezifischen Verhältnis, das auf Distanz und Trennung zwischen Subjekt und Objekt beruht. Diese Distanzierung und die damit verbundene Weigerung, Trennung aufzuheben, sei charakteristisch männlich und ist Nachvollzug eigener Erfahrungen. Unter Berufung auf Anne Roe meint Fox-Keller, daß männliche Wissenschafter als Kinder überwiegend Einzelgänger waren, folglich nur geringe Fähigkeiten und Interessen für zwischenmenschliche Kontakte entwickeln konnten. Daraus entsteht Angst und ein Gefühl der Ohnmacht als Ergebnis eines ständigen Auf-sich-selbst-verwiesen-Seins, das Fox-Keller psychoanalytisch als Angst vor Impotenz interpretiert. Versteht man diese Impotenz nicht sexuell verengt, sondern als Überlebensangst jemandes, der wenig Unterstützung erwarten darf, nähern sich die Positionen an. Vereinzelung als Entfremdung von sozialen Bezügen erzeugt Verlangen und Bedarf nach Wissenschaft und Technik. Es läßt sich also unter der Bedingung, daß Knaben häufiger und nachhaltiger Entfremdung erfahren, der These zustimmen, daß Technik und Wissenschaft männlich dominiert sind.

Die Erfahrung von Wissenschaftern, die Einzelkinder waren, läßt sich verallgemeinern, wie bereits in Kapitel 5 gesehen wurde. Doch E. Durkheim (1902/03) hat den Gesamtbezug in seinen Vorlesungen über Erziehung, Moral und Gesellschaft auf den Punkt gebracht, indem er Kinder, die nur in einem einzigen Milieu erzogen werden, als „Ding der Familie" (S. 187) bezeichnet. Ein solches Kind „klatscht alle Eigenheiten der Familie ab" und nimmt „die Züge und Schrullen der Familienphysiognomie" an. Erst Schule befreit von so enger Abhängigkeit und diszipliniert in einem Prozeß „vorübergehender Entfremdung der Persönlichkeit" (S. 176).

In diesem Prozeß der Entfremdung mausert sich das männliche Ding der Familie, um die Fähigkeit zu erlangen, in einer Familie von Dingen zu leben, zu überleben, wobei es dann auch sozialen Beziehungen einen Charakter unterlegt, der dinglich ist, wo kein Subjekt ohne Objekt mit einem anderen Subjekt interagiert. Solche Beziehungssysteme können zwar auch als „Tauschgesellschaften" verstanden werden, doch wie wir gesehen haben, ist Tausch nicht allein repräsentativ für Beziehungsmuster, die ver-ding-licht wurden. Die Instrumente der Wissenschaft er-

---

der unseren, absichtlich entfremdet, doch ist auch deren, wenn auch unbeabsichtigte, Entgemeinschaftung unleugbarer Bestandteil der Geschichte. Ohne nun diese Schicksale nachzeichnen zu wollen – die meisten sind unbekannt und trotzdem ähnlich –, sei auf eine kleine Gruppe hingewiesen, die ins öffentliche Bewußtsein eingedrungen ist: wissende Frauen. Diese, wenn auch als Hexen oftmals verfolgt, beschritten gleichfalls den Weg der Allianz mit der Natur als Ausgeschlossene, so wie Männer.

möglichen es, etwa vergleichbar verdinglichte Beziehungsmuster entstehen zu lassen.

9.1.2 Gesellschaft der Widersprüche

Nun mögen männliche Wissenschafter als Einzelkinder eine Überportion an Vereinzelung und Verunsicherung erfahren haben und so ihre Liebe zu den Dingen, bzw. Instrumenten, erworben haben. Die Überzeugungskraft ihrer Ergebnisse begründet sich hingegen in einer ähnlichen Disposition bei den Adressaten ihrer Veröffentlichungen, die gleichfalls überwiegend Männer sind. Diese können allerdings schwerlich alle Einzelkinder gewesen sein. Sie sind jedoch mit Gewißheit Produkte jenes umfassenden Programms, das Schulen bereitstellen. Diese Programme mit ihrer Entschlossenheit, Wissenschaft als kognitiven Konsensmodus zu akzeptieren, fallen zusammen mit – wie u. a. L. White (op. cit.) beobachtet – einer neuen und umfassenden, demokratischen Kultur.

Demokratie ist aber exakt jene Form politischer Konsenserzeugung, die nur in hochindividualisierten und egalitären Gesellschaften, d. h. Märkten nötig, möglich und denkbar ist. Wissenschaft und Demokratie entspringen derselben Wurzel, nämlich dem Konsensbedürfnis entfremdeter Individuen. Beide sind Resultate sozialer Innovationen der Konsensherstellung unter individualistischen Voraussetzungen. Demokratie und Technik gehören so indirekt zusammen. Demokratische Staaten sind vorzugsweise technophil. Das kann umgekehrt Clans, die auch egalitär sind, nicht nachgesagt werden[5]. Es scheint sich daher auch in diesem Zusammenhang etwas aufzutun, was vor allem die Ökonomie als „magische Vielecke" kennt.

Dort gibt es schon seit langem die Einsicht, daß zwischen wirtschaftspolitischen Zielsetzungen Unverträglichkeiten bestehen. Ein Beispiel dafür wäre die Unmöglichkeit, Vollbeschäftigung, Geldwertstabilität und eine ausgeglichene Zahlungsbilanz gleichzeitig zu haben. Die neuzeitliche Gesellschaft ist demnach geprägt von Widersprüchen (Nowotny/Schmutzer, 1974), die in der Realität meist dadurch bewältigt werden, daß man einmal mehr, einmal weniger von bestimmtem Vorstellungen abrückt, um sich nicht zu weit von den an sich inkompatiblen Zielen zu entfernen.

Man kann auch heute noch behaupten, daß sich die Sozialwissenschaften schlechthin wenig mit diesen Problemen auseinandersetzen, und folglich weder die Inkompatibilitäten verstanden (oft nicht

---

[5] In Kapitel 7 wurde in verschiedenen Fußnoten Japan als Beispiel für Clanstrukturen herangezogen. Doch gerade dieses Land erscheint vielen als Musterbeispiel für „Technophilie" und Fortschritt. Diese Sicht ist aber äußerst korrekturbedürftig. Große Teile der Bevölkerung Japans stehen technischen Entwicklungen eher skeptisch gegenüber. Dazu: Jaufmann, Kistler (1991).

einmal bemerkt) werden, noch begriffen wird, wie diese widersprüchliche und komplexe Gesellschaft trotzdem Bestand hat. Eine Antwort darauf findet sich im abschließenden Teil dieses Kapitels und dieser Arbeit.

Im Augenblick soll festgehalten bleiben, daß Demokratie als Mechanismus politischer Konsensfindung in individualisierten Gesellschaften und Technisierung zusammengehören, demnach hoch kompatibel sind. Man kann folglich nicht das eine wollen und gleichzeitig das andere ablehnen.

Schon in hierarchischen Strukturen ist diese Kompatibilität nicht mehr in derselben Weise gewährleistet. Im Zusammenhang mit unseren vorigen Überlegungen und Beispielen sind wir bereits auf entsprechende Konstellationen gestoßen, wie das augenfällige Nachlassen technischer Innovationsfreudigkeit nach dem Verlustiggehen der Demokratie im römischen Imperium.

Ein ähnliches Zusammentreffen zwischen geringer technischer Innovationsfreudigkeit und bürokratischen, hierarchischen Strukturen hat Bogdan (1990) für die ehemaligen sozialistischen Länder gezeigt und unlängst Hughes (1989) für amerikanische Konzerne. Hughes verallgemeinert sogar diese Entwicklungstendenz und vertritt die Auffassung, daß die Abnahme technischer Innovationsfreudigkeit für die Vereinigten Staaten umfassender festzustellen sei. Das bedeutet dann auch das Ende des amerikanischen Traums. Beninger (1984) verweist seinerseits auf eine dort bestehende Tendenz, „Kontrollprobleme" technizistisch anzugehen und zu lösen[6].

Diese Zurückhaltung gegenüber technischen Innovationen in und durch Hierarchien hat Hamberg (1963) in einer klassischen Arbeit sogar in Forschungslabors bestätigt gefunden. Große industrielle Labors sind, man kann nun schon „zwangsläufig" sagen, bürokratisch und somit hierarchisch organisiert. Ihre Erfolge liegen, nach Hamberg, in der Verbesserung, d. h. im D von R&D, bereits existenter Produkte, sowie in deren Differenzierung. Solche Labors tragen demnach wenig zur Entwicklung radikal neuer Technologien bei. Hamberg erklärt diesen Sachverhalt damit, daß das Interesse der Entscheidungsträger gar nicht mehr in technischer Innovation, sondern überwiegend nur mehr in der Erhaltung vorhandener Strukturen und Märkte liegt und in deren Legitimation. Es etablieren sich Forschungsaristokratien, die zwar an Wissenschaft theoretischer Art, aber nicht mehr an technischen Innovationen interessiert sind, denn „science was traditionally aristocratic, speculative, intellectual in intent; technology was lower-class, empirical, action-oriented." (White, 1967, S. 1204)

---

6 Daß diese weitläufig eingesetzten Technologien der Kontrolle genau den umgekehrten Effekt haben wie die, die zum Bestand von Demokratien beitragen, zeigen verschiedene Autoren. Ich verweise beispielhaft auf Bella (1990), McDermott (1977) u. a. Letzterer macht auch auf die ideologische Bedeutung von Technologie für Intellektuelle (Vertreter unserer Nullmatrix) aufmerksam.

Zu ergänzen wäre diese Aussage damit, daß es sich bei dieser Unterschicht um eine individualisierte Unterschicht handelt, nicht um in Hierarchien Integrierte, sondern um Ausgelagerte.

Dieser Befund stimmt nun auffallend mit den sozialen Bedingungen überein, unter denen technische Innovationen entstehen. Auch dazu hat Hughes Wesentliches zu sagen, und seine historischen Befunde finden sich in Übereinstimmung mit jenen von Hamberg.

Hughes (1987) macht darauf aufmerksam, daß radikal neue Erfindungen überwiegend von Personen kommen, die „psychologically" über eine „. . . outsider's mentality" verfügen (ibid., S. 59)[7].

Solche Charaktere suchen die Faszination und Befriedigung, die aus großen, technologischen Veränderungen resultieren. Sie sind Einzelgänger, unangepaßt und rebellisch, mit einem Wort: „intellektuelle Ikonoklasten" (Hamberg, 1963, S. 111).

Sie sind allerdings, so wie Edison, Sperry oder Thompson, gleichzeitig Meister sozialer Innovationen, wenn diese nötig sind. Diese sind allerdings auf die wenig verpflichtenden Verhältnisse des Marktes beschränkt.

So wie Markt und Demokratie, haben auch Hierarchien und Nullmatrix ein spezifisches, ihnen allein eigenes Verhältnis zur Technisierung. Es kann und wird nicht weiter überraschen, daß das gleiche auch für Clans gilt. Im Alltagsjargon, auf den wir bei diesen abschließenden Überlegungen absichtlich Bezug nehmen, werden Clanstrukturen meistens mit Vorstellungen verbunden, wie sie von der Alternativbewegung artikuliert werden. Es ist heute gängig, zwischen „harten" und „weichen" Technologien zu unterscheiden. Diese Unterscheidung charakterisiert zwei gesellschaftliche Projekte – als welche Rammert (1982) Technologien bezeichnet –, die inkompatibel erscheinen. Wiesenthal (1982) hat diese Projekte und die damit verquickten Kulturen in einem lesenswerten Aufsatz charakterisiert. Die Anhängerschaft der „weichen" Technik sucht zugleich eine Lebensform, die mit dörflichem Leben der traditionellen Art verbunden ist, Rücksichtnahme auf Natur und Mitmenschen fordert und folglich auch egalitäres Zusammenleben favorisiert.

Im Gegensatz dazu sind die Befürworter „harter" Technologien typische Vertreter individualisierter Gesellschaften. Sie lieben die Großstadt und bauen auf Spezialistentum. Sie betrachten Menschen und Natur vornehmlich instrumentell vom Standpunkt der Nützlichkeit und als

---

[7] Es ist faszinierend zu sehen wie C. Campbell (1987) zeigt, daß genau diese „outsider – mentality" charakterisitisch für die Romantik ist. Romantiker werden dadurch genötigt in Tagträumereien zu verfallen und auch dazu kreativ zu sein – ein „pleasurable environment" zu konstruieren. Er spricht dabei allerdings überwiegend von Künstlern.
Gleichzeitig zeigt Campbell aber, daß die puritanische, rationalistisch-kapitalistische Gesinnung (unter Bezug auf M. Weber) und die romantische interdependent sind. Sie sind Ergebnis eines hochentwickelten Individualismus und bedingen einander. Es ist mehr als naheliegend, diese „purito-romantische" Persönlichkeit – vielleicht am ausgeprägtesten – in den konstruktiven Tätigkeiten der Ingenieure wieder zu erkennen.

Ressourcen. Sie leben vornehmlich in Kleinfamilien, wenn nicht überhaupt einzeln. Dazu benötigen sie auch Technologien, die ihnen erst diese Unabhängigkeit erlauben.

Clans repräsentieren in jeder Hinsicht das Gegenteil von Gesellschaften. Sehr oft werden sie aufgrund dieser prinzipiellen Andersartigkeit gar nicht wahrgenommen, oder fälschlich nur in das jeweils andere, das nicht eigene Kästchen der Gesellschaft gesteckt. Deshalb werden sie einmal als autoritär, ein andermal als demokratisch eingestuft. Tatsächlich sind sie weder das eine noch das andere. Sie sind nicht weltoffen, sondern eher xenophob. Sie sind egalitär, aber ihre Egalität ist jene der „Gleichheit der Ungleichartigkeit" (Brunner, 1968), das heißt, sie vertreten die Gleichwertigkeit unterschiedlicher Gruppen. Gruppen sind es deshalb, weil sie nicht-individualistisch sind, weil ihnen Gruppen als kleinstmögliche soziale Einheit erscheinen. „Weiche Technologien" sind folglich sehr wohl mit Egalität vereinbar, aber deshalb sind sie noch nicht demokratisch. Sie sind nämlich nicht individualisiert und wenig „userfriendly".

Schon in einem früheren Kapitel wurde auf die symbiotische Angewiesenheit dieser einzelnen Organisationsformen aufmerksam gemacht. Markt und Bürokratie benötigen einander, Nullmatrix und Clan gleichfalls. Wie soll es möglich sein, die Gegensätze zwischen Gemeinschaft und Gesellschaft auszugleichen? Diese Gegensätze sind nämlich noch viel weitergehend als Wiesenthal u. a. meinen. Im vorausgehenden wurde in verschiedenen Zusammenhängen auf diese Unterschiede verwiesen. Sie sollen hier nochmals kompakt zusammengestellt werden. Bedienen sich etwa die einen der Sprache als Technik und der Technik als Sprache, so bedienen sich die anderen mit Vorliebe einer Technik des Schweigens. Zählen die einen auf die Kunst des richtigen Ausdrückens, so die anderen auf die des Einprägens und somit Sozialisierens. Verzichten die einen nach Möglichkeit auf Kooperation und Konsens, so suchen ihn die anderen in einem Ausmaß, das bis zur Einstimmigkeit reicht. Verwirklichen die einen, wenn sich Kooperation und Konsens nicht umgehen läßt, diesen über Kontrakt und variable Koalitionen, so lehnen die anderen beides ab. Suchen die einen technische Lösungen, die wir in der Einleitung schon als technische oder soziale Lösungsmuster bezeichnet haben, so die anderen politische und Soziale. Schon dort stellten wir die Frage nach den Bedingungen, unter denen die einen oder anderen Ansätze präferiert werden. Inzwischen kennen wir die Spezifika der Lebensformen, die solche Präferenzen entstehen lassen. Wir kennen ihre Stärken und ihre Schwächen und aufgrund dieser die Notwendigkeit ihrer Koexistenz. Doch wie soll diese möglich sein bei derart starken Kontrasten? Wie können sich derart unterschiedliche Kulturen gegen- und nebeneinander behaupten, ja möglicherweise sogar kooperieren? Um sich zu behaupten, werden Legitimationen nach innen und außen entwickelt, sofern es überhaupt ein Innen gibt.

Uns interessieren diese Strategien noch, weil sie auch den Einsatz dieser unterschiedlichen Technologien rechtfertigen.

9.2 Zur Legitimation präferierter Lösungsansätze

Wir verstehen das Auftreten von Wissenschaften als soziale Innovation, die notwendig wird, wenn ein „ramponiertes" Interaktionsgefüge zu erneuern ist und soziale Defizite auszugleichen sind. Aus sozialen Mängeln resultierende Probleme lassen sich durch technische, oder alternativ, soziale Innovationen lösen. Allerdings müssen diese Probleme zuerst zu „technischen" oder „sozialen" gemacht, bzw. zu solchen erklärt werden. Zu welchen sie erklärt werden, hängt von kulturellen Vorgaben ab, d. h. von präferierten Interaktionsmustern, Lebensstilen und dazugehörigen Persönlichkeitstypen. Da alle Definitionen aber immer nur eine mögliche Lösung unter anderen möglichen Lösungen darstellen, brauchen technische wie soziale Innovationen Legitimation.

Gewöhnlich legitimiert Erfolg. Erfolg kann aber erst im nachhinein, also nach Akzeptanz bestimmter Lösungsmuster vorgewiesen werden. Für die Durchführung bestimmter Lösungsansätze sind daher, wenn sie innovativ sind, andere Legitimationsstrategien notwendig, besonders, wenn zum Erfolg Kooperation Voraussetzung ist. Soziale Lösung von Problemen ist in Marktstrukturen wenig erfolgsträchtig, weil Kooperationsprobleme meist rascher akkumulieren als sich überhaupt Erfolg einstellen kann. Ergebnis dieser Anhäufung von Problemen ist ein baldiger Zerfall der Organisation. Unter derartigen Bedingungen sind folglich rasch wirkende, soziale, aber besonders technische Problemlösungen gefragt. Ein sehr aktuelles, illustratives Beispiel wäre der „Golfkrieg", mit seinem extrem technizistischen „Blitzkrieg"-Charakter. Seine Strategie erklärt sich aus der schnell schwindenden Solidarität in hochindividualisierten Gesellschaften, wie sie während des Vietnamkriegs ausschlaggebend war, und der geringen Bereitschaft der amerikanischen Gesellschaft für kooperative Lösungen.

Marktmäßige Kooperation braucht, wenn sie Leitmodell sozialer Innovation ist, intern nur wenig Legitimation, da sie kurzlebig ist. Allerdings können Forderungen nach Handlungsrechtfertigung von außen (z. B. Clans) meistens trotzdem erhoben werden. Im Prinzip können demnach zumindest einige Vertreter marktorientierter Organisationen legitimationsbedürftig werden. Da der soziale Agent als solcher meist nicht mehr existiert, werden Schuldzuweisungen zwangsläufig individualisiert. Deren Sinnhaftigkeit kann berechtigt in Frage gestellt werden. Die Forderung nach Legitimation ist aber auch weniger um Schuldzuweisung bemüht, sondern ihrerseits Ergebnis eines anderen, nachgerichteten Legitimationsbedürfnisses, das im Zusammenhang mit Clanlegitimation besprochen wird.

Für die Nullmatrix gilt ähnliches wie für den Markt. Da sie keinen Interaktionszusammenhang ergibt, braucht auch sie keine besondere Legitimation. Ihre Existenz widerspricht der Vorstellung, daß Menschen einander brauchen. Wird solche Vereinzelung absichtsvoll z. B. in Schulen oder durch Arbeitsentlassungen geschaffen, begünstigt oder gebilligt, benötigen aber zumindest die Propagenten dieser Strategie Legitimation.

Diese wird einerseits über Argumentationsfiguren geliefert, bei denen Selbstverwirklichung, „Einsamkeit und Freiheit", etc., zu zentralen Anliegen der Menschen erklärt werden. Andererseits legitimieren sie Vereinsamung über die Befriedigung von dort besonders ausgeprägen hedonistischen Konsumbedürfnissen. Dieses Zusammenspiel von romantischer Selbstverwirklichung und dem „Geist des Konsums" hat Campbell (1987) ausführlich dargestellt.

Weder Markt noch Nullmatrix zeigen einen inneren Legitimationsbedarf. Die beiden anderen Typen sind jedoch darauf angewiesen. Bei ihnen wird Legitimation nach innen und außen wesentlicher Bestandteil für den Erfolg sozialer Innovation, wie auch für ihr Weiterbestehen. Da Clans heterarchisch und somit egalitär organisiert sind und auf langfristige Gewöhnung setzen, wird ihre innere Struktur nicht leicht in Frage gestellt. Wo alle aufeinander angewiesen sind, kann aber schon das Ausscheren eines einzelnen beträchtliche soziale Risse zur Folge haben. Starke Legitimation und Sicherung benötigen demnach die Grenzen, die nicht durchbrochen werden sollen. Ihre Respektierung beruht vorwiegend auf Angst. Diese wird sowohl durch die Pflege von Unkenntnis des „Außen" als auch durch dessen zusätzliche Diffamierung gestützt. Deshalb entstehen (meist unerfüllte) Forderungen nach der Legitimation anderer Organisationstypen, die so diskreditiert werden sollen. Für die innere Konsolidierung von Clans ist selbst Nichtbeachtung ihrer Forderungen ein brauchbares Instrument zu ihrer eigenen Legitimation.

Betrachten Außenstehende Clans, so können diese u. U. gleichfalls Legitimationen für deren Exklusivität einfordern. Ihre Akzeptanz nach außen erzeugen Clans selten sprachlich, sondern meistens über ihre Produkte. Clans sind aufgrund ihrer ausgefeilten Sozialisation bestens geeignet, Leistungen zu erbringen, zu denen andere Organisationsformen aufgrund mangelhafterer Sozialisation kaum in der Lage sind. Kleine Forschungslabors sind dafür ein inzwischen mehrmals genanntes Beispiel; auch Teams zur Bekämpfung von Brand- und anderen Katastrophen, oder Orchester, insbesondere Jazzbands mit ihrer Improvisation[8], wären weitere solche Beispiele, wo „handwerkliche" Produktion höchster Qualität als Ergebnis sensibilisierter Kooperation vorliegt. Die Exklusivität von Clans findet darin eine legitimatorische Begründung.

Hierarchien haben den größten Legitimationsbedarf. Sie müssen nach innen die offensichtliche Ungleichheit begründen, sowie zusätzlich nach außen ihre vorhandene Abschottung, u.zw. für beide Seiten in akzeptabler Form. Hierarchische Argumentationsstrukturen sind vertraut. Sie brauchen folglich nur angedeutet zu werden. Der Ungleichheit wird mit dem Argument der Gleichheit vor der Regel, der Notwendigkeit von Spezialisierung und Disziplin, bzw. Karriere aufgrund persönlicher Lei-

---

[8] Schön (1982) verweist gleichfalls auf diese Leistungen im Jazz. Improvisation, wird hier als Ergebnis einer kollektiven Handlungsweise interpretiert, bei der ein Gefühl für eine voraussagbare Ordnung (a feeling for predictable order) ausschlaggebend für das Gelingen ist (S. 55).

stungen und Fähigkeiten begegnet. Alle diese Argumente werden wenn möglich als „naturnotwendig" dargestellt, worin einmal mehr die für Hierachien große legitimatorische Bedeutung der „Wissenschaften des Erkennens" augenfällig wird. Legitimation nach außen, d. h. gegenüber Markt und Nullmatrix, besteht, analog zum Clan, in der Bereitstellung von Produkten, zu deren Herstellung die anderen nicht fähig wären. Deren dominante Charakteristika sind Komplexität in der Produktion und die Größe des organisatorischen Aufwands, den weder Clan- noch Marktstrukturen hinlänglich lang zu bewältigen imstande wären.

Aus analogen Ansprüchen bestimmt sich auch die „Legitimation von Technologien", welche üblicherweise als „Sozialverträglichkeit von Technologien" bezeichnet wird. Auch Technologien sollten legitimatorischen Ansprüchen von außen und innen genügen, was im Fall der Nullmatrix nicht nur bedeutet, daß sie Träume und hedonistische Wünsche zufriedenstellen müssen. Sie müssen, um dort sozialverträglich zu sein, auch den Interessen der selbst nicht in der Nullmatrix vertretenen Proponenten, d. h. der Entscheidungsträger, die Schulen und Entlassungen veranlassen, gerecht werden. Interaktive Vernetzungen von Technologien werden deshalb nicht angeboten. Technologien, die für die Nullmatrix entwickelt werden, werden als „stand-alone" und „user-friendly" entworfen. Wo sie auf Netze angewiesen sind, wie bei der Energieversorgung, handelt es sich um unidirektionale Anschlüsse. Einspeisung in das Netz erfolgt nur von den Betrieben.

Nicht unähnliche Ansprüche werden an Technologien gestellt, die am Markt Sozialersatz leisten. Diese müssen zwar gleichfalls „user-friendly", doch zusätzlich vernetzbar sein. Solche Netze müssen kurzfristig errichtbar sein, wie bei Telefon und Eisenbahn. Sie müssen weiters so beschaffen sein, daß jederzeit jeder erreichbar ist, ihre virtuelle Präsenz ist zeitunabhängig.

Hierarchien stellen im Vergleich dazu geringe Ansprüche an „user-friendliness". Sie lehnen in Abhebung vom Markt umfassende Vernetzbarkeit ab; statt dessen präferieren sie zentralistische Lösungen[9]. Ihre Technologien sollten auf der Basis binärer Codes, also digital und nicht analog, codiert sein, sie müssen kontrollierbar und unidirektional gestaltbar sein. Sie können unflexibel und sollen dauerhaft sein, doch müssen sie sich nach hierarchischem Niveau differenzieren lassen, um keine Statusdifferenzen zu verwischen.

Clans stellen schließlich die geringsten technischen Ansprüche an Technologien. Bei ihnen müssen Technologien in ihre kleinen Zusammenhänge integrierbar sein. Sie können aber sehr komplex und der Umgang mit ihnen kann schwer zu erlernen sein. Wichtig für Clans ist die Art, wie Technologien eingeführt werden. Das soll behutsam und graduell

---

[9] Hughes (1983) zeigt in seiner historischen Studie der Entwicklung von elektrischen Netzwerken, daß diese im zentralistischen und bürokratischen Preußen gleichfalls zentralistisch organisiert waren, wogegen sich in England lange Zeit kleine, sehr komplexe Netzwerke fanden.

erfolgen. Technischer Wandel wird lieber in Generationen als in Jahren gedacht und praktiziert. Hierin unterscheiden sie sich nicht wesentlich von Hierarchien (Hughes, 1989), die auch eine allmählichere Einführung bevorzugen. Clans sind nur noch langsamer als diese.

Technische Lösungen werden, das sollte allerdings abschließend nicht vergessen werden, nicht immer bei Bedarf erfunden. Technologietransfer existiert, wobei zwei Typen unterschieden werden sollten: solcher, der über Betreiber oder Träger einer Technologie strategisch zustande kommt (Edquist/Edquist, 1978) und solcher, der durch allmähliche Diffusion entsteht, wie Hägerstrand (1968) sie im Detail studiert und dargelegt hat. In beiden Fällen können Technologien zu Kondensationskernen sozialer Innovationen geraten, weil der Einsatz neuer Geräte nicht selten die Fähigkeiten einzelner oder traditioneller Kooperative übersteigt[10].

9.2.1 *Sündenbocktechnologien*

Die Darstellung wäre unvollständig, wenn nicht abschließend auch auf Situationen hingewiesen würde, wo Technologien eine „Sündenbock-Rolle" zugewiesen wird. Eine solche Rolle wird häufig in der Auseinandersetzung zwischen gemeinschafts- und gesellschaftsorientierten Ansätzen aktuell. Demokratien mit Bürokratien und kurzlebigen Marktstrukturen sind individualistisch und technophil. Obwohl egalitär, sind sie weit von Solidarität entfernt, Sozialersatz ist ein wesentlicher Bestandteil ihrer Funktionsmatrix, was zwangsläufig zur systemimmanenten Auslagerung von Arbeitskräften führt.

Diese Auslagerung ist gleichzeitig beliebtester Kritikpunkt der gleichfalls egalitären Solidarstrukturen der Clans. Das diesbezügliche Verhalten von Marktstrukturen bietet Gemeinschaften reichliches Material zur Selbstlegitimation durch Kritik der anderen. Ihre Kritik ist allerdings nur wenig berechtigt, da Clans selbst kaum in der Lage sind Ausgelagerte zu integrieren, bzw. auf Auslagerung zu verzichten (siehe Kapitel 6). Ähnlich wie Märkte, sind sie zwar Verfechter der Gleichheit ihrer Mitglieder, doch ihre komplexen Sozialisationsmuster und ihr damit verbundener Chauvinismus erlaubt gleichfalls nicht, die sozialen Probleme von Ausgelagerten zu lösen. Die Eingliederung in ihre jeweiligen Gemeinschaften wäre langwierig und schwierig, was Clans folglich nicht befähigt, eine umfassende Sozialintegration zu leisten. In der Tendenz sind sie folglich eher xenophob.

Unter derartigen Bedingungen ist es naheliegend, die Technologien der Demokratien zu „Sündenböcken" zu erklären. Allerdings wird dabei

---

[10] Illustrative Beispiele für diese Fähigkeit von Geräten wären der Scharenpflug, der im 8. und 9. Jahrhundert in Mitteleuropa das Zusammenführen der Zugochsen mehrerer Höfe notwendig machte, oder Mähdrescher, welche heute den Kapitalbedarf einzelner Bauern weit übersteigen und so Anlaß für neue Kooperative sowie für Arbeitsspezialisierung werden.

übersehen, daß Demokratien ohne Technologien schwerlich überlebensfähig sind; sie sind auf Technologien angewiesen.

Umfassende Sozialintegration kann am ehesten über Hierarchien geleistet werden, allerdings um den Preis undemokratischer Disziplinierung. Solche erfolgt nicht selten über Technologien, was wiederum gemeinschaftsorientierten Geistern Gelegenheit zu kritischer Absetzung liefert.

Ein wesentlicher Teil heutiger Technikkritik resultiert aus dieser Kritik disziplinärer Strukturen. Aus marktmäßiger Sicht ist solche Kritik insofern verständlich, als jede Disziplinierung das Gleichheitsprinzip verletzt. Tatsache ist aber, daß egalitäre Alternativen selbst nicht über leicht einsatzfähige Integrationsmechanismen verfügen. Weder Markt noch Clan können, oder wollen, die Existenz von Ausgelagerten verändern, was ihre Forderung nach Auflösung zentralistischer Disziplinarstrukturen durchaus in ein schräges Licht bringen kann. Da jede Organisationsform sozialen Kooperierens spezifische Voraussetzungen erfüllt haben muß, findet sich keine, die als „Patentlösung" zu bevorzugen wäre. Ein weiterer bekannter Kritikpunkt sind Großtechnologien mit ihren bekannt hierarchischen Organisationsmustern. Auch in diesem Fall geht es um Selbstlegimitation der Kleinheit von Clans.

Ungeachtet dessen finden sich Technologien, die das Zusammenwirken aller in Frage stellen. Was zu solchen Technologien zählt, ist nicht immer einfach zu bestimmen. Perrow (1984) kommt bei seiner Analyse katastrophaler Unfälle zu dem Schluß, daß solche Katastrophen als Warnsignal zu verstehen sind. Die Warnungen betreffen eine weitverbreitete Selbstüberschätzung der Kontrollfähigkeit großer und komplexer Technologien.

Es wurden aber

> „. . . diese Signale nur allzuoft fehlgedeutet und uminterpretiert, so daß sie unsere vorgefaßten Meinungen bestätigen. Eine bessere Schulung des Personals allein löst das Problem so wenig wie der Einbau von technischen Spielereien oder Versprechungen, ein solcher Unfall werde bestimmt nicht mehr passieren. . . . Die Botschaft der in diesem Buch entschlüsselten Signale lautet, daß individuelle Motive, individuelle Fehler oder gar politische Ideologien nicht das eigentliche Problem darstellen. Die Signale kommen von technischen und wirtschaftlichen Systemen. Es sind Systeme, die von Eliten entwickelt wurden, und wir haben die Wahl, sie zu ändern oder ganz aufzugeben." (Perrow, 1984, S. 411)

Diese Signale werden wie gesagt häufig nicht wahrgenommen. Es ist deshalb der distanzierenden Kritik der Clans, die sie für ihre eigene Legitimation benötigt, eine bedeutende gesellschaftliche Aufgabe übertragen, die einmal mehr auf die symbiotischen Beziehungen zwischen den vier verschiedenen Lebensformen aufmerksam macht.

Resümieren wir, so sind Entfremdungsprozesse und Resozialisationsmaßnahmen jene Pfeiler, die technologischen Wandel tragen. Seine Abstimmung auf Soziomorphologien bestimmt die Akzeptanz, wobei nochmals betont werden soll, daß auch soziale Innovationen nicht mit unhinterfragter Akzeptanz rechnen können. Trotz offensichtlichen Aufeinander-angewiesen-Seins werden auch soziale Innovationen von den Vertretern anderer Organisationsformen mit unterschiedlicher Heftigkeit abgelehnt, weil sie stets die eigene Lebensform und Ordnung hinterfragen.

Manche Technologien, wie z. B. Computer, können sehr unterschiedlich gestaltet werden. Sie können folglich leichter eine umfassende Akzeptanz erreichen als jede mögliche soziale Innovation. Allerdings werden die Gestaltungsmöglichkeiten, die in Technologien schlummern, häufig auch nicht wahrgenommen. Das liegt u. a. an der in sozialer Hinsicht einseitigen Ausbildung von Technikern und Ingenieuren, die aufgrund ihrer eigenen Präferenzen zur Verabsolutierung einer bestimmten Form sozialer Interaktion und der dazugehörigen Technologien neigen. Gerade diesen müßte demnach eine weiterführende Sozialisation angeboten werden. Worin kann diese bestehen? Wieder verschieben wir die Antwort auf den Schluß dieses Kapitels und wenden uns ein letztes Mal der Universität zu.

Als zusammenfassende, abschließende Regel läßt sich sagen: Offene Systeme (Markt und Nullmatrix) neigen aufgrund ihrer schwachen Sozialisationsleistungen stark zu technischen Lösungsansätzen. Hierarchien, wie Armeen, die in eine vom Markt dominierte Gesellschaft eingebettet sind, werden dann entgegen ihren ursprünglichen Tendenzen zu technizistischen Lösungen genötigt. Das birgt für sie die Gefahr in sich, daß sie sich selbst „vermarkten". Technologien sind demnach ihren Bedürfnissen anzupassen. In ihrer sozialen Ausprägung nehmen sie dann expertokratische, technokratische Züge an.

9.3 Die Universität „revisited"

Unsere Auseinandersetzung mit der Universität diente anfänglich als nützliches Vehikel, um Wissenschaft und Technik von der Gloriole der „reinen Wahrheit" und des „zwanghaften Fortschrittes" befreit betrachten zu können[11]. Universität, Wissenschaft und Wahrheit stehen zwar zueinander in enger Beziehung und in gegenseitiger Abhängigkeit. Die soziale Bedeutung dieser Interdependenz ist aber nur zu begreifen, wenn das gesellschaftliche Umfeld mitgedacht wird und die geforderte ahistorische Unabhängigkeit teleologischer Wahrheitsfindung (wie sie in der Vorstellung des Fortschritts zum Ausdruck kommt) als Postulat zur Erfüllung gesellschaftlicher Aufgaben gedacht wird. Diese zugewiesene Aufgabe erfordert Unparteilichkeit.

Aus dem somit entwickelten Ansatz präsentieren sich Universität, Wissenschaft und Wahrheit zunächst als soziale Konstruktionen zum

---

[11] Unsere Vorgehensweise war demnach konträr zur üblichen. Wir analysieren zunächst die spezielle Institution und dann ihre Technisierung. Die meisten gängigen TA-Analysen beginnen mit der Technik.

Zweck sozialer Innovation, bzw. der Erhaltung der Funktionsfähigkeiten sozialer Lösungen. Wahrheit bedeutet Unwiderlegbarkeit. Diese wird von Wissenschaft und Universität erzeugt. Ohne Zweifel ist die Produktion von Unwiderlegbarkeit nicht die einzige Aufgabe der Universität, doch eine ihrer wichtigsten. Auf der Basis von Unwiderlegbarkeit läßt sich in Gesellschaften Konsens, und auf der Basis von Konsens Kooperation erzeugen. Unwiderlegbarkeit kann aber auf verschiedene Weise erzeugt werden. Welche Art bevorzugt wird, hängt wieder, wie gesehen wurde, vom gesellschaftlichen Umfeld ab.

Erzeugung von Konsens und Unwiderlegbarkeit ist ein alltägliches Erfordernis, u.zw. je nachdrücklicher desto individualisierter eine Gesellschaft ist. In nicht-individualisierten Gesellschaften existiert häufig Konsens durch Tradition und einen Mangel an Alternativen.

Dieser alltäglichen Aufgabe wäre die Alma Mater allein nicht gewachsen, doch deshalb ist sie Mutter. Ihre Kinder, die Alumni, haben diese alltägliche Arbeit nach den von der Alma Mater entwickelten Richtlinien und Normen in verschiedensten Umwelten zu leisten. Darin liegt der gesellschaftliche Zweck der Lehre. Die Universität selbst, als Mutter hingegen, „sitzt am Zaun“, als Torhüterin zum Chaos, das sie therapeutisch meistert und pädagogisch vermittelt. Ihre Meisterschaft spendet Kraft, dem sozialen Umfeld nicht weniger als jeweiligen Machthabern. Die Universität verwaltet keinen Fortschritt, sie organisiert aber den Wandel, das kognitive Chaos. Im universitären Alltag wird ein Teil dieser Fähigkeit manchmal als lästige „Gutachtertätigkeit“ verstanden, tatsächlich sind solche und analoge Tätigkeiten grundlegender als alles, was Zyklotrone oder biogenetische Forschung an Erkenntnissen hervorbringen können.

Pointiert formuliert ist Wahrheit kein „Wert an sich“, so wenig wie Erkenntnis und Wissenschaft Vehikel für Fortschritt technischer oder anderer Art sind. Beide stellen Verfahren dar, um im perpetuierten Wandel und in der unausgesetzten Konfrontation mit Chaos zu bestehen, Ordnungen und Abgrenzungen zu ermöglichen. Die Universität als soziale Problemlösung leistet demnach das gleiche wie Technik, sie ist eine soziale Technik, die nun gerätetechnisch überformt werden soll.

In unserer Präsentation der Geschichte und der soziologischen Interpretationen der Universität (Kapitel 1) fand sich ein Drei-Phasen-Modell ihrer Entwicklung von Ben-David (1972). Dessen erste Phase ist durch die von außen herangetragene Aufgabe bestimmt, die Ausbildung einer politsch-administrativen Elite zu besorgen. Die vermittelten Inhalte dienen dabei zur Legitimation für die Oberschicht einer hierarchisch organisierten Gesellschaft. Legitimation stellt ein wesentliches Ingrediens bei der Schaffung gesellschaftlicher Ordnung dar. Der Strom der Phänomene wird in dieser Phase hierarchisch organisiert, entweder in der Denkfigur des Naturrechts oder in der des Naturgesetzes, die beide aus der ersten bzw. zweiten Offenbarung Gottes, dem Buch der Natur, abzulesen sind. Diese Epoche war vornehmlich sozialen Erfindungen (K. Polanyi, 1944) verpflichtet. Natur diente als Projektionsfläche sozialer Zustände, die

Homomorphie konnte zur Legitimationsgrundlage gesellschaftlicher Zustände werden.

Allerdings war diese Phase, bis zur Beendigung der bürgerlichen Revolution in England und des Dreißigjährigen Krieges am Kontinent, einige Zeit mit einer Periode des Machtverlustes staatlicher Obrigkeit konfrontiert. Bacon und Descartes formulierten dann in dieser Periode, anders als Newton später, neue Ansprüche an die Wissenschaft, welche erst wieder in Phase zwei im Ben-David'schen Schema auftauchen.

In Phase zwei verwandelt sich die Universität durch die Hereinnahme der Naturwissenschaften (in Deutschland im Zuge der Universitätsreform von W. v. Humboldt) in eine Forschungsinstitution. Empirie und Experiment beginnen an der Universität Einzug zu halten.

Neben den Universitäten etablieren sich in der Folge im Zeitalter der Industrie, des Kolonialismus und internationaler Märkte Industriewissenschaften an den polytechnischen Schulen, so wie sie bereits Bacon vorschwebten. War davor Natur Projektionsfläche der Gesellschaft, so könnte man sagen, übernimmt nun umgekehrt diese die Rolle eines Spiegelbildes der Natur. Seit Townsend, Ende des 18. Jahrhunderts, in seiner Dissertation das Gleichgewicht zwischen wilden Hunden und Ziegen auf dem pazifischen Eiland Juan Fernandez zum Vorbild des Sozialen machte, wurden Malthus, Condorcet, Darwin und dessen Nachfolger nicht müde, Natur in die Gesellschaft zu projizieren. Politische Intervention und soziale Innovationen wurden abgelehnt, wie es der Markt, besonders der Arbeitsmarkt, befahl. Soziale Innovation räumte nun technischer das Feld; Unwiderlegbarkeit wurde der Baconischen Vorstellung gemäß technischer Machbarkeit gleichgesetzt, in Anerkennung der Erfolgsprinzipien der Wissenschaften des Schaffens. Doch die alten Verfahren sozialer Innovationen durch Rechtschöpfung und Politik bestanden weiter; sie konnten nicht so radikal verdrängt werden wie die Scholastik des Mittelalters, die im Ben-David'schen Schema zur Gänze fehlt.

Das so entstandene Nebeneinander verschiedener Universitäten und an Universitäten wird allerdings kaum überraschen, bestehen doch in deren Umfeld Staat und (Arbeits-)Markt gleichfalls symbiotisch nebeneinander, nur getrennt durch eine Kluft, die beiden Rationalitäten ihren Lebensraum und ihre Wahrheit garantiert. Doch diese Kluft trennt nicht nur jene zwei „Kulturen", wie C. P. Snow (1959/1963) meint, sie schafft auch eine faszinierende Konkurrenz von Lösungsmustern, wie sie im perennierenden, latenten Konflikt zwischen Juristen und Ingenieuren ihren deutlichen Ausdruck findet (Mai, 1992).

In Phase drei sind wir, nach Ben-David, jüngst eingetreten. Die Forschungsorientierung wird wieder rückläufig. Verschiedene Gründe verursachen diese Entwicklung, zu denen die Diskrepanz zwischen Forschung und Ausbildung zählt, das Abwandern der Forschung in andere Institutionen (Großforschungslabors und Industrien), sowie die rasant zunehmenden Studentenzahlen, meint Ben-David.

Phase drei ist noch keinesfalls abgeschlossen, ihre endgültige Gestalt folglich noch nicht erkennbar, die Entwicklung noch nicht gänzlich absehbar. Doch seit Ben-David sein Modell formuliert hat, sind zusätzliche Faktoren erkennbar geworden. Viele Forderungen an die Lehre machen deutlich, daß die Universität inzwischen eher als Ausbildungsstätte für Facharbeiter verstanden wird denn als eine Ausbildungsstelle für Ordnung generierende Eliten und Produktionsstätte für Unwiderlegbarkeit. Die Erzeugung von Ordnung wurde ja inzwischen zunehmend auf technische Geräte übertragen.

Doch vielleicht wird die Diskrepanz zwischen Forschung und großen Studentenzahlen auch deshalb so sehr ins Auge gefaßt, weil Spiele mit dem Chaos nach wie vor vonnöten bleiben, aber gerade deshalb nicht für jedermann gedacht sein können. Dieses zwangsläufig elitäre Spiel diente Studenten zur Motivation zum Studium; der Köder dieser antiquierten Exklusivität war demnach falsch gelegt. Andererseits deutet das Abwandern der Forschung an, daß sie nicht mehr als Verfahren der Auseinandersetzung mit Chaos zur Schaffung kooperativen Konsenses benötigt wird, sondern als praktisches Instrument zur Produktion von vermarktbarem, technischem Sozialersatz. Ordnung wird technisch hergestellt und Kooperation damit gleichfalls.

Um Phase drei in ihrer Tendenz zu begreifen, muß auf mehr als nur die genannten vordergründigen Symptome geachtet werden. Unser Ansatz legt nahe, die in Kapitel 1 dargestellte massive Technisierung der Universitäten mittels deren durchgehender Computerisierung als grundlegend zu betrachten. Solche Entwicklungen hängen, wie wir wissen, gleichfalls engstens mit den Entwicklungen im sozialen und politischen Machtfeld zusammen. Die soziale Innovation „Universität" wird technisiert, weil auch sie in ein soziotechnisches System als solches integrierbar werden muß. Ein soziotechnisches System muß man als Ergebnis fortdauernden Sozialersatzes verstehen.

Die Genese dieses soziotechnischen Systems verläuft demnach als historischer Prozeß, der sich über Jahrhunderte zurückverfolgen läßt. Er beginnt mit dem Ersatz des Richters oder „Arbiters". Nicht zufällig wurde der sehuntüchtig gemachten Justitia eine Waage in die Hand gedrückt und der Allegorie des Todes die Sanduhr. Damit wurde eine soziale Rolle an Instrumente übertragen. In kurzer Folge wird die Rolle des Erzählers den Mechanikern überlassen, die die Mythen in Tempeln und Welttheatern exteriorisieren. Dem mechanisierten Drama entspringt später das Drama des Experiments; in bunter Folge entstehen dann Meßgeräte als Repräsentationsersatz, Kraftmaschinen, Kontrollgeräte, wie das Panoptikon, und schließlich Koordinatoren, deren Vervollkommnung der „ordinateur", der elektronische Ordner oder „Zusammensetzer" ist.

Technisierung ist keine Auseinandersetzung mit der Natur, sondern eine mit dem Sozialen, wobei „Natur als Ding" in den Dienst genommen wird. „Technisierung" heißt somit, anstelle eines sozialen Problemlösungsansatzes eine Präferenz für technische Lösungsmuster zu entwikkeln, d. h. soziale Rollen und Institutionen zu ersetzen. Das bedeutet dann weiters, soziale Rollen neu zu definieren und zu organisieren.

Wenn Wissenschaft, Forschung und Lehre Bedeutung als Produktivkraft zukommt, so wie Wirtschaft und Staat es vornehmlich sehen wollen, dann vor allem deshalb, weil Wissenschaft „Definitionsmacht" ist, d. h. über die Macht verfügt zu bestimmen, was wie wann wo der Fall ist.

Technisierung wird nach unserem Ansatz dann gewählt, wenn langwierige Sozialisierung nicht erfolgversprechend, zu umständlich oder nicht gewünscht ist. Nach unserem Modell verweist eine derartige Entwicklung auf die Intensivierung kurzlebiger Marktstrukturen, bzw. eine Zunahme der sozialen Signifikanz der Nullmatrix. Vieles deutet in diese Richtung: der Zusammenbruch planwirtschaftlicher Systeme im Osten, die Bildung eines europäischen Wirtschaftsraumes, die rapide Zunahme von Single-Haushalten, die geschilderte Tendenz universitäre und auch andere Lehre über Satelliten und Computernetzwerke international zu vermarkten. Es scheinen überzeugende Kräfte am Werk zu sein, die eine Tendenz zum Markt bestätigen.

Unsere Darstellung der Entwicklungen an der Universität hat jedoch auch weitere bedeutende Phänomene aufgezeigt: Dazu gehören Verschmelzung von Theorie und Experiment in der Simulation, eine nicht zu übersehende Tendenz in Wissenschaft, Lehre und „Entertainment" (was ich weniger als „Unterhaltung", sondern durchaus im Sinne Heideggers als „Zerstreuung" übersetzen möchte), Modelle und „Artificial Realities" (Krueger, 1983) oder „virtuelle Wirklichkeiten" zu schaffen.

Diese Entwicklungen sind indikativ für die Zunahme der Population in der Nullmatrix, bzw. eine weitere Abnahme der Resozialisationsleistungen. Dabei zählt nicht, daß in solcher Science Fiction das Mesozoikum mit futuristischen Hi-Tech-Welten gepaart wird, sondern daß Science und Fiction allmählich ununterscheidbar werden, sowie daß eine Konfrontation – mit Chaos dort und Ordnung hier – eliminiert wird. Damit kündigt sich der Verlust jener Grenze an, die die Universität zu dem machte, was sie bisher war. Auch die Erzeugung von Ordnung aus dem Chaos scheint technisiert zu werden.

Auf der Basis von Entwicklungen wie der „Zer-Streuung" der Lehre auf immaterielle Kanäle und der Faszination mit immateriellen Wirklichkeiten, kann vom umfassenden Verlust von „Vergesellschaftung" bei gleichbleibender oder sogar intensivierter „Entgemeinschaftung" gesprochen werden. Zunehmende Expansion der Nullmatrix, d. h. von sozialem Chaos bei gleichbleibendem Aufbau technisierter zentralistischer Strukturen kündigt sich an. Für die USA hat Hughes (1989) diese Entwicklungstendenz bereits diagnostiziert.

Die gesamte Tendenz deutet somit mehr in Richtung des Verlustes selbst kurzlebiger Interaktionsstrukturen. Stattdessen nimmt die Dominanz geräteorientierter Interaktionssubstitute, die von Protokollen und Ritualen getragen werden, zu.

Gleichzeitig bieten sich die mit der Nutzung solcher Geräte verbundenen formalen Sprachen als Disziplinartechnologien an. Sie könnten zur Rekrutierungschance in Hierarchien werden, vorausgesetzt, daß diese bereit sind, diese Aufgaben zu übernehmen. Die damit verknüpften „prozeduralen Rationalitäten“ (Simon, 1979; Lyotard, 1979) sind weiters als Legitimationsinstrumente nutzbar.

Zunächst ließe sich feststellen, daß die Gesamtsituation jener nicht unähnlich ist, wie sie beim Entstehen der Universitäten vorherrschte. Dislozierung, Entfremdung, massive Entgemeinschaftungsprozesse standen an ihrem Beginn und erzeugten das Verlangen nach einer neuen Ordnung im Chaos. Die virtuelle Vernichtung des Raums, Vereinzelung und wenig Bereitschaft zu neuerlicher Vergesellschaftung, sowie beliebige Disponibilität über Menschen dominieren die Szene heute.

Die mittelalterliche Universität zielte zunächst über eine hermeneutische Dialektik auf neuerliche Vergemeinschaftung. Manche Indikatoren würden vermuten lassen, daß die neue Chance der Universitäten in einer ähnlichen Strategie liegen könnte. Manche Wegweiser deuten in diese Richtung: Zu diesen zählen bekannte Forderungen nach ganzheitlicher Sicht und nach Auflösung wissenschaftlicher Disziplinen (eine Aufgabe, die auch der Einsatz von Computern bewältigt), Bemühungen um „Group-teaching“ sowie Lernen durch Praxis. Die Rückkehr in eine Welt hermetischer Clans könnte sich scheinbar anbieten.

Doch so einfach wiederholt sich die Geschichte nicht. Das 11. und 12. Jahrhundert kannte keine prozeduralen Technologien. Diese Jahrhunderte ruhten, trotz aller Unruhen, noch im Ideal christlicher Solidarität in Clanstrukturen, die sich erst allmählich in Hierarchien verwandelten. Das Bekenntnis zum Clan, zum mythischen Körper der Kirche, war damals noch tragende Ideologie. Ein Analogon dazu ist heute nicht auszumachen.

Unsere Prognose lautet daher, daß anstelle des mythischen Körpers ein weitläufig komplexes Geflecht tritt, das als soziotechnisches System bezeichnet wird. Auch dieses ist ein gelebter Mythos, der in Anwendung des Thomas-Prinzips Realität wird. Die absehbare Zukunft der Universität liegt demnach nicht mehr überwiegend in den Natur- oder Ingenieurwissenschaften. Deren große Zeit scheint bereits der Vergangenheit anzugehören. An ihre Stelle tritt die im 19. Jhdt. begonnene Synthese aus „Social Engineering“ und „Engineering“, womit das soziotechnische System produziert wird. Dieses wird getragen, gestützt und symbolisiert durch eine gerätetechnische Infrastruktur, die chamäleonhaft alle Farben zu spielen weiß: Computer und ihre Netzwerke.

Mit ihnen scheint sich auch die oft konstatierte Kluft zwischen den zwei Kulturen, zwischen den jüngeren Fachuniversitäten technisch-wirtschaftlicher Provenienz und den alten Universitäten zu schließen. Das Verschwinden dieser Differenz ist gepaart mit Veränderungen, die bisher unvorstellbar waren. Die Projektionen von Natur in Gesellschaft oder umgekehrt von Gesellschaft in Natur werden bedeutungslos, indem nun beide in die Maschine, ein Artefakt, projiziert werden. Im Algorithmus findet damit das Recht sein neues Recht, so wie die Physik ihr Gesetz, der Ingenieur sein Gerät, der Philosoph seine Sprache. Im Netz verwirklicht sich der kurzlebige, soziotechnische Markt, seine globalen Strukturen legitimieren große, soziotechnische Hierarchien sowie die

Vorstellung der einen Welt ganzheitlicher, soziotechnischer Brüderlichkeit. Daß diese eine, geschlossene Welt allerdings gleichzeitig instabil ist, von inneren Krisen permanent geschüttelt, läßt sich gleichfalls erkennen.

Diese Entwicklung ist mit Gewißheit kein „fatum", sondern „factum". Computer verkörpern nicht nur eine Rolle, sie erzeugen sie. Und man sollte nicht vergessen, auch Computer werden erzeugt.

> „Computer science is not a science. Its significance has little to do with computers. The real significance of the computer revolution is that it is a revolution in the way we think and in the way in which we express what we think." (siehe unten)

Und was wird dabei gedacht?

> „The essence of the change is the emergence of what might best be called procedural epistemology. The study of the structure of knowledge from an imperative point of view as opposed to the more declarative point of view taken by classical mathematical subjects. A computer language from this perspective, is a novel form of medium of expressing ideas about methodology, not just a way to get the computer to perform operations. The *programs are written for people to read, and only incidentally for machines to execute.*" (Abelson/Sussman, 1986, S. 1)

Damit kommen wir zurück zur Wirklichkeit der Gegenwart. Berger und Luckmann (1966) haben bereits vor geraumer Zeit darauf hingewiesen, daß „die Wirklichkeit" ein soziales Konstrukt ist. Dieses Konstrukt wurde in verschiedenen Weisen her- oder hingestellt. Der dominante Trend in dieser Produktion liegt in unserer Zeit darin, Wirklichkeit über Ver-Wirklichung von Vor-Stellung in Artefakten zu generieren. Wie sehr gerade Vorstellungen die Fabrikation von Artefakten bestimmen, haben vor allem die umfangreichen Studien von Bijker, Hughes, Pinch (1987) und anderen gezeigt. Gerade in Hinblick auf Computer hat aber Turkle (1990), wie in Kapitel 5 ausgeführt wurde, die in ihnen angelegte Plastizität dargelegt. Aufgrund dieser Arbeiten wird deutlich, daß die meisten Technologien um vieles gestaltbarer sind, als angenommen wird. Es ist verständlich, daß in ihnen und durch sie Vorstellungen von Lebensformen – Kultur – realisiert werden, die allerdings nicht nur wie Exponate fremder Kulturen in Museen stehen. Sie dienen sich an als Vermittler und offerieren so die in ihnen verkörperten Lebensformen.

Baark und Jamison (1986) haben mit Nachdruck auf die Notwendigkeit einer kulturspezifischen Kritik an Technologien verwiesen. Doch was nützt solche, wenn die Produzenten dieser Technologien aufgrund ihrer Sicht, ihrer Sprachformen und ihrer Lebensweisen gar nicht in der Lage sind, solche Kritik zu verstehen und noch weniger, sie ernst zu nehmen.

Hier gilt es, sowohl in den Industrien und deren Management, als auch bei den Ingenieuren Sensibilität zu erzeugen, eine Sensibilität, die nur durch Entfremdung von der eigenen Lebensweise, durch Konfrontation mit den anderen Kulturen möglich wird. Über solche Erfahrungen und Kenntnisse müßten vor allem jene verfügen, die in Entscheidungspositionen kommen oder sich bereits dort befinden. Das sind genau jene Punkte, an denen die Problemdefinitionen vorgenommen werden, deren Lösungen dann technische und/oder soziale Innovationen werden. Es sind jene Eliten, die die Universitäten ausbilden sollten, um an der Grenze zwischen Chaos und Ordnung stehend soziale Ordnung zu ermöglichen. Es fügt sich in das Bild, daß Schön (1982, S. 209) von der ‚intermediary role of planners', der vermittelnden Aufgabe der Planer spricht.

Gerade weil, bzw. wenn Informationstechnologien die telegene Vermittlung von Form und Inhalt der Lehre übernehmen, wird der Universität die „lästige Pflicht" der Massenausbildung abgenommen. Die Erzeugung solcher Programme wird langfristig neuen Industrien übertragen. Dieselbe Tendenz realisiert sich übrigens auch in der intendierten Schaffung sogenannter Fachhochschulen. Somit könnte sich die Universität erneut der Bildung von Eliten für den Umgang mit Chaos widmen.

Um ihren Auftrag erfüllen zu können, benötigen diese Eliten theoretische Kenntnisse und die Fähigkeit, mit Widersprüchen dialektisch umzugehen. Dialektische Algorithmen sind bis dato allerdings unbekannt[12]. Damit wird auch die Computerisierung der Universität neuerlich problembeladen. Die Zukunft der Universität kann nicht allein in ihrer Computerisierung liegen, obwohl ihre „Befreiung" durch diese bewerkstelligt wird.

Bislang wurde die Universität überwiegend als Produktionsstätte für Unwiderlegbarkeit und als Mittlerin zwischen Chaos und Ordnung präsentiert. Sie läßt sich auch als gesellschaftliches Labor verstehen, wo in kleinem Maßstab alle wesentlichen Formen sozialer Organisation modelliert wurden, u. a. auch deshalb, um überhaupt in der Lage zu sein, in angemessener Form zwischen Chaos und sozialer Ordnung zu bestehen, aber auch weil bestimmte Organisationsformen für bestimmte Aufgaben beste Lösungen darstellen. Hierarchien der Administration, Laborclans und Schulen, Märkte unterschiedlichster Art und individualisierte Intellektuelle, alle sind an einer Universität vertreten.

Meistens finden sich über diese diversen Bereiche hinweg kaum nennenswerte Kooperationen und diejenigen, die stattfinden, sind hochgradig ritualisiert und formal. Die Kontakte, die stattfinden, werden nicht selten über Delegierte, d. h. formal beauftragte und von ihren sonstigen Aufgaben freigestellte Personen, hergestellt. Das sind überwiegend solche Personen, die in der Lage sein müssen, verschiedene Sprachen und Codes zu beherrschen. Es sind jene, die aus den verschiedenen Gruppen und Teilen, die nebeneinander koexistieren, das Bild einer Einheit erstehen lassen.

In durchaus ähnlicher Weise sind die Bürokratien des Staates und der Konzerne mit den Märkten der Parlamente und der Wirtschaft verknüpft. Soll die Universität die oben genannte Aufgabe eines Labors, in

---

12 Zu diesem Thema muß auf einen Bestseller verwiesen werden: D. R. Hofstadter (1979), Gödel, Escher, Bach: An Eternal Golden Braid.

dem sich Gesellschaft erprobt, nachvollziehen können und weiterhin wahrnehmen, so bleibt es ihr nicht erspart, ein soziotechnisches System zu werden. Dabei werden nicht nur Laborclans mit administrativen Bürokratien gekoppelt. Auch über die Disziplinen hinweg sind neue Kooperationsmuster angesagt.

Bei der Verwirklichung dieser neuen „soziotechnischen" Gesellschaft und der dazugehörigen neuen Universität wächst Sozialwissenschaften auch eine neue Aufgabe zu, die eines „Social engineering". Diese wurde bis jetzt meist nur im Verborgenen und unpräzise in der Politikberatung wahrgenommen. Nun haben sich diese Wissenschaften von einer vordergründigen Wissenschaft des Erkennens zu einer des Schaffens zu wandeln. Bei der Umsetzung dieser neuen Aufgabe wird es sich als notwendig erweisen, daß Rechts- und Sozialwissenschaften zueinander in ein neues Verhältnis eintreten, ähnlich jenem, das die früher „feindlichen Brüder" Physik und Ingenieurwissenschaften vor etwa hundert Jahren zu schaffen bewerkstelligten (Polanyi, 1944). Der Konfliktausgleich zwischen diesen erfolgte dabei so gründlich, daß die trotzdem bestehende Differenz zwischen ihnen für unsere analytischen Zwecke erst wieder erarbeitet werden mußte (siehe dazu Kapitel 3 und 5). Die Bewältigung dieser bestehenden Differenz zwischen Soziologie und Jurisprudenz muß zusätzlich von einer Annäherung zwischen Natur- und Sozialwissenschaften begleitet werden, wie auch das Konkurrenzverhältnis zwischen Ingenieuren und Juristen (Legisten) als Problemlöser neu überdacht werden muß. Analoges gilt für den in der Wissenschafts- und Wissenssoziologie am deutlichsten zutage tretenden Konflikt zwischen Physik und Soziologie, die sich beide als Schöpfer kognitiver Ordnung verstehen. Um dies alles zu erreichen, braucht es allerdings mehr als Computer. Dazu sind vor allem neue Sozialisationsweisen vonnöten. In der kreativen Lösung dieser Aufgabe liegt die meist noch gar nicht wahrgenommene vorrangige Aufgabe der Universität der Zukunft.

Die Alma Mater bleibt, würde ich meinen, zwangsläufig Hexe am Zaun, so wie ihre Alumni als Botengänger und Herolde ihre Orakelsprüche weiterhin vulgarisieren und so das System stabilisieren und legitimieren. Wenig Ruhm, wenn an der Gloriole des Fortschritts gemessen, scheint ins Haus zu stehen, doch solides Handwerk bei der nie endenden Konstruktion sozialer Wirklichkeit ist gefragt.

9.4 Lösung einer Aporie durch „das Ding" und „den Fremden"

Die vorliegende Arbeit nähert sich ihrem Schluß, es gilt gemachte Versprechen einzulösen. Anders als vielleicht erwartet wird, wird die hier entwickelte Sicht von Wissenschaft, Technik und Gesellschaft nicht als „Fortschritt" beim Verständnis der komplexen Beziehungen zwischen diesen verstanden. Insoferne ist die Arbeit mit ihren eigenen Prinzipien konsistent. Was angeboten wird, ist eine Alternative zu anderen Modellen, von denen sie sich dadurch unterscheidet, daß sie Zusammenhänge decouvriert, die andere verdecken und umgekehrt. Ähnlich wie B. d'Espagnat (1983) konstatiert, daß es nicht einmal in der reifen Physik von heute möglich ist zu entscheiden, welche von verschiedenen „Algorithmen" (Partikel, Wellen, statistische Operatoren, S-Matrizen, etc.) besser geeignet sind, Erfahrung zu synthetisieren, so verhält es sich auch hier. Es bedarf vieler unterschiedlicher Ansätze – sie als Algorithmen zu bezeichnen, wäre sicherlich verfrüht –, um die „verschleierte Wirklichkeit" (d'Espagnat) zu erahnen.

Eine signifikante Differenz zu vielen bekannten sozialwissenschaftlichen Ansätzen liegt in der Betonung der politischen und sozialen Natur der Menschen, zum Unterschied von den verschiedenen Spielarten von „Homines Singulares". Unsere Sicht läßt die Mängel des „Mängelwesens Mensch" anders begreifen – und folglich auch von „Sozialersatz" statt von „Organersatz" sprechen –, als das Kapp (1877) vorschlug und Gehlen (1953) ihm achtzig Jahre später noch nachempfindet.

Die originellere Position von Heyde (1963), der die Auffassung vertritt, daß seine Technik auch ihn, den Menschen, formt, wird vorgezogen. Damit verliert er, der Mensch, zumindest seine autochthone Gestalt, er wird Objekt und Subjekt gleicherweise. Von hier ist es ein nicht mehr gar zu großer Schritt zu einer Realitiät, die zwar weniger wünschenswert, doch den Sachverhalten näher liegt. Nicht mehr alle Menschen sind ununterscheidbar als Homo mit der selben Subjektivität ausgestattet. Manche können nun auch Objekte, nicht nur Subjekte sein, u.zw. nicht allein im Angesicht einer von ihnen selbst in die Welt gesetzten Technik. Somit läßt sich zwischen Homo und Homo differenzieren, und es ist genau diese Differenzierung, die das Spezifikum des vorliegenden Ansatzes ausmacht. Diese Differenzierung zwingt den Blick zur Synthetisierung. Das Soziale muß somit mitgedacht werden.

Die in dieser Arbeit benutzte und verfeinerte Typologie diente als Instrument zur Verdeutlichung solcher Differenzen; Differenzen allerdings, von denen nicht behauptet wird, sie spiegelten schlicht Realität wider. Vielmehr soll dieses Instrument die Differenzen widerspiegeln, die sich in den Köpfen finden und die solcherweise erst erfahren lassen, was als signifikant verstanden werden soll.

Am Grunde unseres Ansatzes liegt somit das Konzept der „signifikanten Differenz" als Basis aller Ordnung. Diese bestimmt sich kulturbedingt über soziale Kategorisierungen. Signifikante Differenzen erzeugen oder erfordern signifikante Äquivalenzen, ein Gleichsetzen des Nichtgleichen. Daraus ergibt sich eine Ordnung der Welt, die nicht in der Welt gefunden wird, sondern eine kulturspezifische, historische Leistung darstellt. Geschaffene Ordnungen sind zwar von außen betrachtet arbiträr, von innen gesehen haben sie jedoch Verpflichtungscharakter. Diese Erkenntnis ist der wunde Punkt jeder Ordnung, auch derjenigen, die durch Wissenschaft erzeugt wird, den zu ignorieren sich viele Generationen ihrer Jünger redlich bemühten. Eine Ordnung zu akzeptieren definiert die Zugehörigkeit zur Kultur, zur Gruppe, sie nicht zu beherrschen Fremdheit und Ungleichheit. Diese Differenz läßt Unterscheidungen zwischen „wir" und „sie" als Basis innerer Kohäsion und Abgrenzung zu.

Etablierte Ordnung wird in Symbolsystemen repräsentiert, deren maßgeblichstes die Sprache ist, präziser: gebrauchte Sprache, la parole, im Sinne Saussures. Doch Sprache ist nicht das einzige Symbolsystem, das Ordnungen repräsentiert. Im Prinzip wird alles, was die Grenze zum „Wir" überschreitet, in das Ordnungssystem eingefügt und zum Repräsentanten einer Ordnung. Wie sehr dabei gerade Dingen diese Aufgabe zufällt, war uns ein Anliegen zu zeigen und haben Bourdieu, Douglas, Leach u. a. öfter als einmal deutlich gemacht.

Allerdings, das ist ein Truismus, wird keine Ordnung der Totalität der Phänomene gerecht. Nicht einmal die moderne Physik schafft das, wie zuvor unter Bezug auf d'Espagnat gesehen wurde, und was ein Begriff wie „Raumzeit" mit Nachdruck veranschaulicht. Jede Ordnung muß folglich auch über Defensivmechanismen verfügen, die unbotmäßige Erscheinungen zum Verschwinden bringen oder sie einordnenden Spezialkuren unterziehen, sie zu „Anomalien" machen etc.

Im Augenblick interessiert die Bestimmung dieses „Wir" durch die Etablierung *einer* Ordnung. Ordnungen werden damit zur signifikanten Differenz, die Identität im „Wir" ermöglichen.

Bezeichnen wir „Un-Ordnung" als Chaos oder „Wildnis" und setzen diese für unsere Zwecke „Natur" gleich (sehr wohl wissend, daß dieser Begriff nicht in allen Sprachen und Kulturen Geltung hat), so gelangen wir zur bekannten Dichotomie „Natur-Kultur". Diese steht nun allerdings nicht mehr allein zur Disposition. Sie wird ergänzt durch andere Dichotomien, die vereinfacht die Form „Kultur(A)" „Kultur(X)" annehmen, wobei A für die eigene steht. Homo ist somit nicht mehr heroisch konfrontiert mit einer herausfordernden Natur, sondern integriert, doch konfrontiert mit anderen Kulturen, mit denen er sich gleichfalls auseinanderzusetzen hat, u.zw. im Positiven wie im Negativen, als Freunde und Partner, wie auch als Feinde und Konkurrenten. Wie läßt sich diese Ordnung gefährdende Konfrontation mit fremden Ordnungen meistern? Zweifellos nur mit Vorsicht.

Es ist an dieser Stelle, daß Hermes auftritt, der Gott der Diebe und der Händler, der Grenzgänger und Götterbote, der in vielen Sprachen Gewandte. Er ist die mythische Form des Fremden, des Wesens, das sowohl „wir" als auch „sie" ist, das durch Rituale aufgenommen und durch andere verabschiedet wird. Er ist Mittler und Kuppler, der Bündnisse und Ehen einleitet und ermöglicht, über „un-ordentliches" Wissen verfügt, lügt, spioniert und ver-rät. Würde man ihn nicht brauchen, würde man ihn verjagen, würde man ihn verjagen, würde man ihn missen.

Und wie sieht das an der anderen „Front" aus? Auch hier finden sich Herolde, Grenzgänger zum Chaos. Waren es ursprünglich Hexer, Schamanen, Druiden und Schmiede, so wurden sie allmählich Physiker, Ärzte oder Biologen. Auch sie sind „Hermeniden", vereinzelt, Hermiten und Grenzgänger, Vermittler und Gabenspender und meist mehrerer Sprachen kundig. Sie sprechen mit Fischen und Affen, Bienen und Gänsen, machen Gold und Gift und fliegen durch die Nacht. Ihr Ort ist jedoch noch immer am Zaun – nicht jenseits. Denn die wahren Fremden, die „messenger" von der anderen Seite sind die Dinge, die im Prozeß des Machens von Wieland dem Schmied sozialisiert werden, wie Kinder und andere Fremde (Hettlage, 1986).

In ihrem Grenzgängertum ist die ausschlaggebende Äquivalenz von Dingen und Fremden gelegen, ein Zwittertum, das Ordnung und Kooperation nach innen und außen ermöglicht. Dabei ist die „Sozialisation der Natur im Ding" kulturspezifisch. Jede Kultur sozialisiert Natur auf ihre eigensinnige Weise. Dies ist solange unproblematisch als die jeweiligen Ordnungen aufrechterhalten bleiben und Verpflichtungscharakter haben.

Brechen sie aus nicht mehr weiter zu erklärenden Gründen zusammen, entsteht jener extreme Fall der Konfrontation des entfremdeten Homo mit einer Natur und anderen Fremden. In seinem Kopfe noch die alte Ordnung, bemüht er sich um eine Allianz mit der Natur und erfährt dabei die Schwäche des Individuums. Analoge Erfahrungen lassen sich bei anderen Entfremdeten nicht vermeiden. Die Gegebenheiten drängen zur Kooperation, doch die differenten Ordnungen in den Köpfen behindern die Verwirklichung solcher Absichten. Aus unterschiedlichen Ordnungen und Dingen müssen verbindliche neue abstrahiert und/oder synthetisiert werden. Dies ist die Geburtsstunde von beweisender Wissenschaft zur Konsenserzeugung. Das Experiment als verallgemeinertes Artefakt kann ein solches Beweisverfahren sein. Doch wie solche Wissenschaften jeweils beschaffen sind hängt wiederum von Ordnungen ab, die in sie eingehen und die sie ver-mitteln sollen. Es gibt folglich viele Wissenschaften: Unsere sogenannte neuzeitliche Wissenschaft ist nur eine der mannigfach möglichen.

Doch – und das sollte abschließend nochmals betont werden – nicht jede Ordnung läßt sich mit jeder anderen vereinen. Manche Vereinigungsmengen sind leere Mengen. Das ist z. B. bei jenen zwei Kulturen der Fall, die wir Gemeinschaft und Gesellschaft nannten. Trotzdem sind beide symbiotisch aufeinander angewiesen. Wie kann diese Kooperation zustande kommen?

Die Lösung dieses Interaktionsdilemmas liegt in einem „Wedernoch". Weder Gesellschaft noch Gemeinschaft verwirklicht sich im Grenzgängertum der Dinge und der Fremden. Das soziotechnische System ist weder Gemeinschaft noch Gesellschaft, doch erlaubt es deren Verkoppelung, ohne sich selbst aufzuheben, noch deren Existenz zu gefährden. Diese Vereinigung ist dem vermittelnden Dienste „des Fremden" zu verdanken.

In dieser Rolle des Grenzgängers treffen sich das Ding und der Fremde. Sie bilden ein Zentrum, das im Rahmen der „cultural theory" von Thompson (1982) mit einem fünften Typ, Eremit benannt, besetzt wurde. Die soziale Bedeutung dieses Typus wurde allerdings nicht ausführlich elaboriert. Sie liegt in seinem Vermittlertum[13]. Dieses unterscheidet ihn demnach wesentlich von den Resozialisation ersehnenden, doch nicht reintegrierten Vertretern der Nullmatrix. Grenzgänger als „messenger" einer anderen Welt in ihrer Entwicklung zu fördern, bleibt mit und ohne Computer die hervorragendste und sozial bedeutendste Aufgabe der Alma Mater. Diese Kunst gerade jenen beizubringen, die sich anschicken das soziotechnische System zu entwerfen, ist dann wesentlicher Teil dieses Aufgabenkatalogs.

[13] Thompson (1982) meint, daß solche Personen nicht selten als „Friedensstifter" auftreten.

Literaturverzeichnis

Abelson, H., et al. (1986), A New Era in Scientific Computation, MIT, Comp. Lab., Mimeo, 1986.

Abelson, H./G. J. Sussman (1986), Computation: An Introduction to Engineering Design, MIT, Comp. Lab., Mimeo, 1986.

Agassi, J. (1966), The Confusion between Science and Technology, in the Standard Philosophies of Science, *Culture &Technology*, Vol. 8/3, S. 348–366.

Appel, K./P. Haken (1977), The Solution of the Four-Colour Map Problem, *Scientific American*, Vol. 137, S. 108 ff.

Arden, B. W. (Hg.,1980), What can be automated? The Computer Science & Engineering Research Study, MIT-Press, Mass., 1983.

Aries, Ph. (1960), Geschichte der Kindheit, dtv, München, 1978.

Armengaud, A. (1970), Population in Europe 1700–1914, in: C. M. Cipolla (ed., 1973), The Fontana Economic History of Europe, Bd. 3, Glasgow, 1975.

Atiya, A. S. (1973), Kreuzfahrer und Kaufleute – Die Begegnung von Christentum und Islam, König, München, 1973.

Augustinus (395), Confessiones, Original mit dt. Übers. und Nachwort v. J. Bernhart, München, 1855.

Baark, E./A. Jamison (1986), The Technology and Culture Problematique, in: ds (Hg., 1986), Technological Development in China, India and Japan – Cross Cultural Perspectives, Macmillan, London, 1986.

Bacon, F. (1620), The New Organon and Related Writings (Hg.: F. Anderson), Bobbs-Merrill, Indianapolis, 1979.

Bacon, F. (1623), New Atlantis, Oxford Univ. Press, London 1974.

Bahrdt, H. P. (1971), Wissenschaftssoziologie – ad hoc Beiträge zur Wissenschaftssoziologie und Wissenschaftspolitik aus den letzten zehn Jahren, Bertelsmann, Düsseldorf, 1971.

Bailey, F. G. (1969), Stratagems and Spoils – A Social Anthropology of Politics, B. Blackwell, Oxford, 1970.

Bammé, A./P. Baumgartner/W. Berger/E. Kotzmann (Hg., 1987), Technologische Zivilisation, Profil, München, 1987.

Bammé, A./W. Berger/E. Kotzmann (1989), Mandelbrot und Feigenbaum – Über wissenschaftliche Theoriebildung unter den Bedingungen technologischer Zivilisation; Tagg. der Sektion Wissenschaftsforschung d. dt. Gesellft. für Soziologie, Rheine, 15.–17. Juni 1989.

Bandler, W./M. Schmutzer (1980), The Valuton – An Automaton Model of a Social Theory of Value Genesis, *Cybernetics & Systems*, Vol. 11, 1980.

Barker, J./H. Downing (1985), Word Processing and the Transformation of Patriarchal Relations of Control in the Office, in: D. MacKenzie, J. Wajcman (eds., 1985), The Social Shaping of Technology, Open Univ. Press, G. B. 1987.

Barnes, B. (1982), The Science-Technology Relationship: A Model and a Query, *Soc. Studies of Science*, Vol. XII, S. 166–172.

Barney, J. B./W. G. Ouchi (eds., 1986), Organisational Economics – Toward a New Paradigm for Understanding and Studying Organisations, Jossey – Bass Publ., San Francisco, 1986.

Barthes, R. (1964), Elemente der Semiologie, Suhrkamp, Fft./M., 1983.

Basalla, G. (1988), The Evolution of Technology, Camb. Univ. Press, Mass. 1988.

Bauer, L./H. Matis (1988), Geburt der Neuzeit – Vom Feudalsystem zur Marktgesellschaft, dtv, München, 1988.

Bayerl, G./U. Troitzsch (1987), Mechanisierung vor der Mechanisierung? Zur Technologie des Manufakturwesens, in: Pirker, Th./ H.-P. Müller/R. Winkelmann (Hg., 1987), Technik und industrielle Revolution, Westdeutscher Verlag, Opladen, 1987

Bechmann, G./R. Vahrenkamp/B. Wingert (1979), Mechanisierung geistiger Arbeit, Campus, Fft./M. 1979.

Becker, E. (1987), Paradoxien kultureller Modernisierung, in: S. Müller-Rolli (Hg., 1987), Das Bildungswesen der Zukunft, Klett-Cotta, Stuttgart, 1987.

Becker, J. (1985), Satellitentechnologie und Entwickungsländer, *Technik und Gesellschaft*, Jb. 3, Campus, Fft./M., 1985.

Beckmann, J. (1809), Anleitung zur Technologie – zur Kenntniß der Handwerke, Fabriken und Manufakturen, vornehmlich derer, welche mit der Landwirtschaft, Polizey und Cameralwissenschaft in nächster Verbindung stehn, Göttingen, 1809.

Beek, W. J. (1988), Interaktion zwischen Universität und Industrie durch die Forschung, Mimeo, S. 10, 1988.

Bell, W./J. Mau (eds., 1971), The Sociology of the Future, Russel Sage Fdt., N.Y., 1971.

Bella, D. A. (1990), Democracy and Technology, paper presented at „Frontiers in Education", Wien, Juli 1990.

Belt, H., van den/A. Rip (1987), The Nelson-Winter-Dosi Model and Synthetic Dye Chemistry, in: W. E. Bijker, T. P. Hughes, T. Pinch (eds. 1987), The Soc. Construction of Techn. Systems, MIT Press, Mass. 1989.

Ben-David, J. (1971), The Scientist's Role in Society, Englewood Cliffs, N. J., 1971.

Ben-David, J. (1972), Science and the University System, *Int. Ztschft. f. Erziehungswissenschaft XVIII.*

Beniger, J. R. (1984), The Control Revolution, Belknap Press, Cambridge Mass., 1984.

Berger, P./Th. Luckmann (1966), The Social Construction of Reality, Penguin, Middlesex, 1972.

Bernal, J. D. (1954), Science in History (4 Bd.), Dt. Übersetzung, Reinbek, 1978.

Bernstein, B. (1971), Class, Codes and Control, Vol. I., Theoretical Studies towards a Sociology of Language, Routledge & Kegan, London, 1971.

Beyersdorff, G., et al. (1985), Bibliothekenverbund und lokale Systeme, Bericht über eine Studienreise in die USA, Dt. Bibliotheksinstitut, Berlin 1985.

Bijker, W. E./T. P. Hughes, T. Pinch (eds., 1987), The Social Construction of Technological Systems, MIT Press, Mass. 1989.

Blau, P./W. R. Scott (1962), Formal Organisations: A Comparative Approach, London, 1962.

Bloch, M. (1940), Feudal Society, 2 Bde, Routledge & Kegan, London, 1971.

Bloch, M. (1969), Land and Work in Medieval Europe, N.Y., 1969.

Bloor, D. (1976), Knowledge and Social Imagery, Routledge & Kegan, London 1976.

Boardman, J. (1964), The Greeks Overseas, Penguin, Middlesex, G. B., 1973.

Bogdan, J. (1990), Kontraproduktive Managementstrategien und Organisationsstrukturen, in: J. Hochgerner (Hg., 1990), Soziale Grenzen des technischen Fortschritts, Falter Verlag, Wien, 1990.

Bohm, D. (1980), Wholeness and the Implicate Order, Ark, Routledge & Kegan, London 1983.

Böhme, G./W. van den Daele, W. Krohn (1973), Die Finalisierung der Wissenschaft, *Zeitschrift f. Soziologie II/2*, April 1973, S. 128–144.

Böhme, G./W. van den Daele/W. Krohn (1977), Experimentelle Philosophie, Suhrkamp, Fft./M., 1977.

Böhme, G./W. van den Daele (1977), Erfahrung als Programm in: Böhme, van den Daele, Krohn (1977), Experimentelle Philosophie, Suhrkamp, Fft./M., 1977.

Böhme, G. (1977), Die kognitive Ausdifferenzierung der Naturwissenschaft – Newtons math. Naturphilosophie, in: ds. et al. (1977), Experimentelle Philosophie, Fft./M., 1977.

Böhme, G. (1985), Coping with Science – Towards a New Theory of Science, Theme T Report 9, Univ. of Linköping, 1985.

Böllmann, E. (1988), CD-ROM: An der Universitäts-Bibliothek Graz, *Fakten, Daten, Zitate*, Vol. 8/1, S. 8–10.

Borst, A. (1979), Lebensformen im Mittelalter, Ullstein, Fft./M., 1979.

Bourdieu, P./J.-C. Chamboredon, Passeron (1968), Soziologie als Beruf, de Gruyter, Berlin, N.Y.,1991.

Bourdieu, P. (1976), Entwurf einer Theorie der Praxis auf der ethnologischen Grundlage der Kabylischen Gesellschaft, Suhrkamp, Fft./M., 1976.

Bourdieu, P. (1980), Sozialer Sinn – Kritik der theoretischen Vernunft, Suhrkamp, Fft./M., 1987.

Bourdieu, P. (1984), Homo Academicus, Suhrkamp, Fft./M., 1988.

Boyer, E. L. (1985), Foreword in: N. P. Eurich (1985), The Corporate Classroom, The Carnegie Fdt., N.Y., 1985.

Bradshaw, G. F./P. W. Langley, H. A. Simon (1983), Studying Scientific Discovery by Computer Simulation, *Science*, Vol. 222, 2. Dec. 1983, S. 971–975.

Braudel, F. (1949/1966), The Mediterranean and the Mediterranian World in the Age of PhilipII. 2 Bde., Fontana/Collins, London, 1975.

Braudel, F. (1967), Capitalism and Material Life 1400–1800, Fontana/Collins, Glasgow, 1974.

Braun, E./St. MacDonald (1978), Revolution in Miniature – The History and Impact of Semiconductor Electronics, Cambridge Univ. Press, Cambridge, 1978.

Braverman, H. (1974), Die Arbeit im modernen Produktionsprozeß, Campus, Fft./M., 1977.

Brämer, R./G. Nolte (Hg., 1983), Die heile Welt der Wissenschaft – Zur Empirie des „typischen Naturwissenschaftlers", Marburg, 1983.

Brody, F. (1988), CD-ROM: wird verwendbar, *Fakten, Daten, Zitate*, Vol. 8/1, S. 11.

Brooks, F. P. (1975), Vom Mythos des Mann-Monats, Addison-Wesley, Bonn 1987.

Broughton, J. M. (1984), The Surrender of Control: Computer Literacy and Political Socialization of the Child, in: D. Sloan (ed., 1984), The Computer in Education – A Critical Perspective, N.Y., 1984.

Brucker, G. A. (1969), Renaissance Florence, J. Wiley, N.Y., 1969.

Brunner, O. (1968), Das „ganze Haus" und die alteuropäische „Ökonomik", in: ds.: Neue Wege der Verfassungs- und Sozialgeschichte, Göttingen, 1968, ibid: Bemerkungen zu den Begriffen „Herrschaft" und „Legitimität", ibid: Das Problem einer europäischen Sozialgeschichte.

Buchheim, G., Sonnemann R. (1990), Geschichte der Technikwissenschaften, Birkhäuser, Basel, 1990.

Bunge, M. (1966), Technology as Applied Science, *Technology and Culture*, Vol. 7./3, S. 329–347.

Bunge, M. (1972), Towards a Philosophy of Technology, in: C.Mitcham/R. Mackay (Hg., 1972), Philosophy and Technology, N.Y., 1972.

Burckhardt, J. (1860), Die Kultur der Renaissance in Italien, Köln, 1956.

Burckhardt, L. (Hg., 1987), Design der Zukunft, DuMont Verlag, Köln, 1987.

Campbell, C. (1987), The Romantic Ethic and the Spirit of Modern Consumerism, B. Blackwell, Oxford, 1989.

Cassirer, E. (1927–1933), Symbol, Technik, Sprache, F. Meiner Verlag, Hamburg 1985, ibid: (1930), Form und Technik.

Casti, J. L. (1989), Verlust der Wahrheit – Streitfragen der Naturwissenschaft, Droemer-Knaur, München 1990.

Chandler, A. D., jun. (1977), The Visible Hand – The Managerial Revolution in American Business, Harvard Univ. Press, Cambridge, Mass., 1977.

Cipolla, C. N. (Hg., 1972, 1974), The Fontana Economic History of Europe, 6 Vols., Fontana/Collins, Glasgow, 1972–1975.

Cipolla, C. N. (1973), Christofano and the Plague – A Study of the History of Public Health in the Age of Galileo, Collins, London, 1973.

Cipra, B. A. (1989), Do Mathematicians Still Do Math?, *Science*, Vol. 244, 19 May 1989, S. 769–770.

Cohen, J. (1954), On the Project of a Universal Character, *Mind*, Vol. 63, S. 49–63.

Cohen, J. B. (1958), Isaac Newton's Papers and Letters on Natural Philosophy, Cambridge Univ. Press, Cambridge, 1958.

Computer Films (1978), Adding an Extra Dimension to Research, *Science*, 200/1978.

Computer in the New Lab (1981), Where will the revolution end?, *Nature*, 190/1981.

Crombie, A. C. (1961), Quantification in Medieval Physics, in: H. Woolf (ed. 1961), Quantification – A History of the Meaning of Measurement in the Natural and Social Sciences, Bobbs-Merrill, Indianapolis, 1961.

Daele, W., van den (1977), Die soziale Konstruktion der Wissenschaft – Institutionalisierung und Definition der positiven Wissenschaft in d. 2. Hälfte d. 17. Jht., in: G. Böhme et al. (Hg., 1977), Experimentelle Philosophie, Fft./M., 1977.

Daele, W., van den/W. Krohn/P. Weingart (1979), Die politische Steuerung der wissenschaftlichen Entwicklung in: ds. (Hg., 1979): Geplante Forschung, Suhrkamp, Fft./M., 1979.

Dankbaar, B. (1988), New Production Concepts, Management, Strategies and the Quality of Work, *Work, Employment & Society*, Vol. ii/1., (S. 25–50).

Darwin, Ch. (1859), The Origin of Species by Means of Natural Selection, Penguin Books, Middlesex, 1970.

Davy, J. (1984), Mindstorms in the Lamplight, in: D. Sloan, (Hg., 1984), The Computer in Education – A Critical Perspective, N.Y., 1984.

Defoe, D. (1719), The Life and Strange Surprising Adventures of Robinson Crusoe, Aitken, London, 1902.

DELTA (1986), Applying Learning Technology, Vol. 1, DELTA Background Documents, Comm. of the Europ. Comm., ds.: Distance Learning – A Technology Scenario, TFTIT/71–86.

Diederich, W. (Hg., 1974), Theorien der Wissenschaftsgeschichte – Beiträge zur diachronischen Wissenschaftstheorie, Suhrkamp, Fft./M., 1978.

Dierkes, M. (1988), Leitbilder der Technikentwicklung und Gestaltung von Technikfolgen – ein neuer Ansatz in der sozialwissftl. Technikforschung, Thesenpapier für d. Konf. „Perspektiven wirtschafts- u. sozialwissenschaftl. Technikforschung: Institution – Organisation – Alltag, Bonn, Nov. 1988.

Dierkes, M. (1989), Technikgenese in organisatorischen Kontexten – Neue Entwicklungslinien sozialwissenschaftlicher Technikforschung, WZB, Berlin, FS II – 89–104.

Diesel, R. (1913), Die Entstehung des Dieselmotors, Springer, Berlin, 1913.

Dijkstra, E. W. (1968), Go-To-Statement Considered Harmful, *Communications of Assoc. Computing Machines*, Vol. 11/3, pp. 147–148.

Dingler, H. (1928), Das Experiment – Sein Wesen und seine Geschichte, E. Reinhardt, München, 1928.
Dingler, H. (1933), Die Grundlagen der Geometrie, F. Enke, Stuttgart, 1933.
Dingler, H. (1938), Die Methode der Physik, E. Reinhardt, München, 1938.
Douglas, M. (1966), Purity and Danger, Penguin, Middlesex, 1970.
Douglas, M. (1970), Natural Symbols, Penguin, Middlesex, 1973.
Douglas, M. (ed., 1982), Essays in the Sociology of Perception, Routledge & Kegan, London, 1982.
Douglas, M./A. Wildavsky (1982), Risk and Culture, Univ. of Calif. Press, Berkeley, 1983.
Douglas, M./B. Isherwood (1978), The World of Goods – Towards an Anthropology of Consumption, Penguin, Middlesex, 1980.
Dosi, G./C. Freeman/R.Nelson/G.Silverberg/L. Soete (Hg., 1988), Technical Change and Economic Theory, London, 1988.
Dreßen, W. (1982), Die pädagogische Maschine: Zur Geschichte des industrialisierten Bewußtseins in Preußen/Deutschland, Ullstein, Fft./M., Wien, 1982.
Dreyfus, H. L. (1972, 1979), What Computers Can't Do, The Limits of Artificial Intelligence, Harper and Row, New York, 1979.
Dreyfus, H. L./St. E. Dreyfus (1988), Making a Mind versus Modeling the Brain: Artificial Intelligence Back at a Branchpoint, *Daedalus*, Winter 1988.
Dreyfus, H. L. (1989), On the Ordering of Things, Being and Power in Heidegger and Foucault *Sth. J. of Phil.*, Vol. XXVIII, Suppl., S 83–93.
Duby, G. (1979), Der hl. Bernhard und die Kunst der Zisterzienser, Klett-Cotta, Stuttgart, 1981.
Duden – Etymologie (2.Auflage), Bd.7, Mannheim-Wien-Zürich, 1989.
Duerr, H. P. (1978), Traumzeit – Über die Grenze zwischen Wildnis und Zivilisation, Syndikat Verlag, Fft./M., 1978.
Duhem, P. (1906), Ziel und Struktur der physikalischen Theorien, J. A. Barth Verlag, Leipzig, 1908.
Duhem, P. (1909), Un précurseur francais de Copernic: Nicole Oresme [1377], *Revue Générale de Sciences pures et appliquées* 1909, S. 866 ff.
Duhem, P. (1914–1959), Le Systéme du Monde, Histoire des Doctrines cosmologiques de Plato á Copernic, I–X, Paris, 1914–1959.
Dumont, L. (1967), The Individual as an Impediment to Sociological Comparison and Indian History, in: B. Singh, V. B. Singh (ed., 1967), Social and Economic Change, Allied Publ., Bombay, 1967.
Dumont, L. (1983), Interaction Between Cultures: Herder's Volk and Fichte's Nation, in: Maier F. B., C. I. Waxman (Hg., 1983), Ethnicity, Identity & History: Essay in Memory of W. J. Cahnman, Transaction Books, N.Y., 1983.
Dumont, L. (1966), Homo Hierarchicus, Paladin, London, 1972.
Dunsheath, P. (1962), A History of Electrical Power Engineering, MIT-Press, Cambridge, Mass., 1962.
Durkheim, E. (1893), Über soziale Arbeitsteilung, Suhrkamp, Fft./M., 1988.
Durkheim, E. (1902, 1903), Erziehung, Moral und Gesellschaft, Suhrkamp, Fft./M. 1984.
Durkheim, E./M. Mauss, (1901/02), Primitive Classification (Hg.: R. Needham), Routledge Paperback, London 1970.
Durkheim, E. (1912), Die elementaren Formen des religiösen Lebens, Suhrkamp, Fft./M., 1984.
Eco, U. (1962), Das offene Kunstwerk, Suhrkamp, Fft./M., 1973.
Eco, U., (1989), Auf dem Wege zu einem Neuen Mittelalter, dtv, München, 1989.
Edquist, Ch./O. Edquist, (1978), Social Carriers of Technology for Development, Dis. Paper Nr. 123, Research Policy Programme, Lund Univ., 1978.

Eggeling, J. (1985), Die Industrialisierung von Programmiererarbeit, P. Lang, Fft./M. 1985.
Ehrenreich, J., (ed. 1978), The Cultural Crisis of Modern Medicine, Honthly Review Press, N. Y., 1978.
Eigen, M./R. Winkler, (1975), Das Spiel – Naturgesetze steuern den Zufall, R. Piper, München, 1987.
Einstein, A. (1924), Das Komptonsche Experiment. Ist die Wissenschaft um ihrer selbst Willen da? Berliner Tagblatt, 20. April 1924 I Beiblatt (Readex Microprint Edition of the Publ. Einstein, Nr.147).
Ekhardt, H.-P. (1977), Entwurfsarbeit, Diss. d. TH Darmstadt, 1977.
Elias, N. (1939), Die Gesellschaft der Individuen, Suhrkamp, Fft./M., 1987.
Elias, N. (1969a), Die höfische Gesellschaft, H. Luchterhand, Dortmund, 1975.
Elias, N. (1969b), Der Prozeß der Zivilisation, 2 Bde., Suhrkamp, Fft./M., 1976.
Elias, N. (1970), Was ist Soziologie, Juventa, München, 1971.
Elias, N. (1984), Über die Zeit, (Hg. M. Schröter), Suhrkamp, Fft./M., 1984.
Elias, N. (1987), Wandlungen der Wir-Ich-Balance, in: ds. Die Gesellschaft der Individuen (Hg. M. Schröter), Suhrkamp, Fft./M., 1987.
Ellul, J. (1954), The Technological Society, A. A. Knopf, New York, 1964.
Emery, F. E. (Hg., 1969), System Thinking, Penguin, Middlesex, G. B., 1971.
Eurydice: Das Bildungsinformationsnetz in der Europ. Gemeinschaft, D/1988/4008/9.
Espagnat, B., d' (1985), Reality and the Physicist – Knowledge, Duration and the Quantum World, Cambridge Univ. Press, 1989.
Eurich, N. P. (1985), Corporate Classrooms – The Learning Business, The Carnegie Fdt. for the Advancement of Teaching, Princeton Univ. Press, N.Y., 1985.
Euro-Bildungsreport, Nr. 1, Mai 1989, IBE/Linz/D.
Fahmüller, E., Januschke, B., Warner K. F. (1982), Technische Leistungen der Griechen und Römer, in: U. Troitzsch, W. Weber, (Hg., 1982), Die Technik, Westermann, Braunschweig, 1982.
Fehér, M. (1988), Epistemology Naturalized vs. Sozialized; in I. Hronszky et. al. (Hg.,1988) Scientific Knowledge Socialized, Budapest, 1988.
Feist, S. (1936), Vergleichendes Wörterbuch der gotischen Sprache, 3. Aufl., E. J. Brill, 1939.
Felhofer, G. (1987), Die Produktion des disziplinierten Menschen, VWGÖ, Wien 1987.
Finley, M. I. (1963), The Ancient Greeks, Penguin, Middlesex, 1975.
Finley, M. I. (1973), The Ancient Economy, Chatto & Windus, London, 1975.
Fisher, C. S. (1966), The Death of a Mathematical Theory, *Arch. Hist. Exact Sciences*, III, S. 137–159.
Fisher, C. S. (1967), The Last Invariant Theorist, Arch. Europ. Sociology, VIII, S. 216–244.
Fleck, L. (1935), Entstehung und Entwicklung einer wissenschaftlichen Tatsache – Einführung in die Lehre vom Denkstil und Denkkollektiv, Suhrkamp, Fft./M. 1980.
Forman, P. L. (1971), Weimar Culture, Causality and Quantum Theory, 1918–1927; Adaption by German Physicists and Mathematicians to a Hostile Intellectual Environment, *Hist. Studies in Phys. Science*, III, S. 1 ff.
Foucault, M. (1961), Madness and Civilization, Tavistock Publ., GB, 1975.
Foucault, M. (1970), Die Ordnung des Diskurses, Ullstein Buch, Fft./M., 1977.
Foucault, M. (1975), Überwachen und Strafen – Die Geburt des Gefängnisses, Suhrkamp, Fft./M. 1977.
Foucault, M. (1984), Der Gebrauch der Lüste (Sexualität und Wahrheit, Bd.2), Suhrkamp, Fft./M. 1989.
Fox, E. (1971), History in Geographic Perspective, The Other France, N.Y., 1971.
Fox-Keller, E. (1985), Liebe, Macht & Erkenntnis, Männl. oder Weibl. Wissenschaft, C. Hanser Verlag, München, 1986.

Freeden, J. v. (1993), Malta und die Baukunst seiner Megalith Tempeln, Wissenschaftl. Buchgesellschaft, Darmstadt, 1993.

Freudenthal, G. (1982), Atom und Individuum im Zeitalter Newtons – Zur Genese der mechanistischen Natur- und Sozialphilosophie, Suhrkamp, Fft/M., 1982.

Freudenthal, G. (1988), Towards a Social History of Newtonian Mechanics, Boris Hessen and Henryk Grossmann Revisited in: Hronszky, Fehér, Dajka (eds., 1988), op.cit.

Freyer, H. (1929), Zur Philosophie der Technik, *Blätter f. dt. Phil.* /3, (S. 192–201).

Frude, N. (1983), The Intimate Machine – Close Encounters with the New Computers, London, 1983.

Gadamer, H. G. (1960), Wahrheit und Methode – Grundzüge einer philosophischen Hermeneutik, 2 Bde., J. C.B. Mohr, Tübingen, 1990.

Galison, W. (1987), How Experiments End, The Univ. of Chicago Press, Chicago, 1987.

Galtung, J. (1979), Development, Environment and Technology; UNCTAD; UN. Publ., Sales No. E.78 II, D.11, N.Y.

Galtung, J. (1981), Development, Environment and Technology. Towards a Technology for Self-reliance, United Nations, New York.

Gáspár-Ruppert, W. (1989), Ein neues Paradigma der Wissensvermittlung? Entwurf eines technologiebezogenen Sozialisationskonzepts, *ÖZS*, Sonderband 1, Wien 1989.

Geertz, C. (1987), Dichte Beschreibung – Beiträge zum Verstehen kultureller Systeme, Suhrkamp, Fft./M. 1987.

Gehlen, A. (1953), Die Technik in der Sichtweise der Anthropologie, in ds., Anthropologische Forschung, Rowohlt, Reinbek b. H., 1971.

Gellatly, A. R. H. (1988), Influences on the Conception of Logic and Mind, in: Hronszky, I., M. Fehér, B. Dajka (eds.), Scientific knowledge Sozialized, Akademia Kiadó, Budapest, 1988.

Gennep, A. van (1908), Les Rîtes de Passage, Routledge & Kegan, London, 1960.

Gerard, R. W. (1961), Quantification in Biology, in: H. Woolf, (ed., 1961) Quantification – A History of the Meaning of Measurement, Bobbs Merrill, N.Y. 1961.

Gershuny, J. (1978), Die Ökonomie der nachindustriellen Gesellschaft – Produktion und Verbrauch von Dienstleistungen, Campus, Fft./M. 1981.

Geser, H. (1982), Gesellschafliche Folgeprobleme und Grenzen des Wachstums formaler Organisationen, *Z. f. Soziologie*, Z, 1982, S. 113–132.

Gethmann, C. F. (1989), Heideggers Wahrheitskonzeption in seinen Marburger Vorlesungen. Zur Vorgeschichte von ‚Sein und Zeit' (44) in: Forum f. Phil. (Hg., 1989), Martin Heidegger: Innen- und Außenansichten, Suhrkamp, Fft./M., 1989.

Giamatti, A. B. (1982), The University, Industry and Cooperative Research, *Science*, Vol. 218, Dec. 1982, S. 1278.

Giddens, A. (1984), Die Konstitution der Gesellschaft – Grundzüge einer Theorie der Strukturierung, Campus, Fft./M., 1988.

Giddens, A. (1987), Social Theory and Modern Sociology, Polity Press, Cambridge, 1987.

Giedion, S. (1948), Die Herrschaft der Mechanisierung, Europ. Verlagsanstalt, Fft./M., 1982.

Giesecke, M. (1991), Der Buchdruck in der frühen Neuzeit – Eine histor. Fallstudie über die Durchsetzung neuer Informations- und Kommunikationstechnologien, Suhrkamp, Fft./M., 1991.

Gimpel, J. (1976), The Medieval Machine – The Industrial Revolution of the Middle Ages,V.Gollancz Ltd., London, 1977

Gluckman, M. (1963), Gossip and Scandal, *Current Anthropology*, S. 307–316, 1963.

Goldstine, H. H./J. v. Neumann (1963), Principles of Large Scale Computing Machines, in: J. v. Neumann, Collected Works, Vol. 5, pp. 1–32, Macmillan, N.Y., 1963.

Goody, J. (1983), Die Entwicklung von Ehe und Familie in Europa, Suhrkamp, Fft./M. 1989.

Goody, J., Watt I. (1963), Konsequenzen der Literalität, in: ds., Gough K. (eds., 1986), Entstehung und Folgen der Schriftkultur, Suhrkamp, Fft./M., 1991.

Goody, J., Watt I., Gough K. (1986), Entstehung und Folgen der Schriftkultur, Suhrkamp, Fft./M., 1991.

Gorokhov, V. D. (undatiert), Development of Systems Engineering Theory, in: J. M.Gvishiani (Hg.), Systems Research II, Methodological Problems, Pergamon Press, Oxford-N.Y.

Gorokhov, V. D. (1983), Methodological Analysis of the Development of Engineering Disciplines (as applied to Radar Theory) in: Systemnye Issledovania, Ezegodnik 1983, Moskwa, *Nauka*, 1983.

Gorokhov, V. D. (1990), Methodologie der Technik in der UdSSR – Ergebnisse und Probleme *Fridericiana*, Zeitschrift der Universität Kalsruhe, Aug.1990.

Gottl-Ottlilienfeld, F. von (1923), Wirtschaft und Technik, Tübingen, 1923.

Gouldner, A. (1976), The Dialectic of Ideology and Technology, The Origins, Grammar and Future of Ideology, MacMillan, London 1976.

Grabner, I./W. Reiter (1974), Guardians at the Frontier of Science, in: H. Nowotny, H. Rose (eds., 1974), Countermovements in the Sciences, Reidel, Dordrecht 1974.

Graedel, T. E./R. McGill (1982), Graphical Presentation of Results from Scientific Computer Modells, *Science*, Vol. 215, 5 March 1982, S. 1191–1198.

Greiff, B. v. (1977), Gesellschaftsform und Erkenntnisform – Zum Zusammenhang von wissftl. Erfahrung und gesellftl. Entwicklung, Campus, Fft./M., 1977.

Grierson, H. (1903), The Silent Trade, Edinburgh, 1903.

Grimm, J. u. W. (1935), Deutsches Wörterbuch, Bd. XI, SI. Abtlg. I. Tl. (T-TrettigS); bearb. v. Lexer, M., Kralik, D., 1935.

Grimm, J. u. W. (1885), Deutsches Wörterbuch, Bd. XII, dtv, München, 1991.

Günther, G. (1957), Das Bewußtsein der Maschinen – eine Metaphysik der Kybernetik, Agis Verlag, Krefeld, 1963.

Guillet de Monthoux, P. (1981), Vulgärkantianische Unternehmenslehre – Eine Einführung in die Kunst, Industrie und Technologie zu konstruieren, Leudemann, München, 1981.

Guilmartin, jr. J. F. (1974), Gunpowder and Galleys – Changing Technology and Mediterranean Warfare at Sea in the 16th Century , U. P., Cambridge 1980

Haber, F. C. (1975), The Cathedral Clock and the Cosmological Clock Metapher, in: J. T. Fraser, N. Lawrence (eds., 1975), The Study of Time II, Springer, N.Y., 1975.

Habermas, J. (1973), Wahrheitstheorien, in: H. Fahrenbach (Hg., 1973), Wirklichkeit und Reflexion, Neske, Pfüllingen, 1973, (S. 211–265).

Habermas, J. (1981), Theorie des kommunikativen Handelns – Handlungsrationalität und gesellschaftliche Rationalisierung, Suhrkamp, Fft./M., 1985.

Hack, C./L.Hack (1985), Die Wirklichkeit, die Wissen schafft, Campus, Fft./M., 1985.

Hack, L. (1984), Industrialisierung immaterieller Produktionsprozesse – Konzeptualisierung technologischer Entwicklung im Kontext organisierter Industrieforschung, III. Technologie Kolloquium, Fft./M., Ifs, Juli 1984.

Hack, L./I. Hack (1985), ‚Kritische Massen'. Zum akademisch-industriellen Komplex in der Mikrobiologie/Gentechnologie. *Jahrbuch f. Technik und Gesellschaft*, Campus, Fft./M., 1985, S. 132–158.

Hack, L. (1987), Die dritte Phase der industriellen Revolution ist keine „technische Revolution", *Jahrbuch f. Technik und Gesellschaft*, Campus, Fft./M., 1987, S. 26–60.

Hack, L. (1988), Vor Vollendung der Tatsachen, Fischer, Fft./M., 1988.

Hacking, I. (1983), Representing and Intervening, Cambridge Univ. Press, Cambridge 1983.

Häfner, K. (1971), Der computer-unterstützte Hochschulunterricht in den Naturwissenschaften und der Medizin, *Naturwissenschaftliche Rundschau*, Vol. 24, Jan. 1971, S. 12–22.

Hägerstrand, T. (1968), Spatial Diffusion as an Innovation Process, Univ. of Chicago Press, Ill., 1968.

Haken, H. (1981), Erfolgsgeheimnisse der Natur-Synergetik: Die Lehre vom Zusammenwirken, Dt. Verlagsanstalt, Stuttgart, 1986.

Hamberg, D. (1963), Invention in the Industrial Research Laboratory, *J. of. Pol. Economy*, Vol. LXXI/2., S 95–115, 1963.

Hampton, J. (1982), Giving the Grid / Group Dimensions an Operational Definition, in: M. Douglas (ed., 1982), Essays in the Sociology of Perception, London, 1982.

Harrison, J. (1911), Themis – A Study of the Social Orgins of Greek Religion, Merlin Press, London, 1977.

Hauser, A. (1964), Der Ursprung der modernen Kunst und Literatur – Die Entwicklung des Manierismus seit der Krise der Renaissance, dtv, Beck, München, 1979.

Heer, F. (1968), The Intellectual History of Europe, Doubleday, N.Y., 1968.

Heidegger, M. (1927), Sein und Zeit, Niemeyer Verlag, Tübingen, 1986.

Heidegger, M. (1955), Die Frage nach der Technik, in ds. (1962): Die Technik und die Kehre, G. Neke Verlag, Pfullingen,1985.

Heidegger, M. (1962), Überlieferte Sprache und Technische Sprache, H. Heidegger (Hg. 1989), Erker Verlag, 1989.

Hendry, J. (1980), Weimar Culture and Quantum Causality, *Hist. of Science*, XVIII, S. 155 ff.

Henrikson, St. (1986), Theory and Practice – Impressions of Reflections on Computer Science at Brown University, Work-Report 5, Comp.Science Dpt., Univ. of Lund, May 1986.

Hesse, M. (1988), Socializing Epistemology, in: Hronszky, I., M. Fehér, B. Dajka (eds.), Scientific Knowledge Socialized, Akademia Kiadó, Budapest, 1988.

Hettlage, R. (1986), Der Fremde: Kulturmittler, Kulturbringer, Herausforderer von Kultur, in: W. Lipp (Hg. 1986), Kulturtypen, Berlin, 1986.

Heyde, D. J.E. (1963), Zur Geschichte des Wortes „Technik", in: Humanismus und Technik, Hg.: Gesellschaft v. Freunden d. Techn. Univ., Berlin Bd. 9/1, F. Vahlen Verlag, Berlin.

Hildreth, Ch. R. (1987), Library Automation in North America, 19.12.1963, München/N.Y., 1987.

Hill, C. H. (1972), The World Turned Upside Down, Penguin Books, Middlesex, 1976.

Hillmer, H., et al. (Hg., 1979), Der Ingenieur in Beruf und Gesellschaft, Studium, Beruf und Qualifikation der Ingenieure, VDI-Verlag, Düsseldorf, 1979.

Hiltz, St. R./M. Turoff (1978), The Network Nation – Human Communication via Computer, Addison-Wesley, Mass. 1978.

Hobbes, T. H. (1651), Leviathan: or the Matter, Forme, and Power of a Commonwealth, Ecclesiastical and Civil, Fontana, Collins, London, 1962.

Hobsbawm, E. J. (1959), Primitive Rebels, Manchester Univ. Press, Manchester, 1963.

Hobsbawm, E. J. (1968), Industry and Empire, Weidenfeld & Nicolson, London, 1989.

Hobsbawm, E. J. (1975), The Age of Capital, N.Y., 1975.

Hochgerner, J. (1983), Studium und Wissenschaftsentwicklung im Habsburgerreich, Edition ÖH., Wien 1983.

Hochgerner, J. (1986), Arbeit und Technik – Einführung in die Techniksoziologie, Kohlhammer, Stuttgart, 1986.

Hochgerner, J. (1987), Perspektive 2000: Vorschau auf Veränderungen von Technik, Beschäftigung und Berufsstrukturen, Kammer f. Arbeiter u. Angestellte, Wien, 1987.

Hofstadter, D. R. (1979), Gödel, Escher, Bach: An Eternal Golden Braid, Penguin, Middlesex, 1983.

Holton, G. (1978), The Scientific Imagination, Cambridge Univ. Press, Cambridge, 1978.

Hortleder, G. (1970), Das Gesellschaftsbild des Ingenieurs – Zum politischen Verhalten der techn. Intelligenz in Deutschland, Suhrkamp, Fft./M., 1970.

How Scientific Mangement is Applied, Hive Publ., Easton, 1974.

Hoyle, F. (1977), On Stonehenge, Heinemann, London, 1977.

Hörning, K. (1984), Alltägliches. Wie die Technik in den Alltag kommt und was die Soziologie dazu zu sagen hat. *Technik und Gesellschaft*, Jahrbuch 3, Campus, Fft./M., 1984.
Hörning, K. (1988), Technik im Alltag und die Widersprüche des Alltäglichen, in: B. Jörges (Hg., 1988), Technik im Alltag, Suhrkamp, Fft./M., 1988.
Hörning, K. (1989), Vom Umgang mit den Dingen – Eine techniksoziologische Zuspitzung, in: P.Weingart (Hg., 1989), Technik als sozialer Prozeß, Suhrkamp, Fft./M., 1989.
Hronszky, I./M. Fehér/B. Dajka, (eds., 1988), Scientific Knowledge Socialized, Akademia; Kiadč, Budapest, 1988.
Hronszky, I. (1990), in: J. Hochgerner (Hg., 1990), Soziale Grenzen des technischen Fortschritts, Falter Verlag, Wien, 1990.
Hughes, T. P. (1983), Networks of Power: Electrification in Western Society, 1880–1930, John Hopkins, Univ. Press, Baltimore, 1983.
Hughes, T. P. (1987), The Evolution of Large Technological Systems, in: Bijker W. E., T. P. Hughes, T. Pinch (Hg., 1987), The Social Construction of Technological Systems, MIT-Press, Mass., 1989.
Hughes, T. P. (1989), American Genesis – A Century of Invention and Technological Enthusiasms, 1870–1970, Viking, Penguin, N.Y., 1989.
Huizinga, J. (1938), „Homo ludens – Vom Ursprung der Kultur im Spiel", Rowohlt, Reinbek b. H., 1956.
Hume, D. (1739, 1740), Ein Traktat über die menschliche Natur, 2Bde., Reihe Phil. Bibl. (Nr. 283a, b), Meiner, Hamburg, (1906/1973).
Industrie, 30. Okt. 1985
I.R.L.-Research Themes (1987).
Irvine J., Miles I., Evans J. (eds. 1979), Demystifying Social Statistics, Pluto Press, London, 1979.
Janich, P. (1978), Physics-Natural Science or Technology?, in: W. Krohn, E. Layton, P. Weingart, (Hg., 1978), The Dynamics of Science and Technology, Boston-Dordrecht, 1978.
Janich, P. (1988), Truth as Success of Action. The Constructive Approach in the Philosophy of Science. in: I. Hronszky et. al. (Hg., 1988), Scientific Knowledge Socialized, Budapest, 1988.
Janshen, D. (1986), Bilder von Menschen, zu Technik, Menschen und Menschenrecht, *Technik und Gesellschaft*, 2/1986, Wien.
Jaufmann D., E. Kistler (1991), Einstellung zur Technik – Gibt es eine Technikfeindschaft unter Jugendlichen? *Aus Politik und Zeitgeschichte* Beilage zur Wochenzeitung *Das Parlament*, 18.Okt.1991 S. 26–37.
Johnson, J. H. (1989), Teleinformatics: A New Pedagogic Medium; 2nd Int. Congress of Informatics Assoc., the Impact of Using Teleinformatics, Paris, 26.–29. Sept. 1989.
Johnson, J. H.,/M. J.Loomes (1991), The Mathematical Revolution Inspired by Computing, Clarendon Press, Oxford, 1991.
Jörges, B. (1986), Technik als Problem einer Soziologie der Sachen oder: Gegenstand einer Techniksoziologie sind Maschinen, Berlin, IIVG, dp.86.
Kant, I. (1781, 1787), Kritik der reinen Vernunft, Suhrkamp, Fft./M., 1974.
Kant, I. (1798), Der Streit der Fakultäten, Werke Bd. 9, Darmstadt 1964.
Kanter, R. M. (1972), Commitment and Community, Harvard Univ. Press., Cambridge, Mass. 1972.
Kapp, E. (1877), Grundlinien einer Philosophie der Technik. Zur Entstehungsgeschichte der Cultur aus neuen Gesichtspunkten, Stern Verlag, Düsseldorf, 1978.
Kapp, E. (1942), Der Ursprung der Logik bei den Griechen, Vandenhoeck & Ruprecht, Göttingen, 1965.
Keen, P. G.W. (1981), Information Systems and Organisational Change, Social Impacts of Computing, *Comm. of the ACM*, Vol. 24/1, January 1981.

Kellenbenz, H. (1974), Technology in the Age of the Scientific Revolution 1500–1700, in: Cipolla C. N. (Hg. 1972, 1974), The Fontana Economic History of Europe, Bd.2, 1974.

Kerr, R. A. (1989), Does Chaos Permeate the Solar System, Science, Vol. 244, 14th April 1989, S. 144–145.

Kidder, T. (1981), The Soul of a New Machine, Allen Lane, London, 1982.

Kieser, A./H. Kubicek (1976), Organisation, W. de Gruyter, Berlin, N.Y., 1983.

King, A. (1956), Die Wissenschaft und das veränderte Gesicht der Industrie – Die soziale Phase, Arbeitsgemeinschaft für Rationalisierung des Landes Nordrhein-Westfalen, Heft 22, Verkehrs- und Wirtschaftsverlag, Dortmund.

Kirchner, O. B. (undatiert), Research Networks and Their Protocols, The Development of Computer-Networks in Public Research and Universities, Mimeo, IBM-Germany, Stuttgart 80.

Kittler, F. (1985), Grammophon, Film, Typewriter, Brinkmann & Base, Berlin, 1986.

Kling, R. (1980), Social Analysis of Computing. Theoretical Perspectives in Recent Empirical Research, *Computing Surveys*, Vol. 12, No. 1., March 1980.

Kluge, F. (1883), Etymolog. Wörterbuch der deutschen Sprache, 17. Auflage, de Gruyter, Berlin, 1967.

Klüver, J. (1983), Universität und Wissenschaftssystem – Die Entstehung einer Institution durch gesellschaftliche Differenzierung, Campus, Fft./M., 1983.

Knie, A. (1991), Diesel – Karriere einer Technik: Genese und Formierungsprozesse im Motorenbau, Sigma Bohn, Berlin, 1991

Knoll, A. M. (1933), Der Zins in der Scholastik, Tyrolia, Innsbruck, 1933.

Knorr-Cetina, K. (1981), Die Fabrikation von Erkenntnis – Zur Anthropologie der Wissenschaft, Suhrkamp, Fft./M., 1984.

Knorr-Cetina, K. (1983), Towards a Constructivist Interpretation of Science in: ds., M. Mulkay (Hg., 1983), Science Observed, Sage, London, 1983.

Knorr-Cetina, K./M. Mulkay (Hg., 1983), Science Observed – Perspectives on the Social Study of Science, Sage, London, 1983.

Köbler, G. (1939), Gotisches Wörterbuch, E. J. Brill, Leiden, 1989.

Koenigsberger, H. G./G. L. Mosse (1968), Europe in the Sixteenth Century, Longman, London, 1972.

Kolm, P./A. Volst/I. Wagner (1988), Konflikt und Innovation in computerunterstützten Organisationen, R. Oldenbourg, München/Wien, 1988.

König, W. (1985), Wissenschaft und Praxis, Schlüsselkategorien für die Entwicklung des deutschen technischen Ausbildungssystems, *Mitteilungen d. Techn. Univ. Carolo Wilhelmina zu Braunschweig*, Jg. XX/2.

König, W./H. Petzold (1987), Elektrotechnik, in: T. Buddensieg (et al. Hg.), Wissenschaften in Berlin, Bd. 2, Berlin 1987.

König, W. (1987), Elektrotechnik – Entstehung einer wissenschaftlichen Disziplin, *Berichte zur Wissenschaftsgeschichte*, 10–12 (1987).

König, W. (1988a), Höhere technische Bildung in Preußen im Kaiserreich, in: G. Sodan (1988, Hg.), Die techn. Fachhochschule Berlin im Spektrum Berliner Bildungsgeschichte, Techn. Fachhochschule Berlin, 1988.

König, W. (1988b), Spezialisierung und Bildungsanspruch, *Berichte zur Wissenschaftsgeschichte*, 11 (1988) S. 219–225.

Kopernikus, N. (1517, 1519, 1526), Denkschriften, In: Sommerfeld,. E., (Hg., 1978), Die Geldlehre des Nicolaus Copernicus, Vaduz, 1978.

Krafft, F. (1970), Dynamische und statische Betrachtungsweise in der antiken Mechanik, Steiner, Wiesbaden, 1970.

Kraft, Ph. (1977), Programmers and Managers: The Routinization of Computer Programming in the United States, Springer, N.Y., 1977.

Krämer, S. (1988), Symbolische Maschinen – Die Idee der Formalisierung in geschichtlichem Abriß, Wissenschaftliche Buchgesellschaft, Darmstadt, 1988.

Krämer, S. (1991), Denken als Rechenprozedur: Zur Genese eines kognitionswissenschaftlichen Paradigmas, *Kognitionswissenschaft* (1991), 2, S. 1–10.

Krämer, S. (1991), Berechenbare Vernunft – Kalkül und Rationalismus im 17. Jahrhundert, de Gruyer, Berlin, 1991.

Kriedte, P./H. Medick/J. Schlumbohm (1978), Industrialisierung vor der Industrialisierung, Van den Hoeck & Ruprecht, Göttingen, 1978.

Krohn, W. (1977), Die „Neue Wissenschaft" der Renaissance, in G. Böhme, et al., (Hg., 1977), Experimentelle Philosophie, Suhrkamp, Fft./M., 1977.

Krohn, W. (1986), Zur Entwicklung der Wissenschaft, Beitrag zum Int. Symposium: Die Dialektik und die Wissenschaften, Moskau, Mai 1986.

Krohn, W. (1987), Francis Bacon, Beck, München, 1987.

Krohn, W./G. Küppers (1989), Die Selbstorganisation der Wissenschaft, Suhrkamp, Fft./M., 1989.

Krueger, M. W. (1983), Artifical Reality, Addison-Wesley, Mass., 1983.

Kuhn, T. S. (1952), Robert Boyle and Structural Chemistry in the Seventeenth Century, *ISIS*, Vol. 43, April 1952, S. 12–36.

Kuhn, T. S. (1957), Die Kopernikanische Revolution, F. Vieweg, Braunschweig-Wiesbaden, 1981.

Kuhn, T. S. (1958), The Caloric Theory of Adiabatic Compression, *ISIS*, Vol. 49, June 1958, S. 132–140.

Kuhn, T. S. (1961), The Function of Measurement in Modern Physical Science, in: H. Woolf (1961, ed.), Quantification, A History of the Meaning of Measurement in the Natural and Social Sciences, Bobbs-Merrill, Indianapolis, 1961.

Kuhn, T. S. (1962a), The Structure of Scientific Revolutions, 2nd Edition, Univ. of Chicago Press, 1970.

Kuhn, T. S. (1962b), Historical Structure of Scientific Discovery, *Science*, Vol. 136, 1 June 1962, S. 760–764.

Kuhn, T. S. (1970), Logic of Discovery or Psychology of Research, in: I. Lakatos, A. Musgrave (Hg.1970), Criticism and the Growth of Knowledge, Cambridge Univ. Press, London, 1970.

Kuhn, T. S. (1978), Black-Body Theory and the Quantum Discontinuity, 1894–1912, Univ. of Chicago Press, London–Chicago, 1987.

Laboratory of Comparative Human Cognition: Kids and Computers: A Positive Version of the Future, *Harvard Educ. Review*, Vol. LIX/1, 1989.

Lakatos, I. (1963/64), Proofs and Refutations, *Brit. J. for Phil. of Science*, vol. XIV, S 1–25, 120–176, 221–264, 296–342.

Lakatos, I. (1968), Criticism and Methodology of Scientific Research Programmes, Proceedings of the Aristotelian Society Vol. 69, p. 149–156, 1968.

Lakatos, I. (1970), Falsification and the Methodology of Scientific Research Programmes, in: I. Lakatos & A. Musgrave (Hg.), Criticism and the Growth of Knowledge, Cambridge University Press, 1970.

Lakatos, I./A. Musgrave (Hg.,1970), Criticism and the Growth of Knowledge, Cambridge Univ. Press, 1970.

Lakatos, I. (1974), The Role of Crucial Experiments in Science, *Stud. Hist. Phil. of Science*, IV/4.

Lancaster, K. (1968), Mathematical Economics, Macmillan, London 1987.

Lange, F. A. (1866), Geschichte des Materialismus, 2 Bd., Suhrkamp, Fft./M. 1974.

Latour, B. (1983), Give me a Laboratory and I will Raise the World, in: Knorr-Cetina, M. Mulkay (Hg., 1983), Science Observed, Sage, London, 1983.

Latour, B. (1987), Science in Action, Harvard U. P., Mass. 1987.
Latour, B./S. Woolgar (1979), Laboratory Life – The Social Construction of Scientific Facts, Princeton U. P., 1986.
Laum, B. (1924), Heiliges Geld – Eine historische Untersuchung über den sakralen Ursprung des Geldes, C. Mohr, Tübingen, 1924.
Law, J. (1987), Technology and Heterogeneous Engineering: The Case of Portuguese Expansion, in: W. Bijker, T. Hughes, T. Pinch (Hg., 1987), The Social Construction of Technological Systems, Mass., 1987.
Layton, E. T. (1971), The Revolt of the Engineers – Social Responsibility and the American Engineering Profession, J. Hopkins Univ. Press, Maryland, 1986.
Layton, E. T. (1977), Conditions of Technological Development, in: I. Spiegel-Rösing, D. de Solla Price (1977, eds.), Science, Technology and Society: A Cross Disciplinary Perspective, Sage, London, 1977, S. 197–222.
Lazarsfeld, P. F. (1961), Notes on the History of Quantification in Sociology-Trends, Sources and Problems, in: H.Woolf (1961,ed.), Quantification – A History of the Meaning of Measurement, Bobbs - Merrill, N.Y., 1961.
Leach, E. R. (1976), Culture and Communication – The Logic by which Symbols are Connected, Cambridge Univ. Press, 1976.
Le Goff, J. (1957/1985), Die Intellektuellen im Mittelalter, Klett-Cotta, Stuttgart, 1987.
Le Goff, J. (1965), Das Hochmittelalter, Fischer, Fft./M., 1977.
Le Goff, J. (1971), The Town as an Agent of Civilization 1200–1500, in: C. M. Cipolla (Hg., 1972), The Fontana Economic History of Europe, Bd. 1, Glasgow, 1975.
Le Goff, J. (1986), Wucherzins und Höllenqualen, Ökonomie und Religion im Mittelalter, Klett-Cotta, Stuttgart, 1988.
Lepenies, W. (Hg. 1981), Geschichte der Soziologie, 4. Bde., Suhrkamp, Fft./M. 1981.
Lepenies, W. (1985), Die drei Kulturen – Soziologie zwischen Literatur und Wissenschaft, Hanser Verlag, München, 1985
Leroi-Gourhan, H. (1964, 1965), Hand und Wort – Die Evolution von Technik, Sprache und Kunst, Suhrkamp, Fft./M., 1988.
Lévi-Strauss, C. (1955), Die traurigen Tropen, Suhrkamp, Fft./M., 1991.
Lévi-Strauss, C. (1962), The Savage Mind, Weidenfeld Ltd., London, 1966.
Lévi-Strauss, C. (1965), Le Triangle Culinaire, *L'Arc*, Nr. 26, Aix-en-Provence, 1965.
Lincoln, Th. L./R. A. Korpman, (1980), Computers, Healthcare and Medical Information Science, *Science*, Vol. 210, 17. Oct. 1980, S. 257–263.
Linde, H. (1972), Sachdominanz in Sozialstrukturen, Mohr, Tübingen, 1972.
Loeck, G. (1986), Der cartesianische Materialismus und Maschine, Gesetz und Simulation, P. Lang Verlag, Fft./M. 1986.
Lorenzen, P. (1974), Konstruktive Wissenschaftstheorien, Suhrkamp, Fft./M. 1974.
Luhmann, N. (1972), Rechtssoziologie, 2 Bde., rororo, Reinbek/H. 1972.
Luhmann, N. (1975), Soziologische Aufklärung, Westdeutscher Verlag, Opladen, 1984 – Aufsätze zur Theorie sozialer Systeme.
Luhmann, N. (1987), Soziologische Aufklärung – Beiträge zur funktionalen Differenzierung der Gesellschaft, Westdeutscher Verlag, Opladen, 1987.
Luhmann, N./K. E. Schorr (1979), Reflexionsprobleme im Erziehungssystem, Stuttgart, 1979.
Lüthi, K. (1985), Feminismus und Romantik, Böhlau, Wien, 1985.
Lyotard, J. F. (1979), Das postmoderne Wissen, Böhlau, Graz, 1986.
Macpherson, C. B. (1962), The Political Theory of Possessive Individualism (Hobbes to Locke), Oxford Univ. Press, London, 1970.
Mai, M. (1992), Fachspezifischer Habitus in der wissenschaftlichen Politikberatung, in: Huber J., G.Thurn (Hg., im Erscheinen), Divergente Wissenschaftl. Milieus, Berlin.

Mainzer, K. (1979), Entwicklungsfaktoren der Informatik, in: W. van den Daele, et al. (Hg., 1979), Geplante Forschung, Suhrkamp, Fft./M., 1979.
Mair, L. (1942), Primitive Government, Pelican Original, Middlesex, G. B., 1970.
Malinowski, B. (1921), The Primitive Economics of the Trobriand Islanders, *Econ. Journal 31*, S. 1–16, 1921.
Malinowski, B. (1922), Argonauten des westlichen Pazifik, Syndicat, Fft./M., 1979.
Malinowski, B. (1935), Korallengärten und ihre Magie, Syndicat, Fft./M., 1981.
Malthus, T. R. (1798), An Essay on the Principle of Population, Penguin, Middlesex, 1970.
Mandelbrot, B. B. (1982), The Fractal Geometry of Nature, Freeman, San Francisco, 1982.
Mannheim, K. (1929, 1936), Ideology and Utopia – An Introduction to the Sociology of Knowledge, Harcourt, Brace & World, N.Y., 1936.
March, J. G./H. Simon (1958), Organisations, J. Wiley, N.Y., 1958.
Marcuse, H. (1964), Der eindimensionale Mensch, Suhrkamp, Fft/M., 1989.
Marglin, St. A. (1977), Was tun die Vorgesetzten? Ursprünge und Funktion der Hierarchie in der kapitalistischen Produktion, in F. Duve (Hg., 1977), Technologie und Politik, Rowohlt, Reinbek b. H., 1977.
Martin, A. v. (1932), Soziologie der Renaissance – Zur Physiognomik und Rhythmik bürgerlicher Kultur, F. Enke, Stuttgart, 1932.
Marx, G. T. (1988), Undercover, Police Surveillance in America, Univ. of Cal. Press, Berkeley, 1988.
Marx, G. T. (1990), The Case of the Omniscient Organisation, *Harvard Business Review*, March–April/2, S. 5–12.
Marx, K. (1843), Kritik des Hegelschen Staatsrechts, MEW, Bd. 1, Berlin, 1957.
Marx, K. (1845, 1846), Die Deutsche Ideologie, in: ds., Die Frühschriften (Hg. S. Landshut), A. Körner, Stuttgart, 1964.
Marx, K. (1847), Das Elend der Philosophie, Dietz Verlag, Berlin 1971.
Marx, K. (1857, 1858), Grundrisse der Kritik der politischen Ökonomie, 2 Bde., Berlin, 1953.
Marx, K. (1859), Zur Kritik der politischen Ökonomie, MEW, Bd. 13,Dietz, Berlin, 1961.
Marx, K. (1867), Das Kapital – Kritik der politischen Ökonomie, MEW, Bd.XXIII, Dietz, Berlin, 1968.
Maturana, H. R. (1970), Biology of Cognition, in:H. R. Maturana. F. Varela (1980), Autopoiesis and Cognition – The Realization of the Living, Reidel Publ. Comp. Dordrecht, 1980.
Maturana, H. R. (1978), Biology of Language: The Epistemology of Reality, in:G. A. Miller, E. Lenneberg (eds., 1978), Psychology and Biology of Language and Thought, Academic Press, N.Y., 1978.
Maturana, H. R./Varela F. (1982), Der Baum der Erkenntnis – Die biologischen Wurzeln des menschlichen Erkennens, Scherz, Bern-München-Wien, 1987.
Mauss, M. (1923), Die Gabe, Suhrkamp, Fft./M., 1968.
Mayer, E. (Hg. 1988), Ordnung, Rationalisierung, Kontrolle, THD, Darmstadt 1988.
Mayntz, R. (1963), Soziologie der Organisation, Rowohlt, Reinbek/H., 1963.
Mayo, E. (1945), The Social Problems of an Industrial Civilization, Harvard Univ., Grad. School of Business Adm., Boston, 1945.
Mayr, O. (1971), Adam Smith und das Konzept der Regelung, in: Troitzsch, U., G. Wohlauf (Hg. 1980), Technikgeschichte, Suhrkamp, Fft./M., 1980.
Mayr, O. (1976), The Science – Technology Relationship as a Historiographic Problem, *Technology & Culture*, Vol. 17/4, S. 663–673.
Mayr, O. (1986),Uhrwerk und Waage: Autorität, Freiheit und technische Systeme in der frühen Neuzeit, Beck, München, 1987
McDermott, J. (1977), Technology: The Opiate of the Intellectuals, in: Teich, A., H., (Hg., 1977), Technology and Man's Future, St. Martin's Press, N.Y. 1977.
McKeown, T. (1965), Medicine in Modern Society, Allen & Imwin, London, 1965.

McKeown, T. (1973), The Contribution of Economic and Social influence to Improvement in Heath, Conf. Int. Su Medicina, Economic e Societa nell' Esperienza Storica, Pavia, Sept.27–29th, 1973.

McLuhan, H. M. (1962), Die Gutenberg-Galaxis, Das Ende des Buchzeitalters, Econ Verlag, Düsseldorf, 1968.

McLuhan, H. M./Qu. Fiore, (1967), The Medium is the Massage, N.Y., Bantone Books, 1967.

McLuhan, H. M. (1964), Die magischen Kanäle – Understanding Media, Econ, Wien, 1968.

Mead, G. H. (1932/1934), Geist, Identität und Gesellschaft, Suhrkamp, Fft./M., 1968.

Mendelsohn, E. (1974), Should Science Survive its Success, in: R. S. Cohen, J. J. Stachel, M. W. Wartofsky (Hg., 1974): For Dirk Struik – Scientific, Historical & Political Essays in Honor of Dirk Struik; D. Reidel, Dordrecht 1974.

Merton, R. K. (1949), Social Theory and Social Structure, Glencoe, Ill. 1949.

Meyer, J. W./B. Rowan (1977), Institutionalized Organisations: Formal Structure as Myth and Ceremony, *Am. J. of Sociology*, 83, (1977), S. 340–363.

Meyer-Abich, K. M. (1981), Was ist ein Atomstaat? Zur Verträglichkeit von Energiesystemen mit der gesellschaftlichen Ordnung und Entwicklung, Civitas, Energiebuch.

Meyer-Abich, K. M./B. Schefold (1981), Wie möchten wir in Zukunft leben? Der „harte" und der „sanfte" Weg, C. H. Beck, München, 1981.

Mittelstraß, J. (1970), Neuzeit und Aufklärung – Studien zur Entstehung der neuzeitlichen Wissenschaft und Philosophie, de Gruyter, Berlin, 1970.

Mittelstraß, J. (1974), Die Möglichkeit von Wissenschaft, Suhrkamp, Fft./M., 1974.

Mittelstraß, J. (1984), Zur wissenschaftlichen Rationalität technischer Kulturen, *Phys. Bl.*, 40/3, S. 64–68.

Mittelstraß, J. (1989), Der Flug der Eule, Suhrkamp, Fft./M., 1989.

Mittelstraß, J. (1991), Natur und Geist – Von dualistischen, kulturellen und transdisziplinären Formen der Wissenschaft, Berlin, Juni 1991, im Erscheinen.

Mols, R. S. J. (1972), Population in Europe 1500–1700, in C. M. Cipolla, (Hg., 1974), The Fontana Economic History of Europe, Bd. 2, Glasgow, 1974.

Moore, B., Jr. (1966), Social Origins of Dictatorship and Democracy, Peregrine Books, G. B., 1969.

Mulkay, M. J. (1974), Conceptual Displacement and Migration in Science, *Science Studies*, IV, S. 205–234.

Müller, J. (1967), Zur Bestimmung der Begriffe „Technik" und „technisches Gesetz", *Deutsche Z. f. Phil.*, XV, (S. 1431–1445).

Müller, P. v./K. H. Ludwig (1982), Die Technik des Mittelalters, in: U. Troitzsch, W. Weber, (Hg., 1982), Die Technik, Braunschweig, 1982.

Müller, R. W. (1977), Geld und Geist – Zur Entstehungsgeschichte von Identitätsbewußtsein und Rationalität seit der Antike, Campus, Fft./M., 1977.

Müller-Rolli, S. (Hg. 1987), Das Bildungswesen der Zukunft, Klett-Cotta, Stuttgart 1987.

Mumford, L. (1934), Technics and Civilisation, Hartcourt, Brace & Co., N.Y., 1934.

Mumford, L. (1964), Authoritarian and Democratic Technics, *Technology and Culture*, V, S. 1–8, 1964.

Mumford, L. (1967), Der Mythos der Maschine, Europa Verlag, Wien, 1974.

Myers, E. D. (1960), Education in the Perspective of History, N.Y., 1960.

Nahrstedt, W. (1972), Die Entstehung der Freizeit, Vandenhoeck & Ruprecht, Göttingen, 1972.

Nakane, Chie (1972), Human Relations in Japan, Ministry of Foreign Affairs, Japan, 1972.

Needham, J. (1969), The Grand Titration: Science and Society in East and West, London, G. Allen & Unwin, 1969.

Newell, A./H. Simon, (1976), Computer Science as Empirical Inquiry: Symbols and Search, in: Haugeland, J., (Hg. 1981), Mind Design, Bradford Books, MIT-Press, Mass. 1981.

Newell, A./R. F. Sproull (1982), Computer Networks; Prospects for Scientists, *Science*, Vol. 215, 12.Feb.1982, S. 843–852.

Nietzsche, F. (1887), Die fröhliche Wissenschaft, Goldmann Klassiker, (7557), München.

Nisbet, R. (1973), The Myth of the Renaissance, *Comp. Studies in Society & History*, Vol. 15/4, Oct. 1973, S. 473–492.

Noble, D. F. (1977), America by Design – Science, Technology and the Rise of Corporate Capitalism, A. A. Knopf, N.Y., 1979.

Noble, D. F. (1984), Forces of Production – A Social History of Industrial Automation, Oxford Univ. Press, Oxford, 1986.

North, J. D. (1975), Monasticism and the First Mechanical Clocks, in: J. T. Fraser, N. Lawrence, (eds. 1975), The Study of Time II, Springer, N.Y., 1975.

Nowotny, H./ M. E. A. Schmutzer (1974), Die widersprüchliche Gesellschaft, *J. f. angew. Sozialforschung* XIV/1 (S. 1–8).

Nowotny, H. (1975), Time Structuring and Time Measurement: on the Interrelation Between Timekeepers and Social Time, in: J. T. Fraser, N. Lawrence (eds. 1975), The Study of Time, Proc. of the 2nd Conf. of the Int.Soc. for the Study of Time, Springer, N.Y., Berlin, 1975.

Nowotny, H. (1982), Leben im Labor und draußen: Wissenschaft ohne Wissen?, *Soziale Welt*, Vol. 33/2, 1982.

Nowotny, H. (1989), Eigenzeit-Entstehung und Strukturierung eines Zeitgefühls, Suhrkamp, Fft./M., 1990.

Oeser, E., (1989), Der wissenschafltiche Realismus, in: E. Oeser/E. M. Bonet, (Hg., 1988), Das Realismusproblem, Wr. Studien zur Wissenschaftstheorie, Bd. 2, Edition S, Österr. Staatsdruckerei, Wien, 1988.

Oestreich, G. (1960), Geist und Gestalt des frühmodernen Staates, Duncker & Humblot, Berlin, 1960.

Ong, W. J. (1982), Oralität und Literalität – Die Technologisierung des Wortes, Westdt. Verlag, Opladen, 1987.

Ortmann, G. (1984), Der zwingende Blick – Personalinformationssysteme – Architektur der Disziplin, Campus, Fft./M., 1984.

Osgood, D. (1986), The Electronic Univ. Network, *Byte*, March 1986, S. 176 ff.

Ostrander, D. (1982), One- and Two-Dimensional Models of the Distribution of Beliefs, in: Douglas, M., (1982), Essays on the Sociology of Perception, Routledge & Kegan, London, 1982.

Otten, D. (1986), Die Welt der Industrie – Entstehung und Entwicklung der modernen Industriegesellschaften, rororo, Reinbek H., 1986.

Otway, J. H.,/B. Wynne (1982), Entfremdungstendenzen im Management durch Informationstechnologien, *Technik Kontrovers* 2/1982, Wien.

Ouchi, W. G. (1977), The Relationship between Organisational Structure and Organisational Control, *Adm. Science Quarterly*, 22, 1977 (S. 95–113).

Ouchi, W. G. (1980), Markets, Bureaucracies and Clans, *Adm. Science Quarterly*, 25, 1980, (S. 129–141).

Ouchi, W. G./J. B. Johnson (1978), Types of Organisational Control and Their Relationship to Emotional Wellbeing, *Adm. Science Quarterly*, 23, 1978 (S. 293–316).

Ozbekhan, H. (1978), A Triumph of Technology – ‚Can' implies ‚Ought' – in: S. Anderson (Hg.); Planning for Diversity and Choice: Possible Futures and Their Relations to the Man-controlled Environment, MIT Press, 1978.

Packer, J. E. (1968), Structure and Design in Ancient Ostia: A contribution to the study of Roman imperial architecture, *Technology and Culture*, Vol.9/3, July 1968, S. 357–388.

Papert, S. (1980), Kinder, Computer und neues Lernen, Birkhäuser Verlag, Basel, 1985.
Parsons, T. (1937), The Structure of Social Action, The Free Press, N.Y., 1937.
Parsons, T. (1937), Social Systems and the Evolution of Action Theory, The Free Press, N.Y., 1977.
Parsons, T. (1951), The Social System, The Free Press, N.Y., 1951.
Parsons, T./G. Platt (1973), The American University, Cambridge Univ. Press, Mass., 1973.
Paschen, H./K. Gresser/J. Conrad (1978), Technology Assessment: Technikfolgenabschätzung, Campus, Fft./M., 1978.
Paulinyi, A. (1987), Das Wesen der technischen Neuerungen in der Industriellen Revolution. Der Marxsche Ansatz im Lichte einer technologischen Analyse, in: Pirker, Th./ H.-P. Müller/R. Winkelmann (Hg., 1987), Technik und industrielle Revolution, Westdeutscher Verlag, Opladen, 1987
Paulinyi, A. (1991), Die Umwältung der Technik in der industriellen Revolution zwischen 1750 und 1840, in: Propyläentechnikgeschichte, (Hg. W.König, 1991), 1600–1840 Mechanisierung und Maschinisierung, Ullstein, Fft./M., 1991.
Pearson, G. (1979), Resistance to the Machine, In: H. Nowotny, H. Rose (eds., 1979), Countermovements in the Sciences, Reidel, Dordrecht, 1979.
Perrin, N. (1982), Keine Feuerwaffen mehr – Japans Rückkehr zum Schwert 1543 – 1879, Syndikat Verlag, Fft./M., 1982.
Perrow, Ch. (1972), Complex Organizations – A Critical Essay, Random House, N.Y., 1986.
Perrow, Ch. (1984), Normale Katastrophen – Die unvermeidbaren Risiken der Großtechnik, Campus, Fft./M., 1989.
Piaget, J. (1972, 1973), Die Entwicklung des Erkennens, Klett-Cotta, Stuttgart, 1972/73.
Pickering, A. (1984), Against Putting the Phenomena first. The Discovery of the Weak Neutral Current, *Stud. of History & Phil. of Science*, Vol. XV/2, S 85 ff.
Pietschmann, H. (1980), Das Ende des naturwissenschaftlichen Zeitalters, Zsolnay, Rastatt, 1980.
Pinch, T. J. (1988), The Externalisation of Observation: An Example from Modern Physics, in: Hronszky, I. et al. (Hg. 1988), Scientific Knowledge Socialized, Budapest, 1988.
Pircher, W. (undatiert), Die Idee der modernen Gesellschaftswissenschaften als universitäres Lehrfach, in: Vernunft als Institution? Hg.: Proj.-Gruppe krit. Univ.-Geschichte, Edition ÖH, Wien.
Pirker, Th./ H.-P. Müller/R. Winkelmann (Hg., 1987), Technik und industrielle Revolution, Westdeutscher Verlag, Opladen, 1987.
Platon, (. . .) Protagoras, in: Mit den Augen des Geistes, Hg.: B. Snell, Fischer, Fft./M.,1955
Polanyi, K. (1944), The Great Transformation – The Political and Economic Origins of Our Time, Beacon Press, Boston, 1957.
Polanyi, M. (1966), The Tacit Dimension, Routledge and Kegan, London, 1967.
Pollart, S. (1967), Die Fabrikdisziplin in der industriellen Revolution, in: Fischer, W., Bajor, G., (Hg.), Die soziale Frage, Stuttgart, 1967.
Popper, K. R. (1934/35), Logik der Forschung, J. C. B. Mohr, Tübingen, 1974.
Popper, K. R. (1963), Conjectures and Refutations – The Growth of Scientific Knowledge, Routledge & Kegan, London, 1968.
Popper, K. R. (1971), Normal Science and its Dangers, in: I. Lakatos, A. Musgrave (Hg., 1970), Criticism and the Growth of Knowledge, Cambridge Univ.Press, London, 1970.
Popper, K. R. (1944/45) Die offene Gesellschaft und ihre Feinde, 2 Bde., Mohr, Tübingen, 1992.
Popper, K. R. (1957), The Poverty of Historicism, Harper & Row Publ., N.Y. 1964.
Prahl, H. W. (1978), Sozialgeschichte des Hochschulwesens, Kösel, München, 1978.
Prigogine, I. (1979), Vom Sein zum Werden – Zeit und Komplexität in den Naturwissenschaften, Piper, München, 1988.

Prigogine, I./I. Stengers (1980), Dialog mit der Natur – Neue Wege naturwissenschaftlichen Denkens, Piper, München, 1986.

Quadbeck-Seeger, H. J. (1988), Zwischen den Zeichen. Aphorismen über und aus Natur und Wissenschaft, VCH, Weinheim, 1988.

Quetelet, A. (1835/1869), Physique Sociale ou essai sur la developpement des facultés de l'homme (2Bde.), C. Muquardt, Brüssel, 1869.

Radkau, J. (1989), Technik in Deutschland – Vom 18. Jhdt. bis zur Gegenwart, Suhrkamp SV, Fft./M. 1989

Rammert, W. (1982), Technik und Gesellschaft, in: Technik und Gesellschaft, Jb. Bd. 1, Campus, Fft./M. 1982.

Rammert, W. (1988), Technisierung im Alltag – Theoriestücke für eine spezielle soziologische Perspektive, in: B. Joerges (Hg., 1988), Technik im Alltag, Suhrkamp, Fft./M., 1988.

Rammert, W. (1989), Technisierung & Medien in Sozialsystemen – Annäherung an eine soziolog. Theorie d. Technik, in: P. Weingart (Hg., 1989), Technik als sozialer Prozeß, Suhrkamp, Fft./M. 1989.

Randell, B. (Hg., 1973), The Origins of Digital Computers, Springer, Berlin–N.Y., 1982.

Reuleaux, F. (1875), Theoretische Kinematik, Lehrbuch der Kinematik, Bd. I., Vieweg, Braunschweig, Die praktische Beziehung der Kinematik zu Geometrie und Mechanik, Bd. II., 1904.

Reuleaux, F. (1884), Cultur und Technik, Verlag d. niederösterr. Gewerbevereins, Wien, 1884.

Ricoeur, P. (1975), Die lebende Metapher, W. Fink, München, 1986.

Ringer, F. K. (1969), Die Gelehrten – Der Niedergang der deutschen Mandarine 1890–1933, Klett-Cotta, 1983.

Ritsert, J. (1975), Wissenschaftsanalyse als Ideologiekritik, Fft./M., 1975.

Ropohl, G. (1979), Eine Systemtheorie der Technik – Zur Grundlegung der Allgemeinen Technologie, Hanser, München, Wien, 1979.

Ropohl, G. (1988), Zum gesellschaftstheoretischhen Verständnis soziotechnischen Handelns im privaten Bereich, in: B. Jörges (Hg., 1988), Technik im Alltag, Suhrkamp, Fft./M., 1988.

Rose, H./St. Rose (1970), Science and Society, Harmondsworth, 1970.

Rosenberg, R. L. (1980), Incomprehensible Computer Systems; Knowledge without Wisdom, MIT, Lab. for Comp.Science, Jan. 1980.

Ruggenthaler, P. T. (1988), Was will die Wirtschaft von der Wissenschaft?, *ÖHZ*, Nov. 1988.

Runciman, St. (1950, 1954), Geschichte der Kreuzzüge, Beck, München, 1968.

Russell, B. (1950), Philosophie des Abendlandes, Europa Verlag, Wien 1988.

Russell, J. C. (1969), Population in Europe 500–1500, in: C. M. Cipolla (Hg., 1972), The Fontana Economic History of Europe, Glasgow, Bd. 1, 1975.

Sabel, C. F. (1982), Work and Politics; The Division of Labor in Industry, Cambridge Univ. Press, N.Y., 1982.

Sabel, C. F. (1983), Neo-Fordism or Flexible Specialization – The Micro-Politics of Industrial Reorganisation; WIFO-Symposium, Vienna, Jan. 1983.

Sahlins, M. (1974), Stone Age Economics, Tavistock Publ., London, 1974.

Sahlins, M. (1976), Culture and Practical Reason, Univ.of Chicago Press, London, 1976.

Salomon, J. J. (1985), Science as a Commodity: Policy Changes, Issues and Threats, in: M. Gibbons, B. Wittrock (1985, eds.), Science as a Commodity, Longman, Essex, 1985.

Sass, H. M. (1978), Vorwort zu Kapp (1977), Stern Verlag, Düsseldorf, 1978.

Schaff, A. (1964), Sprache und Erkenntnis, Europa Verlag, Wien, 1983.

Schaff, A. (Hg. 1976), Soziolinguistik, Europa Verlag, Wien, 1976.

Scheler, M. (1921), Universität und Volkshochschule, in: Scheler, M. (1926), Die Wissensformen und die Gesellschaft, Leipzig, 1926.

Schelsky, H. (1963), Einsamkeit und Freiheit, rororo, Reinbek, 1963.

Schivelbusch, W. (1977), Geschichte der Eisenbahnreise – Zur Industrialisierung von Raum und Zeit im 19. Jht., Hanser Verlag, Wien/München 1977.

Schmidt, G. (1989), Die ‚Neuen Technologien' – Herausforderung für ein verändertes Technikverständnis der Industriesoziologie, in: P. Weingart (1989, Hg.), Technik als sozialer Prozeß, Suhrkamp, Fft./M., 1989.

Schmutzer, M. E. A. (1975), Social Crystallisation – Variations on a Structural Theme, Univ. of Essex, G. B., 1975.

Schmutzer, M. E. A./E. Matzner (1977), Models of Society in the Social Sciences, *Der öffentliche Sektor*, 3/4, 1977.

Schmutzer, M. E. A. (1979), Technische Innovation – Soziale Innovation, ifz-Verlag, Wien 1979.

Schmutzer, M. E. A. (1980), Möglichkeiten des Einbaus sozialwissenschaftlicher Curriculumelemente in der Ausbildung von Technikern, BMWF, Wien 1980.

Schmutzer, M. E. A./W. Bandler (1980), Hi & Low – In & Out – Approaches to Social Status, *J. of Cybernetics*, X, 1980.

Schmutzer, M. E. A. (1982), Der Informationsgesellschaft – Entgegen!, *Technik kontrovers*, 2/82.

Schmutzer, M. E. A. (1982), Ingenieure, Umwelt u. Gesellschaft, in P. Formallaz (1982), Ganzheitliche Ingenieursausbildung – Eine Antwort auf die Technikkritik unserer Zeit, C. F. Müller, Karlsruhe, 1982.

Schmutzer, M. E. A. (1986), Die Universität der Zukunft – Aufbruch ins dritte Jahrtausend – Computernetzwerke an amerikanischen Universitäten, *Technik und Gesellschaft*, 1. Sondernummer, 1986, TU Wien.

Schmutzer, M. E. A. (1987), Die andere Technik der anderen Hälfte, in: L. Unterkircher, I. Wagner (Hg., 1987), Die andere Hälfte der Gesellschaft, (ÖGB Verlag, 1987).

Schmutzer, M. E. A. (1988), Technik als gesellschaftspolitische Institution, in: Blumberger W., W. Steinmüller (Hg., 1988), Arbeit-Mensch-Informationen, Profil Verlag, München, 1988.

Schmutzer, M. E. A. (1989), Zur Komplementarität von Technik und Gesellschaft, in: Hochgerner J., A. Bammé (Hg., 1989), Technisierte Kultur – Beiträge zur Soziologie der Technik, ÖZS – Sonderband 1, Wien, 1989.

Schmutzer, M. E. A. (1991), From the Ivory Tower to the Education Factory, *Comp. in Adult Education* II, 1, 1991.

Schneider, H. (1991), Die Gaben des Prometheus – Technik im antiken Mittelmeerraum zwischen 750 v. Ch. und 500 n. Ch., in: W.König, (Hg., 1991), Propyläen Technikgeschichte, Fft./M., 1991.

Schneeberger, A. (1987), Bildungsexpansion und Beschäftigungsentwicklung, Beiträge des ibw zur Arbeitsmarktforschung, Forschungsbericht 57, Wien.

Schön, D. A. (1982), The Reflective Practitioner, – How Professionals Think in Action, Basic Books, Harper, 1983.

Schröter, M. (1984), Vorwort zu N. Elias (1984), Über die Zeit, Suhrkamp, Fft./M., 1984.

Schwarz, M./M. Thompson (1990), Divided We Stand – Redefining Politics, Technology and Social Choice, Harvester Wheatsheaf, London, N.Y. 1990.

Schwemmer, O. (1987), Die Vielfalt der Kulturen und die Einheit der Wissenschaft, in: S. Müller-Rolli (Hg., 1987), Das Bildungswesen der Zukunft, Klett-Cotta, Stuttgart, 1987.

Science Indicators (1985), Report of the Nat. Science Board, Washington, D. C.

Scott, J. T. (1979), Computer Films for Research, *Physics Today*, Jan. 1979, pp. 46–52.

Sculli, F. (1979), An Experimenter's History of Neutral Currents, *Progress in Particle and Nuclear Physics*, Vol. 2, (1979), S. 41–87.

Sella, D. (1970), European Industries 1500–1700, in: Cipolla C. M. (Hg., 1972/74), The Fontana Economic History of Europe, 1974.

Shannon, C. E./W. Weaver (1949), The Mathematical Theory of Communication, Univ.of Illinois Press, Urbana, 1949.

Shapin, St./S. Schaffer (1985), Leviathan and the Air-Pump, Princeton U. P., N. J., 1989.

Shapin, S. (1988), The House of Experiment in 17th Century England, *ISIS* 79, S. 373–404.

Shaw, M./I. Miles (1979), The Social Roots of Statistical Knowledge in: Irvin J., I. Miles, J. Evans (Hg., 1979), Demystifying Statistics, Pluto Press, London, 1979.

Shorter, E. (1975), Die Geburt der modernen Familie, Rowohlt, Reinbek, 1983.

Silverman, D. (1970), Theorie der Organisationen, Böhlau, Graz, 1972.

Simmel, G. (1907), Philosophie des Geldes, Duncker & Humblot, München 1930.

Simmel, G. (1908a), Der Fremde, in ds.: On Individuality and Social Forms (Hg., D. N. Levine, 1971), Univ. of Chicago Press, 1971.

Simmel, G. (1908b), Die Entwicklung der Gruppe und die Ausbildung der Individualität in: ds., Soziologie, Duncker & Humblot, München, 1968.

Simon, H. A. (1979), From Substantive to Procedural Rationality, Oxford Univ. Press, Oxford, 1979.

Simon, H. A. (1984), The Impact of Computers on Society, CMU-Research Paper Series, Sept. 18, 1984.

Skolimowski, H. (1966), The Structure of Thinking in Technology, *Technology & Culture* VII/3, S. 371–383.

Sloan, D. (ed., 1984), The Computer in Education – A Critical Perspective, The Teachers College Press, N.Y., 1984.

Smith, A. (1776/1789), Der Wohlstand der Nationen – Eine Untersuchung seiner Natur und seiner Ursachen, Dt. Taschenbuch Verlag, München, 1990.

Smith, C. S. (1961), The Interaction of Science and Practice in the History of Metallurgy, *Technology & Culture*, Vol. 2/4, S. 357–367.

Snow, C. P. (1959/1963), Die zwei Kulturen, in: H. Kreuzer (Hg., 1987), dtv, München, 1987.

Sohn-Rethel, A. (1970), Geistige und körperliche Arbeit – Zur Theorie der gesellschaftlichen Synthesis, Suhrkamp, Fft./M., 1972.

Solla Price, D. J., de (1962), Little Science, Big Science, Columbia Univ.Press, N.Y., 1965.

Solla Price, D. J., de (1975), Clockwork before the Clock and Time Keepers before Time Keeping, in: J. T. Fraser, N. Lawrence (eds. 1975), The Study of Time, Vol. II., Springer, N.Y., 1975.

Sombart, W. (1913/1922), Luxus und Kapitalismus, in der Auflage dtv (1967): Liebe, Luxus und Kapitalismus, dtv, München, 1967.

Sonntag, M. (1988), Die Seele als Politikum – Psychologie und die Produktion des Individuums, D. Reimer Verlag, Berlin, 1988.

Sorokin, P./R. K. Merton (1937), Social Time: A Methodological and Functional Analysis, *Am. J. of Soc.*, Vol. 42, S. 615 ff.

Spur, G. (1991), Vom Wandel der industriellen Welt durch Werkzeugmaschinen, Hanser Verlag, München–Wien, 1991.

Spiegel, Der (17. 4.1989), Dynamische Stuhlabsäger.

Standard, Der (7. 6.1989), Die Entzauberung des Ingenieurs: Künftig ist Kritikfähigkeit bei Technikern gefragt.

Standard, Der (21. 4.1989), Sind Humanisten bessere Karrieristen?

Staudenmaier, J. M. (1985), Technology's Storytellers – Reweaving the Human Fabric, MIT-Press, Mass., 1986.

Stegmüller, W. (1974), Theoriendynamik und logisches Verständnis, in: W. Diederich (Hg., 1974), Theorien der Wissenschaftsgeschichte, Suhrkamp, Fft/M. 1978.

Steinmüller, W. (1981), „Die zweite industrielle Revolution hat soeben begonnen", – Über die Technisierung der geistigen Arbeit, *Kursbuch* 66, Dezember, 1981.

Stromer, W. von (1980), Eine „Industrielle Revolution" des Spätmittelalters, in: Troitzsch, U. & Wohlauf, G. (Hg.), Technikgeschichte, Suhrkamp, Fft./M. 1980.

Taylor, F. W. (1913), Die Grundsätze wissenschaftlicher Betriebsführung, Weinheim, Basel 1977.

Tenbruck, F. H. (1976), Zur Soziologie der Sophistik, *Neue Hefte f. Phil.*, X, 1976.

Tenbruck, F. H. (1989), Die kulturellen Grundlagen der Gesellschaft, Westdeutscher Verlag, Opladen, 1989.

Tenorth, H. E. (1988), Geschichte der Erziehung – Einführung in die Grundzüge ihrer neuzeitlichen Entwicklung, Juventa, München, 1988.

Tetens, H. (1987), Experimentelle Erfahrung, F. Meiner, Hamburg, 1987.

Thom, R. (1972), Structural Stability and Morphogenesis, Benjamin, Mass 1975.

Thompson, E. P. (1963), Die Entstehung der englischen Arbeiterklasse, 2 Bde., Suhrkamp, Fft./M., 1987.

Thompson, M. (1982), The Problem of the Centre: An Autonomous Cosmology, in: Douglas, M. (1982, ed.), Essays in the Sociology of Perception, London, 1982.

Thompson, M. (1983), Postscript: in: J. Linnerooth et al. (eds., 1983), Risk Analysis and Decision Processes, Springer, Berlin 1983.

Thompson, M. (1987), Welche Gesellschaftsklassen sind potent genug, anderen ihre Zukunft aufzuoctroyieren?, in: L. Burckhardt (Hg., 1987), Design der Zukunft, Dumont, Berlin, 1987.

Thomson, G. (1955), The First Philosophers – Studies in Ancient Greek Society, Lawrence & Wishart, London, 1977.

Tillmann, K. J. (1989), Sozialisationstheorien, rororo, Reinbek/H., 1989.

Tiryakian, E. A. (1981), Die Bedeutung von Schulen für die Entwicklung der Soziologie, in: W. Lepenies (Hg., 1981), Geschichte der Soziologie, Bd. 2, Suhrkamp, Fft./M., 1981.

Tönnies, F. (1887), Gemeinschaft und Gesellschaft – Grundbegriffe der reinen Soziologie, Wissenschaftl.Buchgesellft., Darmstadt, 1991.

Tornatzky, L. G., et al. (1983), NSF University – Industry Cooperative Research Centers: Backround and a case History, *Grants Magazine*, vol. 6/1, March 1983.

Toulmin, St. (1967), Die evolutionäre Entwicklung der Naturwissenschaft in: W. Diederich (Hg., 1974), Theorie der Wissenschaftsgeschichte, Suhrkamp, Fft/M., 1978.

Toulmin, St. (1988), The Dream of the Exact Language, Festvortrag, Culture, Language and Artificial Intelligence, Stockholm, May 30th – June 3rd, 1988.

Toulmin, St. (1990), Cosmopolis – The Hidden Agenda of Modernity, The Free Press, N. J., 1990.

Treiber, H./H. Steinert (1980), Die Fabrikation des zuverlässigen Menschen, H. Moos Verlag, München 1980.

Trinkaus, Ch. (1970), In our Image and Likeness, (2 Bd.), Univ. of Chicago Press, Ill. 1970.

Troitzsch, U./W. Weber (Hg., 1982), Die Technik – von den Anfängen bis zur Gegenwart, Westermann, Braunschweig, 1982.

Troitzsch, U. (1982), Die Entwicklung der Technik vom späten 16. Jht. bis zum Beginn der industriellen Revolution, in: ds., W. Weber (Hg., 1982), Die Technik, Braunschweig, 1982.

Troitzsch, U. (1991), Technischer Wandel in Staat und Gesellschaft zwischen 1600 und 1750, in: Propyläentechnikgeschichte (Hg.: W. König, 1991) 1600–1840, Mechanisierung und Maschinisierung, Ullstein, Fft./M. 1991.

Troitzsch, U./G. Wohlauf, (Hg., 1980), Technikgeschichte – Historische Beiträge und neuere Ansätze, Suhrkamp, Fft./M. 1980.

Tuchman, B. W. (1978), A Distant Mirror – The Calamitous 14th Century, Penguin, Middlesex, 1980.

Turing, A. M. (1936/1937), On Computable Numbers, with an Application to the Entscheidungsproblem, Proceedings of the London Math. Society 2,42/43, London, 1937, S. 544–546.

Turkle, S. (1984), The Second Self – Computers and the Human Spirit, Simon & Schuster, N.Y., 1984.

Turkle, S. (1990), Revolutions in Mind: Computers are Changing the Way we Think, *J. of Computing and Society*, Vol. I, S. 83–106.

Turner, V. (1982), From Ritual to Theater – The Human Seriousness of Play, *Performing Arts, Journal* Publ., N.Y., 1982.

Ullmann, W. (1966), The Individual and Society in the Middle Ages, J. Hopkins, Baltimore, 1966.

Ullrich, O. (1977), Technik und Herrschaft, Suhrkamp, Fft./M., 1977.

Vahl, D. (1970), Chemistry without Chemicals, *New Scientist*, 30. April, 1970.

Veblen, Th. (1904), The Theory of Business Enterprise, Hektor Books, N.Y., 1970.

Vereinigung Österreichischer Industrieller (1990), Qualität, Leistung, Effizienz – Thesen der VÖI zur Universitätspolitik, Schriftenreihe der Vereinigung Österr. Industrieller, Wien, 1990.

Vincenti, W. G. (1990), What Engineers Know and How They Know it – Analytical Studies from Aeronautical History, J. Hopkins U. P., Baltimore, 1990.

Waldenfels, B. (1990), Der Stachel des Fremden, Suhrkamp, Fft./M., 1991.

Walzer, M. (1965), The Revolution of the Saints, Harvard Univ. Press, Mass., 1965.

Watkins, J. W.N. (1968), Hume, Carnap and Popper in: I. Lakatos, (Hg., 1968), The Problem of Inductive Logic, S. 271–282.

Watt, I. (1957), The Rise of the Novel – Studies in Defoe, Richardson and Fielding, Penguin, Middlesex, 1974.

Weber, M. (1919), Wissenschaft als Beruf, in: J. Winckelmann (Hg., 1985), Gesammelte Aufsätze zur Wissenschaftslehre, J. C.B. Mohr, Tübingen, 1988.

Weber, M. (1920/1921), Gesammelte Aufsätze zur Religionssoziologie, 3 Bde., J. C.B. Mohr, Tübingen, 1988.

Weber, M. (1922), Wirtschaft und Gesellschaft, J. C.B. Mohr, Tübingen 1985.

Wedgewirth, R. (1982), Library and Information Services for the Public in the Future, in: Information and the Am.Soc. for Info. Scientists, Dublin, June 1982.

Weingart, P. (1989, Hg.), Technik als sozialer Prozeß, Suhrkamp, Fft./M., 1989.

Weißkopf, U. F. (1985, 1986), Ziele und Grenzen der Wissenschaft (I, II), *Naturwissenschaften*, 72/73, Springer Verlag, Berlin 1985, 1986.

Weizenbaum, J. (1976), Die Macht der Computer und die Ohnmacht der Vernunft, Suhrkamp, Fft./M., 1977.

Weltz, F./V. Lullies (1983), Menschenbilder der Betriebsorganisatoren, Technik und Gesellschaft, Jb.2, Campus, Fft./M., 1983.

Westfall, R. S. (1971), Force in Newton's Physic, Macdonald, London, 1971.

White, L., Jr. (1962), Medieval Technology and Social Change, Oxford, Clarendon Press, 1962.

White, L., Jr. (1967), The Historical Roots of Our Ecological Crisis, *Science*, Vol. 155, 10 March 1967, S. 1203 ff.

Whorf, B. E. (1936), The Punctual and Segmentative Aspects of Verbs in Hopi, in ds.: Language, Thought and Reality, (Hg. St. Chase), MIT-Press, Mass. 1970.

Whorf, B. E. (1941), Language, Mind and Reality, in ds.: Language, Thought and Reality, (Hg., St. Chase), MIT Press, Cambridge, 1970.

Wieland, J. (1992), Adam Smith' System der politischen Ökonomie, in: W. Krohn, G. Küppers (Hg., 1992), Emergenz: Die Entstehung von Ordnung, Organisation und Bedeutung, Suhrkamp, Fft./M., 1992.

Wiesenthal, H. (1982), Alternative Technologie und gesellschaftliche Alternativen, Technik und Gesellschaft, Jb. Bd. 1, Campus, Fft./M. 1982.

Wilkins, A. L./W. G. Ouchi (1983), Efficient Cultures: Exploring the Relationship between Culture and Organisational Performance, *Adm. Science Quarterly*, 23/1983, S. 468 ff.

Williams, R. (1958), Culture and Society, Hogarth Press, London, 1987.

Williams, R. (1974), Television - Technology and Cultural Form, Fontana, Collins, London, 1979.

Wilson, K. G. (1979), Die Renormierungsgruppe, *Spektrum der Wissenschaften*, Heft 10, Okt.1979, S. 67 ff.

Wilson, K. G. (1983a), Theoretical Science and the Future of Large Scale Computing, *CERN-Courier*, 23/172, June 1983.

Wilson, K. G. (1983b), Needed: More Computers in Universities, *Physics Today*, May 1983.

Winner, L. (1977), Autonomous Technology, Technics-out-of-control, as a Theme in Political Thought , MIT-Press, Cambridge, Mass. 1980.

Winner, L. (1980), Do Artefacts have Politics?, *Daedalus*, Winter 1980.

Winograd, T./F. Flores (1986), Understanding Computers & Cognition, Ablex Pub., 1986.

Wittgenstein, L. (1921/22), Tractatus Logico-Philosophicus, in: Schriften von L. Wittgenstein, Suhrkamp, Fft./M., 1960.

Wittgenstein, L. (1958), Philosophische Untersuchungen, Suhrkamp, Fft./M., 1977.

Wolfram, St. (1984), Computer Software in Science and Mathematics, *Scientific American*, Sept. 1984, pp. 188–203.

Woolf, H. (ed., 1961), Quantification - A History of The Meaning of Measurement, Bobbs-Merrill, N.Y., 1961.

Wörterbuch der Soziologie (Hg. G. Edruweit, G. Trommsdorff, 1989), 3 Bde., Enke, Stuttgart 1989.

Young, R. M. (1979), Why are Figures so Significant? The Role and the Critique of Quantification, in: Irvine J., et al. (1979), Demystifying Social Statistics, London, 1979.

Zemanek, H. (1981), Was ist Informatik? in: Informatik - Aspekte und Studienmodelle, Schriftenreihe der TU-Wien, Springer, Wien, 1971.

Zilsel, E. (1976), Die sozialen Ursprünge der neuzeitlichen Wissenschaft, (Hg.: W. Krohn), Suhrkamp, Fft./M., 1976.

Namenverzeichnis

Abaelard, P. 103, 104, 114, 126, 278, 281
Abelson, H. 75, 79–83, 428
Ackoff, R. 18
Aeschylos 271
Agassi, J. 117
Agricola, G. 296
Aiken, H. 50, 51, 53, 54
Alberti, L.B. 107
Alexander der Große 266, 269
Amasis 263
Ampère, A.M. 132, 169, 175
Anselm von Canterbury 126
Anselm von Laon 103
Apollonius 266
Appel, K. 84
Archilochos von Paros 260–263, 266, 360, 382, 411
Archimedes 269, 270, 273
Archytas von Tarent 268
Arden, B.W. 16, 25, 372
Aries, P. 201
Aristarch von Samos 266
Aristophanes 271
Aristoteles 39, 98, 100, 112, 159, 170, 172, 184, 265, 268, 269, 273
Arkwright, R. 304, 305
Armengaud, A. 291
Atiya, A.S. 38, 286, 290
Atwood, G. 169, 233
Augustinus 109

Baark, E. 386, 400, 428
Bacon, F. 5, 41, 106, 110, 120, 122, 186, 187, 213, 233–235, 292, 298, 364, 384, 412, 424
Bacon, R. 126, 290
Bailey, F.G. 115
Bammé, A. 232
Bandler, W. 123, 343, 354, 375
Bardeen, J. 137, 138
Barker, J. 209
Barnes, B. 141
Barnett, S.J. 176, 177
Barthes, R. 367
Basalla, G. 7
Bauer, L. 38, 301, 409
Bayerl, G. 294
Bechmann, G. 57
Beckmann, J. 40, 48, 228, 236
Beek, W.J. 240
Bell, A.G. 134, 147, 235
Bell, D. 243
Bell, W. 109
Bella, D.A. 414
Belt, H. van den 130, 131
Ben-David, J. 43, 423–425
Beninger, J.R. 414
Bentham, J. 215, 246, 308, 309, 350, 370
Berger, P. 428
Berger, W. 232
Bernal, J.D. 24, 28, 105, 123, 128, 129, 132, 133, 137–139, 149, 154, 155, 247, 250, 407
Bernhard von Chartres 109, 126
Bernhard von Clairveaux 104, 281
Bernstein, B. 30, 55, 326–328, 357–361
Bessemer, H. 305, 307
Beyersdorff, G. 60
Bijker, W.E. 23, 141, 317, 388, 428
Black, J. 160, 161
Blake, W. 271, 299
Blau, P. 330
Bloch, M. 104, 112, 387
Bloor, D. 350
Boardman, J. 261, 262
Bodin, J. 108
Bogdan, J. 372, 414
Bohm, D. 21, 22, 148
Böhme, G. 95, 99, 101, 120, 127, 128, 135, 159, 160, 181
Böllmann, E. 60
Boltzmann, L.E. 162, 188
Born, M. 21
Borst, A. 102, 103, 114, 358
Bourdieu, P. 9, 223, 224, 226, 227, 233, 369, 370, 392, 405, 432
Boyer,E.L. 242
Boyle, R. 157–162, 164, 166, 168, 174, 271, 319, 380, 407
Bradshaw, G.F. 75
Brahe, T.v. 120
Bramah, J. 305

Branca, G. 300
Brattain, W. 137, 138
Braudel, F. 123, 288, 292, 293, 397
Braun, E. 137
Braverman, H. 209
Brody, F. 60
Brucker, G.A. 107
Brunelleschi, P. 110
Brunner, O. 148, 259, 323, 336, 372, 416
Buchheim, G. 235, 236
Bunge, M. 118, 152
Burckhardt, J. 107
Buridan, J. 172
Burrow, J.W. 215
Bush, V. 50

Calderon de la Barca, P. 299
Campbell, C. 1, 338, 359, 415, 418
Carnap, R. 181, 214, 348–350, 366
Carnot, N.-L.-S. 126, 136, 162, 216
Cartwright, E. 305
Cassirer, E. 7, 383
Casti, J. L. 122
Chamboredon, J.C. 9
Chandler, A.D. 210, 284, 285, 307, 352, 363
Chares von Lindos 270
Chersiphron 268
Christofano 4
Cicero, M.T. 270
Cipolla, C.N. 4, 276, 286
Cipra, B.A. 78, 84
Clausius, R. 162, 187
Cohen, J. 187
Cohen, J.B. 298
Coleridge, S.T. 385
Comenius, J.A. 298
Comte, A. 23, 151
Condorcet, M.-J.-A. de 424
Crombie, A.C. 126, 170, 172
Crompton,W. 135
Crusoe, R. 317, 406

D'Alambert, J. L. R. 187, 245
Daankbar, B. 400
Daele, W.van den 42, 89, 95, 127, 128, 160
Dajka, B. 214
Darwin, C. 188, 214, 309, 424
Defoe, D. 299
Demetrios Poliorcetes 269, 270
Descartes, R. 5, 24, 103, 108, 116, 117, 119–121, 127, 146, 147, 157, 159, 166, 178, 179, 182, 186, 187, 189, 190, 210, 233, 360, 380, 384, 407, 424
Dewey, J. 142
Diderot, D. 148, 229, 245
Dierkes, M. 401
Diesel, R. 136, 206
Dijkstra, E.W. 239, 251
Dingler, H. 91, 158, 160, 166–168, 180, 191
Diognetos, 270
Douglas, M. 15, 19, 222, 328–331, 334, 335, 339, 345–347, 354, 361, 372, 399, 432
Dreßen, W. 209, 303
Dreyfus, H.L.. 54, 147, 190, 252
Dreyfus, S. 190, 252
Duby, G. 126, 280, 281, 283, 370
Duerr, H.P. 223
Duhem, P. 96, 105, 167, 172, 343, 385, 407
Dumont, L. 14, 347–349, 385
Duns, Scotus J. 105
Dunsheath, P. 140
Durkheim, E. 15, 19, 20, 23, 24, 88, 93, 153, 309, 313–315, 318, 326, 328, 339, 347, 354, 360, 361, 364, 370, 412
Dury, J. 298

Eckert, J.P. 51, 57
Eco, U. 101, 325, 356
Edison, T.A. 133, 140, 147, 235, 415
Edquist, C. 284, 391, 420
Edquist, O. 284, 391, 420
Eggeling, J. 239
Ehrenhaft, F. 176,177
Ehrenreich, J. 7
Eigen, M. 84
Einstein, A. 162, 175, 176, 177, 214
Ekhardt, H.P. 241, 242
Elias, N. 15, 20, 22, 23, 26, 40, 115, 120, 122, 124, 179, 201, 204, 207, 208, 275, 284, 287, 299, 324, 405, 406
Ellul, J. 11–15, 153, 257, 276, 289
Emery, F.E. 53
Engels, F. 209, 261
Erasmus von Rotterdam 201
Espagnat, B.d' 167, 431, 432
Euklid 97, 118, 187
Eurich, N.P. 242
Exner, F. 21

Fahmüller, E. 273
Faraday, M. 132, 133, 134, 147, 169, 235
Fehér, M. 192, 214
Feist, S. 382
Felhofer, G. 209
Fermat, P. de 110
Fichte, J.G. 348
Fielding, H. 299
Finley, M.I. 263, 265–268, 272
Fisher, C.S. 79, 97
Fleck, L. 211, 374, 400
Flores, F. 54, 55, 146, 159, 193
Ford, H. 246, 389
Forman, P.L. 87, 88, 216
Foucault, M. 109, 123, 146, 147, 206–208, 219, 246, 284, 381
Fourier, F. 187, 188
Fox, E. 265

Fox-Keller, E. 259, 412
Freeden, J.v. 1, 2
Freud, S. 77
Freudenthal, G. 215, 308, 384, 385, 402
Freyer, H. 377
Friedrich Barbarossa 35, 36, 38
Frischlin, P.N. 380
Frude, N. 247, 398

Gadamer, M. 55, 191
Galilei, G. 4, 108, 124, 146, 160, 166, 174, 178, 286, 365
Galison, W. 169, 176, 186, 189, 196
Galtung, J. 15
Gáspár-Ruppert, W. 244, 245
Gaudi y Cornet, A. 109
Gauss, C.F. 132, 133, 147
Gay-Lussac, J.L. 162
Geertz, C. 394
Gehlen, A. 19, 245, 406, 431
Gellatly, A.R.H. 154
Gennep, A.van 37, 355, 395
Gerard, R.W. 188
Gershuny, J. 243
Geser, H. 316, 337, 338, 356
Gethmann, C.F. 257
Giamatti, A.B. 150
Giddens, A. 25
Giedion, S. 11, 52, 149, 209, 271, 276, 397
Giesecke, M. 244, 395
Gimpel, J. 124, 277, 278, 293
Gluckman, M. 324
Gödel, K. 185
Goethe, J.W.v. 385
Goldstine, H.H. 51, 64, 189
Goldstine, A. 51
Goody, J. 202, 244, 280, 312
Gorgias 367
Gorokhov, V.D. 142, 145–147
Gottl-Ottlilienfeld, F.v. 12
Gough, K. 244
Gouldner, A. 318
Grabner, I. 366
Graedel, T.E. 66
Greenblatt, R. 251
Greiff, B. v. 175, 195
Grierson, H. 357
Griess, P. 131
Grimm, J.u.W. 9, 10, 382
Grosseteste, R. 126, 290
Guillet de Monthoux, P. 320
Guilmartin jun., J.F. 304
Günther, G. 406
Gutenberg, J. 293, 395
Gyges 262

Haas, W.J. de 169, 175–177
Haas-Lorentz, G. de 169
Haber, F.C. 380
Habermas, J. 15, 30, 46, 56, 316, 320–326, 345, 348, 356, 357, 365, 392, 394, 405
Hack, I. 150, 151
Hack, L. 124, 131, 150, 151, 238
Hacking, I. 142, 158, 167, 385, 408
Häfner, K. 75
Hägerstrand, T. 420
Haken, H. 84
Haken, P. 84
Hamberg, D. 66, 364, 414, 415
Hampton, J. 401
Hargreaves, J. 304
Harrison, J. 264
Hartlib, S. 298
Hauser, A. 292, 299, 302
Heer, F. 111
Heidegger, M. 22, 55, 91, 146, 191, 192, 194, 199, 367, 426
Heisenberg, W. 21, 188
Hendry, J. 216
Henriksson, S. 66
Herakles 264
Herder, J.G.v. 348
Hermes 432
Herodot 263
Heron von Alexandrien 272, 299
Hesse, M. 216, 374
Hettlage, R. 433
Heyde, D.J.E. 10, 431
Hieron von Syrakus 270
Hilbert, D. 118, 184, 185, 191, 366
Hildreth, C.R. 60
Hill, C.H. 179, 298
Hillmer, H. 392
Hiltz, S.R. 72, 73
Hobbes, T. 108, 158–160, 164, 182, 183, 215, 298, 308, 384
Hobsbawm, E. 125, 387
Hochgerner, J. 105, 106
Hoff, J.H. van t'129
Hofft, G.'t 163
Hofmann, A.W. 130
Hofstadter, D.R. 429
Holton, G. 21, 176, 177, 214, 216, 240, 385
Honorius III. 36
Hopkinson, J. 135, 140
Hörning, K. 30, 338, 347, 368, 369, 392, 394, 400, 406
Hortleder, G. 138
Hoyle, F. 155
Hronszky, I. 214, 372
Hughes, T.P. 141, 206, 370, 388, 389, 397, 398, 414, 415, 419, 420, 426, 428
Humboldt, W.v. 41, 43, 44, 230, 424
Hume, D. 348–350, 377
Husserl, E. 55

Iktinos, 268
Isherwood, B. 19, 222

Jacobson, R. 326
Jamison, A. 386, 400, 428
Janich, P. 91, 158, 159, 179
Janshen, D. 16
Januschke, B. 273
Jaufmann, D. 413
Johnson, J.B. 337, 354, 356, 363, 373, 396
Johnson, J.H. 83
Jörges, B. 406
Joule,J.P. 161, 162
Justinian 35

Kant, I. 109, 167, 194, 213, 226, 228–230, 231, 255
Kanter, R.M. 333
Kapp, E. 98, 100, 112, 151, 232, 237, 238, 241, 245, 406, 431
Kapp, G. 135, 140
Karl IV. 39
Karl VIII. 293
Karpion 268
Keen, P.G.W. 239
Kekulé, F.A. 129, 130
Kellenbenz, H. 297
Kelvin, W.T. 136, 187
Kepler, J. 116, 120, 127
Kerr, R.A. 167
Keynes, M. 298
Kidder, T. 374
Kieser, A. 391
King, A. 134
Kirchner, B. 58
Kistler, E. 413
Kittler, F. 11
Klemm, F. 293
Kluge, F. 382, 401
Klüver, J. 43, 46, 225, 226
Knie, A. 136
Knoll, A.M. 113, 291
Knorr-Cetina, K. 78, 132, 145, 196, 213, 237, 238, 373
Köbler, F. 382
Koenigsberger, H.G. 278
Kolm, P. 391
König, W. 133–135, 139, 141, 236, 241
Kopernikus, N. 86, 87, 107, 201, 308
Kotzmann, E. 232
Krafft, F. 268
Kraft, P. 239
Krämer, S. 55, 182–184, 186, 187, 189, 194, 195, 197
Kriedte, P. 13, 124, 283
Krohn, W. 41, 65, 84, 88–90, 95, 108, 110, 120, 128, 233, 234
Krösus 262, 267
Krueger, M.W. 426
Ktesibios 271, 272
Kubicek, H. 391
Kuhn, T.S. 27, 28, 65, 70, 77–79, 85–91, 95, 98, 119, 121, 137, 143, 148, 155, 162, 164, 165–169, 174, 175, 178, 179, 187, 191, 195, 199, 205, 206, 212, 214, 232, 236, 349–351, 366, 374, 385
Küppers, G. 65, 84, 88–90

Lakatos, I. 88, 154, 192, 343, 348, 349, 407
Lancaster, K. 341
Lange, F.A. 384
Laplace, P.S. 162, 187, 188
Latour, B. 25, 78, 136, 145, 197, 237, 291, 373
Laum, B. 261
Lavoisier, A.L. 129, 161
Law, J. 288
Layton, E.T. 138, 141
Lazarsfeld, P.F. 188
Leach, E.R. 171, 183, 227, 363, 432
LeGoff, J. 36, 38, 103–105, 107, 109, 114, 121, 125, 171, 278
Leibniz, G.W.v. 183–187, 189, 190, 192, 194, 214, 215
Lenin, V.I. 122
Lepenies, W. 339
Leroi-Gourhan, H. 7, 19
Lévi-Strauss, C. 26, 106, 128, 130, 153, 155, 171, 217, 235, 250, 352, 406
Liebig, J. v. 304
Linde, H. 19, 20, 247–249, 302, 310, 317–319, 369, 371, 373, 376
Linné, C.v. 205, 220, 251
Locke, J. 299
Loeck, G. 116–119
Loomes, M.J. 83
Loos, A. 375
Lorenzen, P. 185, 203, 204, 208, 230
Luckmann, T. 428
Ludwig, K.H. 274, 282–284
Luhmann, N. 46, 47, 230
Lullies, V. 390
Lüthi, K. 359
Lyotard, J.F. 184, 194, 231, 372, 427

Macadam, J.L. 147
MacDonald, S. 137
Machiavelli, N. 108, 290
Macpherson, C.B. 215
Mai, M. 311, 424
Mainzer, K. 90
Mair, L. 352
Malinowski, B. 262, 318
Malthus, T.R. 215, 308, 309, 424
Mandelbrot, B.B. 84, 331
Mannheim, K. 20, 36, 88, 107, 120, 153, 199, 205, 212–214, 216–219, 228, 274, 275, 277, 347, 377

March, J.G. 330
Marcuse, H. 11
Marglin, S.A. 387
Martin, A.v. 115, 290
Marx, G. T. 398, 400
Marx, K. 13, 19, 20, 24, 122, 153, 209, 215, 222, 261, 302–304, 306
Matis, H. 38, 301, 409
Maturana, H. R. 84, 192, 193, 199, 331, 338, 339, 356, 357
Mau, J. 109
Mauchly, J. 50, 57
Maudsley, H. 147, 305
Mauss, M. 19, 262, 318, 328, 370, 371
Maxwell, C. 107, 132, 133, 134, 135, 147, 169, 187
Mayer, R. 161–163, 188
Mayntz, R. 330
Mayo, E. 333
Mayr, O. 96, 216, 391
McDermott, J. 150, 414
McGill, R. 66
McKeown, T. 6
McLuhan, H.M. 70, 376
Mead, G.H. 14, 20, 55, 203, 325, 327, 360
Medick, H. 124
Mendelsohn, E. 149
Merton, R. 109
Metagenes, 268
Meyer, J.W. 334, 335, 345
Meyer-Abich, K.M. 389
Miles, I. 188
Mill, J.S. 303
Miller, R. 67
Millikan, R.A. 176, 177
Mittelstraß,J. 13, 28, 91, 97, 98, 100, 129, 143, 145, 147, 154, 155, 158, 185, 396, 397, 407
Mohammed 363
Mols, R.S.J. 291
Moore jun., B. 298
Morland, S. 300
Morse, S. 133, 235,
Mosse, G.L. 278
Mulkay, M. 237
Müller, J. 135, 142, 145, 147
Müller, P.v. 274, 282–284
Müller, R.W. 260, 261, 265
Mumford, L. 124, 209, 380, 410
Münzer, T. 298
Musgrave, A. 88, 349
Myers, E.D. 227

Nahrstedt, W. 323, 380
Nakane, C. 333, 336
Nebukadnezar 263
Needham, J. 26, 123, 386, 392, 397
Neumann, J.v. 51, 57, 64, 124, 189
Newcomen, T. 42, 126, 300
Newell, A. 58, 190
Newton, I. 107, 120, 124, 127, 147, 169, 170, 174, 178, 181, 186, 214–216, 233, 298, 299, 308, 384, 385, 424
Nietzsche, F. VI
Nisbeth, R. 107, 108
Noble, D. 47, 52, 57, 90, 134, 246, 397
North, J.D. 379
Novalis, F.L. 359
Nowotny, H. 84, 109, 230, 231, 413

Ockham, W.v. 105
Ödipus 263
Odysseus 263
Oersted, H.C.132, 133
Oestreich, G. 4, 286
Ohm, G.S. 132
Ong, W.J. 202
Oresme, N.v. 105, 172
Ortmann, G. 241
Osgood, D. 71, 243
Ostrander, D. 351, 401
Otten, D. 13, 124, 125, 300
Otway, J.H. 391
Ouchi, W.G. 30, 322, 331–333, 335–337, 339, 345, 346, 351, 352, 354, 356, 362–364, 373, 396
Ovid 382
Owen, R. 308
Ozbekhan, H. 371

Packer, J.E. 304
Papert, S. 74
Papin, D. 300
Pappos 269
Parsons, T. 20, 47, 201,–203, 259
Pascal, B. 159
Paschen, H. 399
Passeron, J.C. 9
Paulinyi, A. 236, 294, 305, 306
Pearson, G. 386, 387
Peel, R. 305
Perikles 99
Perkin, W.H. 129, 130
Perrin, J.-B. 162
Perrin, N. 394
Perrow, C. 330, 391, 421
Peter der Einsiedler 104
Petrarca, F. 103, 276, 280
Petrus Lombardus 171
Petty, W. 188
Petzold, H. 135
Philo 271, 272
Philoponos 172
Piaget, J. 108
Pickering, A. 163, 232, 373
Pietschmann, H. 158
Pinch, T.P. 23, 141, 355, 388, 428
Pircher, W. 224

Pirenne, H. 101, 276
Planck, M. 79, 87, 117, 177, 188
Platon 35, 98–100, 172, 173, 265
Platt, G. 47
Plutarch 266
Poisson, S.-D. 162, 187
Polanyi, K. 215, 309, 337, 357, 423, 430
Polanyi, M. 78, 373
Pollart, S. 209
Popper, K. 88, 164, 214, 348–350, 366
Prahl, H.W. 223, 224, 227, 228, 231, 233
Priestley, J. 129
Prigogine, I. 84
Prony, G. R. de 209
Protagoras 172, 173
Psammetichos I 263
Ptolemäus 178

Quadbeck-Seeger, H.J. 79
Quetelet, A. 188

Radkau, J. 306
Raimundus Lullus 182, 184
Rammert, W. 17, 30, 56, 368, 369, 371, 376, 392, 394, 395, 415
Randell, B. 50, 52
Ranke, L.v. 214
Reaumur, R.-A.F. de 216
Reiter, W. 366
Reuleaux, F. 22, 25, 139, 145, 179, 229, 237, 238, 376
Ricoeur, P. 5, 10, 98
Riedler, A. 139
Ringer, F.K. 223, 224, 226, 228, 230–232
Rip, A. 130, 131
Ritsert, J. 106
Roberval, G.P. de 159
Roe, A. 412
Roger II. 286
Ropohl, G. 12, 16
Rose, H. 42
Rose, S. 42
Rosenberg, R.L. 373
Rowan, B. 334, 335, 345
Ruggenthaler, P.T. 240
Runciman, S. 38, 104, 278
Russell B. 99
Russell, J.C. 276
Rutherford, E. 21, 177, 385

Sabel, C.F. 211, 400
Sahlins, M. 14, 15, 153, 222
Saint-Simon, C.H. de 371
Salam, A. 163, 165
Salomon, J.J. 149, 197
Sapir, E. 190, 326
Sass, H.M. 151
Saussure, F. de 432
Schaff, A. 55
Schaffer, S. 157, 180, 196, 234
Schefold, B. 389
Scheler, M. 44, 45
Schelsky, H. 38, 44, 45
Schiller, F. 385
Schleiermacher, F.E.D. 359
Schlumbohm, J. 124
Schmidt, G. 371, 399
Schmutzer, M.E.A. 57, 84, 123, 209, 239, 242, 246, 343, 344, 354, 370, 375, 413
Schneeberger, A. 240
Schneider, H. 266
Schön, D.A. 18, 48, 352, 418, 429
Schorr, K.E. 46
Schrödinger, E. 21
Schröter, M. 15, 380, 396, 405
Schwarz, M. 352, 364, 388
Schwemmer, O. 204, 205
Scott, J.T. 68, 69
Scott, W.R. 330
Sculli, F. 163
Sella,D. 297
Shakespeare, W. 290
Shannon, C.E. 54
Shapin, S. 157, 158, 174, 180, 196, 234
Shaw, M. 188
Shorter, E. 204
Siemens, W. 132, 133, 147, 305
Siger von Brabant 290
Silverman, D. 330
Simmel, G. 20, 37, 39, 208, 265, 289, 314, 352
Simon, H. A. 77, 107, 184, 190, 330, 372, 427
Simpson, G.G. 153
Skolimowski, H. 117, 140, 141, 205
Smith, A. 114, 216, 302, 303, 305, 308, 309, 372
Smith, C.S. 117, 135
Snell, W. van R. 178
Snow, C.P. 43, 424
Sohn-Rethel, A. 24, 87, 287
Sokrates 172, 208, 244, 272
Solla Price, D.J. de 378, 380
Solon 266, 279
Sombart, W. 19, 338
Sommerfeld, A. 21
Sonnemann, R. 235, 236
Sonntag, M. 311
Sophokles 271
Sorokin, P. 109
Sperry, E.A. 415
Sproull, R.F. 58
Spur, G. 302
Staudenmaier, J.M. 111, 135, 141, 145, 229, 237, 389, 390
Stegmüller, W. 88
Steinert, H. 209
Steinmüller, B. 124

Stephenson, R. 147
Stevenson, G. 305
Stibitz, G. 50, 57, 124
Stodola, A. 139
Strato 272
Stromer, W.v. 13, 124, 125
Sturgeon, W. 132
Sueton 273
Sussman, G.J. 428

Taylor, F.W. 209, 246
Tenbruck, F.H. 99, 127, 135, 154, 351
Tenorth, H.E. 204
Tetens, H. 161, 167, 179
Thales von Milet 97, 98, 111, 262
Theodoros 268
Theseus 263
Thierry von Chartres 170
Thom, R. 170, 255, 354
Thomas, S.G. 307
Thomas von Aquin 113
Thompson, E.P. 386
Thompson, M. 30, 31, 330, 333–335, 337, 345, 346, 348, 352, 354, 356, 362, 364, 372, 388, 433, 434
Thomson, G. 260, 265
Tillmann, K.J. 204, 205, 207
Tiryakian, E.A. 20, 351, 366
Tito, J.B. 363
Tönnies, F. 15, 30, 36, 312, 313, 315–317, 321, 323, 339, 344, 345, 348, 352, 354, 371
Tornatsky, L.G. 150
Torricelli, E. 159
Toscanelli, P. 110
Toulmin, S. 28, 101, 154, 187, 218, 221
Townsend, W. 308, 350, 424
Treiber, H. 209
Trinkaus, C. 108
Troitzsch, U. 235, 293–295, 300, 304
Tuchman, B.W.292
Turing, A. 53, 54, 56, 57, 124, 185, 188, 189, 194, 247
Turkle, S. 192, 250–253, 428
Turner, V. 271
Turoff, M. 72, 73

Ullmann, W. 290
Ullrich, O. 209, 381
Ure, A. 304

Vahl, D. 64
Varela, F. 84, 192, 331
Veblen, T. 25
Verguin, J. 130
Vespasian 273, 274
Vincenti, W.G. 141
Vinci, L. da 120, 290, 299
Vitruv 268, 299

Waldenfels, B. 403, 408
Wallace, A. 215
Walzer, M. 299
Warner, K.F. 273
Watkins, J.W.N. 348, 349
Watt, I. 202, 244
Watt, J. 42, 126, 216
Weaver, W. 54
Webber, M. 72
Weber, M. 1, 10, 11, 15, 20, 22, 26, 44, 100, 172, 207, 209, 222, 239, 247, 263, 264, 275, 276, 280, 283–288, 295, 296, 302, 310, 312, 313, 315–318, 320, 332, 342, 345, 346, 352, 354, 359, 363, 364, 372, 381, 386, 411, 415
Wedgewirth, R. 150
Weinberg, S. 163, 165
Weingart, P. 89
Weizenbaum, J. 53, 372, 373
Weltz, F. 390
Westfall, R.S. 181
Weyl, H. 21
White, L. 124, 411, 413, 414
Whorf, B.E. 190, 199, 326
Wieland der Schmied 433
Wieland, J. 303
Wiener, N. 50–52, 54
Wiesenthal, H. 415, 416
Wildavsky, A. 329, 354, 399
Wilde, H. 132
Wilkins, A.L. 336, 352, 363
Williams, R. 257, 385, 395, 396
Wilson, K.G. 65, 70, 82, 84, 90, 151, 186 ,365
Winkler, R. 84
Winner, L. 370
Winograd, T. 22, 54, 55, 80, 146, 159, 189, 190, 192, 193
Winstanley, G. 298
Wittgenstein, L. 21, 33, 54, 180, 189, 190, 203, 207, 350, 367
Wolfram, S. 27, 77
Woolgar, S. 78, 145, 237, 373
Wynne, B. 391

Young, R.M. 188

Zeising, H. 299
Zemanek, H. 54
Zilsel, E. 39, 41, 95, 120
Zuse, K. 50, 51, 53, 54, 57, 124

Sachverzeichnis

Abstraktion 24, 81, 82, 103, 135, 152, 181, 183, 185, 194, 195, 197, 204, 219, 231, 287, 324–326, 349, 365
Abstraktion, -verfahren 49
Akzeptanz 7, 17, 59, 61, 88, 96, 97, 107, 123, 147, 157, 169, 170, 174, 178, 179, 181, 185, 193, 195, 203, 207, 216, 231, 237, 240, 253, 330, 388–396, 407, 417, 418, 421, 422
Algorithmen 56, 65, 140, 145,183,186, 188, 189, 196, 253, 365, 427, 429, 431
Algorithmen, wissenschaftliche Gesetze als 77, 79–82, 118, 365
Alma Mater siehe Universität
Alternativbewegung 253, 376, 415
Alternativtechnologien siehe Technologien, Alternativ-
Angst 227, 278, 412, 418
Antike 5, 7, 10, 11, 28, 29, 35, 41, 97–102, 109, 114, 118, 123, 128, 129, 152, 154, 155, 160, 170, 227, 259–276, 279, 280, 285, 286, 289, 290, 300, 304, 319, 367, 383, 407, 409, 410
Arbeitslosigkeit 30, 243, 297, 298, 301
Arbeitsmarkt 215, 308, 424
Arbeitsorganisation siehe Organisation, Arbeits-
Arbeitsteilung 19, 24, 75, 282, 283, 302, 303, 309, 311, 313–315, 363
arbiter, arbitrator (siehe auch Schiedsrichter) 182, 196, 307, 407, 425
Artefakt 12, 16, 18, 186, 311, 318, 319, 325, 326, 356, 359, 366, 368, 370, 374, 383, 386, 393, 396, 402, 427, 428, 433
Atomisierung 13, 257, 275, 346
Atomismus 21, 215, 384, 385
Ausbildung 5, 7, 25, 29, 39, 40, 43–48, 53, 59, 65, 68–75, 78, 79, 84, 112, 138, 147, 148, 151, 200, 201, 205, 218, 219, 221–224, 227, 228, 233, 235–240, 242, 243, 252, 253, 255, 259, 267, 301, 306, 363, 390, 422–425, 429
Ausbildung, Industrialisierung der 240, 242, 243
Ausbildung, von Ingenieuren siehe Ingenieure, Ausbildung von
Auslagerungsprozesse, soziale 265, 298, 301, 318, 338, 352, 411, 420, 421
Ausschließung 20, 22, 56, 251, 285, 370
Automaten 10, 53, 120, 216, 270, 271, 303, 376, 380
Autorität 48, 87, 103, 113, 118, 123, 154, 171, 193, 194, 203, 253, 316, 328, 358, 369

Banalität, Erzeugung von 24, 116, 189, 379
Bedürfnisbefriedigung, -genese 19, 100, 107, 119, 289, 393–396, 398, 418
Bedürfnisse 8, 39, 40, 52, 102, 113, 184, 211, 218, 219, 232, 250, 253, 273, 298, 323, 377, 390, 413, 422
Betroffene 20, 352, 398, 399
Beweise 49, 83, 97–100, 105, 106, 109–113, 116, 117, 139, 140, 146, 154, 155, 158, 163, 164, 168, 174, 183, 185, 187, 255, 407
Beweise, Akzeptanz von 96, 97, 147, 407
Beweise, Instruktionen als 211, 212
Beweismittel, Messung als 169, 170, 178
Beweisverfahren 83, 97, 98, 101, 113, 117, 121, 140, 154, 157, 183, 184, 290, 374, 408, 433
Bildung als Kapitalgut 222, 224, 245
Bildungsbewegung 99, 112
Bildungselite siehe Eliten
Boyle-Hobbes-Kontroverse 157–160
Buchdruck 244, 292, 293, 299, 325
Bürokratie siehe Organisation, bürokratische
Bürokratisierung 206, 217, 226, 235

Chaos, Interpretation von 18, 29
Chaos, Reduktion von 152–155, 366, 423, 426, 427
Chaos, Umgang mit 227, 231, 241, 253, 254, 255, 425, 429, 432
Clan 333, 335–339, 345–347, 349–351, 354, 355, 361–364, 366–368, 372, 373, 375, 377, 384, 387, 390, 395, 397, 399, 400, 408, 409, 411, 413, 415, 416, 418–421, 427, 429
Code, Codierung 30, 143, 171, 173, 187, 208, 321, 322, 325, 327, 328, 335, 357–366, 368, 373, 375–379, 392, 396, 397, 409, 419
Computer 25, 186, 192, 193, 194, 253, 373, 376, 400, 422, 426–428, 430, 434
Computer als Ordnungstechnologie 52, 151, 370, 371

Computer als Wahrheitsmedium 56
Computer, Geschichte des 49–54
Computer, gesellschaftlicher Bedarf an 56, 57
Computerisierung 151, 250, 425, 429
Computersimulation in der Lehre siehe Lehre, Computersimulation in der
Cultural Theory (siehe auch Group-Grid-Analyse) 31, 339, 351, 372, 385, 388, 390, 392, 406, 433

Definitionsmacht 229, 426
Demokratie 261, 265, 274, 410, 413–415, 420, 421
Denkformen 199, 212, 252, 274, 275, 321, 357–359, 374, 400
Denkmaschine 186, 193
Denkweisen siehe Denkformen
Desintegration, soziale 13, 14, 276, 337
Dialektik 105, 113, 197, 254, 298, 427
Dienstleistung 262
Differenzierung, soziale 267
Disziplin, Maschinen- 188
Disziplin, Selbst- 204, 246, 287, 299, 325, 338
Disziplinartechnologien (siehe auch Technik, Disziplinar-) 207, 246, 377, 386, 398, 426
Disziplinierung 24, 207, 209, 211, 218, 223, 239, 246, 253, 264, 274, 281, 284–286, 287, 296, 307–310, 320, 322, 363, 364, 376, 381, 392, 408, 409, 411, 418, 421
Disziplinierung, sprachliche 160, 208, 362
Drama 107, 148, 271, 274, 407, 425
Drama, Entstehung des 270, 271

École Polytechnique 17, 235, 236
Ego, alter 14, 195, 203, 248, 327, 338, 360
Egozentrismus 15, 115, 260, 261, 265, 315, 348, 406, 410
Eisenbahnen 210, 284, 307, 363, 419
Eliten 17, 29, 43, 115, 228, 239, 255, 421, 423, 425, 429
Eliten, Bildungs- 226, 227, 230
Entfremdung 204, 226, 244, 280, 282, 287, 288, 292, 296, 299, 310, 312, 355, 359, 393, 394, 397, 405, 411, 412, 421, 427, 428, 431
Entgemeinschaftung 206, 207, 210, 211, 259, 310, 358, 382, 408, 411, 426
Entwurzelung 13, 36, 261, 299, 394
Erfahrung, apparative 158, 167
Erfindung von Wissenschaft 97–127
Erfindungen, multiple 215, 285
Evaluation empirischer Ergebnisse 162
Evolution 9, 18
Evolution, soziale 13
Experiment 16, 28, 61–63, 192, 196, 213, 247, 272, 290, 374, 424, 425, 433
Experiment und Industrie 166–168, 194
Experiment und Theorie 82, 83, 164–167, 186, 187, 355, 426
Experimente als Beweisverfahren 109, 157–179
Experimente als Sprachspiel 160–163, 179
Experimente, qualitative 168
Experimente, Simulation von 63–66, 186
Experimente, Störfaktoren 175, 176
Experimente, Wiederholbarkeit von 174
Experimentiermaschine 179, 186, 192, 193
Experten 16, 37, 45, 68, 149, 155, 422
Expertensysteme 61, 84, 85, 245
Exteriorisierung siehe Externalisierung
Externalisierung 10, 183, 194, 196, 202, 243–245, 249, 255, 303, 304, 309, 310, 319, 375, 382, 385, 397, 409

Fachhochschule 41, 233, 429
Falsifizierung von Theorien siehe Theorien, Falsifizierung von
Finalisierung der Wissenschaft 28, 95, 127, 130, 134, 135, 150
Formalisierung 28, 55, 185, 189, 190, 192, 193, 196
Forschung und Lehre, Einheit von 44
Forschung, Industrialisierung von 134
Forschung, Technisierung von 17
Forschungslabors 131, 237, 238, 242, 373, 414, 418, 424
Fortschritt, wissenschaftlich-technischer 9, 11, 17, 22, 23, 65, 85, 108, 109, 123, 128, 133, 139, 140, 154, 228, 295, 350, 386, 388, 413, 422, 423, 430,
Frauenbewegung 411
Fremde 31, 56, 203, 261, 263, 301, 316, 318, 330, 366, 402, 405, 410, 411, 430, 432, 433
Fremden, Kooperation zwischen 30, 56, 274, 275, 278, 310, 314, 318, 362, 365, 379
Fremden, Rolle der 36, 374

Geld 24, 57, 115, 171, 207, 260, 261, 265, 274, 276, 286, 289, 321–326, 346, 357, 365, 368, 376, 379, 380, 394, 413
Geldwirtschaft 38, 112, 115, 125, 263, 276, 283, 286, 379
Gemeinschaft 15, 16, 249, 264, 288, 289, 297, 300, 301, 308, 313, 314, 317, 320, 335, 339, 343–346, 349–351, 354, 357, 369, 370, 373, 379, 416, 420, 423, 433
Geräte (siehe auch Artefakt) 16, 289, 323, 375, 383, 391, 405, 406, 425
Geräte als soziale Institution 247, 249, 251, 302, 311, 319, 320, 371, 393
Geräte, -typen 375–378, 395
Geräte, Konsens- 24, 160, 195
Gerätetechnik siehe Technik, Geräte-
Gesellschaft 15, 264, 308, 309, 313, 314, 317, 320, 328, 329, 339, 344–346, 349, 354, 357, 362, 384, 385, 408, 416, 423, 427, 433
Gesellschaft, postindustrielle 243

Gesellschaft, traditionale 12, 285, 288, 289, 338, 423
Gesellschaft, Verwissenschaftlichung der 14, 16, 45, 148, 149, 291
Gesellschaftsbild 20
Gratifikation 336, 337, 364
Grenzgänger 434
Group-Grid-Analyse 328–330, 335, 344, 346, 351, 354, 368
Gruppengrenzen 329, 331, 346, 418

Handel 261, 262, 276, 278, 286–288
Handlungskompetenz 200, 201
Handwerk, -er 261, 266, 267, 279, 288, 304, 332, 418
Hexen 412
Hierarchie siehe Organisation, hierarchische
Hilfstheorien 165
Holografie 240, 356

Ich-Bewußtsein siehe Egozentrismus
Ideale Objekte, Realisation von 142–144, 146, 160, 164–166
Individualisierung 29, 30, 195, 228, 244, 249, 260, 264–266, 271, 274, 280, 291, 310–312, 314, 336, 343, 352, 366, 368, 382, 385, 394, 402, 407, 408, 409, 412, 413, 415, 417, 423, 427
Individualismus 13, 112, 268, 285, 290, 298, 338, 358, 359, 384, 411
Individuum 13, 22, 108, 191, 201, 202, 203, 207–209, 265, 281, 288, 308–310, 313, 314, 317, 328, 334, 348, 358, 361, 381, 402, 406, 413, 433
Induktion 181, 186, 348, 349
Industrialisierung 13, 397
Industrialisierung von Forschung 134
Industrielle Revolution 28, 294, 304, 311, 338, 380
Industrielle Revolution des Mittelalters 124–126, 277–280, 309
Industrielle Revolution, erste 28, 304, 307
Informationstechnologien
Ingenieure 18, 42, 55, 75, 83, 108–111, 128,136, 138, 144, 145, 224, 235, 251, 253, 237, 270, 291, 296, 309, 320,390, 392, 415, 422, 424, 427, 428, 430
Ingenieure(n), Ausbildung von 18, 23, 72, 235, 237, 390, 422
Ingenieurwissenschaften 18, 46, 61, 75, 80, 124, 135, 140, 142, 143, 197, 228, 229, 231, 237, 241, 251, 269, 389, 390, 409, 427, 430
Innovation, Basis- 293–297
Innovation, soziale 4, 13, 113, 200, 202, 207, 209, 223, 229, 237, 238, 240, 246, 247, 276, 280, 282, 290, 294–296, 308, 309, 312, 338, 356, 362, 363, 365, 366, 381, 383, 410, 415, 418, 420, 422–424
Innovation, technische 5, 200, 223, 228, 247, 276, 280, 282, 300, 308, 309, 363, 365, 381, 389, 392, 406, 410, 414, 415
Innovationshemmung 292–300, 310, 364
Input-Output-Modell 341
Intellektuelle 36, 228, 289, 291, 373, 384, 414, 429
Intention, technische 14, 257, 276, 310, 311
Interaktionsmuster, soziale 14, 16, 17, 336, 337, 360, 388, 406, 412, 413, 417
Interessensgruppen 23, 74
Interpretation 16, 28, 29, 42, 55, 56, 73, 80, 103, 114, 141, 146, 162, 171, 176, 190–192, 215, 219, 220, 227, 228, 253, 320, 321, 323, 362–364, 366, 379
Interpretationsfreiheit 55, 56, 183, 185, 189–191, 194

Kalkül 13, 23, 117–120, 140, 184–186, 197, 302, 314, 346, 347, 364, 372
Kameralistik 40, 236
Kapital 22, 151, 171, 204, 206, 217, 242, 243, 248, 296, 297, 301, 304, 306, 415, 420
Kapitalismus 234, 338, 359
Katastrophen 332, 350, 354, 406, 410, 418, 412
Kategorien 339–345
Klassifikationen 214, 328
Klöster 36, 125, 126, 280–283, 285, 289, 363, 370, 379, 411
Kolonialisierung, Kolonisation 125, 263, 274, 279, 298, 320, 382, 397, 424
Kommunikation 289, 320, 322, 324, 364, 369, 376, 387, 407
komplexe Systeme, Analyse von 83–85
Konsens 223, 332, 413
Konsenserzeugung 8, 14, 16, 23, 25, 100, 101, 142, 164, 186, 187, 192, 193, 194, 196, 197, 203–205, 207, 220, 234, 237, 284, 290, 291, 320, 322, 356, 362, 364–366, 374, 378–380, 397, 407, 408, 413, 414, 423, 425
Konsenserzeugung, Technik als 178, 309
Konsenserzeugung, Wissenschaft als 100, 101, 103, 140, 186, 187, 234, 413, 423, 433
Konsensverfahren 96, 98, 288
Konstruktivismus 91, 317, 374
Kontrollstrukturen 208, 307, 337, 409
Kontrolltechnologien 392
Kooperation 4, 325, 332, 363, 384, 402, 407, 433
Kooperationserzeugung 142, 144–147, 188, 193, 194, 197, 203, 220, 280, 284, 323, 356, 366, 367, 370, 378–380, 402, 407, 416, 423
Kooperationsfähigkeit 19, 30, 56, 142, 192, 274, 282, 291, 308, 397
Kooperationsformen 30, 188, 207, 296, 300, 319, 355, 361, 366, 399, 409
Kosmologien (siehe auch Weltmodelle) 5, 85, 226, 227, 230, 233, 329, 336, 347, 352, 366
Kreativität 67, 217, 228, 239, 242, 325, 359, 384
Kultur 325–330, 368, 370, 377, 381, 385, 387, 388, 390, 391, 394, 424, 427, 428, 431–433

kulturelle Prädisposition siehe Prädisposition, kulturelle
Kulturschock 112, 275, 347, 405
Künstleringenieure 41, 108, 282
Kybernetik 50, 51, 53

Länder, sozialistische 151, 372, 414
Landflucht 398
Lebensformen 6, 28, 36, 111–114, 116, 187, 194, 275, 350, 389, 397, 415–417, 421, 422, 428
Lebensformen im Mittelalter 101–103
Lebensformen, tradierte 4, 203, 204, 386, 387, 415
Legitimation 215, 226, 228, 230, 232, 234, 236, 238, 239, 241, 248, 255, 322, 364, 414, 417–424
Lehre, Computersimulation in der 69–71, 251, 253, 426
Lehre, Technisierung der 29, 409, 429
Lehre, universitäre 29, 374, 408, 423, 429
Logik 39, 98, 100, 182, 232, 274, 348, 349, 365
Lohnarbeit 286, 301, 379
Lösungen, soziale 6, 7, 377, 378, 396, 397
Luxus 125, 267, 270, 338

Macht 23, 224, 227, 321–323, 326, 363, 369, 381–384, 401, 412, 424
Männerbünde 263, 411
Manufaktur 40, 301–303, 306, 311
Markt 206, 216, 221, 226, 248, 249, 253, 254, 263, 287, 288, 309, 315–317, 320, 322, 331, 332, 336, 337, 339, 345–349, 354–357, 361, 364, 366, 370, 372, 375–377, 379, 387, 391, 392, 394, 397, 399, 400, 408, 409, 413, 415–422, 424, 426, 427, 429
Maschine, Arbeits- 273, 302, 303, 310, 319, 376
Maschine, soziale 223, 397
Maschine, symbolische 183, 185, 186, 192, 195, 197, 247
Maschine, Wahrheits- 167, 188
Maschinendisziplin siehe Disziplin, Maschinen-
Maschinensprache siehe Sprache, Maschinen-
Mathematisierung 181, 187, 236, 237
Mechanik 122, 135, 162, 178, 179, 181, 187, 190, 241, 268–270, 304, 308, 319, 381, 382, 384, 425
Mechanik, Aristotelische 268
Mechanik, Newton'sche 169, 170, 178, 215, 233, 384
Mechanisierung 28, 52, 57, 183, 185, 187, 190, 194, 196, 243, 285, 302, 398, 425
Mensch-Maschine-Systeme 53
Menschenbild 7, 15, 390, 391, 405
Messung 337, 364, 379
Methode, vergleichende 26
Mittel/Zwecke 4, 247, 376
Mittelalter 4–6, 17, 28, 29, 35, 36, 41, 42, 96, 100–106, 108–110, 114, 115, 123–126, 154, 170, 172, 178, 201, 229, 259, 260, 262, 271, 274, 276–294, 300, 301, 306, 308, 309, 319, 338, 358, 362, 363, 367, 370, 379, 407, 409, 424, 427
Mobilität 13, 29, 98, 104, 111, 116, 120, 223, 263–266, 274–279, 281, 286, 290, 300, 301, 309, 358, 369, 373, 382, 384, 385, 394, 395, 407
Mobilität, soziale siehe Mobilität
Moderne 312, 409
Monumentalbauten 1, 3, 4, 8, 109, 267
Münzen 260–265, 286, 337

Naturbeherrschung 3, 370, 372, 381
Naturgesetze 18, 23, 28, 42, 43, 77, 116–118, 146, 158, 166, 167, 210, 228, 319, 388, 407, 423
Naturgesetze, Erfindung von 117, 118, 423
Naturwissenschaft 41–43, 230, 308, 365, 424
Neutralität 16, 96, 175, 179, 186, 193, 196, 230, 251, 271, 337, 376, 380, 397, 407
Neutralität, Wert- siehe Wertneutralität
Neuzeit (siehe auch Moderne) 13, 28, 29, 100, 107, 108, 123, 158, 164, 170, 207, 232, 252, 272, 274, 285, 286, 301, 310, 311, 347, 380, 395, 405, 407, 409, 413
Normen 319, 320, 391, 392
Null-Matrix 338, 339, 345, 346, 350, 351, 354, 356, 359, 361, 375, 395, 398, 399, 415–419, 422, 426, 434

Objektivierung 10, 46, 193
Objektivität 16, 36, 37, 39, 192, 193, 260, 261
Öffnungsprozeß 342
Oikos (ganzes Haus) 259, 279, 301, 311, 323, 336, 373
Ökonomisierung 10, 11, 24
Operations Research 53, 246
Ordnung, Erzeugung von 173, 174, 187, 196, 197, 205, 213, 214, 223, 224, 232, 241, 242, 253, 255, 271, 347, 370, 379, 396, 406, 408, 409, 423, 425, 426, 429, 431
Ordnungssysteme, -vorstellungen 20, 210, 308, 328, 408
Organersatz, Technik als 16, 244, 247, 383, 406, 431
Organisation, Arbeits- 296, 383, 384
Organisation, bürokratische 206, 210, 226, 238, 254, 274, 331, 332, 354, 356, 357, 363, 372, 389, 398, 400, 416, 420, 426
Organisation, hierarchische 210, 227, 239, 248, 249, 253, 327, 328, 332, 336–339, 342, 345–347, 349–351, 355, 361, 363, 364, 366–368, 370, 372, 375–377, 390, 392, 398, 408, 409, 414, 415, 418–423, 427, 429
Organisationsstrukturen siehe Organisation
Organisationstypen (siehe auch Kooperationstypen) 29, 206, 211, 231, 240, 330–335, 333, 336, 338, 343, 352, 356, 362, 392, 401

Orientierung, Bedarf an 214, 218
Orientierung, partikularistische 201, 202, 204, 206
Orientierung, universalistische 201, 202, 206

Paradigma, -en 59, 65, 70, 78, 79, 85, 87–89, 95, 101, 105, 106, 108, 116, 119, 138, 143, 164, 174, 191, 199, 212, 213, 215, 294, 349, 350, 366, 374, 409
Paradigmenwandel, paradigmatische Revolution 23, 27, 65, 77–79, 82–84, 86, 90, 91, 114, 121, 122, 144, 205, 366
Persönlichkeitsentwicklung siehe Persönlichkeitsmerkmale
Persönlichkeitsmerkmale, Erzeugung von 29, 198–201, 204–206, 210, 211, 221, 222, 232, 240, 242, 250, 251, 254, 330, 332, 346, 356, 369, 397
Persönlichkeitsstrukturen siehe Persönlichkeitsmerkmale
Pfand 262
Philosophen 100, 152, 157, 182, 187, 191, 234, 260, 261, 264, 265, 290, 348, 427
Philosophie, -n 8, 22, 41, 43, 44, 54, 55, 84, 98, 100, 108, 113–116, 127, 157, 159, 160, 181, 184, 187, 190, 191, 214, 215, 217, 230, 234, 236, 250, 260, 261, 266, 270, 274, 348, 350, 380, 385, 405
Physik 8, 21, 22, 43, 60, 65, 69, 79, 80, 82–85, 87, 88, 90, 91, 108, 116, 119, 122, 131, 133, 135, 144–146, 164, 166, 167, 170–172, 175–177, 179, 181, 185–188, 190, 211, 222, 230, 233, 268, 319, 384, 385, 427, 430–432
Physik, aristotelische 116, 117, 119, 158, 170–172
Physik, soziale 188, 236
Plastizität von Technologien 23, 252, 309, 388, 389, 391, 392, 400, 428
Plastizität, soziale 13, 15, 257
Politik, -er 5, 15, 16, 89, 122, 149, 150, 154, 197, 280, 284, 309, 311, 313, 370, 371, 384, 410, 424, 430
Polytechnikum, Wiener 236
Prädisposition, -en 9, 110, 111, 118, 147, 174, 176, 213, 214, 330, 349, 385, 390
Problemdefinition 5, 18, 48, 123, 228, 234, 377, 388, 396, 397, 429
Probleme, soziale 4–7, 13, 18, 27, 36, 46, 48, 59, 65, 72, 73, 96, 98, 100, 101, 104, 106, 112, 157, 192, 267, 273, 300, 377, 388, 396, 397, 414, 417, 420
Produktion von Unwiderlegbarkeit siehe Unwiderlegbarkeit, Produktion von
Produktion von Wissen siehe Wissen, Produktion von
Produktion, flexible 400
Programmierung siehe Software
Projekte, technische 3, 51, 52, 60, 65, 68, 71, 109, 110, 134, 138, 142, 146, 250, 267, 415
Projektierung 63, 145, 146, 156, 303
Projektion 211, 215, 216, 378, 395, 423, 424, 427

Quantifizierung 169–174, 379
Quantifizierung von Theorien 169–174

Rationalisierung 11, 14, 286, 346
Rationalität 11, 325, 349, 354, 359, 371, 386, 424
Rationalität, prozedurale 184, 427
Realtechnik 12, 16
Recht 265, 320, 364
Rechtswissenschaft 430
Regeltechnik siehe Technik, Regel-
Relativismus 21, 88, 175, 215, 219
Renaissance 68, 95, 101, 104, 107–111, 115, 125, 271, 273
Resozialisation siehe Sozialisation, zweite
Revolution, industrielle siehe industrielle Revolution
Revolution, paradigmatische siehe Paradigmenwandel
Rhetorik 5, 39, 98, 232, 367
Romantik, Romantizismus 359, 415
Rückkopplung 216

Sachdominanz 371–374
Sachzwang 248
Sanktionen 248, 249, 253, 318, 321, 322, 332, 364, 376
Satellitenuniversität siehe Teleuniversität
Schiedsrichter 24, 37, 48, 203, 228, 230, 235, 247, 379, 380, 407
Schließung 90, 197, 254, 255, 280, 342, 370
Scholastik 103–106, 113–115, 220, 233, 234, 252, 253, 278, 424
Schule 200–202, 204, 208, 209, 221–224, 253–255, 289, 305, 310, 312, 334, 335, 351, 358, 361, 366, 383, 408, 410, 412, 413, 417, 419, 429
Schwache neutrale Ströme 163–165, 399
Selbstdisziplin siehe Disziplin, Selbst-
Sklaven, Sklaverei 1, 8, 266, 273, 274, 276, 382
Software 16, 239, 250, 251
Söldner 261–265, 286, 289
Sozialersatz, Technik als 16, 30, 246–249, 272, 308, 310, 311, 382, 383, 386, 390, 391, 393, 397, 398, 409, 411, 419, 420, 425, 426, 431
Sozialintegration 420, 421
Sozialisation 14, 17, 20, 23, 26, 29, 200, 201, 203, 204, 218, 222, 247, 255, 259, 297, 308, 310, 318, 320, 327, 332, 337, 346, 347, 352, 353, 365, 369, 375–377, 381, 383, 385, 386, 390–392, 394, 396, 398, 407–410, 416, 418, 420, 422, 426, 433
Sozialisation, zweite 207, 210, 211, 220, 222, 280–284, 288, 297, 310, 312, 322, 338, 363, 364, 392, 397, 421, 434
Sozialisationsersatz 25, 255, 302, 306, 307, 371
Sozialisationstechnik 26
Sozialisationstypen 328, 367

Sozialverträglichkeit 400, 408, 414, 416, 419
Sozialwissenschaft 14, 18, 19, 21, 23, 26, 28, 31, 71, 83–85, 155, 166, 188, 207, 316, 280, 309, 347, 381, 401, 406, 413, 430
Sozio-technisches System 302, 303, 306, 311, 325, 372, 384, 409, 410, 425, 427, 430, 433, 434
Soziogenese 31, 367–381, 410–417
Sprache 7, 320, 324, 325, 334, 356, 373, 375, 392, 396, 432
Sprache als Abbildung 21, 189, 350
Sprache als Abstraktion 204
Sprache als Ordnung 7, 191, 199, 231, 334
Sprache als soziale Technik 30, 199, 325, 353, 416
Sprache als soziales Phänomen 7, 21, 191, 192, 316
Sprache als Sozialisation 55, 199
Sprache, formale 274, 357, 359, 361, 362, 364, 379, 426
Sprache, Maschinen- 28
Sprache, Wandel von 22
Spracherwerb 327
Sprachformen, -typen 30, 323, 324, 326–329, 353, 357–367, 373
Sprachschöpfung 19, 22, 322, 324, 325
Sprachspiele 5, 160–163, 179, 180
Staat 39, 42, 46, 90, 108, 122, 149, 151, 188, 201, 204, 206, 216, 221, 223, 226, 227, 229, 230, 232, 233, 236, 238, 241, 254, 267, 291, 301, 309, 314, 316, 318, 320, 321, 323, 326, 332, 336, 345, 348, 363, 394, 398, 413, 424, 426, 429
Stagnation 14, 17, 66, 125, 190, 274, 276, 280, 293, 295, 297, 300, 398
Standardisierung 168, 179, 307, 319, 324, 390
Statistik 188
Status, -typen 344, 375
Subsistenzwirtschaft 263
Symbole/Zeichen 2, 15, 53, 54, 56, 109, 143, 153, 182–193, 196, 205, 210, 222, 224, 225, 230, 241, 247, 255, 279, 289, 299, 318, 325, 329, 358, 361, 367–373, 375, 378, 379, 393, 401, 427, 432
Systemtheorie 53, 246, 362

Tausch, Waren- 24, 261–263, 265, 274, 287, 314, 318, 320, 332, 357, 373, 412
Tauschgesellschaft 261, 316, 345, 346, 371, 412
Tauschhandel 112, 316, 357
Technik als Ausdruck (siehe auch Externalisierung) 18, 28, 370
Technik als Konsenserzeugung siehe Konsenserzeugung, Technik als
Technik als Organersatz siehe Organersatz, Technik als
Technik als Politik 16, 197, 309–311, 370, 371
Technik als soziale Ordnung 226, 309, 409
Technik als Sozialersatz siehe Sozialersatz, Technik als
Technik und Sozialwissenschaft 18, 368, 369, 406
Technik, antike 266–274
Technik, Begriff 3, 9–11
Technik, Disziplinar- 207
Technik, Geräte- 9, 209
Technik, pädagogische 199, 218, 270
Technik, Plastizität von 23, 252, 386, 388, 389, 391, 392, 400, 422, 428
Technik, Regel- 16, 25
Technik, soziale 4, 8, 237, 255, 423
Technik, traditionale 11, 12, 13
Technikfeindlichkeit siehe Technophobie
Technikfolgen,–abschätzung 23, 399–402
Technikverständnis 18, 23
Technikwissenschaften, Entstehungshintergründe der 138, 139
Technisierung 5, 12–14, 16, 149–151, 274, 291, 304, 320, 369, 371, 376, 378, 393, 414, 425, 426
Technisierung der Lehre siehe Lehre, Technisierung der
Technisierung der Ordnung 52, 255
Technisierung der Universität siehe Universität, Technisierung der
Technisierung der Wissenschaft 225
Technogenese 31
Technologien, Alternativ- 387
Technologien, Bedarf an 287
Technologietransfer 282, 420
Technology Assessment 31, 399–401
Technophilie 290, 392, 397, 398, 413, 420
Technophobie 385–388, 402
Teleuniversität 71–73
Theorie 213, 219, 231, 232, 374, 385
Theorie als Algorithmus 186
Theorie und Pädagogik 217, 232
Theorie und Praxis 188, 196, 205, 213
Theorien, Falsifizierung von 177
Theorien, Quantifizierung von siehe Quantifizierung von Theorien
Theorien, Vergleichbarkeit von 167–168
Tradition 2, 20, 29, 35, 37, 75, 78, 102–104, 106, 114, 132, 171, 183, 186, 189, 191, 193–195, 203, 207, 225–228, 240, 259, 264, 265, 273–275, 278, 280, 285, 288, 289, 298, 315, 316, 336–338, 345, 346, 354, 358, 362, 363, 370, 373, 375, 384, 386, 397, 405, 415, 423
Transaktionsmuster 30, 331–336, 339–345, 351, 355, 356, 367, 396, 400
Turing-Maschine 188, 190, 247
Typologie 26, 30, 213, 220, 339, 344, 346, 354–356, 361, 371, 431

Übersetzungsprogramme 54
Universität 5, 6, 8, 13, 17, 18, 198, 201, 223–225, 229, 235, 241–243, 254, 278, 289, 335, 342, 375, 387, 422–430
Universität als Forschungsinstitution 43, 44

Universität als Wahrheitsinstitution 47, 48
Universität, Geschichte der 35–43
Universität, Integration der 46
Universität, Technisierung der 17, 27, 31, 57–76, 240, 425
Universitäten, amerikanische 47
Universitäten, technische 228, 239, 241, 282
Unwiderlegbarkeit, Produktion von 17, 96, 149, 423–425, 429
Urbanisierung 266, 277–280
Utilitarismus 15, 246, 309

Vereinzelung siehe Individualisierung
Vergemeinschaftung 17, 30, 36, 149, 206, 211, 276, 281, 289, 290, 310, 315, 316, 319, 370, 379, 392, 408, 427
Vergesellschaftung 17, 35, 36, 127, 148, 149, 207, 264, 266, 267, 276, 281, 282, 284, 286–288, 290, 310, 315, 316, 319, 356, 361, 366, 380, 411, 426, 427
Vergleichbarkeit von Theorien siehe Theorien, Vergleichbarkeit von
Verhandelbarkeit 175, 364, 380
Verhandlungsspielräume 175, 179, 322
Versachlichung siehe Technisierung
Verwissenschaftlichung der Gesellschaft siehe Gesellschaft,

Wahrheit 38, 39, 184, 230, 231, 232, 238, 350, 351, 422, 424
Wahrheit, Arten von 113, 114, 184, 240
Wahrheit, Bedarf an 113, 114, 290
Wandel, sozialer 14, 337–339, 355, 356
Warentausch siehe Tausch
Weltbild, -er 4, 22, 83, 108, 144, 167, 211, 253, 254, 347, 355, 380
Weltmodelle (siehe auch Kosmologien) 271, 378–380
Wertneutralität 185, 199, 226
Widersprüche, wissenschaftsinterne 85–87, 234
Wir-Gefühl 15, 115, 360, 364, 379
Wirklichkeit, experimentelle 177, 186
Wirklichkeit, Konstruktion von 114, 146, 428, 430
Wissen, Produktion von 198, 201, 213
Wissen, schweigendes 78, 198, 199, 204, 221
Wissenschaft 8, 261, 324, 366, 406
Wissenschaft als Konsenserzeugung siehe Konsenserzeugung, Wissenschaft als Religion 122, 127, 148–150, 230, 351, 406
Wissenschaft des Erkennens 107, 229–235, 237, 241, 252, 419, 430
Wissenschaft des Konkreten 107, 128, 235, 237, 241, 406
Wissenschaft des Schaffens 107, 229, 235, 237, 248, 252, 253, 389, 390, 424, 430
Wissenschaft und Technik 14, 23, 25, 110, 122–147, 205, 266, 411, 422
Wissenschaft, antike 97–102, 121, 148, 180
Wissenschaft, Aufgabe der 8
Wissenschaft, beweisende 98, 100, 101, 109, 111, 152, 154, 155, 310, 407, 408, 409, 433
Wissenschaft, geschlechtsspezifische 410–412
Wissenschaft, neuzeitliche 16, 28, 42, 55, 97, 102, 105, 108, 123, 126, 127, 201, 228, 233, 234, 366, 373, 380, 412, 433
Wissenschaft, technische siehe Ingenieurwissenschaften
Wissenschaft, theoretische 180–189, 229, 231, 232
wissenschaftsexterne Einflüsse 87–91
Wissenschaftstheorie 30, 348, 366, 384
Wissensformen 201, 229, 240
Wissensvermittlung 198, 201, 212, 241, 254

Xenophobie 37, 416, 420

Zeitmessung 179, 271–273, 282, 284, 378–380
Zeitvorstellung 337, 365, 378
Zünfte 13, 17, 35, 279, 283, 284, 288, 297, 301, 370

Ludwig Wittgenstein - Wiener Ausgabe

Das Gesamtwerk:

Herausgegeben von Michael Nedo,
Wittgenstein-Archiv, Cambridge, Großbritannien

Vorgesehen sind zunächst 11 Textbände in 14 Büchern, die das nachgelassene Werk von 1929 bis 1933 enthalten.
Begleitende Konkordanzbände werden der wachsenden Edition entsprechend geliefert. Die Fortsetzung der Ausgabe ist beabsichtigt.

Jährlich erscheinen zwei bis fünf Bände.

Format: 210 x 338 mm
ISBN 3-211-82500-2

Für Bezieher der Fortsetzung ermäßigt sich der Preis des Einzelbandes um 20%.
Der Einführungsband wird bei Subskription kostenlos abgegeben.

Ludwig Wittgenstein
Philosophische Bemerkungen
Wiener Ausgabe, Band 1

1994. XIX, 196 Seiten
Geb. DM 150,–, öS 1050,–
ISBN 3-211-82499-5

Ludwig Wittgenstein
Philosophische Betrachtungen
Philosophische Bemerkungen
Wiener Ausgabe, Band 2

1994. XIII, 333 Seiten
Geb. DM 210,–, öS 1470,–
ISBN 3-211-82502-9

Bände 3 – 5 erscheinen im Herbst 1994:
Ludwig Wittgenstein
Bemerkungen
Philosophische Bemerkungen
Wiener Ausgabe, Band 3

1994. Etwa 315 Seiten
Geb. etwa DM 185,–, etwa öS 1295,–. ISBN 3-211-82534-7

Springer-Verlag Wien New York

Sachsenplatz 4–6, P.O.Box 89, A-1201 Wien · 175 Fifth Avenue, New York, NY 10010, USA
Heidelberger Platz 3, D-14197 Berlin · 3-13, Hongo 3-chome, Bunkyo-ku, Tokyo 113, Japan

G. Fasching

Die empirisch-wissenschaftliche Sicht

1989. 87 Abbildungen. X, 432 Seiten.
Gebunden öS 550,–, DM 78,–
Hörerpreis: öS 440,–
ISBN 3-211-82158-9

Der Zugriff der empirischen Wissenschaft stellt sich unter die Forderung des logischen Aufbaues und der empirischen Fundierung. Ein widerspruchsfreies System, bei dem die Erfahrung die Quelle dieses Wissens ist, ist also das Ziel. Hierbei werden Tatsachen durch Begriffe festgehalten, zu Gesetzen verdichtet und für Erklärungen und Voraussagen zielsicher eingesetzt. Das Buch wendet sich diesem Begriffs-, Gesetz- und Erklärungsfundament der „empirisch-wissenschaftlichen Wirklichkeit“ zu. Eine Reihe zum Teil erstaunlicher Probleme führt zu der Auffassung, daß die empirisch-wissenschaftliche Sicht in einem erheblichen Ausmaß an die spezielle Methodik ihrer eigenen Konstruktion gebunden ist. Hierdurch erscheint eine Verabsolutierung der empirisch-wissenschaftlichen Sicht zur alleinigen Wahrheit immer fragwürdiger, und es öffnet sich der Pfad zu einer pluralistischen, vielgestaltigen Sicht. Das Buch wendet sich vor allem an den technisch-naturwissenschaftlich interessierten Leser und erörtert an vielen Beispielen den Zugriff der empirischen Wissenschaft.

Preisänderungen vorbehalten

Springer-Verlag Wien New York

Sachsenplatz 4–6, P.O.Box 89, A-1201 Wien · 175 Fifth Avenue, New York, NY 10010, USA
Heidelberger Platz 3, D-14197 Berlin · 3-13, Hongo 3-chome, Bunkyo-ku, Tokyo 113, Japan

GPSR Compliance

The European Union's (EU) General Product Safety Regulation (GPSR) is a set of rules that requires consumer products to be safe and our obligations to ensure this.

If you have any concerns about our products, you can contact us on ProductSafety@springernature.com

In case Publisher is established outside the EU, the EU authorized representative is:

Springer Nature Customer Service Center GmbH
Europaplatz 3
69115 Heidelberg, Germany

Batch number: 10584556

Printed by Printforce, the Netherlands